KB068621

Science And Technology Policy Discussion

과학기술정책 논의

정책의 왜곡·탈선 및 충돌

노환진

박영사

Preface

머리말

집필 동기

본 책은 후배 정책가들이 업무에 참고하기를 바라면서 집필하였다. 본 저자가 사무관 시절 멋모르고 저질렀던 시행착오를 반성하며, 후배들은 가급적 정확한 지식을 바탕으로 정책업무에 임해 주기를 당부하며, 본 책을 작성한 것이다. 그런데 이렇게까지 마음먹은 이유는 현행 **과학기술정책이 지나치게 왜곡되고 탈선하였다고 판단**하였기 때문이다. 그런데 정책의 왜곡과 탈선을 어떻게 인식시킬 것인지가 어려운 부분이다.

우리가 우리만 바라보면, 왜곡이나 탈선을 인식하지 못한다. 오랜 기간(30년)을 두고 정책내용을 비교해 보든지, 다른 선진국의 정책과 비교해 볼 때, 비로소 정책의 왜곡과 탈선을 인식된다. 공무원이 한 자리에서 3년 이상 근무하기 어려운 순환보직제도 속에서는 탈선을 인식하기가 쉽지 않을 것이다.

결과적으로 오늘날의 우리 과학기술정책을 보면,

○ 출연(연)을 잘 육성함으로써 국가연구개발의 중추적 역할을 수행하게 해야 함에도 불구하고 과기부는 출연(연)을 30년 가까이 방치하고 있고 심지어 해롭게 하며,

○ 국가연구개발사업으로 국가의 연구개발 수요를 충족시키지 못하고 연구개발생태계를 잘 가꾸지 못하여, 세계적 과학자나 세계적 대학은 얻지 못하고 있으며,

○ 산학연이 서로 협조하기보다는 과도하게 경쟁하고 서로를 비난하는 폐쇄적 자세를 가지게 되었다. 그래서 서로 간에 지식이 흐르지 않는다.

이대로 가면, 국가경쟁력은 제고되지 못하고, 우리의 사회적 문제를 우리가 해결하지 못하며, 국민들로부터 연구비 투자에 대한 신뢰를 얻지 못하는 상황이 올 것이 자명하다. 그런데 **공무원들은 무엇이, 어디서부터 잘 못 되었는지 알지 못한다**.

○ 정권 교체기마다 출연(연)의 기능을 흔드는 점

○ 건설연, 식품연, 생기원 등 많은 출연(연)이 관련부처와 주무부처가 미스매치된 점

○ 출연(연)에 해로운 제도(PBS, 정년단축, 정원감축, 임금피크제, 블라인드 채용, 총액인건비제도, 정규직 전환, 외부강의 제한 등)를 강제로 적용한 점

○ 많은 정부부처가 전문기관을 설치하고 대학과 출연(연)을 경쟁시키는 점

○ 한시적 연구사업단을 법인화함으로써 연구기관이 실적 높일 기회를 빼앗는 점 등

나쁜 정책이 많이 시행되었다. 심지어 출연(연)의 기능(기술기획, 로드맵 작성)을 과기부가 빼앗아 간 경우도 있다. 어떻게 바로잡아야 할까? 물론 관점에 따라 나쁜 정책이 아니라고 주장할 수도 있을 것이다. 이에 대한 논의가 본 책의 전체적 내용이다.

■ 오래된 생각

사람마다 머릿속에 맴도는 오래된 생각이 있을 것이다. 저자는 어릴 때, “주변 모두가 나를 보고 “미쳤다”고 한다면, 미치지 않았음을 증명하는 방법은 무엇일까?” 반대로, “내가 미쳤는지를 나 스스로 판단하는 방법은 무엇인가?”를 두고 오래 생각한 적이 있다. 성장하면서 배운 역사 공부는 재미도 있었지만, 뼈아픈 장면은 새로운 생각을 일깨워 주고 깨우침을 주는 진정한 “인문학습”이었다. 그 즈음에 나의 머릿속에 자리 잡은 생각들은 역사지식과 결합하여 더욱 고민하는 주제의 몇 가지로 남는다.

○ 내가 선조였다면, 황윤길과 김성일이 상반된 말을 할 때, 어찌해야 할까?
○ 왜 우리는 파벌을 짓고 당파싸움을 하는가? 안하게 하는 방법은 없는가?
○ 왜 학교에서 ‘징비록’을 가르치지 않는가? 후손이 잊지 말라고 만든 책인데.

사람은 자기가 무엇을 모르는지 모른다. 즉, 자신이 가진 ‘편견’을 인식하지 못한다.
○ 자신이 알고 있는 사실이 ‘진실’인지 아닌지 확인하는 방법은 무엇인가?
○ 얼마나 알고 있어야 “나는 안다”고 주장할 수 있는가?
○ 나의 행동은 윤리적인가? 어떻게 판단하는가?
○ “최선을 다 했다.”라고 하려면 어느 정도 해야 하는가?

나 스스로에게 던지는 이런 질문들이 나의 자세에 큰 영향을 주었다. 공학을 전공했지만, 과학기술부에서 30년 가까이 공직생활을 하면서, 점점 ‘윤리’에 대한 생각이 커졌다.
○ 과연 나는 일을 잘하고 있는가? 상급자가 만족하면 잘하는 것인가?
○ 일 잘하는 사람과 말 잘 듣는 사람 중에서 누가 먼저 승진하던가?
○ 정부 내에도 파벌이 심한데, 왜 공무원 윤리규범에는 대책이 없는가?
○ 공무원들은 국가의 이익보다 자기 부처의 이익을 우선시 하고 있지 않는가?

본 저자는 정책을 다루면서, **과학기술정책에는 정말 아무나 참견하고 있다는 생각을 하게 되었다**. 정책의 내용도 맥락도 모르는 사람이 “다 안다”고 말하며 강하게 주장할 때, 참 난감하다. 그런 사람이 장·차관으로 부임해 오면 더욱 난처하다. 심지어 선진국 국책(연)의 운영 사례를 제대로 모르는 기재부나 감사원의 공무원들이 출연(연)에 호통치면, 듣는 사람은 어떠할까! 우리는 코끼리의 한 부분만 만져본 장님일 뿐인데, 세상일을 다루면서 어찌 강하게 주장할 수 있는가? 여기서 **겸손과 소통의 중요성을 깨닫는다**. 기재부, BH 및 국회의 공무원들이 어디서 이상한 말을 듣고서 "과학기술계에는 도덕적 해이가 많다"느니 "연구비를 갈라먹기 한다"고 발언하면, 참 안타깝다. 물론 그런 일이 있을 수 있다. 아직도 우리의 제도는 치밀하지 못하다. 그러나 0.1%도 안 되는 극히 작은 경우를 일반화하여, 과학기술계 전체를 폄하하는 사람이 너무 많다.

패러다임 전환

우리는 참 격동의 세월을 살아왔다고 본다. 세상은 급속하게 발전되므로 이에 맞추어 국가발전의 패러다임을 바꿔야 하는데, 세상은 이런 변화를 쉽게 받아들이지 않는다. 60~80년대에 현역으로 활약한 선배님들 덕분에 우리나라는 오늘의 위치에 왔는데, 더 이상 앞으로 나아갈 방향을 찾지 못하고 있다. 이해집단들이 꽉 짜여 있으므로 그 타협점을 변경하기가 어려운 것이다.

2020년대 우리에게 가장 필요한 과학기술정책은 **패러다임의 전환을 위한 체제개편**이라고 볼 수 있다. 국가운영방식을 '추격형 모방중심'에서 '과학적 신뢰중심'으로 전환하도록 많은 부분에서 변화가 와야 한다. 크게 세 마디로 요약한다면,

○ 국가발전의 주체를 정부주도에서 민간주도로 바꾸고,
○ 양 중심의 발전에서 질 중심의 발전으로 전환하며,
○ 지도자 개인기에 의존하지 말고 집단지식에 의존하도록 해야 한다.

이를 위해서는 '정부의 과학화와 윤리화' 뿐 아니라 '출연(연)의 정예화와 기능 확대'가 절실한데, 현재의 우리 과학기술정책은 그렇지 못하다. 문제를 인식하지 못하고 있기 때문으로 본다. 오늘날, 국제무대에서의 합종·연횡은 국가 간의 관계에서 기업으로, 상품으로, 사람으로까지 다양하게 확대되고 있으니 국제적 가치사슬이 매우 복잡하게 얽혀간다. 그래서 정부는 정확한 동향분석과 함께 국가경쟁력 제고를 위해 체계적으로 정책을 운영해야 한다. 그리고 그 중심에 책임있는 지식집단으로서 출연(연)이 있어야 하는데, 우리는 이런 체계를 만들지 못하고 있다.

과학기술정책의 탈선과 충돌

'탈선' 그것은 매우 조심스러운 용어이다. 분명히 **우리 과학기술정책은 분명 당초에 의도된 정책에서 크게 벗어나 있다**. 이것을 '탈선'으로 보느냐 아니면 '발전적 변화'로 보느냐에 대한

논의는 많은 증거가 필요하다. 본 책에서는 '탈선'으로 결론짓고 있는데, 여기에는 다음의 논리가 동원된다.

○ 당초(60년대 말)의 국가과학기술체계의 설계를 알아보고 그 의도를 파악해 보자.
○ 현재 우리 과학기술정책이 국가발전을 효율적으로 견인하고 있는가?
○ 우리의 국가연구개발체계는 선진국의 체계를 비교할 때 경쟁력이 있다고 보는가?
○ '왜곡 · 탈선'이라고 비판받는 정책을 도출하여 그 설계의도를 파악해 보자. 국가발전을 염두에 둔 것인가 아니면 '부처의 이익' 또는 '공무원의 이익'에 초점을 맞춘 것인가? 그러한 정책의 설계자는 **항상 비판을 거부하고 논의를 회피한다**.

과거, 과학기술정책에 대해 깊은 이해가 없는 사람들이 정부 고위층이나 국회에 들어와서, 짧은 재임기간 동안 정책을 흔들고 갔다. 그 왜곡이 누적되어, 지금의 노선은 당초와 반대 방향으로 가는 정책이 많다. 이것을 아무도 인식하지 못하는지, 알고도 침묵하는지, **정책왜곡이 논의조차 되지 않는다는 것이 '심각한 문제'이다**. 이 이슈를 다루기 위해, 최형섭 박사의 회고록을 소개하고, 미국의 National Lab., 독일의 연구회, 프랑스의 CNRS, 일본의 국가연구개발법인을 파악해 본다. 그리고 그동안 이루어진 우리의 여러 가지 정책설계에 대해 비판해 본다. 분명한 것은;

○ 당초에 과학기술처는 출연(연)을 육성하기 위해 설치되었는데, 지금은 과학기술부의 존립을 위해서 출연(연)이 존재하는 형국이 되어버렸다.
○ 모든 정부부처가 연구개발을 통해 소관 문제를 해결하도록 하였는데, 연구비 예산은 부처의 파워를 위해 사용되고 '사회적 문제'는 해결 기미 없이 재발되고 있다.
○ 우수 인재를 육성하기 위해 여러 가지 정책을 운영함에도 불구하고, 우수 인재는 해외에서 취업하고 귀국하지 않는다. 적절한 인력교류는 바람직하지만 많은 탁월한 인재가 귀국을 회피하는 상황이라면 문제가 된다. 이공계 기피현상도 심하다.
○ 국가연구개발예산은 지속적으로 확대되고 있음에도 불구하고 그 성과는 투자만큼 나타나지 않는다. 본디, 연구개발은 투자와 성과를 상관 지을 수 없지만, 30년간 성과가 미흡하다면 국가연구개발체계에 문제가 있는 것이다.

이러한 정책의 탈선에 대해 누구에게 책임이 있는지 묻는다면, 그 대답은 매우 어렵다. 우리는 독도를 점점 빼앗기고 있는데도 나중에 특정인에게 책임을 물을 수 없는 것과 같은 원리이다. 우리 지도자들은 자기의 임기 중에만 큰일이 안 나기를 바라고 있고(약간의 일이 생기면 궐기대회하고 일본대사 초치), 일본도 이런 정서를 잘 이용하여 서서히 움직이기 때문이다. 이렇듯 과학기술정책도 서서히 탈선하는데 아무도 걱정하지 않는다. 마치 냄비 속의 개구리처럼. 50년 전, 일본 장관은 "독도는 일본 땅"이라면 해임되었는데, 지금은 일본교과서에 버젓이 실렸다고 한다. **긴 시간을 두고 보면 '정책의 탈선'**인데, 인식하지 못하는 이유는 무엇인가? 정책가 곧 **고위공무원이 일하는 방법과 자세에 문제가 있다고 본다**. 가장 큰 이유로는 **긴 호흡으로 정책을 분석·비판해야 하는 지식집단(곧 정부출연연구기관)**이 제 역할을 수행하지 못하기 때문이다.

■ 정책가의 자세

본 책의 마지막은 정책가의 자세와 한국인의 사고방식으로 마무리하고 있다. 정책의 탈선을 인식하고 복구하기 위해서는, 우리 '공직자'의 업무자세에 획기적 변화가 요구된다. 그리고 국책연구기관이 탄탄해야 한다. **과학기술정책은 일반적 행정논리로 해석하면 안되는 몇 가지 이유**가 있는데, 그걸 모르는 사람이 많다. 지금까지의 과학기술정책의 설계와 운영에 다음의 이유로 많은 편견이 개입되었다고 본다.

- **무지함** : 기술발전의 원리와 연구개발의 속성을 이해하지 못한 채 일반행정 논리로 과학기술정책을 결정하고 지휘한다. 학습하지 않고 연구현장을 잘 모른다.
- **관료주의** : 공무원이 가지는 관료주의는 세계적 현상이지만, 우리나라 중앙부처에서는 정도가 심하다. 공무원의 퇴직 후 일자리에 대한 집착이 '부처이기주의'로 나타난다. 즉, 국가발전에 불리한 줄 알면서도 부처의 이익을 우선시하는 자세를 가지고 있다. 부처의 이익이란 그 공무원의 '집단적 이익'을 말한다.
- **단기성과에 집착** : 지긋이 연구하여 문제를 근본적으로 해결하기보다는, 임기 내에 실적을 보여주려 애쓴다. 심지어 전임자의 정책이나 실적을 의도적으로 폄훼한다.
- **소신을 쉽게 굽힘** : 최근에 와서 정치권의 요구가 점점 미세화되고 있다. 심지어 BH 비서실이 직접 정책을 설계하는 경우(예 WCU사업)도 있다. 상부기관이나 정치권에서 들어오는 정책 요청이 국가연구개발생태계를 훼손할 줄 알면서도 거절하지 못하고 수용하는 경우가 많다. 반값 등록금, 한전공대의 설립이 그 사례이다.

그렇다면 정책을 담당하는 공무원(정책가)은 어떠한 업무자세를 가져야 하는가?

- 정책가는 **공부를 많이 해야 한다**. 제갈량은 적벽(赤壁)의 기상특징을 알고 있었기 때문에 적벽대전을 승리로 이끌었다. 경쟁국가의 동향을 치밀하게 파악해야 하며, 동시에 우리 연구현장도 잘 파악하고 있어야 한다. 새로 개발되는 정책수단도 잘 활용할 줄 알아야 한다. 공부를 해야 자신감과 소신이 생긴다.
- 단기성과뿐 아니라 2차, 3차 효과까지 깊이 고려하고, 정책의 부작용도 예측하며 **근본적**

해결을 중요시해야 한다. 이순신의 23전 23승의 성과는 항상 토론하고 밤새우며 고민한 결과이다. 새벽닭이 울 때 비로소 잠을 자는 이순신을 따라갈 수 있을까? 결과적으로 정책가는 "문제가 없어 보이는 곳에서 문제를 인지할 줄 알고, 해답이 없어 보이는 곳에서 해답을 찾을 줄 아는 능력"을 갖추어야 한다.

○ 정책가에게 무엇보다도 중요한 것은 **'애국심'을 가지는 것이다**. 여기서 애국심이란 단순히 "나라를 사랑하는 마음"이 아니다. "나라의 이익과 자신의 이익이 충돌할 때, 나라의 이익을 우선시하는 마음"이 애국심이다. 소신은 지식과 애국심에서 나온다.

기억하지 못하는 역사는 반복된다고 했다. 그렇다면 "우리가 기억해야 할 역사는 무엇인가?" 당신이 공무원이라면 그리고 지도자가 될 사람이라면, 그 답변을 준비하라.

관심을 가져야 할 인문소양

과학기술이 연구개발을 통해 문제해결의 실마리는 줄 수 있어도, 그 결과를 인간사회에 적용하기 위해서는 인문적 바탕을 이해하고 방법론을 개발해야 한다. 예를 들어, 창업은 기술만으로는 불가능하다. 융자(금융), 계약(법률), 노무도 알아야 하며 동기부여와 타협을 알아야 한다. 그런데 인문소양은 문화적 산물이다. 한국의 창업제도가 미국의 제도와 같을 수 없다. 동일한 정책에 대해, 국가마다 성과가 다른 이유가 여기서 나온다.

이제 우리는 인문사회적 요소들에 대해 연구해야 한다. **유교적 권위주의, 관계중심의 사고방식, 관존민비 사상, 공과사의 무분별, 파벌주의** 등 인문소양들이 정책의 설계와 운영에 심각한 영향을 미친다는 점을 우리 모두 인식하고 있다. 조직구성, 인사관리, 계약서, 자율성(권한과 책임), 연구윤리, 사회적 신뢰 등 과학기술의 발전을 위해 연구되어야 할 인문사회적 이슈는 대단히 많다. 이제 인문사회학도 과학기술과 함께 지원·육성되어야 할 대상이라고 본다.

감사의 말씀

이제 본 저자는 스스로 정한 과업을 다 완성한 느낌입니다. 그동안 여러 채널을 통해 후배 공무원들에게 쓴소리했던 기억이 부끄럽습니다. 본 책은 5년마다 갱신할 마음으로 집필하였습니다. 현실적 통계를 제시하는 것이 양적 규모를 파악하는 데 도움되지만, 통계는 항상 변하기 때문이지요. 아무쪼록 본 책이 공무원뿐 아니라 과학기술정책을 전공하는 석·박사 학생이나 연구기관의 정책전문가들에게도 정확한 정책현실을 이해하는 데 도움되기를 기대합니다.

본 책이 출판될 수 있도록 도움을 주신 박영사의 안종만 회장님 이하 직원분들께 감사드립니다. 그리고 본 저자가 과기처에서 처음으로 사무관을 시작할 때, 공직자의 자세를 가르쳐 주시고 정책학습을 지도해 주신 김필규 박사님, 박승덕 박사님, 김훈철 박사님, 교육부에서 만난 인연으로 자주 만나 행정가의 성품을 일깨워 주신 안병영 교수님, 김광조 박사님, 그리고 정책을 깊이 있게 논의해 주신 김태유 교수님, 문길주 박사님, 그 가르침은 항상 잊지 않겠습니다. 이번 기회를 빌려 감사드립니다. 그 가르침의 결과를 바탕으로 본 책을 집필하였는데, 혹시 오류(실수)가 있어서 누가 되지 않을지 우려스럽습니다.

본 책은 저의 학습과 경험을 바탕으로 집필되었습니다. 많은 부분을 인터넷 검색으로 확인하면서 정확성을 높이려고 노력했지만, 미진한 부분도 분명히 있을 것입니다. 독자분께서 오류를 지적해 주신다면, 기꺼이 수정하겠습니다.

이제 공직에서 퇴직한 지 10년이 넘었습니다만, 아직도 마음은 공직자입니다. 항상 나라를 걱정하고, 주변의 잘못을 바로잡으려 애씁니다. 이런 자세를 "그만 하라"고 친구로부터 지적받으면, 고민하게 됩니다. "내가 너무 과했나?" 세상은 너무 빠르게 변해갑니다. "어느 정도까지 방관할 것인가?" 이것이 저의 새로운 난제(難題)입니다.

UST에서 노환진
hjnho1829@gmail.com

Contents

차 례

제 4 장 국가연구소정책

제 5 장 연구인력정책

제 6 장 연구개발정책

제 7 장 국제협력정책

제8장 정책종합(총정리)

제 1 장
기본개념

제1절 과학과 기술

- 과학이란 무엇인가?
- 기술은 지식이다.
- 기술혁신
- 학습의 중요성
- 과학기술의 교류
- 과학기술의 이동

제2절 연구활동

- '연구'란 무엇인가?
- 연구의 유형
- 연구개발 활동
- 연구개발 활동의 속성
- 연구개발의 '불확실성'
- 연구는 진화한다.
- 연구는 매우 왜곡된 게임이다
- 연구자의 속성

제3절 '출연금'과 '정부출연연구기관'

- 출연금이란?
- 국책연구기관의 예산으로 '출연금'을 투입하는 배경

제4절 연구기관(국립(연), 국책(연), 대학)의 차이

- 국가연구기관의 유형
- 국가연구기관의 기능과 평가
- 대학의 연구와 국책(연) 연구의 차이
- 대학부설연구소
- 대학과 국가(연)의 협력

제5절 선택집중 정책의 중요성

- 과학기술정책의 속성
- 일반행정의 논리
- 진흥육성의 논리

제6절 일반행정 논리의 차단

- 독일의 하르낙 원칙(1911)
- 영국의 홀데인 원칙(1918)
- 미국의 부시 원칙(1945)

제 1 절 과학과 기술

■ 과학이란 무엇인가?

본 책에서는 '과학'의 정의를 찾기 위해 엄밀하게 접근하지 않는다. 엄밀한 정의는 과학철학자에게 맡겨두고, 본 책에서는 유념할 부분을 강조하려 한다. 과학에 대한 간단한 개념은 알아야 하므로, 물리학자 파인만(Richard P. Feynman)의 설명을 제시한다.

> 과학이란 단어는 흔히 다음의 셋 중 하나, 또는 그것들이 한데 섞인 의미로 종종 통용된다. 우선 과학은 '무엇을 발견해 내는 특별한 방법'을 의미한다. 또 그렇게 해서 발견된 것들로부터 나오는 '지식의 체계'를 의미하기도 한다. 끝으로 '어떤 것을 발견해 냈을 때 그것으로 만들어 낼 수 있는 새로운 것들이나 그 새로운 것들을 현실에서 구현하는 것'을 의미하기도 한다. 이 마지막 분야를 흔히 '기술'이라고 부르는데, **과학을 일반적으로 정의할 때 기술을 포함할 수 있다**[1. p. 12].

'과학(科學)'이라는 용어는 메이지 초기 일본에서 영어의 'science'에 대한 번역어로 등장하였다고 한다. 그리고 그 개념은 여러 학자들이 정의하고 있는데, 라틴어 어원(scientia)으로부터 '지식의 체계'라고 정의하기도 하고[2. p. 12], "보편적인 원리를 밝히는데 목적을 두고 있는 체계적인 지식"이라고 정의하기도 한다[3]. 본 저자가 과학기술부에 근무하는 동안, 과학의 본질을 고민하게 하는 사건이 여러 번 있었다.

- 영구동력장치를 설계했으니 정부는 제작비를 지급하라.
- 인간의 초능력(氣)을 연구하자.
- 수맥(水脈)을 차단하는 매트를 개발했는데, 정부의 인증이 필요하다.
- 한의학(韓醫學)은 과학인가?

본 저자는 "**과학이란 학문을 말한다. 자연과학, 수학, 의학, 사회과학, 인문과학뿐 아니라 공학에도 과학이 들어있다.**"고 주장하려 한다. 과학이 아닌 것으로는 예술이나 종교처럼 논리적으로 설명할 수 없는 것이다. 일반적으로 "공학은 과학적 지식을 이용하여 가치를 창출하는 학문"으로 설명하고 있는데, 공학 내부에도 새로운 방법론의 발견, 과학의 한계를 넓혀주는 장치의 개발, 새로운 물질의 합성 등 '과학'의 범주로 볼 수 있는 영역이 많이 있다.

최근 학문의 융합은 연구활동의 큰 추세이다. 특히 문제해결형 연구에서는 과학기술과 인문사회의 융합이 불가피하다. 그런데 "본디 학문은 융합되어 있던 것인데 이것을 인위적으로 구분한 것이 오늘의 학문체계이다"라고 설명하는 학자도 있다[4]. 자연과학의 범주로 국한하여 과학을 바라보는 관점은 편협하다고 볼 수 있다. 그렇다고 해서 자연과학이 좁다는 의견은 결코 아니다.

※ 프랑스 CNRS, 독일 MPG는 이공학뿐 아니라 인문사회학 영역도 연구하고 있다.
☞ 한국과학기술단체총연합회(과총)에는 이공계 학술단체만이 가입할 수 있는가?
☞ 과학기술부가 관장하는 업무영역에서 인문사회영역이 포함될 수 없는가?

■ 기술은 지식이다.

'기술(技術)'에 대한 정의(definition)는 학자들마다 다르다. '능력'이나 '수단'으로 설명하기도 하고, '지식의 한 종류'로 설명하기도 한다. 본 책에서는 '기술'에 대한 정의를 피한다. 다만, 과학기술정책가가 알아야 할 '**기술의 몇 가지 속성**'을 설명하려 한다.

- ◦ '기술'이란 능력을 발휘할 수 있게 하는 **체계화 된 지식**이다.
- ◦ '기술'은 **연구**를 통해 창출되고 **학습 · 교류 · 비판할 수 있어야 발전**이 가능하다.
- ◦ '기술'은 **개발 · 축적 · 확산이 용이하도록 제도적으로 뒷받침**되어야 사회적 효과(산업발전, 문제해결, 경쟁력 강화, 인력양성 등)를 창출할 수 있다.
- ◦ '기술'은 생명체와 같이 **탄생 · 성장 · 성숙 · 쇠퇴 · 소멸의 수명주기**를 가진다. 그리고 기술은 인근 기술과 경쟁도 하고, 다른 기술과 융합하여 더 중요한 기술이 되기도 한다. 그 결과 **기술은 진화한다**.
- ◦ 과학과 기술은 **소수의 천재가 획기적 발전**을 만들어 낸다. 과학과 기술은 다수결로 합의하여 발전하는 것이 아니다.

지식에는 언어로 표현할 수 있는 형식지(explicit knowledge)와 언어로 표현할 수 없는 암묵지(tacit knowledge)가 있듯이, 기술에도 수학적 모델, 설계도면, 시제품과 같이 언어나 그림으로 표현할 수 있는 '명시적 기술'과 언어나 그림으로 표현할 수 없는 '암묵적 기술'이 있다. 그런데 암묵적 기술은 표현방법의 발전과 더불어 명시적 기술로 전환될 수 있다. 마치 요리사의 기술이 암묵지로 존재하다가 측정 · 동영상의 기법을 통해 점차 명시지로 전환되는 것과 같다. 기술은 "능력에 직결되는 지식"이므로 재산의 한 형태로 간주되기도 한다. 경제적 가치가 있는 기술은 지식재산으로 등록하여 보호받을 수 있다. 기술은 눈에 보이지 않으며 개념적 성격을 가지므로 '무형적 자산(intangible property)'으로 분류한다.

선진국의 기술을 구매하여 어떤 제품을 제조하려는 기업을 생각해 보자. 어떠한 방식으로 기술을 가져올 것인가? 설계도면과 생산라인을 모두 가져올 것인가? 일부 핵심기술(특허)만 구매할 것인가? 기술을 보유한 사람을 스카웃할 것인가? 반대로, 우리의 첨단기술을 경쟁국가에게 유출시키지 않고 장기간 제품시장을 선점하고 싶다면, 그 기술을 어떻게 보호할 것인가?

그 기술을 개발한 연구자를 어떻게 관리해야 하는가? 경쟁국가는 어떠한 방법으로 우리 기술을 공격할까? 기술마다 속성이 다르므로 전달하는 방법이나 보호하는 방법이 달라진다. 또한 기술의 흡수능력이 국가마다 다르다. **연구개발활동은 새로운 기술을 발견하게 하면서 동시에 기술의 흡수능력을 키워준다**.

※ 1990년대 초 우리나라는 프랑스로부터 고속전철을 도입하면서 동시에 고속전철 국산고유모델 개발을 위한 국가연구개발사업(G7사업)을 추진하였다. 그 결과 우리는 고유모델 개발에 성공하였으며, 고속전철을 수출할 수 있는 능력과 자격을 보유하게 되었다. 고속전철의 국산개발에 성공한 후, 그 개발을 담당한 연구팀은 해산해야 하는가? 어떤 방식으로 유지하는가?

기술의 축적을 보자. 기술은 사람을 통해 축적되는 부분이 있고, 기술문서로 축적되는 부분이 있다. 사람은 유동적이므로 가급적 기술은 문서로 축적하는 것이 바람직하지만 암묵지 부분은 문서로 저장할 수 없다. 그래서 경험 있는 기술자(개인 또는 팀)의 보유가 중요하다. **연구실에서 연구노트를 작성하는 가장 큰 이유는 기술의 축적이다**. 그래서 연구노트의 작성 원칙은 "다른 사람이 그 연구노트를 읽고서 그 연구를 재현할 수 있어야 한다."이다. 즉 연구의 재현을 통해 기술을 구현하는 것이다. 역사가 깊은 연구실에는 연구노트가 많이 보관되어 있다. 그러나 연구노트도 수명이 있다. 기술은 발전(진화)하고 수명이 있기 때문이다.

기술축적의 한 방법으로 연구결과물(데이터, 물질, 재료)을 보관하는 기관을 운영하는 경우가 있다. 연구과정에서 어렵게 얻어낸 물질이 있다고 할 때, 다른 연구자가 논문을 통해 그 물질의 존재를 알고서, 그 물질의 특성을 활용하고자 한다면, 용이하게 그 물질을 얻을 수 있도록 제도화해야 한다. 실패한 연구에 대해서는 다른 연구자가 다시 동일한 실패를 하지 않도록 도와주는 것이 바람직하다. 이런 취지에서 소재은행(material bank), 세포은행(cell bank)이 설치되고 있다.

■ 기술혁신

'기술혁신(technological innovation)'이란 과학기술의 새로운 방법을 통해 최초로 응용하여 상업적 성공을 거둔 경우를 말한다[5, p. 37]. 초기에 경제학자들은 '혁신'을 기업활동에 국한된 **기술적·경영적 측면의 긍정적(이익을 주는) 변화**를 의미하였다. '기업혁신'에는 조직혁신·경영혁신·생산혁신·마케팅혁신·서비스혁신 등 다양한 형태의 혁신이 있다. 그 후, 기업경영의 개념이 정부운영에 들어오면서 '정부혁신'이라는 말이 생겼으며, 나중에는 국가 전체적 시각에서 혁신을 바라보게 되었다. 이제 '국가혁신체계(national innovation system, NIS)'는 과학기술 정책의 한 분야로 자리잡고 있다. 혁신 중에는 기술과 상관없는 혁신도 있을 수 있다(새로운 금융상품의 개발, 마케팅 방법의 혁신 등). 그러나 현대에 와서 거의 모든 혁신에 기술이 개입되고 있다(전자상거래, ERP 등). 기술혁신을 깊이 살펴보자. **'기술혁신'이란 어떤 기술을 처음으로 사용하여 시장에서 성공한 단계로 올라서기까지의 과정이라고 말할 수 있다.**

※ 자본주의 시장에서 성공을 원하는 기업가가 기존의 시장을 지배하고 있는 기업과 경쟁하여 이기기 위해서는 창조적 파괴(creative destruction)과정이 필요하며, 이러한 창조적 파괴과정이 '혁신'이다(Schumpeter, 1942).

기술혁신은 '제품혁신'과 '공정혁신'으로 구분할 수도 있다.

- 제품혁신(production innovation): 기존제품과 차별화된 신제품 또는 향상된 제품을 개발하여 시장을 점유하는 경우를 말한다.
- 공정혁신(process innovation): 제품을 생산하는 과정에서 비용을 감소시키고 품질을 개선하는 새로운 공정을 개발하거나 기존의 공정을 개선하는 경우를 말한다. 공정혁신은 제품이 표준화된 이후에 대량생산 단계에서 많이 나타난다.

기술혁신은 '급진적 혁신'과 '점진적 혁신'으로 구분하기도 한다.

- 급진적 혁신(radical innovation): 완전히 새로운 제품이나 공정을 시장에 도입하는 경우로서, 주로 연구개발에 의해 발생하며, 불확실성이 높고 불연속적으로 일어난다(예 다이얼 전화→버튼식 전화, 트랜지스트(1947)→집적회로(1959)→마이크로프로세서(1971), DOS체제→Window 체제 등).
- 점진적 혁신(incremental innovation): 기술의 근본적 변화가 아닌 개선·확대·융합을 통해 제품 또는 공정의 경쟁력을 더 높이는 경우로서, 주로 시장수요에 의해 발생한다(예 DRAM의 집적도 증가, 평판디스플레이의 크기 확대, 엔진의 연비개선 등).

기술혁신의 선형 모형

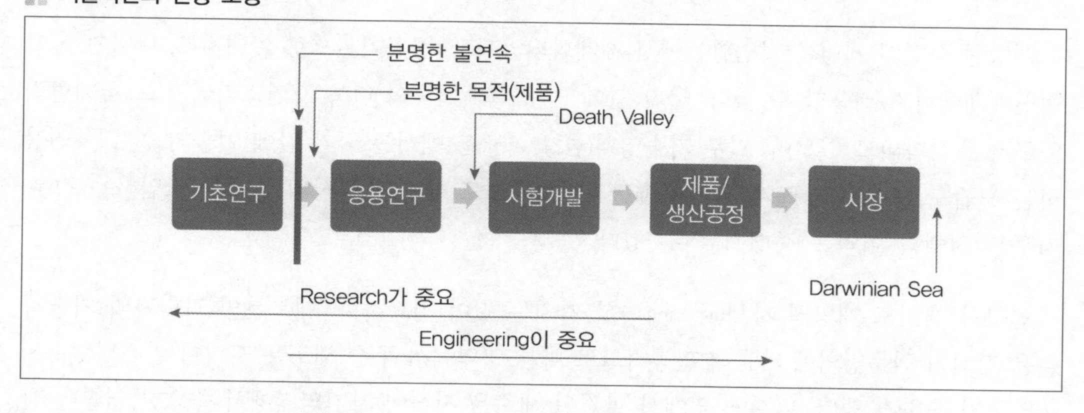

기술혁신을 효율적으로 촉발시키기 위해서는 **기술혁신의 과정**을 이해해야 한다. 여기에 선형모형, 과정모형, 체인모형 등이 있는데, 여기서는 선형모형만을 소개한다.

○ 선형모형(linear model): 기술혁신은 ① 기초연구→② 응용연구→③ 제품개발→④ 시장진출의 순서로 순차적으로 일어난다고 보는 견해이다. 이 모형은 단순하므로 오랫동안 경제학자들의 인용대상이 되어 왔다. 그러나 기술혁신이 반드시 이러한 순서로 발생하지는 않으며, 각 단계의 사이에 어려운 고비(불연속, death valley)가 도사리고 있다. 그래서 이러한 고비를 쉽게 넘어가게 하는 방법을 모색하는 것이 기술정책의 한 부분이다.

※ 그림에서 'death valley'란 개발된 기술을 제품개발에 적용할 때 생기는 위험(자금조달 포함)이나 불확실성으로 인해 초기사업화 단계에서 겪게 되는 어려움을 말한다. 특히 기술개발자와 제품개발자가 동일하지 않으면 death valley는 더 깊어진다. 'Darwinian Sea'는 경영 · 마케팅 · 시장변화 등 기술 외적인 요인들로 인해 겪게 되는 어려움을 일컫는다. 기술정책에서는 death valley나 Darwinian Sea를 잘 극복하도록 지원하는 전략이 중요하다.

'**개방형 혁신(open innovation)**'이란 기업이 기술혁신과정에 필요한 지식·기술을 얻는 전략으로서 내부 자원에 한정하지 않고 내부·외부 자원을 함께 적극적으로 활용하는 형식을 말한다. 즉, R&D 단계에서부터 외부의 연구성과를 받아들이고, 사업화 이전의 내부의 연구성과를 외부로 내보낸다. 연구성과의 사업화도 자체 사업만을 고집하는 것이 아니라 라이센싱이나 분사화 등을 추진하는 것이다.

※ 이에 반해, 외부와의 연계를 최소화하고 기업내부의 R&D 활동을 중시하는 기술혁신 형식을 **폐쇄형 혁신(closed innovation)**이라 한다. 즉, 폐쇄형 혁신은 초기 연구단계에서 내부과제만을 추진하고 그중에서 개발가능성이 높은 과제를 선별하여 사업해 나가는 방식이다. 폐쇄형 기술혁신에서는 '아이디어 창출→기초연구→제품개발→사업화'로 이어지는 대부분의 혁신과정이 기업 내부에서 수행된다. 따라서 폐쇄형 기술혁신에서는 경쟁자보다 많은 연구개발 투자를 통해 관련 분야의 기술과 핵심인력을 독점하기 위해 노력한다. 만약 비밀이 요구되는 국방 · 안보분야의 기업이라면 폐쇄형 혁신형식을 선택하게 된다.

개방형 혁신의 개념은 기업활동에서 체계화되었지만, 공공기관으로 확대되고, 나아가 국가혁신체계에까지 적용할 수 있다. 국가 간에 연구자의 이동이 더욱 자연스러워지고, 국제협력연구가 활성화되고 있으며, 일부 기술영역(환경, 기상 등)에서는 국가 간에 기술의 공유를 권장하는 모습도 보이고 있으니, 국가기술관리정책에서도 개방형 혁신의 개념을 도입하는 경우, 지구촌 전체적 이익을 증대시킬 수 있다.

연구자 개인도 개방적 자세(openness)를 가지는 것이 필요하다. 대부분의 과학자와 기술자들은 자신의 전문영역에 파묻혀 활동하므로 다른 영역에서 무슨 새로운 지식이 발견되었는지 파악하지 못하기 쉽다. 다른 영역에서 발견된 새로운 지식이 자기영역에서 중요한 역할을 할 수도 있으므로, 연구자들은 자신의 학문영역을 넘어서는 지식의 파악을 위해 노력해야 하며,

동시에 자신의 새로운 발견에 대해 다른 전문인이 알기 쉽게 설명하는 기회를 가져야 한다. 이것이 '기술의 융합'의 출발점이다. 과학기술인력정책에서는 가급적 젊은 시절에, 아이디어가 넘치는 시기에, 융합의 필요성을 인식하도록 학문영역을 넘나드는 '토론의 기회'를 많이 제공해야 한다.

우리 과학기술정책은 지나치게 **지식의 '생산'에만 중점을 두고 있다**고 볼 수 있다. 논문, 특허에는 관심을 두지만, 기술의 확산(흡수) 체계(학술대회, 학술지, 토론)와 기술의 축적제도(연구노트, 데이터 보관, 소재은행 등)는 정책적 관심에서 멀어져 있다. 미국 NIH의 '데이터 공유정책'은 50만불/년 이상의 과제의 경우, 연구책임자(PI)가 연구계획서에 데이터의 공유계획을 포함시키도록 하고 있으며, 그렇지 못한 경우 데이터 공유가 불가능한 이유를 밝혀야 한다[6]. **우리도 기술축적이나 지식공유(확산)에 정책을 가져야 한다**.

■ 학습의 중요성

과학과 기술은 지식이므로 연구를 통해 창출되고, 학습(learning)을 통해 체화되며, 전문가 유치나 첨단장비 구입을 통해 획득되기도 한다. 이에 관련된 이론을 '**학습이론**'이라고 한다. 정부가 대학이나 국책연구기관에 연구비를 지원하는 일도 중요하지만, 학습할 수 있도록 기회를 부여하고 환경을 조성하는 정책도 중요하다.

학습은 방법에 따라 '실행을 통한 학습(learning-by-doing)', '사용을 통한 학습(learning-by-using)', '상호작용을 통한 학습(learning-by-interacting)'이 있다. 또한 학습은 '개인적 학습(individual learning)'과 '기관차원의 학습(institutional learning)'이 있으며 기관차원 학습은 소속 직원의 개인적 학습의 단순한 총합(sum)이 아니다. 즉, 기관(기업포함)의 지식총량은 저장된 지식총량에 연구자 개인들이 학습한 지식을 합산해야 하되 단순한 합계가 아니다. **'학습관리체계'가 좋아야 그 합계가 커질 수 있으며, '지식관리체계'가 있어야 시너지 효과가 나온다**.

연구자들은 박사학위 이후에도 전문성을 제고하도록 평생 노력해야 한다. 국책연구기관에서는 이 노력을 지원하기 위한 '개인기본연구비'가 보장되어야 한다. 특히 정부부처는 문제

■ 기관의 지식 총량

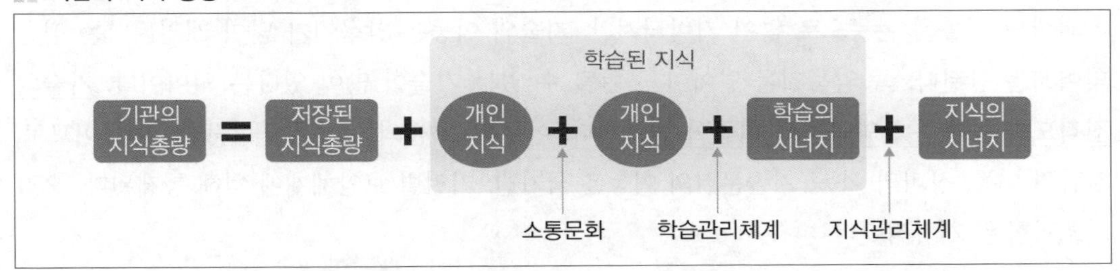

해결형 연구과제(National Agenda Project)를 외국 기관에 의존하지 말고, 우리 국책연구소가 수행하도록 기회를 제공해야 한다. '국산품 애용'과 같은 원리이다.

■ 과학기술의 교류

지식의 교류를 중요시하는 이유는 발표와 토론을 통해 서로 배우는 점도 있지만, 더 근본적으로, 서로 다른 사고방식(관점과 방법론)이 새로운 원리를 발견하게 하기 때문이다. **모든 지식은 활발한 학습 · 비판 · 교류가 있어야 발전가능하다**. 선진국의 연구기관은 외국인 연구자의 비중이 20%를 넘지만 우리 연구기관은 그렇지 못하다. 외국인 연구자가 모여들게 하는 방법은 무엇인가? 그 답변을 얻으려면 과학기술자가 무엇을 원하는지 알아야 하며, '연구개발의 속성'을 이해해야 한다.

과학기술정책에는 '일반행정의 논리'가 통하지 않는 경우가 많다. **일반적으로 과학기술자들은 '명예와 자율'을 중요한 가치로 여긴다**. 자신의 분야에서 일인자가 되거나 존경받는 위상을 가지려는 욕망이 크다. 선진국의 인력정책은 이런 부분을 잘 반영하고 있다. 일본에서 RIKEN은 국민들의 사랑을 받고 있고, 독일에서 FhG는 공학도가 가장 선망하는 기관이 되었는데, 연봉이 높아서가 아니다. 동료가 우수하고 분위기가 좋기 때문이다.

※ 외국인학생 비율(2019년): Harvard(26%), MIT(34%), Oxford(38%), Cambridge(35%), 홍콩대(42%), 난양공대(31%), 서울대(11%), KAIST(6.3%), KDI스쿨(50%), UST(32%)

■ 과학기술의 이동

과학기술이 이동(전달)되는 방법은 크게 네 가지 유형의 혼합으로 볼 수 있다. 이동은 계약에 의해 생기지만, 연구공동체 내에서 개방적 확산도 이동의 중요한 채널이 된다.

○ 기술능력을 가진 사람의 이동
○ 기술이 내재된 물질 · 장비 · 장치의 이동
○ 기술문서(논문, 저술, 설계도)의 이동
○ 연구자(과학자, 기술자) 간의 대화(세미나, 토론 포함)를 통한 이동

과학의 이동은 논문으로 많이 커버되지만, 기술의 이동은 암묵지가 많이 개입된다는 점을 잊어서는 안된다. 즉 암묵지를 알아야 구현될 수 있는 기술이 많이 있다는 의미이다. **기술의 집적도가 높을수록 암묵지의 비중이 높아진다**. 아무튼, 기술의 이동은 곧 능력의 이동이므로, 사람의 이동, 장비의 이동, 기술문서의 이동은 국가별, 기업별 보안체계에 의해 통제된다. 오직 기초과학은 개방적이다.

제2절 연구활동

■ '연구'란 무엇인가?

'연구'란 이치를 따지거나 문제를 해결하거나 필요한 지식을 구하기 위해 깊이 궁리하거나 관찰·조사·실험하거나 의논·토론하는 모든 행위이다. 그러나 '연구활동'이라고 하려면 '체계화'되어야 한다. 즉, **'연구활동'이란 일반화 할 수 있는 새로운 지식을 발견하거나 재확인하거나 이것들을 지원하기 위해 수행하는 체계화된 조사·분석·탐구·해석하는 활동**을 말하며, 연구계획의 수립과 연구결과의 보고 및 그 과정에 필요한 발표 및 토론도 연구활동에 포함된다. '연구의 목적'은 호기심의 해결 또는 문제의 해결(미션달성 포함)이지만 그 본질은 '새로운 지식의 발견'이다.

■ 연구의 유형

OECD가 발행하는 Frascati Manual[1]은 연구를 기초연구, 응용연구, 시험개발로 구분하고 있다[7, p. 29, 52].

- **기초연구**(Basic research)는 특별한 활용이나 사용을 목적으로 하지 않고, 주로 관찰 가능한 사실과 현상의 근거에 대한 새로운 지식을 얻기 위해 수행되는 실험 또는 이론적(탐구) 작업이다.
- **응용연구**(Applied research)도 새로운 지식을 얻기 위해 수행되는 독창적인 탐구 작업이다. 그러나 이것은 주로 목표나 특정한 실용적인 목적을 가진다.
- **시험개발**(Experimental development)은 새로운 재료, 제품 또는 장치를 생산하거나, 새로운 프로세스, 시스템, 서비스를 설치하거나, 이미 생산되거나 설치된 것을 실질적으로 개선하기 위해 연구와 경험에서 얻은 기존의 지식을 활용하는 체계적인 작업이다.

「기초연구진흥 및 기술개발지원에 관한 법률」에서 '**기초연구**'란 기초과학(자연현상에 대한 탐구 자체를 목적으로 하며, 공학·의학·농학 등의 밑바탕이 되는 기초 원리와 이론에 관한 학문을 말한다) 또는 기초과학과 공학·의학·농학 등과의 융합을 통하여 새로운 이론과 지식 등을 창출하는 연구활동을 말한다. 연구개발정책에서는 기초연구를 순수기초연구와 목적기초연구로 나누고

---

1 Frascati Manual은 각 국가의 연구개발의 통계자료를 수집하기 위해 각종 용어의 정의·통계기준 및 통계 수집방법을 설명하는 문서로서 OECD가 1963년에 발행을 시작하여 2015년에 제7판을 발행하였다.

있다. '**순수기초연구(pure basic research)**'는 활용을 목적으로 하지 않고 학문적 호기심에 근거를 둔 연구를 말하며, '**목적기초연구(oriented basic research)**'는 구체적 원리를 규명하거나 인과관계를 찾는 목적을 가진 기초연구이다. 예를 들면, 어떤 응용연구과정에서 부딪힌 한 문제를 근본적으로 해석·해결하기 위해 파생된 연구가 목적기초연구인 셈이다. 기초연구는 순수기초연구를 통해 새로운 이론을 발견함으로써 '학문적 기여'를 할 수 있으며, 그 능력을 바탕으로 목적기초연구를 수행함으로써 비로소 기초연구가 '사회적 기여'를 할 수 있다. 기초연구의 이러한 구분은 뒤에서 국가혁신체계의 발전방향을 논의할 때 중요한 역할을 한다.

그 외, '**원천연구(fundamental research)**'라는 용어가 있다. 원천연구란 과학 및 공학에서의 기초 및 응용연구를 말하는데, 독점적 연구와는 구별되며, 산업적 개발·설계·생산·제품에 적용되어 그 결과가 재산권이나 국가 안보의 이유로 제한되는 것과는 달리, 연구공동체 내에서 발표되고 광범위하게 '**공유하기 위한 연구**'를 의미한다[8]. 그리고 이렇게 공유하기 위한 기술(경쟁단계 이전 기술, 상업화 이전 기술)을 '원천기술'이라고 부른다.

■ 연구개발 활동

연구개발(Research and experimental development, R&D)이란 인류·문화·사회에 대한 지식을 포함하여 지식의 총량을 증대시키고 이용가능한 지식의 새로운 응용을 창출하기 위해 수행되는 창의적이고 체계적인 작업이다. 연구개발 활동은 서로 다른 수행자에 의해 이루어져도 연구개발 활동이라고 할 수 있는 일련의 공통점을 가진다. **연구개발은 최종 결과물(또는 그것을 달성하는 데 필요한 시간과 자원에 대해서)에 대해서 불확실**하며, (개인에 의해 수행될지라도) 계획을 수립한 후 예산이 지급되며, 시장에서 자유롭게 양도되거나 거래될 수 있는 결과를 도출하기 위한 것이다(이것은 '개발'의 특징이다). 연구개발 활동이 되기 위해서는 아래의 다섯 가지 기준을 충족해야 한다[7, p. 45]. 즉 연구개발 활동은,

○ 새롭고(novel)
○ 창의적이고(creative)
○ 불확실하고(uncertain)
○ 체계적이고(systematic)
○ 이전 가능하며 재현 가능해야(transferable and/or reproducible) 한다.

※ 연구개발의 이러한 속성으로 인해 연구개발과제에 대해서는 연구비를 **개산급**(대강 계산하여 지급)으로 지급하고 연구종료 후에 정산하는 방식을 채택하고 있다(grant 사업에 해당).

※ 연구개발 활동에서 간과하기 쉬운 특징은 '불확실성'이다. 즉 연구계획을 수립하지만, 계획대로 수행되지 않는 경우가 많고, 연구목적을 위하여 계획을 변경하는 경우가 많다.

■ 연구개발 활동의 속성

연구개발의 효율성을 높이기 위해서는 연구개발 활동의 속성을 이해할 필요가 있다. 연구개발 활동에서는 나타나는 중요한 속성은 다음 세 가지 유형이다. 연구현장에서는 이 세 가지 유형들이 복합적으로 작용한다[9, p. 209].

- 천재적 직관으로써 원리를 찾아냄: 물리, 화학, 전자공학 등에서
- 운(運)이 좋아서 발견함: 신물질 발견, 약효물질 발견, 육종(育種) 등에서
- 연구팀의 조직적 협업활동을 통해 개발함: System Integration, 대부분의 엔지니어링, 문제해결연구 등에서

이러한 유형에 대한 이해는 연구조직을 구성하고 기술의 축적과 확산을 촉진하는데 중요한 기초개념이 된다. 만약, 과학기술정책을 수립·시행하는 정책가들이 이 개념을 무시하면 큰 착오가 생긴다. 예를 들어, 약효물질을 얻기 위한 연구과제에서 정량적 목표를 요구하게 되면 성실하게 노력한 연구과제를 실패로 평가할 수 있다.[2] System Integration을 블록조립 정도로 간주하는 사람은 미국의 우주선이 왜 그리 많이 실패했는지를 이해할 수 없을 것이다. **집단지식의 결합은 무수한 암묵지와 함께 정신문화적 요소까지 개입**되기 때문에 매우 어려운 작업이다. 정책가가 기업연구, 대학연구 및 국책연구기관연구의 차이를 구별하지 못하면 산학연을 경쟁시키게 되고, 결과적으로 산학연 협력이 후퇴한다. 탁월한 연구자/연구팀에 왜 투자를 집중하는지 이해를 못하면, 왜 우리나라는 세계적 연구자/연구팀이 없는지 이해하지 못한다. 연구현장에 종종 **일반행정의 논리**가 작용하여 획일적이고 균등한 연구비 배분이 나오고, 양적 평가를 통해 우수성을 가리며, 연구조직을 자주 개편하는데, 그 배경에는 연구개발 활동의 속성에 대한 '몰이해'가 있다.

■ 연구개발의 '불확실성'

연구개발 활동의 속성 중 가장 중요하게 고려해야 할 것은 성공에 대한 '불확실성'이다. 이러한 불확실성은 기초연구로 갈수록 더 크다. 만약 연구관리자가 불확실성을 이해하지 못하면, 연구계획서를 건축계획서 정도로 인식하고 연구중간 시점에 50%가 달성되지 않음을 문제시하는 경우가 나온다. 연구계획의 변경을 승인받으라는 정부규정이 있는데, 승인 절차는

2 이러한 일은 실제로 발생한 적이 있다. 2017년 발표된 「바이오경제 혁신전략」은 1조원대 블록버스터 신약 5개 개발을 목표로 하고 있다. 2004년 착수된 「해양천연물신약 연구개발사업」은 신약 후보물질을 개발해 8개 이상의 기술을 제약회사에 이전하기로 하였다가 목표를 달성하지 못하자 PI에게 연구비 환수조치와 참여제한 처분이 내려졌다.

항상 유연하지 못하다. 시험개발은 이미 개발된 기술을 적용하여 새로운 제품을 만드는 단계이므로 어느 정도 확실한 계획을 제시할 수 있지만, 이것도 실패의 확률을 배제할 수는 없다. 암묵지가 많이 개입되기 때문이다. 계획대비 실적을 지나치게 따진다면 창의적 성과는 얻기 어렵다. 연구의 불확실성을 고려하지 않고 성공적 성과를 재촉한다면 연구과제는 모두 안전한 연구주제로 쏠리게 되고 모두 성공으로 평가될 것이다. '도전적 연구'를 회피하는 것이다. 연구비로서 미국의 grant나 일본의 과연비(科研費)는 연구 불확실성에 대응할 수 있도록 **정책적으로 유연성이 허용된 자금**이다. 우리나라에서도 연구비로서 '출연금'제도가 생긴 이유가 여기에 있다[9, p. 209].

■ 연구는 진화한다(research is evolutionary).

연구도 진화한다. 연구의 진화는 방법론이 진화하기 때문인데, 계측기의 진화(자동화, 디지털화, 인터페이싱, 전자현미경)와 컴퓨터의 진화가 큰 역할을 한다. **예전에는 불가능했던 연구가 이제 가능해진다**. 수억 건의 데이터를 즉시 처리할 수 있기 때문에 이제 Big Data가 새로운 산업으로 발전해 가는 것과 비슷한 이치이다. 이것은 연구장비와 인프라의 첨단화의 중요성을 말해준다.

■ 연구는 매우 왜곡된 게임이다(research is a deeply skewed game).

연구성과에서 생산된 논문편수와 생산하는 과학자의 수 사이에 '역제곱의 법칙(inverse square law of productivity)'이 적용된다. 즉, **n편의 논문을 생산하는 과학자의 수는 한 편의 논문을 생산하는 과학자 수의 1/n^{2}라고 볼 수 있다**. 이런 현상은 연구기관 전체나 국가 전체적으로 유효하다[10, p. 21]. 이러한 이유로 과학의 발전은 점진적 진보뿐 아니라 파괴적 진보가 일어나고, 고도로 집중된 노드(concentrated node)가 형성되는 이유가 된다. 즉 **소수의 천재가 과학발전을 주도한다**는 의미이다. 참고로 '연구생산성'이라는 표현은 피해야 한다. 논문편수가 연구생산성의 중요한 지표라고 간주하면, 연구분위기는 "**논문을 위한 연구**"로 변질된다.

과학은 강력한 '**누적적 우위 효과**(strong cumulative advantage effect)'를 가진 매우 경쟁적인 '스타 시스템(star−system)' 게임이다. '엘리트주의(Elitism)'는 이 게임에서 선택사항이 아니라 필연적이다(피할 수 없다). 즉, 우수한 연구자는 평균 연구자보다 더 큰 영향을 미친다. 그래서 탁월한 과학자 1명이 평균적 과학자 10명보다 더 중요하고, 노벨상이 중요하다.

'**우수성 원칙(Excellence Principle)**'이란 정부의 funding agency(NSF, NRF 등)가 연구비를 배분할 때, 우수성에 기준을 둔다는 의미이다. 즉, "**우수한 연구자와 우수한 연구기관에 더 많은**

연구비를 배분한다"는 원칙이다. 우리는 '선택집중'이라고 말한다. 이렇게 되면, 경쟁이 유발되는 장점이 있지만, 우수하지 않은 다수의 평균적 연구자에게는 투자가 적어지고, 일부 연구기관에 투자가 집중되므로 불균형을 초래한다는 반발도 나온다. 정부의 정책결정자들이 우수성의 원칙을 이해하지 못하고 기회균등이나 평등한 배분을 강조하게 되면, 우수한 연구자는 '다른 길'을 찾게 된다.

■ 연구자의 속성

일반적으로 공무원들은 자신의 입장에서 연구원들의 성향을 짐작하니, 전혀 현실감 없는 정책이 나오는 경우가 많다. 예를 들면,

○ 연구원들도 여유시간을 주면 놀러 다닐 것이니, 출퇴근 시간을 엄격히 통제한다.
○ 연구비가 느슨하면 용도 외로 지출할 수 있으니, 더욱더 엄격하게 관리해야 한다.
○ 연구원들도 돈을 좋아할테니, 기술료 인센티브를 높이면 성과이전이 확대될 것이다.
○ 공무원이 그렇듯이, 기관장이 지시하면 모든 연구원을 통제할 수 있을 것이다.

이런 관점은 대부분의 연구자들로부터 반발감을 유발한다. 연구자들이 가지는 독특한 성향을 정리해 보자. 이것은 본 저자의 경험인데, 조사·연구해 둘 필요가 있다.

○ 연구자는 새로운 것을 찾아내고 깨우치는 데서 즐거움을 느낀다. 공부를 좋아한다.
○ 연구자들은 간섭받지 않고 자유롭게 생각하고 행동하기를 특히 좋아한다.
○ 연구자들은 좁고 깊은 분야에 평생 파묻혀 살게 되니, 사회 물정에는 좀 어둡다.
  – 연구자에게 법률, 금융, 의료를 상담·지원해 준다면, 연구에 더 몰입할 수 있다.
○ 연구자들은 연배나 사회적 위치보다는 '유능한 연구자'에게 더 존경을 보낸다.
  – 연구자들은 능력을 인정받고 존경받는 위상을 더 추구한다.
○ 연구자들은 대부분 학창 시절에 우수하며 탁월했다. 그중, 공부하기를 좋아하고 간섭받기 싫어하는 사람이 '연구자의 길'을 선택한다.

☞ 본 저자는 KAIST에 입학한 학생 중에 이미 기술고시에 합격한 사람을 여럿 보았다. 그들은 KAIST 석사 졸업 때, 진로를 고민하다가, 거의 대부분 공무원보다는 연구자의 길을 선택하는 모습을 보았다. 그런데 우리 사회는 아직도 전문성보다는 고위층을 더 신뢰한다.

정책사례

1993년 미국 샌프란시스코에서 큰 지진이 발생했었다. 그러자 프랑스 의회에서 대정부 질문이 있었다. "프랑스는 지진에 대해 안전한가?" 이에 대해 CNRS의 지진연구실장이 답변하였다. "프랑스는 안전하다." 그리고 몇 가지 추가적 질문에 대해서도 지진연구실장이 답변하였다. "프랑스 내에서 가장 불안전한 지층은 massive centrale 지역이다." 아마 우리나라처럼 미리 질문지가 정부에 전달되고, 정부 측에서 적절한 답변자를 출석시킨 것으로 보인다. 질문과 답변은 TV를 통해 방영되었다. 1990년대 유고전쟁이 터졌을 때, 프랑스 국영방송(TF1)은 CNRS 유럽지역연구자에게 질문을 던진다. "이 전쟁이 프랑스에 주는 영향은 무엇인가?", "이 전쟁은 어떻게 전개될 것인가?" 그리고 그 연구자는 유창하게 설명하였다. 이렇게 하여 프랑스 국민은 정부를 신뢰하고 안심한다.

우리나라 국회에서는, 대정부 질문을 하면, 항상 장관이 답변한다. 그런데 장관이 그 질문내용에 대해 전문가가 아니라는 사실은 모두 알고 있다. 우리는 책임있는 전문가의 답변보다는 정부 고위층의 답변을 더 선호하고 있다. 전문가보다는 고위층을 신뢰하는 모습이 정치적 효과는 있겠지만 과학적이지는 못하다. 국가적 사건(광우병, 천안함 사건, 4대강 보해체, 방사능 처리수 등)이 발생하면, 우리 TV 방송국에서는 무책임한 전문가에게 질의함으로써 여론이 왜곡되는 경우가 많았다. 정치적 이슈에서 과학자의 의견이 정당의 입장과 다르면 '돌팔이'라고 매도하는 경우도 있다. 세월이 지나 진실이 밝혀졌을 때, 자신의 발언에 대해 책임질 수 있는 사람에게 질의해야 한다.

제3절 '출연금'과 '정부출연연구기관'

■ 출연금이란?

'출연(出捐)'이란 금품을 내어 도와준다는 의미이다. 민법에서 출연행위는 기부행위의 일종이다. 예를 들면, 국제분담금은 출연금의 일종이다. "정부가 출연한다."는 뜻은 예산을 투입하지만 그 반대급부를 요구하거나 평가하지 않는다는 의미가 된다. 그렇다면 정부출연금은 마음대로 집행해도 되는 재정으로 생각할 수 있는가? 그런 측면이 있다. 그러나 이것은 세금을 투입하는 일이므로 정부출연금을 받을 수 있는 대상이 되기 위해서는 법률적 근거를 가지도록 「국가재정법」 제12조에서 규정하고 있다.

국가재정법

제12조 【출연금】 국가는 국가연구개발사업의 수행, 공공목적을 수행하는 기관의 운영 등 특정한 목적을 달성하기 위하여 법률에 근거가 있는 경우에는 해당 기관에 출연할 수 있다.

과학기술분야 정부출연연구기관 등의 설립 · 운영 및 육성에 관한 법률(과기출연기관법)
제5조【운영 재원】 ① 연구기관 및 연구회는 정부의 **출연금**과 그 밖의 수익금으로 운영한다.
② 정부는 연구기관 및 연구회의 설립·운영에 드는 경비에 충당하기 위하여 예산의 범위에서 연구기관 및 연구회에 **출연금**을 지급할 수 있다.
③ 지방자치단체의 요청에 따라 연구기관 및 연구회가 해당 지방자치단체에 지역조직을 설립·운영할 경우 지방자치단체는 이에 필요한 경비에 충당하기 위하여 예산의 범위에서 연구기관 및 연구회에 **출연금**을 지급할 수 있다.

우리나라는 과기출연기관법 제5조에 따라 국책연구기관을 정부의 출연금으로 운영한다. 그래서 '정부출연연구기관'이라고 부른다. 정부출연연구기관의 설립은 법률적 근거를 가져야 한다. 또한 정부가 연구개발사업을 추진할 때 연구비로서 정부출연금을 받을 수 있는 기관도 법률로써 규정해야 한다. 예를 들어, 「기초연구진흥 및 기술개발지원에 관한 법률」 제14조에서는 특정연구개발사업에 참여하여 출연금을 받을 수 있는 기관을 규정하고 있다. **출연금은 반대급부를 요구하지 않고, 성과를 평가하지 않으며, 감사를 행사하지 않는 특혜성 자금이기 때문에, 정부가 세금으로 출연금을 지급하기 위해서는 법률적 근거를 두어야 한다**.

연구개발사업에 투입되는 출연금은 미국의 grant와 같다고 볼 수 있다. 연구결과의 실패에 대해서 재정적 책임을 묻지 않는다는 의미이다. 그런데 국책(연)의 경상운영비를 출연금으로 편성하는 이유는 무엇일까? 그것은 연구기관의 운영에도 책임을 묻지 않겠다는 의미이다. 즉, **출연(연)에 대해서는 정부가 사업계획의 승인이나 회계감사를 실시하지 않겠다는 정책적 의도**가 내포되어 있는 것이다. 이러한 정책적 의도는, 60년대 말, 국가연구개발체계를 설계한 최형섭 박사의 회고록에서 확인할 수 있다. 1990년대 초반까지는 이러한 정책이 유효하였다고 본다. 그러나 1990년대 중반부터 상황이 크게 달라졌다. 정부가 대학 및 출연(연)의 출연금 사용을 보조금 사용과 동일하게 감독하기 시작했기 때문이다. 이것은 후배 공무원들이 최형섭 박사의 정책의도가 살아날 수 있도록 세부적 법규를 제정하지 않았기 때문이다.

지금에 와서, 선진국의 국책(연)의 운영을 살펴보면, **블록펀딩**(예산계획의 세세한 심사없이 지급하는 묶음예산), **자율성 보장**(정부감사는 시스템 감사에 국한하고, 세부감사는 자체감사로 커버, 연구기관의 연구방향은 구성원이 결정), **도전적 연구의 권장**(실패에 책임을 묻지 않음)을 제도화하며, **인사와 조직운영의 유연성**을 극대화하는 추세를 확인할 수 있다. 그리고 1966년 「KIST육성법」을 제정하고 출연(연)의 취지를 설명한 **최형섭 박사의 정책의도**가 바로 이거(선진국의 국책(연)의 모습)였구나 하고 확인할 수 있다.

현재의 시각에서 공무원이 보면, 블록펀딩과 감사폐지에 대해 납득할 수 없을 것이다. 그러나 선진국의 국책(연)을 자세히 살펴보면 이러한 제도를 볼 수 있다.

■ **국책연구기관의 예산으로 '출연금'을 투입하는 배경**[11. p. 20]

60년대 말, 정책가들이 미국(바텔연구소)의 자문을 받아 KIST를 설립하고 연구출연금제도를 만들 시기부터 **연구의 자율성과 연구기관의 유연성**을 매우 중요하게 생각했다. **과학기술기금**을 설치하고 **연구출연금**(이하 '출연금')을 만든 이유는 연구의 자율성을 지키기 위함이었다. 당시 이런 정책을 지휘한 최형섭 박사의 견해를 보자[12. p. 198].

> 공업연구기관은 독립기관으로 자율적 운영을 보장하여 연구기관 운영에 대한 감독 또는 감사 등 정부의 관여요소를 배제해야 한다. 연구개발업무는 그 자체가 자율적 방식이 아니면 소기의 목적을 달성할 수 없을 뿐 아니라, 또한 그 내용에 있어서도 정부의 감사 등에 전제가 되는 투입과 산출의 등식관계를 사실상 부정하는 연구업무과정의 불확실성으로 말미암아 일반적인 감사나 감독기준 등을 연구기관에 적용하는 데에는 현실적인 어려움이 있다.
>
> 「한국과학기술연구소(KIST)육성법」 및 동시행령은 KIST를 보호 · 육성하여 과학진흥과 산업기술의 개발에 기여하도록 하는 것을 목적으로 하여 제정된 것이다. 동 법에 의하면 정부는 연구소의 건설비, 운영비와 운영에 필요한 기금에 충당하기 위하여 출연금을 지출할 수 있게 되어 있다. 여기서 다른 입법 사례에서 상용하는 **'보조금'이란 용어를 쓰지 않고 '출연금'이라는 용어를 쓴 이유는 보조금 관리법의 적용을 받지 않게 하기 위한 것이다. 즉, 정부가 보조금으로 지원할 때에는 이 법에 따라 그 기관에 대하여 사업계획의 승인이라든가 회계에 대한 감사 등 운영에 대한 관여를 하게 되어 있다. 이러한 것을 배제하기 위하여 동 육성법은 사업계획의 승인 등 번거로운 행정절차를 없애고 결산에 대한 감사도 KIST 자체가 공인회계사에 의하여 받도록 하여 그 보고서의 일부를 정부에 제출케 함으로써 연구의 자율성을 보장하게 한 것이다**. 또한 「조세감면규제법」에는 KIST의 소득과 수익에 대한 제세의 면제는 물론, KIST에 지급되는 출연금과 위탁연구비에 관해서도 이를 지급한 개인 또는 법인에 대하여 소득세법 및 법인세법에 의한 과세소득계산상 이를 필요경비 또는 손금에 산입하도록 소득계산상의 특례규정을 두어 민간 연구개발의 유도 · 촉진을 기하려 하고 있다.

과기부(당시 과기처)에서 우리나라 최초의 국가연구개발사업인 「특정연구개발사업」을 총지휘하였던 한 고위공직자는 다음과 같이 말하고 있다.

> **'출연금'**이란 KIST를 설립한 직후 만들어진 용어이다. 당시 '보조금' 사용은 서류요건과 절차가 너무 복잡하여 (연구비로는 부적절하다고 보아), 더 간편하고 간섭 안하는 재원을 만든 것이 출연금이다. 그런데 감사(監査)라는 감사는 다 받고 있다. 그리고 '**출연**(연)'은 (당시의 국립연구기관이 너무 경직적이어서) 민간인과 정부공무원의 두 얼굴을 가지고 그 장점만 선택하도록 만든 제도이다. 즉 공무원처럼 신분이 안정되면서 해외 출장을 쉽게 갈 수 있

도록 한 것인데, 두 얼굴의 단점만 가진 모습이 되었다." (박승덕, 2015년 말, 과실연 토론회)

이러한 견해를 종합해 보면, **우리의 출연금은 미국의 grant나 일본의 과연비(과학연구비)보다도 더 유연하고 자유롭게 사용할 수 있기를 바라면서 도입한 자금형식이다**. 그리고 출연(연)은 출연금으로 운영되도록 만든 것이다. 즉 출연(연)의 연구사업계획은 정부의 승인을 받을 필요도 없고, 정부감사도 배제할 수 있도록 만든 것이다. 그러나 **이러한 파격적 취지를 법률제정으로 뒷받침하지 않은 것이 나중에 문제**가 된다. 1980년대까지는 이런 원칙이 존중되었지만, 점차 출연(연)이 많아지고 출연금 규모가 확대되자, 기재부나 국회 차원의 통제와 감독이 강화되었다. 곧이어 감사원이 일반행정 논리로써 감사하게 되자, **출연금 제도와 출연(연)의 특례는 급속히 유명무실화 되었다**. 후배 공무원들이 선배들의 정책취지를 살리지 못하니, 법률상의 특혜는 더 축소되는 방향으로 제·개정되어 간다. 결과적으로 출연금은 「보조금 관리에 관한 법률」을 적용받는 실정이다. 연구출연금의 사용에 너무나 많은 정부 승인과 보고가 필요하고 감사원 감사까지 받고 있는 것이다.

본 저자는 출연(연)의 제도적 취지에 의문을 가지다가 우연히 최형섭 박사님을 만났다. 저자의 유학시절, 최형섭 박사님, 조완규 박사님(전 서울대 총장, 전 교육부 장관)과 장수영 박사님(전 포스텍 총장)이 함께 우리 대학(프랑스 Ecole Polytechnique)을 방문하였다. 여기서 저자는 불어 통역을 맡았는데, 오찬을 마치고 여유있는 시간에 최형섭 박사님께 질문을 하였다. "장관님 우리는 왜 출연(연) 체제를 선택하셨습니까?"

> "우리가 국립(연)이 아닌 출연(연) 체제를 택한 이유는 공무원 조직의 경직성을 없애고 중간 진입이 가능하며 처우를 높이기 위해서였다."

그 뒤로도, 다른 많은 선배 공무원들이 이구동성으로 "출연(연)의 자율성과 유연성이 중요하다"는 견해를 피력하였다. **일본 정부가 국책(연)의 자율성과 유연성을 위해 어떠한 노력을 하는지 파악해 보면, 우리도 그냥 있을 수는 없을 것이다**.

최형섭 박사는 매우 멀리 내다보고 출연(연)을 설계한 것이다. 그런데 후배 공무원들이 이런 정책적 의도를 법규화하지 못했으니, 오늘날 이것이 큰 문제가 된다. 법규화를 못 한 이유는 의사소통에 문제가 있었다. **아무리 지시를 받아도, 모르면 못한다**. 공직사회와 연구공동체, 양측의 '언어'를 이해하는 정책가를 양성해야 한다.

출연(연)에 대한 육성의지를 표명한 사람(장관)은 과학기술인이고, 지시를 이행하는 공무원은 일반 행정직원이므로 서로 소통되지 않는 부분이 있다. 과학기술인은 법률적 표현에 취약하고, 행정직원은 연구의 불확실성을 이해하지 못하는 것이다. 장관의 지시를 이해한 듯하여도 그렇지 않다. 공무원은 지시사항을 문서로 만들고 이해하기 위해 여러 번 읽어보지만 이해하지 못한다. 서로 다른 언어를 사용하는 두 집단의 불통은, 통역을 해 본 사람은 금방 파악한다.

※ 출연금 패러독스(자가당착): 연구의 불확실성을 커버하기 위해, 유연한 성격의 자금으로서 '연구출연금'을 만들었는데, **연구자는 그 유연성을 가지지 못한다**. 유연한 자금에는 '도덕적 해이'가 발생할 가능성이 크다고 보고, 공무원은 일반 자금보다 더 엄격하게 출연금을 관리하기 때문이다. 회계감사도 더 엄격하다. 결국, 출연금은 유연하지 못하다.

※ "사업계획 승인이 없다"는 의미는 정부부처가 출연(연)에게 수시로 아젠다연구를 부여하며, 소요되는 연구비를 수시로 지급할 수 있는 체제를 의미한다. 이렇게 되면 출연(연)의 예산신청단계에서 차년도 사업계획이 완전할 수 없다. 선진국은 국책(연)을 다음과 같이 운영한다.

- 공무원은 국책(연)의 예산심사에서 세세한 항목까지 보지 않는다. 어차피 연구계획은 대략적이기 때문이다. 국장급 이상의 공무원과 국책(연)의 보직 연구자들이 공개토론을 통해 심사하고 묶음예산(블록펀딩)으로 예산을 결정한다.
- 국책(연)은 수시로 연구사업이 요청되고 종료되므로 회계년도가 무의미하다. 오직 기관운영비(인건비, 경상운영비, 개인기본연구비, 기관전략연구비)와 시설비 · 건설비만이 회계연도를 따라갈 뿐이다. 주요사업비(미션연구비, 아젠다 프로젝트)는 매우 유동적이다.

※ "회계감사가 없다"는 의미는 일반행정(승인과 통제, 감사)이 아닌 육성행정(신뢰와 위임)을 의미한다. 대학이나 국책(연)이 스스로 결정하여 집행하게 하는 자율성(자치적으로 운영)을 보장하기 위해, 필요한 규범을 가지도록 하며, 정부는 체계구축을 지도(감독)할 뿐이다. 구매 · 계약 · 연구비 집행 등 회계문제는 자체(내부) 감사로써 통제하도록 해야 한다.

- 이에 반해, 우리는 최근 정부감사가 출연(연)의 '외부강의 신고'를 집중 감사하는 추세를 보이고 있다. 정부는 출연(연)을 통제하지 않으면 큰 부정이 발생할 것이라고 보고 있다.

※ 연구기관은 「근로기준법」을 준수하기 어렵다. 비정규직(학생연구원, Postdoc, 위촉연구원)이 근로의 유연성을 제고한다. 비정규직은 선진국의 연구기관에서 보편적 모습이다. 그리고 연구기관은 정신노동이 중요하므로 출퇴근 관리가 무의미하다. 성과로써 관리되어야 한다.

제4절 연구기관(국립(연), 국책(연), 대학)의 차이

■ 국가연구기관의 유형

국가연구소는 중앙정부가 법률적 근거를 두고 설립하여 예산으로 운영하는 연구소를 말한다. 즉, 공공연구소(PRI) 중에서 '**중앙정부(연방정부) 부처가 운영하는 연구소**'라는 의미이기도 하다. 국가연구소는 국립연구기관(이하 '국립(연)')과 국책연구기관(이하 '국책(연)')으로 나눈다. 연구원의 신분이 공무원이냐 일반인이냐의 차이가 그 구분의 기준이다.

■ 국가연구소의 구분

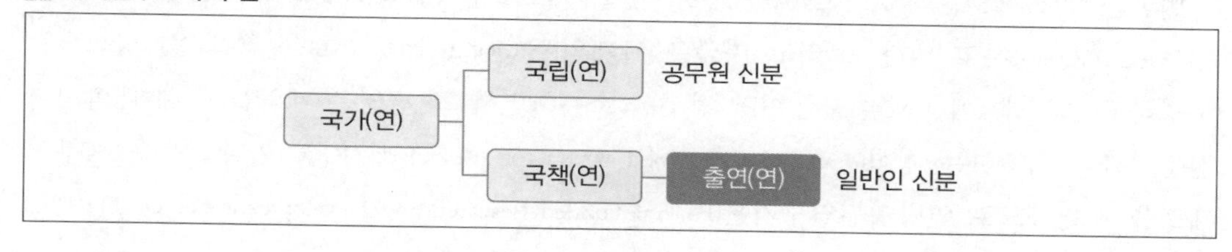

- 국립(연)의 직원은 공무원 신분이다. 그래서 임용, 승진, 연봉, 정년 등 인사기준은 공무원법과 하위규정의 적용을 받는다. 신분이 보장되며 계급이 분명하고, 책임과 권한이 명확하다. 조직의 구성과 직무조차 법규로 규정되어 있어 변경이 어렵다.
  - 국립(연)은 우수연구원을 유치(고액연봉)할 수 없으며, 중간진입이 어렵다.
  - 조직개편(부서 신설·폐지 등)을 하려면 법규의 개정이 필요하다. 경직성이 있다.
  - 보안이 요구되거나 국민생활(규제, 인허가 등)에 직결되는 연구를 담당한다.
- 국책(연)의 직원은 일반인 신분이다. 그래서 인사기준과 절차를 법규로 규정하지는 않고 있다. 조직의 운영에서 국책(연)은 국립(연)보다는 유연성을 가진다.
  - 국책(연)은 결과적으로 다음의 유연한 특징을 가진다.
    - 우수연구원의 유치(고액연봉, 직급에서 중간진입이 가능함)
    - 예산회계의 유연성(대략적 사업계획과 대략적 예산편성)
    - 연구소의 조직의 신설·확대·통합·폐지의 유연성(이사회가 승인)
    - 노무관리의 유연성(비정규직이 쉽게 참여하고 계약을 해지할 수 있음)
    - 토지·시설·장비 등 국유재산을 양여 받음

※ 이러한 유연성과 특혜를 주기 위해 정부는 국책(연)을 설립한다. 선진국 국책(연)의 사례를 보면, 이러한 특혜는 보편적이다. 그러나 이러한 특혜는 법률로 보장해야 반발이 없다.

※ 일본은 우수연구원을 파격적 조건으로 유치할 수 있도록 하기 위해, 2014년 「독립행정법인통칙법」을 개정하고, 2015년 RIKEN, AIST, NIMS를 '특정국립연구개발법인'으로 지정하였다. 세계적 경쟁력을 가지겠다는 전략이다. 제4장에서 자세히 설명한다.

연구영역에서 국립(연)과 국책(연)의 역할분담 방식은 국가마다 다르다.

- 대부분의 국가는 국방, 보건, 환경, 농림수산은 국립(연)으로 운영하되, 원자력 관련 연구는 국책(연)으로 운영한다.: Los Alamos, Oak Ridge, CEA, JAEA, KAERI
- 표준(NIST), 항공우주(NASA)를 미국은 국립(연)이 맡지만 우리는 국책(연)이다.
- 프랑스는 대부분이 국립(연)(CNRS, CNES)이고 원자력은 국책(연)(CEA)이 담당한다.
- 독일은 거의 모든 연구를 국책(연)이 담당한다.: MPG, FhG, HGF, WGL
- 일본도 거의 모든 연구를 국책(연)이 담당한다.: RIKEN, AIST, NIMS, JAXA, JAEA

미국은 NIH, NIST, NASA, NOAA를 국립(연) 형식으로 운영(government-owned, government-operated, GOGO)하고 있다. 그리고 미국은 41개의 National Lab. (NL)을 국책(연) 형식으로 운영하고 있는데(1개의 NL은 국립(연)), 정부가 소유하면서 그 경영은 계약을 통해 대학이나 전문기관에 의뢰하는 형식(government-owned contractor-operated, GOCO)이다. **NL은 정부가 재정을 지원하므로 연방지원연구기관(Federal Funded Research and Development Center, FFRDCs)** 이라고도 부른다.

■ 국립(연)과 국책(연)의 차이

	국가(연)	
	국립(연)	국책(연)
연구 성격 및 기능	국민생활에 직결되는 분야를 연구하며 신속하고 책임있게 운영함 -법규에 규정된 구체적 미션연구수행 연구영역은 미션 내에서 정해짐 -예시: 농업, 수산, 임업, 보건, 기상, 재난, 범죄수사, 환경, 검역, 소방	사회적 문제해결과 국가비전의 달성을 위해 연구하며 기업과 대학의 연구를 키워주는 역할, 정부의 think-tank -대형 · 기초연구 수행(대학과는 차별) -장비 · 시설 보유(기업 · 대학도 사용) -성장동력 개발 및 경쟁이전 단계의 핵심 산업기술개발도 연구에 포함
기관 성격	정부조직(공무원)	민간조직(일반인)
조직 성격	조직이 법규로 정해지며 경직적이며 안정적(조직개편이 어려움)	조직 확대나 폐지가 유연함
연구자 인사	계층적 계급구조(중간진입 어려움)	유연함(우수 연구자 중간진입 허용)
연구자 처우	공무원 처우	유연한 계약형식(공무원보다는 높음)
업무	미션연구가 법규에 규정됨	기본적 미션연구가 있으며, 추가적 과업연구가 수시로 생기고 종결됨

○ **우리의 국책(연)은 출연금으로 운영하도록 하였다. 그래서 '출연(연)'이라고 부른다.**

-우리나라 출연(연)은 「공공기관의 운영에 관한 법률」과 「정부업무평가기본법」의 적용을 받으므로 기관장의 임용과 기관의 성과평가가 공기업과 유사하다.

■ 국가연구기관의 기능과 평가

국가(연)의 임무(목적)는 시대에 따라 변해갔다. 식민 · 패권시대에는 국방 · 광물 · 지질연구에 중점을 두다가 19세기 들어와 질병연구, 산업육성 및 기초연구에 중점을 두었는데, 20세기 말 대학의 연구기능이 확대되자 기초연구는 대학으로 넘겨주기 시작했고, 21세기에 와서 산업기술이 발전하자 산업기술에서 점차 손을 떼는 방향으로 간다. 최근 글로벌 경쟁이 확대되자 국가(연)은 정부의 think-tank기능이 점점 확대되고 있다. 오늘날 OECD 국가의 R&D 투자를 분석하면, 대부분의 **국가(연)의 기능은 공공적 목적의 응용연구와 시험개발에 중점**을 둔다 [13. p. 2~3].

※ 기초연구는 대학과 국가(연) 간에 서서히 역할분담이 분명해지고 있다. 국가(연)은 대학이 수행하지 않는 장기 · 대형 기초연구를 수행하며, 대형기초연구시설(가속기, 천문대 등)을 보유하고 수요자(대학, 기업 등)들이 이용하도록 도와주는 기능을 수행한다. 그리고 국가(연)은 정부가 의뢰하는 **미션연구와 아젠다 프로젝트**를 기획 · 총괄하며 세부과제(목적기초연구과제의 성격)를 대학에 의뢰하는 방법으로써 대학의 기초연구성과를 국가(연)의 응용연구에 투입하는 형식으로 협력관계를 구축해 가고 있다. 기관이 보유한 기술을 사업화(기술이전)하는 기능은 대학이나 국가(연)이 공통적으로 가진다.

※ 여기서 '미션연구'란 국가(연)에게 부여된 미션을 이행하도록 장기적 예산으로 지원되는 연구사업을 의미하며, '아젠다 프로젝트'란 정부부처가 시급한 이슈나 사회적 문제해결을 목적으로 국가(연)에게 계약을 통해 의뢰하는 프로젝트를 의미한다.

국립(연)의 미션과 조직은 법규로써 규정해 두고 운영되므로 정책에서 다룰 여지가 별로 없지만, 국책(연)은 유연하므로 거의 정책적으로 운영된다. 여러 선진국의 국책(연)이 가지는 공통적 기능은 다음의 다섯 가지이다.

○ 국책(연)은 정부의 think-tank이다(정책 아이디어를 제공한다).
○ 국책(연)은 사회적(공공적) 문제해결의 방법론을 찾는 연구를 수행한다.
○ 국책(연)은 대학과 기업이 수행하기 어려운 '국가차원의 연구'를 수행한다.
○ 국책(연)은 대학의 연구와 기업의 연구에 대해 플랫폼 역할을 한다.
○ 이런 기능을 잘 수행하도록 우수 연구원과 연구팀을 확보하고 정예화한다.

우리 출연(연)도 국책(연)이므로 그 기능은 선진국의 국책(연)의 기능과 다를 이유가 없다. 연구소의 주요기능은 '연구'이지만 **연구는 '수단'이지 '목적'이 아니다**. 연구소의 목적은 **새로운 지식을 창출하거나 문제해결의 방법을 탐구하는 일**이다. 대학의 주요기능은 교육과 지식의 창출을 목적으로 하며, 새로운 학문의 개척을 지향한다. 여기서는 논문이 그 성과지표가 될 수 있다. 기초연구를 지향하는 국책(연)도 그렇다. 그러나 국가(연)의 연구는 정부가 요구하는 정책지식을 생산하고, 사회적 문제해결을 위한 실마리의 탐구가 되며, 국가경쟁력을 제고하는 역할을 해야 한다. 결국 **국가(연)의 우선적 기능은 '정부의 think-tank'이다.** 그리고 국가(연)의 결과물은 '사회적 가치가 창출되는' 지식과 방법(기준, 공정, 절차, 물품(시제품), 소프트웨어 등)이며, **논문과 특허는 그 부산물이다**. 그 외, 국가(연)이 가진 막강한 인력과 시설을 활용하여 사회적 서비스(시험, 평가, 판정, 자문 등)와 인력양성(교육, 훈련)을 수행할 수도 있다. 국가(연)의 기능을 확실히 정리해 두지 않으면 나중에 연구기관 평가과정에서 혼란이 발생하게 된다. 그러므로 국가(연)의 기능은 '정관'보다는 '법규'에 규정되어야 '안정성'을 얻을 수 있다.

※ 미국은 National Lab.(NL)에 대해, 정부가 부여한 미션연구에만 집중하도록 관리하고 있다. NL은 국가가

투자한 인력과 장비를 보유하고 있고 민간이 접근하기 어려운 국가정보를 알 수 있기 때문에 연구시장에서 민간(대학 포함)과 경쟁하는 것은 불공평하다고 간주한다. 그래서 미션연구와 상관없는 수탁연구는 전체의 20%를 넘지 못하도록 규정하고 있다. 반면에 우리 정부는 출연(연)에 미션연구를 주지 않으며 민간과 경쟁하도록 요구하고 있다.

그렇다면 국가(연)의 성과에 대해 어떠한 방식의 평가가 유효할까? 분명 논문·특허와 기술이전은 주요 평가항목이 될 수는 없다. 중요한 점은 **평가실시 이전에 평가철학**을 가져야 한다. 그리고 국가(연)의 평가는 수요자가 만족여부를 평가해야 정확하다.

- ○ 국가(연)의 수요자는 누구인가? 국립(연)의 수요자는 국민이다. 국책(연)의 수요자는 정부부처이다. 주무부처는 왜 국책(연)을 설립했는지 그 이유를 알고 있어야 한다.
- ○ 평가는 주어진 기능을 잘 수행하고 있는지 문제점을 파악하는 계기가 되어야 한다.
  - −점수를 매기고, 순위를 매기는 평가가 되어서는 안된다. 그것은 '통제'하는 평가이다.
- ○ 평가결과 성과가 낮은 기능을, 축소·폐지할 것인지 개선·강화할 것인지 정해야 한다.

■ 대학의 연구와 국책(연) 연구의 차이

국립(연)의 연구과업(미션연구)과 조직 및 직급별 T/O는 법규로 규정되어 있으므로 논란의 여지가 없으나, 국책(연)의 연구는 비교적 자유롭고 유동적이므로 대학의 연구와 구별하지 못하는 경우가 있다. 그러나 매우 큰 차이가 있으며, 있어야 한다.

대학의 연구는 교수 1인의 개인 연구실 또는 소수 교수들의 공동연구실을 중심으로 한 **'개인적 연구체계'가 기본이다**. 따라서 교수가 이직·퇴직하면 그동안 수행되던 연구가 종료된다. 또한 교수의 연구비는 주로 경쟁과정을 통해 지원되는 성격이므로 연구비가 꾸준히 지원된다는 보장은 없다. 대학은 **'연구의 영속성'이 보장되지 못한다**는 의미이다. 교수의 본분은 교육이므로, 대학의 연구가 활성화될수록 교육은 부실해지는 현상도 생긴다. 대학은 학생이 있고 기초연구에 중점을 두므로 **'개방적 연구체제'**이다. 즉, 연구결과에 대해 자유롭게 발표할 수 있어야 하며, 학생들은 제약없이 토론할 수 있어야 한다. 대학의 연구에서 가장 난처한 경우는 교수가 갑자기 사망한 경우이다. 이때, 일반적으로 연구과제는 중단되어야 하며, 학생은 지도교수를 변경해야 한다.

국책(연)의 연구는 연구팀을 중심으로 한 **'조직적 연구체제'**이다. 만약 팀장이 이직·퇴직하면 팀원이 팀장이 되어 수행하던 연구를 계속 추진할 수 있다. 이것은 **'연구의 영속성'이 보장**된다는 의미이다. 국책(연)은 여러 연구팀이 협업을 수행하는 기관이므로 **'대형·장기연구'**를 수행할 수 있다. 특히, 국책(연)은 국가적 미션연구가 부여되므로 각 연구팀에게는 할당된 연구업무가 상존한다. 따라서 연구비가 없어지는 경우는 없다. 국책(연)은 정부의

think-tank역할을 하며, 사회적 문제해결 연구와 규제·표준·국방·항공우주에 적용되는 연구도 수행하므로 '**비개방적 연구체제**'이다. 또한 국책(연)은 주로 응용·개발연구에 중점을 두며, 대학의 기초연구의 결과를 활용하는 위치에 있으므로 **국가연구개발체계를 주도하는 위상**을 가진다. 다시 설명하면, 국책(연)은 정부가 부여한 '미션연구'와 '아젠다 프로젝트'를 성공시키기 위해 **국가 전체적 연구역량을 동원해야** 한다. 그리하여 국책(연)은 대학이 할 수 없는 '큰 작품'을 만들어 낸다. 이를 위해, 예산구조에서 국책(연)의 내부 수행 연구예산(intramural program)과 외부(주로 대학)에 지급하는 연구예산(extramural program)을 구분한다. 그리고 첨단기술에 대한 원천기술을 개발하여 산업계에 공급한다. 이런 의미로 국책(연)을 '**국가연구개발의 플랫폼**'이라고도 부른다. 만약 국가적 연구과제를 이끌고 갈 유능한 연구자가 대학교수로 있다면, 그를 한시적으로 국책(연)에 겸임으로 위촉하고 국책(연)에 와서 그 과제를 이끌고 가도록 하는 것이 바람직하다.

※ 대학도 종종 정부의 think-tank가 되지만, 근본적으로 대학은 '진리와 윤리의 추구'를 최고의 '가치지향점'으로 하며, 때로는 정부를 비판하기도 한다. 교수의 국적은 '지구(地球)'라고 봐야 한다. 국가의 이익을 지키는 정부의 think-tank는 국책(연)이다.

국책(연) 중에는 기초연구에 중점을 두는 연구기관이 있다. MPG, RIKEN, IBS가 그 사례이다. 그렇다면 이들의 연구는 대학의 연구와 중첩되는가? 그렇지 않다. 대부분은 대학이 수행하기 어려운 장기·대형 기초연구를 수행한다. MPG는 자신이 수행하는 연구를 대학이 수행하게 되면 어느 단계에 가서 그 대학으로 그 연구를 이관하고는 그 연구를 중단한다는 원칙을 가지고 있다. 국책(연) 중에는 대형연구장비(가속기, 천문대, 슈퍼컴, 해양조사선 등)를 운영하며, 대학이 용이하게 활용하도록 지원하는 연구기관도 있다. 이런 국책(연)은 운영위원회를 사용자들로 구성한다.

대학의 연구와 국책(연)의 연구의 가장 큰 차이는, 대학의 연구는 대부분 '경쟁과정'을 거쳐 수주한 연구과제인 반면, 국책(연)의 연구는 정부부처가 미션연구로 부여한 것이다. **대학은 수백 개가 거의 동일한 구조로 학문연구에 뛰어들었으므로 서로 경쟁을 피할 수 없으며, 경쟁을 통해 발전하는 원칙을 가진다**. 반면에 국책(연)은 중복해서 설립되지 않는다. 대학과 국책(연)은 연구비를 놓고 경쟁하는 관계가 아니다. 국책(연)은 경쟁 없이 성장해야 하므로 연구원 임용에 매우 신중해야 하며, 인력개발 및 관리제도가 매우 발달되어야 한다.

☞ 연구자 개인은 기술적 성과에 목표를 두지만 연구기관은 사회적 가치 창출(문제해결, 신제품 개발, 신공정 개발, 신산업창출, 비전의 달성 등)을 목표로 하는 것이 보통이다. 개인연구를 중심으로 하는 대학과 사회적 가치창출을 목표로 하는 출연(연)은 서로 경쟁하는 사이가 아니다. PBS로 인해 대학과 출연(연)을 경쟁시키면, 국가연구는 개인연구중심으로 흘러가며, 사회적 가치창출이 부진해진다. 결국, 투자는 커지고 논문은 많아지는데 사회적 성과가 나오지 않는 것이다.

대학의 연구와 국책(연)의 연구

	대학의 연구	국책(연)의 연구
기본 체제	• 개인, 소집단 중심의 연구 • 연구결과를 교육에 연결함이 중요	• 조직적 연구(팀간 협업) • 국가전체적 연구역량동원 • 정책기획, 기술기획능력이 중요
연구의 성격	• 기초연구 중심 • 소형연구 중심 • 비판적 연구(문제의 발견)	• 응용 · 개발연구 중심 • 장기 · 대형연구 중심 • 처방적 연구(문제의 해결)
연구의 영속성	보장 못함	보장됨
연구비 확보	경쟁	경쟁 없음(미션연구가 할당됨)
연구보안	개방적 성격	비개방적 성격
평가	논문실적(특허, 창업 포함)	연구수요자(정부부처)에 의한 평가
위상	인류적 think-tank	정부의 think-tank

대학부설연구소

연구중심대학의 개념이 점점 확대되면서 대학은 부설연구소를 설치하고 있다. 그리고 학과의 교수들은 부설연구소에 겸직하면서 연구활동에 참여한다. 대학이 부설연구소를 설치한다는 것은 교수 개인차원의 연구가 아니라 **대학 차원에서 조직적 연구를 수행**하겠다는 의미이다. 그리고 장기적이고 체계적 연구를 수행하려면 사회적 신뢰를 얻어야 하므로 다음 몇 가지 요건을 갖추어야 한다. 대학 부설연구소는;

○ 중장기적(10년 이상) 연구계획을 가져야 한다. 분명한 '연구주제'가 있어야 한다.

○ 부설연구소장은 임기를 가지고 취임해야 한다(운영규범이 있어야 한다).

 -부설연구소는 특정 교수 개인의 연구소가 아니다.

○ 중장기적 연구재원을 확보하거나 보장이 있어야 한다.

 -보통은 외부자금을 지원받지만, 가끔 한시적으로 교내연구비를 지원받는다.

○ 그 연구소는 전임직 연구원과 전임직 행정직을 보유하여 '독립성'을 갖추어야 한다.

 -교수는 학과와 연구소에 겸직(겸임 또는 겸무)한다.

 -대학원생은 연구소에서 연구과제에 참여하면서 논문연구를 수행한다.

○ 연구소가 발견한 지식을 별도로 축적(기록 및 데이터의 보관)하고 있어야 한다.

○ 연구소의 설립과 해산의 절차를 학규로 분명히 규정해야 한다.

☞ 아직 우리나라는 연구중심대학에 대한 정책이 없는 상황이다. 「BK21사업」은 장학금사업이다. KAIST도 연구중심대학으로는 규모가 작다. 연구중심대학이 지정되지 않았는데, 대학에 중점연구소를 설치하도록 정부가 지원하는 것은 순서가 잘못된 것이다. 나중에 정책혼선이나 정책충돌이 생길 수 있다.

■ 대학과 국가(연)의 협력

국가(연)은 대형과제를 추진하며 세부과제(목적기초연구과제 성격)를 대학에 의뢰함으로써 대학의 지식이 국가(연)으로 이전되게 한다. 그리고 대학의 학생들이 국가(연)에 가서 학위 논문을 연구하도록 허용함으로써 국가(연)의 지식이 대학으로 이전된다. 그런데 최근에 와서, 대학과 국가(연)이 공동으로 운영하는 연구실(research unit)을 대학에 설치하는 등 '**혼합형 연구체계(hybrid model)**'가 등장하고 있다. 국가연구개발체계는 역사적·문화적 산물이므로 국가별로 형식이 매우 다양하다.

☞ 우리나라도 연구중심대학을 지정해야 하고, 지방거점대학에 출연(연)과 대학의 공동연구실이 설치되어 지방 산업육성의 플랫폼이 되도록 적극적인 정책이 전개되기를 기대한다.

제5절 선택집중 정책의 중요성

■ 과학기술정책의 속성

앞에서 '과학기술 발전의 원리'와 '연구개발의 속성'을 설명하였는데, 여기서 정책적 측면을 정리하자.

○ 과학기술은 다수가 합의하여 결정하는 것이 아니라, 소수의 천재가 발전시킨다. 암묵지도 지식의 하나로서 중요하게 간주되어야 하며, 운(運, 발견의 확률)도 필요하다.

○ **과학기술정책은 ① 탁월한 연구자를 선별하고, ② 이들을 모아 마음껏 연구하게 하며(연구비 집중), ③ 자유롭게 학습·교류·비판할 수 있게 하고(자율성), ④ 우수한 연구여건(장비, 시설, 제도)을 제공하며, ⑤ 연구결과를 용이하게 활용하게 하는 것이 정책의 골자**이다.

○ 탁월한 연구자들은 모여 있어야 상호학습효과가 생기며, 간섭말고 동기를 부여해야 하며, 서로 경쟁·협력하게 해야 시너지효과가 높아진다. 경쟁과 협력의 균형을 잡는 일이 연구 인력정책의 가장 큰 어려움이다.

○ 과학기술인들은 명성을 매우 중요시하므로, 국가는 세계적 명성을 가지는 연구자·연구 기관을 보유하는 것이 매우 중요하다. 다수의 우수한 사람·기관보다도 하나의 세계적 연구자·연구기관이 더 중요하다는 의미이다. 그래서 노벨상이 중요하다.

○ 개발된 과학기술은 축적되어야 하며, 연구기관 간에 확산되고 이동할 수 있어야 한다. 여기에는 사람의 이동과 문서의 이동이 동반되는데, 이때 권리와 재산권이 보호되도록 제도적 장치를 갖추어야 한다.

○ 기술혁신을 촉진하기 위해서는 각 혁신단계(기초, 응용, 개발, 생산, 시장) 사이에 생기는 불연

속성이 최소화되도록 현장과 긴밀하고 일관성 있는 정책이 필요하다.

○ 연구활동은 성공여부가 불확실하므로 연구비 투자와 산출이 일치하지 않는다.

○ 도전적 연구일수록 실패의 확률이 크지만 성공의 효과가 더 크므로, 도전적 연구를 권장해야 한다. 이를 위해서 유연한 연구비와 전문적 동료평가가 허용되어야 한다.

○ 정부부처가 사회적 문제해결을 위해 국책(연)을 활용하기 위해서는 국책(연)이 연구조직을 유연하게 신설·폐지할 수 있어야 하고, 우수 연구자가 중간직책으로 진입할 수 있게 하며, 국책(연)의 정책연구기능이 활발하게 작동하도록 육성해야 한다.

○ 대학의 연구와 국책(연)의 연구는 매우 다르며, 달라야 하므로 정부의 지원정책에 차별을 두어야 한다. 산학연은 경쟁의 관계가 아니라 협력의 관계를 가져야 한다.

이러한 원리와 속성을 구현하기 위해서는 고위 정책가들의 자세와 논리가 매우 중요한데, 대부분의 정책가(중앙부처 고위공직자)들은 행정고시 출신이며 **일반행정의 논리로써 무장되어 있기 때문에 과학기술정책이 제대로 설계되기 어렵다**.

■ 일반행정의 논리

'일반행정 논리'란 일반 행정가들이 항상 견지하는 논리를 말한다. 행정학에서 설명하는 '행정가치'를 보면, 본질적 가치로서는 공익, 자유, 평등, 형평, 복지, 정의를 제시하고, 수단적 가치로서는 합리성, 능률성, 효과성, 민주성, 책임성, 합법성, 투명성, 가외성(redundancy)을 제시하고 있다[14. p. 23]. 이런 행정가치로부터 과학기술정책에 관련되는 내용을 도출하면 다음의 논리가 나온다.

○ 부분적이며 특수한 이익보다는 공동체나 사회구성원들이 보편적으로 공유하는 공동의 이익을 강조한다.

○ 국가발전과 사회문제 해결을 위해 정부와 공무원의 적극적 개입을 중요시한다. 만약 공무원의 능력이 부족하다면, 전문가 위원회에 의존하여 개입한다.

○ 절차적 합리성을 중요시하므로 적법절차의 준수를 매우 강조한다. 만약 절차가 법규에 명시되지 않다면, 그 경로를 선택하지 않으려 한다. 즉 "안된다"고 말한다.

○ 협상과 조정을 중요시하므로 '약자'가 희생될 가능성이 크다.

○ 기회균등의 원리가 중요하다. 공정하기 위해서는 반드시 공개경쟁의 과정을 거친다.

○ '수익자 부담의 원칙'과 '실적차이에 따른 차등적 배분'은 공정한 것이다. 형평성이 곧 공정성이다.

○ 행정의 민주성을 확보하기 위해서는 '행정윤리'가 확립되어야 한다.

○ 행정의 책임에는 '결과에 대한 책임'과 함께 '과정에 대한 책임'도 만족되어야 한다.
○ 「공공기관의 정보공개에 관한 법률」에 따르면, 비공개로 분류되지 않은 공공기관의 정보는 공개청구에 의해 공개될 수 있다.

이러한 행정논리에 관료주의와 MacGregor의 X이론이 결합되어 괴상한 논리가 나온다.

○ 연구자에게 안정과 자유를 주면 나태해질 것이다. 해외출장은 억제해야 한다.
○ 경쟁을 강화하면 더 열심히 일할 것이다. 위기감을 조성해야 순종한다.
○ 평가로 순위를 매기고 인센티브를 크게 차등화하면 경쟁이 강화될 것이다.
○ 평가결과가 나쁘면 예산을 삭감해야 한다.
○ 연구비를 특정인과 특정기관에 선택·집중하면 특혜를 주는 것이다. 균형·육성해야 반발이 없다.
○ 연구비 관리를 연구기관의 자율에 맡기면 부정이 많이 일어난다.
○ 모든 것을 쉽게 승인하지 말고 꼼꼼히 따져봐야 한다.

그런데 이런 논리로는 탁월한 연구자나 세계적 연구기관을 보유할 수 없다. 이것은 국책(연)을 마치 "보조금 받는 시민단체"로 간주하는 자세이다. 연구관리행정은 다른 곳에 사례가 없는 '**전혀 새로운 행정**'이다.

■ 진흥육성의 논리

'진흥육성의 논리'는 행정용어가 아니다. 소수의 특정한 사람·연구기관·기술·산업을 신속히 육성하기 위해 일반행정의 논리를 배제하는 논리를 말한다. 우수한 선수를 선발하여 '국가대표선수'라는 명칭을 부여하고 태릉선수촌에 입소시켜 집중훈련시키는 정책이 바로 진흥육성의 논리에 근거를 둔 것이다. 학업성적이 뒤처지는 못난 자식을 위해 학원비를 대폭 증액하는 것도 진흥육성의 논리이다. 일반행정의 논리로 보면 이것들은 '특혜'(형평성 위배)로 비난받을 수 있지만, 장기적으로는 더 이익이 된다는 확신이 있을 때, 지도자가 결심하고 선택집중하는 정책에 동원되는 논리가 '진흥육성의 논리'이다.

선택집중 정책이 성립되기 위해서는 **설득력 있는 비전의 제시와 함께 엄격한 절차적 정당성**을 가져야 하고 **법률로 명시하여 일관성**을 가지게 해야 한다. 절차적 정당성은 다음과 같다. ① 맨처음 선택집중 육성의 대상을 선정할 때, **기회균등의 원칙**을 가져야 한다. ② 일단 선정된 사람, 연구기관, 기술, 산업에 집중지원한다. ③ 일단 선정된 사람, 연구기관, 목표기술, 대상산업에 문제가 있어도 계속 지원한다. ④ 일정기간 정기평가를 실시하며, 기대에 못미치는 경우, 그 원인이 무엇인지 분석하고 대응하는 조치를 실시한다. **무조건 탈락이 아니다**. ⑤ 선택집중의 대상에서 탈락시킬지의 여부는 분석결과에 따른다. 이때, 탈락에는 납득할 만한 조사 · 분석 보고서가 있어야 한다.

국가나 산업을 발전시키는 가장 효율적인 방법은 사람(연구자) · 기술 · 산업 · 연구기관(대학 포함)을 선택하여 **진흥육성의 논리로써 집중지원하는 정책이다**. 이것은 역사적으로 여러 나라에서 입증된 사실이다. 그런데 진흥육성 논리는 일반행정 논리에 비해 '정치적 힘'을 가지기 어렵다. 소수의 사람(연구자) · 기술 · 산업 · 연구기관(대학 포함)을 육성하기 위해 다수에게 갈 수 있는 재원이 투입되기 때문이다. 지도자가 바뀌거나 정치이념이 바뀌면, 정책노선이 변경되기 쉬우며, 이때 선택집중 정책이 힘을 잃게 되는 경우가 많다. 그래서 아이러니하게, "과학기술은 장기 · 독재정권에서 더 잘 발전한다"는 말이 있다.

1960년대 말, 우리가 선진국의 자문을 받아 어렵게 설계하여 착수한 과학기술정책 중에는 선택집중 정책이 많이 있다. 예를 들면, KIST와 국책(연)이 선택집중 육성대상 연구기관이며, KAIST, GIST, DGIST, UNIST도 선택집중형 대학이다. 그리고 이 연구기관에 소속을 둔 연구자와 학생들도 선택집중 육성대상이다. 모두 과기부에 소속을 두었으니 **과기부는 선택집중 정책을 이끌고 갈 '논리적 무장'을 강화해야 한다**. 과거에 중화학 공업을 선택집중하며 이를 지원하도록 국책(연)을 설립하였고, 최근에 중점기술, 전략기술을 지정하는 것도 선택집중 연구대상을 선정하는 정책이다.

※ 교육부는 1998년 서울대를 선택집중 지원하기 위해 BK21사업을 설계하였다가 다른 대학의 반대로 정책을 수정하였다. **교육부와 과기부는 균형육성과 선택집중으로 역할분담**을 해야 유사한 정책사업(학술연구조성사업과 특정연구개발사업)에서 충돌이 발생하지 않을 것이다.

제6절 일반행정 논리의 차단

과학기술정책가(중앙부처 고위공무원, 정치권 인사) 중에는 외부에서 임용되었기 때문에 과학기술발전의 원리와 연구개발의 속성 그리고 과학기술정책의 기초개념을 이해하지 못하고 '일반행정의 논리'로 과학기술정책을 다루거나 참견하는 경우가 많다. 이들은 "유연한 관리"를 "방만한 관리"로 보고, "선택집중 투자"를 "특혜"나 "연구비 갈라먹기"로 바라보며, "동료평가"를 동료들 간의 "담합"으로 바라본다. 이런 견해는 기재부나 감사원의 공무원들에게도 팽배한 인식이다. 출연(연)에 기능 정립이 수시로 발생하고, 공기업과 같은 경영이 요구되는 것도 이러한 인식 때문이다.

이런 경우를 선진국에서는 어떻게 대응했을까? 100년 전부터, 독일은 **연구책임자의 자율**

권에 대한 보장을 강조하였고, 영국에서는 **연구비 예산배분에 대해 연구회의 재량권**을 강조하였으며, 미국에서는 **"정부는 기초연구에 대해 지원은 하되, 정책(policy) · 인사(personnel) · 연구방법에 대해 간섭하지 말고 연구기관 자체에 맡겨야 한다"**하는 방식으로 일반행정의 논리를 차단하는 '원칙(principle)'을 제정해 두고 있다. **독일의 Harnack 원칙(1911), 영국의 Haldane 원칙(1918), 미국의 Bush의 원칙(1945)**이 바로 그것인데, 우리나라 과학기술정책에서도 매우 절실하게 필요한 내용들이다. 과학기술 정책가들은 일반적 행정논리를 벗어나 '진흥육성의 논리'를 적용할 줄 알아야 하며, 선택집중 정책의 필요성을 외부(특히, 언론, 국회)에 설명하고 설득해야 한다.

■ 독일의 하르낙 원칙(1911)

'하르낙 원칙(Harnack principle)'은 MPG 홈페이지에 소개되어 있는데, 그 내용은 다음과 같다 [15. p. 151].

1911년 Harnack principle

(a) Do not erect academic institutes around a specific field, and then search for specific field, and then search for a director. (특정한 연구분야를 중심으로 연구소(MPI[3])를 설립하고, 그리고 특정한 연구분야를 탐색하여, (거기에 적합한) 연구소장(MPI director)을 선발하는 방식으로 일하지 말라.)

(b) Rather, recognize academics of extraordinary ability, and erect research institutes around them and what they do. (대신, 특출한 연구역량을 갖춘 연구자들을 먼저 발굴하라. 그리고 그들을 중심으로 그들이 하고자 하는 연구소(MPI)를 설립하라.)

(c) This is the cult of the charismatic academic in its highest modern form: directors matter more than disciples. (이것은 가장 현대적 형식으로서의 '학문을 휘어잡는 사고방식'이다: 즉, (MPI) 연구소장(사람)이 학문원리보다 더 중요하다.)

'하르낙 원칙'은 MPG의 전신(前身)인 카이저빌헬름협회(Kaiser Wilhelm Society)의 초대 총재 Adolph von Harnack의 이름을 딴 것이다. 하르낙 원칙은 기존의 학문적 업적보다는 특출한 연구자(사람)를 더 중요시한다. 그 특출한 연구자가 새로운 학문을 만들어 내기를 바라는 것이다. '연구'라는 것은 무슨 결과를 창출할지 모르는 것이므로, MPI director 또는 Research Group Header(그룹장)를 탁월한 연구자로 먼저 선발하여 과학위원(Scientific Member)의 자격을

3 막스플랑크협회(Max Planck Society, MPS)는 3개 Sector에 총 86개의 MPI로 구성되어 있으며, 각 MPI는 여러 개의 Research Group을 보유한다.

부여하고, 그 개인이 요청하는 연구를 허용하며, 연구그룹 전체의 구성도 그 개인에게 맡긴다는 임용·지원 원칙이다. 과학위원(Scientific Member)은 혼자서 연구목표와 연구방법을 결정한다. 즉, MPI director 또는 Research Group Header는, 일단 임명되면, 정부나 MPG나 시장(market)의 요구에 의해 결정된 커리큘럼이나 연구 프로그램을 따르지 않아도 된다는 의미이다. 이러한 조건들과 엄격한 후보자 선정이 맞물려 MPG는 독일에서 국제 과학자들에게 가장 매력적인 곳 중 하나가 되었다. "**탁월한 연구자가 현재 발견된 학문의 원리보다 더 중요하다**"는 표현이 의미심장하다. 연구자의 독립성과 자율성을 얼마나 존중하는지 알 수 있다. 하르낙 원칙에서는 탁월한 연구자가 정부나 시장의 요구에 구속받지 않고 자신만의 연구계획을 수립·추진할 수 있다는 점과 자신의 그룹(MPI 또는 Research Group)의 구성원조차 자신이 결정할 수 있다는 점이 파격적이다.

■ 영국의 홀데인 원칙(1918)

1918년 영국연구기금위원회의 의장을 맡았던 Richard Burdon Haldane 위원장은 제1차 세계대전 이후에 영국정부가 어떻게 운영되어야 할 것인가에 대한 보고서(The Haldane Report)를 작성하였는데, 연구정책 관련 내용이 포함되어 있었다. 그것을 '홀데인 원칙(Haldane principle)'이라고 부르게 되었는데, 이 내용은 오늘날 **영국의 7개 연구회(Research Council)의 설립배경과 운영원칙**이 되었다[15, p. 153]. 엄격하게 보면, Haldane Report의 내용 어디에도 '홀데인 원칙'을 명시적으로 제시하지는 않았다. 다만, Haldane은 그 보고서에서 의미있는 '대 정부 권고안'을 발표했고, 그 후에 장관들이 그 권고를 인용하면서 점차 '원칙'의 모양으로 자리잡은 것이다. 독일의 하르낙 원칙에서도 그렇듯이 **선진국은 선배 정책가들이 제정한 것을 후배 정책가들이 존중하고 이어가는 모습을 볼 수 있다**. **홀데인 원칙은 시대에 따라 변천해 간다**.

☞ 우리는 최형섭 박사의 정책이나 '출연(연)발전 민간위원회' 보고서를 이어가지 못했다.

1918년 Haldane의 핵심 권고안(일부)

(제1차 세계대전을 위한 전쟁목적의 정부연구에 대해서) '정보 및 일반연구(intelligence and research for general use)'로부터 정부 부처별 연구(departmental research)를 분리해야 한다. 일반연구(The general research)는 'Advisory Councils(오늘날의 Research Councils)'에 의해 수행되어야 하며, 이것은 '독립된 정보연구부(Department of Intelligence and Research)를 주관하기에 적합하다는 근거로 특별히 임명된 장관에 의해 감독되어야 하며, 그 장관은 더 이상 추밀원위원회(Committee of the Privy Council) 아래서 활동하지 않아야 하며, 가장 중요한 정부 부처 중 하나로 자리매김 해야 한다.'
그 후, 홀데인 원칙은 다음과 같이 자리 잡아 간다[15. p. 155].

○ 정부정책을 뒷받침하기 위해서 정부는 지식획득과 연구지원을 계속해야 한다.
○ 일반연구를 담당하는 부처(지식연구부)는 과학자들과 긴밀한 관계를 가져야 하고 타 부처들이 그 연구결과를 활용할 수 있도록 제안해야 한다.
○ 지식연구부의 장관은 부처의 전문성에 근거하여 임명되어야 하고, 지식연구부는 정부부처 중에서 중요한 위상을 가져야 한다.
○ 정부의 연구기금의 배분은 정치가가 아닌 연구기관들에 의해 결정되어야 한다.
○ 이러한 형태의 조직은 새로운 자문위원회를 구성하여 만들어야 하고, 자문위원회는 해당 분야의 전문지식과 경험을 가진 전문가들로 구성되어야 한다. (자문위원회는 나중에 Research Council로 발전됨)

1972년 로스차일드 경(Lord Rothschild)은 홀데인 원칙에 대한 대안으로서 **고객-계약자 원칙(the customer-contractor principle)**을 제시하였다. 그의 보고서(A Framework for Government Research and Development)에서 그는 "Haldane 보고서에 사용된 과학적 독립성의 개념은 정부연구에 대한 현대적 논의와는 관련이 없다"고 말했다. 로스차일드의 원칙은 정부부처 또는 '**정부의 수석 과학자(Government Chief Scientist)**'를 '수요자(customer)'으로 보았고, 그들이 '계약자(Research Councils과 대학)'에게 연구를 의뢰하게 하는 원칙을 제안했다. 이것은 다음과 같은 이유로 '연구자 주도의 연구(investigator-led research)'를 벗어난 원칙이다.

아무리 뛰어나고 총명하고 실용적인 과학자라 할지라도, 국가의 요구가 무엇인지 결정할 수 없으며, 그러한 요구를 만족시킬 책임이 있는 사람으로서 요구의 우선순위를 결정할 수 없다.
※ 정부가 투자하는 연구개발사업에 대해 연구기관 및 연구회가 모든 것을 결정한다면, 정부 부처는 어느 정도까지 간섭을 할 수 있느냐가 논쟁거리가 되었다.

※ 홀데인은 기초연구(Type 1 연구)에 중점을 둔 권고를 하였는데, 로스차일드는 정부부처의 문제해결형 연구유형(Type 3 연구)의 적용할 원칙을 주장하고 있다. 제6장을 보라.

1993년, 영국의 국가과학정책과 예산을 담당하는 OST(Office of Science and Technology)가 발행한 「우리의 잠재력을 실현하는 OST 백서(OST White Paper Realising Our Potential)」에서는 다음과 같이 선언하였다[16. p. 41].:

[…] 다양한 전략과 프로젝트의 과학적 장점에 대한 연구회의 일상적 결정은 정부의 개입 없이 연구회가 수행해야 한다. 그러나 기준의 범위가 있어야 하는 연구활동의 일반적 범주 간에는 대략적 우선순위 설정이 선행되어 있다.
※ 이것은 이름을 붙이지는 않았지만, 홀데인 원칙을 현대적으로 해석한 것이다.

2008년 Denham 장관이 Royal Academy of Engineering에서 한 연설에서 홀데인 원칙을

다음과 같이 정리하였다.:

(a) Researchers are best placed to determine detailed priorities. (연구자들이 구체적인 연구의 우선순위를 가장 잘 결정할 수 있는 위치에 있다.)
(b) Government's role is to set the over-arching strategy. (정부의 역할은 기본전략을 설정하는데 있다.)
(c) Research Councils are 'guardians of the independence of science'. (연구회는 과학의 독립성을 지켜주는 수호자이다.)
※ 결국 Denham은 정부가 투자하는 연구개발사업에 대해 정부의 역할과 연구회 및 과학자의 역할을 정리한 것이다. 과학자 간에 동료심사의 근거가 된다.

홀데인 원칙은 국가발전의 효율성을 높이기 위해 연구전담 부처(지식연구부)와 연구회(research councils)를 설치하고 전문가를 임용하라고 권고하고 있다. 그리고 정부의 연구자금의 배분에 관하여 정부의 역할과 연구회의 역할을 명시하고 있는데, 정부는 기본전략(over-arching strategy)을 수립하고, 이에 따라 연구회가 상세한 배분을 결정하는 것을 원칙으로 제시하고 있다.

이 내용은 우리나라 과기부와 국가과학기술연구회(NST)의 운영원칙에 참고할 만하다. 특히, '일반연구(research for general use)'와 '정부부처의 연구(아젠다 연구)'를 구분하라고 권고하고 있으며, 일반연구는 과기부가 담당하되 다른 정부부처는 그 결과를 용이하게 활용할 수 있게 하라는 권고로 해석된다. 그리고 정부부처와 연구회의 역할분담으로서 **정부는 기본방향만 수립하고, 연구회가 세부전략을 수립·집행하도록 권고**하고 있다. 다소 차이가 있다면, 영국의 연구회(Research Council)는 펀딩(연구비 지원)과 연구수행이 주 기능이지만, 우리의 연구회는 출연(연)의 관리에 중점을 두고 있다.

■ 미국의 부시원칙(1945)

1944년에 루스벨트 대통령은 2차 세계대전 이후, 정부의 역할이 과학기술정책 영역에서 어떻게 이뤄져야 할지에 대해 자문을 구하였으며, 이에 대한 답변으로 Vannevar Bush[4]가 「Science, the Endless Frontier」라는 보고서를 제출하였는데, 끝부분에 **5개 원칙(Five Fundamentals)**을 다음과 같이 제시하고 있다.

---

4 바네바 부시(Vannevar Bush, 1890~1974)는 미국의 기술자이며 아날로그 컴퓨터의 선구자이다. 그는 제2차 대전 기간 중에 미국의 Office of Scientific Research and Development(OSRD)의 실장을 맡았으며 원자탄을 개발한 맨해튼 계획을 관리하고 추진한 주역 중 한 사람이었다. 1944년 루즈벨트 대통령이 전쟁 동안 무기 개발을 위해 수행했던 과학연구를, 전쟁 이후 국가발전을 위해 기여하게 하는 방법에 대해 자문을 요구하자, 그는 1945년 「Science The Endless Frontier」를 작성·보고하였다.

Science, the Endless Frontier(Five Fundamentals)

과학연구와 교육에 대한 정부의 지원 프로그램이 효과적이고, 우리가 육성하고자 하는 바로 그것들에 손상을 입히지 않으려면, 반드시 준수해야 할 기본원칙(basic principles)이 있다. 이 원칙은 다음과 같다.

(1) 지원범위가 어떻든 간에, 장기 프로그램(long-range programs)이 진행될 수 있으려면 수년간의 기간에 걸쳐 기금의 안정성(stability of funds)이 있어야 한다.

(2) 이러한 기금을 운용하는 기관(funding agency)은 기관의 업무의 발전에 대한 관심과 능력에 근거하여 선정된 민간인(citizens)들로 구성되어야 한다. 그들은 과학연구와 교육의 특수성에 대한 폭넓은 이해와 관심을 가진 사람들이어야 한다.

(3) 펀딩기관은 연방정부의 외부의 연구기관에 contracts 또는 grants를 지급함으로써 연구를 증진해야 한다. 펀딩기관이 자체 연구소를 운영해서는 아니 된다.

(4) 공립 · 사립대학 및 연구기관의 기초연구(basic research)에 대한 지원은 정책(policy) · 인사(personnel) · 연구방법과 범위(method and scope of the research)에 대한 내부적 통제를 (간섭하지 말고) 연구기관 자체에 맡겨야 한다. 이것이 가장 중요하다.

(5) 여기에 제안된 재단(Foundation)은 공적 자금(public funds)을 받는 연구기관에서 수행되는 연구의 성격, 범위 및 방법론에 대한 완전한 독립성과 자유(independence and freedom)를 보장하고, 그러한 연구기관들 간의 자금 배분에 대한 재량권을 유지하는 한편, 대통령과 의회에 대해서는 책임을 져야 한다. 그러한 책임(responsibility)을 통해서만 우리는 **과학과 민주주의 체제의 다른 측면(other aspects of a democratic system) 사이의 관계를 적절하게 유지**할 수 있다. **감사, 보고서, 예산편성과 같은 통상적인 통제는 당연히 재단의 행정 및 재정 운영에 적용되어야 하지만, 연구의 특별한 요건을 충족시키기 위해서 필요한 절차상의 조정에는 (정부가) 따라줘야 한다**.

기초연구는 장기적인 과정이다-단기적인 지원하에 즉각적인 결과를 기대한다면 기초연구가 아니다. 따라서 펀딩기관이 프로그램에 대한 현재 지출에서 5년 이상의 기금을 보장할 수 있는 방법을 찾아야 한다. 프로그램의 지속성과 안정성 및 그 지원은 (a) 과학연구가 대중에게 이익이 된다는 의회의 인식 증가 및 (b) 펀딩기관의 후원하에 연구를 수행하는 사람들이 좋은 품질의 연구는 지속적인 지원을 따를 것이라는 확신을 가질 때, 기대할 수 있다.

이것이 곧 Bush Principle이며, 미국의 국립과학재단(NSF)의 설립배경[5]과 운영원칙이 되었다. 우리나라 한국연구재단(NRF)의 운영원칙에 참고할 만하다. Bush Principle을 한마디로 말하면, "**정부는 과학에 연구비를 지원하되 간섭은 하지 말라**"는 것이다. 여기서 주목되는 부분은 "기초연구(basic research)에 대한 지원은 정책(policy) · 인사(personnel) · 연구방법과 범위(method and scope of the research)에 대한 **내부적 통제를 (간섭하지 말고) 연구기관 자체에 맡겨야 한다**."는 점이다. 그리고 "**감사, 보고서, 예산편성과 같은 통상적인 통제는 당연히 재단의 행정 및 재정**

5 엄격하게 보면, NSF의 설립은 Truman 대통령의 과학자문위원장인 Steelman의 보고서에 의한 것이다. 이 보고서에서도 정부의 불간섭과 자유경쟁 원칙을 주장하고 있다.

운영에 적용되어야 하지만, 연구의 특별한 요건을 충족시키기 위해서 필요한 절차상의 조정에는 정부가 따라줘야 한다."는 권고는 최형섭 박사의 의도와도 일치한다.

바네바 부시(Vannevar Bush)와 OSRD

큰 키에 마른 몸매를 가진 부시는 강직한 목사의 아들로 태어나 재단사처럼 말끔히 옷을 차려입고 뱃사람처럼 욕을 하는 인물이었다. 제1차 세계대전이 시작되었을 때, 막 공학석사 학위를 마친 부시는 코네티컷주의 뉴런던에 있는 잠수함 연구기지에 자원했다. 당시 연구현장에서는 "관료들은 연구소에 고용된 과학자나 엔지니어가 자신들보다 낮은 계급이라는 사실을 아주 분명히 했다."고 분위기를 설명했다. 제1차 대전(독가스가 사용됨) 초기에 미국화학회가 군을 돕겠다고 나섰으나 전쟁부 장관은 이를 거절했다. "그 문제를 살펴보니 전쟁부에 이미 화학자가 한 명 있더라"는 게 거절 이유였다.
부시는 해군 예비역으로 8년을 복무했고, 학자, 엔지니어, 비즈니스맨으로 경력을 키워나갔다. 그 후, 그는 MIT교수로 임명되었고, 세계 최초의 컴퓨터 중 하나(아나로그 기기)를 발명했다. 그가 출범을 도운 회사는 나중에 거대 전자회사인 Raytheon으로 성장했다. 1930년대 중반에 부시는 MIT 부총장 자리까지 올랐으나 여전히 해군에 자문을 제공하고 있었다. 부시는 글에서 "과학자와 엔지니어에게는 괴상한 것을 탐구할 수 있는 기회와 독립성을 제공해야 한다."고 주장하였다.
1938년 워싱턴 DC 소재 싱크탱크였던 '카네기 연구소'가 부시에게 연구소장 자리를 제안하였다. 당시 MIT 총장은 부시에게 연구소장 자리를 거절하고 대학에 남아준다면, 자신의 총장직을 내주겠다고 제안했지만 부시는 카네기로 갔다. 부시는 국방전략을 선도하는 곳이 워싱턴임을 잘 알고 있었다. 그리고 과학계와 국방계를 연결할 수 있는 사람은 자신이 최적임자라는 것도 알고 있었다. 부시는 당시를 이렇게 회상하였다. "빌어먹을 그 동네에서는 대통령의 비호를 받는 조직을 꾸리지 않는 이상에는 아무것도 진행되지 않는다."
변호사 출신의 루즈벨트 대통령은 사회 개혁가들에게 둘러싸여 과학이나 과학자에게는 거의 관심을 보이지 않았다. 부시는 우연히 대통령의 참모 해리 홉킨스를 알게 되어, 그와 함께 루즈벨트를 만날 수 있었다. 부시는 루즈벨트에게 우리 육군과 해군은 기술 면에서 독일에 한참 뒤처져 있으니 연방정부 내에 과학기술 그룹을 만들어 달라고 제안했다. 루즈벨트는 부시의 제안서(짧은 문단 4개로 적힌 게 전부)를 읽고 O.K. 서명했다. 회의는 10분 만에 끝났다.
'과학연구개발실(Office of Scientific Research and Development, OSRD)'이라는 이름을 갖게 된 새 조직은 부시가 대학과 민간연구소의 과학자 · 엔지니어 · 발명가들을 찾아내 괴상한 것을 탐구할 수 있는 기회를 제공하였다. 유망하지만 인정받지 못한 전국 각지의 아이디어를 보호하고 확산시킬 국가기관이 출범한 것이다. OSRD는 군에서 자금지원을 꺼리는 증명되지 않은 기술을 개발하고 그 수장은 '(군의 입장에서) 빌어먹을 교수'가 맡을 예정이었다. 예상대로, 군과 그 지지자들은 격렬히 반대했다. 그들은 부시에게 새 조직이 "기존 채널 밖에서 활동하는 몇 안 되는 과학자와 엔지니어 무리가 신무기 개발에 필요한 돈과 권한을 탈취해 가려는 수작"이라고 말했다. 부시는 이렇게 썼다. "사실은 정확한 관찰이었다."부시의 시스템은 엄청난 속도와 효율성으로 '룬샷(loon shots)'을 키워냈다. 레이더, 페니실린, 혈장수혈법 등은 전장에서 수천명의 목숨을 구했다. 그러나 단 하나의 발명품, 처음에는 기적으로 여겼으나 곧이어 공포로 뒤바뀐 발명품이 이 모든 공적을 무색하게 만들었다. 1941년 영국의 어느 원자물리학자 그룹이 만들어 낸 새로운 결과는 부시가 다른 마음을 먹게 만들었다. 부시는 루즈벨트 대통령과 헨리 스팀슨 전쟁부 장관에게 "비록 핵무기가 성공할 가능성은 낮지만 독일이나 일본이 먼저 손에 넣을 위험을 감수할 수는 없다"는 점을 지적했다. 루즈벨트는 부시의 논리를 받아들여 그에게 이 문제를 맡겼다. 이렇게 하여, 부시는 군과 정치 지도자들의 지지를 모은 다음, 「맨하탄 프로젝트」를 시작한다.

출처: 사피 바갈(이지연 옮김). (2020). 룬샷. 흐름출판.

1945. 7월 발표된 Bush의 답신(Science, the Endless Frontier)은 언론의 찬사를 받았지만, 곧바로 NSF설립을 위한 입법으로 연결되지 못했다. 1945. 4월 루즈벨트 대통령이 서거하였으므로, Bush의 답신은 트루먼 대통령에게 전달되었다. 트루먼은 국립과학재단 법안에 대한 승인을 보류하였다. 트루먼은 "헌법은 대통령에게 법률이 정확하게 집행되는지를 감시할 책임을 부여하고 있다. 그러나 이 법률을 집행하는 과정에서 대통령은 그의 헌법적 책임을 다 할 효과적인 수단을 박탈당한 것이다."라고 표명하였다. 법률안은 **대통령의 직접적인 통제로부터 NSF를 보호하도록 규정**되었기 때문이다. 그 후, 한 상원의원이 수정 법안을 제안하였으나, 1947. 8월 트루먼 대통령은 다시 법률안을 거부하였다. 그 이유는 NSF의 관리계획이 대통령의 통제로부터 너무 멀어져 있다는 것이다. 결국 1950. 3월에 가서야 의회와 대통령은 NSF의 설립을 승인하였다[17. p. 23-58]. **미국이 과학기술을 위해 '일반행정 논리'를 극복했던 과정**이다.

NSF 에피소드[18. p. 16]

NSF 법률에 따르면, 대통령은 NSF Director를 지명하기 전 NSB(National Science Board)의 자문을 구하게 되어 있었다. 그런데 트루먼 대통령의 NSF Director 선정기준은 오직 대통령과의 친분이었다 (There's only one criterion. He must get along with me.)

NSF 초대 Director의 인선과 관련하여, 트루먼 대통령은 개인적 친분관계가 있는 역사학교수 출신이며 상원의원인 Frank P. Graham을 염두에 두고 있었다. NSF의 첫 이사회에서 이사들은 NSF Director의 요건으로는 기초과학분야의 탁월하며 걸출한 행정경험을 갖춘 인물이어야 한다고 주장하며, 대통령의 Graham의 임명을 반대하였다.

이 해프닝은 NSF를 대통령에 종속된 행정부의 한 기관으로 생각하는 백악관과 NSF를 법률이 부여한 독립기관으로 인식하는 NSF 이사회와의 견해 차이를 적나라하게 보여준 사건이었다. 이후, 백악관은 네 번째 이사회에서 Alen T. Waterman[6]을 Director로 지명하고, 이에 대해 NSB는 동의하였다.

6 Waterman은 NSF의 연구지원방법을 계약제(contract)가 아닌 장려금(grant) 형태로 결정한다. 그리고 grant를 지원받는 과제에 대한 심사는 (NSF 내부가 아닌) 외부 전문가에게 의뢰하는 방식을 도입한다.

과학기술정책에서 일반행정의 논리를 초월하는 진흥육성논리를 도입하는 것은 매우 중요하다. **더 우수한 연구자에게 연구비를 집중한다든지, 실패하는 연구에 연구비를 더 준다든지, 우수한 연구팀을 존속시키기 위해 별도의 연구과제를 만들어 준다든지** 등은 모두 일반행정의 논리로는 이해할 수 없는 일이지만, 국가기술혁신생태계(NIS)의 유지와 효율성을 위해서 필요하다면 지원할 수 있어야 한다. 따라서 **선택집중 정책으로 구성된 과학기술정책에서는 소신과 전문성이 매우 크게 요구된다**. Bush가 '과학연구와 교육의 특수성에 대한 폭넓은 이해와 관심을 가진 사람'을 중요시한 이유이다. 과기부의 종합조정은 **전문성 높고 애국심을 가진 과학자**가 맡아야 한다는 것을 알 수 있다.

☞ 우리는 아직도 일반행정 논리에 강하게 집착함으로 인해 탁월성이 성장하지 못하고 있다. 과학기술정책에 관존민비 사상이 개입하여 공무원과 연구자를 상하관계(갑을관계)로 만들어 가는 현상도 보이고, 책임지지 않기 위해 위원회 중심으로 의사결정하는 경우가 많아졌다.

제 2 장

국가연구개발체계

제1절 들어가면서

- 생각해 볼 문제
- 지식확대를 위한 국가의 역할
- 국가연구개발체계의 하드웨어
- 국가연구개발체계의 소프트웨어

제2절 선진국의 국가연구개발체계

1. 미국의 국가연구개발체계

- 미국의 연구행정체계
- 미국의 예산절차
- 미국의 연구개발기관의 개요
- 미국 국가연구개발체계의 특징

2. 독일의 국가연구개발체계

- 독일의 연구행정체계
- 독일의 연구개발기관의 개요
- 독일의 R&D 투자
- 독일 국가연구개발체계의 특징

3. 일본의 국가연구개발체계

- 일본의 연구행정체계
- 과학기술기본계획
- 일본의 연구개발기관의 개요
- 일본 국가연구개발체계의 특징

제3절 우리나라 국가연구개발체계

1. 우리나라 연구개발체계

- 우리나라 연구행정 체계
- 우리나라 정부 R&D 투자

2. 우리나라 연구관련 법령체계

- 헌법에서의 과학기술
- 출연(연)을 육성하는 법률
- 「과학기술진흥법」, 「과학기술기본법」, 「국가연구개발혁신법」

3. 우리나라 연구개발기관의 개요

- 고등교육기관(대학)
- 정부출연연구기관
- 우리나라 국립연구기관
- 우리 출연(연)의 구조적 문제점

제1절 들어가면서

■ 생각해 볼 문제

○ 국가는 왜 연구개발에 투자하는가?
 -국가는 산업기술개발에 왜 투자하는가?

○ 과학기술발전을 담당하는 정부체계는 어떠해야 과학기술발전에 유리할까?
 -부총리제? 국가위원회? 분산형 체계? 아니면 중앙집중형 체계?

○ 중앙정부와 지방정부는 지방과학발전을 위해 어떻게 역할분담을 해야 할까?

○ 산학연의 협력은 잘 되고 있는가? 잘 협력하는지 어떻게 판단하는가?

○ 연구기관의 '자율성'이란 어떻게 보장해야 하는가?

○ 우리의 국책(연)은 대부분 기계, 전자, 생물, 화학 등 학문분야(또는 산업분야)로 구분하여 설립되어 있다. 선진국의 국책(연)(미국의 NL, 독일의 MPG, FhG, 일본의 RIKEN, AIST)은 종합·통합적이다. 여기에 무슨 장점과 단점이 있을까?

■ 지식확대를 위한 국가의 역할

국가는 존속·발전, 사회적 문제해결, 국민의 삶의 질 향상, 지도자의 비전 달성을 위해 정책지식을 필요로 하며, 이 지식을 얻기 위해, 국가(연)을 설립하고 미션연구를 부여한다. 국가는 장기적·영구적 발전을 도모해야 하므로, 우수한 인재를 양성하는 대학을 지원하고, 탁월한 연구인력을 보유하는 국가(연)을 운영하며, 연구자의 전문성을 강화하기 위해 여러 가지 연구지원사업을 운영한다.

그렇다면, 기업의 시장경쟁에 필요한 산업기술개발에 국가가 왜 투자하는가? 이것은 세계시장에서 공정경쟁에 위배되지 않는가? 그런 측면이 있다. 1995년 우리나라가 WTO에 가입하면서 산업기술개발에 대한 정부보조금 지급은 산업연구(industrial research)에 대해 75% 이내 또는 경쟁이전 개발활동(pre-competitive development activity)에 대해 50% 이내로 허용하기로 합의했다.[1] 이를 위반하는 경우, 수입국가는 상계관세를 부과하거나 무역보복 조치를 가하며, 이러한 다툼은 WTO에 제소된다.

경쟁이전 개발활동이라 하더라도, 산업기술개발에 대한 국가의 연구개발비지원은 특정 기업에게 특혜를 주는 것 아닌가? 그런 측면이 있다. 정부는 특정 산업을 육성하기 위해

---

1 출처: WTO「보조금 및 상계조치에 관한 협정」 제4부 허용보조금 제8조(허용보조금의 정의) 제2항

WTO협정에 위배되지 않는 범위에서 '특혜'를 내걸고 기업의 연구개발투자를 유인하는 정책을 시도할 수 있다. 이 특혜의 수혜자는 경쟁적으로 선발될 수밖에 없으므로, **모든 기업에게 경쟁이 개방되고, 경쟁기회가 여러 번 주어져야 '형평성'이 생긴다**.

그런데 엄격하게 보면, **기술은 산업기술과 공공기술이 뚜렷하게 구분되는 것이 아니다**. 우선 당장 기술의 활용이 산업용이냐 공공용이냐의 차이는 있겠지만, 공공기술(공공목적으로 개발된 기술)이 산업화되어 세계시장을 점유한 사례가 매우 많으며(예를 들어, 태양전지는 우주개발에서 나왔고, 인터넷은 국방기술에서 나옴), 산업용으로 개발된 기술이 공공용(군사용, 의료용)으로 활용되는 사례도 많다.

※ '민군겸용기술'이란 민간용 기술이 군사용으로, 또는 그 반대로 사용되는 경우이다.

과학기술발전을 위한 국가의 역할은 오랜 역사 속에서 형성되면서 관행으로 굳어졌다. 중요한 역사를 보자. 독일(프로이센)이 1806년 나폴레옹에게 패배한 후, 독일의 교육부장관 Humboldt는 1810년 베를린대학을 설립하고 연구기능을 부여하면서 연구중심대학의 효시를 열었다. 초대 총장은 "독일 국민에게 고함"을 외쳤던 철학자 J. Fichte였다. 1871년 Bismarck는 보불전쟁을 승리로 이끌었고 알사스-로렌을 차지하였으니 효과를 본 셈이다. 당시 농업국이었던 미국에서는 유럽 유학으로 베를린대학이 가장 인기 있었다. 그리고 이 유학생들이 귀국하여 설립한 대학이 미국 최초의 연구중심대학인 Johns Hopkins University이다. 그 후, 독일은 1911년 카이저빌헬름연구회(KWS)를 설립하면서 국가가 조직적 연구를 시작하였다. 그리고 그 효과는 제2차 세계대전에서 발휘된다. 그 후, 전쟁지원 혐의로 KWS가 폐쇄되자 막스프랑크가 서방을 설득하여 겨우 만든 것이 MPG이다. 1939년 프랑스가 CNRS를 설립한 배경은 독일에 대응하기 위해서이다. 1957년 소련의 Sputnik 발사에 대응하여, 1958년 미국은 NASA를 설립하고 국가차원의 연구비를 급속히 확대하였다. **어느 국가든 국가(연)을 설립하고 우수 연구자를 보유하며 연구개발예산을 책정하여 국가차원의 연구개발사업을 추진한다**. 종종 국가 간에 공동연구사업을 추진하기도 한다. 그 이유는 앞에서 설명한 대로 ① 국가의 존속발전, ② 사회적 문제의 해결, ③ 국민의 삶의 질 향상, ④ 지도자의 비전의 달성이며, 다음 세 가지 정책으로 요약된다.

① 지식의 생산과 확산에 유능하도록 국가연구체계의 유지·발전(국가연구소 정책)
② 문제해결과 비전 달성을 위한 국가 아제다 프로젝트(NPA)의 추진(연구개발 정책)
③ 우수한 연구자 개인 및 연구팀을 보유하기 위한 연구인력의 양성(인력양성 정책)

연구개발사업의 규모와 형식은 국가마다 상이한 경제력과 문화적 바탕에 따라 제각각 다르지만, 국가 간에 서로 제도를 모방하기도 하고 국제기구(OECD, ISO, World Bank 등)가

표준적 기준을 제시하기도 해서, 서로 비슷한 제도적 형식을 운영하고 있다. 그러나 국가연구개발체계는 **정치 · 경제적 수준과 정신 · 문화적 요소가 강하게 개입되므로** 국가별로 다를 수밖에 없다. 국가연구개발체계에 대해 거버넌스, 하드웨어, 소프트웨어로 나누어 국가별로 비교해 보면, 유익한 정책 메세지를 얻을 수 있다.

※ 국가연구개발체계와 국가혁신체계(NIS)는 조금 다르다. NIS는 경제적 관점에서 보며, 국가연구개발체계와 글로벌 정보체계(특히 시장정보), 소비자 만족(시장성공)까지 고려한다.

■ 국가연구개발체계의 하드웨어

국가연구개발체계의 하드웨어는 국가(연)과 대학 등 국가의 연구개발기관과 그 기관들의 운영체계를 의미한다. 연구개발 인프라(연구장비, 연구설비)도 하드웨어에 포함되는데, 대형·고가 연구시설은 국가(연)이 보유·관리하면서 대학이 활용하도록 운영체계를 갖추고 있으므로 인프라는 국가(연)에 포함하여 생각할 수 있다.

국가가 필요한 정책지식을 효율적으로 확보하기 위해 국가연구개발체계에서 가지는 정책 방향은 다음과 같다.

○ 단기적으로 신속한 효과도 얻어야 하지만, 장기적·영구적 효과가 더 중요하다.
○ 세계 수준의 탁월한 연구자를 유치할 수 있어야 한다.
○ 사회적 연구니즈에 신속히 대응할 수 있는 유연성도 있어야 한다.
○ 국제적 흐름에 동참하면서, 일부 영역에서는 국제적 리더십을 가져야 한다.
○ 국가예산으로 지원받거나 운영되므로 관리·운영·성과에 대해 평가를 받는다.

대학은 석·박사를 양성하면서 공유재에 해당하는 기초연구를 담당하는 **개방형 연구체계**의 성격을 가지도록 진화하였다. 국가(연)은 사회적 연구수요(주로 정부의 연구수요)에 대응해야 하므로 탁월한 연구개발인력을 보유하고 응용연구와 시험·개발연구를 담당하며 **비공개 연구체계**의 성격을 가지도록 하였다. 그리고 국가(연) 중에는 대학의 연구를 지원하기 위해 대형 연구장비 및 시설(천문대, 가속기, 슈퍼컴, 조사선 등)을 운영하거나 대형 기초연구를 수행

■ 국가연구개발체계의 내용

	구분	내용	이슈
국가 연구개발 체계	거버넌스	정부차원의 관리형태	집중형/분산형, 의사결정절차, 정부간섭
	연구체계 하드웨어	국가연구소, 인프라	연구의 자율성, 정부의 think-tank
		대학	연구중심대학 보유, 세계대학랭킹
	연구체계 소프트웨어	법규와 제도	법률의 체계성, 안정성 여부
		예산배분방식	유연성과 자율성의 정도

하는 국가(연)도 있다.

☞ 국가(연)에서 국립(연)과 국책(연)의 차별성과 장단점, 그리고 대학의 연구와 국책(연) 연구의 차별성은 제1장 에서 이미 소개하였다.

국가연구개발체계의 하드웨어에서 중요한 정책내용은 다음과 같다.

○ 국가(연)을 어느 정도 규모(인력규모)로 보유해야 하는가?
 -연구원, 엔지니어, 테크니션, 행정가는 어느 정도 배치해야 하는가?
○ 국가(연)의 스펙트럼(산업분야, 학문분야, 임무영역)은 어떻게 구성해야 하는가?
○ 국책(연)은 어떻게 예산을 받고, 실적을 평가받는가?
 -자율성을 어떻게 구현하는가? 평가방법은 무엇인가?
○ 어떠한 기능을 국립(연)에 맡기고 어떠한 기능을 국책(연)에 맡기는가?
○ 국가는 왜 연구중심대학을 별도로 보유하고 있는가?
 -연구중심대학을 위해 어떠한 정책이 있는가?

■ 국가연구개발체계의 소프트웨어

국가연구체계에서 소프트웨어란 연구개발의 불확실성을 커버하고 과학기술의 발전을 촉진하는 법률, 금융, 제도를 의미하는데 우수 연구인력을 양성·유치하기 위한 제도도 여기에 포함된다. 그 중, 가장 중요한 것은 '정책결정 방법'과 '자금지원 체계'이다.

(1) 정책결정 방법

과학기술정책의 결정이란 겉으로 보기에는 단순한 몇 가지 형식으로 보인다.:

○ 법규제정이나 제도설치로 해결해야 할 문제가 있는가?
○ 어떤 국책(연)을 설립하여 무슨 미션을 맡길지를 어떻게 결정하는가?
○ 정부부처의 기술요구를 수시로 국책(연)에 요청하고, 그 결과를 얻는 절차는?
○ 어떠한 연구지원프로그램(사업)을 운영할 것인가? 경쟁국가는 어떠한가?
○ 기존의 국책(연)과 각 사업(프로그램)의 예산을 어떻게 조정할 것인가?

이런 의제가 채택되고, 정책이 수립되기까지에는 많은 정보와 통계가 파악되어야 하며, 합의 절차를 거친다. 합의절차는 국가마다 다르지만, 대략 3단계로 구성된다. 정책의 성격이 Top-down이냐 Bottom-up이냐에 따라 ①, ②번이 순서가 바뀔 수 있다.

① 학문분야별 합의(또는 연구공동체 내부적 합의)
② 정부와 연구공동체와의 합의
③ 의회에서의 최종합의(법률제정, 예산편성)

모든 과학기술정책에서 **정책목표를 달성해 가면서 병행하여 추구해야 하는 노력의 방향은 다음 두 가지이다**. 이 두 가지 방향이 서로 균형을 이루도록 해야 하며(한쪽으로 치우치지 않도록 해야 하며), **확대 · 재생산되도록 정책이 설계**되고 운영되어야 한다.

○ 연구자의 수월성 제고: 경험학습과 지식축적을 통해 연구자의 연구능력의 제고
○ 사회적 관련성 추구: 연구활동이 사회발전에 유리하다는 사회적 인식의 확대

달리 표현한다면, 정부가 여러 정책을 시행하는 동안, 정책목표의 달성과는 별개로, 연구자들은 경험학습을 통해 능력이 더 제고되도록 그리고 사회적 역할이 더 확대되도록 노력해야 한다. 그리고 더 높아진 능력과 사회적 평판 속에서 더 난이도가 높은 정책목표에 도전하도록 하는 것이 곧 '**확대 · 재생산**'의 개념이다.

☞ 우리 사회의 큰 문제를 해결하려 할 때, 외국의 기술을 구매하기보다는 우리가 연구하여 우리 힘으로 해결하는 것이 중요하다. 다소 재정과 시간이 더 소요되더라도 우리 힘으로 해결하도록 국가(연)에 '**학습의 기회**'를 부여해야 한다. 이것이 '**기술의 종속'을 벗어나는 전략**이다.

☞ 그렇다고 무조건 모든 기술을 다 개발하려 한다면, 무모한 전략이라고 볼 수 있다. 그래서 **우리의 강점 기술을 선정하여 집중 투자**함으로써 세계최고 수준으로 보유하고 나서, 그 기술로 우리가 필요한 기술을 선진국과 거래(이것을 '아웃소싱'이라고 한다)할 수 있는 능력을 가지는 것이 그동안 '**우리나라가 가져온 과학기술 기본 전략**'이었다.

※ 아웃소싱과 기술종속의 차이는 거래능력(bargaining power)이 있느냐 없느냐이다.

(2) 자금지원 체계

정부의 연구개발자금 지원체계는 국가마다 다르다. 연구개발예산을 가지는 정부부처의 구조도 국가마다 다르다. 독일은 정부의 연구개발예산을 다음 네 가지 유형으로 나눈다.

① 기관기본펀딩(basic funding of institutions): 국책(연), 국립(연), 국립대학의 예산
- 기관운영비(인건비, 경상운영비, 개인기본연구비, 기관전략연구비)는 블록펀딩이다.

② 프로젝트 펀딩(project funding): 정부가 Top-down 유형으로 미션연구비 지급
- 국가(연)이 설립될 때부터 부여받은 '미션연구'와 정부부처가 수시로 의뢰하는 'NAP(국가 아젠다 프로젝트)'의 연구비가 경쟁없이 계약을 통해 지원된다.

③ 대학 관련 펀딩(university related funding): Bottom-up 유형
- 정부가 지원하는 국립대학의 예산 중에 안정적 연구개발비가 포함된다.
- 대학의 기초연구를 지원하는 Bottom-up형 지원사업도 여기에 포함한다. 대학은 서로 경쟁적이므로 Bottom-up형 지원사업은 경쟁과정을 통해 지원한다.

※ 유럽 국가들은 국립대학 중심이고, 미국은 사립대학 중심이며, 한국, 일본은 국립대와 사립대가 공존한다. 정부는 국립대학에 대해서 일정한 연구개발예산을 지급해야 한다.
※ 유럽 또는 우리 교육부가 지원하는 대학교부금은 연구개발예산에 속하지 않는다.

■ 프랑스의 연구개발예산 체계

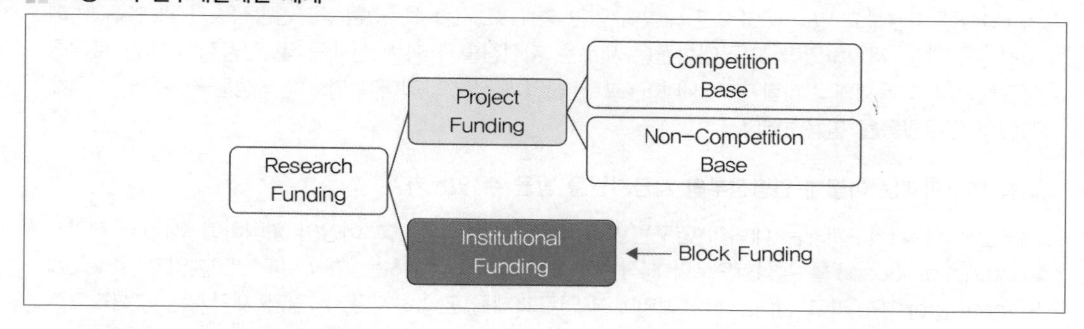

④ 국제협력(international co-operation): 국제기구 출연금
-HFSP, ITER 등 국제공동연구개발사업이 최근에 와서 확대되고 있다.

프랑스도 독일과 비슷하게 연구개발예산을 구분하고 있다. 다만, 여기서 Institutional Funding에는 국립(연), 국책(연), 국립대학의 기관운영비(인건비, 경상운영비, 개인기본연구비, 기관전략연구비)를 포함하고 있다. 블록펀딩이라는 점은 독일과 비슷하다.

모든 국가들은 대학의 기초연구를 지원하는 Bottom-up형 지원사업의 운영을 전문기관에게 위탁하고 있다. 미국의 NSF, 독일의 DFG, 프랑스의 ANR, 일본의 JST, JSPS, 한국의 NRF가 이러한 전문기관에 속한다. 영국은 7개의 Research Councils이 있는데,[2] 그 중 6개는 연구비 지원기관이며 동시에 그 중 넷은 연구수행기관이기도 하다. 나머지 하나는 연구시설 및 장비를 지원하며 연구비를 지원하지는 않는다.

국가는 왜 대학(사립대학일지라도)의 연구에 투자하는가? 어떻게 투자하는가?
-이에 대해, 2011년 미국 AAU가 대답을 주었다. 우리 NRF도 이렇게 투자한다.

대학연구: 연방정부자금지원의 역할[19](University Research: The Role of Federal Funding)

대학 연구는 국가연구개발계획의 필수 구성요소이다. 미국 대학들은 국가 총 연구개발의 13%를 수행하였고, 국가 전체의 기초 및 응용연구의 31%, 국가 전체의 기초연구는 56%를 수행하였다. 대학 연구는 미래를 위한 국가의 장기적 투자라는 폭넓은 합의가 있으므로, 연방정부는 대학이 수행하는 연구의

2 Research Councils 7개는 ① Biotechnology and Biological Sciences Research Council(BBSRC), ② Economic and Social Research Council (ESRC), ③ Engineering and Physical Sciences Research Council (EPSRC), ④ Medical Research Council (MRC), ⑤ Natural Environment Research Council (NERC), ⑥ Particle Physics and Astronomy Research Council (PPARC), and ⑦ Council for the Central Laboratory of Research Councils (CCLRC)이다. CCLRC는 연구시설 및 장비를 지원하며 연구비를 지원하지는 않는다.

약 60%를 지원하고 있다. 2009년 대학의 연간 총 R&D지출 $550억 중, 연방정부가 약 $330억에 달하는 금액을 지원하였다. 미국대학들은 새로운 지식창출과 함께 신제품 및 신공정에 대한 토대를 마련하면서, 다음세대의 과학자, 엔지니어, 교사, 산업과 정부의 리더가 되도록 학생들을 교육하기 위해 자신의 연구활동을 활용하였다.

대학 연구과제는 어떻게 연방정부의 자금지원을 받을 수 있는가?

대부분의 대학 연구과제는 대학의 연구원 또는 교수 한 명 또는 그 이상이 협력하여 '지원금 제안서(funding proposal)'를 작성함으로써 시작된다. 연구과제를 지휘하는 과학자를 '연구책임자(Principal Investigator: PI)'라고 한다. PI가 매일매일 연구과제를 관리하지만, 지원금 제안서는 공식적으로 대학에 의해 제출된다.

대학에서 제출한 제안서에는 연구과제의 수행을 돕는 대학원생 연구조교(RA)를 지원하기 위한 자금의 신청이 포함될 수 있다. 사실 연방정부의 지원을 받은 과학 및 엔지니어링 학과 대학원생의 70%가 '학술연구 지원금(academic research grant)'으로 지원받았다. (또한 대학원생은 훈련수당과 개인 장학금을 통한 지원도 받았을 것이다.)

지원금 제안서는 일 년 중 어느 때든 '연방 지원기관(Federal Funding Agency)'에 제출할 수 있다. 이를 '자발적 제안서(unsolicited proposals)'라고 부른다. 일반적으로 연방 지원기관은 일정한 주기로 이들의 제안서들을 심사한다. 연구의 새로운 영역 또는 새로운 역점 영역의 연구를 촉진하기 위해, 지원기관은 '사업공고(program announcement)'를 발표한다. 좀 더 구체적 목표를 가진 사업을 위해, 지원기관은 '과제 요구서(Request For Proposals/ Request For Applications: RFP/RFA)'를 발표하여, 연구자들이 지정된 기한 내에 신청하도록 한다.

자금지원 절차와 동료평가

연방 지원기관에 의한 자금지원 결정은 일반적으로 '동료평가(peer review)'의 과정에 기초를 두는데, 이 과정에서 제안서가 지원금을 받을 자격이 되는지 그리고 그들이 과학적 · 기술적으로 의미를 갖는지 심사한다.

일단 연방정부의 프로그램 관리자(PM)가 제안서의 적합성을 검토한 후, 제안서는 외부의 과학 전문가 또는 동료(동일 분야 과학자를 말함)들로 구성된 '심사패널(review panel)'에게 보내지고, 추가적인 기술적 심사를 받는다. 심사패널은 직접 회의를 하든지 또는 서면 · 전자메일로 심사하는데, 지원기관과 프로그램에 따라 다르다. 심사자는 대부분 연구를 활발히 수행하는 과학자이다. 지원기관의 '이해충돌과 정보보안 정책(conflict-of-interest and confidentiality-of-information policies)'은 심사자의 편파적이지 않은 심사과정을 보장하고, 정보의 특혜적 사용을 제한하는 것을 목표로 한다.

지원금(Grant): 일반적으로, 대부분의 대학연구는 grant를 지원을 받는다. grant는 승인된 과제 또는 활동들을 수행하기 위해 필요한 인력, 장비, 필요한 것을 갖추도록 자격을 얻은 연구자에게 제공된다. grantee는 과제수행, 진도보고, 출판을 위한 결과 정리 등에 대한 책임을 진다. grant를 지급한 지원기관은 지급한 자금의 사용에 대해 모니터링하지만, 일반적으로, 직무의 본질에 관련해서는 최소한으로 관여한다.

협력협정(Cooperative Agreement): 연방 지원기관이 특정 연구과제의 본질에 실질적으로 관여해야 하는 경우에는, 연방 지원기관은 사업수행기관과 협력협정(cooperative agreements)을 체결한다. 예를 들어, NSF는 천문대와 같은 '국가 이용자 시설(national user facilities)'을 관리하는 기관과 협력협정을 맺고 있다. NIH의 국립암센터는 '임상시험(clinical trial)'을 수행하는 내부 · 외부 연구원들 간의 상호작용을 촉진시키기 위하여 협력협정을 사용하고 있다.

계약(Contract): 계약은 일반적으로 유형의 물품 또는 서비스의 창조와 관련하여 지원기관과 연구수행기관 사이에 체결하는 계약이다. 계약대상이 되는 활동으로는 전용 물품(proprietary product)의 검사와 평가; 장비개발, 기술보고서와 평가; 그리고 컨설팅 서비스를 포함한다.

연방정부는 연구의 회계적 책임을 어떻게 관리하는가?

백악관의 OMB(Office of Management and Budget)는 두 가지의 주요 관리정책지침을 통해 연방 연구기금의 사용에 관한 가이드라인을 제공한다. 'Circular(회람) A-11'은 일반적 관리지침을 제공하며, 'Circular A-21'은 직접비와 간접비(F&A 비용)에 대한 지출지침을 제공한다. OMB와 연방 지원기관은 대학뿐만 아니라 다른 연구 수행자들이 연방 정부로부터 수령한 연구자금을 전적으로 책임지고 정당히 지출하도록 하기 위하여 본 규정을 설치하고 강화하였다. 그 준수는 정기적으로 다양한 회계감사를 통해 점검된다.

연방정부는 어떤 연구비용을 지원하는가?

직접비(Direct Cost): grant, cooperative agreement, 또는 contract에서 직접비는 급여, 대학원생 수당, 학회의 참석을 위한 출장, 특정 장비 및 물품과 같이 특정 연구과제를 수행하는 비용을 말한다. 비록, 대학은 이들 비용의 대부분을 연방정부로부터 상환 받지만, 때때로 지원기관은 이러한 직접비 지출에 대해 '비용분담(cost share)'을 연구기관에 요구하기도 한다.

간접비(Facilities and Administrative (F&A) Cost): 역사적으로 '간접비(indirect cost)'라고 불려왔던 이 비용은, 연구수행을 위해 필요하지만, 특정 연구과제로 배분할 수 없는 비용을 말한다. 이러한 비용에는 연구설비의 건립과 유지, 활용, 연구행정과 회계, 그리고 피험자 보호, 동물보호, 건강정보에 대한 프라이버시와 보안, 수출규제, 위험물 처리, 그리고 그 외의 건강, 안전, 보안과 관련된 요구사항들과 같은 연방정부의 규정을 준수하기 위한 비용들이 포함된다. 연방정부는 과제에 직접적으로 간접비를 지불하지는 않는다. 대신에, 연방정부는 대학이 이미 지출한 돈을 (후불로) 지급한다.

연방정부는 간접비 지급을 어떻게 결정하는가?

간접비율(The F&A Cost Rate): 간접비의 상환율은 개인의 grant에 대해서는 분명하지 않다. 대신, 연방기관의 협상자와 대학 관리자가 문서화된 과거의 비용들과 비용분석 조사를 토대로 상환받을 수 있는 허용 간접비의 대략적 비율을 미리 결정한다. 건설, 유지, 활용과 행정비용이 기관마다 지역마다 상이하기 때문에 간접비율은 기관에 따라 다양하다. (예를 들어, 보스턴의 겨울 난방비와 샌디에이고의 난방비에는 차이가 있을 것이다.) 각 대학에 대한 비율은 일반적으로 3년마다 재협상한다.

대학이 연방기관으로부터 grant, contract, 또는 cooperative agreement를 획득하였을 때, 연방 지원기관에 상관없이 협상된 비율로 간접비를 상환받을 것이다. 하지만, 실제로, 대학은 훨씬 낮은 간접비율로 상환받을 것이다.

증가된 행정 및 준수사항들로 인해 제한된 비용 지급

지난 20년 동안, OMB는 상환받을 수 있는 행정비용의 상한계를 직접비의 26%로 정하고, 과거에 상환이 허용되던 비용들을 축소 · 제거하며, 건축 및 리노베이션 비용에 대해서는 추가적인 내부 시스템과 검토를 요구함으로써 대학의 비용 상환을 상당히 제한하였다.

이 긴축정책은 연방정부가 대학과 교수단에게 연구의 준수사항과 행정책임을 크게 증가시켰음에도 불구하고 시행되었다. 2007년 1월에 'Federal Demonstration Partnership'이 실시한 교수 PI에 대한 조사연구가 이것을 설명하고 있다. 이 조사연구에 따르면, 교수들은 grant와 관련된 준수사항과 행정적 사안에 연구시간의 42%를 투입하고 있다. 이것은 20년 전에는 18%였던 것이다.

대학연구의 성과물 사용에 대한 절차는 무엇인가?

기술이전(Technology Transfer): 기술이전은 제품 및 공정과 관련된 잠재적 개발을 위해 민간부분에 연구결과물을 이전하는 방법이다. 대학의 기술이전으로 개발된 **제품**으로는 생명공학산업에서 창출된 유전자 접합기술, 새로운 인터넷 검색 엔진, 그리고 개선된 건축 자재를 포함한다.
1980년 「Bayh-Dole Act(베이돌 법)」의 제정으로, 정부로부터 지원받은 연구에 의해 창출된 발명특허의 소유권을 대학 또는 비영리기관이 보유할 수 있도록 연방정부가 허용하였다.
그 대신 대학은 다음 사항을 반드시 준수해야 한다.

- 혁신할 수 있는 권리를 산업계에 허용해야 한다.
- 기술관리 비용을 제외한 나머지 모든 수입을 과학연구 또는 교육에 사용해야 한다.
- 특허로부터 발생하는 모든 미래 수입은 발명자와 함께 나누어야 한다.
- 발명에 대해 비독점적이고 변경할 수 없는 라이센스를 연방정부에 제공해야 한다.

대학기술관리자협회(Association of University Technology Managers)의 분석에 따르면, 2009 회계연도에 대학이 라이센스한 발견을 기초로 658개의 신제품이 소개되었다. 또한 동일 연도에 596개의 신생기업들이 학술발명의 라이센싱을 통해 설립되었다.

출처: Association of American Universities, 2011

※ 결론적으로, 대학 연구는 미래를 위한 국가의 장기적 투자라는 폭넓은 합의가 있으므로, 미국정부는 대학이 수행하는 연구의 약 60%를 지원하고 있다. 대학의 연구비 지출에서 산업계가 약 6%, 대학의 자체 연구비 재원이 약 25%, 비영리 기구가 약 6%를 지원하고 있다.

(3) 법률과 제도

모든 국가는 연구개발을 촉진하기 위해 별도의 법률과 제도를 운영하고 있다. 이러한 법률과 제도는 국가마다 형식이 다르지만, 우리나라는 일본과 유사한 구조를 가진다.

○ 미국은 '예산법률주의'를 채택하고 있다. 즉 법률에서 예산을 규정한다.
  - 예시: SBIR/STTR 프로그램은 「15 U.S.C. 638 - Research and development」에 근거를 두며, **사업의 목적과 예산이 법률에 명시**되어 있다.

○ 우리와 일본은 의회에서 예산이 법률과는 별개로 심사된다.

○ 우리와 일본은 연구개발관련 정부체계가 비슷하지만 조금씩 다르다.
  - 일본은 문부성과 과기청은 따로 연구개발사업을 추진하다가, 2001년에 통합되어 문부과학성이 출범하였다. 산하 전문기관인 JSPS와 JST는 통합하지 않았다.
  - 우리는 교육부와 과기부가 따로 연구개발사업을 추진하다가 2008년에 통합되어 교육

과학기술부가 되었으며, 산하 전문기관인 연구재단과 학술진흥재단도 통합했다. 과기부는 2013년 미래창조과학부로 독립했다가 2017년 과학기술정보통신부가 되었다.

○ 우리와 일본은 연구개발관련 법률이 비슷하지만 조금씩 다르다.
- 일본은 1995년 「과학술기본법」을 제정하고, 매 5년마다 「과학기술기본계획」을 수립하였는데, 2020년에 「과학기술기본법」을 **「과학기술 · 이노베이션기본법」**으로 법명을 변경하고, 「과학기술기본계획」을 **「과학기술 · 이노베이션계획」**으로 변경하였다.
- 우리는 2001년 「과학술기본법」을 제정하고, 매 5년마다 「과학기술기본계획」을 수립하였다. 그 후, 다른 정부부처의 연구개발사업이 확대되자 국가연구개발사업을 통합적 · 체계적으로 운영하기 위해 2021년에 「국가연구개발혁신법」을 제정하였다.

○ 우리와 일본은 연구개발관련 컨트롤 타워도 비슷하지만 조금 다르다.
- 일본은 국가차원의 과학기술분야 컨트롤 타워로서 자문기구 '종합과학기술회의'가 있는데, 수상이 위원장이고 내각의 장관들이 위원으로 참석한다. 그 후, 2016년에 '종합과학기술회의'를 '**종합과학기술 · 이노베이션회의**'로 변경하였다.
- 우리는 자문기구로서 「대한민국 헌법」과 「국가과학기술자문회의법」에 근거를 둔 '국가과학기술자문회의'와 심의기구로서 「과학기술기본법」에 근거를 둔 '국가과학기술심의회'가 있었는데, 2018년에 '국가과학기술심의회'를 '**국가과학기술자문회의**(의장: 대통령)'에 통합하였다.

제2절 선진국의 국가연구개발체계

1 미국의 국가연구개발체계

■ 미국의 연구행정체계[20. p. 23]

미국의 각 연방부처는 국립(연)과/또는 국책(연)을 보유하고, 연구개발사업을 추진한다. 그리고 백악관의 OSTP(Office of Science and Technology Policy)는 NSTC(National Science and Technology Council)의 사무국 역할을 하면서 중요한 정책조정의 책임을 가진다. **미국은 단일한 국가연구계획(national research plan)을 가지지 않는다. 또한 국가 연구목표(national research goals)를 명시적으로 선언하지도 않는다.** 대신, 대통령이나 의회가 종종 특별한 선언을 발표하여, 크고 복잡하며 다양한 체계에 대해 국가차원의 목적과 방향을 제시하곤 한다. '**국가의 이익(national interest)**'이라는 여러 요소들의 폭넓은 합의를 통해 국가연구의 우선순위가 정해진다.

■ 미국의 연구행정체계[24]

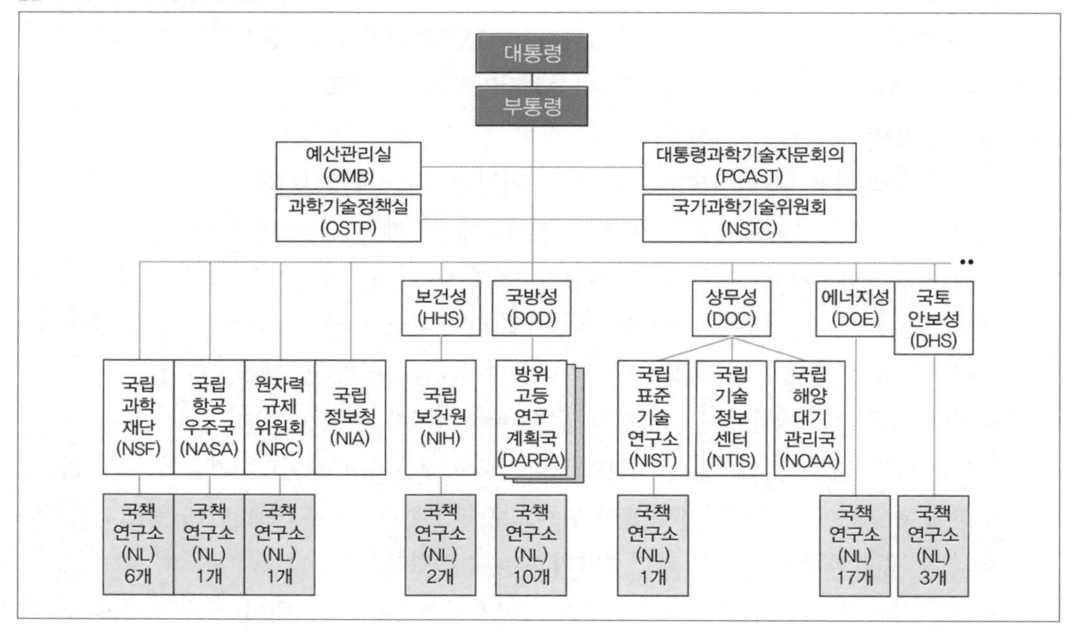

정부의 집행부(executive branch of government)에는 4개의 offices 또는 councils이 있으며, 그들이 연구개발 정책에 대해 대통령에게 자문한다.

○ **National Science and Technology Council(NSTC, 국가과학기술위원회)**: 대통령이 주재하는 장관급 위원회이다. **과학기술 관련 장관을 포함하여 주요 연구기관의 장으로 구성**되어 있다. NSTC는 대통령이 연방 차원의 과학기술정책을 조정하는 수단이다. NSTC에는 모든 연방 기관간 과학기술 활동(multi–agency S&T activities)에 대한 정책과 예산을 조정하는 5개의 목표 지향적 위원회(goal–oriented committees)가 있다. NSTC는 1993년 대통령령(Executive Order)에 의해 설치되었으며, OSTP가 사무국 역할을 한다.

☞ 우리는 주요 연구기관장과 장관 및 대통령이 만나는 회의가 없다. 국가과학기술자문회의 구성에 주요 연구기관장이 포함되도록 입법화가 필요하다.

○ **Office of Science and Technology Policy(OSTP, 과학기술정책실)**: 대통령의 국정운영 목표에 부합하도록 연방정부의 연구지원 활동을 조정한다. OMB와 협력하여 R&D 우선순위에 대한 연도별 예산안(budget memorandum)을 작성한다. OSTP는 NSTC의 사무국(secretariat)이다. OSTP의 Director는 과학기술에 대한 대통령의 보좌관(Assistant to the President for Science and Technology)이므로, 그는 과학기술에 대한 국가최고자문관(chief national adviser on S&T)이다.

○ **President's Council of Advisors on Science and Technology(PCAST, 대통령과학기술자문회의)**:

1990년 대통령령에 의해 설치되었으며, NSTC가 민간부문에 개입할 수 있도록 지원한다. 민간부문과 대학에서 온 18명의 위원으로 구성되어 있다.

○ **Office of Management and Budget(OMB, 예산관리실)**: OMB는 연방의 전체적 예산을 조정 · 편성한다. 여기에는 연방부처와 연방기구의 연구비를 포함한 연방의 R&D예산이 대상이 된다. R&D예산이 분리된 형태로 OMB를 통과하지는 않는다.

■ 미국의 예산절차[20. p. 25]

미국은 복잡하고 지루하며 독특한 연방세출예산(federal budget appropriations) 절차(주 정부와도 유사하다.)를 운영하는데, 항상 **한꺼번에 연속 3년치의 예산을 다룬다**. 예산주기(budget cycle)는 차년도 10월에 시작하는 회계연도(fiscal year[3])를 위해 연방정부와 연방기관들이 여름에 예산 신청안을 OMB에 제출하면서 시작된다. 다음 해 초, 대통령은 통합된 예산 요구안을 의회(Congress)에 제출한다. 의회는 하원(House)과 상원(Senate) 및 3단계의 위원회(budget, authorisation, appropriations committee)를 통하여 심사한다. 주목할 점은 연방의 R&D예산에 대한 의회의 심사는 다음과 같은 이유로 **전체적 관점에서의 심사가 없다**는 사실이다.: **연방정부의 R&D예산은 항상 분문별로 나뉘어 21개의 분리된 상임위원회에서 다루어지는데**, 그 위원회가 연방 R&D정책과 지원의 책임을 가지는 곳이다. 따라서 각 연방부처와 연방기관의 예산은 분리된 형태로 서로 다른 상임위원회에서 상정되어 세출예산으로 승인되는 것이다. 이 과정의 각 단계에서 심사되며 또한 수정될 수 있다. 그래서 pandemic 상태가 오면, 보건복지위원회가 해당 R&D예산을 증액할 수 있다.

NIH, NASA, NSF는 정부기관이므로 예산편성 과정에서 행정부처와 대등한 자격으로 신청하고 의회로부터 예산을 받는다. R&D예산이 많은 DOE, DOD도 여러 개 NL을 보유하므로 과학기술정책 및 예산편성에서 중요하다. 2018년도 예산편성의 사례를 보자. 전체적 규모와 내용을 파악하는 데 도움이 된다.

미국은 전체 R&D예산 중에서 국방 R&D예산이 약 50%를 차지한다. 그다음 보건 R&D예산이 약 25%를 차지하며, 대학을 중심으로 한 기초연구비(General science and basic research)는 8.7% 차지한다. 미국은 세계경영(세계리더십 보유)을 국가의 큰 목표로 두고 있으므로 국방

---

3 fiscal year(회계년): 국가나 기업마다 다르다. **미국연방정부의 fiscal year는 전년도 10월 1일부터 회계년도 9월 30일까지로 한다**. 즉 FY2022는 2021. 10. 1일에 시작하여 2022. 9. 30일에 끝난다. tax year도 fiscal year와 동일하다. 1976년 이전에는 fiscal year가 7월 1일에 시작되어 6월 30일에 끝났다. 그 후, 「Congressional Budget and Impoundment Control Act of 1974」가 제정되어 기간이 변경된 것이다.

■ 미국 연방 R&D예산(2018년도)

(단위: 백만달러)

Budget function	2018 actual	2019 preliminary	2020 proposed
R&D and R&D plant	144,459	147,945	142,377
National defense	68,916	70,587	75,421
Health	37,316	39,147	33,648
General science and basic research	12,559	12,832	11,198
Space flight, research, and supporting activities	10,552	10,128	10,686
Energy	4,233	4,458	1,895
Natural resources and environment	2,662	2,598	1,892
Agriculture	2,346	2,397	2,235
Transportation	1,594	1,638	1,624
Veterans benefits and services	1,286	1,342	1,325
Commerce and housing credit	1,184	1,017	1,116
Administration of justice	690	700	472
Education, training, employment, and social services	614	594	533
International affairs	238	231	78
Income security	106	105	106
Community and regional development	144	152	148
Medicare	20	20	0

예산이 가장 크다. 연구비 예산은 **일반 연구비(R&D)와 연구설비(R&D plant)비용을 분리하여 편성**하는 특징이 있다.

■ 미국의 연구개발기관의 개요[21. p. 2]

(1) 진화하는 구조(An evolving structure)

미국은 거대하며 분산된 복잡한 연구체계를 가지고 있다. 연방정부의 주요 연구체계는 제2차 대전 직후에 구축되었다. 그리고 Vannevar Bush에 의해 제기되어, 과학적 지식의 증대와 젊은 과학자를 계발하기 위한 정책의 일부를 수행하고 있다. 전쟁기간 동안의 무기개발 경험은 과학연구(scientific research)가 국가적 요구에 대해 중요하게 기여할 수 있음을 입증하였으며, 학술연구(academic research)는 이러한 결과를 획득하게 하는 강력한 수단으로 인식되었다. 전쟁 이전에는, 연구에 대한 정부자금은 연방 연구기관(federal laboratories)의 연방직원이 관리하는 정부의 미션연구에 국한되어 있었지만, 전쟁 이후에는, 대학에 연구자금의 특혜를 주었으며, 매우 폭넓은 영역에 초점을 두었다. 그것이 오늘까지 계속되고 있다.

그 이후, 1950년대에 Sputnik의 발사로 인해, 연구에 대한 촉구가 한 번 더 있었는데, 미국이 소련에 대한 과학적 리더십을 상실했다는 인식 때문이었다. 연구에 대한 국방예산은 레이건의 우주전쟁 대비(Reagan Star Wars) 기간 동안 특별히 증액되었으며 냉전(Cold War)의 종식 때까지 높게 유지되었다. 1990년대에 와서 재원과 활용 면에서 공공−민간의 혼합된 경제와 함께 민간 연구(civilian research)가 현격히 증대되었으며, 최근까지 그렇게 유지되고 있다. 미국은 약 50년 넘게 막대한 연방 연구예산을 지속적으로 투입하였으며, 그것은 공립 및 사립에서 **연구중심 대학(research intensive universities)의 층을 형성**하는 데 중요한 역할을 하였다.

(2) 대학 교육(Higher education)

미국은 산업계가 국가 R&D의 가장 큰 부분을 수행하고 있지만, 대학은 공공재원으로 연구하는 비중있는 연구주체이다. 공립대학은 학생의 인원수를 기초로 하여 주정부의 예산을 받는 주립대학이지만, 연구자금의 대부분은 오랜 기간 동안 연방으로부터 받았다. 사립 연구중심 대학(research intensive private universities)의 상당수도 연방기관으로부터 대부분의 연구비를 받는다. 대학의 지배구조를 어떻게 설계하는지에 대해서는 주(state)마다 상당한 차이가 있다.

미국은 2022년 기준으로 총 3,940개의 고등교육기관이 있으며, 고등교육의 공공목적, 임무, 집중 및 영향(public purpose, mission, focus, and impact)을 반영한 카네기 분류(Carnegie Classification)에 따르면, 다음과 같다[22].

미국 대학에서 대부분의 연구는 280개의 doctoral/research universities에서 수행되고 있는데, 이들 7.1%의 대학이 전체 학생의 32.2%를 교육하며, 전체 대학이 지출하는 총 연구비의 90% 이상을 사용한다. **우리보다 더 강한 선택·집중이 일어나고 있다**.

미국의 연구대학(American research universities)에 대해 정의되는 기준은 대학원(graduate school)이다. 연구대학은 19세기 말부터 20세기 초 동안에 독일의 학술체계에서 직접 영향을 받아 나타났다. 대학원은 석·박사 학위 수여와 교수 연구를 위한 대학차원의 행정체계와 장학체계를 가진다. 대학원은 당시 미국 고등교육의 특징이었던 독립적 단과대학(학부 4년)의 위에 새로운 층을 형성하였다. 오늘날 미국의 연구대학은 학부와 대학원을 동시에 운영하는 하나의 교수단과 직원을 보유한다. 독립되고 다양한 부설연구소가 연구대학에 설치되며, 교수는 부설연구소의 연구팀의 한 멤버로서 참여한다. 미국의 학사학위(bachelor degrees)는 폭넓은 교양의 generalist가 되는 것이며, 많은 고등교육기관에 의해 수여된다. 석사와 박사는 석사대학(Master's Colleges)과 연구대학(research universities)에서 수여된다.

미국 고등교육기관에 대한 카네기 분류

Category	대학 수		등록학생 수 (2019년)	
	개수	%	총 인원	%
Doctoral Universities: Very High Research Activity	146	3.7	4,246,901	22.0
Doctoral Universities: High Research Activity	134	3.4	1,977,192	10.2
Doctoral/Professional Universities	189	4.8	1,593,316	8.3
Master' s Colleges & Universities(Larger Programs)	324	8.2	2,751,373	14.3
Master' s Colleges & Universities(Medium Programs)	184	4.7	552,821	2.9
Master' s Colleges & Universities(Small Programs)	159	4.0	310,179	1.6
Baccalaureate Colleges: Arts & Sciences Focus	224	5.7	329,842	1.7
Baccalaureate Colleges: Diverse Fields	308	7.8	489,728	2.5
…	…	…	…	…
All Institutions	3,940	100	19,292,007	100

미국의 대학에서 지출된 R&D자금은 2020년도에 총 $86,435million인데, $46,220million(53.5%)이 연방정부에서 지원되었으며, $4,606million(5.3%)는 주정부 및 지방정부에서 지원하였고, **$5,189million(6.0%)는 산업계**에 의해, 그리고 $21,980million(25.4%)는 대학 내부자금(institutional funds)이었다. 비영리기관의 투자는 $5,758million(6.7%), 기타 $2,682million(3.1%)으로 구성되었다[23].

(3) 국가연구소

미국의 국가연구소은 정부의 감독을 받는 다양한 형태로 연구를 수행하고 있다. 내부 연구기능이 없는 NSF(National Science Foundation)는 제외하고, **대부분의 연방연구비 지원기관(federal research funding agencies)은 내부 연구기능을 보유하고 있다**.

※ 다시 말해, 연방연구기관(NIH, NASA, NIST 등)이 대학에 연구비를 지원한다.

연방정부(DOD, DOE, HHS, 보훈처 포함)는 각자 국책연구소(National Lab.)를 보유하고 있으며, 대학이나 민간회사와 같은 외부기관과 연구계약을 체결할 수 있다. 몇몇 National Lab(예 Los Alamos)은 비밀연구소로 분류되어 있고, 몇몇은(예 Lawrence Berkeley Laboratory) 일반연구소로 분류되어 광범위한 연구활동에 참여할 수 있다. 이러한 연구소의 프로젝트 규모는 대학의 학과와 부설연구소를 통해 일반적으로 수행되는 프로젝트보다 클 수 있다. 또한 27개의 대규모 **사용자 시설(user facilities)**은 DOE의 NL에 기반을 두고 있다. 다른 형태의 연구기관으로는 연방정부와 민간산업 간의 파트너십으로 구성된 **정부기업(government corporations)**, **임무지향 실험실(mission-oriented labs)**, 임상연구를 수행하는 **공공병원(public hospitals)**이 포함된다. 게다가,

■ 미국의 주요 Funding Agency의 예산규모($ million)

		FY21 Actual	FY22 Enacted	FY23 Request	FY23 House	FY23 Senate	FY23 Final
NSF		8,440	8,838	10,492	9,631	10,338	
NIH		42,934	45,959	48,957	50,209	47,959	
NASA		23,271	24,041	25,974	25,446	25,974	
NIST		1,035	1,230	1,468	1,474	1,696	?
NOAA		5,431	5,877	6,884	6,786	6,511	
DOD		110,792	122,846	131,983	134,983	137,602	
DOE	Science	7,026	7,475	7,799	8,000	8,100	
	NNSA	19,732	20,656	21,410	21,232	22,102	
	Energy	2,864	3,200	4,943	4,000	3,799	

※ NNSA: National Nuclear Security Administration

※ 출처: AIP(American Institute of Physics). (2022). Federal Science Budget Tracker

연방 연구기금에 의존하는 **민간 비영리 연구소(private non-profit laboratories)**가 있다. Battelle Memorial Institute, RAND, Hoover Institution이 그 사례이다. 전반적으로, 국가(연)은 국가의 연구수요에 매우 다양한 방식으로 기여하며, 전체적인 연구환경(research environment)에서 중요한 역할을 한다.

(4) 연방부처와 기구(Federal government agencies and instrumentalities)

미국은 연방정부 차원에서 약 30개의 기관이 연구예산을 가지고 펀딩하고 있다. 그들 중 연구비 예산규모가 큰 기관은 위의 표와 같다. DOD와 DOE는 정부부처이므로 직접 연구를 수행하지 않지만 NL을 보유하고 있고, NSF는 연구를 수행하지 않는 순수 Funding Agency이다. 그 외 NIH, NASA, NIST, NOAA는 연구를 직접 수행하면서 동시에 Funding Agency 기능도 한다. 예를 들어, NIH의 경우, 임상연구, 단기/긴급 미션 등 내부에서 수행하는 연구(intramural program)에 자기 예산의 10~11%만을 사용하고, 약 80%의 예산은 외부 연구기관의 연구(extramural program)를 지원한다. 그 외, 10% 정도의 예산은 연구관리비용으로 지출한다.

■ 미국 국가연구개발체계의 특징[20. p. 39]

요약하자면, 미국의 국가연구체계는 다음의 특징을 가지고 있다.

○ 미국은 단일한 **국가연구계획(national research plan)을 가지지 않는다**. 또한 국가 연구목표(national research goals)를 명시적으로 선언하지도 않는다.

 -종종, 대통령이나 의회가 국가 R&D 방향을 선언하고 있으며, 이런 경우, 정부의 R&D 투자방향은 영향을 받는다.

○ 국가연구를 전담하는 단일 부처(ministry)는 없다. 각 연방부처가 독립적으로 연구개발계획을 수립하고 소관 연구기관(국가연구소)을 통해 연구를 수행하도록 하고 있다. 각 부처의 연구 계획은 OSTP에서 조정하게 된다.

– 미국의회 일각에서 **연방과학성(federal ministry of science)**을 설치하자는 의견이 제기되고 있다[21. p. 8].

○ 미국의 대부분의 연구개발은 산업계에서 이루어지지만, 공공연구(public research)의 중심적 수행기관으로는 국립연구소, NL 및 연구중심대학이 있다.

– 280개 연구중심대학이 대학지원 연구비를 집중적으로 사용하며, 국가(연)에서도 대학에 많은 연구비를 지원하고 있다.

○ OSTP의 기능은 '국립연구기관(NIH, NIST, NASA, NOAA) 및 연구비 지원기관(NSF, NEA, NEH)'에 대해 연구자금의 지원 수준을 조정하는 것이다.

– **정부는 구체적 연구비 예산편성이나 지출에 대해 관여하지 않고 있다**. 정부가 여러 채널의 합의과정을 거쳐 R&D 예산의 투자방향과 투자규모를 결정한 후, 의회에 예산을 요청하면, 의회는 여러 위원회를 통해 합의를 거쳐 예산을 결정하게 되고, 그 후 정부의 관여는 거의 없다. 회계관리원칙은 정부(OMB)에서 정해준다.

※ 미국 OMB는 기관의 유형별로 회계관리원칙(연방비용원칙)을 규정하고 있다. 우리도 정부기관, 출연(연), 대학, 영리기관, NGO별로 회계원칙을 달리 규정할 필요가 있다.

기관(조직)유형	적용 가능한 연방비용원칙
교육기관	OMB 회람 A-21
비영리 조직	OMB 회람 A-122
주/지방 정부기구	OMB 회람 A-87
영리기업(단체)	연방조달규정(FAR[4]), Part 31

○ 연방정부와 연구기관(대학, NL) 사이에는 전문기관(NSF, NEA, NEH) 또는 관리기관이 존재하며, **정부가 직접 연구기관의 관리운영에 참여하지는 않는다**.

– 대학에 대한 연구비지원은 NSF(이공학), NEA(예술), NEH(인문학)가 담당하며, National Lab.에 대한 관리운영은 위탁계약을 통해 관리기관(대학 또는 협회)이 담당한다. 다만, 프로젝트별 예산결정 또는 프로젝트 관리차원에서 정부공무원이 연구현장사무소에 파견되기도 한다.

4 FAR: Federal Acquisition Regulation(연방 조달 규정)

○ 연방정부는 R&D 예산을 집중 투자하는 데 비해, 주(state) 정부 및 지방정부는 R&D 투자에 소극적인 편이다.
 – 연구에 관한 정책과 재정지원에서 주와 연방을 조정하는 메커니즘은 아직 없다.

그러나 자세히 살펴보면, 미국의 지식층 사이에 공통적으로 중요시하는 **이념적 가치**를 발견할 수 있다. 그것은 미국 고유의 점검·조정체계(set of checks and balances)에서 헌법정신을 중요하게 생각한다는 점이다. 즉,
○ 지배체계(governance)에서는 권력이 분산되어야 한다.
○ 모든 활동은 건전한 경쟁을 유지해야 강해진다.
○ 지식인의 의사결정은 모범이 되어야 한다.
○ 사회적 신뢰를 얻기 위해서는 엄격한 윤리가 필요하다.

이것은 다른 나라에서 보기 어려운 자세이며, 미국이 진정 강력한 국가를 유지하는 기본 바탕이다. 이러한 정신이 국가연구개발사업의 관리에도 작용하고 있다. 국민들은 지식인들의 이러한 자세에 대해 신뢰를 보낸다. 그래서 **미국 국민들은 "연구비를 투입하면 사회에 유익한 결과가 나올 것이다"는 확신을 가지고 있다**. 이것은 세금을 사용하는 대학 및 국가(연)에게 매우 중요한 환경이다. 그 결과, 미국에서는 대학 및 국가(연)이 세금을 사용하는 데 대해 거부감이 적을 뿐 아니라 많은 기부금이 나온다. 그런데 이것은, 미국의 대학과 국가(연)에서 사회적 신뢰를 얻기 위해 매우 엄격한 윤리규범을 적용하고 있다는 사실과 관련이 크다.

2 독일의 국가연구개발체계

■ 독일의 연구행정체계[20. p. 42]

독일의 과학기술 관련 국가행정체계는 다소 복잡하다. 그 특징으로는;
○ 연방정부 내에 과학기술전담 부처인 **연방연구교육부(BMBF)**가 있다.
○ 16개 주(state)가 연구개발 투자에 적극 참여하고 있다.
○ 종합조정기구를 별도로 두지 않는다. 다만, 과학기술 자문기구인 과학위원회(WR)와 공동학문 컨퍼런스(GWK)를 통해 조정하는 정도이다.

독일은 각 연방부처가 연구기관을 보유하고 소관 업무에서 필요한 기술문제를 해결하되, 기초·응용연구는 연방교육연구부(BMBF) 산하 4개 연구회(MPG, FhG, HGF, WGL)에서 담당하고, 산업기술은 연방경제기술부(BMWi)가 담당한다. 독일은 제도적으로 독자적 의사결정권을

■ 독일의 연구행정체계[24]

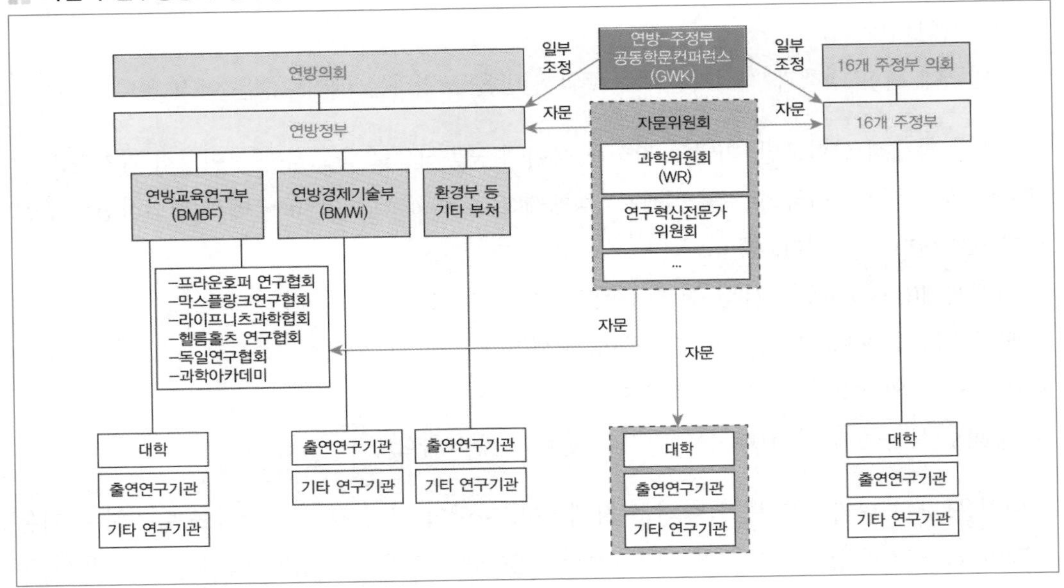

가지는 연구시스템(연구회)으로 구성되어 있으므로, **종합조정기구를 별도로 두지 않는다**. 다만, 조정의 역할을 하는 기구로서, 연방정부와 주정부 공동으로 협의하는 두 개의 조직(GWK, WR)이 있다.

공동학문 컨퍼런스(GWK)는 교육계획 및 연구기금에 관한 전(前) '연방-주 위원회'의 후속기관이다. 이것은 연방 및 주의 개혁의 일환으로 2008년 설립되었으며, 연방과 주정부의 공동연구기금을 조성한다. 그 공동기금은 대학의 연구 프로젝트, 대학 이외의 과학연구기관 및 프로젝트, 대규모 장비를 포함한 대학의 연구용 건물에 투자된다.

1957년 설립된 **과학위원회**(Science Council, **WR**)는 독립적인 정책자문기구로서 그 위원은 대통령이 임명하며, 고등교육 및 연구정책 전반에 걸쳐 연방정부 및 주정부에 자문하도록 위임받고 있다. 이것은 다양한 이해관계자의 의견을 통합하는 유일한 핵심 자문기구이다. 과학위원회의 구성원은 과학자와 전문행정가로 나뉘는데(이들은 각각 과학자 집단에서 개인 역량에 따라 대표로 선출되거나, 연방/주정부로부터 대표로 임명된다), 각 작업반은 양측 전문가를 포함한다. 과학위원회는 펀딩 역할이 없는 기구여서, 이해의 충돌이 발생하는 일은 없다.

독일의 헌법 체계에서 주정부(state government)들은 R&D 지원에 대한 주된 책임이 있다. 그래서 제도적으로 **대학과 공공연구기관 모두에 대해 연방정부와 주정부 간에 책임을 공유하는 형식으로 연구비 예산을 지원**한다. 결국, 주정부는 자체적으로 뿐만 아니라 타 주 및 연방정부와 협력하여 연구비를 지원하고 연구를 장려한다. 주정부의 R&D 펀딩은 '**연단위**

블록펀드(annual block grants)' 형태로 대학의 연구 및 교육에 지원되며, DFG(독일연구재단)에 대한 주정부의 기여분에도 할당된다. 또한 주정부는 합의된 예산비율로 연방연구기관(MPG, FhG, HGF, WGL)에 대한 지원, 주 및 지방정부 소속 연구기관에 대한 지원, 연구·기술·혁신 펀딩 프로그램에 따른 기업지원 등을 수행한다. 결과적으로, 공공 연구비 지원은 다음 세 가지 방법 중 하나로 구성되어 있다;

○ 연방정부 지원(예를 들어, 프로젝트 펀딩),
○ 주정부 지원(예를 들어, 대학 및 주 연구기관을 위한 기관펀딩),
○ 연방정부 및 주정부 공동지원(예를 들어, 국가적 중대성을 가지는 공공연구기관을 위한 기관펀딩, 대학에 대한 프로젝트 펀딩, 연구기반 구축지원).

구체적으로 예를 들면, 연방정부와 주정부는 독일의 4대 연구회의 예산에 대해 공동 지원하는 비율을 정해두고 있다. MPG는 50 : 50, FhG는 90 : 10, HGF는 90 : 10, WGL은 50 : 50이다. 그리고 대학에 대한 펀딩기관으로서 DFG(독일연구재단)에 대한 예산지원 비율은 58 : 42로 정하였다.

독일은 연방부처가 내부적으로 의사결정권을 가지는 **분리된 연구시스템**으로 되어 있지만, 연방정부 차원에서는 연구정책을 수립하고 펀딩을 하는 지배적인 부처(연방교육연구부, BMBF)가 있다. 이 부처의 연구정책 목표는 **국가 차원에서 독일의 연구방향**을 정하는 것이라고 할 수 있다. 그 6개 목표는 다음과 같다[25. p. 1].:

○ 교육과 과학에 대한 투자 증가: 국가 비즈니스 효율성과 국제 경쟁력을 복원·강화
○ 연구시스템 개발: 격리를 줄이고, 유연성을 높이며, 선명한 프로파일(특징적 정책사업)과 강한 초점 창출(선택집중)
○ 연구비 증가: 연구의 질을 높이고, 유연성과 경쟁력 향상
○ 공공연구기관, 대학 및 산업계 간의 공동연구 확대: 혁신을 유도하고 보다 명확하고 효율적인 경쟁 지향적인 프로파일(특징적 정책사업) 개발
○ 국제화 증진: 독일에 외국 유학생 및 외국 연구자 유치 및 해외 경험 장려
○ 과학분야 대화 증진: 비용이 많이 드는 연구활동에 대한 지속적인 공공재정 지원의 경우 대중의 지지가 필수적이라는 인식

☞ 독일이 이렇다면, 우리나라 과기부의 '장기적(30년, 50년) 정책목표'는 무엇인가?

BMBF의 포괄적 목표에 더하여, 연방 및 주정부 연구기관은 기관의 목표와 우선순위를 발전시킨다. 연방 연구정책은 BMBF의 포트폴리오 내에서 설정된다. 통독 후 수도가 Berlin으로 재지정됨에 따라 연구시스템의 정치적 요소와 행정적 요소는 물리적으로 더욱 분리되었다. 즉,

현재까지 대부분의 연방부처는 Bonn에 남아있고 대부분의 연구지원기구의 본부도 Bonn 근방에 남아있다. 예를 들어, BMBF 내에서, 일부 전략 책임은 현재 Berlin에 있으나 그 나머지는 Bonn에 있는 식이다.

■ 독일의 연구개발기관의 개요[25. p. 2]

독일의 연구시스템은 고급의 다양한 산업경제체제를 가진 인구가 많은 연방형 국가를 만족시키기 위해 제도적으로 복잡하다. 독일은 OECD 국가들 중 연구시스템이 가장 큰 국가 중 하나이다.

(1) 고등교육(Higher education)

독일 대학은 독일 연구시스템의 핵심 노드(node)이며, 다양한 단위(units)와 실질적인 단위들로 구성되어 있다. 고등교육시스템은 연구를 위해 자금을 지원받고 석·박사학위를 수여할 수 있는 대학과 박사과정 학생을 수용할 수 없는(연구활동에 제한이 있는) 파호흐슐렌(Fachhochschulen, 전문대학)으로 구분한다. 독일 전체에는 82개의 대학교와 124개의 파호흐슐렌이 있다.

고등교육기관은 주정부 재정지원을 바탕으로 주 법률에 의거하여 설립된다. 16개 주에서 여러 가지 서로 다른 법적 형태(주로 재단이나 공공법인)나 권한이 다른 고등교육기관들을 볼 수 있다. 예를 들어, Baden Wuerttemberg 주는 대학만 있는 반면, Nordrhein－Westfalen 주는 대학 외에도 하나의 기술대학(technical university)과 여러 개의 Universitaet－Gesamthochschule(대학과 전문대학을 합친 종합대학), 그리고 하나의 특수 단과대학(Sporthochschule, Cologne)이 있는 등 기관의 구성이 서로 다르다. 일부 주에서, 예산권은 주의 공공행정에 통합되어 관리되고 있으며, 고등교육기관은 인사 및 재정문제 전체에 대한 통제권을 가지는 것을 거부한다.

독일 대학은 1811년 베를린 대학교 설립의 기초로서 '**교육과 연구의 통합**'이라는 폰 훔볼트(von Humboldt)의 이상적인 비전에서부터, 이후, 지방에 분산된 대학 내에서 펀딩 단위가 된 실제 연구조직의 발전에 이르기까지 **독일의 대학은 현대의 연구대학(modern research university) 발전에 씨앗 역할을 하였다**. 교수들 개개인의 연구분야를 중심으로 구성된 연구수행과 멘토와의 긴밀한 협력관계를 통한 장기간의 연구훈련과 같은, 현대 독일 대학에서 독특한 형태의 연구관행은 19세기 후반에 자리 잡았다. 독일 대학들은 고도로 발달된 학술연구 문화면에서 국제적인 중심이 되었으며, 이후 다른 나라, 특히 미국과 일본에서 대학을 발전시키는 데 모델이 되었다.

DFG는 대학의 연구프로젝트에 대해 펀딩하는 비영리 자치기구이다. 1920년 설립되었으며,

그 펀드의 대부분이 경쟁과 동료평가(peer review)과정을 거쳐 수여된다는 점에서 영국 연구위원회(research council)와 비슷하게 운영된다고 볼 수 있다. DFG는 국가 차원에서 중급 수준의 핵심 펀딩 기구로, 주로 대학에 대해 광범위한 연구분야를 지원한다. DFG는 2001년까지 프로그램에 따라 변화하는 공식에 따라 연방정부와 주정부 양측에 의해 공동으로 투자되다가, 2002년에 전체 펀딩의 58%는 연방정부가, 42%는 주정부가 지원하는 새로운 공식이 도입되었다.

(2) 국가연구소

독일의 국가적 중요 사안을 연구하는 국가(연)은 연방 및 주정부가 공동으로 펀딩하는 형식으로 하여 현재 4개의 큰 네트워크로 구성되어 있다. 그 외, 다른 연방부처가 운영하는 국책(연)이 따로 존재한다.

MPG(Max Planck Gesellschaft, 막스프랑크연구회)는 자연과학, 의학, 사회과학 및 인문학 분야에서 첨단 및 융합연구에 집중하는 86개의 연구기관(MPI) 네트워크를 가지고 **기초연구를 수행**하는 비영리 등록단체이다. 그의 임무는 대학 기반의 연구를 보완하도록 설계되었다. MPG는 Kaiser Wilhelm Gesellschaf(1911년 설립)를 이어받아 1948년에 설립되었다. MPG의 펀드의 95%는 공공재원이다. 2020년 핵심정부펀딩(core public funding)은 25.46억 유로로 연방정부와 주정부가 50 : 50으로 부담하였다. 2021년 기준으로 연구인력은 20,898명(연구원 6,745명 포함)이 근무하는데, 과학자의 54.9%가 외국인이며, MPI소장 중 37.1%가 외국인이다.

FhG(Fraunhofer Gesellschaft, 프라운호퍼연구회)는 1949년 설립되었으며, 76개 연구소를 가진 자체 네트워크를 통해 주로 공학 및 자연과학, 그리고 산업계와의 협력연구 등 **응용연구에 초점**을 맞춘 조합(society)이다. 2020년 공공 펀딩의 핵심은 28.32억 유로로, 연방정부와 주정부의 지원비율은 90 : 10이다. FhG의 예산은 핵심 정부펀드가 35%, 산업계로부터 35%(주로 계약에 의거), 그리고 주로 공공재원과 재단 등으로 부터 오는 프로젝트 펀드가 30%이다. 2020년 기준 29,069명이 근무한다.

HGF(Helmholtz-Gemeinschaft Deutscher Forschungszentren, 헬름홀쯔연구협회)는 과학, 경제, **사회의 거대하고 시급한 문제해결**을 목표로 하고 있으며, 18개의 독립된 대규모 연구센터로 구성된 협회이다. 대규모 연구센터(1950년대 이후 개별적으로 설립됨)는 규모가 크고 비용이 많이 소요되는 공공장비를 보유하는데, 공공장비의 대부분은 다른 분야 연구자들도 사용할 수 있다. 1995년 HGF 네트워크가 설립되었을 때, 회원 기관들은 별도의 정체성을 유지했다. 네트워크 내에서 연구활동을 합리화하기 위한 기반을 구축하기 위해, 현재 **'주제 기반 프로그램(subject based program[5])' 운영**이 도입되었다. HGF는 연구활동을 다음 6개의 전략분야에 집중하고 있다.

5 대비되는 개념이 '기관기반 프로그램(institution based program)'이다.

○ 에너지(Energy)
○ 물질(Matter)
○ 지구 및 환경(Earth and Environment)
○ 항공우주 및 교통(Aeronautics, Space, and Transport)
○ 보건(Health)
○ 정보(Information)

HGF의 핵심(core) 예산은 2020년 53.5억 유로로 연방정부와 주정부가 90 : 10으로 지원하며, 공공 연구자금으로는 가장 큰 단일 항목을 형성한다. 예산의 집행은 기초예산 70%(37.7억 유로), 프로그램예산 30%인데, 기초예산의 74%가 6대 전략분야에 투자된다. 2020년 기준으로 43,683명(과학자 37.1%)이 근무하고 있다.

WGL(Wissenschaftsgemeinschaft Wilhelm-Gottfried-Leibniz, 라이프니쯔연구협회)은 자연과학, 공학, 환경과학에서 경제, 공간 및 사회과학, 인문학에 이르기까지 다양한 분야의 독립 연구기관을 97개를 연결(connects)하는 협회이다. 라이프니츠 연구소(Leibniz Institutes)는 사회, 경제, 생태학 관련 이슈를 다룬다. WGL의 회원기관은 학제간 라이프니츠 연구연합(Leibniz Research Alliances)에 소속되며, **기초적이거나 응용적인 연구를 수행**하고, 과학적 인프라(scientific infrastructure)를 유지하며, 연구기반 서비스를 제공한다. 그 연구활동은 일반적으로 지역적 이해를 초월하며, Blue List(연방 및 주정부 간 공동 합의된 펀딩기구)를 통해 정부로부터 직접, 그리고 개별적으로 지원받는다. 소규모의 사무국은 회원기관들에게 공동의 관심사와 새로운 네트워크로서 기관들의 위상을 높이는 도전적 과제들을 제시한다. 2020년 WGL의 예산은 20.18억 유로였으며, 그 중 핵심정부펀딩 12.77억 유로는 연방정부/주정부 간 50 : 50비율로 지원받았다. 2020년 기준 20,672명(과학자 11.724명, 56.7%)의 직원이 근무하고 있다.

(3) 아카데미(Academies)

독일에는 주(State)에 기반을 둔 몇몇 오래된 과학아카데미가 있는데 Bayerische Akademie der Wissenschaften이 그 예이다. '독일 아카데미 연합(Union of German Academies)'은 심포지엄 등 공동 활동을 조직하고, 연방 및 주정부 펀드를 유치하기 위한 연구 프로그램도 기획하지만, 그 규모는 크지 않다(2001년 390만 유로). 대부분의 아카데미 회원은 대학에 적을 두고 있다.

■ 독일의 R&D 투자

독일은 최근 연구개발(R&D)에 그 어느 때보다 많은 자금을 투자했다. 연방정부의 R&D

지출은 2005년과 2018년 사이에 90억 유로 증가하여 2018년에 173억 유로가 되었다. 이것은 약 92%의 증가를 나타낸다. 2017년과 2018년 사이에 독일 산업계의 R&D 지출는 721억 유로로 약 4.8% 증가했다. 정부(주정부 포함)와 산업계가 2018년 R&D에 1,047억 유로를 지출했다. 이는 독일 국내총생산(GDP)의 3.13%에 해당한다. 구체적으로 2018년도 R&D 지출규모(총 1,047억 유로)를 섹트별로 구분해 보면[26],

○ 산업계(Buisness enterprise sector): 690.90억 유로(66.0%)
○ 정부부문(Government sector): 291.49억 유로(27.8%)
○ 비영리 민간기관(Private non-profit sector): 3.62억 유로(0.35%)
○ 외국(Abroad): 60.69억 유로(5.8%)

연방정부 내에서 R&D 지출은 BMBF(연방교육연구부)가 대부분을 차지하는데, 2020년 연방정부 R&D 지출(총 206.83억 유로)을 부처별로 구분해 보면[27. p. 11],

○ 연방교육연구부(BMBF): 122.73억 유로(59.3%)
○ 연방경제에너지부(BMWi): 44.64억 유로
○ 연방국방부(BMVg): 14.64억 유로
○ 기타 연방부처: 24.82억 유로

2018년도 독일연방정부가 중점 투자한 연구분야는 다음 표와 같다[26. p. 14].

독일의 투자영역을 미국과 비교해 보면, 독일은 국방과학의 투자가 약하다. 두 국가 모두 보건과 우주에 대해서는 투자를 집중하고 있다.

다른 OECD 국가들에서 프로젝트 펀딩이 증가하는 것과는 달리, 독일은 기관기본 펀딩(basic funding of institutions)이 지속적으로 증가하고 있다. 이에 비해 우리나라는 PBS를 시행하면서 출연(연)의 기본연구예산을 경쟁성 프로젝트 펀딩으로 전환하였다. BMBF 및 BMWi의 연구 프로젝트(예를 들어, 보건, 신소재, 해양, 생명공학, 환경)는 오랫동안 관리기관의 한 형태인 Projekttraeger (프로젝트 관리자)에 의해 관리되어 왔다. 다양한 범주의 Projekttraeger가 연방부처로부터 인가를 받았으며, 일부는 공공 연구소에 기반을 두고 있다(예 HGF의 회원 기관인 Deutsches Zentrum fur Luft-und Raumfahrt(DLR)는 일부 BMBF 프로젝트 분야의 Projekttraeger 역할을 한다). 따라서 **연방부처는 프로젝트 연구비 배분절차와 약간의 거리를 두고 있다**[25. p. 5].

독일이 예산배분에서 펀딩의 유형을 중요시하는 이유는 연구기관의 자율성을 어느 정도 보장하는지, 경쟁과 안정을 어느 정도의 비율로 유지할 것인지를 결정하기 위한 것이다.

■ 독일 연방정부의 영역별 R&D 지출(2018)

Funding Area	Funding (millions of euros)
Health research and health industry	2,519.5(14.6%)
Aerospace	1,816.6(10.5%)
Climate, environment, sustainability	1,358.7(7.9%)
Energy research and energy technologies	1,327.7(7.7%)
Large-scale equipment for basic research	1,311.8(7.6%)
Humanities; economics and social sciences	1,160.6(6.7%)
Innovation funding for SMEs	1,037.1(6.0%)
Military scientific research	1,003.8(5.8%)
Information and communication technologies	851.7(4.9%)
Nano technologies and materials technologies	719.9(4.2%)
...	...
Total expenditure	17,250.0(100%)

■ 독일 국가연구개발체계의 특징

요약하자면 독일의 국가연구체계는 다음의 특징을 가지고 있다.

○ 연방정부 차원에서 연구정책을 수립하고 펀딩하는 지배적인 부처(연방연구교육부, BMBF)가 있다.

○ 제도적으로 대학과 국가(연) 모두에서 연방정부와 주정부 간에 책임을 공유하는 시스템으로 되어 있다.

-독일의 헌법 체계에서 연방과 주들은 교육 및 R&D 지원에 대한 주된 책임이 있다.

○ 연구주제를 선정하는 데 있어 연구자의 '**절대 자유**(absolute freedom)'를 매우 중요시 한다. 이러한 자유에 대해 연구자는 '신뢰'로써 화답한다.

-이것을 '과학'과 '사회' 사이에서 '사회계약(social contract)'으로 볼 수 있다. '사회'는 실용적인 목적을 위한 유용한 지식을 얻기 위해 자유로운 연구를 하도록 '과학'에게 지속적인 재정지원을 하는 것이다.

○ 독일에서도 투자 우선순위 결정, 우수 연구자를 유치하기 위한 임금체계 개선, habilitation 제도의 개선, 평가를 통한 MPI 폐지 등 많은 정책변화 과정이 있었지만 수년에 걸친 충분한 토론을 거쳐 실시함을 볼 때, 독일의 신중함을 볼 수 있다. 또 다른 사례로, 기술예측을 연구투자 우선순위에 반영하자는 요구가 있으나, 그 **기술예측 기법의 불완전성** 때문에 아직 반영하고 있지 않다. 이것은 일본과는 다른 면이다.

(1) 연구기관의 처우[25. p. 10]

약간의 예외를 제외하고, 국가(연) 네트워크는 법적 인격(legal identity)을 가지며, 공식적으로 정부로부터 독립적인 연구소들로 구성된다. 그러나 여기에는 독립적인 결정을 제한하는 중요한 규제가 있는데, '**급여를 공무원과 동일하게 해야 하는 것**'이다. 국가(연)이 민간기업이나 최고 수준의 외국 연구자와 경쟁하는 환경에서, 공무원 급여 수준 이상을 지급할 수 없는 것이다.

※ FhG의 각 연구소나 MPI는 법적 능력(legal capacity)을 가지지 않는다.

※ 대학은 일부 주에서는 재단 형태(form of foundations)가 될 수 있는 반면, 다른 주에서는 조합 형태(form of corporations)이다. 그러나 **법적 지위가 어떠하든, 모든 주립 대학의 교수직에 및 국책(연)의 연구직들은 공무원과 동등한 급여체계 및 제한을 따라야 한다**.

연구기관들의 공통된 고민은, 대학들도 동일하게 고민하지만, 이러한 제약조건 내에서 미래의 연구자에게 최대한 매력적인 고용조건을 만드는 것이다. FhG는 스트레스가 덜한 환경, 더욱 매력적인 업무환경, 그리고 졸업 후 처음 5년 정도는 기업과 비슷한 급여를 제공하고 있다. MPG는 연구만 하는 업무환경을 제공함으로써 대학으로부터 연구자를 끌어오고 있다. 고품질의 연구 네트워크로서 연구 스펙트럼의 가장 기초영역에 초점을 두고 첨단 주제를 다룬다는 독특한 특성 때문에, MPG는 국제적으로 연구자를 유치할 수 있다.

MPG는 적절한 인력 채용에 높은 우선순위를 주고 있는데, 특히 이동성이 상대적으로 낮은 시니어 연구자(senior staff)의 경우가 그러하다. 근방 대학의 교수직을 유지하고 있는 연구소장들은 40세 내외에서 임명되며, 따라서 25년을 재직할 수 있다. 전술한 바와 같이, 모든 연구기관들이 예민하게 느끼고 있는 급여에 대한 제한(공무원 수준)을 변경하고자 하는 시도가 있다.

(2) 연구비의 배분과 집중

HGF(헬름홀쯔 연구협회) 연구기관들은 역사적으로 연구성과에 상관없이 연구비를 지원받았으며, 그룹 내의 연구분야에 있어서 일정 부분 중복도 존재한다. 연방정부와 기관을 유치한 주에 의해 제공되는 연간 예산은 연구내용이나 관련 목적에 의해서가 아니라 주로 현재의 직원수와 장비 비용에 의해 결정되었다. **협력과 경쟁을 위한 인센티브는 거의 없다**. 전국에 산재해 있는 다양하고 독립적인 연구기관에 대해 연구비 지원 및 관리에 대한 최선의 방법을 찾는 것이 진정 어려운 문제(genuine question)이다. 새로운 방식에서는 HGF 전체 펀드의 80%가 회원 기관들이 단독 혹은 공동으로 경쟁을 하는 주제별 프로그램에 할당된다[25. p. 11].

독일의 모든 대학은 연구할 수 있는 권한을 가지고 있지만, **연구는 여전히 일부 기관에 집중**

되어 있다. DFG 펀드의 약 50%는 1/4의 대학에 지원된다. 경제적으로, 연구 집중 쪽으로 강력한 힘이 작용하며, 국가정책도 이를 강화하는 쪽으로 이동하는 것으로 보인다. Stifterverband fur die Deutsche Wissenschaft(연구지원 자선기관)는 DFG의 한 연구를 지원하고 있는데, **독일의 연구대학(research universities)에 순위를 도입**하려 한다. 이것은 다른 나라들에서는 이미 시행되고 있다. 이는 실질적인 프로그램으로 이어질 수 있는 지속적인 활동으로 보인다. 기업가들은 순위에 대해 강한 관심을 보일 것이고, 따라서 대학의 연구품질을 개선하게 될 것이다[25. p. 13].

독일은 크고 제도적으로 다양한 시스템을 가지면서, 여러 가지 배경을 고려한 연구우선순위 설정방안을 위해 노력하고 있다. 과학위원회(Science Council, WR)는 펀딩의 수단으로서 연구전망(research prospection)을 사용하기도 하고, BMBF는 웹 기반의 대화를 포함하여 광범위하게 대중을 참여시키기도 하며, 연구분야를 발굴하는 연구를 수행하기도 한다.

(3) 국가연구개발체계의 평가[20. p. 54]

독일은 정부차원에서 국가연구개발 관련 사항을 평가하면서, 주로 **국가운영체계에 대한 평가에 중심**을 두고 있다. 연구기관에 대한 평가는 정부가 직접 나서지 않고 연구기관의 자율에 맡기는 편이다. 국가운영체계에 대한 평가는 주로 「연방－주정부 공동학문 컨퍼런스(GWK, 독일어로 BLK)」에서 토론을 통해 이루어진다. 과학위원회(WR)는 문제점을 지적함으로써 시스템에 대한 평가를 유발한다.

예를 들어, 1990년대, 과학위원회(Science Council, WR)는 통일에 따른 대학의 구조조정과 연계하여 독일 대학시스템의 개별 섹션을 평가하였으며, 특정 연구분야에 대한 많은 단면적 조사를 수행하고, 일반적인 대학정책과 대학의 연구를 위한 미래 발전 방향을 확인하였다. 1996년 BLK(GWK) 포럼에서 연방 및 주정부 장관회의는 고등교육 외부의 연구시스템의 주요 연구기관들에 대해 체계적인 평가를 위탁하기로 결정했다. 과학위원회(WR)는 HGF와 WGL의 시스템 평가를 수행하였으며, BLK가 후원하는 국제위원회가 DFG와 MPG의 시스템 평가를 수행했고, BMBF 위원회가 FhG를 평가하였다. 각 기관에 대한 평가는 독일 내 대학과 연구시스템에 대한 전반적인 검토를 위한 중요한 자료를 제공하였다. BLK 포럼에서 평가를 통해 도출된 결론은 곧 정책에 반영되어 개혁으로 이어진다.

☞ 독일처럼 고등교육(특히 대학원 교육)과 국가연구개발활동은 정책적으로 함께 고려되어야 국가적 효율을 높일 수 있다. 우리나라는 이러한 정책개발이 쉽지 않다. 정부 내 주무부처가 다르기 때문이다.

☞ 우리는 국가운영체계에 대한 평가는 거의 없다. 금기사항이다. 정부부처의 기능정립에 직결되기 때문이다. 그리고 연구기관에 대한 평가는 전문기관에 의뢰하지만 정부의 영향이 크다. 정권이 교체되면 연구기관에 대한 평가결과가 뒤집히는 경우도 나온다. 우리의 평가결과는 개혁의 기초자료가 되기보다는 기관장 인센티브에 직결된다.

정부는 기본적으로 연구회 및 소속 연구기관에 대하여 「재정지원자」 역할을 하고, 운영에 있어서 정부의 간섭은 원칙적으로 배제된다. 연구회가 정부의 재정지원을 받으면서도 운영의 자율성을 확보할 수 있는 가장 중요한 제도적 장치의 하나는 **연구회의 자체적인 평가제도라고 볼 수 있다**. 연구회 조직은 총재와 중역위원회로 구성되는 총재단 회의(Presidential Council), 총회에서 선출되는 위원으로 구성되는 평의원회, 과학위원회 및 자문위원회로 이루어져 있다. 예를 들어 MPG의 경우, 자문위원의 90% 이상이 연구회 소속이 아닌 대학 및 타 연구기관의 과학자들이고 이들 중 반 이상은 외국에서 선출된 전문가인데, 64개 자문위원회를 구성하여 평가를 수행한다. 자문위원회는 **매 2년마다 산하 연구기관을 정기적으로 평가**하며 특별한 경우 임시위원회를 구성하여 평가하기도 한다. 요컨대, **연구회의 자율성은 이러한 제도적 장치에 기초**하고 있다.

☞ MPG는 기초연구기관이므로 외국인의 평가(개방적 평가)가 허용되는 것이다. 응용개발연구기관은 비공개적이므로 국제평가가 없다는 점에 유의해야 한다.

(4) 독일 4개 연구회의 경영특징[28. p. 45]

- ○ **미션(Mission)에 의한 경영**: 연구회와 국책(연)은 미션과 목표를 명확하게 정립하고 이를 산하 기관들에게 확산하고 체화하여 경영
- ○ **세계적 수월성(Global Excellence)에 의한 전략경영**: 연구회는 세계 최고의 학자에 의한 최고의 경영전략(Strategic Management)을 추진
- ○ **세계 최고의 인재(Global Top Talent)에 의한 경영**: 세계 최고의 연구인력의 영입 및 활용을 통한 최고의 성과 창출
- ○ **역사(History)에 의한 경영**: 최고의 과학자를 연구소장으로 위촉/정년보장, 이를 바탕으로 한 연구기관의 진정한 전략경영(Genuine Strategic Management) 구현
- ○ **자율(Autonomy)과 책무(Responsibility)에 의한 경영**: 최고의 성과 창출을 통한 연구기관의 자율성 확보 및 연방정부와 지방정부의 개입 배제
- ○ **문화(Culture)에 의한 경영**: Harnack Principle과 같은 문화와 역사에 의한 경영을 추구하며 규정과 관리의 최소화
- ○ **정체성(Identity)에 의한 경영**: 연구회와 국책(연)은 국가혁신체제 내에서 정체성 확보 및 효율적 분업: 기초연구(MPG)와 응용연구(FhG), 공공연구(HGF)

3 일본의 국가연구개발체계

■ 일본의 연구행정체계[20. p. 65]

일본의 연구행정체계[24]

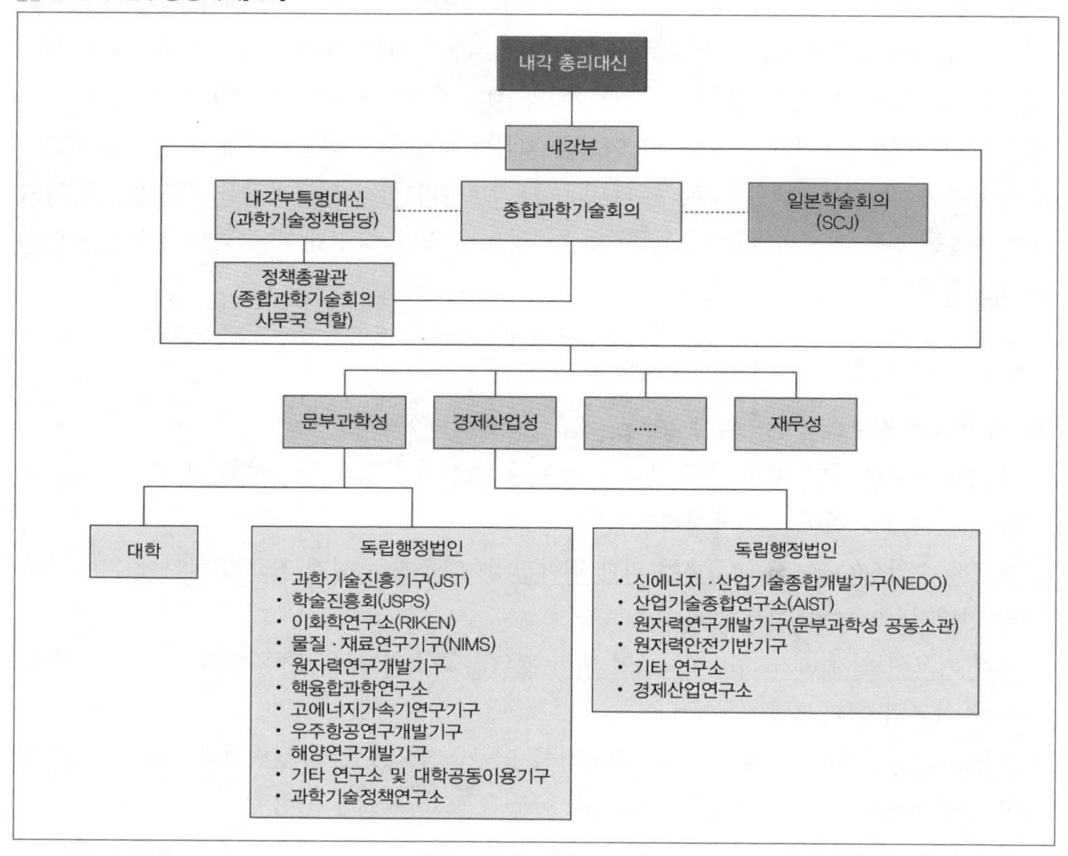

일본의 국가연구개발 정책수립 및 공공연구기금에 있어서 핵심 주자(key player)는 중앙정부이다. 2001년 이후, 연구계획 수립의 전반적인 책임은 내각부(Cabinet Office)의 '**종합과학기술회의(Council for Science and Technology Policy, CSTP)**'에 있었다. CSTP의 위원장은 수상, 위원은 연구개발 및 연구기금 관련 장관 6명, 일본학술회의(Science Council of Japan) 회장, 5명의 학자, 그리고 2명의 산업계 대표로 구성되어 **매월 1회 개최**한다. 종합과학기술회의는 포괄적인 정부차원의 과학기술 전략수립, 정부차원의 과학기술 자원(예산 및 인력)의 할당에 대한 정책수립, 그리고 국가 차원의 중요 프로젝트의 평가 등을 수행한다. 2016년 CSTP는 '**종합과학기술 · 이노베이션회의(CSTI)**'로 변경되었다.

일본은 2001년, 공무원의 수를 줄이기 위해, 중앙행정부처(성청)를 정책적으로 합병하여, 20개에서 12개로 줄였다. 이는 국가연구개발 부문에 있어서 다양한 책임기관의 융합을 의미한다. 그중 가장 눈에 띄는 것은 과학기술청(Science and Technology Agency, STA)과 문부성이 합병되어 **정부 R&D 예산의 절반**을 책임지는 새로운 「교육·문화·스포츠·과학·기술성(MEXT, 문부과학성)」이 된 것이다.

MEXT는 국립대학에 기관예산(institutional funding)을 제공하고, 대학, 정부연구기관 및 산업계 연구자에 대한 연구비 지원 프로그램(research funding programs)을 운영한다. 성청통합으로 인해, 과학기술청과 문부성 산하 연구비 지원기관(funding agency)인 **일본과학기술진흥기구(Japan Science and Technology Corporation, JST)와 일본학술진흥회(Japan Society for the Promotion of Science, JSPS)** 간에는 역할분담이 요구되었다. MEXT 내의 **과학기술·학술정책연구소(National Institute of Science and Technology Policy, NISTEP)**는 중요한 정책연구기관으로써 델파이 기반의 미래예측연구를 수행하는 책임을 맡고 있다.

경제산업성(METI)(2001년 MITI로부터 재편성됨)은 정부 중앙부처 중 두 번째로 많은 R&D 예산을 책임지고 있다. **신에너지산업기술개발기구(New Energy and Industrial Technology Development Organisation, NEDO)**는 주로 응용/산업기술 연구에 초점을 맞추고 있는 프로젝트를 지원하며 METI의 연구비 지원의 핵심기구이다. 일본과학기술진흥기구(JST)와 마찬가지로 METI는 하향식(top-down) 접근법을 선호한다. METI는 2001년 구조조정을 시행하여 독립행정법인이 된 **산업기술종합연구소(Advanced Industrial Science and Technology, AIST)**라는 산하 연구조직을 운영하고 있다.

후생노동성은 보건과학연구비(Health Science Research Grants)를 지원하고 있으며 모든 연구자에게 열려있다. 그 산하 연구기관들은 보건분야 긴급한 연구의 경우, **빠른 대응과 컨트롤을 유지하기 위해 IAI(독립행정법인) 신분으로 변경하지 않을 예정**이다.

※ 즉, 일본은 보건분야 연구기관들을, 국책(연)이 아닌, 국립(연) 형식으로 운영한다.

일본 정부의 2022년도 총 R&D 예산은 42,198억 엔으로서 문부과학성 20,599억 엔(48.8%), 경제산업성 6,430억엔(15.2%), 국토교통성 4,059억 엔(9.6%), 후생노동성 2,126억 엔(5.0%), 농림수산성 1,997억 엔(4.7%), 방위성 1,657억 엔(3.9%) 등이다.

일본의 지방정부(현 및 시정부)는 과거에는 연구정책이나 연구비 측면에서 의미가 거의 없었으나, 최근 몇몇 현정부(prefectural governments)들에 의해 상당한 사업들이 추진되고 있다. 지역의 연구역량 강화를 추진하는 중앙정부의 정책도 있다.

■ 과학기술기본계획[20. p. 67], [29]

일본의 국가연구체계는 CSTP(종합과학기술회의)를 통해 내각 차원(Prime Ministerial level, Cabinet level)에서 조정된 범정부 5개년 계획인 「과학기술기본계획(Science and Technology Basic Plan)」에 명시된 바와 같이 명확한 목표를 가지고 있다. 이러한 체계는 1995년 「과학기술기본법」을 제정하면서부터 시작되었는데, 일본 과학기술정책의 가장 큰 특징이며, 우리나라도 이와 비슷한 계획(매 5년 기본계획 수립)을 가지고 있다.

CSTP(2016년부터 종합과학기술 · 이노베이션회의(CSTI)로 변경)는 자문기구이지만, 수상이 위원장인 정부최고의 자문기구이므로 연구예산을 가진 부처들의 활동에 있어서 기본계획의 세부규정을 이행하도록 영향을 미친다. 예를 들어, 재무성은 부처가 제출한 **연구예산에 대한 심의를 CSTP에 위임**하며, CSTP는 이를 기본계획의 세부규정에 따랐는지 여부에 따라 A, B, C로 등급을 나눈다. 따라서 일본의 국가연구개발 투자는 기본계획과 CSTP에 의해 결정되었다.

2016년부터 가동된 종합과학기술 · 이노베이션회의(CSTI)의 기능은 정부차원의 과학기술 전략과 재정 및 인적자원 할당을 위한 정책개발, 그리고 일부 프로젝트의 평가를 포함한다. 정부 차원에서 과학기술분야 '컨트롤 타워(control tower)' 역할을 한다.

1995년부터 시작된 「과학기술기본계획(5개년 계획)」의 「제2차 기본계획(2001～2005년)」에서 처음으로 CSTP에 의해 정부차원의 연구주제별 우선순위가 정해졌으며, 이 우선순위는 「제3차 기본계획(2006～2010)」에서도 동일하게 유지되었다.

- ○ 4개 주요 우선순위: 생명과학, 정보 통신, 환경과학, 나노기술 및 재료
- ○ 4개 2차 우선순위: 에너지, 제조기술, 인프라, 프론티어(우주 및 해양)

일본은 2020년 「과학기술기본법」을 **「과학기술 · 이노베이션기본법」**으로 법명을 변경하였으며, 인문학과 사회과학도 이 법률의 진흥대상에 포함시키고, 자연과학과 인문사회과학의 융합적 지식을 통해 인간과 사회의 종합적 이해와 문제해결에 기여하는 계획으로 「과학기술기본계획」을 **「과학기술 · 이노베이션계획」**으로 명칭을 변경하였다. 즉 「제6차 과학기술 · 이노베이션계획(2021～2025년)」에서부터 새로운 패러다임이 제시되는 것이다. 이에 따라, 과학기술정책의 사령탑 기능을 강화하기 위해 내각부에 '**과학기술 · 이노베이션 추진사무국**'을 설치하여 각 부처별로 나뉘어 있는 벤처기업 지원제도의 통일에 착수했으며, 교육 및 인력양성과도 정책적 관계를 긴밀하게 하였다.

일본은 Society 3.0(산업사회), Society 4.0(정보화 사회)를 넘어 Society 5.0을 제시하고 「제6차 기본계획」에서 이에 대한 구현을 구체적으로 설명하고 있다. Society 5.0이란 "**사이버 공간과 물리적 공간이 고도로 통합된 시스템을 통해 경제발전과 사회문제 해결이 서로 양립하는 인간 중심 사회**"라고 설명하면서 메이지유신에 준하는 일본 사회개혁을 구상한 것이다.

「제6차 기본계획」의 전체적 모습은 목차를 통해 파악할 수 있다[29]. 내용과 형식이 우리나라 「과학기술기본계획」과는 많이 다름을 알 수 있다.

(일본) 「제6차 과학기술 · 이노베이션 기본계획」

제1장 기본적인 사고방식
1. 상황 인식
   (1) 국내외 정세 변화
   (2) 정세 변화를 가속시킨 신종 코로나바이러스 감염증의 확대
2. 「과학기술 이노베이션 정책」으로서의 제6차 기본계획
   (1) 「과학기술 기본계획」에 의거한 과학기술 정책의 반성
   (2) 25년 만의 「과학기술기본법」의 본격적 개정
   (3) 「제6차 기본계획」의 방향성
3. 'Society 5.0'이라는 미래사회의 실현
   (1) 우리나라가 목표로 하는 사회(Society 5.0).
   (2) Society 5.0 실현에 필요한 것
   (3) Society 5.0의 국내외 발신, 공유, 연계

제2장 Society 5.0의 실현을 위한 과학기술 · 이노베이션 정책
1. 국민의 안전과 안보를 확보하는 지속 가능하고 강인한 사회로의 변혁
   (1) 사이버 공간과 물리적 공간의 융합에 의한 새로운 가치 창출
   (2) 지구적 과제 극복을 위한 사회 변혁과 비연속적 이노베이션 추진
   (3) 강인하고 안보 · 안전한 사회의 구축
   (4) 가치 공유형의 새로운 산업을 창출하는 기반이 되는 이노베이션 생태계의 형성
   (5) 후손에 물려주는 기반이 되는 도시와 지역 만들기(Smart City개발)
   (6) 다양한 사회문제를 해결하기 위한 연구개발 및 사회구현의 추진과 융합지식의 활용
2. 지혜의 프런티어를 개척하는 가치 창조의 원천이 되는 연구력의 강화
   (1) 다양하고 탁월한 연구를 만들어 내는 환경의 재구축
   (2) 새로운 연구체계의 구축(open science and data-driven research 등의 추진)
   (3) 대학개혁의 촉진과 전략적 경영을 위한 기능 확장
3. 1인 개개인의 다양한 행복(well-being)과 도전을 실현하는 교육 · 인력 육성

제3장 과학기술 · 이노베이션 정책 추진체제 강화
1. 지식과 가치 창출을 위한 자금순환 활성화
2. 민관연계를 통한 분야별 전략 추진
3. 종합과학기술 · 이노베이션 회의의 사령탑 기능 강화
   (1) 「융합지식」을 활용하고 정책입안과 미래를 위한 정보전달 기능의 강화
   (2) 에비던스 시스템(e-CSTI) 활용을 통한 정책입안 강화와 정책 실효성 확보
   (3) 「제6차 기본계획」에 연계한 정책평가 실시와 통합전략 수립
   (4) 사령탑 기능의 실효성 확보

■ 일본의 연구개발기관의 개요

(1) 고등교육

2021년 기준으로 일본은 총 803개 대학(국립 86개, 공립 98개, 사립 619개)을 보유하고 있다. 그리고 대학교원은 전일제 190,448명(국립 63,911명, 공립 14,338명, 사립 112,199명), 대학생은 2,917,998명(국립 597,450명, 공립 160,438명, 사립 2,160,110명)으로 구성되어 있다. **일본의 대학은 전문대학원이 발달**되어 있고, 대학원 내에 생명공학, 나노기술, 환경 및 IT와 같은 분야를 연구하는 수월성 센터(COE)가 설립되어 있으며, 협동과정 등을 통한 산업계와의 협력프로그램이 운영된다. 연구는 교수단(university faculties)과 대학원(graduate schools), 대학부설연구소(research institutes attached to universities) 및 대학 간 연구소(Inter–University Research Institutes)에서 수행된다[30. p. 6].

※ 일본의 COE프로그램은 우리 BK21사업 이후 착수되었다. 성과를 비교해 볼 필요가 있다.

일본도 우리나라와 비슷하게 사립대학과 국공립대학이 공존하는 형태이며, 사립대학의 비중이 더 큰 국가이다. 이런 경우, 사립대학의 교육·연구역량이 최상위권에 근접하게 되면, 국립대학의 존재의 이유에 대해 질문이 나오게 된다. 예를 들면,

○ 국가가 필요로 하는 인재는 사립대학에서도 잘 양성하고 있는데, 굳이 국가가 세금을 투입하여 국립대학을 운영할 필요가 있느냐?
○ 학생 수가 감소하는 상황에서, 국립대와 사립대가 학생을 두고 경쟁할 것인가?
○ 사립대학의 연구능력이 국립대학보다 못하다고 말할 수 있는가?

이제 정부는 국립대학에 세금을 투입하는 이유에 대해 국민에게 설명할 수 있어야 한다. 당장의 대책은 아니더라도 장기적 대책을 제시해야 할 상황이다. 2004년 일본의 국립대학 법인화는 이러한 배경에서 시작되었다. 그리고 2017. 4월 「국립대학법인법」을 개정하였는데, 이 법률을 통해, 문부과학대신은 교육연구수준의 현저한 향상과 혁신창출을 위해 세계 최고 수준의 교육연구활동이 예견되는 국립대학법인을 「**지정국립대학법인**」으로 지정하는 제도를 만들었다. 그리고 동경대와 교토대를 지정하였다. 지정국립대학법인으로 지정되면, 대학의 연구성과를 활용하는 사업을 실시하는 사람에 대해 출자할 수 있으며, 문부과학대신의 승인을 받지 않고도, 대학의 여유자금을 유가증권을 매입하거나 예금 또는 저축, 신탁회사 등에게 금전신탁을 할 수 있으며, **임직원의 보수, 급여 등이 특례를 적용받게 된다**[31]. 2019년부터 **국립대학의 통합**(하나의 법인이 다수의 대학을 운영하는 엄브렐러 형식)이 협의되고 있다.

일본 국립대학의 법인화

□ 배경

- ㅇ 일본의 국립대학 법인화는 일본사회의 장기 침체를 극복하기 위한 1990년대 후반의 '행정개혁'의 추진의 하나로 제기되었다. 법인화에 대해 처음 각 대학은 물론 문부성도 반대했지만, 워낙 절박한 정치 · 경제개혁의 당위성 속에서 대학은 이를 수용하는 쪽으로 나갈 수밖에 없게 된다.
- ㅇ 문부과학성은 21세기는 지식의 시대이며 대학의 역할이 크게 기대되므로, 국립대학은 각각의 개성을 살리면서 교육 · 연구를 한층 발전시켜 나가야 하기 때문에, 국립대학의 자율성과 학문적 성과를 높이기 위해 법인화를 추진한다고 발표하였다.

□ 경과

- ㅇ 1999. 4월 각의결정: 국립대학의 독립행정법인화에 대해서는 대학의 자주성을 존중하면서 대학개혁의 일환으로서 검토해 2003년까지 결론을 얻는다.
- ㅇ 2000. 7월: 국립대학 관계자를 포함한 유식자로 구성된 조사검토회의 개시
- ㅇ 2002. 11월 각의결정: 경쟁적 환경 속에서 세계 최고 수준의 대학을 육성하기 위해 국립대학법인화 등의 시책을 통해 대학 구조개혁을 추진한다.
- ㅇ 2003. 7월: 국립대학법인법 등 관계 6법 국회통과
- ㅇ 2004. 4월: 국립대학법인 이행

□ 법인화 내용

- ㅇ '독립행정법인'과는 약간 다른 개념의 '국립대학법인'을 규정함
  - '독립행정법인'은 기관장 선임과 중기계획에 대해 문부과학성 대신이 결정하지만 '국립대학법인'은 모두 이사회가 결정함(기관장의 임기는 2~6년으로 이사회가 결정)
- ㅇ 이사회가 대학의 주요사안을 결정함: 조직운영의 자율성 증대, 자원의 최대 활용
  - 외부인사의 참여, 비공무원형 탄력인사시스템 운영
- ㅇ 국가에서 운영비 교부금(인건비와 연구비)을 계속 지원하되 성과평가를 실시하여 반영함
  - 수업료는 2003년도의 액수를 기준으로 하여 10%이내에서 증액가능
  - 기초연구의 추진을 평가에서 강조함(법인화 이후, 기초연구가 약해지는 것을 방지함)
  - 국립대학 평가는 「국립대학법인 평가위원회」가 담당

□ 법인화 결과

- ㅇ 시장원리의 도입에 따른 행정 효율성의 향상과 산학협력의 강화 등 부분적인 개혁 효과는 있었다. 그러나 법인화로 인해 학부자치의 전통이 크게 위축되고, 총장의 권한이 강화되는 한편, 대학 간 격차 구조의 악화와 대학 및 교수집단의 지위 격하 속에서, 대학은 정부와 경제계에 대한 의존도가 더욱 높아졌다.
- ㅇ 2004년 법인화 이후 운영비 교부금이 매년 1%씩 줄어들었다.
  - 인건비 절약(교원 정년 단축)이 중요해지고 기부금을 모집하는 노력이 요구되었다.
- ㅇ 법인화에 의해 일제히 신설된 '이사직'에 문부과학성 직원이 진출하고 있다.
- ㅇ 일본 대학가에서는 법인화에 대한 부정적 견해(실패)가 많다.

출처: 일본 문부과학성 홈페이지 및 논평기사

(2) 국가연구소

여러 부처가 국가(연)을 보유하며, 약 3만 명의 연구원(지원인력제외)을 고용하는데, **임무 지향적인 국립연구기관(70%의 연구원)과 이화학연구소(RIKEN) 및 일본원자력개발기구(JAEA)를 포함하는 국립연구개발법인(국책(연), 30%의 연구원)**으로 구성되어 있다. 국가(연)은 중요한 틈새분야(niche position) 연구를 수행하고 있다. 국가(연)은 대학에 비해 훨씬 더 대규모로 운영되며(예를 들어, JAEA, RIKEN은 대형장비 소유), 일부는 전략적 임무(보건)를 수행하고, 또 다른 일부는 사회적으로 중요한 분야를 다루고 있으나(예 국립지구과학 및 방재연구소, NIED) 산업적 이해가 있는 것은 아니다.

일본은 정부의 전체적인 구조조정의 일환으로, 2001년 초부터 **정부투자기관은 '독립행정법인' 또는 '국립대학법인' 등의 신분으로 점진적으로 전환**하였다. 그러다가 2014년 「독립행정법인통칙법」을 개정하고 2016년 특정국립연구개발법인을 위한 특례법을 제정한 결과 국가연구소는 다음과 같이 분류된다(2021년 기준).

- 국가직할 연구기관(29개): 국립(연)으로서 공무원 신분(신뢰가 요구되는 시험기관)
- 국립연구개발법인: 국책(연)으로서 민간인 신분, 「독립행정법인통칙법」의 적용을 받으며, 기능의 성격과 재량권에 따라 ① 국립연구개발법인(25개), ② 중기목표관리법인(44개), ③ 행정집행법인(5개)으로 세분화 됨
- 특정국립연구개발법인(3개): 국립연구개발법인 중에서 세계최고 수준의 성과가 기대되는 법인에 대해서는 '특정국립연구개발법인(슈퍼법인)'으로서 특례법을 마련해 특별하게 지원함(AIST, RIKEN, NIMS)

특정국립연구개발법인의 특징으로는 이사장의 재량에 따라 연구자의 급여를 고액으로 설정할 수 있으며, 정부가 특정연구의 실시를 법인에 요구할 수 있다. 또한 연구성과가 충분하지 않은 경우에는 감독 부처의 국무대신이 이사장을 해임할 권한 등이 규정되어 있다. 이와 유사한 제도로서 국립대학법인에서는 '**지정국립대학법인**' 제도가 있다.

일본은 지방정부에서도 공공연구기관을 운영하며, 약 1.5만 명의 연구자를 고용하고 있고, 이중 절반 이상이 농업분야 연구기관이다. **일본은 국립연구개발법인, 특정국립연구개발법인, 국립대학법인, 지정국립대학법인 등 여러 가지 유형의 법인형태를 사용**한다는 점을 우리는 참고할 필요가 있다.

※ 일본은 국책(연)을 국가연구개발체계를 이끌고 가는 주역으로 대접하고 있다.

☞ 일본의 이러한 움직임에 대해, 2017년 중국과학원에서 '내부 정보보고'가 있었다. 이런 보고내용에서 일본의 움직임을 간단히 파악할 수 있다.

일본, 「특정국립연구개발법인」의 발전을 촉진하는 기본방침 발표

2017. 3. 8일 일본 종합과학기술혁신회의는 '특정국립연구개발법인의 발전을 촉진하기 위한 기본지침'을 채택하여 특정국립연구개발법인('특정법'이라 함)의 발전방향, 정부의 의무 및 지원조치를 명확히 하여 최고 과학연구기관의 자율권을 높이고 유연하고 효율적이며 과학연구활동의 특성에 맞는 일련의 관리모델을 모색한다.

1. 배경

일본은 2001년부터 '효율적인 행정서비스 제공'이라는 이념으로 정부기관 개혁을 실시해 국립과학연구기관을 포함한 공공사업기관을 '독립행정법인'으로 확립해 비용절감 및 지출절감을 목적으로 하였다. 10여 년간의 이행결과를 보면, ① 행정부와 동일한 관리방법을 채택하였고 ② R&D 활동의 특성을 무시하였으며, ③ 투입 생산효율에 따라가므로 R&D 활동에 대한 전문평가를 수행하기 어려웠고, ④ 과학연구인력의 급여는 공무원의 급여와 기본적으로 동일하며, ⑤ 고급 인재를 유치하기 어려웠다.

2015. 4월 일본은 국립과학연구기관 '맞춤형 신규법인제도'를 도입해 31개 국립과학연구기관을 '독립행정법인'을 기반으로 '국립연구개발법인'으로 추가 확정하고, 우수기관 중 가장 우수한 3개 기관을 선정해, 일본 이화학연구소(RIKEN), 산업기술종합연구소(AIST), 물질재료연구기관(NIMS)을 '특정국립연구개발법인'으로 확정해 국립과학연구기관의 개혁시범으로 더 큰 지지력과 자율권을 부여하였으며, 일본은 2015년부터 여러 문서를 발간해 발전을 지도하고 있다. 이번에 발표한 기본방침은 '특정법'의 발전을 촉진하는 최신 정책문서이다.

2. 주요 내용

(1) 발전방향: 국가전략을 위하여 세계최고 수준의 연구개발활동을 전개함으로써 일본의 발전이 직면한 중대한 문제를 해결하고, 일본의 과학기술혁신활동을 이끄는 핵심기구로서 인재와 각종 자원을 최대한 모으고, 국립과학연구기관 개혁의 선구자로서 많은 새로운 과학연구 관리방법을 시도 · 보급할 것이다.

(2) 정부의 역할: ① 기초연구비와 인건비의 안정적 확보를 포함한 각종 자원의 보장 및 우대정책을 수립하여 기업의 과학연구투자를 유치하고, ② 기구의 다양한 경로의 이용을 촉진하여 다양한 방면에서 경비를 획득하고, ③ 전문장비 촉진기구의 각종 첨단과학연구시설과 데이터를 공유하며, ④ 기구책임자의 자주권과 독립성을 존중하고, ⑤ 주무대신은 기구의 구체적인 운영에 간섭하지 않으며, ⑥ 중장기발전계획수립에 있어서, 기구는 국가발전에서의 중책을 명확히 하는 기초 위에서 ⑦ 서로 다른 기구의 차별성과 자주성을 존중하고, ⑧ 기구의 고과평가에 따른 업무부담을 경감하고, ⑨ 고과평가 주기를 종전의 3년에서 5~7년으로 연장한다.

3. 기타 지원 정책

세계적으로 우수한 인재양성과 유치정책을 확보하기 위해 '특정법'은 ① 기관경비를 충실히 하기 위한 간접비의 확대, ② 기업과의 공동연구비에서 연구인력의 인건비 지급 등 급여체계와 인사관리 측면에서 새로운 정책을 선도적으로 시도할 수 있으며, ③ 연구인력이 용이하게 연구할 수 있도록 하는 서비스정책은 지식재산권 관리를 전담하는 전문인력을 두어 정부조달을 실시한다.

출처: 중국과학원 과기전략자문연구원(中国科学院科技战略咨询研究院) 2017. 7. 3일자 정보보고

일본 국가연구소 분류

		국가직할 시험연구기관	독립행정법인 중 국립연구개발법인	
				특정국립연구개발법인
특징	취지 목적	행정기관으로서의 시험연구기관이며 시험, 조사, 표준품의 작성 등 국가가 직접 실시할 필요가 있는 사무와 그에 관련된 연구를 실시	• 국민생활 및 사회경제안정 등 공공상의 견지에서 확실하게 실시될 필요가 있는 사무 및 사업으로서 국가가 스스로 주체가 되어 직접 실시할 필요가 없는 것 중 민간의 주체에 맡긴 경우에는 반드시 실시되지 않는다는 우려가 있는 것 • 중장기적으로 집행할 것이 요구되는 과학기술에 관한 연구개발에 대한 것을 주요한 업무로 하여 일본의 과학기술수준 향상을 통한 국민경제의 건전한 발전, 기타 공익에 이바지하기 위한 연구개발의 최대한도의 성과를 확보하는 것을 목적으로 한다.	국립연구개발법인 중 해당 국립연구개발법인과 관련된 연구개발 등의 실적 및 체제를 종합적으로 감안하여 세계 최고 수준의 연구개발성과의 창출이 상당히 예상되는 것
	조직의 자주성 자율성	행정기관의 일부이므로 자율성·자립성을 발휘하기 어렵다.	• 일정한 자주성 및 자율성을 발휘가능 • 복수년도(5년~7년의 중장기) 목표 관리 • 외부자금 확보도 가능	국립연구개발법인과 동일
	연구자 처우	국가공무원으로서의 급여·대우(연구직 봉급표의 적용)	• 비공무원형 인사관리 • 급여에 대해서는 국가공무원의 급여, 민간기업 직원의 급여 등 해당 법인의 실적 및 직원의 직무 특성 및 고용형태 및 기타 일정을 고려하여 결정	급여지불기준의 고려사항으로서 국제적 탁월한 능력을 가진 인재 확보 필요성 추가
예시		• 경찰청 과학경찰연구소 • 소방청 소방대학교 소방연구센터 • 문부과학성 과학기술·학술정책연구소 • 후생노동성 국립의약품식품위생연구소 • 농수성 농림수산정책연구소 • 국교성 국토기술정책종합연구소 • 환경성 환경조사연구소	• 일본의료연구개발기구(AMED) • 양자과학기술연구개발기구(QST) • 우주항공연구개발기구(JAXA) • 일본원자력연구개발기구(JAEA) • 과학기술진흥기구(JST) • 농업·식품산업기술종합연구기구(NARO) • 신에너지·산업기술종합개발기구(NEDO) • 국립환경연구소(NIES)	• 물질·재료연구기구(NIMS) • 이화학연구소(RIKEN) • 산업기술종합연구소(AIST)

출처: www.reconstruction.go.jp > topics > material > 20191114_shiryou 2-2

■ 일본 국가연구개발체계의 특징

일본은 우리나라와 가장 유사한 행정체계와 행정스타일을 가지고 있다. 그 이유는 우리나라가 일본을 많이 모방했기 때문으로 봐야 한다. 특히 관료중심의 행정스타일을 가졌기 때문에 양국 모두 정부주도형 발전을 도모하고 있다. 그러나 우리나라와는 다소 차이가 있다. 일본과 우리나라의 국가연구개발체계를 비교해 보자.

○ 일본은 국가연구개발 주무부처(문부과학성)가 있으면서 또한 종합조정을 실시하는 종합과학기술·이노베이션회의(CSTI)가 존재하는 형태를 가지고 있다.

－문부과학성은 대부분의 공공연구기관을 관할하며 국가연구개발예산의 50% 정도를 지출한다. 우리나라도 교육과학기술부 시절에 그러하였다.

※ 일본은 2001년 문부성과 과학기술청을 통합하여 문부과학성이 되었다. 우리나라는 2008년 교육인적자원부와 과학기술부를 통합하여 교육과학기술부가 되었다가, 2010년 과학기술 기능이 분리되어 국가과학기술위원회 형태로 있다가, 2013년 정보통신부와 통합되어 미래창조과학부, 2017년 과학기술정보통신부가 되었다.

－일본의 '종합과학기술·이노베이션회의(CSTI)'에 대응하는 것은 우리나라의 '국가과학기술자문회의'라고 볼 수 있다.

※ 우리는 2018년 국가과학기술심의회를 국가과학기술자문회의에 통합하여 일원화하였다. '국가과학기술자문회의'라는 명칭은 헌법 제127조에 자문기구의 근거가 있기 때문이다.

○ 일본은 1995년 「과학기술기본법」을 제정하였으며, 이 법률에 근거하여 「과학기술기본계획」을 수립하다가, 2020년 「과학기술·이노베이션기본법」으로 개정하였고, 기본계획도 「과학기술·이노베이션계획」으로 변경하였다. 이러한 개정의 가장 큰 이유는 인문학과 사회과학도 이 법률의 진흥대상에 포함시키고, 자연과학과 인문사회과학의 융합적 지식을 통해 인간과 사회의 종합적 이해와 문제해결에 기여한다는 것이다.

－우리나라는 2001년 「과학기술기본법」을 제정하고, 매 5년 「과학기술기본계획」을 수립하고 있다. 2023년초 제5차 기본계획이 발표되었다. 2021년에 지역균형발전(지역파급효과) 및 기술료징수액 감면 등 기본법에 반영될 사항을 모아 「국가연구개발혁신법」으로 제정하였다.

※ 일본의 기본계획은 서술식 문장으로 작성되지만, 우리나라 기본계획은 개조식 문장으로 작성되고 있다. 국가계획을 '개조식'으로 작성하는 나라는 우리밖에 없다.

☞ 개조식 문장은 속독이 가능하지만 내용의 맥락과 논리를 훼손하기 쉽다. 특히 국민을 설득하는 자료(비전제시, 공감형성, 참여유도)는 서술식으로 하여 맥락을 설명해야 한다.

－기본계획의 이행방법은 국가 간에 차이가 있다. 일본은 CSTI가 부처의 연구예산을 심의할 때, 부처의 사업계획이 기본계획의 정책방향을 따랐는지 여부에 따라 A, B, C로 등급을

매김으로써 영향을 미친다. 반면에 우리나라는 각 부처별로 연도별 시행계획을 수립·보고·이행하게 함으로써 기본계획을 이행한다.

○ 일본은 2001년 문부성과 과학기술청을 통합하여 문부과학성을 설치할 때, 문부성 산하 JSPS(일본학술진흥회)와 과기청 산하 JST(과학기술진흥기구)를 통합하지 않았다.

- 우리는 2008년 과학기술부와 교육인적자원부를 통합하여 교육과학기술부를 설치할 때, 과기부 산하 과학재단과 교육부 산하 학술진흥재단을 통합하여 한국연구재단(NRF)을 설립하였다. 이제 두 부처가 분리되었음에도 NRF는 분리되지 못하고, 과기부와 교육부가 교대로 자신의 퇴직 공무원을 사무총장으로 임명하고 있다.

☞ 과학재단은 과학기술에 대해 선택집중의 철학으로 탁월한 연구자(팀)을 지원해야 하며 학술진흥재단은 모든 학문에 대해 균형육성의 철학으로 연구자(팀)을 지원하도록 기능을 달리하였음에도 불구하고, 두 기관을 통합하였다. 하나의 법인 내에서 상반된 두 철학이 공존하면, 선택집중의 철학이 위축된다.

일본의 공공연구기관이 가지는 특징도 살펴보자. 이것은 우리와 많이 다르다.

○ 일본은 2004년 국립대학을 법인화하였으며, 2017년 **지정국립대학법인 제도**를 시작하였다. 이것은 동경대, 교토대 등 탁월한 대학을 세계적 대학으로 키우는 제도이다. 우리나라는 2007년 교육부가 「국립대학법인의 설립 운영에 관한 특별법(안)」 입법 예고하였으나 대학측의 반발이 커서 제정하지 못하였으며, 서울대학교(2012년)와 인천대학교(2013년)만 법인화하였다.

- 결국 우리나라는 국립대학을 일본처럼 법인화하지 못했고 세계적 대학으로 키우는 단계까지 제도화하지 못한 실정이다.

- 일본 국립대학교는 법인화 이후 **총장임기가 6년**으로 되었다(우리나라는 4년).

○ 국책(연)의 경우, 일본은 2014년 「독립행정법인통칙법」을 개정하여 ① 국립연구개발법인, ② 중기목표관리법인, ③ 행정집행법인을 규정하였고, 2016년 특례법을 제정하여, 특정국립연구개발법인을 규정한 후, 3개 기관을(AIST, RIKEN, NIMS) 선정하였다. 이것은 세계최고의 연구기관으로 키우겠다는 의도이다.

☞ 우리나라는 1993년 이후 출연(연) 육성을 위한 정책이 실종되었다. 2004년 제정된 과기출연기관법이 전부이다. 이 법 제18조 "과기부장관은 (출연)연구기관을 지원 · 육성하고 체계적으로 관리하기 위하여 연구회를 설립한다."의 규정 외에는 '육성'이란 규정은 없다. 「과학기술기본법」과 기본계획에도 출연(연)은 실종되어 있다. 일본과는 크게 다르다.

- 일본은 국책(연)에 다양한 형식의 법인격을 부여함으로써 연구소에 대한 정부개입 방식(자율성)을 다르게 하는 방법으로 국책(연)을 관리한다.

- 우리나라의 국책(연)은 「공공기관의 운영에 관한 법률」에 따라 정부의 관리를 받는다. 그래서 기관장의 선임, 기관의 경영실적평가, 경영공시, 고객만족도 조사, 회계원칙(예산,

결산), 감사원 감사, 임금피크제, 블라인드 채용, 총액인건비제도 등이 이 법률에 의해 행해진다.

☞ 우리나라도 연구기관에 대해 자율성(독립성) · 블록펀딩 · 성과평가 · 인센티브 체계 등 다양한 유형의 법인을 규정하는 방식으로 국책(연)의 관리 형태를 구체화할 필요가 있다. 우리도 일본처럼 근본적으로 「(가칭)국책연구기관 지원육성법」의 제정이 필요하다.

○ 세계적 수준의 대학 및 연구기관을 얻기 위해서, 일본은 지정국립대학법인 제도(2017년)와 특정국립연구개발법인 제도(2016년)를 시행하였다. 반면에 우리나라는 2009년 WCU(World Class University) 사업과 WCI(World Class Institution) 사업을 추진하였다. 여기서 양 국가 간에 매우 중요한 시각 차이를 발견할 수 있다.

– 일본은 **대학과 연구기관을 '공공재'로 인식**하므로, 정부가 특별지원 대상을 지정하는 경우, 우수한 교수나 연구원은 경쟁과정을 통해 우수기관으로 이동한다.

– 우리나라는 **대학과 연구기관을 그 구성원의 '사유재'로 인식하는 경향이 크다**. 정부는 재정지원을 두고 대학 간의 경쟁을 유도하여 구성원이 노력하게 만드는 방식을 사용하는데, 특정 대학에게 특혜를 주는 정책에 대해서 배제된 대학의 반발이 크다. 교수나 연구원의 이동(mobility)이 적기 때문이기도 하지만 우리나라의 독특한 문화적 속성(소속기관에 충성)이라고 볼 수 있다.

☞ 사람이 개인이나 기관에 충성하는 일은 윤리적이지 못하다. 충성은 오직 국가에게만 해야 한다. 개인에 대한 충성은 파벌을 만들고, 기관에 대한 충성은 기관이기주의(카르텔)를 낳는다. 개인이나 기관에 충성하는 일은 본질적으로 '자기의 이익'을 위한 것이다.

○ 일본과 우리나라는 **정부주도적인 국가발전형식**을 보유하고 있다. 그리고 여기에는 관료주의가 작용한다. 관료주의는 일사불란하고 신속한 추진력을 보장하지만 관료의 이익을 고려한다는 폐단도 있다. 아직도 양 국가에서 관료주의는 강력하다.

– 일본은 대학 법인화를 추진한 후 '이사' 직책에 관료들이 많이 진출하고 있다.

– 한국은 출연(연) 간에 경쟁을 조장하고, 연구자들 간에도 경쟁을 촉진시키며(PBS), 관료는 심판자로서의 위상을 가진다. 출연(연)은 정부가 설립했는데, 그 **존립과 발전은 출연(연)의 구성원이 책임지라**고 한다. 즉, 정부는 출연(연)에 미션을 부여하지 않고 스스로 알아서 미션을 만들어 수행하라는 식이다. 이것이 2018년도 정부와 출연(연) 간의 R&R(Role & Responsibility) 계약의 배경이다. 결국 우리 출연(연)의 연구자들은 연구를 걱정하기보다 존립을 걱정해야 한다.

○ 일본은 법인화 이후, 대학 총장의 임기는 6년이 되었고, 국책(연) 기관장의 임기는 5년이지만 연임하는 경우가 많다. 반면에 우리의 대학 총장 임기는 4년, 출연(연) 기관장 임기는 3년이며 연임은 거의 없다.

제3절 우리나라 국가연구개발체계

1 우리나라 연구개발체계

■ 우리나라 연구행정 체계

우리나라 연구행정체계

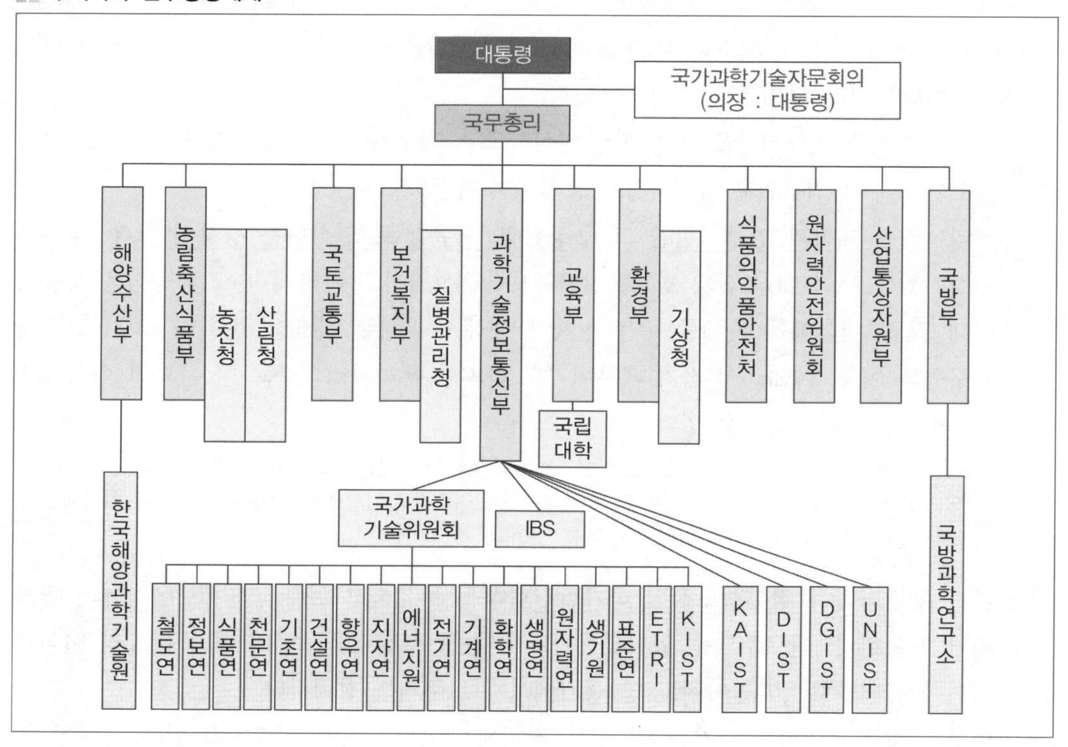

우리나라는 과기부가 과학기술분야 대부분의 출연(연)을 관할하고 있으니 '집중형 연구개발체계'라고 볼 수 있으나, 과기부는 정부 R&D예산의 약 30%를 지출하고 있으니, 집중형으로 보기도 애매하다. 우리의 국가연구개발체계가 가진 특징을 살펴보자.

○ 「정부조직법」 제26조에 과학기술정보통신부를 중앙행정기관으로 설치하고 있으며, 제29조에서 "과학기술정보통신부장관은 **과학기술정책의 수립·총괄·조정·평가, 과학기술의 연구개발·협력·진흥, 과학기술인력 양성, 원자력 연구·개발·생산·이용**, … 관한 사무를 관장한다."고 규정되어 있다.

–2008년 과기부가 교육부와 통합한 것은 기초연구의 효율성에 초점을 두었다고 보며,

2010년 분리되고, 2013년 과학기술부를 정보통신부와 통합한 것은 "미래시대는 ICT가 주도하는 사회(4차 산업혁명)가 될 것이므로 이에 대해 효율적으로 대응하라."는 의미로 해석된다. 연구개발정책과 정보통신정책의 융합이 기대된다.

※ 일본은 과학기술기본계획에서 'Society 5.0'을 제시하고 "사이버 공간과 물리적 공간이 고도로 통합된 시스템을 통해 경제 발전과 사회문제 해결이 서로 양립하는 인간중심 사회"를 구축하는 사회개혁을 도모하고 있다.

－과기부 내에는 과학기술혁신본부가 있는데, 과학기술혁신사무를 담당하도록 규정되어 있다. 당초 혁신본부의 기능은 국가연구개발사업의 종합조정에 초점을 두었는데, 과학기술부문의 예산편성권을 가지지 못하였으니(기재부가 허락하지 않음) 효과적 종합조정이 불가능한 것이다. 이 부분은 뒤에서 다시 논의한다.

○ 우리 국가연구개발체계에서 최고의 의사결정기구는 국가과학기술자문회의(이하 '자문회의')이다. 자문회의는 「헌법」 제127조에 따라 제정된 「국가과학기술자문회의법」에 근거를 두고 설치되었다. 의장은 대통령이 되며 부의장 1명, 30명 이내의 위원은 장관 및 민간위원(임기 1년)으로 구성된다.

－본디, 주요 과학기술정책을 심의·조정하기 위해 국가과학기술심의회가 「과학기술기본법」에 근거를 두고 국무총리와 민간위원이 공동위원장이 되는 형식으로 운영되고 있었는데, 2018년 법률개정을 통해 자문회의로 통합하였으므로 자문회의가 심의기능을 가진다.

－자문회의는 일본의 '종합과학기술·이노베이션회의(CSTI)'와 유사하다. 일본은 CSTI(전체회의)가 매달 1회 개최되며 그 민간위원의 구성은 과학기술계를 대표하는 전문가이다. 반면에 **우리나라 자문회의는 대통령 참석이 거의 없고, 위원구성에서 대표성이 없다**. 위원으로는 주로 (정책을 모르는) 학자를 위촉하고 있다.

☞ 미국의 NSTC는 주요 연구기관장이 위원이고, 일본의 CSTI에는 일본학술회의 회장이 당연직 위원으로 참석한다. 우리 자문회의에 과총회장, NST이사장, 산기협회장은 당연직 위원이 되어야 한다고 본다. 자문회의는 심의회의, 운영위원회, 특별위원회, 협의회, 전문위원회를 두는데, 위원구성에 산학연의 순수학자나 중간직급의 연구자를 위촉하는 경우, 정책의 맥락을 모르고, '집단사고'가 발생하기 쉬우며, 기존 정책을 뒤집고 어렵게 합의한 '선택집중정책'을 공격하기 쉽다. 실제로 현실 모르는 교수의 발언이 대통령 앞에서 나온다.

○ 철도연, 건설연, 식품연, 생기원, 에너지연, 지자연 등 출연(연)이 관련부처 산하에 소속하지 않고 과학기술부 산하 NST에 소속을 두게 되면 출연(연)에 대한 '**육성과 활용의 이원화 원칙**'이 있어야 한다. 그런데 이런 정책이 없으니 혼선이 생긴다.

■ 우리나라 정부 R&D 투자

2022년도 우리나라 정부연구개발예산은 **총 29조 7,770억 원이었다**. 이것은 38개 부·처·청·실·위원회의 일반회계(21조 4,752억 원)와 9개 특별회계(5조 7,655억 원) 및 14개 기금(2조 5,363억 원)에서 충당된 금액을 합계한 것이다.

정부연구개발예산의 재원구조는 회계구조의 변동과 정부조직개편 등의 영향을 받아 매년 조금씩 달라진다[32. p.4]. 참고로, 국가의 회계는 일반회계와 특별회계로 구분한다.

- ‘일반회계’는 조세수입 등을 주요 세입으로 하여 국가의 일반적인 세출에 충당하기 위하여 설치된 회계이다.
- ‘특별회계’는 국가에서 특정한 사업을 운영하고자 할 때, 특정한 자금을 보유하여 운용하고자 할 때, 특정한 세입으로 특정한 세출에 충당함으로써 일반회계와 구분하여 회계처리할 필요가 있을 때에 법률에 근거를 두고 설치하는 회계이다.

정부연구개발예산의 재원구조(2022년)[32. p. 3] (단위: 억 원)

일반회계: 214,752억 원			
과기부(70,207)	국토부(3,635)	경찰청(592)	기재부(26)
방사청(48,310)	질병청(1,459)	농림부(459)	새만금청(9)
산업부(21,130)	산림청(1,434)	해경청(428)	고용부(9)
교육부(19,702)	식약처(1,340)	문화재청(287)	인사처(6)
중기부(12,575)	기상청(1,236)	소방청(233)	통일부(4)
농진청(8,134)	원안위(1,149)	환경부(153)	공정위(4)
복지부(7,147)	행안부(1,086)	관세청(44)	여가부(3)
해수부(6,790)	문체부(1,065)	개보위(30)	외교부(2)
국조실(5,334)	국방부(702)	법무부(27)	법제처(1)

14개 기금: 25,363억 원			
과학기술진흥기금	과기부(424)	방송통신발전기금	과기부(4,163)
관광진흥개발기금	문체부(51)	사업화진흥 및 사업화촉진기금	산업부(341)
국민건강증진기금	복지부(1,078)	소상공인시장진흥기금	중기부(37)
국민체육진흥기금	문체부(207)	원자력기금	과기부(2,115)
기후대응기금	기재부(5,481)	전력산업기반기금	산업부(6,658)
문화재보호기금	문화재청(362)	정보통신기금	과기부(4,125)
방사성폐기물관리기금	산업부(218)	중소벤처기업창업 및 진흥기금	중기부(102)

<table>
<tr><th colspan="4">9개 특별회계: 57,655억 원</th></tr>
<tr><td colspan="2">1. 기타특별회계(56,884)</td><td rowspan="3">소부장 경쟁력강화 특별회계</td><td>산업부(16,763)</td></tr>
<tr><td rowspan="2">교통시설특별회계</td><td>국토부(2,043)</td><td>과기부(4,300)</td></tr>
<tr><td>해수부(781)</td><td>중기부(2,138)</td></tr>
<tr><td rowspan="6">국가균형발전 특별회계</td><td>교육부(4,629)</td><td rowspan="4">에너지 및 자원산업 특별회계</td><td>산업부(4,292)</td></tr>
<tr><td>산업부(4,073)</td><td>과기부(4,065)</td></tr>
<tr><td>과기부(3,140)</td><td>국조실(123)</td></tr>
<tr><td>중기부(3,036)</td><td></td></tr>
<tr><td>농진청(173)</td><td>행복도시건설특별회계</td><td>행복청(4)</td></tr>
<tr><td>국토부(110)</td><td>환경개선특별회계</td><td>환경부(3,622)</td></tr>
<tr><td rowspan="4">농어촌구조개선 특별회계</td><td>농림부(2,443)</td><td colspan="2">2. 기업특별회계</td></tr>
<tr><td>해수부(666)</td><td>우편사업특별회계</td><td>과기부(32)</td></tr>
<tr><td>농진청(227)</td><td colspan="2">3. 책임운영기관특별회계</td></tr>
<tr><td>산림청(141)</td><td rowspan="3"></td><td>특허청602)</td></tr>
<tr><td></td><td></td><td>복지부(136)</td></tr>
<tr><td></td><td></td><td>질병청(2)</td></tr>
</table>

○ '기금'은 국가가 특정한 목적을 위하여 특정한 자금을 신축적으로 운용할 필요가 있을 때 한정하여 법률에 근거를 두고 설치한다. 특히, 정부의 출연금 또는 법률에 따른 민간부담금을 재원으로 하는 기금은 '기금설치 근거 법률'에 의하지 아니하고는 이를 설치할 수 없다.

우리나라 정부연구개발예산을 지출 분야별로 구분하면 다음과 같다.

16대 지출 분야별 정부연구개발예산[32. p.5] (단위: 억 원)

분야	2021년도 예산 (추경포함)	2022년도 예산	2022년도 예산비중
합계	275,072	297,770	100.0%
과학기술	79,048	83,773	28.1%
산업 · 중소기업 · 에너지	67,866	74,545	25.0%
국방	43,811	49,012	16.5%
교육	24,368	25,436	8.5%
농림수산	14,235	15,227	5.1%
통신	10,785	12,784	4.3%
보건	11,215	10,988	3.7%

교통 · 물류	9,800	10,628	3.6%
일반 · 지방행정	5,458	5,671	1.9%
환경	3,746	4,234	1.4%
문화 · 관광	2,315	2,740	0.9%
공공질서 · 안전	1,923	2,376	
사회복지	159	185	
국토 및 지역개발	336	166	
통일 · 외교	7	6	

미국의 정부연구개발비는 국방, 보건, 기초연구, 우주, 에너지 순으로 지출되고, 독일은 보건, 우주, 환경, 에너지 순으로 지출됨에 비해, 우리나라는 과학기술, 산업·에너지, 국방, 교육 순으로 정부 연구개발비가 지출되고 있다. 우리의 정부연구비 지출구조는 다분히 '부처별 구분'에 의존하고 있다. **여기서 말하는 '과학기술'의 범위는 무엇인가?**

※ 참고로 일본 문부과학성의 2022년도 연구개발예산은 일본 정부R&D예산의 48.8%였다.

2 우리나라 연구관련 법령체계

■ 헌법에서의 과학기술

「대한민국헌법」이 가장 중요한 법임에도 불구하고 우리는 헌법을 망각하기 쉽다. 과학기술에 관련된 주요 조문을 보자. 여기에 몇 가지를 유념할 점이 있다.

대한민국헌법

제22조 ① 모든 국민은 학문과 예술의 자유를 가진다.
② 저작자·발명가·**과학기술자와 예술가의 권리는 법률로써 보호한다.**

제31조 ① ~⑤ (생략)
⑥ 학교교육 및 평생교육을 포함한 교육제도와 그 운영, 교육재정 및 **교원의 지위에 관한 기본적인 사항은 법률로 정한다.**

제127조 ① 국가는 과학기술의 혁신과 정보 및 인력의 개발을 통하여 **국민경제의 발전에 노력하여야 한다.**
② 국가는 국가표준제도를 확립한다.
③ 대통령은 제1항의 목적을 달성하기 위하여 필요한 **자문기구**를 둘 수 있다.

○ 헌법 제22조 제2항에서 **과학기술자의 권리**를 법률로써 보호하도록 규정되어 있으나 **우리는 법률을 제정하지 않고 있다.** 반면에 대학교원은 헌법 제31조 제6항의 근거에 따라 「교원지위향상에 관한 법률」을 제정하여 신분과 처우에 대해 보호받고 있다. 국립(연)의 연구원은

「공무원법」에 의해 신분과 처우에 대해 보호받고 있으므로, 결과적으로 **출연(연)의 연구원만이 권리를 보호받지 못하고 있다**.

○ 과학기술자의 권리가 반드시 신분과 처우에 대한 보호만 있는 것은 아니다. 그리고 권리에는 상응하는 책임이 따른다. 여기에는 지극히 철학적 접근이 필요하다. 이에 대한 구체적 내용은 제5장 연구인력정책에서 논의한다.

○ 헌법 제127조에 따르면 **과학기술의 혁신과 인력개발의 목표가 '국민경제의 발전'을 위한 것으로 해석**된다. 이 조문이 헌법에 들어간 시점이 1988년 개정된 제10호 헌법이지만, 비슷한 의미의 조문은 1963년에 개정된 제6호 헌법에서부터 시작되었다.

– 지금까지 과기부는 경제부처에 배속되었고, 연구기관이나 연구사업에 대한 주요정책은 경제장관회의에서 다루어졌으며, 각 부처에서 운영하는 국가연구개발사업이 '경제논리'로 시행·평가되는 이유가 바로 이 조문 때문이다.

– 당시 국가경제발전은 국가의 최우선 과제였으므로 헌법조문이 이해되지만, 60년 지난 오늘날에는 과학기술과 인력개발을 **'경제목적'에서 해방**시켜야 한다.

■ 「과학기술진흥법」, 「과학기술기본법」, 「국가연구개발혁신법」

우리나라가 처음으로 국가과학기술정책을 수립·시행하는 근거는 1967년 「과학기술진흥법」의 제정부터였다. **과학기술진흥회의 설치, 연구개발계획의 수립, 과학기술기금의** 근거가 마련된 것이다. 그리고 1972년 「기술개발촉진법」을 제정하고, 1981년부터 특정연구개발사업을 추진하였다. 그 후, 교육부가 「학술진흥법(1980년)」을 제정하였고, 과기부는 「기초연구진흥법(1990)」을 제정하여 대학연구를 활성화시키고, 산자부는 「공업발전법(1986년)」, 「공업 및 에너지기술 기반조성에 관한 법률(1995년)」, 「산업기술기반조성에 관한 법률(1999년)」을 제정하여 산업기술개발이 확대되는 등 각 부처의 연구개발사업이 착수되자[6] 과기부는 2001년에 「**과학기술기본법**」을 제정하고 「과학기술진흥법」을 폐지했다. 당시 「과학기술기본법」의 골자는 **과학기술기본계획의 수립, 지방과학기술진흥종합계획의 수립, 국가과학기술위원회의 설치, 국가연구개발사업의 추진, 국가연구개발사업의 조사·분석·평가 등 종합조정**이며, 다음의 성격을 가진다.

○ 기본법에서는 과학기술활동과 과학기술인에 대한 기본이념을 정하고 과학기술에 관한 다른

6 ○ 1993년 체신부의 정보통신연구개발사업 착수, 환경부의 환경기술개발사업 착수
○ 1994년 건설부의 건설기술연구개발사업 착수, 농림수산부의 농림수산기술개발사업 착수
○ 1995년 보건복지부의 보건의료기술개발사업 착수
○ 1996년 해양부의 해양과학기술개발사업 착수

법률을 제·개정할 때 기본법의 이념에 맞추도록 해야 한다고 규정하였다.

○ 과학기술예측, 기술영향평가, 민간기술개발 지원, 국제화 촉진, 과학기술인의 우대, 기술표준분류체계의 확립, KISTEP의 설치 등 **국가연구관리의 기본 틀을 구축**하였다.

○ 기본법은 여러 번의 개정을 거치면서, 2022년도 버전에서는 과학기술인의 윤리, 연구성과의 보호와 보안, 기술창업, 성장동력의 발굴, 사회문제해결, 과학기술정보관리 등이 강조되었다. 그러나 구체적인 하위법령이 제정되지 않으니 상징적일 뿐이다.

산자부뿐 아니라 국방부, 교육부, 농식품부, 국토부 등 다수의 부처에서 연구개발사업이 확대되자, 과기부는 2021년 「국가연구개발혁신법」을 제정하였다.

○ 「국가연구개발혁신법」 제정의 취지는 "국가연구개발사업의 추진에 대한 범부처 공통규범으로서 국가연구개발사업의 혁신에 관한 내용을 포함한 법률을 제정함으로써 국가연구개발체제의 근본적인 체질개선이 이루어질 수 있도록 하려는 것"이다.
- 국가연구개발사업에 관한 정부·연구기관·연구자의 책임과 역할을 규정하였다.
- 중앙행정기관의 장이 국가연구개발사업을 추진하는 절차를 규정하였다.
- 연구개발과제의 수행 및 관리, 연구개발비의 지급 및 사용, 연구개발과제의 평가, 특별평가를 통한 연구개발과제의 변경 및 중단 등에 관한 내용을 규정하였다.
- 국가연구개발사업 관련 부정행위의 금지, 부정행위 등에 대한 제재처분의 내용·절차를 규정하였다.
- 혁신법의 가장 큰 의미는 **과거 grant사업에 치중되던 국가연구개발사업을 contract 사업으로도 추진할 수 있는 계기**를 제공한 것이다. 즉, 중앙부처가 필요한 연구개발사업을 Top-down으로 시행할 수 있게 한 것이다. 그러나 구체적 하위법령을 제정하지 못하였다. grant와 contract의 개념을 제시하지는 못했다.

☞ 또 하나 아쉬운 점은, '혁신'이나 '사회문제해결'을 제대로 구현하기 위해서는 인문사회영역의 연구활동을 지원할 수 있도록 「국가연구개발혁신법」에 명문화하지 못한 점이라고 본다. 공공문제해결은 이공계와 인문사회계의 융합이 필수적이다. 특히 우리가 추구해야 할 가치로서 '사회적 신뢰'는 과학과 윤리에서 나온다. 앞으로 과학과 윤리의 결합이 중요해진다.

■ 출연(연)을 육성하는 법률

국가연구개발체계에서 가장 중심축이 되는 출연(연)은 법률적 근거가 있어야 설립가능하며, 지원·육성에 대한 국가적 의지도 법률로 명문화해야 한다. 우리나라 출연(연)은 3차례의 큰 개혁과정을 거쳐 오늘날 「과학기술분야 정부출연연구기관 등의 설립·운영 및 육성에 관한 법률(이하 '과기출연기관법')」에 이르렀다.

○ KIST(1966년), 원자력(연)(1973년)와 같은 주요 출연(연)은 개별법(한국과학기술연구소육성법, 한국원자력연구소법)에 근거를 두고 설립되었고, 대부분의 출연(연)은 「민법」 제32조의 재단법인으로 설립되어 「특정연구기관육성법(1973년)」의 보호를 받았다.

– 연구소 육성을 위한 법률의 규정은 매우 간단하다.: 출연금 지급, 국유재산 대부의 근거를 두며, 사업계획서의 승인 및 회계감사를 받도록 규정하였다.

☞ 출연(연)의 운영방법(미션/아젠다연구의 부여, 예산편성의 단순화, 출연금 사용지침, 근로기준법 예외, 외부강의 제한폐지, 연구원 처우 등)을 법률로 규정하지 못한 점이 아쉽다.

○ 1980년 제5공화국 출범에 앞서 국가보위비상대책위원회는 정치·경제·사회의 전반을 개혁·착수하였으며, 16개 이공계 출연(연)을 9개로 통합하여 과기부 산하로 일원화하였다. 이때, KIST는 KAIS와 통합되어 KAIST가 되면서 「한국과학기술연구소육성법」은 폐지되었다. 그러나 1989년 KIST가 KAIST에서 분리될 때, 「한국과학기술연구소육성법」은 회복되지 않았다.

○ 1999년 출연(연) 모두(경제·인문·사회 포함) 국무조정실 산하로 이동하면서 법률체계에 큰 개정이 뒤따랐다. 이때부터, 출연(연)은 모두 새로 제정된 「정부출연연구기관 등의 설립·운영 및 육성에 관한 법률」을 적용받게 되었다.

– 이때, 모든 출연(연)은 국무조정실 산하 5개 연구회(경제사회연구회, 인문사회연구회, 기초기술연구회, 산업기술연구회, 공공기술연구회)에 분산 배치되었다.

– 1999년 제정된 「정부출연연구기관 등의 설립·운영 및 육성에 관한 법률」에서부터 **출연(연)에 대한 정부의 지원·육성의 의무가 사라지고,** 연구회가 지원·육성하도록 하였다. 그리고 일반적 공공기관과 유사한 관리감독체계가 적용된다. 예를 들면, 기관장 중심의 운영체계, 사업계획의 승인, 연구기관의 해산(목표달성이 불가능한 경우) 등이 규정되어 있다.

○ 2001년 「과학기술기본법」이 제정될 때, "정부출연연구기관 등의 육성"이 제32조에 규정되었지만 형식적인 조문(사문화된 조문)이 되었다.

☞ 국책(연)은 국가연구개발체계에서 가장 중요한 '축'에 해당한다. 모든 선진국들은 유능한 국책(연)을 보유하기 위해서 우수인력 보유, 최첨단 장비지원, 안정적 연구환경 조성을 위해 노력하고 있다. 우리나라만이 출연(연)의 중요성을 모르고 기능을 약화시키고 있다.

○ 2004년 과학기술분야 출연(연)은 총리실 산하에서 다시 과기부로 돌아온다. 이때, 정부출연기관법을 토대로 한 과기출연기관법을 제정하게 되는데, 정부가 출연(연)을 지원·육성하는 규정이 전혀 없다. 조정관 제도도 원상회복[7] 되지 않았다.

---

7 2004. 10월 혁신본부장 밑에 연구개발조정관 1명, 심의관 4명을 두었는데, 일반 공무원들이 임용되었으며, 이마저도 2008. 2월 과기부와 교육부가 통합하는 시점에 폐지되었다.

– **우리는 세계적 수준의 국책(연)을 보유하겠다는 의지가 보이지 않는다**. 일반 공기업과 다를 바 없이 기관장 중심의 운영체계이며, 주무부처의 간섭을 피할 수 없는 구조이다. '자율적 경영의 보장'이 규정되어 있지만 구체적 방법은 없다.

☞ 세계적 국책(연)을 얻기 위한 일본의 '특정국립연구개발법인' 제도와는 크게 비교된다.

○ 출연(연)은 공기업과 같이 「공공기관의 운영에 관한 법률」의 적용을 받는다.

– 공공기관이란 정부재정으로 운영되는 기관을 말하며 기재부장관이 공공기관운영위원회를 거쳐 지정하는 것이다. 국립(연)(공무원 신분)은 여기에 해당하지 않는다.

– 출연(연)이 공공기관에 분류되어 있으니 출연(연)이 공기업과 유사하게 관리되며 인원감축, 예산삭감, 고객만족도 조사, 임금피크제, 비정규직 직원의 정규직화, 블라인드 채용 등 공기업에 적용되는 혁신대책이 그대로 출연(연)에도 적용된다.

☞ 기재부가 공기업 구조조정 차원에서 인력 10% 감축을 지시하면, 출연(연)도 인력을 10% 감축해야 한다. 이것은 군인 10% 감축하는 것과 같다. 연구원을 비싸게 육성하고서 다시 감축하는 모순을 보이는 것인데, 이러한 국가적 손실을 기재부는 모르는 것 같다. 기재부를 이해시키지 못한 과기부도 책임이 있다.

– 공기업, 준정부기관, 기타공공기관 중 출연(연)은 기타공공기관에 분류되어 있다가 2018년 **'연구개발목적기관'으로 별도 분류**하였다.

☞ 기재부는 공기업과 출연(연)을 나란히 비교하며, 출연(연)을 "돈 먹는 하마"라고 했다.

※ 일본은 국립연구개발법인과 특정국립연구개발법인을 운영하며, 국책(연)을 정예화하고 있으며, 미국은 국책(연)인 National Lab.을 정부가 직접 관리하지 않고 관리기관에게 위탁하는 정책을 채택하고 있다. 우리도 출연(연)에 대한 새로운 관리체계를 모색해 볼 필요가 있다. 출연(연)에 대한 '출연'의 의미도 살려야 하며, 이를 위한 법률제정이 필요하다. 가장 중요한 점은 주무부처(과기부)가 지원 · 육성에 적극성을 가져야 한다.

3 우리나라 연구개발기관의 개요

■ 고등교육기관(대학)

2021년 기준 우리나라 고등교육기관은 총 426개 중 국가연구개발활동에 참여하는 '일반대학'은 190개(국립 33개, 공립 1개, 사립 156개)이다. 일반대학에 근무하는 교원의 수는 67,473명(국립 16,890명, 공립 833명, 사립 50,195명)이다. 그리고 2021년 기준, 한 해 동안, 박사 16,420명, 석사 80,030명을 배출하였다[33].

우리 대학의 문제점을 몇 가지 짚어보자.

○ 우리나라는 일반대학에 지나치게 치중되어 있다(1996년 '대학설립준칙주의' 때문).

– 전체 학생의 60.5%, 원격대학과 대학원대학을 제외하면 74.9%가 일반대학에 재학

– 전체 교원의 74.6%, 원격대학과 대학원대학을 제외하면 82.3%가 일반대학에 재직

○ 결과적으로, 화이트컬러 일자리는 경쟁이 치열하고, 블루컬러 일자리에는 지망하지 않으니 외국인이 차지하게 되었다. 그러나 우리의 화이트컬러의 전문성은 시대를 따라가지 못한다. 즉, 우리 사회의 운영시스템(법률, 행정, 제도, 계약서 등)이 만족스럽지 못하다.

○ 국립대학과 사립대학 간의 갈등이 서서히 고조되고 있다. 정부는 세금을 사용하여 사립대학의 사업을 방해하는 측면이 크다는 것이다. 그래서 국립대학법인화 정책이 나왔지만 국립대학 측의 반발로 성공하지 못했다.

○ 인구감소가 대학 입학생 감소로 이어져 대학의 재정난이 심해졌다.

○ 2009년 반값 등록금 정책이 나온 후, 대학의 재정은 더욱 어려워지고 실험·실습수업이 축소되며 대형강의 형태가 확대되었다. 교원들은 연구비 확보에 필사적이다.

○ 우리나라에서는 대학을 '공공재'가 아닌 구성원들의 '사유재'로 보는 인식이 강하다. 대학 교원이 다른 대학으로 이직하는 것을 배신자처럼 바라본다.

– 정부가 특정 대학을 지원하는 경우, 다른 대학의 반발이 거세다. 즉, 교원들이 그 특정대학(정부지원이 많은 대학)으로 이동하려는 경쟁을 하지 않는다(안주한다).

고등교육통계(2021년)

		학교 수	학생 수(%)		교원 수(%)	
합계		426	3,201,561	(100.0%)	90,464	(100.0%)
일반대학		190	1.938,254	(60.5%)	67,473	(74.6%)
	국립	33	430,323	(22.2%)	16,890	(25.0%)
	공립	1	12,331	(0.6%)	388	(0.6%)
	사립	156	1,495,600	(77.2%)	50,195	(74.4%)
교육대학		10	15,409		833	
산업대학		2	14,539		350	
전문대학		134	576,041	(18.0%)	12,028	(13.3%)
기술대학		1	62		–	
각종대학		2	3,438		149	
원격(통신)대학		23	287,332	(9.0%)	778	(0.9%)
대학원대학		45	10,452	(0.3%)	1,583	(1.7%)
대학부설대학원		(1,129)	316,963	(9.9%)	6,135	(6.8%)
기타		…	…		…	

– 교수들은 대학을 이동하지 않으려 하면서도 대학의 서열화에는 극도로 반대한다.

☞ 미국은 대학과 학과에 대해 서열을 매긴다. 대학평가의 목적이 대학원 지원자에게 유익한 정보를 제공하기 위함이다. 카네기 재단의 '대학 분류'도 이런 목적을 가진다.

○ 대학의 외형은 선진국과 비슷하지만 운영체계(내부규범, 부서 및 인적구성, 계약서양식 등)는 선진국에 비해 매우 허술하다. 매사 관습으로 처리하는 경우가 많다.

우리나라가 대학의 연구능력을 향상하기 위한 정책으로는 1973년 KAIST설립, 1990년 「기초과학연구진흥법」 제정 그리고 1999년 착수한 두뇌한국21사업(BK21사업)이 있다.

■ 우리나라 국립연구기관

국립(연)이란 중앙부처에 소속된 기관으로서 연구직 공무원이 활동하는 연구기관을 말한다. 연구기관의 운영형식은 국가마다 다르지만, 국립(연)과 국책(연)의 일반적 차이는 제1장 제4절에서 설명하였다. 우리나라는 국책(연)을 출연(연) 형식으로 설립하였다.

우리나라는 약 20개의 국립연구기관이 있다. 우리는 아직 '국립연구기관'이라는 정의가 확실하게 자리잡고 있지 않으므로, 국립연구기관으로 분류하기에 애매한 경우도 있다. 예를 들어, 농림축산검역본부의 경우, 검역과 방역감시기능이 기관의 주요 기능이지만 연구부서(동식물위생연구부)를 설치하고 100명 넘는 연구자(연구직 공무원 및 지원인력으로 구성)가 근무하고 있다. 국립생물자원관은 생물자원연구가 기관의 주된 기능이지만 연구소라는 명칭을 사용하지 않는다. 국립연구기관도 국가연구체계에서 중요한 기능을 담당하므로 국가차원의 연구관리체계에서 지원·육성되어야 하지만, 지금까지 그러하지 못하였다고 볼 수 있다. 국립연구기관은 법규로써 중앙부처·청이 직접 운영·관리하고 있으므로 혁신의 대상으로 고려하지 않았던 것도 사실이다.

그동안 가끔, 국립연구기관에 대한 개선방향이 연구되고[40], 혁신방안이 협의되었지만[41], 아직 연구기관에 대한 관리기법과 연구인력에 대한 HRD기법이 제대로 제시되지 못한 상태이다. 과기부가 종합조정을 염두에 둔다면 이에 대한 준비가 필요하다.

○ 먼저 '국립연구기관'에 대한 명확한 정의(definition)가 필요하다.

– 국립연구기관이란 별도의 법률에 의해 설립되든지, 아니면 ① 중앙부처청의 직제규정(대통령령)에 소속기관으로 명시되고, ② 연구기능을 보유하며, ③ 독립된 연구부서에서 연구직 공무원이 배치되어 연구활동(시험·평가·분석·탐구·발표)을 수행하는 기관이라고 정의되는 것이 좋아 보인다. 책임운영기관이든 아니든 상관없다. 일반직 공무원이 포함될 수도 있지만, 연구직 공무원이 반드시 있어야 한다.

☞ 그렇다면 국립중앙과학관은 국립연구기관인가? 교육연구단도 있고, 연구관, 연구사도 있다. 과학관은 전시와 교육이 주요기능이므로 연구기관으로 분류할 수는 없지만 연구직 공무원이 있으므로 '국립연구기관의 HRD정책(사람을 키우는 정책)'을 적용해야 한다고 본다.

– 그리고, 연구활동이 기관의 주요 기능인지 보조적 기능인지에 따라서 기관명칭이 달라질 수 있으므로, 연구직 공무원을 보유하는 정부기관은 과학기술혁신본부에 등록하고 연구원 육성에 관하여 정기적 심사를 받도록 해야 한다고 본다.

■ 우리나라 국립(연)과 출연(연)의 상황비교

	국가(연)	
	국립(연)	출연(연)
기능	○ 정부보장이 필요한 시험 · 평가기능 ○ 전통적으로 정부가 담당하던 연구 –농업, 축산, 어업, 질병, 보건 ○ 사회적 영향이 큰 영역의 연구 –보건, 기상, 치안(범죄), 소방, 검역 ○ 규제적 행정이 동반되는 연구 –소방, 환경, 질병, 식품, 검역	○ 정부와 'R&R 계약'에서 정의하고 있음 –정관에 '사업영역'이 규정되어 있으나 배타적 영역을 가지지 못함 ○ 정부가 미션연구를 부여하지 않음 ○ think–tank로의 활용도가 낮음 ○ PBS이므로 과제수주를 위해 노력해야 함 ○ 우수 연구자는 법인사업단장으로 이직함
거버넌스 (자율성)	○ 주요사항은 법규에 명시됨 ○ 행정기관의 일부이므로 상명하복 ○ 기관의 자율성은 보장됨	○ 이사회의 결정, 기관장의 책임경영 ○ 「공공기관의 운영에 관한 법률」 적용 –기관혁신의 지시가 자주 내려옴 ○ 주무부처의 간섭을 많이 받음
예산	○ 일반예산 –국회로부터 직접 예산을 받음	○ 출연금 –정부의 엄격한 예산편성심사를 거침 –주무부처로부터 예산을 받음 ○ 외부자금 확보 가능
인사	○ 경직성(조직이 법규에 명시됨) ○ 중간진입 (거의) 불가 ○ 「국가공무원법」 적용 ○ 「연구직 및 지도직 공무원의 임용 등에 관한 규정」 적용	○ 유연성(조직의 신설폐지가 쉬움) ○ 우수 연구자의 중간진입 가능 ○ 비공무원형 인사관리 ○ 비정규직이 많음
처우	○ 국가 공무원으로서의 급여 ○ 공무원연금	○ 공무원, 민간기업, 선진국 수준을 고려하여 (정부 지침에 따라) 이사회가 결정 –세계적 과학자 유치를 위한 처우 가능 ○ PBS 시행(인건비를 벌어야 함) ○ 공적연금이 없음

☞ 광우병 사태, 천안함 피격, 4대강 사업 등 사회적 이슈에 대해 책임있는 전문의견이 필요한 경우, 대학 교수가 아니라(교수는 발언에 학술적 책임만 가짐), 국가(연)의 담당 부서장이 발언해야 한다. 그리고 그 발언에 대해 국가가 책임져야 한다. 이를 위해, 국가(연)의 연구원은 정치와 정부로부터 신분과 권리가 보호되는 제도적 장치를 가져야 한다.

○ 국립(연)은 규제적 행정이나 시험·평가기능이 많으므로 신뢰성 높은 연구활동이 요구된다. 그래서 호기심을 해결하는 연구보다는 사회문제에 직결되는 연구가 많다. 연구직 공무원은 국제수준의 논문을 발표하며, 국제협력이 가능한 수준으로 키워져야 한다.

- 기관의 주요 기능이 '연구'라고 해도, 기관의 성과는 논문·특허가 아니라 사회적 문제 해결 또는 사회적 가치 창출이 되므로 기관의 평가기준이 완전히 달라야 한다.
- 연구가 기관의 주요 기능이 아니고, 보조적 기능인 경우, 연구직 공무원에게 요구되는 업무는 논문연구와는 더욱 거리가 멀기 쉽다. 심지어 일반직과 연구직을 구별없이 배치하는 경우도 있다. 이제부터 전문성을 살리는 정책이 필요하다.

○ **연구직 공무원의 track으로 들어선 사람**은 자신의 전문성을 계속 성장시킬 수 있는 제도적 장치(HRD제도)가 있어야 하며, 범정부적으로 통일되는 것이 바람직하다.

- 연구직 공무원의 직무는, 일반직 공무원과는 확실히 다른, 연구관련 업무가 배당되어야 한다. 특히, 기술직 공무원과 연구직 공무원을 혼돈해서는 안된다.
- 연구직 공무원에 대해서는 개인기본연구(자신의 전문성을 제고하는 연구)와 학회활동이 가능하도록 지원되어야 한다. 그리고 인근 기관과 공동으로 세미나, 동료심사, 학습활동이 보장되어야 한다. 기술이전과 창업에 대한 제도가 제공되어야 한다.

○ 안전, 질병, 환경, 농수산 등 사회적 문제는 다른 나라에서도 비슷한 고민을 하고 있으므로 국제협력으로 공동 대응하는 것이 매우 유리하다. 그런데 이런 대책은 현재 거의 논의되지 않고 있다. 대학과 출연(연)에서 인력을 일시 파견받는 제도도 필요하다.

※ 일본에는 29개의 국립(연)이 있는데, 주로 정책, 보건, 농업, 환경분야 연구가 많다.

- 국립(연)의 연구결과에 대해 공개 여부를 주무부처에서 결정하는 경우가 있다. 즉, 연구자들은 개방적으로 활동할 수 있지만, 주무부처가 연구결과를 비공개로 할 수 있으므로 연구(분석·검사·측정)결과의 대외발표는 내부적 심사를 거쳐야 한다.

○ 과학기술부는 종합조정의 차원에서 매 5년마다 국립연구기관의 장비, 연구활동을 점검하고, 연구직 공무원들의 애로사항을 조사하여 그 대책을 제시하는 것이 바람직하다.

■ 국립연구기관 목록

주무 부 · 처 · 청	국립연구기관
과학기술정보통신부	국립전파연구원
농림축산식품부	농림축산검역본부
해양수산부	국립수산과학원
행정안전부	국립과학수사연구원, 국립재난안전연구원
환경부	국립환경과학원, 국립생물자원관, 국립야생동물질병관리원
식품의약품안전처	식품의약품안전평가원
기상청	국립기상과학원, 국가기상위성센터
농촌진흥청	국립농업과학원, 국립식량과학원, 국립원예특작과학원, 국립축산과학원
문화재청	국립문화재연구원, 국립해양문화재연구소
산림청	국립산림과학원, 국립수목원
소방청	국립소방연구원
질병관리청	**보건환경연구원**, 국립보건연구원(국립감염병연구소)

※ 보건환경연구원은 「보건환경연구원법」에 근거를 두고, 각 시 · 도에 설치하며 질병관리청이 총괄한다. 분석 · 검사 · 측정업무가 기관의 주요 기능인데, 소속된 공무원 중에서 연구직으로 표기된 공무원은 거의 없다(홈페이지에서 대부분 일반직 공무원으로 표시됨).

☞ 기상 · 환경분야는 국제공동연구가 많으며, 연구원의 국제적 이동이 많은 분야이다. 그렇다면, 탁월한 연구원이 유치될 수 있는 대책이 필요하다. 공무원 처우형식으로는 탁월한 연구원의 유치가 어렵다고 본다.

■ 정부출연연구기관

2021년을 기준으로 이공계 출연(연)은 32개로서 16,400명의 직원(ADD 제외)이 근무하고 있다. 예산규모는 총 5조 1천억 원(ADD 제외)을 집행한다. 참고로 인문사회계 출연(연)은 26개가 있다.

출연연구기관이란 "출연금으로 운영하는 국책연구기관"이란 의미이다. 일본의 국립연구개발법인이나 미국의 National Lab.(FFRDC)에 지급하는 재정과는 다른, 더 유연한 재정, 즉 '출연금'으로 운영한다는 의미이다. '출연금'이란 국제기구에 지급하는 분담금 또는 학생에게 지급하는 장학금과 같이 **반대급부를 요구하지 않으며 정산하지 않는 자금이다**. 연구의 불확실성을 커버하기 위한 것이다. 우리가 왜 출연금으로 운영하는 국책(연)을 만들려고 했는지는 제1장에서 설명하였다.

다시 요약하자면, 우리나라가 연구비 재원으로 ('보조금'이 아닌) '출연금'을 선택하고, 연구기관을 '출연금'으로 운영하도록 정책적으로 선택한 이유는 정부의 간섭과 감사를 덜 받기

■ **주요 연구기관장의 임기와 평의원회 관계**

국가	연구기관명	기관장 임기	비고
독일	MPG(막스프랑크 연구회)	6년	기관장이 평의원회 의장 겸직
	FhG(프라운호프 연구회)	5년	기관장과 평의원회 의장은 별개
	HGF(헬름홀쯔 연구회)	5년	기관장이 평의원회 의장 겸직
	WGL(라이프니쯔 연구회)	4년	기관장이 평의원회 의장 겸직
프랑스	CNRS	4년	기관장이 이사장, 평의원회는 별도 존재(국립(연))
일본	RIKEN(이화학연구소)	6~7년	기관장이 이사장, 평의원회 없음
	AIST(산업기술총합연구소)	6~7년	기관장이 이사장, 평의원회 없음
한국	IBS(기초과학연구원)	5년	기관장이 이사장, 평의원회 없음
	NST(국가과학기술연구회)	3년	기관장이 이사장, 평의원회 없음
	정부출연연구기관	3년	기관장은 이사(과기출연기관법 제11조 제2항)

위한 것인데, 정부는 유연한 자금이라는 이유로 더 엄격하게 간섭하고 통제하고 있다. 현장에서는 '출연금'에 관료주의가 개입되어, **연구자가 가져야 할 '유연성'을 공무원이 가져가 버렸다**. 예를 들면, 공무원은 "출연(연)이 임금 피크제를 도입하지 않다면 인건비 상승분을 지급하지 않겠다."고 발언함으로써, 출연(연)을 굴복시키고 임금 피크제를 자발적으로 받아들이게 만드는 것이다. 여기에 PBS까지 적용되고 있으니 우리 출연(연)은 국립(연)보다 자율성이 더 불리해졌다.

연구활동에는 성공에 대한 '불확실성'이 크며, 자율성을 보장해야 하므로, 출연(연)에 일반적인 감사나 감독기준을 적용하면 안 된다. 그런데 법률에서는 이런 내용을 전혀 규정하지 않았으므로 출연(연)은 일반 공기업과 대등하게 관리된다. 현재 출연(연)은 「공공기관의 운영에 관한 법률」과 「정부업무평가기본법」으로 관리되는데, 임원 중심의 경영체계, 공기업과 대등한 관리, 기관장 선임방식, 임기 및 기관평가제도는 연구기관으로서 가져야 할 자율성, 독립성, 유연성을 전혀 살려주지 못하고 있다. 그리고 출연금 사용에 관한 법률과 연구원의 처우(연금, 연봉, 정년)에 관한 법률도 제정하지 못했다. 여기서 우리는 깨우침을 얻는다. "일반 행정가는 진흥육성의 논리를 이해하지 못한다는 점이다." 그리고 "그들은 선진국의 국책(연)에 대해서도 거의 알지 못한다." **이들은 자신의 무지함이 국가를 훼손하고 있다는 생각을 전혀 하지 못한다**. 결국 우리 출연(연)의 형식과 운영(기능과 처우)은 선진국의 국책(연)과 많이 멀어져 가고 있다.

※ 우리 출연(연)은 임기 3년의 기관장이 연임하는 경우가 거의 없다. 우리는 기관장 연임을 특혜라고 생각하기

때문에, 그런 특혜가 집중되는 것을 좋지 않게 본다. 선진국은 기관장 임기가 4년 이상이며 연임하는 경우가 많다. 연구기관장의 장기근속은 연구기관의 운영 · 발전에 유리하다. 자율성에 직결되는 '평의원회'도 우리는 잘 모른다.

■ 우리 출연(연)의 구조적 문제점

우리나라 국가연구개발체계에서 가장 이해가 안되는 부분은 출연(연)의 거버넌스이다. 앞에서 설명하였듯이, 그동안 여러 번의 이합집산을 겪었던 출연(연)들이 이제 대부분 과기부 산하로 모였다. 철도연, 건설연, 식품연, 생기원, 에너지연, 지자연, 한의학연, 김치연, 국보연 등 출연(연)이 관련부처(연구영역에 직결되는 정부부처) 산하에 소속되지 않고 과기부 산하 NST에 소속을 두고 있는 구조가 과연 효과적인가? 출연(연)들이 능력을 잘 발휘하고 있는지 생각해 봐야 한다.

"**출연(연)에 대한 육성과 활용의 이원화 원칙**"이 있어야 하지만, 과기부는 달갑게 생각하지 않는 원칙이다. 정부부처는 본능적으로 산하기관을 많이 관할(소유)하려 하면서도 다른 부처가 자신의 산하기관을 활용하는 것을 못마땅해 한다. 또한, 다른 부처의 산하기관을 활용하려 하지도 않는다. 출연(연)의 연구영역과 주무부처의 업무영역에서 미스매치가 생기면, 주무부처는 전문적 업무수행이 불편하며, 출연(연)도 성장하기 어렵다.

출연(연)의 관할권을 놓고 정부부처 간의 대립이 꾸준히 지속되어 왔지만, 본격적으로 이러한 구조(연구회 체제로 집결)가 시작된 것은 1998년이다. 지금까지 25년이나 지속된 **이러한 구조는 여러 가지 기형적 모습을 낳았다**.

○ 철도, 건설, 식품 등 공공기술 영역의 출연(연)이 해야 할 가장 중요한 기능은 관련부처(국토부, 농식품부 등)의 미션연구를 수행하는 것인데, 이것이 매끄럽지 않다. 이들의 예산의 가장 큰 부분이 미션연구에서 나오며, 기관평가의 가장 큰 항목이 미션연구의 성공 여부가 되어야 하는데, 현실은 그렇지 못하니 이들의 기능은 표류한다.

−과기부는 이들 출연(연)에 미션연구를 제대로 부여하지 못하는 입장이다.

○ 기계연, 생기원, 전기연, 화학연, 재료연 등은 산업기술 영역에서 연구하고 있다. 그런데 이 영역의 연구는 산자부로 이관하고 과기부는 기초연구영역으로 초점을 두는 것으로 부처 간에 연구영역을 조정한 적이 있다. 그런데, 이들 출연(연)은 과기부 산하에 와 있으니, 산자부는 출연(연)을 활용하지 않고 별도의 전문생산기술연구소 14개를 설립 · 운영하고 있다. 이렇게 되면, 이 출연(연)들은 위상이 매우 애매해진다.

−앞으로도 계속 이렇게 갈 것인가? 과기부는 산업기술 영역을 어떻게 할 것인가?

○ KIST, KISTI, 기초연, 생명연은 다른 부처의 업무영역과는 무관하므로, 과기부가 미션연구를 부여해야 하는데 그런 정책은 보이지 않는다.
○ 항우연, 원자력연, 핵융합연에게는 과기부가 장기·대형 프로젝트를 줘야 한다. 이런 출연(연)에 PBS를 실시한다면, 이들 출연(연)은 누구와 경쟁하란 말인가?

구조적 문제는 근본적 문제이므로, 이에 대한 명확한 대책이 없으면 시간이 갈수록 출연(연)은 망가질 것이다. **이 문제는 미국처럼 국회가 나서서 범정부적 해결책을 모색해야 할 사안이다**. 정부부처에 맡기면 부처 간의 이해다툼으로 합리적 해결책이 안 나올 것이다. 그런데, 국회 관계자는 우리 과학기술정책의 맥락을 알고 있을까?

memo

제 3 장

연구중심대학정책

제1절 들어가면서

■ 생각해 볼 문제

- ○ 모두 SCI를 중요시한다면, 국내 '비SCI 학술지'는 어떻게 발전시킬 것인가?
- ○ 사립대학이 잘하고 있는데도, 정부가 국립대학을 세금으로 운영할 필요가 있는가? 사립대학은 학생 부족으로 경영이 어렵지 않는가?
- ○ 원격교육(MOOC나 OCW)으로 인해 미래에는 대학이 사라질까?
- ○ 우리는 대학법인화를 추진하다가 왜 중단하였는가? 일본의 대학법인화는 어떤가?
- ○ 정부는 대학들의 불만(정부 간섭, 반값 등록금)을 왜 해결하지 않는가?
- ○ 연구중심대학이란 어떠해야 하는가? 왜 중요한가?
- ○ 우수한 연구자는 어떻게 평가하는가?
- ○ 우수한 학술지(저널)는 어떻게 파악하는가?
- ○ 세계대학 랭킹은 어떻게 결정되는가? 왜 중요한가?
- ○ 입학생, postdoc, 연구자들이 국제이동에서 중요시하는 요인은 무엇인가?

1 SCI란 무엇인가?

SCI(Science Citation Index)는 미국과학정보연구소(ISI: Institute for Scientific Information)[1]가 1964년부터 권위있는 과학기술분야 학술지(저널)를 선정하여, 이에 게재된 각 논문이 다른 논문에 **피인용된 횟수**를 카운팅한 것이다. 즉, 먼저 권위있는 저널을 선정하고(이것을 SCI저널이라고 한다), 여기에 게재된 각 논문이 차후에 발행되는 저널 논문의 참고문헌(reference)에서 인용표기된 횟수를 하나하나 세어보면, 어떤 논문이 몇 번 인용되었는지를 파악할 수 있다. 그리고 논문의 피인용 횟수로부터 많은 정보(특정 논문의 영향력, 특정 국가의 중점 연구분야 등)를 도출할 수 있다. 이 피인용 횟수(지수)는 연도별로 파악되며, 수천 종의 저널에 게재된 수십만 편의 논문을 대상으로 분석하므로 거대한 데이터베이스가 만들어진다. 이 데이터베이스의 명칭이 '**Web of Science(WoS)**'이다. **WoS**는 특정 연구자 개인, 특정 연구기관 또는 특정 국가의 연구업적의 분석을 위한 강력한 수단으로 인정받고 있다.

---

1 ISI는 1960년에 설립되어 1992년 Thomson사에 통합되었다. 그리고 Thomson Reuters Corporation에 소속되었는데, 이 회사는 2017년 Clarivate(공공거래분석회사)에 인수·합병되었다.

세계적으로 모든 학술단체는 자신들이 발행하는 학술지(저널)가 SCI 분석의 대상으로 삼는 저널에 포함되고자 하여 열심히 노력하고 있다. SCI 분석의 대상이 되는 학술지를 **'SCI 저널'** 이라고 부르는데, 매우 권위 있는 저널만을 대상으로 하기 때문이다. SCI 저널로 한번 선정되었다가도 심사기준에 미달되면 탈락될 수도 있다. SCI 저널에 게재되는 논문을 **'SCI 논문'**이라고 부른다. 일반적으로 연구자들은 개인적 연구실적으로서 SCI 논문 발표실적을 중요하게 생각한다. 연구자의 연구실적 평가는 SCI 논문의 편수(양), 논문의 피인용도(질)를 중요하게 보기 때문이다. 또한 대학원에서 박사학위의 수여요건 중 하나로서, 학생이 제1저자가 되어 SCI 논문 1편 이상을 발표하기를 요구하는 경우가 많다.

WoS는 학술지, conference proceedings, 기타 다양한 분야의 문헌에서 인용 데이터를 제공하는 여러 데이터베이스에 대한 액세스를 제공하는 유료 액세스 플랫폼이다. Web of Science Core Collection은 **WoS** 플랫폼의 주요 리소스이자 과학, 인문사회 및 예술연구를 위한 세계 최초의 인용색인인데, 254개의 과학, 사회과학, 예술 및 인문과학 분야에서 전 세계적으로 출판된 **21,100종 이상의 수준높은 저널(오픈 액세스 저널 포함)을 포함**한다. Web of Science Core Collection은 6개의 온라인 인덱싱 데이터베이스로 구성되어 있다.

○ Science Citation Index Expanded(SCIE)는 178개의 과학 분야에 걸쳐 9,500여 종의 영향력 있는 저널을 색인화하고 있다. 1900년부터 현재까지 5,300만 편 이상의 논문과 11.8억 개의 cited references를 보유하고 있다.

○ Social Sciences Citation Index(SSCI)는 58개 사회과학 분야의 3,400여 종의 저널을 색인화하고 있다. 적용 범위는 1900년부터 현재까지 937만 편 이상의 논문과 1.22억 개의 cited references를 보유하고 있다.

○ Arts & Humanities Citation Index(AHCI)는 28개 예술 및 인문학 분야의 영향력 있는 저널 1,800종 이상을 대상으로 색인화하고 있다. 1975년부터 현재까지 490만 편 이상의 논문과 3,340만 개의 cited references를 보유하고 있다.

○ Emerging Sources Citation Index(ESCI)는 254개 분야의 세계최고품질의 저널 7,800종 이상을 다룬다. 적용 범위는 2005년부터 현재까지 300만 편 이상의 논문과 74백만 개의 cited references를 보유하고 있다.

○ **Book Citation Index(BKCI, 도서인용색인)**는 과학, 사회과학, 예술과 인문학의 분야를 포괄하는 다학제적 분야에서 편집자가 선정한 128천 권 이상의 도서를 색인화하며, 매년 1만 권의 도서가 추가된다. 적용 범위는 2005년부터 2022년까지 5,320만 개 이상의 cited references를 보유하고 있다.

○ **Conference Proceedings Citation Index(CPCI)**는 과학, 사회과학, 예술과 인문학의 분야를 포괄

하는 다학제적 분야에서 최첨단, 영향력있는 227천 건 이상의 conference proceedings를 색인화한다. 커버리지는 1990년부터 2022년까지 7,010만 건 이상의 cited references를 보유하고 있다.

JCR(Journal Citation Reports)는 WoS와 통합된 연례 간행물이며, Web of Science Core Collection에서 액세스할 수 있다. Impact Fact를 포함하여 자연과학 및 사회과학 학술지에 대한 정보를 제공한다. JCR은 원래 Science Citation Index의 일부로 출판되었다. 현재 JCR은 Science Citation Index Expanded과 Social Sciences Citation Index에서 추출한 인용에 기반을 두고 있다.

■ SCI로부터 연구정보의 분석

SCI로 파악할 수 있는 연구정보를 보자. 선정된 저널(SCI 저널)에 게재된 각 논문별 피인용 횟수를 세어보면 매년 증가하게 된다. 그리고 논문들이 발표된 지 3년 정도 경과하면 그 논문들 간에 피인용 횟수의 우열이 갈라지며, 피인용도에 유효성이 생긴다. 이 지표를 바탕으로 아래의 정보를 찾아낼 수 있다. 이런 정보는 분석대상이 되는 저널이 많을수록, 분석대상의 기간이 길수록, 저널이 글로벌 할수록 더 유효성이 커지므로 데이터가 방대할 수밖에 없다.

- ○ 논문별 피인용 지수(횟수)
- ○ 저자(연구자)별 피인용 지수
- ○ 학술지(저널)별 피인용 지수
- ○ 연구기관별 피인용 지수

위의 정보를 바탕으로 더 깊은 정보를 분석할 수 있다.

- ○ 탁월한 논문: 피인용 횟수가 많은 논문
- ○ 탁월한 연구자: 탁월한(피인용이 많은) 논문을 발표한 연구자
  - 예 특정 분야에서 피인용도 상위 0.1%에 속하는 연구자

    ※ 이러한 정보를 근거로 하여 Clarivate는 매년 Highly Cited Researchers(지난 10년간 가장 영향력 있는 연구자)와 Clarivate Citation Laureates(노벨상 예상후보)를 발표하고 있다. 그 후보들 중 2002년부터 2020년까지 59명이 노벨상을 받았다.

- ○ 학술지의 영향력: 특정 학술지에 게재된 논문이 얼마나 많이 인용되는지를 지표로 계산하여 (Impact Factor, IF) 영향력을 비교한다. 그리고 특정 저널이 상위 몇 %에 속하는지도 계산할 수 있다.
- ○ 연구기관의 탁월성: 연구기관의 연구자들이 평균 1년간 SCI 논문발표 편수와 피인용 횟수를

계산하여 탁월성을 비교한다. 세계대학 랭킹의 평가에도 적용된다.

- ○ 연구기관의 중점 연구방향 파악: 특정 연구기관이 어떤 방향으로 논문을 많이 발표하는지를 보고 파악한다.

  ※ 이러한 정보를 근거로 하여 연구기관 차원에서 공동연구 협약을 맺을 수도 있다.

- ○ 국가별 연구능력 비교: 특정 국가 전체의 논문발표 편수로 순위를 매길 수 있으며, 국가 전체의 피인용 횟수로서 순위를 매길 수도 있다.
- ○ 국가별 중점 연구방향의 분석: 특정 국가가 어떠한 연구에 중점을 두는지는 어떤 방향에서 논문이 많이 발표되는지 보고 파악한다.

  ☞ SCI 분석으로 특정 국가나 특정 연구기관의 연구방향을 파악하는 경우, 그것은 5년 전의 연구동향이 되는 셈이다. 어떤 연구결과가 논문으로 작성되어 제출되면 게재되는데 1년 이상 소요되며, 그 발표된 논문을 읽고 참조하여 논문이 발표되는데 또 1년 이상 소요되며 이때부터 피인용 횟수가 카운팅 되기 시작한다. 그 후, 3년 정도 경과되어야 연구동향이 보인다. 결국 분석되는 시점을 기준으로 볼 때, 적어도 5년 이전의 연구동향인 것이다.

  ※ 이러한 분석이 가능하므로 Thomson Reuters(지금은 Clarivate)는 Web of Science 데이터베이스를 CD-ROM 형태로 만들어 여러 국가 연구기관에 비싸게 판매하고 있다.

■ SCI 저널의 선정

SCI 분석대상이 되는 저널은 당초(1960년대) 100여 학술분야의 3,800여 종이었다. 이것을 **"SCI-Core 저널(SCI 저널)"**이라고 부른다. 그렇지만 세월이 흐름에 따라 좋은 저널이 많이 생기면서 SCI 분석대상은 점점 확대되어 간다. 이렇게 확대된 저널을 **"SCI-Expanded 저널(SCIE 저널)"**이라고 한다. 연구현장에서 연구실적을 평가할 때, SCI 논문과 SCIE 논문에 차별을 두었다. SCI 저널이 SCIE 저널보다 더 권위(지명도) 있다고 간주했기 때문이다. 그러나 SCIE 저널이 더 엄격해지거나 IF(영향력 지수)가 더 높아지는 사례가 많아지자, **2020년부터 SCI와 SCIE의 구분이 없어지고 SCIE의 단일항목으로 통일되었다**. SCIE 저널은 2022년 기준 178개 과학기술분야의 9,500종 이상이다. Web of Science 플랫폼에서 Master Journal List를 제공하고 있으며 이곳에서 대부분의 저널 정보를 확인할 수 있다.

※ 우리나라의 학술단체가 발행하는 저널 중 약 50종이 SCIE 저널에 포함된다.

SCI 분석의 대상이 되는 저널(SCI 저널)의 선정은 Clarivate의 WoS Editor Team이 결정하고 있다. 여기서 사용하는 평가기준으로 **24개의 '품질 기준(quality criteria)'과 4개의 '영향 기준(impact criteria)'**을 적용하고 있다. 우리의 학술지 운영에도 참고할 수 있으니 절차와 기준을 자세히 살펴보자.

■ **WoS의 저널심사 절차와 기준**

초기 심사	ISSN 등록	저널은 등록된 ISSN을 가지고 있어야 한다.
	저널 명칭	저널은 내용과 일치하는 명칭(title)을 가져야 한다.
	저널 발행자	저널 발행자의 이름과 주소가 제시되어야 한다.
	저널 URL	저널 URL이 제공되어야 한다.
	콘텐츠 접근 권한	WoS 편집팀에게 저널이 출판한 내용에 접근할 권한이 제공되어야 한다.
	동료심사정책	게재된 내용(논문 등)은 외부 동료심사를 거쳐야 한다.
	연락처 정보 제공	저널의 편집자와 제작자에 대한 연락처가 제공되어야 한다.
편집자 평가 (선별)	학술 콘텐츠	저널은 주로 독창적인 학술 자료를 포함해야 한다.
	영문 제목/요약문	저널의 언어에 상관없지만, 영문제목/요약문을 제시해야 한다.
	로마체의 참고문헌	참고문헌, 이름, 소속은 Roman script로 제시해야 한다.
	언어의 명확성	제목, 초록, 본문의 언어는 전 세계 청중이 이해하기 쉽고 명확해야 한다.
	적시성 및/또는 출판 볼륨	저널은 정기적 발행빈도로 출판되어야 한다. 출판량(volume)은 충분해야 한다.
편집자 평가 (선별)	웹 사이트의 기능/저널 형식	웹사이트 정보는 정확해야 하며, 모든 기능(편집위원회, 동료심사 등)에 쉽게 접근할 수 있도록 보장해야 한다.
	윤리 선언의 존재	저널은 저자가 지켜야 할 윤리기준을 제시해야 한다.
	편집자 소속의 세부 정보	편집위원의 신원을 확인할 수 있어야 하며 연락할 수 있어야 한다.
	저자 소속의 정보	모든 출판물에 대해 저자의 신원을 제시해야 한다.
편집자 평가 (질평가)	편집위원회의 구성	편집위원회 구성원은 소속, 지리적 다양성이 필요하다.
	진술의 타당성	출판내용은 저널에 의해 선언된 정책을 준수해야 한다.
	동료심사	출판내용은 동료심사 및/또는 편집 감독을 받아야 한다.
	콘텐츠 관련성	게재된 내용은 저널의 제목 및 명시된 범위와 일치해야 한다.
	grant 지원정보	grant 지원이나 재정지원에 대한 사사가 있어야 한다.
	공동체 기준의 준수	편집정책은 best practices에 부합해야 한다.
	저자의 분포	출판물의 저자는 소속과 출판기록 및 지리적 다양성을 가져야 한다.
	문헌에 대한 적절한 인용	출판물은 주변 문헌을 적절하게 인용하기를 기대한다.
편집자 평가 (영향력)	비교 인용 분석	SCI급 저널에 대한 인용 횟수와 출처를 평가한다.
	저자 인용 분석	대부분의 저자들은 WoS에서 식별할 수 있는 출판이력을 가지고 있어야 한다.
	편집위원회 인용 분석	대부분의 편집위원들은 WoS에서 식별할 수 있는 출판이력을 가지고 있어야 한다.
	내용의 중요성	저널의 내용은 의도된 독자층과 WoS구독자에게 흥미, 중요성 및 가치가 있어야 한다.

출처: Web of Science Journal Evaluation Process and Selection Criteria

■ SCI 분석의 한계

SCI의 정보분석이 연구자의 연구실적을 분석하는 강력한 수단으로 인식되자 연구자의 평가 수단으로 활용되는 사례가 늘어나고 있다. 심지어 과학자를 관리·통제하는 수단으로까지 활용되고 있다. SCI급 논문을 발표하면 연구실적으로 인정받고 승진과 tenure에도 유리하게 되지만, SCI급 논문이 없으면 훌륭한 과학자로 평가받기 어렵다. 그러나 SCI의 한계를 알고 이것이 전부가 아니라는 인식을 가져야 한다[42][43]. 최근에 와서 WoS가 많이 보강되었고, 경영기법도 발전되었지만, 2006년에 있었던 SCI 분석에 대한 비판은 아직도 유효하다.

SCI에 대한 비판(2006년도 KERIS 발표문 중에서)

○ SCI에 대한 가장 큰 비판은 미국 · 영국중심이라는 사실이다. 이렇게 되면 미국과 영국의 연구자와 연구기관들이 상대적으로 우월한 것으로 평가되기 쉽다.
 - 2006년도 기준으로 SCI-Core저널 3,768종의 국가별 순서를 보면, 미국 1,586종, 영국 758종, 네덜란드 398종, 독일 274종, 스위스 113종이다. 일본 및 유럽의 비영어권 국가가 상당히 낮게 평가됨을 보여준다. 독일, 프랑스는 각각 영국에 못지않다고 자부하고 있는데, 여기서는 그 절반도 차지하지 못하고 있다. 여기서 네덜란드가 강한 이유는 오랜 전통을 가진 세계적 논문 출판사(Elsevier)가 있기 때문이다.
 - SSCI에서도 미국의 편중은 심하게 나타났다. 2006년 기준 1,841종의 수록논문 가운데 미국 971종, 영국 584종, 영국 외의 유럽 국가가 214종을 차지하여 미국 · 영국 중심으로 선정되고 있음을 보여준다.

○ SCI 수록 저널에서 학문분야별 편중도 지적되고 있다. 생명과학, 임상의학의 비중이 매우 크다는 지적이다. 이렇게 되면 생명의학분야의 연구자와 연구기관들이 상대적으로 우월한 것으로 평가되기 쉽다.
 - 여러 가지 평가에서 분야별 비교를 보면, 생명과학분야가 높게 나온다. 그 가장 큰 이유는 논문업적이 상대적으로 높게 평가되는 것이며, 그 근본이유가 여기에 있다. NSC (Nature, Science, Cell지)에서 생명과학 중심의 논문발표가 많은 것도 높게 평가되는 이유 중의 하나이다. 결국, 정부에서 국가최고과학자를 선발할 경우, 전체분야를 대상으로 하는 객관적 기준이 없으므로 SCI급 논문의 편수나 피인용도를 가장 큰 평가항목으로 하는 경우, 상위그룹은 항상 생명과학분야에서 차지한다.

○ 학자들도 SCI 분석에 대해 한계를 지적하고 있다. Kostoff(1995, 1998)는 SCI 지표자체(인용도)에 문제점을 다음과 같이 제시하고 있다[44],[45].
 - 양적 실적일 뿐, 질적 평가는 아님
 - 분야별 특성을 반영하지 못함
 - 자기인용, 조각논문 발표(salami publication)에 영향을 받음
 - 복수저자 논문에서 실질적 기여도를 구별 못 함
 - 논문 아닌 방식(저술, 특허)은 무시됨
 - 영어권 학술지 중심으로 편향됨
 - 긍정적 인용과 부정적 인용의 구분이 안 됨
 - 연구활동 종료 후 논문이 나오고 피인용 되기까지 상당한 기간소요

2 학술능력(연구실적)의 주요지표

■ Nature Index

Nature Index는 연구기관 또는 국가의 연구성과를 표시하는 지표이다. 자연과학분야의 82개의 엄선된 고급 학술지에 게재된 논문을 분석하여 연구성과를 비교하는데, 'Count'와 'Share'라는 두 지표를 계산하여 연구성과와 협력관계를 파악한다.

- ○ Count: 한 논문의 저자별로 소속된 연구기관과 국가에 1점이 부여된다. 다수 저자인 논문의 경우, 각 저자마다 소속 연구기관과 소속 국가에 1점(Count 점수)을 부여한다.
- ○ Share: 한 논문당 1점을 저자별로 공평하게 점수를 나누어 각 저자의 소속 연구기관과 소속 국가별로 점수를 부여한다. 예를 들어, 한 논문의 저자가 5명이면 각 저자마다 0.2점(Share 점수)이 주어지며 각 저자의 소속 기관과 소속 국가에 부여된다.

한 연구기관에 대해 Count 점수가 Share 점수보다 매우 높으면, 외부기관과의 협력연구가 활발하며, 외부 자원(external resources)에 종속정도가 큰 편이다. 만약 한 연구기관의 Count 점수가 Share 점수에 가까우면, 외부 연구자와의 협력이 제한적이며 내부 자원(internal resources)에 종속정도가 크다고 볼 수 있다. 이 지표들은 size-dependent하므로 규모가 큰 연구기관(국가)이 큰 점수를 받게 된다. Springer- Nature 출판사는 2016년부터 매년 Nature Index Ranking을 발표하고 있다.

TOP INSTITUTIONS NATURE INDEX(share) 2021[46. p. 13]

1. Chinese Academy of Sciences, China
2. Harvard University, USA
3. Max-Planck-Gesellschaft, Deutschland
4. French National Centre for Scientific Research, Frankreich
5. Stanford University, USA

■ H - Index

어떤 연구자의 **h-index**는 그 사람이 쓴 모든 논문 중 n회 이상 인용된 논문이 n개일 때, 이 둘을 동시에 만족하는 n의 최대값을 말한다. 즉, 어떤 과학자가 자신의 논문을 피인용이 많은 논문부터 일렬로 배열했을 때, 100번째 논문의 피인용 회수가 100이었고, 101번째 논문부터는 피인용회수가 100회 이하가 된다면 그의 **h-index**는 100이다.

h-index는 연구자가 의미(영향력)있는 연구를 얼마나 많이 하는가를 하나의 수치로 보여

주는 지표이다. h-index를 통하여 특정 연구자의 **양적인 기여와 질적인 기여를 동시에 평가**할 수 있다. 그러나 h-index가 특정 논문에 대한 저자의 기여도, 어떤 논문에 인용되었는지, 자기인용을 얼마나 사용하였는지 등을 반영하지 못한다는 단점도 있다. 또한 임팩트 팩터와 마찬가지로, 서로 다른 분야의 학자들을 수평 비교하기 어렵고, 경력이 많지 않은 연구자들에게 불리하다.

■ 임팩트 팩터(Impact Factor)

학술지(저널)도 서로 경쟁하고 있다. 지명도 높은 학술지는 어떻게 구별하는가? 피인용도가 높은 논문을 많이 게재하는 저널이 지명도가 높다고 가정할 수 있다. 그래서 어떤 저널에 대해 **게재된 논문의 평균 피인용도**를 영향력 지표(Impact Factor, IF)로 정의하고 다음과 같이 계산한다.

$$IF = \frac{\text{최근 2년간 특정 저널이 다른 저널에서 금년 1년간 인용된 회수}}{\text{최근 2년간(금년 제외) 특정 저널에 수록된 item 수}}$$

여기서 item이란 Article, Review, 또는 Proceedings Paper로서 WoS 데이터베이스에 수록된 인용 가능한 것을 말한다. 즉, 한 저널에 최근 2년간 수록된 논문이 다른 저널에서 한 해 동안 인용된 횟수를 그 저널의 최근 2년간 수록된 논문의 수로 나눈 것이다.

IF가 높은 저널이 지명도가 높은 저널로 평가할 수 있지만, IF가 낮아도 상위저널(peer review가 엄격함)로 인정하는 경우가 있으니 신중하게 판단해야 한다.

☞ 생명과학분야의 저널이 대체적으로 IF가 높다. 그 이유가 무엇일까?

3 연구중심대학이란 무엇인가?

역사적으로 볼 때, 대학은 교육중심으로 기능하였는데, 독일의 Wilhelm von Humboldt가 독일 대학개혁을 추진하면서 1811년 베를린 대학을 설립하고, **교육-연구-학습의 통합이라는 개념**을 대학운영의 원리로 삼으면서 연구기능이 독일대학에 정착하게 되었다. 그 후 대학에서는 연구기능이 점점 더 확대되던 중, 독일에 유학한 미국인들이 1876년 Johns Hopkins 대학을 설립하면서 독일식 연구개념을 대학에 적용하였다.

그 후, 2번의 세계대전을 겪으면서 미국의 성장과 함께 미국 대학의 연구기능은 급속히 확대되었으며, 과학연구의 중심이 유럽에서 미국으로 이동하였고, 미국 대학 중 일부는 연구능력에서 세계최고의 위치에 올라서게 되었다. 그들은 학부 교육보다 대학원 교육과 연구에 중심을 두게 되고, 연구활동에 필요한 여러 가지 제도(연구진실성, 생명윤리, 이해충돌관리 등)를 구축하면서 재정적 여유가 있는 대규모 사립대학을 운영하게 되었다. 이러한 성장의 배경에는 청교도 정신에서 비롯된 윤리의식과 자본주의에서 나타나는 자유경쟁이 밑바탕이 되었다고 볼 수 있다. 미국의 4천여 개의 대학 중 280개 정도가 연구에 중점을 두며 **박사대학/연구대학(doctoral/research universities)**으로 불린다. 그리고 이런 대학들은 세계적 인재를 모으고 새로운 산업을 창출하며 글로벌 연구 네트워크에서 중요한 허브역할을 수행하게 되니, 국가경쟁력에도 지대한 영향을 미치게 되었다. 미국이 연구중심대학이란 모습을 미리 설계하고 만들어 간 것은 아니다.

2000년 이후, 유럽은 경기침체와 국가경쟁력 회복을 위한 전략으로서 국가 연구개발활동을 강화하면서, 다른 한편으로, 연구중심대학을 보유하는 정책을 강하게 드라이브하게 되었다. 그동안 유럽(영국은 제외)은 사회당 정권이 자주 등장하였고, 대부분의 대학을 국립으로 운영하였으므로 탁월한 대학보다는 평준화된 대학을 보유하였으며, 미국에 비해 상대적으로 경직되게 대학을 운영해 왔다. 이제 유럽도 **연구중심대학을 보유하는 정책을 시작**했으니, 연구중심대학의 '정책모습'은 미국보다 유럽에서 더 선명하게 목격할 수 있다. 반면에 미국에서는 연구중심대학의 완숙된 모습을 볼 수 있다.

연구중심대학의 모습은 국가마다 다소 다르다. 그러나 공통적인 모습은 **학생교육보다 교수의 연구활동에 중점을 두며, 학부(undergraduate)규모가 대학원보다 작고, 세계적 위상(중요한 연구허브의 위상)을 가지려고 노력한다는 점**이며, 세계적으로 탁월한 인재(입학생, postdoc, 연구자 등)를 영입하려는 자세를 가지고 있다. 그리고 국가차원에서 이를 지원하고 있다는 점도 간과할 수 없다. 이제 **세계적으로 대학들이 경쟁하는 시대가 되었다**. 국가연구소는 기초분야가 아니면, 폐쇄적으로 운영되며 정부가 부여하는 서로 다른 미션을 수행하므로 국가 간의 경쟁은 거의 없다. 그러나 대학은 기능적으로 서로 비슷하며 개방적 연구체제이다. 심지어 세계대학 랭킹을 매기는 기관도 여럿 생겼으니 대학의 세계적 경쟁은 이제 피할 수 없게 되었다.

■ 연구중심대학

"연구중심대학"이란 용어는 2000년 이후에 보편화되었다. 미국 카네기재단(Carnegie Foundation for the Advancement of Teaching)의 대학분류는 1973년에 시작되었는데, research universities와 doctoral universities라는 용어를 사용하였을 뿐이다. research intensive university나 research oriented university, world class university라는 용어는 그 후, 정책적으로 만들어진 용어라고 생각된다.

카네기재단의 대학분류('Carnegie Classification'이라 함)는 ① 대학들 간의 새로운 경쟁을 촉진하고 ② 진학하는 대학을 결정하려는 학생들에게 서비스를 제공함으로써 **사회적, 경제적 이동성을 촉진**하기 위하여 대학의 공공목적, 임무, 초점 및 영향을 구분하는 대학분류를 매 3년마다 발표하고 있다. 분류의 예시는 뒤에 소개한다.

※ 카네기재단의 미션은 "모든 학생들이 건강하고, 위엄 있고, 성취감을 주는 삶을 살 수 있는 기회를 가질 수 있도록 교육의 변화를 촉진하는 것"이다.

KAIST는 현재 "대한민국 최초의 이공계 연구중심대학"이라고 말하지만, 과학기술부가 1971년 KAIST의 설립을 착수할 때는 '연구중심대학'이라는 표현이 없었다. 그러나 학부 없이 대학원 중심으로, 연구활동 중심으로 운영되어 왔으므로 연구중심대학을 추구했다고 볼 수 있다. 그러나 진정한 연구중심대학은 몇 가지 요건을 갖추어야 한다(뒤에 설명).

※ 그러나 KAIST가 서울에서 대덕으로 이전하고 학부(한국과학기술대학과 통합)가 생기면서 선택 · 집중의 효과는 크게 상실되었다.

우리는 유럽보다는 더 일찍 연구중심대학 정책을 추진하려고 시도했었다. 교육부는 1997. 6월 「세계화·정보화시대를 주도하는 신교육체제 수립을 위한 교육혁신방안(Ⅳ)」이라는 대통령 보고서에서 "연구중심대학의 집중육성"과 "인재양성의 지방화체제 구축"을 제안하였다. 그리고 1998. 5월 「세계수준의 대학원 중점 연구중심대학 육성 국책과제추진계획」을 발표했다. 그 내용은 서울대학교를 대학원 중점의 연구중심대학으로 개혁하겠다는 것이며, 이를 위해 **「두뇌한국21사업(BK21사업)」이 설계**된 것이다.

※ 그러나 BK21사업은 다른 대학들의 반대에 부딪혀 사업단 공모방식으로 변경된다.

※ 그 후, BK21사업은 대학구조개혁사업(학부정원감축, 입시제도개혁, 교수업적평가, 대학원 문호개방, 연구비 중앙관리 등)과 연계함으로써 연구중심대학과 거리가 멀어졌다.

※ 우리나라에서 연구중심대학과 교육중심대학을 구분하는 재무적 근거는 한국연구재단에서 출간된 「2008년도 대학분야 간접경비 비율 산출 보고서」에 의거하여 연구부문 간접경비 비율이 국립대학교 40%, 사립대학교 30%를 상회하는 대학을 연구중심대학으로 규정하고, 이보다 낮은 비율의 대학은 교육중심대학으로 구분한 적이 있다.

이제 '연구중심대학'은 세계 대학경쟁에서 중요한 '선수'가 되었으며, 국가경쟁력에서 중요한 비중을 차지하게 되었으므로 과학기술정책에서 큰 위상을 가진다.

■ 연구중심대학의 요건

연구중심대학이 되기 위해 갖추어야 할 요건은 여러 대학사례와 국가별 정책을 파악하고 난 후 결론적으로 얻을 수 있는 내용이다. 대학규모에 상관없이(size-independent) 의미있는 요건을 찾아보자.

○ **연구를 효율적으로 수행**할 수 있는 구조를 가져야 한다.

- 대학 내에 **부설연구소**가 많아야 한다. 대부분의 교수들이 학과에도 소속되지만 부설연구소에 겸직으로 소속되어 연구활동을 수행한다. 대학원생들은 연구소에서 연구과제를 수행하며 학위논문을 준비한다.
- **탁월한 교원**이 많아야 하며, 부설연구소에는 전임직 연구원들이 채용되고, 엔지니어, 테크니션 등 연구지원 인력이 연구자보다 더 많이 배치되어야 한다.
- **동료심사**가 가능하도록 한 분야에 교원의 수가 많아야 한다. 그리고 외부로 나가는 논문초안과 proposal은 항상 동료심사를 거쳐야 한다.

○ **연구가 윤리적으로 수행**될 수 있어야 한다. 연구결과에 대한 사회적 신뢰가 높아지도록 해야 한다. 특히 (처음으로) 선도적 연구를 수행하는 경우, 더욱 중요하다.

- IRB, IACUC 등 proposal에 대한 **내부 심사체계**를 엄격하게 운영해야 한다.
- 이해의 충돌, 연구진실성에 대해 **전담부서와 규범**이 설치되어야 한다. 특히 기술이전계약·물질이전계약·비밀유지계약 등 계약서가 잘 구비되어야 한다. 이를 위해 전문행정가(법률, 회계, 노무, 안전, 윤리 등)들이 대학에 배치되어야 한다.
- 대학원생을 연구에 참여시키기 위해서는 **학생근로계약 제도**가 구비되어야 한다.

○ 대학 차원에서 나름대로의 연구전략(연구방향설정, 인재유치)을 수립·시행할 수 있는 **자율성을 가져야** 한다. 또한 이에 따르는 책무성이 동반된다.

- 대학의 최고의사결정기구(이사회)는 오직 대학발전에 초점을 맞추고 의사결정에 들어가야 한다. 이사들은 정부의 간섭에 앞장서거나 총장 또는 재단의 이익을 대변해서는 아니된다. 학문의 자유를 인정하며 자율과 책임이 큰 거버넌스가 필요하다.
- 대학이 모든 분야를 연구할 수 없으므로, 대학이 잘 수행할 수 있는 특화분야를 결정하거나 필요한 연구설비를 갖추고 특별한 인재를 자유롭게 유치할 수 있어야 하며, 유연하게 변화(조직개편, 인력배치)를 추구할 수도 있어야 한다. 대학 내부적으로는 민주적·전문적 의사결정체계가 규범화되어 있어야 한다.

※ 대학의 민주적 의사결정 절차로서 학과에는 교수회의(Faculty Meeting)가 있고, 본부행정에는 평의원회(Senate)가 있다. 주요의사결정은 이 두 회의를 통해 이루어진다. 이사회는 대학을 사회적 차원에서 관리하는 회의체이다.

- 교원의 실적평가와 인사관리는 규범에 근거를 두고 교수회가 운영하여야 하되 그 규범의 절차와 기준은 (국내, 세계) 최고의 수준이라는 자부심을 가져야 한다.

○ 대학에 **재정(특히 연구자금)이 충분**하여야 한다. 정부지원이 필요할 수도 있다.

- 정부재정으로 운영되는 대학의 경우, 예산은 블록펀딩으로 받을 수 있어야 한다.

○ **엄격한 tenure제도**를 운영한다(뒤에서 **유럽식 habilitation**을 더 강조한다).
  -정년을 보장받은 교원은 대학의 주인으로서 대학의 의사결정에 참여한다.
○ 대학원 과정에서는 영어를 공용어로 사용하고, **영어강의가 보편화**되어야 한다. 연구중심 대학은 개방적이며 글로벌 연구 네트워크에서 허브역할을 해야 하기 때문이다.

제2절 세계대학랭킹

본 절에서는 매스컴에 자주 회자되는 세계대학랭킹을 살펴보자. 상하이 랭킹, Times 랭킹, 라이덴(Leiden) 랭킹 및 QS 랭킹을 설명한다.

■ Academic Ranking of World Universities(ARWU)

이것은 2003년부터 중국 상해교통대학 고등교육연구소(Center for World-Class Universities, CWCU)에서 매년 발표해온 대학순위이다. **'Shanghai Ranking'이라고도 부른다.** 2009년부터 Academic Ranking of World Universities(ARWU)로 이름을 변경하였다. ARWU 평가는 주관적 **평가지표(평판도, 설문조사, 인터뷰, 재정, 시설 등)를 완전히 배제하고 학술성과(교육, 연구)만을 수치화하여 정량적 지표로만 평가**하고 있다. ARWU 평가는 6개의 지표를 사용하며 기초자료는 Official Websites of Nobel Laureates & Fields Medalists 및 WoS 데이터베이스를 사용한다.

Criterion	Indicator	
Quality of education	Alumni as Nobel laureates & Fields Medalists	10%
Quality of faculty	Staff as Nobel Laureates & Fields Medalists	20%
	Highly cited researchers in 21 broad subject categories	20%
Research output	Papers published in *Nature* and *Science*	20%
	Papers indexed in Science Citation Index-expanded and Social Science Citation Index	20%
Per capita performance	Per capita academic performance of an institution	10%

2009년부터 상해교통대학은 학문분야별로 세계 대학랭킹을 발표하였는데, 2017년부터 방법론을 개선하여 '학문분야별 세계랭킹(Global Ranking of Academic Subjects, GRAS)'을 발표하기 시작했다. 여기서 학문분야는 다음의 54개이다.

Natural Science(8개 분야)

- Mathematics
- Physics
- Chemistry
- Earth Science
- Geography
- Ecology
- Oceanography
- Atmospheric Science.

Life Science(4개 분야)

- Biological S
- Human Biological S
- Agricultural S
- Veterinary S.

Engineering(22개 분야)

- Mechanical E
- Aerospace E
- Material S&E
- Metallurgical E.
- Nano S&T
- Civil E
- Energy S&E
- Electrical & Electronic E
- Automation & Control
- Telecommunication
- Instrument S&T
- Remote Sensing
- Computer S&E
- Chemical E
- Biomedical E
- Environment S&E
- Water Resource
- Food S&T
- Biotechnology
- Marin/Ocean E
- Mining & Mineral E
- Transportation S&T,

Medical Sciences(6개 분야)

- Clinical Medicine
- Public Health
- Dentistry & Oral Science
- Nursing
- Medical Technology
- Pharmacy & Pharmaceutical Science

Social Sciences(14개 분야)

- Economics
- Statistics
- Law
- Political Science
- Sociology
- Education
- Communication
- Psychology
- Business Administration
- Finance
- Management
- Public Administration
- Hospitality & Tourism Management
- Library & Information Science

GRAS는 학문분야별로 대학의 research output(Q1), research influence(CNCI), international collaboration(IC), research quality(Top), international academic awards (Award)의 업적을 평가하여 결정하고 있다.

지표	정 의
연구성과 (Q1)	영향력 있는 저널 게제 논문의 수는 해당 과목의 대학의 연구 성과를 측정하는 중요한 척도이다. Q1은 한 대학이 2015~2019년 Q1 저널 임팩트 팩터 사분위수(Journal Impact Factor Quartile) 저널에 발표한 논문의 편수이다. 데이터는 Web of Science와 InCites에서 수집된다.
연구영향력 (CNCI)	Category Normalized Citation Impact(CNCI)은 2015~2019년 기간 동안 해당 학술분야에서 대학이 발표한 논문의 피인용과 동일한 범주, 동일한 연도, 동일한 유형의 논문의 평균 피인용의 비율이다. CNCI 값이 1이면 세계 평균 수준을 나타낸다. 데이터는 InCites 데이터베이스에서 수집된다.
국제협력 (IC)	International collaboration(IC)은 대학의 해당 분야에서의 국제 협력 수준을 평가하는 데 사용되는 지표이다. 2015~2019년 기간 동안, 저자의 소속에서 최소 두 개의 서로 다른 국가에서 발견된 출판물 수와 해당 대학의 해당 분야의 총 출판물 수의 비율이다.
연구수준 (Top)	Top이란 2015~2019년 기간 동안 한 대학의 해당 학술 분야 상위 저널에 발표된 논문의 편수이다. Top Journals는 ShanghaiRanking's Academic Excellence Survey를 통해 저명한 학자들에 의해 지명된다. 2021년 조사에 의해 도출된 164개의 상위 저널이 48개의 학술 분야의 순위에 사용된다. 컴퓨터공학 분야에서도 올해 선정된 26개의 최고 콘퍼런스가 고려된다. 이 지표에는 '논문'만 고려된다. 다만, 약학 · 제약학 과목에서는 '논문'과 '리뷰'가 모두 집계되는데, 이 과목의 저널이 1개만 상위 저널로 선정됐고 리뷰를 주로 게재하기 때문이다.
국제학술수상 (Award)	수상(Award)은 1981년 이후 해당 학술 분야에서 중요한 상을 수상한 대학의 전체 직원 수를 가리킨다. 이때 직원은 수상 당시 대학에서 정규직으로 근무하는 사람으로 정의된다. 수상 당시 연구원이 퇴직했다면 연구원의 마지막 전임경력 직위가 있던 기관을 집계한다. 각 분야의 유의미한 상은 ShanghaiRanking's Academic Excellence Survey를 통해 도출되며, 27개 분야에 걸쳐 32개의 국제학술상이 선정하였다. 수상자가 수상 당시 2개 이상 기관에 소속돼 있으면 각 기관별로 기관 수의 역수를 부여한다. 1년에 한 명 이상의 수상자에게 상이 수여될 경우, 수상자의 비율에 따라 가중치가 설정된다.

출처: https://www.shanghairanking.com/methodology/gras/2021

■ Times Higher Education(THE) World University Rankings

타임스 고등교육 세계 대학 순위(Times Higher Education World University Rankings)는 Times Higher Education(THE) 잡지가 발표하는 대학 순위이다. 2004년부터 2009년까지 Quacquarelli Symonds(QS)와 협력하여 'THE−QS World University Rankings'을 발표했으며, 2010년부터 QS와 결별하고 THE 독자적으로 Thomson Reuters와 함께 새로운 랭킹 체제를 운영하였다. 그 후, 2014년부터는 Elsevier와 새로운 계약을 맺었고, 기초자료로는 Scopus의 데이터베이스를 사용한다.

2010년도에 THE World University Rankings은 교육(30%), 연구(30%), 피인용(32.5%), 국제화(5%), 산업 소득(2.5%)의 5개 범주에서 13개 지표를 사용하였는데, 그 후, 이 지표들은 계속 변경 개선되고 있다.

Overall indicator	Individual indicator	비중
Teaching－the learning environment	• Reputational survey (teaching) • PhDs awards per academic • Undergrad. admitted per academic • Income per academic • Ph Ds/undergraduate degrees awarded	15.0% 6.0% 4.5% 2.25% 2.25%
Research－volume, income and reputation	• Reputational survey (research) • Research income (scaled) • Papers per research and academic staff • Public research income/total research income	19.5% 5.25% 4.5% 0.75%
Citations－research influence	• Citation impact (normalised average citation per paper)	32.5%
International diversity	• Ratio of international to domestic staff • Ratio of international to domestic students	3.0% 2.0%
Industry Income－innovation	• Research income from industry (per academic staff)	2.5%

2019년에 와서, Times Higher Education은 2015년 유엔이 정한 지속가능개발목표(Sustainable Development Goals, SDG)를 이행하는 데 있어 대학들의 기여를 측정하여 'THE University Impact Rankings'을 발표하는 방향으로 전환하였다. 평가지표로는 17개의 SDG가 채택하였으며, 전체 랭킹은 SDG17에 22%를, 그 외 16개 SDG 중 최고 점수를 보이는 3개에 각각 26%의 비중을 두고 그 점수를 합산한 총점으로 순위를 매기는 방법이다.

SDG1: no poverty
SDG2: zero hunger
SDG3: good health and well－being
SDG4: quality education
SDG5: gender equality
SDG6: clean water and sanitation
SDG7: affordable and clean energy
SDG8: decent work and economic growth
SDG9: industry, innovation and infrastructure
SDG10: reduced inequalities
SDG11: sustainable cities and communities
SDG12: responsible consumption and production
SDG13: climate action
SDG14: life below water
SDG15: life on land
SDG16: peace, justice and strong institutions
SDG17: partnerships for the goals

2019년 450개 대학이 참여한 가운데 처음 출범한 'Impact Rankings'은 이후 매년 그 수가 증가하고 있다. 2021년 임팩트 랭킹에는 94개국을 대표하는 1,118개 대학이 포함되었다.

■ The CWTS Leiden Ranking

이것은 네덜란드 라이덴 대학의 과학기술연구센터(Centrum voor Wetenschap en Technologische Studies, CWTS)가 2006년부터 대학의 업적에 대한 고급정보를 제공하기 위해 발표하는 세계대학 랭킹이다.

평가방법은 ① scientific impact, ② collaboration, ③ open access publishing, ④ gender diversity에 대한 서지학 지표(bibliometric indicators)를 기준으로 랭킹을 정하는데, 기초 데이터로는 Web of Science 데이터베이스를 사용하고 있다. 구체적으로 보면, SCIE, SSCI, AHCI 지표의 하위집합을 핵심 출판물(Core publications)로 정의하고 size－dependent indicators(피인용도가 높은 출판물 편수)와 size－independent indicators (피인용도가 높은 출판물의 비율)를 모두 고려한다. **평가는 논문 외적인 요소(교육, 평판, 재정, 시설 등)를 배제하고 학술 논문의 수와 논문의 인용지수(영향력지수, IF)만을 반영한다**. 주요 지표내용은 다음과 같다.

○ **Scientific impact indicators**

- P.: 대학의 총 출판물 편수
- P(top n%): 같은 분야, 같은 해 피인용 상위 n%에 속하는 (대학의) 논문 편수
- PP(top n%): 같은 분야, 같은 해 피인용 상위 n%에 속하는 (대학의) 논문 비율
- TNCS: 대학 논문의 총 피인용 수를 분야 및 출판 연도에 대해 정규화된 것
- MNCS: 대학 출판물의 평균 피인용 수를 분야 및 출판 연도에 대해 정규화된 것

  ※ 예를 들어 MNCS 값이 2이면 대학의 출판물이 해당 분야 및 출판 연도 평균보다 두 배 이상 인용되었음을 의미한다.

○ **Collaboration indicators**

- PP(collab): 다른 기관과 공동 저자가 된 대학의 논문의 비율
- PP(int collab): 다른 국가의 연구자와 공동 저작한 대학의 논문의 비율
- PP(industry): 산업체와 공저한 대학의 논문의 비율
- PP(<100km): 지리적 협업 거리가 100km 미만인 대학의 논문의 비율
- PP(>5000km). 지리적 협력 거리가 5000km 이상인 대학의 논문의 비율

○ **Open access indicators**

- P(OA): 대학의 open access 논문발표의 편수
- PP(OA): 대학의 open access 논문발표의 비율
- PP(gold OA): 대학의 gold open access 논문발표의 비율

  ※ gold open access publications이란 open access journal에 게재한 논문발표
- PP(hybrid OA): 대학의 hybrid open access publications의 비율

※ hybrid open access publications이란 출판의 재사용을 허용하는 라이센스가 있는 정기간행 open access journal에 게재한 논문발표

- PP(green OA): 대학의 green open access publications의 비율

※ green open access publications이란 journal 측이 아니라 repositor에서 open access되는 정기간행 journal에 게재한 논문발표

○ Gender indicators

- A.: 대학의 총 저자 수
- A(MF): 대학의 남성 및 여성 저자 수

※ 'A(MF)'는 성별이 알려진 저자를 의미하므로 'A'와는 다름

- A(M), PA(M) 및 PA(M|MF): 대학의 남성 저자의 수, A에 대한 비율로서의 남성 저자의 수, A(MF)에 대한 남성 저자의 수의 비율
- A(F), PA(F) 및 PA(F|MF).: 대학의 여성 저자의 수. A에 대한 비율로서의 여성 저자의 수. A(MF)에 대한 남성 저자의 수의 비율

■ QS World University Rankings

이것은 영국의 대학평가기관 Quacquarelli Symonds(QS)회사가 2010년부터 학생들에게 대학 진학에 필요한 정보를 제공하기 위해 발표하는 대학순위이다. 2004년부터 2009년까지 QS는 영국의 잡지사 Times Higher Education(THE)와 협력하여 "THE－QS World University Rankings"를 발표했었는데, 평가방법론에 이견이 생겨 2010년부터 두 기관이 각각 랭킹을 발표하게 된 것이다.

QS 대학랭킹은 대학의 종합순위(the global overall ranking)뿐 아니라 5개 영역 51개 학문분야별 순위(the subject rankings) 및 지역별 랭킹도 발표하고 있는데, 2023년도 QS 대학랭킹에서 결정하는 6개의 지표는 다음과 같다.

○ **학술적 평판(Academic reputation)**: 전체 점수의 40%를 차지하는 학술적 평판은 대학의 교육 및 연구 수준(teaching and research quality)을 조사한다. 세계에서 가장 큰 '학술적 의견 설문조사(survey of academic opinion)'를 수행하여 고등교육분야에서 13만 명 이상의 전문가 의견을 취합한다.

○ **고용자의 평판(Employer reputation)**: 학생들이 고용 시장(employment market)에 필요한 기술과 지식을 가지고 졸업하기를 원하기 때문에, 교육기관이 학생들에게 성공적인 커리어를 준비하는 방법과 가장 유능하고 혁신적이며 효과적인 졸업생을 제공하는 대학을 평가한다.

○ **교직원/학생 비율(Faculty/student ratio)**: 이 지표는 학생당 교육자 수가 많으면 교육 부담이 줄어들고 학생에게 전달하는 경험을 더 창출할 수 있다고 인식한 것이다. 대학들이 강사들과 튜터들로 하여금 어떻게 학생들에게 의미 있는 접근을 제공하는지를 평가한다.

○ **교수당 피인용(Citations per faculty)**: 지난 5년 동안 한 대학이 작성한 논문의 총 학술 피인용 수를 교수당 피인용 수를 얻어서 대학 연구 수준을 측정한다.

○ **국제 학생 비율 및 국제 교수 비율(International student ratio &International faculty ratio)**: 매우 국제적인 대학은 많은 장점을 가진다. 그것은 전 세계에서 우수한 학생들과 직원들을 끌어모을 수 있는 능력을 보여주며, 매우 세계적인 전망을 암시한다. 강력한 국제화 대학은 국제적인 공감과 세계적인 인식을 형성하면서 다국적 환경을 제공한다.

이 지표들 중에서 **학술적 평판과 고용자(기업)의 평판**은 전 세계 수만명의 학자 및 기업에 대한 설문조사를 통해 측정하며, 피인용도는 Elsvier의 Scopus 데이터베이스에서 나온 것이다. 이들 지표는 매년 조금씩 변화되고 있다. 참고로 학문분야별 대학 순위를 보여주는 51개 분야는 다음과 같다. THE의 54개 분야와는 많이 다르다.

Arts & Humanities(11개 분야)

- Philosophy
- History
- Classics & Ancient History
- Archaeology
- Theology, Divinity & Religious Studies
- Art & Design
- Performing Arts
- Architecture & Built Environment
- English Language & Literature,
- Linguistics,
- Modern Language

Natural Sciences(9개 분야)

- Mathematics
- Physics & Astronomy
- Chemistry
- Material Science
- Geology
- Geography
- Geophysics
- Earth & Marine Science
- Environmental Science

Life Sciences & Medicine(9개 분야)

- Agriculture & Forestry
- Anatomy & Physiology
- Biological Science
- Dentistry
- Medicine
- Nursing
- Pharmacy & Pharmacology
- Psychology
- Veterinary Science.

Engineering and Technology(7개 분야)

- Mechanical E
- Chemical E
- Civil & Structural E
- Computer Science & Information System
- Electrical & Electronic E
- Petroleum E
- Mineral & Mining E.

Social Sciences & Management(15개 분야)

- Anthropology
- Accounting & Finance

- Business & Management Studies
- Development Studies
- Education & Training
- Law & Legal Studies
- Politics
- Sociology
- Statistics & Operational Research
- Communication & Media Studies
- Economics &Econometrics
- Hospitality & Leisure Management
- Library & Information Management
- Social Policy & Administration
- Sports–Related Subjects

출처: https: //www.topuniversities.com/university-rankings

■ 정책 코멘트

○ '대학랭킹'은 지표가 변동되면 순위가 크게 달라진다. 그동안 평가기관들이 지표를 변경할 때 갑자기 새로운 대학이 상위권에 출현했다가 그다음 연도에 사라지는 현상이 많았다. 이것은 세계대학랭킹에 대한 기준이 학술계의 합의를 얻지 못하고 있다는 증거이다. 우리는 대학랭킹에 민감할 필요가 없다고 본다. 중요시하는 가치가 다르면 랭킹도 달라진다. 유럽은 대학 랭킹에 민감하지 않다가, 최근에 교수, 학생의 이동에 대학랭킹이 큰 영향을 미치는 점을 보고 대응하기 시작했다.

○ 정부가 연구비 투자를 확대해도 그 성과는 곧바로 나오지 않는다. 논문편수의 증가는 2년 후부터 유효하며, 그리고 피인용도가 높아지는 결과는 5년 후부터 유효하다.

※ 연구자가 연구종료 후 곧바로 논문을 작성한다 해도, 논문제출 후, 수정하고 게재되는데 1년 걸리고, 후속 연구자가 그 논문을 보고 연구에 참고하여 논문쓰는 일은 순식간에 한다 해도, 논문제출 후, 수정하고 게재되는데 1년 걸린다. 이렇게 2년 후부터 피인용이 측정가능한데, 약간의 인용기간(적어도 3년)이 주어져야, 그 이후, WoS나 SCOPUS의 피인용도 계산값이 의미를 가진다.

○ 대학 평판도나 교수 인터뷰, 설문조사 등 주관이 개입되는 지표를 사용해서 논란이 큰 QS, THE 등의 대학평가와는 달리, ARWU, CWTS는 주관적으로 보일 수 있는 평가지표를 완전히 배제하고 학술성과만을 수치화하여 정량적 지표로만 평가하고 있다는 점을 알아야 한다. 어느 방법이 더 우월하다는 논거는 없다.

○ ARWU는 대학규모(교수 인원)에 대한 고려가 적다(10%). 만약 대학의 연구실적을 교수 1인당 논문실적으로 비교하면 미국대학(대부분 대형이다)이 반드시 상위랭킹이 아니다. 오히려 오스트리아, 스위스, 네덜란드 대학이 앞선다.

–결론적으로 대형 대학이 세계대학랭킹에서 유리하다.

○ 처음에는 대학원 진학을 앞둔 학생들에게 좋은 진학지도를 위한 참고자료로 대학 랭킹이 연구되었는데, 이제 대학랭킹은 국가의 자존심 경쟁이 되어버렸다. 우수학생과 우수 교원이

이동하는 방향타가 되어버린 셈이다.

- 우리나라에서도 국제위상에 걸맞게 세계 10위권에 진입하는 대학이 나오면 좋겠는데, 이를 위해서는 **'소수의 연구중심대학 육성정책'이 선택·집중적으로 추진되어야 한다**고 본다. 이것이 곧 'KAIST정책'이었다고 보는데, 정책의 일관성을 상실했다. 1998년 서울대학교를 연구중심대학으로 키워보겠다고 다른 대학들의 반대에도 무릅쓰고 BK21사업을 추진하였는데, 결국 선택·집중을 성공하지 못했다.
- 우리가 모든 대학을 백화점식으로 지원하는 정책으로서는 세계적 인재를 모을 수 없을 뿐 아니라 우리의 인재조차 빼앗기게 된다.

○ 세계대학랭킹에 너무 민감할 필요는 없다. 특히, 관료·언론·정치가들이 잘 모르고서 우리 대학을 폄하할까봐 우려된다. 정부의 대학정책이 '계층화'되어야 한다.

- 즉, 연구중심대학정책, 석사대학정책, 교육중심대학정책, 전문대학정책 등 다양한 정책이 나와야 하며, 장기적으로 일관성 있게 추진되어야 한다.

제3절 미국의 연구중심대학

1 미국의 연구중심대학의 모습

■ 카네기 분류

미국에서 연구중심대학이라면 '카네기 분류(Carnegie Classification)'에서 제일 앞에 제시된 대학을 말한다. 1970년 카네기 고등교육위원회(Carnegie Commission on Higher Education)가 정책 분석 프로그램을 지원하기 위해 대학분류를 개발했다. 1973년 처음 발표되었고, 거의 3년마다 발표되는 **카네기 분류는 "미국 대학의 제도적 다양성을 인정하고 설명하기 위한 선도적인 틀"이다**. 대학통합교육데이터시스템(IPEDS)에 등록된 모든 대학(3,940개)을 대상으로 분류하며, 아래 7개 유형의 33개 종류로 구분하고 있다.

○ doctoral universities (R)

○ master's degree colleges and universities (M)

○ baccalaureate colleges

○ baccalaureate/associate colleges

○ associate's colleges

○ special focus institutions;
○ tribal colleges

미국 대학에서 대부분의 연구는 280개의 doctoral/research universities에서 수행되고 있는데, 이들 7.1%의 대학이 전체 학생의 32.2%를 교육하며, 전체 대학이 지출하는 총 연구비의 90% 이상을 사용한다. 매우 강한 선택집중이 일어나고 있다. 이 분류는 연방정부로부터 받는 연구기금의 정도에 따라 이루어진 것이므로(대학의 분류에 따라 연방정부가 연구기금을 배정하는 것이 아니다) 각 범주에 속한 대학들 간에 매번 상하이동이 발생한다.

이처럼 대학원 교육과 연구를 위한 제도적 기반을 구축해 나가는 가운데 미국의 대학체제는 경쟁적 역학구조가 되었으며, **부익부 빈익빈의 대학재정 상태가 고착화되고, 대학의 서열화가 광범위하게 발생**하였다. 또한 학문분야간 특히, 과학과 인문학 간에 빈부의 차이가 커져갔다 [47]. 과거 카네기 분류는 학생들이 진학할 대학(대학원)을 찾는 데 도움을 주었으며, 2010년 이후에는 세계대학랭킹(학문분야별 랭킹)이 더 큰 도움을 주고 있다. 카네기 분류는 우리나라 대학(전문대학 포함)이 다양한 형식로 발전할 수 있도록 '정책 차별화'에 영감을 준다.

■ 카네기 기초분류(Basic Classification)

미국은 총 3,940개의 고등교육기관이 있으며, 고등교육의 공공 목적, 임무, 집중 및 영향(public purpose, mission, focus, and impact)을 반영한 카네기 분류(Carnegie Classification)에 따르면, 다음과 같다.

Category	Institutions		Enrollment		
	Nb.	%	Total	%	Average
Doctoral Universities: Very High Research Activity	146	3.7%	4,246,901	22.0%	29,088
Doctoral Universities: High Research Activity	134	3.4%	1,977,192	10.2%	14,755
Doctoral/Professional Universities	189	4.8%	1,593,316	8.3%	8,430
Master's Colleges & Universities: Larger Programs	324	8.2%	2,751,373	14.3%	8,492
Master's Colleges & Universities: Medium Programs	184	4.7%	552,821	2.9%	3,004
Master's Colleges & Universities: Small Programs	159	4.0%	310,179	1.6%	1,951
Baccalaureate Colleges: Arts & Sciences Focus	224	5.7%	329,842	1.7%	1,473
Baccalaureate Colleges: Diverse Fields	308	7.8%	489,728	2.5%	1,590
Baccalaureate/Associate's Colleges: Mixed Baccalaureate/Associate's	99	2.5%	346,182	1.8%	3,497
Baccalaureate/Associate's Colleges: Associate's Dominant	103	2.6%	825,801	4.3%	8,017
Associate's Colleges: High Transfer-High Traditional	106	2.7%	938,318	4.9%	8,852
Associate's Colleges: High Transfer-Mixed Traditional/Nontraditional	102	2.6%	967,605	5.0%	9,486
Associate's Colleges: High Transfer-High Nontraditional	109	2.8%	516,284	2.7%	4,737
Associate's Colleges: Mixed Transfer/Career & Technical-High Traditional	104	2.6%	607,174	3.1%	5,838
Associate's Colleges: Mixed Transfer/Career & Technical-Mixed Traditional/Nontraditional	97	2.5%	432,911	2.2%	4,463
Associate's Colleges: Mixed Transfer/Career & Technical-High Nontraditional	115	2.9%	678,903	3.5%	5,904
Associate's Colleges: High Career & Technical-High Traditional	108	2.7%	241,112	1.2%	2,233
Associate's Colleges: High Career & Technical-Mixed Traditional/Nontraditional	117	3.0%	430,365	2.2%	3,678

Associate's Colleges: High Career & Technical-High Nontraditional	91	2.3%	297,249	1.5%	3,266
Special Focus Two-Year: Health Professions	206	5.2%	100,701	0.5%	489
Special Focus Two-Year: Technical Professions	52	1.3%	37,153	0.2%	714
Special Focus Two-Year: Arts & Design	28	0.7%	12,968	0.1%	463
Special Focus Two-Year: Other Fields	54	1.4%	20,486	0.1%	379
Special Focus Four-Year: Faith-Related Institutions	246	6.2%	75,585	0.4%	307
Special Focus Four-Year: Medical Schools & Centers	38	1.0%	61,711	0.3%	1,624
Special Focus Four-Year: Other Health Professions Schools	242	6.1%	208,025	1.1%	860
Special Focus Four-Year: Research Institution	22	0.6%	56,407	0.3%	2,564
Special Focus Four-Year: Engineering and Other Technology-Related Schools	12	0.3%	4,745	0.0%	395
Special Focus Four-Year: Business & Management Schools	49	1.2%	61,390	0.3%	1,253
Special Focus Four-Year: Arts, Music & Design Schools	71	1.8%	50,059	0.3%	705
Special Focus Four-Year: Law Schools	31	0.8%	17,609	0.1%	568
Special Focus Four-Year: Other Special Focus Institutions	35	0.9%	36,427	0.2%	1,041
Tribal Colleges and Universities	35	0.9%	15,485	0.1%	442
All Institutions	3,940	100.0%	19,292,007	100.0%	4,896

○ Doctoral Universities: Includes institutions that awarded **at least 20 research/scholarship doctoral degrees** during the update year and also institutions with **below 20 research/scholarship doctoral degrees** that awarded **at least 30 professional practice doctoral degrees** in at least 2 programs. Excludes Special Focus Institutions and Tribal Colleges.

The first two categories include only institutions that awarded **at least 20 research/scholarship doctoral degrees** and had at least **$5 million in total research expenditures** (as reported through the National Science Foundation (NSF) Higher Education Research & Development Survey (HERD)).

2 미국의 연구중심대학 사례(Stanford 대학)

미국의 연구중심대학은 구체적으로 어떠한 모습인지 보자. 즉, 우리가 연구중심대학을 만든다면 어떠한 모습을 가져야 하는지에 대한 실마리를 얻을 수 있다.

■ 연구중심대학의 인적 구조

인적 구조에서 미국의 연구중심대학의 특징은 ① 대학원생의 수가 학부생보다 많다는 점과 ② 교원의 수보다 지원인력의 수가 많다는 점이다.

여기서 지원인력이란 administrative staff, academic staff, research staff으로 정의할 수 있는데, 정규직만 고려한 수치이다. MIT의 경우, **연구실 내부에 엔지니어나 테크니션 같은 academic staff(4,400명)이 교원(1,069명)보다 많으므로 지원인력 비율이 매우 높다**. Caltech의 경우도 마찬가지다. 이것이 이공계 연구중심대학의 구조적 특징이다.

그렇다면 선진국 대학은 왜 이렇게 지원인력(직원)이 많은가? 그들은 과연 무슨 일을 하는가? 좀 깊이 조사해 보면, 선진국 대학에는 우리 대학에 없는 행정부서가 많다. 예를 들면, **이익의 충돌을 심사하는 부서, 연구윤리를 심사하고 교육하는 부서, 법률위반 여부를 검토하는 부서, 실험동물에 관한 관리 및 교육부서, 실험실 안전부서 등이 있다. 실험실 안전을 보면, 방사능, 독극물, 유전자재조합 등 더 세분화되고 전문적인 부서가 존재한다**. Stanford

■ 선진국 대학과 우리대학의 인적 구성(2021년 기준)

	교직원 수			학생 수		
	교원 수	직원 수	합계	학부생 수	대학원생 수	합계
Harvard	3,010	17,245	15,546	5,212	13,616	18,828
Stanford	2,288	15,750	18,038	7,645	9,292	16,937
MIT	1,069	14,653	15,722	4,638	7,296	11,934
Caltech	900	3,500	4,400	987	1,410	2,397
Oxford			14,572	12,579	13,445	26,024
Cambridge	4,501	7,936	12,437	12,940	11,330	24,270
동경대	3,981	4,207	8,188	14,102	14,594	28,696
교토대	3,500	3,950	7,450	13,038	9,577	22,615
서울대	2,022	1,677	4,056	16,762	12,042	28,804
KAIST	646	944	1,590	3,605	7,188	10,793

※ 이 표는 대학 홈페이지를 참고했다. 교원의 종류가 너무 다양해서 약간 착오가 있을 수 있음

대학의 기술이전부서(TLO)에는 우리나라 제일 큰 대학의 해당 인원의 4배가 근무한다. 이들은 윤리, 회계, 법률(특허법 포함), 계약, 기술가치 평가 등의 전문행정을 맡으며 인사이동이 거의 없어서 매우 높은 직무의 전문성을 보유하고 있다. 이 부서들이 활동하는 모습을 보면, 다음과 같이 정리할 수 있다.

- 새로운 연구 또는 대학활동은 착수하기 전에 반드시 법률 위반 여부를 검토한다.
- 새로운 연구는 착수하기 전에 반드시 윤리 준수 여부를 검토한다.
- 연구부정사건이 발생하면, 혐의자의 모든 연구를 대상으로 장기간 철저히 조사한다.
- 심사·평가위원회를 개최하기 전에 각 위원의 이익충돌 여부를 심사한다.
- 담당하는 행정직무에서는 높은 전문성을 보장한다.

결과적으로 **미국의 대학은 의사결정이 느리다. 그러나 대학에 대한 사회적 신뢰는 높다**. 다시 말하면, 대학이 사회적 신뢰를 얻고, 교수는 연구와 교육에 몰입할 수 있게 하기 위해서는 지원인력이 많아야 한다. 특히 최초로 시도하는 연구활동에 대해서는 사전에 심사할 부분이 아주 많다. 그래서 전문부서가 필요하고 전문위원회가 많다. 결국 연구중심대학은 인건비가 많이 소요된다. 돌려서 말하면, 우리 대학은 연구과제에 대한 사전 심사체계를 제대로 갖추지 못한 채, 바로 연구활동에 뛰어든다. 이것은 모방연구시대에는 가능할 수 있지만 **선도연구(최초로 시도하는 연구)체제에서는 법률심사, 윤리심사, 안전관리가 수준 높아야 한다**. 우리가 선진국에 진입하였다면, 이 부분이 보강되어야 한다. 우리의 모든 대학이 이렇게 성장할 필요는 없다. 우리는 소수의 연구중심대학을 보유하는 정책이 필요하다. KAIST조차도 아직 갈 길이 멀다.

■ 대학의 Academic Governance와 교육조직

독일 최초의 연구중심대학인 베를린 대학을 창립할 때, Humboldt는 논문「베를린 고등학문기관의 내외적 조직이념(1810)」에서 다음과 같이 말하고 있다.

> 대학이란 가장 심오하고 넓은 의미의 학문을 연구하고 그와 더불어 학문을 정신적·윤리적 교양을 위해, 특별히 갖추어진 소재가 아닌, 스스로 합목적적인 소재로 활용하도록 헌신할 때 비로소 성립된다. 그러므로 대학의 본질은 내면적으로는 **객관적 학문**과 **주관적 교양**의 결합이며 외면적으로는 교육과 연구를 행하되 특정한 방향으로 결합하거나 혹은 오히려 교육으로부터 연구에의 이행을 촉진하는 것이다.
>
> (중략)
>
> 대학에서는 교수가 학생을 위해 존재하는 것이 아니라 **교수와 학생이 학문을 위해 존재**한다. 국가는, 대학에 개입할 일도 없으며 개입할 수도 없음을, 국가가 대학에 간섭함은 대학을 방해함을 명심해야 한다.

■ Stanford 대학의 조직도

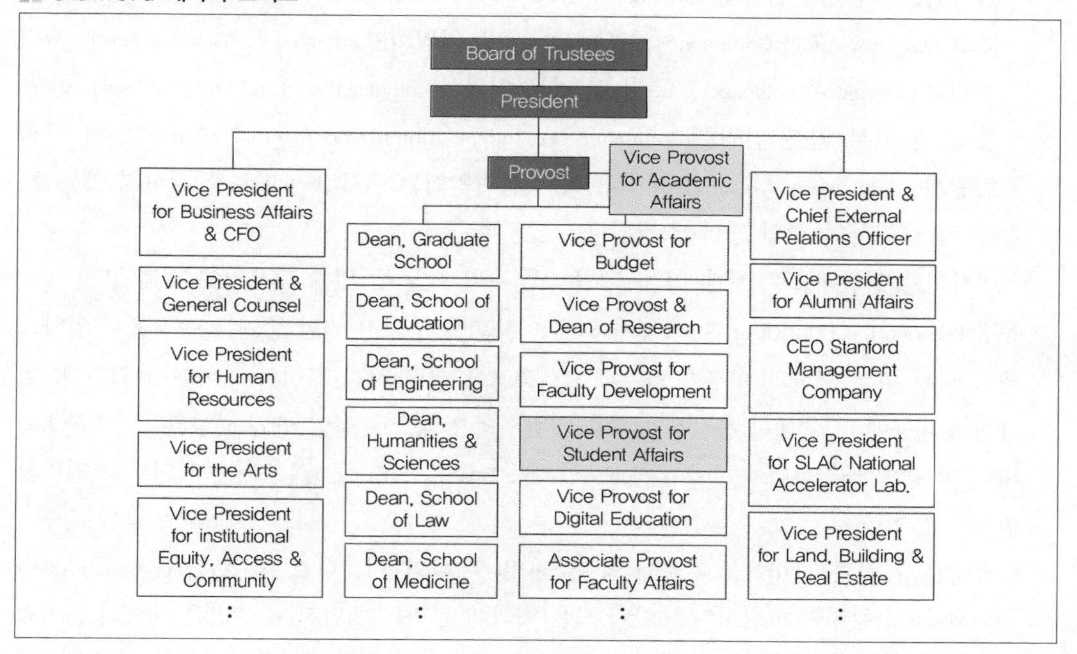

중세 때, 대학은 교회가 설립하기 시작하였지만, 나중에 국왕이 설립하게 된다. 이것은 사립대학과 국립대학의 효시가 되었다. 과연 **대학의 주인은 누구인가?** 행정적으로 보면, 사립대학은 이사회가 주인이고, 국립대학은 국가가 주인이다. 그러나 국립대학도 법인화하고 있으니, 이사회가 주인이 된다. 선진국 대학에서 이사회, 총장, 학감(Provost) 간에 어떠한 역할 분담을 가지는지 보자.

Stanford 대학을 대상으로 Academic Governance와 내부조직을 관찰해 보자.

○ 이사회(Board of Trustees): 이사회는 기부금과 대학의 모든 재산을 관리한다. 이사회는 투자된 기금을 관리하고 연간 예산을 책정하며 대학의 운영 및 통제를 위한 정책을 결정한다. 이사회의 권한과 의무는 「The Founding Grant」, 수정안(Amendments), 법률(Legislation) 및 법원의 명령(Court Decrees)에 근거를 둔다. 또한, 이사회는 자체 내규(bylaws)와 일련의 주요 정책결정에 따라 운영된다.

  – 이사는 대학 총장을 포함하여 최대 38명이며, **총장은 직권과 투표로 활동한다**. 이사 중 8명은 「동문 지명이사의 선출 또는 임명에 관한 규칙(Rules Governing the Election or Appointment of Alumni Nominated Trustees)」에 따라 선출되거나 임명된다. 이사회의 모든 구성원은 5년 임기이며, 일반적으로 연속되는 두 번의 임기를 수행할 수 있다(동문이 지명한 이사는 예외이며, 5년 단임이다).

– 이사회는 6개 상설위원회(standing committees)를 두는데, 감사, 규정 준수 및 위험 위원회(Committee on Audit, Compliance and Risk), 개발 위원회(Committee on Development), 재정 위원회(Committee on Finance), 토지 및 건물 위원회(Committee on Land and Buildings), 학생, 동문 및 외부 업무 위원회(Committee on Student, Alumni and External Affairs), 이사 자격 위원회(Committee on Trusteeship)이다. 이 상설위원회는 이사장이 따로 지시하지 않는 한, 매 정기 이사회 회의 전에 소집된다.

– 이사회는 일반적으로 매년 10월, 12월, 2월, 4월, 6월 두 번째 화요일에 개최된다.

○ 총장(President): 「Founding Grant[2]」에 의해 이사회에 주어진 권한 중에는 총장을 선임하고 해임할 수 있는 권한과 의무가 있는데, 그 총장은 선임 시점에 이사가 아니어야 한다. 이사회의 내규에 따라 대학 총장은 이사회 과반수의 찬성으로 선임 또는 해임된다. 「이사회의 내규 및 결의(The by–laws and resolutions of the Board of Trustees)」는 총장의 의무와 권리를 명시하고 있다.

– 총장은 시설관리실(physical plant)의 운영 및 대학의 비즈니스 활동(University's business activities)의 관리를 포함하여 대학과 모든 학과의 관리를 책임진다. 총장은 대학의 문제와 대학의 상황에 대해 매 정기 이사회에 보고하고 조치를 제시해야 한다. 이사회에서 승인한 일반적인 목표에 따라, 그는 명시된 대로 연간 대학 운영예산 및 기타 연간 예산을 준비할 책임이 있다. 그는 이러한 예산을 심사 및 후속 조치를 위해 이사회에 제출해야 하며, 차년도 예산의 준비에 대한 기본적인 계획 및 예산현황에 대한 정기 보고서를 이사회에 제출해야 한다.

– 총장 직무 수행을 지원하기 위해 대학 총장은 이사회의 승인을 받아, 학감(Provost), 비즈니스 담당 부총장 겸 최고 재무 책임자(Vice President for Business Affairs and Chief Financial Officer), 의학 담당 부총장(Vice President for Medical Affairs), 개발 담당 부총장(Vice President for Development), 총괄고문변호사(General Counsel)를 임명하고 권한과 책임을 부여할 수 있다. 대학 총장은 적절하다고 판단하는 경우, 이사회의 승인을 받아 다른 임원과 직원을 임명하고 권한과 의무를 부여할 수 있다.

○ 학감(Provost): Provost는 최고 학술 및 예산 책임자(the chief academic and budget officer)로서 학술 프로그램(대학, 학과 및 부설연구소의 교육 및 연구)과 학술 프로그램을 지원하는 대학 서비스(학생 사무, 도서관, 정보 자원 및 기관 계획)를 관리한다. 총장이 직무를 수행할 수 없는

2 Founding Grant(창립 기부금)은 대학설립을 위한 자금으로서 이 기부약정서에 대학의 목표와 통치권에 대해 규정한다. 이사회의 역할과 의무, 총장의 권한, 재정관리형식이 포함된다.

경우, 학감은 총장 직무대행이 된다.

☞ 미국 대학에서 총장은 대외적 업무, 기금조달, 비즈니스업무, 동문업무를 관장하고 학술(교육, 연구)업무는 Provost에게 위임하고 있다. 우리나라 대학에서는 Provost가 교학부총장에 가깝다. 본 책에서는 '학감'으로 번역하였다.

○ 대학 내각(University Cabinet): 총장이 의장을 맡고 있는 '대학 내각'의 구성원은 학감, 7개 대학의 학장들, 부학감 겸 연구처장, SLAC 국립가속기연구소장, 후버 연구소장, 학부교육 부학감, 대학원 교육 부학감이다.

- 대학 내각의 주요 기능은 대학 전체에 적용되는 원칙(principles), 정책(policies) 및 규칙(rules)을 권고하고 심사하는 것이다. 그것의 목적은 대학의 업무에서 '**학문적 목표의 구심점**(centrality of academic objectives)'을 보장하는 것이다. 총장과 학감은 다음을 포함한 대학의 방향(University direction), 정책(policy) 및 계획(planning) 문제에 대해 내각의 자문을 구한다.
  - 교수단 및 교육 프로그램 개발을 위한 장기 계획
  - 재정, 시설 및 자금 조달 문제에 대한 전략적 계획
  - 교직원 및 학생 사무(Faculty and student affairs)
  - 인사 정책(Personnel policies)

○ 학술위원회(Academic Council): 테뉴어 라인 교수단(Tenure Line Faculty), 비테뉴어 라인 교수단(Non-Tenure Line Faculty), 지정된 정책센터 및 기관의 수석 펠로우(Senior Fellows), 그리고 지정된 학술행정 관리자(specified academic administrative officers)로 구성한다. 이들의 모든 권력과 권한은 이사회(Board of Trustees)가 부여한다. 멤버 중 대표자를 선발하여 평의원회(Senate)를 구성한다.

○ 학술위원회의 평의원회(Senate of the Academic Council): 학술위원회에 의해 학술위원회 멤버 중에서 선출하여 구성한다. 학술정책(academic policy)에 대해 의사결정을 내리고 학술위원회에 보고한다.

○ 학술위원회 자문위원회(Advisory Board of the Academic Council): 학술위원회 위원 중에서 선출하여 구성한다. 단과대학 학장과 Provost의 승인을 받은 교수임용에 대해 학과로부터 임용추천서를 받는다. 교직원의 임명, 승진 및 해직, 부서의 신설 및 해산에 대해 총장에게 권고한다. 교수 기강에 관한 성명서, 학문의 자유에 관한 성명서 및 교수 고충처리절차에 관한 성명서에 따라 사안이 발생하는 경우 **청문회**를 개최한다.

○ 학술위원회의 소위원회(Committees of the Academic Council): 학술위원회 위원 중에서 학술위원회가 임명한 교직원 및 ASSU가 지명한 학생 위원으로 구성된 소위원회를 둔다. 소위

원회는 소관 '학술정책 문제'에 대해 평의원회에 권고한다.

– 학술 컴퓨팅 및 정보 시스템(Academic Computing & Information Systems)

– 대학원 연구(Graduate Studies)

– 도서관(Libraries)

– 연구(Research)

– 학부 전공 심사(Review of Undergraduate Majors)

– 학부 입학 및 재정 지원(Undergraduate Admission & Financial Aid)

– 학부의 기준 및 정책(Undergraduate Standards and Policy)

■ 연구관련 행정조직

앞에서 설명한 대로, 대학의 주요 부서를 행정조직(Office, Team)으로 배치하면 매우 큰 조직이다. Stanford 대학의 사례를 보자. 부총장, 부학감 아래에 많은 부서가 설치되어 있다. 그중 연구지원 행정조직은 어떻게 구성되어 있을까? Stanford 대학과 비교하면, 우리나라 대학의 조직과 직원배치가 너무 단순함을 알 수 있다. 우리가 연구중심대학을 제대로 만든다면 전문성 높은 엔지니어, 테크니션, 행정직(법률, 회계, 노무, 특허 등)을 많이 배치하여야 한다.

〈연구부총장(Vice Provost & Dean of Research) 관할〉

(1) Environmental Health & Safety: 총 86명

- Biosafety & Biosecurity: 6명
- Occupational Safety & Health: 7명
- Fire Safety: 27명
- Emergency Management: 2명
- Occupational Health Center: 11명
- Health Physics: 14명
- Environmental Protection: 8명
- Laboratory Safety: 11명

(2) Industrial Contracts Office: 총 15명

- Industrial Contracts Office(ICO): 15명(계약서별 전문성을 보유)
  - –Sponsored Research Agreements (SRAs) with industry sponsors
  - –Material Transfer Agreements (MTAs)
  - –Collaboration Agreements with industry collaborators

－Data Use Agreements (DUAs) with industry collaborators

－Equipment Loan Agreements with industry collaborators

－Industrial Affiliate Program Agreements

－Other Research－Related Agreements with industry collaborators

○ Assignments by School and Department: 15명이 단과대학을 나누어 커버함

(3) Office of Research Administration: 97명

○ Office of Sponsored Research Pre Award: 37명

○ Office of Sponsored Research Post Award: 44명

○ Property Management Office : 16명

(4) Office of STEM Outreach(OSO): 2명

(5) Office of Technology Licensing: 총 59명

○ Directors: 9명

○ Licensing Associates: 13명

○ HIT Program: 4명

○ Intellectual Property Management: 5명

○ Intake and Sponsor Compliance: 2명

○ Agreements: 2명

○ Business Development and Strategic Marketing : 3명

○ Industrial Contracts Office: 13명

○ Business Operations and Accounting: 7명

○ Information Systems: 1명

○ OTL Interns: 6명

(6) Research Compliance Office: 총 30명

○ All IRB 멤버: 총 23명

○ Continuous Quality Improvement(CQI): RCO 모니터링 1명

○ SCRO: 3명

○ APLAC(Laboratory Animal Care): 5개 패널

(7) Research Information Technology & Innovation(RITI): 3명

(8) Research Policy and Integrity

(9) Stanford Research Computing Center(SRCC): 18명

(10) Stanford Research Development Office(RDO): 6명

〈연구관련 본부 부서(연구부총장 관할이 아님)〉

(11) Business Affairs Team: 10명

(12) Global Business Services(GBS)

(13) Office of the Chief Risk Officer(OCRO): 총 47명

(14) Postdoctoral Affairs(OPA): 11명

(15) Sexual Harassment Policy Office(SHPO): 17명

(16) University Corporate and Foundation Relations(UCFR): 5명

(17) University IT(UIT)

(18) Vice Provost for Graduate Education(VPGE): 18명

〈단과대학에 설치된 연구관련 부서〉

(19) Engineering Research Administration(ERA): 37명

–ERA Compliance Services, ERA Training, Research Development & Proposal Editing (연구과제 관리팀)

- ○ Durand Team : 6명
- ○ Gates Team: 7명
- ○ Packard Team: 5명
- ○ Panama Team: 5명
- ○ Resource Team: 4명
- ○ SEQ Team: 5명

(20) Research Management Group(RMG): 25명

–RMG는 의과대학의 후원 프로젝트를 지원하고 감독하는 연구행정의 '중심자원이며 전문가 파트너(central resource and expert partner)' 역할을 한다.

■ Stanford 대학의 부설연구소

연구중심대학으로서 Standford 대학의 대학연구소를 분석해 보자.

○ 공학, 자연과학, 사회과학, 인문학 및 의학분야의 대학연구소(research center)가 총 97개가 있으며, 연구소 하나하나의 인력 규모가 수십~수백 명이다.

○ 교원(2,288명)은 학과에 소속을 두면서, 대학연구소에 겸임으로 배치되어 Core Faculty를 맡고 있다. 대학원생과 postdoc들은 대학연구소에 소속을 둔다.

○ 각 대학연구소에는 전임직(full–time) 연구원이 수십 명 배치되어 있다.

○ 대학연구소 중 18개는 지정된 다학제적 독립 연구소(Independent Laboratories, Centers, and Institutes)이다. 이들은 연구부총장(Vice Provost and Dean of Research)의 관리를 받는다.

- 이들은 다학제적 연구소(interdisciplinary institutes)이므로 학문적 분류표기가 특이하다. 즉, Chemistry + Biology(6개), Culture + Economics(8개), Environment + Climate(3개), Medicine + Healthcare(8개), Physics + Materials + Energy + Space(8개)로 표기하고 있다. 1개 연구소가 2~3개 분류에 동시에 포함된다. 진정한 융합의 모습이다.
- 이들이 유지하는 인력규모를 보면 활발한 연구활동을 예상할 수 있다.

■ Stanford 대학의 18개 독립연구소 규모

독립 연구소 명칭	인원(명)
Center for Advanced Study in the Behavioral Sciences (CASBS)	74
Chemistry, Medicine and Engineering for Human Health	198
E. L. Ginzton Laboratory	48
Freeman Spogli Institute for International Studies at Stanford (FSI)	84
Geballe Laboratory for Advanced Materials (GLAM)	143
Human-Centered Artificial Intelligence	316
Kavli Institute for Particle Astrophysics and Cosmology (KIPAC)	92
Precourt Institute for Energy	384
PULSE Institute for Ultrafast Energy Science	43
Stanford Bio-X	1,427
Stanford Center on Longevity (SCL)	162
Stanford Humanities Center (SHC)	68
Stanford Institute for Economic Policy Research (SIEPR)	128
Stanford Institute for Materials and Energy Sciences (SIMES)	65
Stanford Woods Institute for the Environment	607
W. W. Hansen Experimental Physics Laboratory (HEPL)	30
Wu Tsai Neurosciences Institute	166
Wu Tsai Human Performance Alliance	176

출처: Stanford 대학 홈페이지(https://interdisciplinary.stanford.edu/labs-centers-institutes)

■ Stanford 대학의 연구관련 내부규범

연구중심대학은 규범과 계약서가 발달되어 있다. Stanford 대학의 연구수행자의 권리와 책임을 규정한 규범을 보자. 우리에게는 이에 상응하는 규범이 없다. 앞으로 이런 방향으로 많은 연구가 있어야 한다.

연구수행의 권리와 책임(Rights and Responsibilities in the Conduct of Research)

스탠포드는 과거 100년에 걸쳐 국가에서 가장 생산적인 연구중심대학 중 하나가 되었다. 우리의 성공은, 우리 교수들이 대학 및 연구 후원자에 대한 책무를 포함한 연구의 진취적 정신에 주의를 기울여 준 것에 크게 기인된다. 연구에 대한 스탠포드의 정책(policy)과 관행(practice)을 정리해 두고 정기적으로 발표하는 것이 바람직하다는 지적이 있었다. 스탠포드의 회계 및 다른 시스템에 대한 내 · 외부의 엄정한 정밀조사 기간 동안에, 학생 · 직원 · 외부 후원자에 대한 우리의 개인적 책무를 기억하는 것이 중요하다. 따라서 본인(연구부총장)은 스탠포드에서 연구를 수행함에 있어서 교수의 권리와 책임을 새롭게 하는 기회를 가질 것을 요청한다.

교수의 권리(Rights of Faculty Members)

스탠포드의 연구의 임무를 효율적으로 수행하기 위해서, 학자들에게는 특정한 자유가 보장되어야 한다. 당신은 「연구에 관한 원칙(Principles Concerning Research, RPH 2.1)」에서 정의한 대로 연구를 추구하고 지원함에 있어서 '학문의 자유(Academic Freedom)'에 대한 권리를 갖는다. 당신은 「연구의 공개(Openness in Research, RPH 2.6)」의 정책에서 명시된 규정을 넘어선 외부 후원자의 수정(modification)이나 제재(suppression) 없이 당신의 연구결과나 발견을 확산할 권리가 있다. 그리고 학술위원회(Academic Council)의 한 일원으로서 당신은, 대학전체 또는 단과대학이 정한 한계를 지킨다면, 외부 컨설팅활동을 할 수 있다. 우리가 이 정책의 내용과 정신을 준수하는 것은 중요하다. 이러한 자유와 함께 대응하는 책임이 온다.

□ **직원과 학생에 대한 교수의 책임(Responsibilities of Faculty to Staff and Students)**

교수들은 연구팀의 일부로서 일하는 직원과 학생에 대한 임무(obligation)를 알고 있어야 한다. 각 교수는 자신이 지휘하는 학생 · 직원 · postdoc 및 방문학자를 포함한 그룹의 모든 구성원과 함께 적어도 1년에 한 번 지적재산권과 유형재산권(tangible property rights) 및 데이터 관리의 책임을 심사해야 한다. 각 구성원은 누가 연구비를 후원하는지, 누가 자신들의 봉급과 수당을 지원하는지 알 권리가 있다.

개인차원에서 각 직원과 학생에 대한 최고의 이익이 각별히 중요하다. 대학은 학생과 직원에게 감사하게 생각하며 지원할 것을 약속한다. 이런 목적으로, 교수는 직원에게 발전의 기회를 부여할 것을 권장하고, 가능하다면, 이런 사람을 위해서 그룹 내에서 멘토링(mentoring)관계를 권장한다.

(1) 건강과 안전(Health and Safety)

각 교수는 특정한 연구영역에서 적절한 보건과 안전절차에 관하여 자신의 팀의 멤버들을 훈련시키고, 자신의 연구실 또는 다른 작업장에서 그 (안전)절차를 운영할 책임이 있음을 강조한다. 연구책임자(PI)는 정기적으로 연구실 설비를 점검하고, 스탠포드의 직원 또는 외부기관의 모든 검사에 확실히 협조할 책임이 있다. 「스탠포드의 건강과 안전(Health & Safty at Stanford University, RPH 6.2)」을 보라.

(2) 학술연구직의 자문(Consulting by Academic Staff-Research)

예외적으로, Academic Staff-Research[3]의 멤버는, RPH 4.4에 요약된 조건하에서, 종 외부의 컨설팅 활동에 참여하는 것이 허용될 수 있다는 점을 기억하라.

□ **연구 후원자에 대한 책임(Responsibilities to Sponsors)**

(1) 회계의무(Fiscal Obligation)

비록, 스탠포드 이사회와 후원자 사이에 프로젝트 후원의 합법적 협약이 체결되었어도, 자금의 한도 내에서 프로젝트를 관리하는 전반적 책임은 PI에게 있다. 자금은 grant 또는 contract의 한도 내에서 지출되어져야 한다. 만약 초과지출이 발생하면, PI의 책임하에 적절한 계정에 부담을 전가함으로써 해결한다. 「연구책임자의 회계적 책임(Fiscal Responsibilities of Principal Investigator, RPH 3.1)」을 보라.

(2) 장비의 관리(Equipment Control)

스탠포드나 정부 소유의 장비에 대한 관리는 대학의 내부정책과 외부에서 후원한 grant와 contract에 의무적으로 따라야 한다. PI는 장비구매에 필요한 승인을 받고 장비의 tagging, 목록작성 및 처분의 책임이 있다. 「재산관리(Control of Property, RPH 3.12)」를 보라.

(3) 연구비신청서 준비(Proposal Preparation)

연구관리의 새(new) 방침에서는 proposal 준비의 비용은 후원 연구비에서 부담할 수 없다. 연구관리의 새 방침으로는, 학과장과 학장은, PI나 그의 직원의 proposal 준비를 위해 소요되는 인건비 부분을 후원 프로젝트로 부터 차감하는 비후원 프로젝트(non-suponsored project) 펀드가 가능함을 보장해야 한다. 계속과제를 위한 proposal 준비의 비용은 현행 프로젝트에서 적절히 부담한다. 연구비 신청 예산으로서 직접경비(direct cost) 중 어느 항목이 간접비(indirect cost)로 (우선) 충당될 수 있는지 의문이 생기면, RPH의 적절한 문서를 참고하라.

(4) 후원과제에 인건비계상의 확인(Certification of Salaries Charged to Sponsored Project)

스탠포드는 후원 프로젝트(suponsored project)에 부과되는 노력을 문서화할 것을 연방정부로부터 요청받고 있다. PI가 인건비의 심사와 확인에 요구되는 사항을 수행하는지 확인해야 하고, 후원 프로젝트에서 부담하는 인건비가 대학의 기준 내에서 그 프로젝트를 위해 지출되도록 보장하는 체계가 적절한지를 검토하는 것은 학장과 학과장의 책임이다.

(5) 기술보고서와 발명보고서(Technical and Invention Reports)

후원 프로젝트의 결과 보고서를 '후원연구관리실(Office of Sponsored Research: OSR)'을 통해 제때에 제출해야 하는 것을 기억하라. 만약 당신이 보고서를 프로젝트 모니터(project monitor)에게 직접 전달한다면, 동시에 OSR에도 그 사본을 보내주기 바란다. 그래야 contract file이나 grant file이 완료된다.

---

3 Academic Staff Research의 직위는 보통 Laboratory Assistant 또는 Staff Research Associate를 말한다.

(6) 특허권과 저작권(Patents and Copyrights)

postdoc · 학생 · 방문학자를 포함한 모든 연구 참여자는 연구활동이 시작되기 전에 스탠포드의 「특허 및 저작권 계약서(Patent and Copyright Agreement (SU-18)」에 서명해야 한다. RPH 5.1을 보라.

□ **다른 책임(Other Responsibilities)**

(1) 이익의 충돌(Conflict of Interest)

이익의 충돌(Conflict of Interest)에 관련된 스탠포드의 정책의 핵심은 실제적 혹은 잠재적 이익의 충돌을 야기할 모든 상황을 신고(disclose)하는 교수의 진실성을 신뢰하는 것이다. 스탠포드의 정책은 **'연도별 순응 확약서(annual certification of compliance)'와 잠재적 충돌관계의 신고**를 요구한다. 더욱이, 외부적 의무관계가 대학에 대한 교수의 충성과 책임에 충돌되는 잠재성을 야기하는 상황에서는 즉각적 '특별 신고(ad hoc disclosure)'를 요구한다. RPH 4.1을 보라.

(2) 연구 계획서(Research Protocols)

교수는 인간이나 동물을 대상으로 하는 연구에 대해 **연구 계획서(protocol)를 승인 받아야 하며 심의 의견을 따르도록 보장**해야 한다. RPH 1.4를 보라.

이 내용은 문서화된 대학정책에 모여 있는 교수의 권리와 의무에 집중한 것이다. 문서화되지 않았지만 중요한 학문적 의무사항이 있다는 것을 명심하라.

출처: Stanford University 「Research Policy Handbook」 2.2

■ 정책 코멘트

미국의 연구중심대학이 가진 거버넌스, 인력규모, 조직, 규범을 살펴보았다. 그 특징을 요약한다면 다음과 같다. 연구비가 많고 박사를 많이 배출하는 것은 당연하며,

- ○ 연구중심대학은 대형이다. 교원이 많으며, 직원의 수는 더 많다.
- ○ 학부생보다 대학원생이 더 많다.
- ○ 연구지원조직이 방대하며 전문성이 높다.
- ○ 대학부설 연구소가 많으며, 교수들은 학과와 연구소에 겸직으로 일한다.
- ○ 연구에 관련된 규범과 계약서가 잘 발달되어 있으므로 권리와 의무가 분명하다.
  - -규범에서는 연구활동에 대한 사회적 신뢰를 높이기 위해 동료심사, 윤리기준과 절차, 안전관리 등이 엄격하게 작동되고 있음을 확인할 수 있다.

    ※ 유럽의 연구중심대학에서는 '영어의 공용화'가 강조되고 있다. 글로벌 네트워크에서 중요한 연구 허브(Research Hub)의 위상을 가지려 하기 때문이다. 우리도 명심해야 한다.

연구비가 많아지고 연구하는 교수의 수가 많아진다고 연구중심대학이 되는 것은 아니다. **"불확실성이 큰 연구활동이 사회적 신뢰를 얻을 수 있도록 하는 조직과 규범이 뒷받침되어야**

하는 것"이 중요하다. 그리고 글로벌 네트워크에서 중요한 위상을 가져야 한다.

미국의 연구중심대학에서 가장 큰 배울 점은 **규범과 계약서**이다. 이 부분은 연구자가 감당하기 어려우므로 전문행정가가 커버해야 할 영역이다. 이것이 바로 대학의 행정직원들이 전문화되어야 하는 이유이다. **과거 우리는 선진국의 기술을 추격했지만, 이제 우리는 선진국의 규범과 계약서를 추격해야 한다**. 국비유학생을 파견할 때, 법률, 회계, 노무, 지재권 관리, 기술 관리 분야로 인재를 키워야 한다고 본다.

우리나라가 세계적 연구중심대학을 보유하기 위해서는, 정부의 특단적 조치가 있어야 한다. 현재의 서울대학교와 KAIST는 더 크게 지원되고 확대되어야 한다. 정부가 적극적으로 연구중심대학 정책을 이행하려 하면, 예상치 못한 많은 반대자를 만나게 된다. 1998년 교육부가 BK21사업(일명 연구중심대학사업)의 추진할 때, 많은 대학들이 반대하였다. 결과적으로 60개가 넘는 대학이 BK21사업의 수혜를 받게 되었다. 이렇게 되면 선택집중 효과는 기대하기 어렵다. 결국 세계적 대학은 만들기 어려웠다.

정부가 국가계획에 따라 소수의 특정 대학을 지정하여 세계적 수준으로 육성하려 할 때, 지정된 대학은 치열한 공개경쟁을 통해 교원을 임용해야 한다. 그리고 이 경쟁에 참여하지 못한 교수들은 연구중심대학에 지원되는 '특혜'를 비판하지 않아야 한다. 그리고 **대학원의 학과(학부)별 순위를 발표할 수 있어야 한다**. 이것이 우수한 연구중심대학을 만들 수 있는 중요한 '정책환경'이다. 우리나라는 서열을 중요시하면서, 동시에 하위 서열로 가는 것을 매우 싫어한다. 이것이 문제의 근원이다.

제4절 유럽의 연구중심대학

유럽국가는 대부분의 대학을 국립으로 운영한다. 그런데 국가마다 대학운영체계가 조금 다르다. 여기서 대학운영체계란 국가연구소와 대학과의 역할분담과 협력관계가 크게 작용하는데, 국가연구소의 운영형태가 국가마다 다르기 때문이다. 예를 들면, 대학의 연구소에 국가연구소의 연구원이 수년씩 파견되어, 대학과 국가연구소가 공동연구실을 운영하는 경우도 있고, 대학 교원이 국가연구소 연구원을 겸직하는 경우도 있다.

유럽에는 약 3,000개의 대학이 있으며, 이 중 1,500개가 연구활동을 하고 850개가 박사학위를 수여하는 반면, 미국에서는 약 4,000개의 대학이 있지만 300여 개만이 박사학위를 집중적으로 수여하고 있다. 미국은 Carnegie 재단이 "매우 높은 연구대학(very high research universities)"으로 분류한 146개 대학에 연구비가 집중되고 있다[10. p. 67]. 미국에서는 이미 대형 연구중심대학이 출현하여 세계적 인재를 흡수함으로써 국가경쟁력 강화에 지대한 역할을 하고 있다. 유럽에서는 2000년 초반에 와서야 미국의 연구중심대학에 대응하기 위하여 '연구중심대학 정책'을 연구·제안하고 있는 상황이다. **미국에서는 연구중심대학의 완성된 모습을 볼 수 있고, 유럽에서는 연구중심대학 정책을 볼 수 있다**. 유럽은 연구중심대학이 다음의 5개 요소가 경쟁력을 가져야 한다고 보고 있다[10. p. 55].

○ 대학에 대한 자금 지원
○ 글로벌 연구 시스템과의 연결
○ 국가연구소와의 연계
○ 우수 연구자 유치
○ 자율성, 책임성 및 거버넌스.

■ 대학에 대한 자금 지원[10. p. 67 - 68]

유럽(영국 제외) 대학은 거의 대부분 국립이며 학생의 등록금이 없으므로 정부의 재정지원이 매우 중요하다. 연구자금 정책에서는 연구비 규모와 연구비 분배방식이 중요하다. 연구성과가 높은 국가들이 가지는 '대학연구비 지원정책'은 다음과 같다.

○ 연구중심대학(research intensive universities)에 연구자금을 집중한다.
○ 교육 및 연구기금을 구별하는 '이중 자금지원 메커니즘(Dual funding systems)'을 운영한다.
○ 연구자금은 성과기반 지표에 따라 좌우된다.
○ block grants보다 경쟁적인 자금지원(competitive funding) 메커니즘을 더 우대한다.

그리고 연구성과가 높은 국가들은 대학 및 연구기관이 수행해야 하는 mission을 명확하게 차별화하고 이를 기반으로 연구기금을 할당하고 있다. 오늘날, 대부분의 유럽 국가들은 그들의 대학에 **이중 자금지원 시스템(dual funding system)**을 채택하여 연구를 위한 특정 자금지원을 가능하게 하고 있으며, 때로는 어느 정도의 '**연구성과기반 자금지원(Research Performance Based Funding, RPBF)**'과 결합하기도 한다.

○ 영국: 정부로부터의 대학 자금은 두 개의 흐름으로 분리되어 있다. 하나는 교육용이고 하나는 연구용이다. 이러한 흐름은 성과 실적의 영향을 많이 받으며, RPBF(연구성과기반 자금지원)는 연구자금 할당에서 기준역할을 한다.
  - 영국은 공공자금 할당의 선택성을 증가시킨다는 명확한 목표를 가지고 1986년에 RPBF 시스템을 도입한 첫 번째 국가이다.

○ 프랑스: 연구자금의 거의 80%는 프로젝트기반 자금조달(project-based funding)이 아니며 기관차원에서 그냥 배정된다. 공적으로 수행되는 연구(publicly performed research)를 위한 프랑스의 공공자금 할당은 기관차원 자금과 프로젝트 자금지원의 형태로 각각 79%와 21%로 할당된다.

 - 오늘날 대학은 **글로벌 가시성(global visibility)**을 보여주는 핵심 거점이 되므로 이러한 자금배분은 프랑스 연구시스템 전체의 성과에 부정적 영향을 줄 것으로 본다.

○ 네덜란드: 대학의 재원은 세 부분으로 나뉜다. ① 국가로부터의 block-funding, ② 프로젝트 재원에 대한 연구기금기관(NWO, KNAW)의 재원, ③ 자체 창출 수익

○ 스웨덴: 정부 자금은 두 가지 경로로 대학에 전달된다. 하나는 교육(학사 및 석사 학생 수 기준)을 위한 것이고, 다른 하나는 연구(박사학생 수 및 연구활동 기준)를 위한 것이다. 그 위에, 국가연구자금은 국가기금기관을 통해 경쟁방식으로 분배된다.

○ 덴마크: 고등교육과학부의 자금조달 메커니즘도 마찬가지로 교육에 대한 자금조달과 연구를 위한 자금조달 방식을 구분한다.

 - 연구자금의 45%는 대학의 교육기금에 따라 분배되고, 연구자금의 20%는 대학의 외부 연구기금에 따라 배분되는 모습을 보인다. 외부 연구기금은 EU연구위원회에서 얻는 것이다. 연구자금의 25%는 대학의 연구출판물(서지학)에 따라 분배되며, 연구자금의 10%는 박사논문을 마친 학생 수에 따라 분배된다.

 - 2018년 덴마크 고등교육과학부의 전략 계획은 다음과 같이 선언한다.

> 정부는 덴마크 연구의 질을 한층 더 향상시킬 기본자금(basic funding) 분배를 위한 새로운 모델을 도입할 것이다. 이 모델은 모든 수준과 모든 연구 분야에서 우수성을 증진할 뿐만 아니라 고품질의 연구를 발전시킬 것이다. 게다가, 이 모델은 수요있는(in-demand) 교육과 연구분야를 지원할 것이다. 새로운 모델은 또한 대학들이 장기적인 조치를 취하고 그들의 연구노력에 있어서 전략적인 노력을 할 수 있는 능력을 지원할 것이다.

■ 글로벌 연구시스템과의 연결[10]

국가 과학 네트워크가 글로벌 과학 네트워크를 형성하며, 국가 과학 네트워크는 글로벌 과학 네트워크의 영향을 피할 수 없다. 여기서 중요한 것은 **글로벌 네트워크가 국가 네트워크에 의해 형성되는 것이 아니라 연구기관 네트워크에 의해 형성된다는 것이다**. 연구자들은 연구기관 차원에서 연구를 수행하고, 저널을 편집하며, 동료들과 연락을 취한다. 따라서 글로벌 연구 네트워크의 허브는 국가가 아니라 국가 내의 특정 연구기관(주로 연구중심대학)이라는 점을 먼저 인식해야 한다. **글로벌 연구시스템은 국제적으로 연구중심대학을 중심으로 구축되는**

것이다.

연구중심대학은 학생과 교수가 **무엇이든 토론하고 발표할 수 있는 '개방적 연구체계'**인 점이 국가연구소와 가장 큰 차이점이다. 연구중심대학이 대학 내에서 국가연구소와 공동연구실을 운영하더라도 '개방적 연구체계'는 유지하는 것이 원칙이다.[4] 연구중심대학이 가지는 또 하나의 특징은 세계대학랭킹을 매기는 대상이 된다는 점이다. 국가연구소는 정부의 일을 수행하므로 국제적으로 비교·평가하는 경우가 없지만, 연구중심대학은 몇몇 기관(The Times, 상해교통대학, 라이덴대학, QS 등)들이 주도하는 세계랭킹평가를 피할 수 없게 되었다. 10년 전에만 해도 세계랭킹에 관심을 두지 않던 대학들도, 이제 여론에 못이겨, 대학랭킹 담당부서를 설치하고 적극 대응하는 자세로 바뀌었다.

대학의 학술활동(공동연구, 논문발표 등)은 글로벌 연구시스템과의 연결은 피할 수 없다. 국제적으로 우수한 연구자(입학생, postdoc, 방문연구자 등)가 몰려오고, 탁월한 외부 연구자가 공동연구를 제안해 오는, 명성을 가지는 대학으로 성장하는 것은 모든 대학이 선망하는 모습이면서, 동시에 국가가 요구하는 대학의 모습이다. 교육에 중점을 두는 대학과는 달리, 연구중심대학은 글로벌 연구네트워크에서 '평범한 노드(node)'로 존재하기보다는 **중요한 '연구 허브'로서 위상을 가지도록 노력**해야 하며, 정책적으로 지원되어야 한다.

연구중심대학이 '글로벌 연구 허브'가 되기 위해서는 논문의 국제적 출판, 연구자의 국제적 이동, 국제적 학술행사 개최를 용이하게 하고 학생들의 글로벌한 진출을 지원하기 위해서는 **영어를 공용어로 하는 이중언어(bilingual) 기관으로 운영**되어야 함이 중요하다. 이것은 정부의 연구중심대학 정책에서 고려해야 할 요소들이다. 그러나 국가연구소는 정부의 think-tank, 사회문제해결, 대 국민 서비스가 우선이므로 '자국어'로 운영되는 것이 당연하다. 연구중심대학이 갖추어야 할 또 한 부분은 연구활동에 요구되는 윤리체계(내부 동료심사, 이해충돌방지, 연구진실성, 연구실안전 등)를 갖추는 것이다. 이 부분은 뒤에서 논의한다.

결론적으로 설명하자면, 연구중심대학은 글로벌 연구시스템에서 중요한 허브의 위상을 가져야 하며, 이를 위해서는 ① 국제적으로 탁월한 연구능력을 보여주는 것이 중요하며, ② 영어 공용어와 외국인 거주여건을 편리하게 갖추어야 한다. 그리고 ③ 국제학술행사의 개최, 참석, 저명 학술지에 오피니언 리더(편집자)로서의 참여 등 교원들의 학술활동이 글로벌한 범위에서 가능해야 한다. 그 결과로서 ④ 외국인 입학생이 많아지고, 외국인 교수의 채용도 확대된다.

4 만약 정부가 국방연구와 같은 보안이 요구되는 연구를 대학에 의뢰하는 경우, 기초연구영역을 대학에 의뢰하는 것이 원칙이다. .

이것들은 대학 국제화의 지표에 반영되고 있다.

■ 국가연구소와의 연계[10]

대학과 국가(연)의 역할분담과 협력방법은 국가연구체계의 기본적 구조이며, 국가마다 서로 다르다. 국가(연)의 구조를 비교하는 것은 복잡하다. 국가(연)이 국가마다 동일한 역할을 수행하지 않기 때문이다. 그러나 대학은 기능이 국제적으로 거의 비슷하다. 약간의 차이점은, 미국의 대학들은 국립(연)을 위탁경영하는 경우가 다수 있고, 유럽의 대학은 내부에 국가(연)과의 공공연구실을 운영하는 경우가 많다.

유럽의 연구중심대학은 국가(연)과 연계하는 방법으로 세 가지 유형을 보여준다.

- ○ 국가(연)이 모두 소형이며 대학과 역할을 차별화를 하되, 대부분의 국책연구는 대학에서 수행되는 형식: 덴마크, 네덜란드, 스위스
- ○ 대형 국가(연)과 대학이 공존하며, 서로 독립적으로 연구를 수행한다: 독일, 일본
- ○ 대형 국가(연)과 대학이 공존하되, 국가(연) 연구원이 대학 교수와 겸임이 많다. 대학에는 국가(연)과의 공동연구실(research unit)를 설치하는 경우가 많다.: 프랑스

우리나라가 연구중심대학을 운영한다면 출연(연)과의 역할분담을 어떻게 해야 할까? 출연(연)은 사회문제 해결연구(공공연구)와 원천기술연구에 초점을 맞추어야 하며, 대학은 기초연구와 산업기술연구에 초점을 맞추는 것이 바람직하다. 선진국도 산업기술연구는 국책(연)보다 대학이 더 많이 수행한다. 만약 기초연구를 전담하는 출연(연)이 있다면, 대학이 수행하기 어려운 장기·대형 기초연구로 방향을 잡아야 한다. 가속기, 슈퍼컴, 천문대, 해양조사선 등 대형장비·시설을 운영하는 출연(연)은 대학을 중심으로 '사용자 협의회'를 만들어 운영해야 한다. 그리고 대학의 교원들과 출연(연)의 연구원들은 개인적으로 국내외 학회나 세미나에서 서로 만나 연구내용을 교류하며 전문성을 키우고 서로의 강점 분야를 파악할 수 있어야 한다. 이러한 정보교류는 나중에 학연협력의 출발점이 된다. 참고로 학연협력이 유연하게 이루어지기 위해서는 **국립대학 교원과 출연(연) 연구원의 처우(정년, 연봉, 연금)가 동등해야 한다**.

사람들은 국가(연)이 full-time으로 연구하기 때문에 연구중심대학보다 훨씬 더 좋은 연구실적(논문, 특허 등)을 내야 한다고 생각하기 쉽다. 그러나 **대학과 국가(연)의 연구목적은 완전히 다르므로 이 둘의 연구실적을 비교할 수 없다**. 쉽게 말하면, 대학은 학문연구(교육은 논외로 하고)를 목적으로 하므로 연구실적으로 평가받지만, 국가(연)은 정부부처가 요구하는 사회적 문제해결연구(주로 응용연구)나 법률로써 규정된 기능을 수행하기 때문에 수요자의 만족도로

평가받는다. **국가(연)에서 논문과 특허는 연구의 부산물로 보아야 한다**. 그런데 **첨단분야에 대한 연구는 연구중심대학보다 국책(연)이 더 빠르게 앞서간다(첨단연구는 대학의 기초연구나 대형·첨단장비를 가진 국책(연)에서 태동되지만, 조직운영(팀연구)과 장비운영이 유연한 국책(연)이 원천기술로 발전시키기에 더 유리하다.)**. 대학은 국책(연)의 장점을 가지기 위해 연구중심대학으로 변신하고 있다.

대학과 국가(연)의 협력 중 중요한 하나는 대학에 소속을 둔 석·박사학생들이 국가(연)에 가서 학위청구논문을 준비한다는 것이다. 대학보다는 연구시설이 월등하고 국책연구(정부가 요구하는 연구)를 수행하는 국가(연)이 매력적일 수 있다. 학생은 국책연구과제에 참여하여 색다른 연구경험을 쌓고 논문도 준비한다.

■ 우수 연구자 유치

연구성과는 연구자 개인과 팀워크에 따라 달라진다. 연구자들은 논문을 발표하고, grant를 받으며, 높은 피인용 연구자(Highly Cited Researchers, HCR)가 될 수 있다. 그리고 **재능 있는 연구자를 유치하는 것이 연구기관정책의 핵심**이다.

즉, 경쟁력 있는 연구중심대학이 되기 위해서는 탁월한 인재를 유치할 수 있는 프로그램을 보유해야 한다. 일반적으로 대학은 탁월한 연구성과자에게 테뉴어 트랙(tenure track)을 제공함으로써 인재를 유치한다. 여기에 장기간 일정 액수의 grant제공을 약속하기도 하고, 최근에는 정년을 70세까지 보장하는 대학도 생겼다. 그래서 연구중심대학은 독자적인 인적자원정책(Human Resource Policy)을 자율적으로 수립하고 시행할 수 있어야 한다. 그러려면 재정적 여유가 있어야 한다. 그리고 교원에게 연구와 교육에 대해 시간을 자유롭게 할당할 수도 있어야 한다.

※ 유치된 과학자에 대해 이주비용, 초기 정착비용, 시드머니까지 지급하는 대학이 많다.

이 부분이 국립대학과 사립대학의 차이점 중 하나이다. 국립대학은 모든 재정이나 규범이 정부의 지침으로 간주되므로 유연성과 자율성이 부족하기 쉽다. 유럽의 대학은 대부분 국립이므로 이 부분에서 미국대학(대부분 사립)에 뒤진다고 생각하고 있다.

■ 자율성, 책임성 및 거버넌스[10]

앞의 네 가지 요소는 모두 연구중심대학의 지도부가 야심찬 글로벌 전략을 수립하고 실행할 수 있어야 한다는 것을 의미한다. 그리고 이것은 결국 자율성과 책임성 그리고 좋은 거버넌스(autonomy, accountability and good governance)를 요구한다. 알고 보면 **자율성은 책임이나**

거버넌스로부터 분리될 수 없다. 실제로 자율성(autonomy)이 의미 있게 되려면 최소 **세 가지 요구사항**이 필요하다[10. p. 115].

○ 자율성(autonomy)은 단순히 법률적 규정이 아니라 '효과적 측면'이어야 한다. 그것은 대학 거버넌스의 현실적인 정치(통치) 시스템(factual political system)이 되어야 한다. 그것은 바로 **자치권**이다.

○ 거버넌스(governance)는 모든 활동영역에 대해 진정한 권한을 가져야 한다.

○ 책임성(accountability)은 일반 부문별 정책 목표(general sectoral policy objectives)와 일치하도록 보장해야 하고 전문화를 촉진해야 한다.

  - 기관장(총장)은 '선출'이나 '지명' 중 어느 것이 반드시 더 낫다는 연구결과는 없다. 통치 기구(governing bodies, 이사회)에서 외부 구성원의 이상적인 비율을 제시한 연구도 없다. 그러나 (a) 재원이 어떻게 대학에 들어 오는지, (b) 의사결정 측면에서 리더십이 얼마나 큰 힘을 가지고 있는지, (c) 이 리더십이 임명되는 방법 사이에는 논리적 관계가 있다.

유럽(영국 제외)의 대학들이 앵글로색슨 대학교(Anglo-Saxon universities, 미국과 영국의 대학들을 통칭함)에서 가장 부러워하는 점은 '대학의 자율성'이다. 이제 유럽은 미국의 연구중심대학과 경쟁할 수 있는 연구중심대학을 보유하고자 전략을 정비하며, 유럽 대학들이 글로벌 시스템 내에서 가시성(명성)과 유능함을 보장하기 위해, **국가가 통제(state controlled)하는 모델에서 국가가 관리(state supervised)하는 모델로 전환하고 있다**. 이 주제에 대한 세계은행 보고서는 다음과 같이 결론짓는다[48].

> 최근 몇 년 동안 고등교육 거버넌스의 개혁은 외부 및 내부 압력에 의해 추진되고 있으며 대체로 동일한 패턴을 따르고 있다. 이들은 다음과 같은 요소를 갖는다.
>
> ○ 대학을 자율적 독립기관으로 설립하는 법률의 제정
>
> ○ 국가의 세부통제 및 관리기능을 폐지하고, 대학 자체에 대한 책임으로 위임
>
> ○ 부문별 세부 재무통제 및 감독기능의 일부를 수행하거나 부문별 서비스를 제공하기 위한 (정부와 대학 사이) **완충기구(buffer bodies) 또는 agency의 설립**
>
> ☞ 미국 연방정부가 National Lab을 직접 관리하지 않고 간접 관리하는 제도와 일맥상통
>
> ○ 대학에 더 큰 자유를 주고 새로운 수입원을 개발하도록 장려하는 자금지원 모델(funding models)의 채택
>
> ○ 대학이 실시하는 모든 과정의 품질을 모니터링 · 평가하는 외부기관의 설치
>
> ○ 국가적으로 설정된 목표(nationally set goals) 및 대학차원에서 설정된 목표의 달성에 있어 성과와 결과에 대한 보고를 통한 새로운 형태의 책임 개발

○ 장관 또는 완충기구에 대한 전반적인 책임(responsibility)을 가지는 대학이사회(university board)의 역할 확정
○ 이사장, 총장 및 이사의 임명 및 의사결정에서 정부의 점진적 철수
○ 이사회(board) 및 총장(president)의 경영역량에 대한 기대 정립

자율성(Autonomy)은 세계일류대학(world－class universities, WCU)의 결정요소(determinants) 중 하나로 꼽혀 왔다. **WCU의 출현을 위한 세 가지 요건**은 다음과 같다는 주장도 있다[49].:
○ 거버넌스 자율성(autonomy of governance)
○ 인재의 집중(concentration of talent)
○ 풍부한 자원(abundant resources)

단순히 더 많은 자금이나 더 많은 자율성이 연구성과에 유리하다 것이 아니라, 더 많은 자금이 예산 자율성과 결합될 때 훨씬 더 많은 영향을 미친다는 것이다. 예산 자율성(budget autonomy)을 갖는 것이 대학 연구성과에 대한 추가 비용의 효과를 두 배로 증가시킨다는 것을 발견한 연구도 있다[50]. 그들은 "대학 자율성과 경쟁은 대학 생산성과 긍정적으로 상관되어 있다"고 주장하면서 **연구성과를 위한 경쟁 환경과 대학의 자율성의 중요성을 더욱 강조한다**.

World Class Universities, WCU의 요건

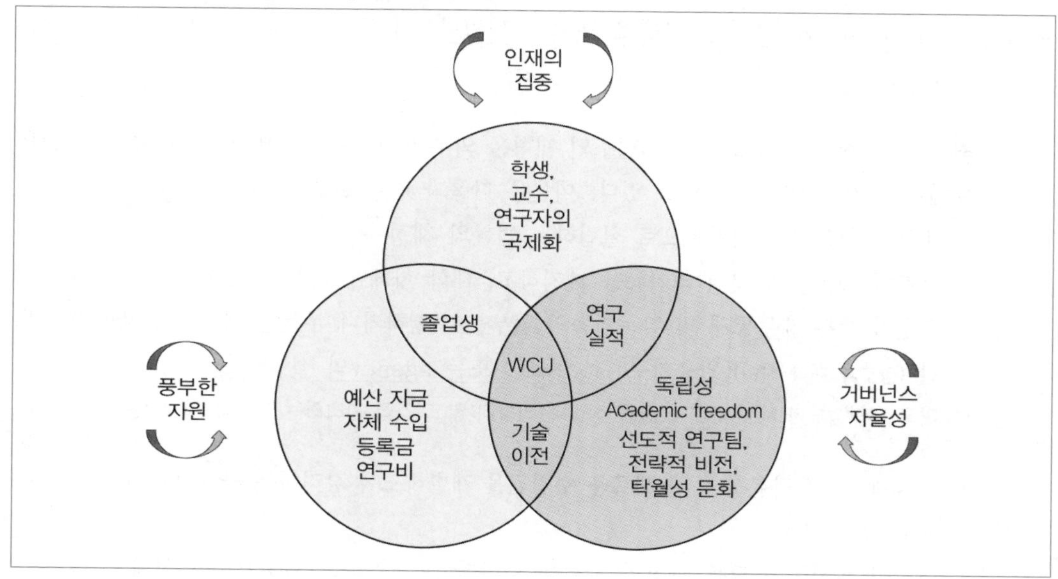

참고로 유럽대학협회(European University Association, EUA)는 대학의 자율성을 4개 요소로 평가하고 있다.

자율성은 추상적인 법적 개념일 뿐만 아니라 동일한 법적 틀 안에서조차 크게 달라질 수 있는 관행이다. 따라서 "사실에 기반을 둔 자율성(factual autonomy)" 또는 "작동 중인 자율성(autonomy in use)"을 측정하는 것이 중요하다. 따라서 대학의 "의미 있는 자율성(Meaningful autonomy)"은 앞에서 설명한 **최소 세 가지 요건(자치권, 거버넌스, 책임성)**이 있어야 한다.

EUA Autonomy Scorecard

- 조직적 자율성(Organisational autonomy) 지표: 총장 선임 절차, 기준, 임기 및 해임, 대학 이사회의 외부 구성원, 학제 결정 능력, 법인 설치 능력
- 재정적 자율성(Financial Autonomy) 지표: 공적자금 조달 주기, 공적자금의 종류, 자금의 차용, 연구비 잔액을 보유하고 사용하는 재량권, 건물을 소유할 수 있는 능력, 국내/EU 및 국제 학생들의 등록금
- 인력배치의 자율성(Staffing Autonomy) 지표: 중견 학술직 및 행정직 직원의 채용기준 및 절차, 급여, 해고, 승진 기준 및 절차
- 학술적 자율성(Academic Autonomy) 지표: 전체 학생 수, 입학 절차, 교육프로그램의 소개, 학위프로그램의 종료, 교육 언어, 품질 보증 메커니즘 및 제공자에 대한 선택, 학위 프로그램의 내용을 설계할 수 있는 역량

출처: EUA University Autonomy in Europe (university-autonomy.eu)

결국 연구중심대학이나 국가연구소의 자율성문제는 최고의 의사결정기구인 '이사회'와 내부 의사결정기구가 어떻게 구성되며 어디까지 결정하는지, 기관장과 이사의 책임범위(책임과 권한의 일치)를 규정하는 일로서 결론짓게 된다. 이것은 아주 복잡하므로 많은 연구가 필요하다. 유럽대학이 추구하는 자율성과는 별도로 '학문의 자유'를 다음 절에서 깊이 있게 논의하자.

■ 대학과 국가연구소의 통합[10. p. 99 - 101]

대학과 국가(연)의 합병은 국가(연)을 대학 부문으로 통합(integration)하는 것인데, 그것은 국가의 세계화 전략(Globalisation Strategy)에 직결된다. 즉 **세계적 연구중심대학을 보유하겠다**는 전략이다. 이 통합은 다음의 주된 목표를 가진다.

- 지금까지 기관차원에서 분리된 부문 간의 연구에 시너지를 자극하고,
- 민간 및 공공기관 등 사회와 긴밀한 접촉을 유도하는 실무 중심의 연구(practice oriented research)로 대학의 연구방향을 변경하며,

○ 고등교육과 연구 사이의 연계를 강화하도록 추가적인 연구자원을 교육에 이용할 수 있도록 하는 것이다.

대학과 국가(연)을 통합하여 연구중심대학을 설치한 사례를 보자.

○ 네덜란드 농무성(Ministry of Agriculture)이 농업연구서비스청(Agricultural Research Service, DLO) 산하에 있던 대학과 국립연구기관을 합병하여 1997년 바게닝겐 대학교(Wageningen University)를 만든 것이 전형적인 사례이다. 그 후, 모든 대학들은 10년에 걸쳐 국립연구기관과 점진적으로 통합하고, 브랜드를 바꾸고, 변모시켜 새로운 대학을 만들어 갔다.

○ 독일은 2009년 University of Karlsruhe와 Helmholtz Research Centre를 합병하여 Karlsruhe Institute of Technology를 설립하였다.

○ 프랑스에서는 국립연구기관인 IFSTTAR를 포함한 6개 기관이 합쳐져 University of Gustave Eiffel을 만드는 프로젝트가 진행되고 있다.

○ 덴마크는 2000년대 중반에 과학기술혁신성(Ministry of Science, Technology and Innovation)의 주도로 8개 대학과 국가(연)의 일부를 통합하고 있다.

※ 일본은 1988년 종합연구대학원대학교(SOKENDAI)를 설립하였는데, 국가(연)의 역량을 활용하여 석 · 박사 학생의 논문을 지도하는 형식이다.

※ 중국의 UCAS도 이런 유형이다. 중국과학원(CAS)은 소규모의 기존 대학원과 통합하여, 2000년 Graduate School of Chinese Academy of Sciences (GSCAS), 2005년 Graduate University of Chinese Academy of Sciences (GUCAS), 2012년에는 University of Chinese Academy of Sciences (UCAS)으로 이름을 바꾸고 2014년부터는 학부생으로 입학을 확대했다.

※ 우리나라의 과학기술연합대학원대학교(UST)는 출연(연)의 우수 연구원이 교수가 되어 석 · 박사학생의 논문을 지도하는 형식으로 2003년에 설립되었다.

■ 정책 코멘트

글로벌 연구네트워크에서 연구중심대학의 역할은 점점 더 커지고 있다. 글로벌 연구네트워크에서 대학은 노드(node)역할을 하며, 연구중심대학은 연구허브(hub)역할을 한다. 새로운 지식의 창출, 우수인력 흡수, 최첨단 연구에 동참, 글로벌 오피니언 리더 역할, 우수학생 배출 등 '연구허브의 기능'은 **국가경쟁력에 직결**된다.

연구중심대학은 국가의 대학랭킹을 올려주고, 우수한 인재(학생, postdoc, 연구자)의 집중을 촉진한다. 이제 대학들 간의 글로벌 경쟁시대에 돌입했다고 볼 수 있다. 대학랭킹은 또한 국가연구개발생태계에서 큰 영향을 미치고 있다. 왜냐하면,:

○ 정책 입안자들이 결정을 내릴 때 대학랭킹을 명시적으로 사용한다.

○ 젊은 학자들이 대학을 이동할 때 대학랭킹을 점점 더 많이 고려한다.

○ 성과가 높은 국가 및 연구기관들은 (알고 보니) 우수한 인재의 집중을 촉진한다.

연구대학은 1810년 독일 베르린 대학의 설립에서 시작했다고 알려져 있다. 그리고 그 개념은 미국으로 건너가서 연구중심대학으로 발전되었다. 미국은 청교도 정신의 윤리와 자본주의의 시장경쟁이 결합된 결과, 세계 최고의 연구중심대학을 만들었으며, 이들 대부분은 사립대학들이다. **미국은 대학을 분류하고 평가하며 자주 서열을 매긴다**. 유럽은 사회당 정권이 자주 등장했으므로 대학들이 대부분 평준화되었고, 국립대학 체제를 유지하고 있으므로 경직된 운영을 해 왔다. 그러다가 경기침체와 국가경쟁력 저하에 대응하는 전략으로서 "연구중심대학 만들기 정책"이 대두된 것이다. 유럽에서 연구중심대학을 만들기 위한 국가 차원의 정책접근방식을 요약하면 다음과 같다.

○ 대학과 국가(연)의 임무를 더 크게 차별화했고,
○ 연구자금을 특정 기관에 집중했으며(평균적 배분이 아님),
○ 전략적 의사결정을 대학 및 국가(연)에 위임했고,
○ 국립대학을 변화시키고 경쟁을 장려한다.

프랑스, 독일 등 유럽 국가들은 이런 정책을 통해 소수의 강력한 세계적 일류 대학(world-class universities)의 출현을 촉진할 수 있다고 보고 있다. 덴마크, 네덜란드 등 유럽의 소형 국가들은 대학과 국가(연)의 통합으로써 세계적 연구중심대학을 보유하려 한다. 그렇다면, **우리나라는 더 적극적으로 연구중심대학정책을 전개해야 한다**고 본다. KAIST나 BK21사업으로 충분하다고 생각해서는 아니 된다.

☞ 2008년 KAIST 총장은 생명(연)을 KAIST에 통합하려 했었다. 당시 출연(연)의 지원을 담당하던 본 저자는 그 통합을 반대하였다. 왜 통합하는지 이유도 없이 BH에서 지시가 내려왔었다. BH지시에 공무원이 반대하고 나서자 일대 소동이 있었다. 나중에 총장의 의도를 알았다. KAIST를 키우려는 것이다.

우리나라는 연구중심대학정책을 수립·시행하기에 매우 어려운 정책환경을 가지고 있다. 정부가 소수의 어느 대학을 선택하여 집중지원한다면, 다른 대학들이 결사반대하기 때문이다. 1998년 BK21사업을 시작할 때, 이러한 반대를 경험한 바 있다. 알고 보면, 당시 평준화 정책기조를 가지던 교육부가 BK21사업(선택집중정책)을 추진한다는 것은 정책기조에 일관성이 없다고 볼 수 있다. 선택집중정책은 과기부의 정책기조가 되어야 한다. 본 저자가 "**과기부와 교육부의 역할분담은 선택집중과 균형육성으로 차별화해야 한다**."고 주장한 이유가 여기에 있다.

연구중심대학정책은 선택집중정책의 성격을 가진다. 결국 연구중심대학정책은 과기부가 담당해야 성공 가능하다고 본다. BK21사업을 균형육성의 교육부가 추진하게 되었으니, 결국 나눠 먹기가 되어버렸다. 이제 BK21사업은 연구중심대학과는 거리가 아주 멀어져 버렸다.

제5절 자율성

■ 기본지식

대학과 연구기관은 전문조직(expert-type organisations)이기 때문에, 하향식 관리(top-down management)에는 한계가 있다. 즉, 전문성이 부족한 관리자(공무원)가 전문가(개인/연구팀/연구기관)를 직접 관리할 수는 없다. 정부는 간접관리를 하든지 동기부여와 성과평가를 통해 신뢰를 쌓아가며 재정지원 규모를 점진적으로 확대하는 방법이 가장 효율적이다. 그리고 **정부-이사회-기관장-연구자의 관계가 명확하게 정립되어야 하며, 각자의 권한과 책임이 '문서'에 명확히 규정**되어 있어야 한다. 정부의 역할은 법규로 규정되며, 이사회와 기관장의 권한과 책임은 연구기관의 정관에 명시되고, 연구자의 권한과 책임은 연구기관의 내규에 구체적으로 규정되어야 한다. '연구의 자율성'이란 연구기관장과 연구자 개인에게 권한과 책임을 부여하는 '정도'를 말한다.

기본적으로 권한의 주체와 책임의 주체는 일치해야 한다. 여기에 미스매치가 있다면 이 부분을 일치시키는 노력이 선행되어야 한다. 우리는 종종 권력기관이 구두(전화)로 지시하고 그 결과에 대해서는 책임을 회피하는 경우를 본다. 이것은 부정행위의 하나이다. **지시는 반드시 문서로 통보해야 하고 그 결과는 반드시 문서로 보고하는 것이 '자율을 보장하는 기본자세'이다**. 만약 긴급한 경우에는 구두로 지시하지만, 그 뒤에 지시했다는 사실을 문서로 통보해야 한다. 이것은 상하 간에 '행정적 예의'이다. 의사결정을 주도한 주체(이사회)와 그 사안을 집행한 주체(기관장)의 책임은 '연대책임'이다.

민법

제35조 【법인의 불법행위능력】 ① 법인은 이사 기타 대표자가 그 직무에 관하여 타인에게 가한 손해를 배상할 책임이 있다. 이사 기타 대표자는 이로 인하여 자기의 손해배상책임을 면하지 못한다.
② 법인의 목적범위외의 행위로 인하여 타인에게 손해를 가한 때에는 그 사항의 의결에 찬성하거나 그 의결을 집행한 사원, 이사 및 기타 대표자가 연대하여 배상하여야 한다.

자율(Autonomy)과 자유(Freedom)는 개념이 매우 다르다. 자율은 자유와 책임(accountability)을 동시에 고려하는 것이다. 즉, 자율에는 self-regulation의 개념이 포함된 것이다. 참고로 '책임'이라는 용어 **Accountability와 Responsibility는 혼동**되지만, 이 두 개념을 구별해야 한다. 어떤 사람은 그 행동에 대해 칭찬받을 만하거나 비난받을 만하다면 그 행동에 대해 responsible하다. 어떤 사람이 그 행위에 대한 책임(또는 정당성)을 가져야 하고, 그 행동의 결과를 감당할 의무가 있는 경우에 그 행위에 대해 accountable하다.

※ 예를 들어, 10살짜리 소년이 돌로 이웃의 창문을 깨트렸다면, 그 아이에게 responsible이 있지만, 그의 부모는 accountable이다. 그 아이는 행동에 대해 이웃에게 사과해야 하고 그 아버지는 창문을 수리하는 비용을 지불해야 하기 때문이다[51. p. 98].

연구활동은 아이디어에서 출발하며, 자유로운 사고와 창의성이 요구되므로 연구자와 연구기관장에게 자율성이 충분히 보장되어야 함은 당연하다. 연구기관들은 그들의 리더십이 자율적이고(기관의 중요한 결정을 내릴 수 있다는 점에서) 책임감이 있는 경우 더 성과를 내는 속성이 있다[10. p. 121]. 특히, 경쟁상황에 처한 연구기관에게 자율성이 주어지지 않는다면 불공정한 경쟁이라고 생각할 것이다. 그래서 **글로벌 경쟁에 민감한 연구중심대학들은 자율성에 대해서도 서로 비교**하고 있다.

■ 자율성의 구체적 내용

국가 간에 대학의 자율성을 비교하기 위해 EUA(European University Association)는 **대학의 자율성에 관한 평가**할 수 있도록 4개 영역의 38개 지표를 제시했다.

University Autonomy Tool

○ 조직적 자율성(Organisational autonomy)은 경영자율(the executive leadership), 의사결정기구(decision-making bodies), 법적 실체(legal entities), 내부 학제 구조(internal academic structures)와 같은 내부 조직(internal organisation)을 자유롭게 결정할 수 있는 대학의 능력을 의미한다.(유럽에서는 총장 선임, 해임에 법규적 가이드라인이 있음)
- Selection procedure for the executive head
- Selection criteria for the executive head
- Dismissal of the executive head
- Term of office of the executive head
- External members in university governing bodies
- Capacity to decide on academic structures
- Capacity to create legal entities

○ 재정적 자율성(Financial autonomy)은 대학이 내부 재정 업무를 자유롭게 결정할 수 있는 능력을 말한다. 자금을 독립적으로 관리하는 능력은 대학이 전략적 목표를 설정하고 실현할 수 있도록 하기 때문이다.(유럽대학은 국가로부터 line-item budget와 block grant를 받음)
- Length of public funding cycle
- Type of public funding
- Ability to borrow money

- Ability to keep surplus
- Ability to own buildings
- Tuition fees for national/EU students at Bachelor level
- Tuition fees for national/EU students at Master's level
- Tuition fees for national/EU students at doctoral level
- Tuition fees for non-EU students at Bachelor level
- Tuition fees for non-EU students at Master's level
- Tuition fees for non-EU students at doctoral level

○ 인력배치의 자율성(Staffing autonomy)는 대학이 채용, 급여, 해고, 승진 등 인사관리와 관련된 사안을 자유롭게 결정할 수 있는 능력을 말한다. 글로벌 고등교육 환경에서 경쟁하기 위해서는 대학이 외부의 지시나 간섭 없이 가장 적합하고 자격을 갖춘 학술 및 행정인력을 채용할 수 있어야 한다.

- Recruitment procedures for senior academic staff
- Recruitment procedures for senior administrative staff
- Salaries for senior academic staff
- Salaries for senior administrative staff
- Dismissal of senior academic staff
- Dismissal of senior administrative staff
- Promotion procedures for senior academic staff
- Promotion procedures for senior administrative staff

○ 학술적 자율성(Academic autonomy)은 대학이 학생 입학, 학업 내용, 질적 보장, 학위 프로그램 도입, 강의 언어 등 다양한 학문적 문제를 결정할 수 있는 능력을 말한다. 전체 학생 수를 결정하고 입학 기준을 정하는 능력은 기관의 자율성의 근본적인 측면이다.

- Overall student numbers
- Admissions procedures at Bachelor level
- Admissions procedures at Master's level
- Introduction of programmes at Bachelor level
- Introduction of programmes at Master's level
- Introduction of programmes at doctoral level
- Termination of degree programmes
- Language of instruction at Bachelor level
- Language of instruction at Master's level
- Selection of quality assurance mechanisms
- Selection of quality assurance providers
- Capacity to design content of degree programmes

출처: https://www.university-autonomy.eu/

그렇다면 국가(연)의 자율성은 어떻게 보장되어야 할까? 국가(연)은 정부가 비공개로 운영하거나 전략적으로 운영하는 연구기관이므로 대학과 약간 다른 자율성을 가진다. 그러나 국가(연)도 자유로운 사고와 창의성이 요구되는 과업을 수행하므로, 대학과 대등한 자율성을 보장해야 생산성이 제고될 것이다. 구체적으로 보자.

- ◦ 국가(연)은 연구영역에 따라 국립(연)과 국책(연)의 유형을 선택하며, GOGO, GOCO, 독립법인 등 관리형태가 국가마다 다르다. 자율성도 달라질 수 있다.
- ◦ 국방, 원자력, 항공우주 분야에서 비공개적 연구를 수행하는 국가(연)은 보안등급이 높으며 기관방문, 학술활동 및 정보교류에 엄격한 통제를 받는다. 기관차원의 연구주제는 주로 Top-down 방식으로 결정된다. 재정, 인사, 조직변경에 제약이 많다.
- ◦ 기초연구를 수행하거나 대형장비(user-facilities)를 운영하는 국책(연)은 대학과 유사한 자율성이 보장되고 있다. 심지어 대학이 위탁관리하는 국책(연)도 있다. 이들은 개방적 입장을 가지며 외부와의 활발한 협력을 추구한다.
- ◦ 국가(연)이 대학과 공동연구실을 운영하는 부분(혼합연구실)은 대학의 기준에 따라 자율성을 가진다. 그러나 그 규모가 연구실에 국한되므로, 조직, 인사, 재정은 연구자가 소속된 모기관의 처분에 따른다.
- ◦ 중요한 점은, 국가(연)의 유형에 상관없이, 국가(연)에 소속된 **정규직 연구원**은 **개인의 전문성을 심화·확대할 수 있도록 '개인기본연구'가 보장**되어야 하며, 개인기본연구 활동에는 자율성이 보장되어야 한다. 그리고 이들은 국가차원의 HRD 대상이 된다는 점이다. 구체적 방법과 내용은 국가마다 기관마다 다르다.
- ◦ 국가(연)에는 기관장이 재량으로 연구원에게 연구비를 지원할 수 있는 재원(MPG의 전략연구비, NL의 LDRD)이 있어야 한다. 기관장은 이 재원으로 우수 연구원을 유치하거나 새로운 미션연구 주제를 발굴할 수 있어야 한다.

■ 자율성과 거버넌스

연구기관의 자율성은 거버넌스의 유형에 따라 크게 영향을 받는다. **연구기관의 거버넌스란 연구기관의 주요사안(기관장 선임, 사업계획 확정, 예산편성, 조직개편, 임용승진 등)에 대해 정부와 이사회가 개입하는 방법**을 말한다. 국책(연)은 정부의 개입을 피할 수 없다. 그래서 국가마다 이 부분에 대해 고민이 많다. 미국이 FFRDC에 대해 GOCO관리(간접관리)체계를 선택한 이유가 여기서 나온다. 자세한 설명은 제4장에서 다룬다. 선진국은 국책(연)에 대해 국가관리 형식에서 자율관리 형식(이사회 관리)으로 전환하였으므로 자율성이 비교적 크게 보장된다. 그래서 이사회(board of trustees)의 구성을 중요시한다. 이사회의 기능은 기관의 설립취지를 준수하며 **기관의 재산과 사회에 대한 역할을 심사**하는 것이다. 이사회의 이사를 선출하느냐 임명하느냐에 따라 연구기관의 발전에 유리한지 아닌지에 대한 연구가 있다[10. p. 121]. 프랑스

CNRS의 이사회(엄격하게는 '운영위원회') 구성을 보자. **이사회에 기관 내부 구성원(연구원과 지원 인력)과 노조대표가 참여한다는 점**이 우리와 다르다.

CNRS 조직 및 기능에 관한 법률

제4조 ① 이사회는 CNRS 총재를 포함하여 다음과 같이 구성한다.

1. 정부를 대표하는 3인: 연구부 장관이 지명하는 1인, 고등교육부 장관이 지명하는 1인, 예산부 장관이 지명하는 1인
2. 대학총장 협의회 부의장 혹은 그가 지명하는 1인
3. CNRS 구성원이 그 대표자로 선출한 4인: 임기는 4년이며, 이 중 2인은 연구직이고 나머지 2인은 기술직·기능직·행정직일 것. 선출 방식은 연구부 장관령에 의해 정함
4. 연구부 장관령에 의해 지명되는 임기 4년의 전문가 12인: 과학기술분야 전문가 4인, 노동계 대표자 4인, 경제사회분야 전문가 4인

② 제1항 제3호 및 제4호의 구성원은 연속 2회까지 재임할 수 있다.

■ 우리나라 연구기관의 자율성

선진국에 비해 우리나라 연구기관(대학과 국책연구소)은 정부로부터 많은 간섭을 받고 있다. 그런데 그 **간섭(규제)이 반드시 부정적인 것만은 아니다**. 예를 보자, '민주화'의 결과로 **'대학설립 준칙주의(1996)'**가 나오고 대학의 설립요건이 완화되었다. 그 결과로 20년 후 부실대학 문제와 대학폐교 문제가 나왔지만, 더 심각한 것은 일자리 문제이다. 화이트컬러 일자리에 경쟁이 치열해지고 블루컬러 일자리는 외국인이 차지하는 현상은 우리 사회에 예상치 못한 새로운 고민거리를 던져주었다. '수도권대학 정원규제'도 국가균형발전을 위해서 긍정적 측면이 있다.

그러나 정부의 간섭은 부정적 측면이 더 크다. **'대학등록금 동결(2009)'**은 청년들에게 인기 있는 선거공약일지 모르지만, 대학발전에는 치명적 규제 중 하나이다. 13년 넘게 유지된 이 규제로 정부의 기초연구예산이 증가하는 현상이 생겼다. 대학은 부족한 재원을 연구비로써 만회하겠다는 계산으로 각종 정책기관에 기초연구비 확대를 건의했기 때문이다. 상대적으로 교육에 중점을 둔 대학은 재정이 더 어려워졌다. 대학입시에 관련된 정부의 규제는 매우 엄격하다. 대학입시에서 '본고사', '기여입학제', '고교등급제'는 '3불 정책'으로 알려져 있다. 본 책에서 이에 대한 논의는 피한다.

우리나라에는 관료주의와 부처이기주의가 연구기관의 관리형식에 크게 개입한다. 「과학기술기본법」 제2조에는 자율성을 존중한다고 명시되어 있지만 현실은 그렇지 못하다. 자율성은 추상적 개념이므로 **동일한 법적 틀 안에서조차 크게 달라질 수 있는 관행**이다. 연구관리

행정가는 철학적·추상적 개념으로 된 '자율성'이 실제로 작동하도록 구체화하고 제도화하는 능력을 가져야 한다. 그리고 선진국의 대학 및 국가(연)이 '자율성'을 위해 어떠한 조직체계와 규범으로 운영되고 있는지 많은 조사연구가 필요하다. 문제는 이런 연구를 촉진해야 할 **과기부나 기관장이 '자율성'에는 관심이 없다**는 점이다. 즉, 이들은 대학이나 출연(연)이 자율성을 가지기를 원치 않는 것으로 해석될 수도 있다.

제6절 고등교육 정책과제

■ 개인적 연구실적의 산정

연구자(교수포함) 개인의 연구실적을 어떻게 평가할 것인가? 임용심사나 인센티브의 배분 또는 우수 연구자 선발에서 연구실적의 심사·비교는 피할 수 없다. 그러나 서로 다른 학문 분야에서 서로 다른 논문을 두고, 누가 더 영향력이 높은지를 심사하는 것은 매우 어렵다. 연구현장에서는 개인업적 평가를 두고 갈등이 생기는 사례가 많다.

우리나라에서 몇몇 우수한 대학을 제외하면, 대부분의 대학에서 연구자 개인의 연구실적 평가에는 「박사학위 과정 설치를 위한 교원 연구실적 인정범위 및 기준(교육부 고시)」을 적용하고 있다. 이 기준을 간단히 소개하자면, 아래와 같다. 그 요지는, **SCI급 논문은 국내전문학술지 논문의 2배, SCIE급 논문은 국내전문학술지 논문의 1.5배로 인증받게 된다**. 이런 정량적 기준은 평가를 둘러싼 갈등을 피하기 위해서이다. 그런데 이렇게 되면 국내 학술지가 점점 위축되는(외면받는) 현상을 초래하게 될 것이 우려된다. 연구실적에 대해 양적 지표 외에 질적 수준을 어떻게 평가할 것인가? 선진국 대학들은 교원의 실적을 어떻게 평가하는가? 앞에서 소개하였다.

박사학위 과정 설치를 위한 교원 연구실적 인정범위 및 기준(교육부 고시)

제2조【논문실적 인정범위 및 세부기준】① 국내외 학술지에 발표한 논문에 대한 인정범위는 다음 각 호와 같다.

1. 국내 전문학술지: 한국학술진흥재단 등재 학술지, 등재후보 학술지
2. 국제 전문학술지: SCI, SSCI, A&HCI
3. 국제 일반학술지: SCIE, SCOPUS

② 국내전문학술지 논문은 1편으로 인정, 공동논문은 다음 각 호의 규정을 따른다.

1. 주저자 및 교신저자는 2/(n+2)편, 기타 공동저자는 1/(n+2)편으로 인정한다.
2. n은 학술지 논문에 표시된 총 저자 수이며, 계산결과는 소수 셋째자리에서 반올림한다.

③ 국제 전문학술지 논문은 제2항에 따른 인정편수의 2배를, 국제 일반학술지 논문은 제2항에 따른 인정편수의 1.5배를 부여한다.
제3조【저술 실적 인정범위 및 세부기준】① 저·역서의 경우 국제표준도서번호(ISBN)가 있는 전문학술서적 단행본에 한하여 인정하며 서평, 학회지, 학술대회 발표 논문, 개정증보판, 일반교양서적은 제외한다.
② 제1항에 따른 저서는 단독저서의 경우 1편으로 인정, 공동저서는 1/n편으로 인정한다(n은 저·역서 등에 표시된 총 저·역자 수이며, 계산결과는 소수 셋째자리에서 반올림한다).
③ 외국어로 출간된 국제 수준의 저술서는 제2항에 따른 편수의 1.5배를 인정한다.
④ 번역서는 제2항에 따른 편수의 0.7배, 편저·편역서는 제2항에 따른 편수의 0.4배를 인정한다.
제4조【실기 등의 실적 인정 세부기준】① 예·체능 계열은 실기활동을 연구실적으로 인정하되 [별표 1]에 따른 분야별 작품 활동 실적에 따라 편수를 계산한다.
② 동일 작품을 중복하여 전시·공연한 경우, 1회에 한하여 실적으로 인정한다.
제5조【지식재산권 등록실적 인정범위 및 세부기준】① 특허 등의 지식재산권 등록실적은 권리자의 계약주체가 학교법인 또는 산학협력단 명의인 경우에 한하여 인정한다.
② 국내특허실적은 단독특허인 경우 0.5편으로 인정, 공동특허는 0.5/n편으로 인정한다(n은 등록증에 명시된 총 발명자 수이며, 계산결과는 소수 셋째자리에서 반올림하고 외국특허실적은 2배로 인정한다).
③ 실용신안·의장·프로그램저작권은 제2항에 따른 인정편수의 0.5배를 인정한다.

■ 현행 대학교원의 자격인증

우리나라에서 교수·부교수·조교수·조교의 자격기준 및 자격인정에 관한 사항은 「대학교원 자격기준 등에 관한 규정(대통령령)」으로 관리되고 있다. 오늘날 요구되는 대학의 기능으로 볼 때, 그 자격기준은 너무나 '구식(舊式)'이다. 최소한의 요건으로 봐야 한다는 의견도 있지만, 이러한 규정은 '존재' 자체가 문제를 초래할 수 있으므로 폐지하고 대학의 자율에 맡긴다고 선언되어야 한다. 대신, 대학의 다양성을 촉진하거나 산학연간의 상호교류를 촉진하는 방향으로 교수임용자격을 변화시킬 필요가 있다고 본다. 교수의 직업적 안정성은 보장되어야 하지만, 산업현장(사회현장)과 너무 유리되지 않도록 제도적 보완책이 필요하다는 의미이다.

※ 독일의 공과대학은 정교수 임용요건으로 몇 년간의 산업체 경험을 요구한다. 우리도 교원의 산업체 파견제도를 활성화하고, Doctor of Engineer 제도를 설치하는 근본적 개혁도 생각해 볼 만하다.

대학교원 자격기준 등에 관한 규정(대통령령)
제3조【연구실적 및 교육경력의 범위】① 별표에 규정된 연구실적은 다음 각 호의 어느 하나에 해당하는 실적 또는 경력으로 한다. 이 경우 그 실적 및 경력은 대학·전문대학 또는 이와 동등정도의 학교를 졸업한 후의 실적 또는 경력으로 하되, 제11조 제3호에 해당하는 사람의 경우에는 그러하지 아니하다.

1. 교원이 담당하는 학과목과 관련하여 대학 기타 연구기관에서 연구한 실적
2. 산업체에서 교원이 담당하는 학과목과 관련되는 직무에 근무한 경력

② 별표에 규정된 교육경력은 대학·전문대학 또는 이와 동등정도의 학교의 교육경력으로 한다.

제4조【연구실적의 환산율】① 별표에 규정된 연구실적은 다음 각호의 환산율에 의하여 계산한다.

1. 대학·전문대학 또는 이와 동등정도의 학교의 장(이하 "학교장"이라 한다)이 인정하는 학술연구(실험·실습을 포함한다. 이하 같다)를 대학·전문대학 또는 이와 동등정도의 학교에서 행한 연구실적은 100퍼센트
2. 국가 또는 공공단체가 설치한 연구기관이나 **교육부장관이 인정하는 연구기관** 또는 시설에서 전임으로 연구에 종사한 실적은 100퍼센트
3. 국가 또는 공공단체의 기관이나 **교육부장관이 정하는 기준에 적합한 기관** 또는 시설에서 연구를 주로하거나 전문학식을 필요로 하는 직무에 종사한 실적은 30퍼센트부터 70퍼센트까지. 다만, 그 직무가 순수연구업무와 동일시 될 때에는 100퍼센트까지 인정할 수 있다.
4. **교육부장관이 정하는 기준**에 적합한 산업체에서 전공학과 및 그에 관련되는 학과의 학문분야에 해당하는 직무에 종사한 경력은 70퍼센트부터 100퍼센트까지

② 제1항제3호 및 제4호의 환산율의 산출기준은 학교장이 정한다.

제4조의2【자격인정과 자격기준의 관계】제14조에 따라 자격인정을 받아 교원으로 임용된 사람은 그 직에서 상위의 직에 임용되는 경우에 그 자격인정을 받은 직에 해당하는 별표의 학력·연구실적 및 교육경력이 있는 것으로 본다.

교원 및 조교의 자격기준(별표)

	대학졸업자·동등자격자			전문대학졸업자·동등자격자		
	연구실적연수	교육경력연수	계(년)	연구실적연수	교육경력연수	계(년)
교수	4	6	10	5	8	13
부교수	3	4	7	4	6	10
조교수	2	2	4	3	4	7
강사	1	1	2	1	2	3
조교	근무하려는 학교와 동등 이상의 학교를 졸업한 학력이 있는 사람					

비고: 연구실적연수와 교육경력연수 중 어느 하나가 기준에 미달하더라도 연구실적연수와 교육경력연수의 합계가 해당 기준을 충족하면 자격기준을 갖춘 것으로 본다.

■ 학회와 학술지 육성정책

우리나라에는 약 5천 종의 학술지가 발행되고 있다. 이러한 학술지가 추구하는 방향은 SCI급 저널로 등재되거나 SCOPUS 등재지가 되는 것이다. 그 정도가 되지 못하면 KCI 등재지에 포함되는 것이다. 학술단체에서는 학술지의 발전을 위해 개별적으로 노력하고 있지만 정부도 적절한 지원을 해야 한다. 깊이 생각해 보면, 우리나라가 노벨상 수상자를 배출하겠다고 여러 가지 연구지원사업을 전개하고 있지만, 이것은 금메달을 얻겠다고 대표선수만을 키우는 정책과 같다. 과학기술의 저변을 육성하는 정책도 필요하고 국제적 리더를 키우는 정책도 병행되어야 효과가 생길 수 있다. 그 정책은 곧 ① 우리 학술지가 SCI 등재지가 되도록 정부가

지원함으로써 한국의 영향력이 커지도록 하는 것이며, ② 우리 과학자가 세계적 저널에 편집자(editor)가 되도록 격려하는 것이며, ③ 우리 학술단체가 국제학술행사를 자주 유치하도록 정부가 지원함으로써 우리 과학자가 국제무대에서 주목받게 하는 것이다. 여기서 KCI, SCOPUS는 다음과 같다.

☞ SCI는 제1절에서 소개하였다.

- **KCI(Korea Citation Index)**는 2004년부터 한국연구재단이 SCI와 동일한 방법으로 우리나라가 발행한 문헌(학술지, 저술서)에 대해 피인용 횟수를 분석한 지표이다.
  - KCI 분석대상이 되는 학술지는 2021년 기준 5,973종이며, 여기에는 KCI 등재지 2,411종, KCI 등재후보지 257종, 기타 학술지 3,305종이 포함되어 있다.
  - 특히, 인문학과 사회학 분야는 글로벌 성격보다는 지역성이 강하므로, 이 분야 연구자의 연구실적을 분석하는 수단으로서 KCI가 큰 역할을 할 수 있다.
- **SCOPUS**는 Elsvier 출판사가 운영하는 **참고문헌 인용색인 데이터베이스**이다. WoS가 미국 중심이라면, SCOPUS는 유럽 중심이고 비영어권 국가들의 저널을 많이 포함하고 있어서 상대적으로 SCIE에 등재된 저널보다 더 많은 저널을 분석대상으로 하고 있다(18억 개의 cited references 보유). SCIE 저널과 SCOPUS 저널은 겹치는 부분도 많지만 전체규모가 다르므로 분석결과는 달라진다. 선진국의 연구기관에서는 보통 WoS 분석과 SCOPUS 분석을 병행하며 대등하게 고려한다.
  - 세계대학 랭킹을 평가하는 기관 중에는 SCOPUS를 사용하는 기관(THE, QS)도 있고, WoS를 사용하는 기관(ARWU, CWTS)도 있다.

    ※ 미국 Thomson의 Web of Science에 대응하기 위하여 네덜란드 Elsevier는 2004년 SCOPUS라는 인용색인 데이터베이스를 내놓았다. 여기에는 2010년 기준으로 17,500종의 저널을 수록하고 있으며, 우리나라 저널 114종이 수록되어 있다. SCOPUS는 2007년 영국 「The Times지」에서 발표하는 세계 대학평가에 소스로 채택된 바 있다.

우리나라 모든 과학자가 SCI 저널에만 투고한다면, 국내 학술지는 어떻게 발전할 수 있겠는가? 우리 과학기술정책에는 국내 학술지를 육성하고 세계화하는 정책이 비어있다. 우리 학술지는 학술단체뿐 아니라 대학의 부설 연구소나 대학병원의 작은 모임에서도 학술지를 발행하고 있는데, 과총(한국과학기술단체총연합회)이나 학총(한국학술단체총연합회)에서 우리 학술지에 대해 정리하고 발전시키는 기능을 가져야 한다. 학술지 관리기준도 필요하다. 이것은 과총이나 학총에서 의견을 수렴하여 제정하는 것이 좋다. 제1절에서 소개한 SCI의 저널 관리기준을 참고하여 우리 학술지 관리기준을 다음과 같이 만들 수 있다[52].

- 동일분야 연구자들의 심사(동료심사)를 거쳐 논문을 수록하는가?

－학술지 기고자에게 논문 게재료를 부과하는가?
－저자와 편집인들이 지역적 대표성을 가지는가?
－학술지가 출판기준을 지키는가?
－학술지가 출판시기를 일정하게 유지하는가?
－학술지의 논문이 다른 학술지에 의해 많이 인용되는가?
－학술지가 출판된 후 얼마나 빨리 인용되는가?
－얼마나 오래 인용되는가?
－윤리기준을 게시하고 엄격하게 적용하는가?

■ 우리의 대학정책(고등교육정책)

우리나라는 인구감소로 인해 대학의 운영이 급속이 어려워졌다. 국립대학교와 사립대학교가 혼재된 우리나라에서 대학정책은 어디로 가야 하는가? 교육부가 지금까지 대학정책을 주도해 왔지만, 근본적인 측면에서 정리할 일이 많다.

미국은 사립대학 중심이므로 연방(교육성)정책에서 고등교육정책을 찾아보기 어렵다. NSF, 국립(연), 국책(연)이 대학에 연구비(교육 프로그램개발비도 포함)를 지원하는 것이 정부지원의 전체적 모습이다. 그 외 대학협회(AAC)와 교수협회(AAUP)가 자율적 선언으로써 신뢰성 높은 제도를 만들어 나가고 있다. 유럽대학은 대부분 국립이므로 정부주도의 대학정책이 강력하다. 그 내용은 연구중심대학에서 일부 소개하였다. 반면에 일본은 사립대학과 국립대학이 공존하고 있다. 그래서 우리나라와 비슷한 정책환경을 가지고 있다. 그러나 우리가 고등교육정책에서 일본과 다른 점을 봐야 한다.

○ 우리는 고등교육정책(대학정책)에서 정부뿐 아니라 정치권의 간섭도 많이 받는다.
  －그 이유는 대학이 가장 강력한 정치적 압력단체로 자리잡고 있기 때문이다.
○ 우리는 '국립대학법인화'를 시도했지만 대학들의 반발로 인해 성공하지 못했다.
○ 특히, 인구감소로 인해 입학생이 줄어들고 대학의 재정에 어려움이 크다.
○ 우리는 이공계 기피현상이 더 심각하다. 이공계 학생은 전국 의대·약대를 다 채우고 자연대·공대에 입학하는 실정이다.
○ 대학에 연구비가 많아지고 있으나, 대학원 지원자는 줄어들고 있다.

일부 문제는 일시적인 현상일 수 있고, 일부는 교육부만으로 해결하기 어려운 정책적 문제일 수 있다. 여기서는 논의를 피한다. 다만, 국가발전을 위해서는 세계적 연구중심대학을 가져야 하므로, 우리 고등교육정책이 반드시 추진해야 할 두 가지 정책을 제시한다.

○ 대학 스스로 윤리적 자세를 갖추어야 한다. 특히 우수한 대학일수록 내부규범(절차와 기준)을 윤리적으로 전환해야 한다. 여기에는 미국대학의 규범을 참고할 수 있다.

○ 정부는 탁월한 소수의 대학을 지정하여 세계적으로 성장하도록 강력한 선택집중정책을 추진해야 한다. 일본은 2017년 국립대학법인을 「**지정국립대학법인**」으로 지정할 수 있도록 하는 제도를 만들고, 동경대와 교토대를 지정하였다는 사실을 크게 봐야 한다.

– 우리도 「(가칭)연구중심대학육성법」을 제정하고 소수의 탁월한 대학을 지정하여 집중지원할 수 있는 제도를 운영해야 한다고 본다.

– 연구중심대학의 배치는 서울에 하나 지방에 하나 종합적 연구중심대학을 두고, 각 지방거점 국립대학에 지방의 전략산업에 적합한 연구중심학부를 서너 개씩 지정하는 것이 바람직하다고 본다.

– 연구중심대학은 대학원생, 교원, 지원인력의 T/O가 확대되며, 교원의 처우가 30% 더 높아지도록 혜택을 부여하되, 교원임용은 항상 개방되어 있어야 한다.

☞ 교육부와 과기부가 협력하여 NRF에 T/F를 설치하고 선진국의 연구중심대학을 연구하며 법률제정을 준비하는 것이 바람직하다.

memo

제 4 장

국가연구소정책

제1절 들어가면서

- 생각해 볼 문제
- 국가연구소의 탄생
- 국가연구소의 유형과 기능
- 국가연구소 정책의 골격
- 국가연구소의 자율성

제2절 선진국의 국가연구소

1. 프랑스 CNRS(국립과학연구센터)의 조직관리

- CNRS의 조직
- CNRS 개요
- CNRS의 거버넌스
- CNRS의 직무분석

2. 독일 MPG(막스프랑크연구회)의 기관평가

- MPG 개요
- MPG의 조직체계
- MPG의 블록펀딩
- MPG의 평가
- MPG에서 얻는 시사점

3. 독일 FhG(프라운호프연구회)의 자율성 조직

- FhG 개요
- FhG의 의사결정체계

4. 일본 RIKEN(이화학연구소)의 운영

- RIKEN의 개요
- RIKEN 운영의 특징
- RIKEN의 내부평가
- RIKEN에서 얻는 시사점

5. 일본 AIST(산업기술종합연구소)의 활동방향

- AIST의 개요
- AIST의 연구활동
- AIST의 교육 · 훈련활동
- AIST의 기관평가
- AIST에서 얻는 시사점

제3절 미국 National Lab.(NL)의 관리 · 운영

1. 미국 National Laboratory의 개요

- National Laboratory(NL)의 설립
- 오늘날의 NL(FFRDC)
- NL(FFRDC)의 특징
- NL(FFRDC)에 대한 자금지원
- NL(FFRDC)에 대한 의회의 관심
- NL에서 얻는 정책적 시사점

2. DOE와 산하 17개 NL의 개요

- DOE 개요
- NL System 개요
- NL의 기능
- NL의 운영실태
- National Lab.을 위한 DOE의 전략

3. 미국 에너지성(DOE)의 National Lab. 관리사례

- 장관이 먼저 자문기구에게 자문을 요청한다
- NL에 대한 관리구조의 개선 사례
- 민간부문에 대한 NL의 역할
- NL의 자율적 연구개발

4. 미국 NL에서 얻는 정책적 시사점

- 미국은 모든 연방부처가 NL을 보유
- NL의 성격은 FAR에서 정한다.
- 미국의 DOE는 우리 과기부의 모델

제4절 우리나라의 정부출연연구기관

1. 우리 과학기술정책과 출연(연)의 문제

- 1960~70년대
- 1970년대
- 1980년대
- 1990년대
- 과기부와 출연(연)의 갈등
- 2000년대
- 2010년대
- PBS의 문제와 대책
- 출연(연) 문제의 근원

2. 우리 출연(연)의 정책 환경

- 출연(연) 주변의 문제점들
- 우리 정부가 가진 문제점
- NST가 가진 문제점

3. 출연(연)의 문제점

제 1 절 들어가면서

■ 생각해 볼 문제

- ○ 국가연구소는 어떠해야 우수하다고 할 수 있는가?
- ○ 정부가 산·학·연을 서로 경쟁시키면 국가적 연구능력이 향상될까?
- ○ 어떤 국책(연)의 성과가 좋지 않으면, 예산을 더 주고 더 잘하게 만들어야 하는가? 아니면 예산을 축소하여 더 어렵게 만들다가, 그래도 못하면 폐지해야 하는가?
- ○ 철도연, 건설연이 국토교통부 산하로 가지 않고, 한의학연, 식품연, 김치연이 보건복지부나 농림축산식품부 산하로 가지 않고, 생기원, 에너지연, 지자연이 산업통상자원부 산하로 가지 않고, 왜 과기부 산하에 있는가? 그러면 무슨 장단점이 있는가?
- ○ 다른 선진국 국가연구소는 미션별로 또는 종합적인(모든 기술분야를 커버함) 형태를 가졌지만, 우리 출연(연)은 기계, 전자, 생물, 화공 등 기술별(학문분야별 또는 산업별)로 나뉘어 있다. 그러면 무슨 장단점이 있는가?
- ○ KIST를 지을 때, 본관 건물은 '거북선 모양'으로 설계하였다. 왜 거북선일까?
- ○ KIST는 종합형 연구소인데, 기계연, 생명연, 재료연, ETRI 등 기술별 연구소와 연구영역이 중첩되지 않는가? 선배 정책가(공무원)들은 왜 이런 구조를 만들었을까?
- ○ 미국 NL에 대한 관리와 우리 출연(연)에 대한 NST 관리는 무엇이 다른가?
- ○ 과기부의 출연(연) 관리와 산자부의 전문(연) 관리는 어떤 차이가 있는가?

■ 국가연구소의 탄생[20. p. 7]

세계 모든 국가는 국가의 존속(전쟁의 승리)과 국민의 안위(질병과 재난의 극복) 및 국민경제의 발전(산업경쟁력 확보)을 위해 정부가 연구활동을 직·간접으로 추진해 왔다. 그리고 국가들은 이러한 연구활동을 효율적으로 추진하기 위해 전문연구기관을 설립하고 전문가 집단을 보유하였다. 초기에는 국왕이 직접 재정을 지원하는 왕립기관 형태였으므로 왕의 통치에 필요한 수단의 하나로 역할을 했지만, 점차 확대된다.

공공연구기관(Public Research Institution, PRI)으로 부를 수 있는 수준의 전문연구기관은 17세기 식민시대와 함께 나타나기 시작하였다. OECD 보고서[13]에 따르면, 16세기 말 설립된 덴마크의 우라니보르(Uraniborg) 천문대, 프랑스의 자연사박물관(1626), 미국의 연안조사국(1807) 등이 초기에 설립된 공공연구기관이라 할 수 있다. 공공연구기관은 주로 1835년부터 1945년 사이에 국가적 전략에 의해 설립되었으며, 광물자원의 탐사, 농업, 공업, 보건 및 국방과 같은 국가적 요구의 변화에 따라 우선순위가 변했다. 공공연구기관은 점차 확대되고 다양한 형태로 발전되자 **중앙정부가 법률적 근거를 두고 설립한 연구기관**을 '국가연구소'라고 부르게 된다. 국가연구소는 처음에 공무원 신분의 국립(연)을 설립하여 정부의 전문적 업무를 담당하다가, 점점 더 경쟁력을 가지기 위해 인사·조직의 유연성을 높이고 우수인력의 중간진입을 허용하는 민간인 신분의 국책(연)을 설립하게 되었다. 그리고 국책(연)이 진화해 간다.

국가별로 살펴보면, 미국은 NIH를 1887년, NIST를 1901년에 설립하여 보건문제와 산업표준 문제를 전문적으로 연구하게 하였으며, 제2차 세계대전을 종식시키기 위해 Los Alamos National Lab.과 Oak Ridge National Lab.을 1943년에 설치하여 핵무기를 개발했고, 소련의 우주개발을 추월하기 위해 1958년 NASA를 설립하였다. 민간연구기관에 속하는 대부분의 National Lab.은 제2차 세계대전 직후 설립되었으며, 오늘에 와서 대부분 대학 또는 비영리기관에게 위탁관리하고 있다.

일본의 연구기관도 역사가 깊다. 2001년 통합된 AIST는 거슬러 올라가면 1882년에 설립된 산업기술연구소가 효시이다. RIKEN은 1917년 민간연구소로 시작되어 1958년 공립화(특수법인)되었고, 2003년 독립행정법인이 되었다. 참고로 일본의 동경제국대학은 1877년에 설립되었고, 교토제국대학은 1897년에 설립되었다.

독일의 MPG는 1948년에 설립되었지만, 그 전신인 Kaiser Wilhelm Society가 1911년 설립되어, 제2차 세계대전을 지원한 징벌로 1946년 해체되자, Max Planck가 서방을 설득해 기초연구기관으로서 살려낸 것이다. 프랑스는 독일에 대한 위기의식 속에서 1939년 CNRS를 설치하고, 핵개발을 위해 1945년 CEA를 설립하게 된다. 세계최대의 국가연구소인 CNRS는 국립(연)으로 남는다. 영국은 전통적으로 대학이 강점을 가지면서 대학 주도형 공공연구시스템을 형성해 왔으며, 1980년대에 와서 공공연구기관을 책임운영기관화, 민영화를 추진하였다[53].

선진국에서 공공연구기관은 이렇게 국방, 보건 또는 산업경쟁력을 위해 설립되어 오늘까지 존립해오고 있다. 그 대부분은 **정부의 미션연구를 수행하거나 대학이 수행하지 못하는 연구(대형·장기 연구, 대규모 조직적 연구 등)를 수행하며, 기초·공공·산업적 문제해결과 지식의 지평을 넓히고 있다**. 동시에 정부의 think-tank 역할도 수행하고 있다. 그 후, 사회적 변화에 따라 지방정부에서도 연구소를 설립하게 되고 비영리 민간연구기관들도 설립되자, '국가연구소'라는 분류가 등장한 것이다.

■ 국가연구소의 유형과 기능

국가연구소(National Research Institutions)는 공공연구소(PRI) 중에서 '중앙정부(연방정부) 부처가 운영하는 연구소'라는 의미이기도 하다. 국가(연)의 형식은 공무원 신분의 국립(연)과 일반인 신분의 국책(연)으로 구분하는데, 서로 성격이 매우 다름을 제1장 제4절에서 자세히 설명하였다. 선진국의 국가(연)이 가지는 미션을 살펴보자.

○ 미국 DOE 소속 National Lab.은 연방정부가 효과적으로 충족시킬 수 없는 R&D 요구를 해결하기 위한 것이다. 다음의 기능을 제시하고 있다(핵무기 관련 제외).
  - 우리 주변 세계에 대한 이해를 증진시키는 물리, 화학, 생물학, 재료, 계산 및 정보 과학 분야의 최고 수준의 연구 수행
  - 청결하고 신뢰할 수 있는 저렴한 에너지의 가용성을 보장하기 위해 청정에너지 기술에 대한 미국의 에너지 독립성 및 리더십 강화
  - 급변하는 세계에서 미국의 지속적인 과학기술 우위에 필수적인 중요한 과학 및 엔지니어링 역량 관리
  - 유일하고 독특한 과학 시설 및 계측기를 설계·구축 및 운영하며, 이러한 자원을 학계 및 산업계의 수만 명의 과학자와 엔지니어가 공동으로 사용할 수 있도록 함
  - 미국의 경제 경쟁력을 향상시키고 미국의 미래 번영에 기여하는 혁신을 촉진함

○ 프랑스 최대의 국립(연)인 CNRS의 미션은 다음의 다섯 가지로 명시되어 있다.
  - 과학연구의 수행
  - 연구성과의 이전
  - 지식의 공유
  - 연구를 통한 훈련
  - 과학정책에 기여

○ 일본의 RIKEN의 미션은 다음과 같다.
  - 중점영역의 R&D를 위한 유연한 접근
  - 다양한 영역의 융합과 새로운 연구의 시도
  - 「과학기술기본계획」에서 정한 핵심국가과제의 수행과 활용
  - 첨단 대형 연구시설의 관리·개발 및 공동이용 촉진
  - 탁월한 인적자원의 육성과 연구결과의 혁신을 통하여 사회기여

국립(연)은 조직과 기능이 법규에 규정되므로 정책개입의 여지가 없으나, 국책(연)은 정책적으로 설치·운영되며 유연성이 크다. 선진국의 국책(연)의 공통적 기능은(제1장 제4절 참조):

선진국 국책(연)의 공통적 기능

- ㅇ 국책(연)은 정부의 think-tank이다(정책 아이디어를 제공한다).
- ㅇ 국책(연)은 사회적(공공적) 문제해결의 방법론을 찾는 연구를 수행한다.
- ㅇ 국책(연)은 대학과 기업이 수행하기 어려운 '국가차원의 연구'를 수행한다.
- ㅇ 국책(연)은 대학의 연구와 기업의 연구에 대해 플랫폼 역할을 한다.
- ㅇ 이런 기능을 잘 수행하도록 우수 연구원과 연구팀을 확보하고 정예화한다.

■ 국가연구소정책의 골격

모든 것이 법규로 고정된 국립(연)은 국가연구소정책에서 제외한다. '국가연구소정책'이란 "**정부가 어떠한 국책(연)을 설립하고, 활용할 것인가? 또한, 이러한 국책(연)을 어떻게 육성하고 정예화할 것인가**"에 관한 정책이다. 국가연구소정책은 곧 국책(연) 정책이며, 그 주요내용은 다음과 같다.

- ㅇ 국책(연)의 설립·확대(축소·폐지): 거버넌스, 기관장 선임, 인력확대 및 축소
- ㅇ 국책(연)의 기능(미션연구)과 역할(사회적 기능)의 지정과 변경: 사업심사 및 변경
- ㅇ 국책(연)의 운영 및 관리의 효율화: 자율성과 독립성, 사업수행, 연구원 배치
- ㅇ 국책(연)의 정예화: 우수인력 유치, 팀워킹 제고, 장비 및 시설의 최첨단화, 국제화

이러한 정책들은 국책(연)의 주무부처가 주도하고 국책(연)의 의견을 들어 결정하지만, 국책(연)이 스스로 본능적으로 추구하는 '**자발적 시도**'가 있다[13. p. 6]. 즉, 모든 국책(연)은 본능적으로 다음을 위해 노력을 하며, 노력하고 싶어 한다.

- ㅇ 과학적 영향력의 확대
- ㅇ 국제화 정도의 확대
- ㅇ 최고급 과학자의 유치 및 보유
- ㅇ 계약연구(contract research)의 확대

국책(연)은 정부의 연구수요(미션연구, 아젠다 프로젝트)를 만족시키는 것이 첫 번째 기능이므로, 국책(연)은 국가 **전체적 연구역량을 동원할 수 있는 제도적 수단**을 가져야 한다. 그것은 대형과제를 분리하여 세부과제를 도출하고, RFP를 만들고, 세부과제를 관리하는 '기술기획 및 연구관리 기능'과 외부에 연구용역을 줄 수 있는 '자금의 여유'이다. 이러한 세부과제가 대학과 기업으로 나가고 대학과 기업의 지식이 국책(연)으로 흐르는 체계가 곧 국가연구개발생태계의 효율성 측면에서 매우 중요하다.

그러나 **우리나라는 이러한 '국책(연) 정책'이 거의 없다고 볼 수 있다**. 「과학기술기본법」 제7조에 근거를 둔 「과학기술기본계획」에 포함되어야 할 사항에도 '출연(연) 정책'은 누락되어 있으며, 「과학기술분야 정부출연연구기관 등의 설립·운영 및 육성에 관한 법률」에 출연(연)의 기능은 규정되어 있지 않다. 알고 보면, 1998년 이후, 출연(연)에 대한 지원·육성은 연구회(NST)에 맡기고, 정부는 관리·통제의 기능을 담당하도록 입법화한 것이다. 그렇지만, 출연(연)에 대한 지원·육성할 수단(권한, 예산, 인력)은 연구회가 아닌 정부가 가지고 있다. 결국 연구회는 아무런 기능을 못하면서 책임만 지는 셈이다.

특히 중요한 점은, 우리는 출연(연)을 대부분 과기부 산하로 보냈으니, 다른 정부부처들은 전문기관을 설치하고 기술기획과 과제관리를 담당하게 하였다. 그 결과 출연(연)들은 국가적 연구능력을 동원하는 기능을 상실했다. 이로 인해 **국가연구생태계가 망가져 간다**.

■ 국가(연)의 자율성

대학의 자율성은 제3장 제4절과 제5절에서 설명하였다. 국가(연)의 자율성은 대학의 자율성에 미치지 못하지만, 창조적 활동을 영위하기 위해서는 최소한의 자율성이 필요하다. 대학은 학생의 자유분방한 토론이 보장되어야 하며, 개방적 기초연구에 중점을 두므로 자율성이 필수적으로 보장되어야 하지만, 국립(연)이나 국책(연)은 안보, 규제, 통제, 사회문제에 대한 연구가 수행될 수 있으므로, 비공개적 입장을 가지며 자율성(외부발표, 정보공개)에 대해서 다소 제약이 있다. 특히, 국책(연)은 정부의 think-tank로서 정부부처의 비공개 정보에 접촉할 수 있으므로, 연구원 개인은 항상 발언에 조심해야 한다.

국책(연)의 자율성에서 항상 문제가 지적되는 부분은 "**정부의 간섭으로 인해 국책(연)이 스스로 발전해 나갈 방법을 자유롭게 결정하지 못하는 상황**"이다. 우리 출연(연)을 보면, 거버넌스에서부터 문제가 있다. 이사회는 외부인들로만 구성되며, 예산은 아주 미세하게 심사되고 변경을 승인받게 하며, 모든 과제는 계약에 따라 집행되니 기관장은 아무런 재량권이 없다. 선진국의 국책(연)과는 많이 다른 모습이다. **출연(연)이 퇴보해 가는 모습을 뻔히 보고도, 연구원들은 아무런 손을 쓸 수 없으니**, 불만이 나오는 것이다. 출연(연)은 주무부처가 허용하는 과제만이 수행가능하니, 예상치 못한 사회적 문제가 발생했을 때, 출연(연)은 사회적으로 기여하지 못한다. 결국 출연(연)에 대해 납세자의 불만이 나온다. 또한 출연(연)은 모두 과기부 산하에 있으니 미션연구와 아젠다연구가 쉽지 않다.

출연(연)에 자율성을 부여하려면, 주무부처의 예산심사와 사업심사에서부터 제도가 개선되어야 한다. 출연(연)의 내부구조도 자율성을 감당할 수 있도록 변경되어야 한다. 자율성에 대해 선진국의 국책(연)을 조사해 보고 난 결론을 정리하면 다음 표와 같다.

국가연구소의 자율성을 위한 5대 요건

① 국가연구소에 주인(정년보장 받은 연구자들)이 있어야 한다. 그들은 연구소의 명예를 위해 미션연구를 기획하고, 동료심사를 철저히 하며, 기관에 헌신하는 주역이 필요하다.
 - tenure받은 연구자를 대학에서는 Faculty Member이라 하고, 연구소에서는 Scientific Member(또는 과학위원회 멤버)라고 부른다.

② 정부가 국가(연)의 예산을 블록펀딩(묶음예산)으로 지급하고 세부항목에 대해서는 간섭하지 않아야 한다. 세부항목은 국가(연) 구성원들이 합의하여 결정한다.
 - 정부는 국가(연)의 미션연구비, 개인기본연구비를 기관운영비로 지급해야 한다. 그리고 연구비 예산은 여유분이 있어야 한다. 그래야 국가(연) 단독으로 해결할 수 없는 부분을 대학에 의뢰함으로써 목적기초연구를 활성화할 수 있다.
 - 연구기관장이 독자적으로 전략적으로 집행할 수 있는 연구비가 주어져야 한다.

③ 총회, 평의원회, 과학위원회를 두고 연구소의 여러 사안(연구원 임용, 연구비 배분, 대표자 선출, 내규제정, 동료평가체계 운영)을 구성원 스스로 결정할 수 있어야 한다. 그 의결에 따라 기관장이 집행한다. 기관장은 '결정'하기보다 '조정'하는 위치이다.

④ 앞의 요소들이 윤리적으로 작동하도록 기관의 내부규범이 제정되어야 하며 내부감사 기능이 강화되어야 한다.

⑤ 출연(연)의 연구를 사회적 가치로 설명하고 기술기획을 담당하는 정책연구부서가 필요하다.

제2절 선진국의 국가연구소

본 절에서 선진국의 국가(연)의 운영실태를 살펴보자. 국가마다 역사와 문화가 다르므로 국가(연)의 운영형식은 다르다. 본 책이 초점을 두는 것은 우리나라가 취약한 부분(연구기관의 자율적 운영, 책무성 강화, 효율적 관리)에 대해 시사점을 얻는 것이다.

1 프랑스 CNRS(국립과학연구센터)의 조직관리

■ CNRS의 조직

프랑스의 '연구고등교육성(MESRI)' 산하 국립(연) CNRS(Centre National de la Recherche Scientique)의 조직과 운영을 살펴보자.

■ 프랑스 CNRS의 조직[54. p. 187]

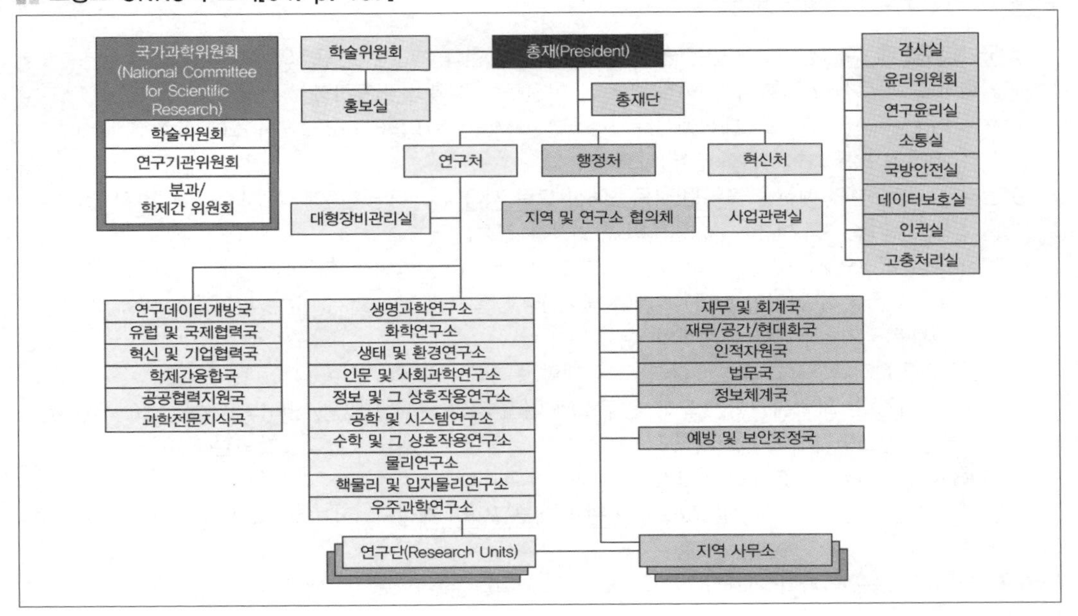

■ CNRS 개요

CNRS는 1939년에 설립되었다가 Vichy정권(2차 대전 중 프랑스를 점령한 독일의 괴뢰정권)에서 위협을 받았으나, 해방 후, 재조직되고 드골 정권(1958~1962)에서 크게 확대되었다. 1966년 대학과의 공동연구단(UMR) 제도가 생겼고, 1967년 천문학 및 지구 물리학 연구소가 설립되었다가 1985년 '국립우주 및 지구과학연구소(INSU)'로 개편되었다. 1971년 국립 핵입자 물리학 연구소(IN2P3)가 만들어졌다. 현재 CNRS는 10개의 연구소를 운영하고 있는데, 인문 및 사회과학연구소를 포함하고 있다.

☞ CNRS는 인문사회과학을 이공학과 함께 연구한다는 사실에 주목해야 한다. 그러나 인문 및 사회과학 연구소의 비중은 크지 않다.

2021년 기준으로 CNRS의 전체직원은 33,000명, 그 중, 연구원은 11,137명이고, 예산은 38억 유로(5조 1천억 원 상당)이다. CNRS의 **미션은 다섯 가지**로 명시되어 있다.

(1) **과학연구의 수행**

CNRS는 "국가의 기술적, 사회적, 문화적 발전뿐만 아니라 과학에도 이익이 되는 연구"를 수행한다. 공공적 이익을 지향하는 이 연구 접근법은 본질적으로 다학제적이고 장기적 전망이며 미지의 것에 개방적이다.

(2) **연구성과의 이전**

CNRS의 목표는 기술, 지속 가능한 개발 또는 사회적 이슈 등에 관련하여 성취한 발전으로부터 사회가 이익을 얻는 것이다. 특히 산업 파트너와 함께 이러한 취지의 많은 조치들이 구현되었다.

(3) **지식의 공유**

CNRS는 연구결과와 데이터에 대한 액세스를 제공한다. 왜냐하면 그것들은 우리의 공동 유산의 일부이기 때문이다. 이러한 지식의 공유는 과학계, 언론, 그리고 일반 대중을 포함한 다양한 고객을 위한 것이다.

(4) **연구를 통한 훈련**

지식은 훈련과 연구수행을 통해 전달되며 CNRS는 매년 수백 명의 미래 연구자, 박사과정 학생 및 박사후 연구원을 연구실에서 양성한다.

(5) 과학정책에 기여

CNRS는 특히 프랑스의 주요 대학과 함께 국가연구전략에 참여한다. 그것은 또한 과학적 문제에 대한 평가와 전문가 평가를 수행한다.

☞ 우리 출연(연)의 미션은 무엇인가? 어디에 규정되어 있는가? '출연(연)의 기능재정립'을 왜 이리 자주 하는가? 정부부처는 출연(연)에 미션연구를 지정할 수 있으며, 아젠다 연구를 수시로 부여할 수 있어야 한다.

CNRS의 특징은 2022년 기준 1,144개의 연구단(research units[1])인데, 매4년마다 계약을 통해 계속 유지될 수 있다. 그리고 매2년마다 CNRS로부터 평가를 받는다.

■ CNRS의 거버넌스[54. p. 53 - 55]

CNRS는 국립연구기관(공무원 신분)이므로 그 조직 · 구성 · 기능은 법률(「CNRS의 조직 및 기능에 관한 법령 제82-993호」)에 규정되어 있다.

- CNRS는 총재가 주관하는 **행정위원회(Administrative Council)**에 의해 운영된다.
- **연구단(Research Unit)**은 국가과학위원회(National Committee for Scientific Research) 내부의 관련기구의 자문 결과에 따라 총재가 UPR을 신규로 설립할 수 있다. 연구단장은 국가과학위원회 및 해당 연구단의 자문위원회의 의견을 참고하여 총재가 임명한다. 외부연구기관들은 연구원 및 연구재원의 할당을 포함한

1 research units로는 CNRS가 모든 자금을 지원하고 관리하는 내부연구단(UPR, unités propres de recherche)과 산업계 혹은 대학과의 협력하는 공동연구단(UMR, unités mixtes de recherche)이 있다. 90%가 UMR인데, 여기에 36개 international Joint Units(UMI)가 포함된다.

협정에 의해 CNRS의 연구단과 공동연구단(UMR)을 구성할 수 있다. 공동연구단장은 총재와 이 연구소가 소속된 외부 연구기관의 장이 공동으로 임명한다. 연구단장의 임기는 4년이며, 1회 연임할 수 있다. 조직의 개편으로 연구단이 폐지되는 경우, 연구소장의 임기를 종료시킬 수 있다.

- **총재(President)는** 행정위원회에서 결정한 방향의 범위 내에서 기관의 일반적인 정책과 과학 · 행정 · 재정의 방향을 결정한다.
  - 장관에 의해 추천되어 임명(공무원)되며 임기 4년으로 연임까지 가능하다.
  - 총재는 분야 간의 균형을 유지하도록 감독한다.
  - 총재는 행정위원회의 안건을 결정하고 심의를 준비하며 그 실행을 책임진다.
  - 총재는 CNRS와 사회경제적 파트너, 대학 및 연구기관, 관련분야 국내외 공공 및 민간 분야 기관들과의 관계를 확보한다.
  - 총재는 수입과 지출을 관장하는 책임자이며, 대리인을 지명하여 서명하게 할 수 있다.
  - 총재는 직원들을 관리한다.
  - 총재는 시민생활의 모든 행위 및 제3자와의 관계에 있어서 CNRS를 대표하며, 법적 소송에서도 그러하다.
  - 총재는 그의 권한의 일부를 사무처장, 연구원장, 지역사무소장 등에게 위임할 수 있다.
- **행정위원회(Administrative Council)**는 총재를 포함하여 다음과 같이 구성한다. 제3항 및 제4항의 위원은 연임까지 가능하다.
  - ① 정부를 대표하는 3명
    - 연구성 장관이 지명하는 1명
    - 교육성 장관이 지명하는 1명
    - 예산성 장관이 지명하는 1명
  - ② 대학총장 협의회 부의장 혹은 그가 지명하는 자
  - ③ **CNRS 구성원이 선출한 대표자 4명**(임기는 4년), 이 중 2명은 연구직이고 나머지 2명은 기술직 · 기능직 · 행정직(ETA)이어야 한다.
  - ④ 연구성 장관에 의해 지명되는 임기 4년의 전문가 12명
    - 과학기술분야 전문가 4명
    - 노동계 대표자 4명
    - 경제사회 분야 전문가 4명
- 행정위원회(Administrative Council)는 학술위원회(Scientific Council)의 의견을 바탕으로 관련분야 국내외기관, 대학, 사회적 · 경제적 파트너 등과의 관계에 대한 CNRS의 주요 정책방향을 분석하고 결정한다. 그 주요 내용은 다음과 같다.
  - ① CNRS의 조직과 기능에 관한 일반적인 방안, 특히 연구소의 신규설립, 학제간 프로그램의 도입 등
  - ② 예산 및 그 조정, 연구소 및 학제간 프로그램들에 대한 인력 및 재정 배분 방안
  - ③ 학술위원회의 의견에 참고하여, 연구법에 명시된 정책안(전략계획) 및 다년도 계약
  - ④ 연례활동보고서
  - ⑤ 재무상태, ⑥ 노조문제, ⑦ 부채, ⑧ 부동산의 취득, 양도, 교환
  - ⑨ 부동산의 임대 및 임차, ⑩ 동산의 양도, ⑪ 기부금 및 유산의 접수 수락
  - ⑫ 외국 기관과의 연구계약에서 발생된 문제에 대한 법적 대응
  - ⑬ 자회사의 설립 및 재정적인 참여에 관한 결정, ⑭ 법인 기구에 참여 여부
- **국가과학위원회(National Committee for Scientific Research)**는 연구성장관령에 의해 학술위원회(Scientific Board), 연구기관위원회(Scientific Board of Institutes), 분과(Sections), 및 학제간위원회(Interdisciplinary Commissions)로 구분한다.
- **학술위원회(Scientific Board)**는 다음과 같이 구성되며, 1회 연임할 수 있다.
  - CNRS 직원 중 CNRS 활동에 기여한 자로서 직원들에 의해 직접 선출된 11명
  - 경제계 인사 3명을 포함하여 연구성장관령에 의거하며 총재가 제안한 과학기술분야 전문가 11명
  - 8명의 외국인 과학자로서, 적어도 5명은 프랑스 이외의 EU국가에서 활동하는 사람

ㅇ 학술위원회는 모든 과학자문기구들과 CNRS의 과학정책이 일관성이 있는지 감독한다. 이 학술위원회는 CNRS 과학정책의 주요 방향, 연구 및 연구원의 평가에 대한 원칙 등에 대한 의견을 제시한다. 또한 이 위원회는 여러 연구소가 관여하는 프로그램의 신설 및 폐지, 특정 연구소 혹은 연구단의 신설 및 폐지, 소장급(책임급) 연구인력의 임명에 대한 제안 등에 대한 의견을 제시한다. 학술위원회는 총재의 요구에 따라 의장의 소집으로 개회되며 최소 연3회 개최된다. 총재는 학술위원회에 참석한다. 총재는 매년 학술위원회가 건의한 사항의 이행 여부를 위원회에 보고한다.

ㅇ **연구기관위원회(Scientific Board of Institutes)**의 구성은 다음과 같다. 위원의 임기는 4년이며 1회 연임할 수 있다.

- CNRS 활동에 기여한 CNRS 직원으로 CNRS 직원들의 직접 선출한 위원
- 학술위원회의 의견에 따라 총재가 임명하는 위원으로, 1항의 선출직 위원들과 동수이며 외국인을 포함하는데, 이들 외국인 중 반 이상은 프랑스를 제외한 EU국가에서 활동하는 사람이어야 한다.

ㅇ 연구기관위원회는 각 연구소의 프로젝트와 활동의 시의적절성에 대해 거시적인 관점에서 총재에게 권고·조언·보좌한다. 연구소장은 연구기관위원회에 참석할 권리가 있다.

ㅇ **분과(Section)**는 연구단의 설립, 기간연장, 폐지 시 의견을 요청받는다. 이때 분과는 연구 및 고등교육평가청(AERES)의 평가결과를 그 근거로 활용한다. 분과는 과학동향과 전망을 분석하고, 관련분야에서 제기되는 모든 문제들에 대한 자문에 응한다. 분과는 CNRS 인사규정에 의해 부여된 권한을 행사한다. 총재는 이러한 결정을 분과에 통보한다.

ㅇ **학제간위원회(Interdisciplinary Commissions)**는 총재의 제안에 따라 학술위원회의 의견을 들어 행정위원회의 동의를 얻어 설립된다. 2/3는 관련 분과에 의해 국가과학위원회 내부에서 선출한 위원으로, 나머지 1/3은 CNRS 총재의 의견을 반영하여 연구성장관이 임명하는 위원으로 구성된다. 학제간위원회는 분과 및 연구소의 활동분야를 관할한다.

연구기관의 자율성 측면에서 보면, CNRS는 다음의 특징을 가진다.

ㅇ 연구기관 내부의 중요 의사결정에 **연구자(연구직, 기술직, 행정직)대표**가 참석한다.

- CNRS는 정부기관이므로 이사회[2]가 없고 행정위원회가 최고 의사결정기구이다.
- 총재는 국가과학위원회(내·외부 인사로 구성)의 의견을 듣는다.

ㅇ 총재(기관장)가 내·외부 연구단을 설치할 권한이 있다.

※ 연구윤리실, 연구윤리위원회, 데이터 보호실은 우리 NST에서 보강해야 할 기능이다.

■ CNRS의 직무분석

경영학에 '과학적 관리'에 대해 설명이 있지만 실제로 적용하기는 매우 어렵다. 연구소 내에서 '중앙집중식 연구체계'가 유리한지 '분산형 연구체계'가 유리한지 어느 정도 규모에서 어떤 형식이 적합한지는 연구해 보지 못했으며, 방법론이 만들지 못한 상태이다. 심지어 우리나라 출연(연)은 선진국과는 달리, 기계·전자·화학·생물·건설·식품·수학 등 대학의 학과구분(산업구분도 반영됨)과 비슷하게 조직구조를 편성하고 있다. 이것이 가지는 장단점은 무엇인지 연구가 아직 없다. 이러한 연구의 출발점은 **연구자에 대한 직무분석**이다. 그다음 직무별 투입

2 CNRS Homepage 영문판에는 Board of Trustees로 적혀 있다. 이것이 Administrative Council이다.

(인력과 재정)을 성과(미션성공과 부산물)를 비교함으로써 최적의 연구체계를 찾아가야 한다.

〈연구자 직무의 구성〉

연구자들이 수행하는 활동(직무)은 어떻게 구분하는가? CNRS의 사례를 보자[55].

CNRS의 직무 목록[55]

R1. 연구의 설계

R11. 연구주제 및/혹은 조사분야의 정의, 현황파악

- R111. 과학적 흐름 주시(문헌조사, 자료, 특허, 회의 등)
- R112. 분석, 개념화, 예측
- R113. 연구의 가설 정립
- R114. 과학적 실행가능성 조사
- R11x. 기타
- R12. 연구접근방법, 과정, 실험계획 구체화
- R121. 전문가 자문 및 공동연구 가능자 탐색
- R122. 프로젝트의 이행조건의 예측 및 협상(재원, 기술, 기기, 데이터 입수 등)
- R123. 실험계획 구체화
- R124. 지원, 연구결과, 기술 등 준비
- R125. 데이터 및 시료수집, 설문을 위한 준비
- R12x. 기타

R2. 연구계획의 실행

R21. 이론연구 실행

- R211. 이론모델 개발
- R212. 이론모델과 최근동향과 비교
- R213. 모델링 및/혹은 실험의 컨셉 개발
- R214. 모델과 실험결과 혹은 수치모사결과와의 비교
- R21x. 기타

R22. 실험 수행

- R221. 데이터/시료의 입수 및 준비
- R222. 기술의 최적화, 기기의 테스트 및 측정
- R223. 실험, 과정, 테스트, 시운전 등의 수행 및 통솔
- R224. 결과 모니터링, 실험방법, 과정, 테스트, 시운전 등의 조정
- R22x. 기타

R23. 수치모의 수행

- R231. 이론 모델의 알고리즘화
- R232. 컴퓨터 프로그램 작성, 설치, 모니터링
- R233. 수치모의 수행
- R234. 데이터의 저장, 후처리 및 이동
- R23x. 기타

R24. 실험 수행 지원

- R241. 실험기기의 사용, 개발 및 유지
- R242. 생물체, 실험재료, 연구공간 등의 유지, 보존 및 모니터링
- R243. 컴퓨터 프로그램 및 데이터베이스의 고안, 개발, 유지
- R244. 새로운 기술 혹은 방법의 연구, 적용, 고안
- R245. 기술발달 동향 주시
- R24x. 기타

R3. 연구결과의 활용 및 확산

R31. 결과의 활용 및 해석

- R311. 결과의 분석
- R312. 중간 및 최종 결과에 대한 토의 및 의견제시
- R313. 결과의 종합 및 제시
- R314. 결과의 재현성 보장(실험 노트 등)
- R315. 결과의 검증
- R31x. 기타

R32. 생산된 과학적 지식의 저술 및 유포

- R321. 논문/출판물 작성
- R322. 과학적보고서 작성
- R323. 과학적 프레젠테이션 준비(포스터, 프레젠테이션)
- R324. 회의, 세미나, 워크숍 등 참가
- R32x. 기타

R4. 연구의 조정 및 평가

R41. 과학 활동

R411. 프로젝트 지휘

R412. 다른 팀과의 공동연구

R413. 국내외 협력네트워크, 전문가집단, 협회의 개발, 인솔, 관리

R414. 과학적 관점의 회의, 세미나 등의 조직

R415. 과학적 관점의 훈련 프로그램 조직: 워크숍, topical school 등

R416. 워크숍, 세미나, 컨퍼런스, topical school 등 지휘

R41x. 기타

R42. 학술적 전문성

R421. 국내외 평가체의 일원으로 활동(과학관련 자문, 국가 자문회의, 위원회 등)

R422. 연구기관들의 연구방향 수립에 참여(자문회의 등)

R423. journal의 편집/심사위원으로 활동

R424. 논문심사 및 심사위원

R425. 연구원 채용, 논문심사 등의 심사위원으로 활동

R426. 과학활동단체들의 평가 및 중재 수행

R427. 과학저술의 번역

R42x. 기타

R5. 연구생 지도 및 강의

R51. 연구생 지도

R511. 박사과정생, 훈련생, 인턴, 소장연구원의 오리엔팅, 모니터링, 조언

R512. 일자리 및 프로젝트 경력 설계 지원

R513. 작성한 보고서 및 논문 점검 및 교정

R514. 연구원, 엔지니어, 기능직의 훈련(기기사용, 분석기술 등)

R515. 면담 혹은 원거리 개인지도

R51x. 기타

R52. 강의

R521. 강의의 준비

R522. 강의

R523. 박사과정생 수업

R524. 과제물, 시험결과 채점, 심사에의 참여

R525. 교육의 평가 및 경계 설정

R526. 교육프로그램, 교육과정, 선택과목 등 구성

R52x. 기타

R53 자기계발

R54 교육시스템 관리

R6 과학, 경제, 문화의 질 향상을 위해 과학 활용

R61. 파트너십/질 향상

R611. 연구단의 기술, 연구결과의 전파(정부당국, 파트너, 사회－경제계 등)

R612. 기술, 연구결과의 국제적 전파

R613. 산업, 보건, 서비스 부문 및 지역당국에의 응용과 관련한 연구결과의 배치

R614. 기술이전을 위한 방법 및 과정 개발

R615. 특허출원, 라이센스, 과학기술이전을 위한 과정 진행

R616. 외부 자문활동

R617. 전문가로서 정부활동에 참여

R618. 전문가로서 시민사회 활동에 참여

R61x. 기타

R62. 과학적 정보의 사회보급

R621. 과학카페, 과학살롱, 과학포럼 등 운영

R622. 외부 발표 참가(일반대중을 위한 과학 프로그램: 중고등학교, 동호회 등)

R623. 라디오 및 TV 방송 참가

R624. 신문 및 일반대중을 위한 잡지의 기사 작성

R625. 일반대중을 위한 과학기사의 교정 및 정정

R62x. 기타

R7 연구시스템의 운영

R71. 단위연구소의 집단생활과 관련된 활동

R711. 임시 직책 수행(보건 및 안전 조정자, 훈련 강사 등)

R712. 컴퓨터 시스템의 사용자 지원

R713. 방문연구자의 연구소 기기사용 지원

R714. 정보시스템 관리

R715. 건물 사용의 관리

R716. 도서관 및 자료관리

R717. 연구소 위원회의 일원으로 활동

R71x. 기타

R72. 예산/재정

R721. 정부당국 및 파트너와의 협상

R722. 공개입찰에 대한 대응

R723. 기타 재원확보방안 탐색 R724. 연구 프로그램/프로젝트를 위한 예산 평가 및 모니터링 R72x. 기타 R73. 지휘/경영 R731. 고용 및 설비와 관련한 정책 개발 R732. 4개년계획 준비 및 협상 R733. 하나(혹은 여러개)의 연구팀 지휘 R734. 팀의 연구진행 점검을 위한 회의 운영 및 조정 R735. 직원의 평가 R736. 개인면담 실행 R73x. 기타	R74. 조직/행정 R741. 직원관리 R742. 계약의 작성, 체결, 관리(산업계, 유럽피언) R743. 행정서류의 준비 R744. 로지스틱스 기획(topical school, 세미나, 컨퍼런스 등) R745. 방문연구자의 방문기획 및 수용 R746. 출장관리 R747. 주문, 재고, 구매 관리 R74x. 기타

CNRS 연구자의 직급별, 직무별 직무별 시간투입비율[55]

직무활동 (설문 참여인원)	책임 연구원 (296명)	선임 연구원 (523명)	엔지니어 연구원 (81명)	CNRS 연구원 (900명)	모든 참여인원 (2074명)
연구의 설계	14.3	16.1	15	15.6	14.3
연구계획의 실행	23	31.7	33.8	29.2	29.6
연구결과의 활용 및 확산	16.1	19.4	14.2	18.0	16.1
과학활동 소계	**53.4**	**67.2**	**63.0**	**62.8**	**60.0**
연구의 조정 및 평가	13.6	8.4	6.7	9.7	7.3
연구시스템의 운영	15.8	9.2	14.6	11.7	8.6
연구조정 및 관리 소계	**29.4**	**17.6**	**21.3**	**21.4**	**15.9**
연구생 지도 및 강의	11.1	11	8.1	10.8	19.8
과학, 경제, 문화의 질 향상을 위해 과학 활용	6.0	4.2	7.6	5.0	4.3
합계	**100**	**100**	**100**	**100**	**100**

이런 직무목록을 적용한 상세한 직무분석은 연구원들의 직무활동 비중의 변화추이를 추적할 수 있으며, 컴퓨터 설치, 전산망 도입, 재택근무, 온라인 회의 등 새로운 연구환경이 어느 정도 효율성을 제고하는지 분석할 수 있게 하며, 연령대 또는 학문분야별로 어떤 업무에 치중

하는지, 무슨 업무의 효율을 높여야 하는지를 파악하게 한다. 나아가 연구기관별로 비교하고, 조직개편 전후로 비교함으로써, 효율성 제고 정도를 파악하고, 특정 직종의 인력보강이나 부서 신설도 가능하게 해 준다.

참고로 2006년 CNRS가 연구자(CNRS연구원 및 교수겸직 연구원)를 대상으로 실시한 직무별 시간투입비율은 앞의 표와 같다. 책임연구원들은 선임연구원 및 엔지니어연구원에 비해 **과학활동**에 할애하는 시간이 적은 반면, 평가·조정 등 **연구조정 및 관리**에 더 많은 시간을 할애함을 알 수 있다. 이것은 **과학적 관리**(scientific management)의 출발점이다.

☞ 결과적으로, 연구자들은 동료평가, 사회봉사(학회활동, 자문, 정부지원 등) 등으로 인해 실제 연구활동은 60% 수준의 시간을 투입하고 있다. 100%의 노력을 연구과제에 투입하는 것은 현실과 맞지 않음을 알 수 있다.

2 독일 MPG(막스프랑크연구회)의 기관평가

■ MPG 개요

1918년도 노벨물리학상 수상자 Max Planck는 1942년, “나는 이 위기에서 살아남고 싶다. 그리고 발전의 시작이라는 전환점을 경험할 정도로 오래 살고 싶다.”라고 글을 쓴 적이 있다. 제2차 대전 직후, 그는 Kaiser Wilhelm Society(KWG)를 보존하기 위해 헌신했다. 그의 국제적 명성 덕분에 KWG는 1948년 Max Planck Society(MPG)로 살아남을 수 있었다. 그 당시 MPG는 25개 연구소와 연구센터로 구성되어 있었다. 1949년, 독일연방이 설립되기 전이지만, 정부는 MPG에 재정지원을 보장했다.

60년대는 MPG의 최고의 발전 기간이었다. 생물 및 생화학 연구센터가 설립되었다. 물리와 화학분야의 연구 스펙트럼이 천문학과 고체물리로 확장되었다. 그 시대의 정치사회적 문제에 답하기 위해 **인문학 및 사회과학 연구자들은 새로운 연구소를 설치하였다**. 법학연구소와 교육학연구소가 이때 생겼다. 1966년에 연구소(MPI)는 62개로 늘어났다. 70~80년대에 MPG는 혁신과 interdisciplinary의 cutting-edge 연구 및 신진과학자의 창조적 기회를 부여하는 프로그램에 초점을 두었다. 독일은 통일 이후, 동독 지역에 새로운 18개 연구소를 설치하였다[54. p. 31]. 이제 MPG는 FhG, HGF, WGL과 함께 독일 국책연구소의 4개 축 중의 하나이다.

☞ MPG는 인문사회학도 연구하고 있다.

MPG[3]는 KWS와 Harnack principle의 전통을 계승하여, ‘연구자 중심의 연구조직’을 연구조직

---

3 MPG의 과학적 매력은 ‘연구에 대한 이해(understanding of research)’에 있다. MPI는 세계적 연구자에 의해 발전되어 왔다. 그들 스스로 연구주제를 결정할 수 있고, **최적의 연구환경**이 제공되었으며, 그들의 직원(staff)을 그들이 선택할 수 있는 재량권도 부여되었다. 이것이 Harnack principle의 핵심이다.

설계의 큰 원칙으로 삼고 있다. 2021년 기준으로 MPG는 86개의 MPI(Max Planck Institutes)를 보유하며, 자연과학 · 생명과학 · 사회과학 · 인문학 분야에서 기초연구(basic research)를 수행하고 있다. **MPI의 연구는 특별히, 혁신적이거나 시간이나 예산이 많이 요구되는 연구영역에 초점을 두고 있다**. 그리고 그들의 연구 스펙트럼(research spectrum)은 계속 진화하고 있다. 그들의 연구영역이 대학에서 폭넓게 연구되기 시작하면 그때에는 연구소(MPI)를 폐지하며, 항상 영향력이 있거나 선견지명이 있는 과학자가 과학적 문제에 해답을 찾도록 하기 위해 새 연구소(MPI)를 설립한다. 이러한 지속적 갱신을 통해 MPG는 과학발전의 선구자가 되는 신속한 대응이 가능하다.

MPG의 미션은 다음과 같이 대학과의 역할분담에 초점을 두고 있다[20. p. 47];

- 대학이 담당하기에 적절하지 않거나, 대학이 연구수행에 필요한 인력과 장비를 충분히 보유하지 못하는 새롭고 혁신적인 학제 간 연구분야를 담당함.
- MPG의 연구는 대학 및 여타 연구조직의 역할을 보완함.
- 일부 분야에서 MPI들은 중요한 역할을 직접 담당하며, MPI들은 진행 중인 다른 연구들을 보완함.
- MPI들은 과학자들에게 장비와 설비를 제공함으로써 대학의 연구를 위한 서비스 기능을 수행함.

MPG의 수입구조[46. p. 37]

(단위: million EUR)

수입 항목		2021년		2020년	
기관 보조금 (Subsidies from institutional funding)		1,969.5	76.7%	1,924.1	75.6%
	기본예산(Basic funding)	(1,954.3)	(76.1%)	(1,892.9)	(74.3%)
	특별예산(Partial/special funding)	(15.2)	(0.6%)	(31.2)	(1.2%)
프로젝트 펀딩 (Subsidies from project funds)		276.0	10.8%	302.8	11.9%
자체수입 (Own revenues and other income)		111.7	4.4%	110.8	4.5%
기타		206.6	8.1%	208.6	8.2%
TOTAL		2,563.8	100.0%	2,546.3	100.0%

Harnack principle은, MPG의 전신으로서 1911년 창립된 Kaiser Wilhelm Society의 초대 총재를 맡았던 Adolph von Harnack이 주창한 '연구의 자유'의 개념으로서 오늘날까지 100년 이상 독일 연구기관의 기본 이념으로 살아있다.

MPG는 2021년 기준으로 20,898명의 직원이 있으며 그중 6,745명이 과학자이다. 즉 과학자가 32.3%이다. 그 외, 2,533명의 방문과학자가 머무르고 있다. MPG의 예산은 2021년에 2,564 백만 유로였으며, 80%는 공적 영역에서 오며, 나머지는 EU 자금, 민간 및 자체수입이다. MPG는 독일의 국가전체 연구개발투자의 2%를 사용하고 있다. **MPG 예산의 75%를 차지하는 기본 예산은 연방정부와 주정부가 50:50으로 부담을 원칙으로 한다.**

MPG의 프로젝트 펀딩을 살펴보면, EU의 과제공모 참여, DFG의 과제공모 참여, 기업과제 수주가 있는데, 2021년도 MPG 프로젝트 펀딩(총 276.0백만 유로)의 내용은;

○ 연방정부 및 주정부: 70.6백만 유로

○ EU 과제 수주: 87.5백만 유로

○ DGF(독일 연구재단): 68.3백만 유로

○ 기타: 49.6백만 유로

■ MPG의 조직체계

MPG(연구회)는 86개의 MPI(연구소)로 구성되며, 각 MPI는 여러 개의 department와 research group으로 구성된다. MPG 전체적 의사결정체계로는 총재가 주재하는 총회, 평의원회, 중역회의가 있으며, 과학자들 중 과학위원으로 승격된 과학자들로 구성된 과학위원회가 있다.

■ MPG의 조직체계[54. p. 36]

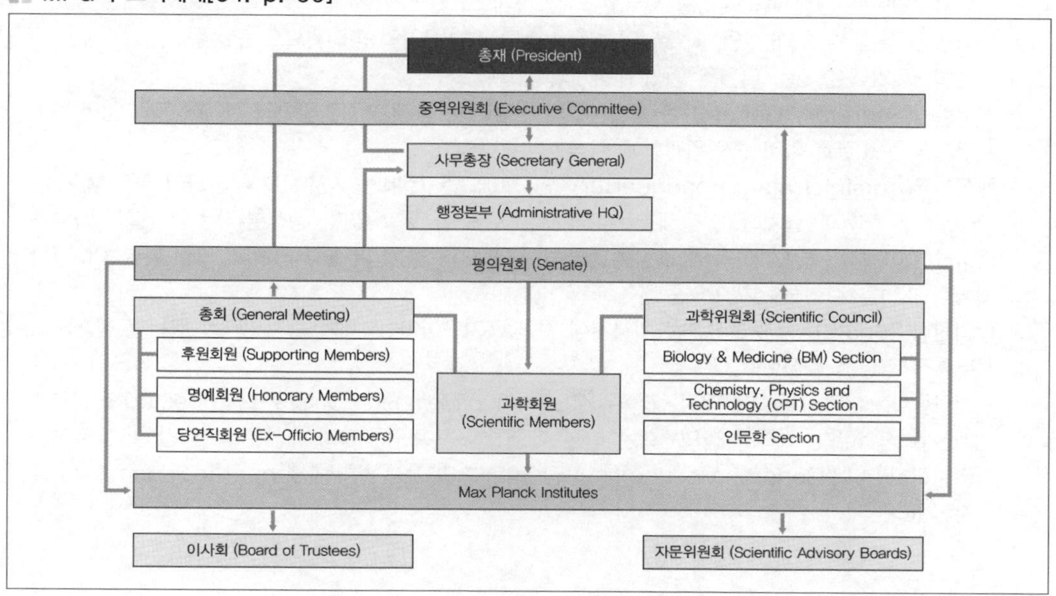

과학위원회는 그 내부적으로 3개 섹션으로 구분하는데, 86개 MPI가 나뉘어 각 섹션에 소속을 둔다. **연구소(MPI)는 법적 능력(legal capacity)이 없으나, 이사회(Board of Trustees)와 정관(Statutes)을 가진다**. MPI에 대한 평가를 담당하는 자문위원회도 연구소(MPI)별로 구성한다.

MPG의 조직[54. p. 36]

○ 이사회(Boards of Trustees): 이사회는 연구소(MPI)별로 구성되며, 주요 역할은 MPI와 대중 사이의 신뢰를 형성하는 것이다. MPI는 연구기회를 획득하기 위해 이사의 관심(interest)을 필요로 하고 지속적인 연구지원을 받기 위해 이사의 의지에 의존해야 한다.

- 이사회는 MPI의 과학정책 · 경제 · 조직적 문제를 심도있게 심사한다. 그리고 이사회는 MPI의 업무에 관심을 가지는 집단과의 접촉을 용이하게 한다.

○ 총재(President): MPG를 대표하며 연구정책 가이드라인을 결정하고 평의원회 · 중역위원회 · 총회의 의장을 맡아 주재한다. 시급한 사안의 경우 평의원회 · 중역위원회 · 총회의 권한을 대신 행사할 수 있는 권한을 가진다. 그는 MPG가 신뢰의 자세(spirit of trust)로 일한다는 것을 보장해야 한다. 총재는 6년 임기로 평의원회가 선출한다.

○ 자문위원회(Scientific Advisory Board)는 MPG에서 각 MPI의 실적을 평가하는 주요 수단이다. 평가는 매 2년마다 실시한다. 이러한 평가는 의무적이다. 왜냐하면, 평가는 MPG에 연구비를 지원하는 것을 정당화하기 때문이다. 내부적으로는, 평가는 연구소에서 개발한 정보를 사회에 제공하기 때문에, MPG의 의사결정기반을 넓혀준다.

- 자문위원회는 외부평가를 실시한다. 자문위원회 위원은 97% 이상이 MPG 소속이 아니며 대학 혹은 타 연구시설 소속이고, 75%는 외국인이다.

○ 중역위원회(Executive Committee)는 MPG의 주요 의사결정기구이며 총재를 보좌한다.

- 중역위원회는 전체 예산계획을 세우고 연간 회계보고를 작성한다.
- 위원은 총재, 부총재[4] 4인, 재무담당자(Treasurer)와 2인의 평의원으로 구성된다.
- 평의원회가 선출하는 위원은 임기 6년이다.

○ 사무총장(Secretary General)은 행정본부의 수장이며, 총재가 평의원회의 결의에 따라 임명한다. 사무총장은 표결권 없이 중역위원회에 참석한다.

○ 행정본부(Administrative Headquarter): 연구소와 연구설비를 지원하고 자문하기 위해 MPG는 행정본부를 뮌헨에 설치하고, 총재 및 부총재의 사무실을 두고 있다. 행정본부는 의사결정 내용을 준비하여 이행하도록 MPG의 각 조직을 지원하며 MPG의 일상업무를 처리한다. 또한 본부는 MPI가 행정적 과업을 수행하도록 도와준다.

○ 평의원회(Senate)는 MPG의 핵심의사결정 및 감독기구이며, 총재와 중역위원회 위원을 선출하고 사무총장 임명을 결정한다.

- 평의원회는 MPI의 신설과 폐지 · 과학위원(Scientific Members) 및 MPI 소장(director)의 임명 · 예산을 심의한다. 그리고 평의원회는 다른 기관에의 참여 · MPG의 예산결정 · 연간 회계 결산을 의결하고 총회(General Meeting)에 상정한다. 그리고 후원회원(Supporting Members)을 승인한다.

4 MPG에서 4명의 부총재는 3개의 각 Section의 장(Chairpersons)과 총괄부총재이다.

- 내규상, 평의원회는 총회에 상정하지 않는 안건을 처리할 수 있다. 평의원회의 구성은 MPG의 중요한 영역을 대표하는 경험과 지식이 포함되도록 해야 한다. 이런 이유로 평의원회는 과학 · 산업 · 정치 · 언론과 같은 다양한 배경의 인사로 구성되어야 한다.
- 평의원회의 당연직 위원으로는 총재 · 과학자협의회(Scientific Council)의장 · 3개 Sections의 각 의장, 사무총장, 각 Section이 선택한 scientific staff members 3인, 노조위원장 그리고 연방정부와 주정부를 대표하는 5인의 장관 혹은 차관이다.
- 명예회원과 명예평의원도 평의원회 위원이 될 수 있으나 표결권은 없다.
- 독일 대형연구기관의 총재(President)들은 상임 내빈(Standing guests)으로써 회의에 초청받는다.

○ 총회(General Meeting)는 MPG의 모든 멤버가 참여하며, MPG의 본질적 결정기구로서, 총회에서 내규를 개정 · 평의원 선출 · 연례보고서 심의 · 연간 회계보고의 감독 및 승인 그리고 「Board of the MPG」을 해산할 권한을 가진다.

○ 과학위원(Scientific Members, SM)은 연구소의 과학위원(주로, director) · 은퇴한 과학위원 · 연구소의 외부 과학위원들로 구성된다. 평의원회가 과학위원을 임명한다.

○ 과학위원회(Scientific Council)는 과학위원과 산하연구소의 Director로 구성된다. 그리고 각 Section에서 선출된 scientific staff members도 포함된다.
- 과학위원회는 3개 Section(Biology & Medicine Section, Chemistry · Physics & Technology section, Humanities & Social Sciences Section)을 두고 MPI는 Section 중 하나에 소속을 둔다. 그리고 과학위원회는 Section에 공통의 이익을 위한 문제, 특히, MPG의 발전을 위해 중요하다고 판단되는 것을 논의한다.
- 과학위원회는 이러한 문제들을 평의원회에 상정하고 Section에게 권고한다.

○ 3개의 Sections: 과학위원회의 각 Sections은 MPG의 중요한 과업을 담당한다. 그들은 공통의 관심사를 논의하고, 신규 과학위원 임명과 조직변경(MPI 또는 departments의 신설 · 폐지)에 대한 평의원회의 결정에 전문적 권고를 준비한다. 이러한 목적을 위해 Section은 외부 전문가도 참여할 수 있는 위원회(commissions)를 둔다. Section은 매년 자신의 활동을 과학위원회에 보고한다.
- MPI의 과학위원과 3년 임기로 Section이 선정한 과학스태프(scientific staff members)가 각각의 Section을 운영한다. Section의 위원 자격은 연구분야에 따라 다르다. 어떤 경우는, 과학자나 연구자가 다른 Section의 granted guest member로 위촉될 수도 있다. 그들은 표결권을 가질 수도 그렇지 않을 수도 있다.

○ Max Planck Institutes(MPI): MPG 산하 연구소로서 독립성과 경영의 자율성을 가진다.

MPG의 조직운영에서 주목할 부분은 다음과 같다.

○ MPG의 기본예산(인건비, 경상운영비, MPI별 예산, 전략혁신자금, 장비비)은 **블록펀딩**으로 지급되고 있다. 그리고 연구소(MPI)별 예산배분은 계약에 따르되 연구계획과 성과평가의 결과를 참고한다.
- 여기에 전문성이 보장되어야 하므로 과학위원회(Scientific Council)가 필요한 것이고, 그 구성원(Scientific Member, SM)은 탁월한 전문성과 주인의식을 가진다.

- MPI별 연구성과의 평가는 국제적 전문평가단(Scientific Advisory Board)에게 의뢰함으로써, 연구회(MPG) 및 연구소(MPI) 운영에 대한 사회적 신뢰를 얻고 있다.

○ 임기 6년의 총재(President)는 총회, 평의원회, 중역위원회의 의장이 되어 주재한다.
  - 총재는 과학위원(Scientific Member)과 연구소장을 임명하되 관련 섹션(Section)의 의견을 듣고 평의원회(Senate)의 심의를 거친다.
  - 총재는 중재자(mediators)와 중재위원회(mediation committees)를 임명한다.
  - 총재는 MPG 기본예산 내에서 **<u>전략혁신자금(Strategic Innovation Fund)</u>**을 가지며, 연구소장 또는 그룹리더가 신청한 연구과제를 총재의 재량으로 지원할 수 있다.

○ 과학위원(Scientific Member)은 탁월성 기준으로 임용하고 정년을 보장하며, 그들이 여러 위원회에 참석하여 연구소(MPI)와 연구회(MPG)를 이끌고 가도록 하는 의사결정체계가 구축되어 있다. 즉 연구소를 이끌고 가는 '**<u>주인그룹</u>**'을 형성하고 있다.
  - 모든 Scientific Member가 참여하는 총회는 주요사항(평의원 선출, 정관 개정, 예산계획과 결산 심사, 연구소 해산)을 결정하고 나머지는 평의원회에 위임한다.

○ 평의원회(Senate)는 **<u>총재와 30명 정도의 평의원으로 구성</u>**하며, 연구소의 주요사안(총재 및 중역 선출, 내규 제정, 연구부서 신설·폐지, 부서장 임면, 예산 결정, 총회상정 안건심사)을 심의·의결하는 중심기관이다.
  - 평의원회는 주요사안을 심의·의결하기 위해 소위원회를 운영한다.

○ 이사회는 연구소의 사회적 역할과 예산사용에 대한 당위성을 심사한다.

※ 연구소는 '연구'가 수단이며 목적이 아니다. 연구소는 연구를 통해 '지식'이나 '사회적 가치'를 창출하는 것이 목적이다. 논문 · 특허 · 기술이전은 부산물이다. 여기서 '사회적 가치'란 사회적 문제의 해결, 산업경쟁력의 제고, 사회적 신뢰 등이 포함될 수 있다.

■ MPG의 블록펀딩

결국 **<u>국책(연)의 자율성</u>**이란 예산사용의 자유(곧 블록펀딩)가 그 출발점이다. MPG의 블록펀딩은 어떻게 부여되는지 그 과정을 살펴보자[56. p. 20].

① MPG 예산실에서 예산소요 파악: MPI예산, 시설·장비 등

② 총재 및 사무총장(Secretaries General)에게 보고하고 평의원회에 제출

③ 평의원회의 승인 후, 사무총장이 GWK에 상정하고 예산 설명

※ GWK(공동학문 컨퍼런스)는 연방과 주정부의 공동연구기금을 조성하는 협의체이다. 그 공동연구기금은 대학 이외의 과학연구기관 및 프로젝트, 대학에서의 연구 프로젝트, 대규모 장비를 포함한 연구용 건물에 투자된다.

④ GWK는 심의한 결과를 연방교육부에 제출

⑤ 연방교육부는 의회에 제출: 나중에 예산은 연방정부와 주정부가 50 : 50으로 분담

MPG의 정부예산은 MPI와 계약된 연구비가 핵심을 이룬다. 그 외, 시설 및 장비비, 전략혁신자금(Strategic Innovation Fund)도 정부예산으로 뒷받침된다. 프로젝트 펀딩으로 운영되는 프로젝트에는 SM이 PI가 되고 비정규직이 많이 참여한다. 전략혁신자금으로 운영하는 '**전략 프로그램(Strategic Program)**'은 MPG가 자율적으로 운영하는 연구사업으로서 여기에 과제를 신청할 수 있는 사람은 아래와 같다.

○ MPI 내에 자신의 독립적 Department를 가진 연구소장
○ Department에 속하지 않은 독립적 연구그룹 리더
○ 그 외, MPG 소속 과학위원(SM)

■ MPG의 평가[54. p. 39 - 49]

MPG가 세계적 기초연구기관으로서 위상을 가질 수 있었던 것은, 다음 세 가지 이유라고 MPG 총재는 말하고 있다[57].

○ 세계 최고의 엘리트 과학자(MPI 소장, 과학위원, 연구그룹 리더)를 모은다.
○ 연구자는 연구주제를 스스로 결정하며, 연구활동에 최적의 조건을 갖출 수 있다.
○ 세계최고 수준의 전문적인 평가를 받는다.

MPG가 지도자급 연구자(MPI 소장, 과학위원)에게 절대적 자율권을 부여하며 은퇴할 때까지 연구할 수 있게 하는 것은 'Harnack principle'을 기관운영의 기본이념으로 삼고 있기 때문이다. 그리고 MPG의 **탁월한 과학자들을 평가할 수 있는 사람은 동일한 분야에서 동등 이상의 전문성을 가진 동료 전문가들만이 가능**하다고 확신하고 있다. 그리하여 MPG는 세계최고 수준의 과학자를 선발하기 위해 그리고 그들의 연구성과를 평가하기 위해, MPG 밖에 있는 세계 최고의 과학자들의 조언을 구한다. MPG의 평가시스템을 자세히 파악해 보자.

〈Max Planck Research Groups(MPRG)의 설치〉

MPG의 MPRG(Max Planck Research Groups, 과거에 **Independent Junior Research Group**) 제도는 MPI가 재능 있는 **젊은 과학자(young scientists)**들을 한시적으로 선발하여 지원하는 것을 목적으로 한다. 1994년 MPG 평의원회에서 의결되고 2009년에 수정된 「MPRG 규정」에 따라 MPRG의 설치는 아래의 절차를 따라야 한다.

① MPI는 MPRG의 설립 신청서를 총재에게 제출할 수 있다. 이 신청서는 평의원회(Senate)의 승인을 받아야 한다.

② MPI는 MPRG의 리더를 선발한다는 **국제공고**(international advertisement)를 낸다.

③ MPI의 간부회의(Board of Directors)는 신청자를 서류심사하고 적임자를 추천한다.

④ MPG 총재가 소집한 위원회(commission)의 심사·추천으로 총재가 임명한다.

- MPRG의 리더로 임명되기 위해서는 연구를 자율적으로 추진할 수 있는 능력을 입증해야 하며, 연구내용은 MPG의 업무범위와 일치해야 한다.
- 위원회는 추천할 때, MPI의 간부회의(Board of Directors)와 합의한다.

⑤ MPRG의 리더로 임명된 과학자는 **MPI와 계약을 체결**한다.

○ 임명된 MPRG의 리더는 단일(5년) 또는 복수(5년 씩)의 기간 동안 계약하며, 자신만의 연구그룹(이것이 'MPRG'이다)을 구축할 수 있다.

- MPRG의 직원 및 장비에 대한 자금은 MPI와 MPRG의 리더가 체결한 고용계약(employment contract)에 명시된다. MPI의 Managing Director는 MPRG의 리더의 결정에 따라 그룹의 직원(staff)을 고용하거나 해고한다.
- MPRG는 MPI의 규정에 따라 MPI에서 공통의 시설을 공유한다.
- **MPRG은 5년의 제한된 기간 동안 설립**된다. 총재는 과학적 기준과 노동법을 고려하여 MPRG의 리더의 계약을 최초 5년의 자금지원 기간을 초과하여 개별적으로 연장할 수 있다.

○ MPRG의 **리더는 연구과제의 범위 내에서 독립적으로 연구를 추진하며 과학활동의 선정, 승계 및 수행에 관한 어떠한 제약도 받지 않는다**.

- MPRG의 리더는 자신의 그룹에 대한 연간 예산 추정치를 작성하여, MPI의 Managing Director에게 제출하고, 그는 이를 MPG의 행정본부로 전달한다. MPRG의 리더는 승인된 예산 내에서 지출을 결정한다. 다만, 그룹의 예산으로 충당되지 않는 재정약속을 할 수 있는 권한이 없으며, 연구회, 연구소 또는 그룹에게 부과되는 대출이나 계약을 체결하거나 부동산에 관한 처분을 할 수 있는 권한이 없고, 법정에서 연구회, 연구소, 그룹을 대표할 수 있는 권한이 없다.
- MPI의 내규에는 연구 프로젝트를 논의하기 위해 과학자가 참석하는 정기 institute conferences에 MPRG의 리더도 참석할 수 있다.
- MPRG의 리더는 MPI의 행정을 활용하여 행정업무를 수행할 수 있다.

〈Scientific Members(SM)의 임명〉

MPG의 연구활동을 이끌고 가는 사람은 Scientific Members(SM)이다. SM는 각 MPI에서 임명되고 MPI에 소속을 두는데, 연구성과가 탁월한 과학자 중에서 MPI소장(Director)의 제안으로 평의원회(Senate)의 의결을 거쳐 총재가 임명한다. SM은 정년이 보장되며, 정년까지 하고싶은 연구를 수행할 수 있다. SM은 정년에 도달되면 명예과학위원(Emeritus Scientific Members)이 된다.

새로운 SM을 임명하기 전에 시행하는 고도의 평가는, 인력(personnel)·연구내용·가능한 선택에 대해 극도로 강도 높은 심사를 요구한다. 이것은 MPG가 상당한 신뢰를 SM에게 장기적으로 보장하기 위해서이다. **한번 임명되면, 각 SM는 연구주제와 연구성격을 스스로 결정하고, 이상적인 조건하에서 프로젝트를 연장할 수도 있는 자유를 가지게 된다**. 이러한 사전평가의 심층 과정은 MPG의 임명정책(appointment policy)의 핵심이며 MPI의 연구방향 및 설립을 결정한다. 이러한 절차는 매우 자세하고 광범위하다. 임명절차의 책임은 일차적으로 MPG의 SM들에게 있다. 동시에 과학자 집단(scientific community)의 의견과 평가 역시 중요한 역할을 한다. SM이 은퇴하기 4년 전에, MPI는 관련 department가 담당할 미래 연구의 개념을 발표하고, 가능하면 잠재적 후계자를 제안할 것을 요청받는다. SM의 임명의 자세한 절차를 보자.

① MPI소장(Director or Head of an Institute)이 특정 과학자를 SM으로 임명하고자 한다는 신청서를 제출한다.

② MPG Scientific Council 내부의 해당 Section이 지명/임명 위원회(nomination or appointment committee)를 구성한다. 이 위원회는 SM들과 외부 전문가들로 구성된다. 그러나 자문위원회 위원들과 Director 자신은 임명절차에 참여하지 않는다.

③ 임명 위원회는 임명에 관한 과학적 구상과 특정 연구분야의 장기전망을 심사하고, 이 분야가 가지고 있는 특성이 MPI의 연구분야로 적합한지를 고려한다. 이 위원회의 추천안에는 예비후보의 평가와 연구구상(research concept) 및 요구되는 자원(required resources)의 내용을 포함해야 한다.

④ 예비후보에 대해, 국제적으로 저명한 과학자들의 **서면 추천서를 최대 15개** 받는다.

⑤ 이 위원회의 평가 및 추천서에서 의심이 없을 때, 비로소 해당 Section에서 온 SM들에 의한 심도있는 논의가 진행된다. 평가 중, 혹은 Section 심의 중에 후보자에 결격사유가 발견되면 (해당 후보자를 탈락시키고) 새로운 탐색이 권장되며, 목록은 작성되지 않는다. Section의 의견에 반하는 임명은 추천하지 않는다.

⑥ Section에서 긍정적 결론에 도달되면, 추천서가 총재에게 제출되고, MPI와 후보자와의 협상이 시작된다.

⑦ Senate(평의원회)가 계약서에 대해 승인하면, 총재에 의한 임명이 이뤄진다.

〈Max Planck Institute(MPI)의 설치〉

MPI는 몇 개의 department와 MPRG으로 구성된다. MPI의 개별 department와 전체 institute가 자신의 과업을 완수하고 나면, 폐지되거나 방향이 재설정될 필요가 있다. 이것은 **그들이 수행하던 연구주제를, 대학 또는 다른 연구기관에서 성공적으로 완료했을 경우**일 수도 있다. department와 institute를 폐지함으로써, 자원이 새로운 분야 혹은 전혀 다른 연구분야로 재분배될 수 있다. MPI의 설립에는 상당한 재정과 장기적 투자가 수반되므로, 특별히 주의 깊고 자세한 사전평가가 요구된다. Harnack principle에 따라, 새로운 MPI의 구상과 관련된 논의는 scientific departments를 이끌 잠재적 후보자들의 토론과 병행해야 한다.

성공적으로 사전평가를 마치면 총재의 관리하에 전략혁신자금(Strategic Innovation Fund)으로부터 재정지원을 받는다.

〈MPG의 자문위원회(Scientific Advisory Board)의 구성〉

MPG의 자문위원회(Scientific Advisory Board)는 MPI에 대한 **항구적 평가기관**으로 1970년대에 설립되었다. Senate(평의원회) 결의안에 따라, MPG의 모든 연구소가 이 위원회를 설치하는 것이 의무화되었다. 자문위원회는 MPI의 조직체계를 추천하고, MPI의 여러 departments 간의 자원분배를 권고하며, MPI 활동에 무슨 변화가 요구되는지를 조언한다. 결과적으로 **자문위원회는 MPG 내에서 현재 수행되고 있는 연구활동이 세계적으로 높은 수준인지 아닌지를 확인할 목적으로 자문하고 평가한다**.

MPG는 현재 전 세계의 주요 대학과 연구소 출신 **830명의 자문위원**을 보유하고 있다. 그들 중에는, 3개 Section 모두에, 노벨상 수상자도 있다. 매년 최대 30회의 자문위원회 현장점검 방문에 300명 이상의 전문가가 참여한다.

자문위원의 선출은 해당 분야의 부총재가 추천한 인물을 기초해서 **총재가 위촉한다**. 이를 위해, 부총재는 적임자를 물색하거나 MPI로부터 해당 분야에서 최고로 정통한 전문가를 제안받는다. 부총재는 추천목록을 작성하여 총재에게 보고한다. 자문위원회 위원을 선발할 때, 협력관계·공동발표·사제관계와 같이 **이해의 충돌(conflicts of interest)**이 발생하는 경우를 세심히 고려한다. 고도로 전문화된 분야에서는 국제적으로 탁월한 전문가가 적고, 그들 간에 긴밀한 관계(사제, 동료)인 경우가 많기 때문이다.

자문위원은 최고 6년 임기 내에서 위촉된다. **매 3년마다 일부 위원을 교체하기 위한 새로운 위촉이 있다**. 이러한 교체를 바탕으로 자문위원회의는 기존 구성원과 새로운 구성원이 모두 참여하는 형태를 갖는다.

〈MPI의 존속여부 평가〉

MPI의 존속여부 평가(continuous evaluation)는 **2년 간의 연구결과에 기초**해서 자문위원회(Scientific Advisory Boards)의 주도로 이행된다. 현장방문이 반드시 포함된다.

① MPI가 **상황보고서(status report)**를 작성하여 자문위원회에 제출한다. 자문위원회가 현장방문에서 깊이 있는 논의가 모든 면에서 이루어질 수 있게 하기 위한 것이다.
  - 상황보고서에는 새로 시작한 연구활동(new research initiatives), 다른 기관과의 협동작업, 현재까지의 발표물(current publications) 등이 설명된다.
  - 상황보고서는 인력배치(personnel deployments) · 예산(budget) · 제3자로부터의 자금획득(acquisition of third-party funding)과 같은 정보를 포함해야 한다.
  - 또한 보고서는 연구자의 출판물에 대한 분석과 소속기관의 국제적 위상에 관한 내용이 포함된다.

② 자문위원회는 **2~3일 간의 현장방문** 동안, 상황보고서 파악, 현장발표, SM · MPRG Leaders 및 신진과학자들과 토론하여, MPI의 역량에 관한 상세한 내용을 파악한다.
  - 현장방문에서 자문위원 이외의 참석자는 오직 총재와/또는 권한을 가진 부총재, 그리고 (간헐적으로) 행정본부의 각 기관 연락 담당자뿐이다.
  - 총재는 자문위원회 위원 중 한 명을 의장(chairperson)으로 임명한다.

③ 자문위원회의 현장방문단의 의장은 위원들의 결과 · 평가 · 조언 · 권고 등을 바탕으로 **상세한 보고서를 작성**하며, 요약문을 작성하여 총재에게 문서로 보고한다. 그런 다음 의장은 자신의 논평과 함께 보고서를 연구소(MPI)에 전달하고, 연구소가 이에 응답하도록 요청한다.
  - MPI는 평가결과 · 권고안 · 잠정적 조치를 관계자에게 통보하고 그들의 견해를 제시하게 하는 것은 모든 참여자에게 절차의 투명성을 보장해 준다.
  - 연구소의 지향점은 향후 총재가 가져야 할 전략적 단계에서 고려된다.

○ 자문위원회가 하는 업무는 「자문위원회를 위한 규칙(Rules for Scientific Advisory Boards)」에 상세히 기재되어 있다.

〈확대평가(extended evaluation)〉

MPG의 전략계획(strategic planning)은 개별 MPI를 넘어서는 더 높은 통찰력을 요구한다. 모든 MPI들은 연구분야(research fields)로 그루핑되며, '**확대평가(extended evaluation)**'라는 절차를 통해 각 그룹 내부에서 서로서로 비교되고, 국내적 · 국제적 맥락에서 분석된다. **확대평가의 목표는 연구소 간의 시너지 효과를 이끌어내고, 공통의 문제점(common problems) 또는 불필요한**

중복(undesired duplications)을 찾아내는 것이다. 이러한 확대평가는 연구분야의 지속적 발전에 대한 개략적 권고(synoptic recommendation)를 지원하는 데 필수적이다. **이 평가에 쓰이는 기준은 과학적 성과물, 자원의 효율적인 배분, 연구소의 중장기적 미래전망이다**.

■ MPG에서 얻는 시사점[54. p. 50]

MPG의 연구영역은 NST(국가과학기술연구회)와 다르다. 그렇지만 MPG의 조직운영의 모습에서 NST가 참고할 몇 가지 메시지가 있다.

○ MPG의 주요안건은 MPI에 소속된 SM(Scientific Member)이 주도하여 결정한다. 반면, NST의 주요안건은 출연(연)의 중진 연구자들과 상관없이 결정된다. 우리 출연(연)에는 아직도 tenure(정년보장)제도가 없으며, 내부 구성원(중진 연구자)이 **출연(연)의 주인역할을 할 수 없는 구조**이다. 우리 출연(연) 연구원들은 개별적으로 노력해서 연구과제를 수주하고 수행하면서, 매 3년마다 재임용평가를 받고 있다. 모두들 개별적으로 연구과제를 수행하니 '큰 작품'이 없다. 대학과는 달리, 출연(연)은 미션연구와 아젠다 프로젝트에서 국가 전체적 연구역량을 동원하여 '큼직한 연구성과'를 내어야 한다.

○ **MPG에서는 총재는 지휘권자가 아니라 의견수렴자이다**. 총재는 주요 위원회(총회, 평의원회, 중역위원회)의 위원장을 맡으며, 모든 사안은 규정된 SOP 절차에 따라 결정된다. 결정된 내용은 MPG 행정본부의 **사무총장(Secretaries General)이 수행한다**. 이렇게 되면, **총재는 일반 행정문제(계약문제, 노동문제, 회계문제)를 고민할 필요가 없다**. 기관장은 오직 연구활동파악, 예산배분, 자문위원회 청취, 우수 연구자 격려에만 집중할 수 있다.

○ MPG에서는 연구회 및 연구소의 **주요사항을 Senate(평의원회)에서 결정**하고 있다. 총재, 과학위원회 위원장, 3개 Sections 장 등 30명 규모의 평의원으로 구성된 Senate는 MPI의 신설과 폐지·Scientific Members 및 MPI director의 임명·예산을 심의한다. 평의원의 임기는 6년이다. 우리는 평의원회가 없으며, 출연(연)기관장이 결정하는 일은 소소한 행정문제(임용, 인사, 계약, 구매, 지출허가 등)에 국한된다. 연구업무는 대부분 계약에 따를 뿐이다(기관장의 재량권이 별로 없다).

○ MPG의 총재는 **전략혁신자금(Strategic Innovation Fund)**을 보유하므로, 새로운 MPI에게 일시적 연구비를 지원하거나 우수 연구자의 유치에 지출할 수 있다. 그러나 우리 연구회(NST)의 연구비 지출방식은 과제 차원이다. NST 이사장이 특정 출연(연)이나 특정 연구자에게 연구비를 재량껏 지급하기 어렵다.

○ 그 외, 독일 MPG와 우리나라 NST의 차이는 ① 기관장의 임기(6년/3년) ② 연구자의 안정성(우리는 tenure 없이 매 3년 재계약) ③ PBS, ④ 주인의식에서 차이가 크다.

MPG는 평가의 객관성을 제고하기 위해 국제평가를 선택하고 있다. 우리도 2009년에 기초기술연구회에서 출연(연)에 대한 국제진단을 실시하였고, 2010년 산업기술연구회를 ADL이 평가하였지만 일회성으로 끝났다.

☞ 우리는 어렵게 국제평가를 하였지만 그 결과(지적, 권고사항)가 정책으로 반영되지 않는다는 점에 주목해야 한다. 이렇게 **평가결과가 환류(feedback)되지 않는다**면, 출연(연)은 발전할 수 없다. 더 큰 문제는, **우리는 정부가 출연(연)에 미션연구와 아젠다 프로젝트를 쉽게 주지 못한다**는 사실이다. 따라서 출연(연)의 평가에 논문, 특허가 주요항목이 된다.

국책(연)의 자율성은 대학의 자율성과 다소 다르다. 대학의 자치 운영은 역사적 산물이지만, 국책(연)의 책무는 법규로 규정된다. 국책(연)이 가지는 책무는 다음과 같다.

○ 미션연구가 효율적으로 수행되고 있음을 국민 앞에 스스로 입증해야 한다.
 - 이를 위해, 객관적이고 전문적인 평가시스템으로 보유해야 한다.
○ 공공적 자산(예산, 인적 자산, 시설)이 잘 관리되고 있음을 입증해야 한다.
 - 회계관리가 엄격해야 하며, 연구시설의 활용도를 높여야 한다.
 - 인적자산은 계속 발전(우수인력 유치, 기존인력 개발)하고 있음을 입증해야 한다.
 - 연구자(공적 자산에 속함)들에게 정기적으로 만족도, 불편사항을 조사해야 한다.
○ 연구자 개개인이 윤리적으로 활동하고 있음을 공개적으로 입증해야 한다.
 - 엄격한 연구윤리(보안·연구실안전 포함)규범과 윤리관리체계를 구축해야 한다.
○ 예산사용, 인력상황, 미션연구의 실적, 윤리사고 내역, 연구자들의 만족도 및 평가회의 지적을 포함하는 활동보고서를 매년(annual report) 발행해야 한다.

3 독일 FhG(프라운호프연구회)의 자율성 조직

■ FhG 개요

독일의 프라운호프연구회(Fraunhofer-Gesellschaft, FhG)는 세계최대의 응용·개발연구기관이다. 미래에 중요한 핵심기술(원천기술) 개발과 그 결과를 산업에 활용하는 데 중점을 두어 혁신 프로세스에서 중추적인 역할을 한다. 1949년에 설립되었으며, 현재 독일에 76개의 연구소와 연구시설을 운영하고 있는데, 2021년 기준으로 과학 또는 공학학위를 소지한 30,028명의 직원이 연간 29억 유로의 연구규모를 수행하고 있다.

FhG의 2021년도 사업규모는 2,915백만 유로인데, 그 내용은 다음과 같다.

○ 계약연구(정부·민간 포함)(Contract Research): 2,518백만 유로(86.3%)
○ 추가연구자금(장기연구용)(Additional Research Funding): 163백만 유로

○ 인프라 자금 지출(Major infrastructure capital expenditure): 234백만 유로

여기서 계약연구(2,518백만 유로)가 FhG의 핵심활동임을 알 수 있다. 계약연구자금의 세부 내용은 다음과 같다.

○ 기업체와의 계약연구(Research directly contracted by industry) : 723백만 유로
○ 공공계약 프로젝트(Publicly funded research projects): 1,015백만 유로
○ 기본예산의 연구비(research financed through base funding): 780백만 유로

기본예산(780백만 유로)은 독일 연방교육연구부(BMBF)와 주 정부에서 90 : 10의 비율로 제공된다. 그리고 공공계약 프로젝트(1,015백만 유로)는 FhG가 각 연방부처, 주정부 또는 EU와의 계약을 통한 프로젝트 수입인데, 2021년도 계약고는 다음과 같다.

○ BMBF(연방교육연구부): 258백만 유로(25.4%)
○ BMWK(연방경제산업부): 225백만 유로(22.1%)
○ 다른 연방부처: 71백만 유로
○ 주 정부: 236백만 유로
○ EU: 93백만 유로(23.3%)
○ 기타: 132백만 유로

☞ FhG는 기초연구보다는 응용 · 개발연구기관이다. **계약을 통해 여러 정부부처의 과제를 수행**하고 있음을 알 수 있다. 우리가 우리 출연(연)에 기대했던 것이 바로 이런 모습이라고 본다. 우리 출연(연)의 예산지급 방식은 어떻게 할 것인가? 어떻게 해야 출연(연)이 효과를 더 크게 낼 수 있는가? 연구해 봐야 한다. 정부가 일방적으로 결정할 문제가 아니다.

FhG의 직원 수는 2021년 말 기준 30,028명이다. 이 중 21,640명은 연구, 기술 또는 행정 직원(RTA 직원), 7,877명은 학생, 511명은 연수생이다. 직원 수는 매년 3% 정도 증가하고 있다.

FhG의 76개 연구소(Institutes)는 **9개 연구그룹**으로 그루핑되어 R&D 시장에서 함께 활동한다. 그리고 FhG의 연구개발정책, 기업정책, 자금조달 모델 등 내부 의사결정에 참여한다. 프라운호프의 9개 그룹은 다음과 같다.

○ Energy Technologies and Climate Protection
○ Health
○ ICT Group
○ Innovation Research
○ Light & Surfaces

○ Materials and Components
○ Microelectronics
○ Production
○ Resource Technologies and Bioeconomy

그리고 '프라운호프 국방 및 보안 그룹'이 별도로 있다. 각 그룹은 그룹장, 부그룹장을 선출하고, 회원 연구소의 소장으로 구성하는 운영위원회(steering committee)를 둔다. 그룹장과 부그룹장의 임기는 각각 3년이다. 1개 연구소가 2개 이상의 그룹에 참여할 수 있지만, 표결권은 1개 그룹에서만 행사할 수 있다.

FhG의 76개 연구소는 MPG의 86개 연구소와 마찬가지로 법적 지위(legal status)를 갖지 않는다. 그러나 **각 연구소별 이사회와 정관을 보유**한다. 연구소는 분소(branch institutes), 독립적 내부부서(independent and internal departments), 실무그룹(working groups) 및 프로젝트그룹(project groups)으로 세분할 수 있다. 연구소는 소장과 분소장 및 독립 부서의 장으로 경영진을 구성하고, 계약연구(contract research)과제를 수주하기 위하여 노력한다. 연구소의 중점 영역 및 해당 구성 기구(constituent bodies)에 의해 승인된 연구 및 확장계획(research and expansion plans)의 틀 내에서, 연구소의 경영진은 자체 과학 프로젝트를 자유롭게 조직할 수 있으며, 그 프로젝트에 대해 해당 연구소의 과학자의 선택, 순서 및 실행방식에 관한 어떠한 제한도 받지 않는다. 연구소장은 평의원회(Senate)의 심사를 거쳐 중역위원회(Executive Board)가 임명한다.

프라운호퍼연구회(FhG)는 **기본적으로 분산형 조직**이지만, 그 구조는 중앙에서 합의된 전략과 효과적인 중앙집중식 관리를 가능하게 한다. 다양한 구성기관과 위원회는 조직 전체에 걸쳐 조정, 협의 및 리더십을 가진다.

76개 연구소의 소장이 모두 모여 총재와 회합하기 어려우므로 9개 그룹으로 나누고 각 그룹장이 **총재단 회의(Presidential Council)**에 참여한다. 중역위원회(Executive Board)는 **'이사회(Boards of Trustees)를** 76개 연구소별로 설치하였다. 이사회는 과학, 산업, 비즈니스 및 공공 생활(public life)의 대표자로 구성되며 연구소장들(Directors of the Institutes)과 기관의 구성기구(constituent bodies)들에 대해 조언자 역할을 한다. 각 기구와 멤버의 구성, 역할 및 책임은 정관(Statute of the FhG)에 명시되어 있다.

■ FhG의 의사결정체계

프라운호프 연구회의 의사결정 구조

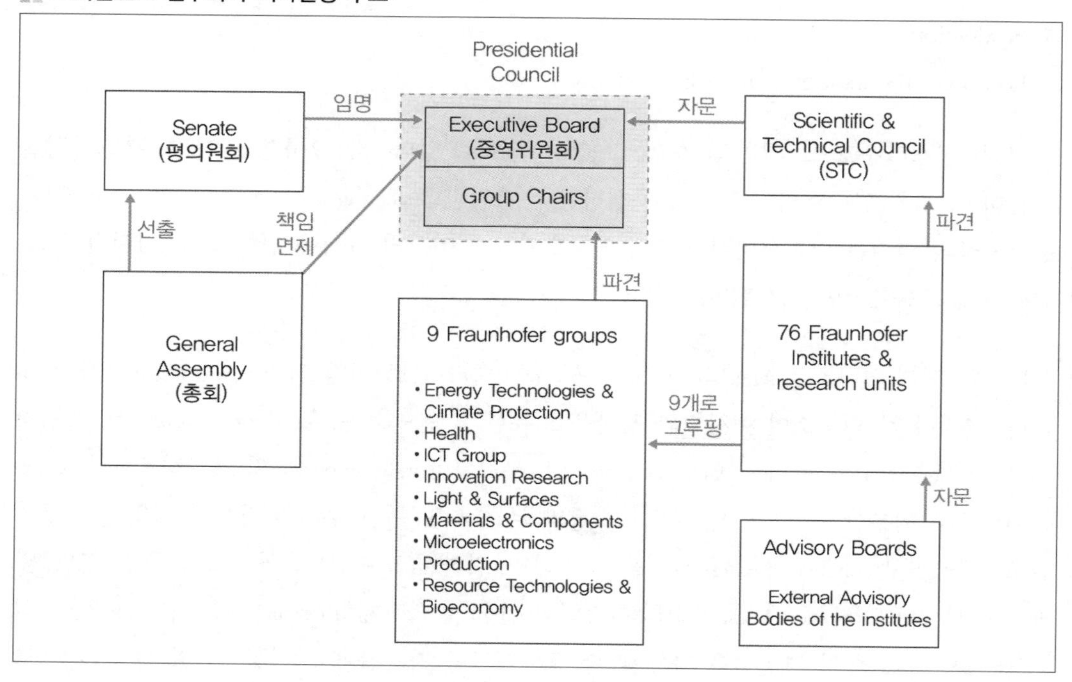

〈총회(General Assembly)〉

총회는 그 기관의 모든 회원들로 구성된다. 각 구성원은 한 표를 가진다. 정기총회(Ordinary General Assembly)는 연 1회 이상 개최하여야 한다. 임시총회(Extraordinary General Assembly)는 중역위원회, 평의원 또는 재적위원 4분의 1의 요청이 있는 경우 소집한다. 총회는 총재가 소집하고 주재한다. **총회는 정족수를 요구하지 않는다**. 다만, 정관 개정에 대한 모든 동의는 투표수의 3분의 2 이상이 찬성하여야 의결된다.

총회는 다음 사항을 결정한다.

○ 과학, 비즈니스, 산업 및 공공생활(public life) 분야의 대표, 기관(FhG)의 명예회원 및 평의원의 명예회원 중에서 평의원을 선출한다.
○ 중역위원회(Executive Board)가 (외부로) 제출할 연간 보고서를 승인한다.
○ 중역위원회가 제시한 결산보고서를 승인한다.
○ 정관의 개정 및 조직의 해산에 관한 의결안을 작성한다.

〈평의원회(Senate)〉

평의원회는 다음 각 호의 위원으로 구성한다.

○ 과학, 비즈니스, 산업 및 공공생활(public life) 분야에서 선출된 최대 18명의 위원
○ 정부부문 대표, 연방정부 대표 4명, 주 대표 3명
○ 과학기술위원회(Scientific and Technical Council)에서 선발된 3명

평의원회는 의장(Chairperson) 1명과 부의장(Deputy Chairperson) 2명을 평의원 중에서 선출하고, 최고 3년의 임기를 조건으로 의원으로의 임기 동안 직무를 수행한다. 재선(reelection)은 허용된다. 평의원회는 중역위원회, 과학기술위원회(Scientific and Technical Council)의 요청 또는 평의원회 의원 3분의 1 이상의 요청에 의하여 소집한다. 평의원회의 정족수는 **재적의원 과반수의 출석자**가 있어야 한다.

평의원회는 총재와 중역위원회의 다른 구성원을 선출하며, 재적 과반수의 투표로 의결한다. 평의원회는 다음 사항을 의결할 책임이 있다.

○ 기관의 과학 및 연구에 대한 기본정책, 연구활동 및 확장계획
○ 기관의 연구시설의 설치, 편입 또는 분사, 합병 및 해산
○ 임용규정 및 선거규정(Election Regulations)에 대한 제정 또는 개정
○ 연구소(Institute)의 일반규정(General Provisions)의 제정 또는 개정
○ 중장기 재무계획 및 예산결정
○ 총회에 제출할 연도별 결산서
○ FhG의 신규 회원 임용의 수락 및 기존 회원의 해임

다음 사항에 대해서는 평의원회의 승인이 필요하다.

○ 고용조건, 보수, 사회복리금 및 퇴직금 지급에 관한 일반규칙 또는 원칙
○ 계약연구 및 라이센싱 수수료 또는 로열티를 통해 얻은 수입의 활용에 관한 일반원칙
○ 기관에 배정되는 자금의 수용 및 활용에 관한 일반원칙 및 공적 출처에서 오지 않은 기관의 자체 재정자원에서 발생한 이익의 수용 및 활용에 관한 일반원칙
○ 평의원회에 의해 달리 결정되지 않은, 단체협약이 적용되지 않는 고용계약의 체결 또는 변경, 평의원회에 의해 정의된 일정액을 초과하는 수수료를 기준으로 한 보수계약의 체결
○ 각 기업의 총가치의 4분의 1을 초과하는 주식의 취득, 그러한 기업에 대한 투자나 주식의 증가 또는 그러한 주식의 완전 또는 부분적인 매각

○ 임용규정에 명시된 규정에 따라 연구소(Institute)의 경영진의 임면
○ 기관의 명예회원 선출 및 평의원회 명예회원의 선출

평의원회 의장은 프라운호퍼 그룹의 각 그룹장을 임명한다.

〈중역위원회(Executive Board)〉

중역위원회는 **총재 1명과 4명 이내의 다른 상근위원으로 구성**된다. 중역위원회의 두 명의 구성원은 자격을 갖춘 과학자 또는 엔지니어여야 한다. 위원 중 한 명은 비즈니스 관리실무(business management practices)에 경험이 풍부하고 조예가 깊어야 한다. 위원 중 한 명은 고위 공직자로서의 자격이 있어야 한다. 중역위원회 위원은 일반적으로 **5년의 임기**로 임명된다. 재임이 허용된다. 중역위원회는 본 규정에 달리 명시되지 않는 한, 기관의 사업활동을 관리하고 기관의 다른 모든 업무를 처리할 책임을 가진다. 중역위원회의 주요 업무는 다음을 포함한다.

○ 총재단회의(Presidential Council)에서 과학기술위원회(Scientific and Technical Council) 및 그룹장(Group Chairperson)과 협력하여 기관의 과학 및 연구정책의 기본전제를 설명하고, 연구, 확장 및 재정계획(research, expansion and financial plan)을 작성한다.
○ 기관의 연구소(Institutes) 및 작업그룹(Working Groups)을 감독하고 과학기술위원회(Scientific and Technical Council)와 협력하여 업무를 조정하고 촉진한다.
○ 미래지향적인 **인적자원 계획**(human resources planning) 및 정책을 시행하고, 직원의 교육 및 개발을 장려하며, 직원의 복지에 관한 기관의 의무 이행을 감독한다.
○ 기관의 내부 업무에서 신뢰와 협력의 환경을 유지한다.
○ 예산계획서 및 결산서를 작성한다.
○ 총회 및 평의원회에 상정할 안건을 준비하고, 이러한 의결안을 이행한다.
○ 연구소 정관(Statutes of the Institutes)에 따라 각 위원회 위원을 임명한다.

중역위원회는 기관의 대표성을 돕기 위해 프라운호퍼 그룹의 그룹장에게 직무를 할당할 수 있다. 또한 중역위원회는 임용규정에 따라 연구소(Institutes) 경영진의 임명 또는 해임에 참여해야 한다. 중역위원회는 적어도 연 1회 이상 총회, 평의원회 및 과학기술위원회에 기관에 관한 주요 쟁점을 다루는 보고서를 제출해야 한다.

〈총재(President)〉

총재는 총회, 중역위원회, 총재단회의의 의장이 되며, 기관의 사업운영을 위한 정책지침(policy guidelines)을 정의할 권한을 가진다. 총재의 추가 권리와 의무는 다음과 같다.

○ 내부 및 외부 모두에서 기관을 대표한다.
○ 중역위원회를 주재한다.
○ 총회를 주재한다.
○ 기관과 평의원회의 명예 회원들을 임명한다.

〈총재단 회의(Presidential Council)〉

총재단 회의는 중역위원회의 위원들과 프라운호퍼 그룹장들(9명)로 구성되며, 매분기마다 한 번씩 개회한다. 총재단 회의는 기관의 사업전략과 관련된 중역위원회 의사결정 과정에 참여해야 하며, 중역위원회의 의결사항을 이행하도록 지원해야 한다. 이와 관련하여, 총재단 회의는 제안과 권고를 할 권한이 있으며, 이러한 문제에 대해 자문받을 권한이 있다. 총재단 회의에 대표로 참석하는 프라운호퍼 그룹장 3분의 2 이상의 찬성으로 지지되는 제안, 권고 또는 선언에 반하는(conflict) 안건이 중역위원회에서 의결될 때에는 **만장일치로 통과**되어야 한다.

〈과학기술위원회(Scientific and Technical Council, STC)〉

과학기술위원회(STC)는 모든 연구소(Institutes)의 기관장(중역위원회가 임명)을 위원(76명)으로 구성한다. STC 위원은 연구소(Institutes)와 독립기구(independent establishments) 내에서만 선출되며 자신의 소속기관을 대표한다. 위원의 **임기는 4년**이며 재임이 허용된다.

과학기술위원회는 위원장 및 부위원장을 두며 상설위원회(standing committee)를 설치하고 이를 통해 그 직무를 수행한다. **상설위원회는 과학기술위원회 위원장, 부위원장 및 9명의 추가 위원으로 구성**한다. 과학기술위원회는 분과위원회(subcommittees)를 구성할 수 있다. 과학기술위원회 위원이 아닌 사람도 이 분과위원회에 위촉할 수 있다.

과학기술위원회는 과학적 또는 기술적 중요성의 근본적인 문제와 관련하여 기관의 다른 구성기구(constituent bodies)에 자문 및 지원을 제공해야 한다. 그 기능은 연구소의 연구활동의 조정과 연구소의 협력 증진을 위해 중역위원회를 지원하는 것이다. 그리고 과학기술위원회는 연구소(Institutes)의 경영진의 임명 및 해임에 참여해야 한다. 과학기술위원회는 다음 사항에 관한 권고를 할 수 있다.

○ 기관의 과학 및 연구정책의 기본원칙과 연구활동 및 확장계획
○ 과학 및 기술직원에 관한 인적자원계획 및 정책 그리고 직원의 교육 및 추가 연구
○ 기관의 연구개발 업무에서 얻은 결과 활용
○ 특히, 계약연구(contract research) 및 라이센스 수수료 또는 로열티에서 얻은 수익의 활용 및 기관의 업무추진을 위해 기관에 기부된 자금의 수용 및 활용

○ 과학 및 기술 프로젝트의 효율성을 평가하는 데 사용되는 방법

○ 연구소(Institutes)의 일반 사무에 영향을 미치는 기타 문제

☞ MPG는 기초연구를 관장하므로 개방적이고 자율적이며 국제적인 반면, FhG는 응용개발연구영역에 중점을 두면서 정부부처와 산업체의 연구수요에 대응하므로, FhG가 우리 출연(연)을 관리하는 NST(연구회)의 입장과 더 유사하다.

☞ 우리는 출연(연)에 자율성이 부족하다고 말한다. 그런데 막상 자율성을 가져가라 하면 어찌해야 할지 모른다. FhG의 각종 위원회를 참고하면 좋을 것이다. 특히, 평의원회(Senate)가 자율경영에 얼마나 중요한 역할을 하는지 알아둘 필요가 있다. 그리고 과학기술위원회(Science & Technology Council, STC)는 의사결정에 과학적 전문성을 반영하는 역할이다. 우리나라 국가연구소에는 이런 위원회들이 없다.

4 일본 RIKEN(이화학연구소)의 운영

■ RIKEN의 개요[54. p. 56]

RIKEN의 임무는 「국립연구개발법인 이화학연구소법」에서 명시한대로 과학기술(인문사회학은 제외)에서 폭넓은 연구를 수행하는 것이다. 그리고 과학연구와 기술개발의 결과를 확산하는 것이다. RIKEN은 물리, 화학, 의과학, 생물, 및 엔지니어링을 포함하는 폭넓은 영역에서 높은 수준의 실험과 연구업무를 수행하고 있으며, 기초연구에서 실용화 응용에 이르기까지 전체 범위를 커버한다.

RIKEN은 1917년 민간연구기구로 창립되었다가, 1958년 공립화되고, 2003년 문부과학성 산하의 독립행정법인으로 개편되었다. 「독립행정법인 이화학연구소법」에 근거를 두는데, 2014년 「독립행정법인통칙법」이 개정되고, RIKEN은 2015년 '특정국립연구개발법인'이 되었다. Waco에 본부가 있으며, 7개 지역에 연구소가 분포되어 있다.

2022. 4월 기준 RIKEN에는 3,417명의 직원이 일하고 있다. 이 중 연구직이 2,893명(장기고용 연구직 674명, 계약직 연구직 2,219명)이다. **계약직 연구자가 압도적으로 많다**(76.7%)는 점이 RIKEN 경영의 특징이다. 외국인 연구자는 600명 이상이다. 2022년도 예산은 992.38억 엔이며, 이 중 86.2%는 정부보조금(운영교부금, 대형시설보조금, AI개발거점사업보조금)이며, 13.8%는 자체 수입(수탁사업수입, 시설이용료수입)이다.

RIKEN의 연구활동의 핵심으로서 ① 개척연구본부/주임연구원연구실, ② 전략센터, ③ 기반센터, ④ 정보통합본부, ⑤ 과기허브산연본부 등 5개의 서로 다른 역할을 가진 연구체계를 두고 있다.

개척연구본부는 걸출한 연구실적과 높은 지도력을 가진 연구자가 연구실을 이끌며 뛰어난 기초연구 성과를 만들어, 새로운 연구영역을 개척하는 동시에, 분야·조직 횡단적인 연구를 추진한다. **'주임연구원' 연구실과 'RIKEN 백미연구팀'을 운영**하고 있다.

■ RIKEN의 미션[54. p. 56]

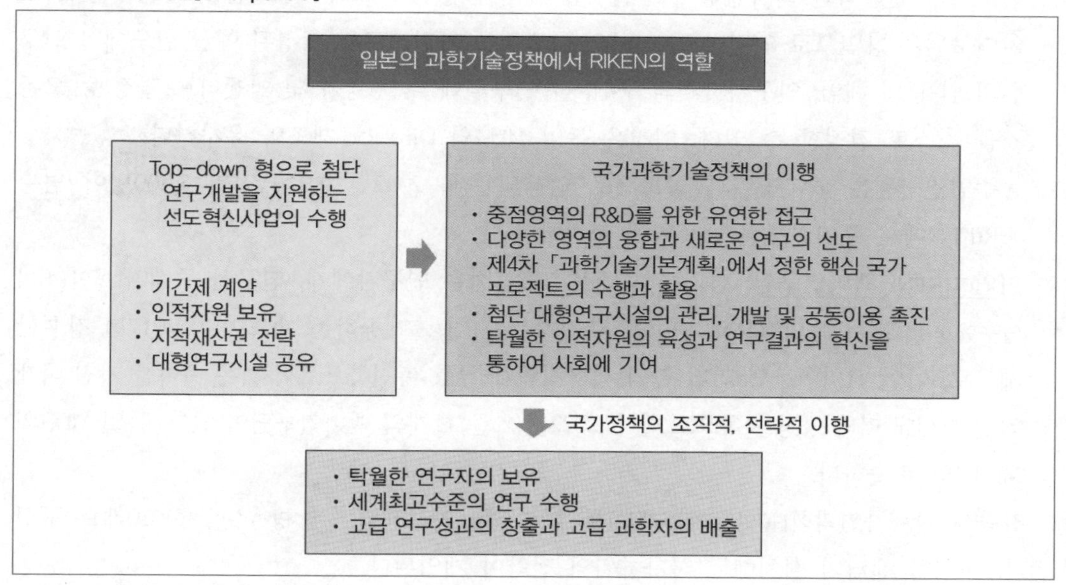

■ RIKEN 운영의 특징[115]

■ RIKREN의 연구활동[115]

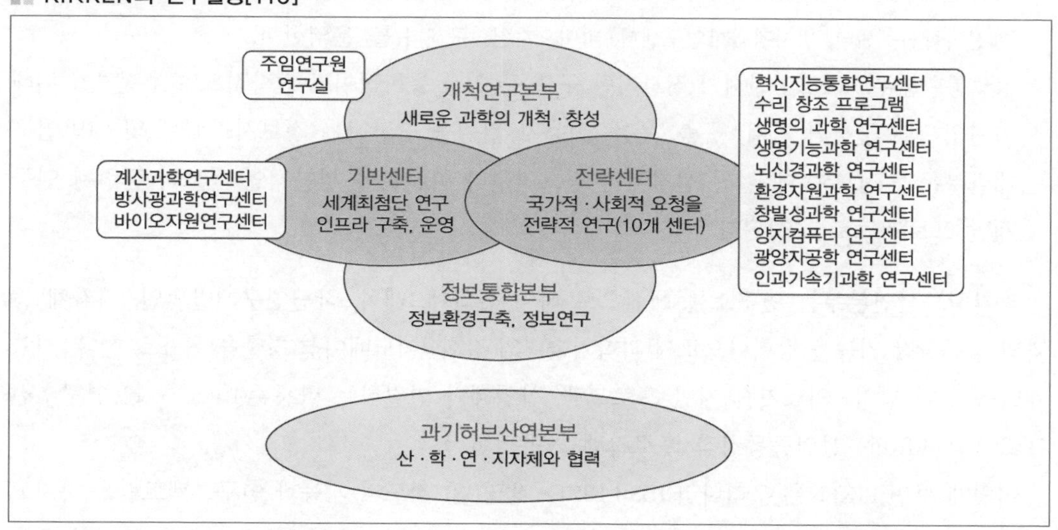

○ <u>주임연구원(Chief Scientist)</u>은 RIKEN의 학제간 연구(interdisciplinary research)시스템의 핵심이다. 이들은 RIKEN이 새로운 신흥분야의 개척자로 자리매김할 수 있도록 장기간에 걸쳐 임명된다. 그들은 기관의 미래 연구전략을 계획하고 변화하는 사회적 요구에 대응하기 위해

연구소의 전반적인 의사결정에도 관여한다. 주임연구원제도는 1922년 도입되었는데, 주임연구원은 장인으로 인정받고, 연구의 독립권을 가짐으로써 배정된 예산 한도에서 연구원의 임용 및 해임, 연구기자재의 구입, 각 연구원에 대한 평가 및 인센티브 결정 등 모든 것을 스스로 결정할 수 있다. 이것은 독일 MPG의 Director 제도와 유사하다.

-주임연구원은 외부영입과 공모제로 임용되는데, 2022년 기준, 직원 3,400명이 넘는 RIKEN에서 주임연구원은 46명에 불과하다.

○ **이연(RIKEN) 백미연구팀**: 남다른 능력을 가진 젊은 연구자에게, 연구실 주재자(이연 백미연구팀 리더)로서 독립적으로 연구를 추진하는 기회를 제공하는 제도이다. 2017년 창설한 제도로, 이연 백미연구팀 리더 간의 적극적인 교류를 촉진함으로써 넓은 시야를 가진 국제적인 차세대 리더 양성을 목표로 한다. 2022년 기준 11개의 백미연구팀이 있다. 독일 MPG의 MPRG와 비슷하다.

전략센터는 자연과학(물리, 화학, 생물)분야의 소형 연구센터(수십 명~수백 명) 10개로 구성된다. 이러한 센터의 설치에는 국가차원의 전략이 개입된다.

기반센터와 정보통합본부는 개척연구본부와 전략센터의 연구를 지원하는 역할도 하지만 자체적으로 연구활동을 추진하고 있다.

○ 기반센터는 세계 최첨단 연구기반(infra)을 구축, 운영, 고도화하고 있으며 3개 연구센터(계산과학연구센터, 방사광과학연구센터, 바이오자원연구센터)를 운영한다.

○ 정보통합본부: RIKEN 전체의 정보기반 구축·운영을 통합적이고 전략적으로 추진하기 위해 이연의 정보환경의 기획, 구축, 운용, 이용자 지원을 담당하는 정보시스템부 및 기반연구개발부문과 전 분야에 걸친 선진적인 정보연구나 학문분야 횡단적인 정보와 관련된 연구개발 프로젝트로 구성된다.

과기허브산연본부는 연구소를 핵심으로 하여 산업계, 대학, 국립연구개발법인, 지자체 등과의 공동창작 기능을 강화함으로써 과학기술력의 강화·이노베이션 창출을 목표로 한다. 신약개발을 위한 창약·의료기술 기반 프로그램, 산업계와 연결하는 바통존(Baton zone) 연구추진 프로그램, RIKEN 산업공동창작 프로그램을 운영한다.

이렇게 보면 RIKEN은 우리나라 IBS+KIST+생명(연) 정도의 기능과 연구스펙트럼을 가지고 있으며, 규모는 이들 3개 기관을 합친 규모보다 더 크다. 즉, 기초연구에 중점을 두지만 응용연구와 기술이전(산학연 협력) 활동도 활발하다. 노벨상 수상자를 9명 배출하였다. 복사기술을 실용화한 곳도 RIKEN이다. RIKEN은 성공적인 기초연구기관이다. RIKEN에서 주목할 부분은 '동양적 사고방식이 운영하는 개방적 연구체계'이다. 즉, 연구활동에 필요한 자율성과 독립성을

'관계중심의 동양적 사고체계'에서 어떻게 구현하는가? 우리가 연구관리방법을 연구하다보면 '관계중심의 동양적 사고방식'에서 한계에 부딪힌다. 이런 부분에서 일본이 앞서 있다.

○ 서양에서 개발된 연구관리방법이 동양적(유교적) 환경에서 잘 작동하는가?
  – 자율성을 보장할 때, 개인은, 연구팀은, 연구기관은 어떻게 책임을 가지는가?
  – 친분관계(친인척, 동문, 동료)를 무시하고 객관적 동료평가에 임할 수 있는가?
  – 관료주의, 관존민비, 부처이기주의는 어떻게 극복하는가?

이화학연구소 행동규범

과학은 미지의 세계를 이해하려는 인간의 본능적인 욕구에 근거하여 연구라는 활동으로 구축되는 지식의 체계이다. 인류는 오랜 과학연구를 통해 자연 속에 숨어 있는 진리를 밝혀내고 지식의 세계를 넓혀왔다. 또한 인류는 과학의 성과를 이용하여 수많은 과제를 해결하였고 문명사회를 크게 성장시켜 왔다. 한편, 사회의 급속한 발전은, 지구 규모의 복잡한 문제를 일으키고, 그 심각성과 장래에 미치는 영향은 점점 커지고 있다. 과학이 그 해결에 있어서 기여하는 역할은 더욱 중요해졌다. 즉 과학은 현재와 미래의 인류에게 건전한 환경을 지속시키기 위해 책임지고 이용되어야 한다.

이화학연구소는 1917년 창립 이래 일본 제일의 자연과학 종합연구소로서 과학기술사에 길이 남을 성과를 거두고, 창출된 성과를 사회에 환원해 왔다. 이 역사적인 信頼와 認定의 덕분에 사회는 이화학연구소를 믿고 맡긴다. 그 구성원인 우리에게는 이화학연구소의 활동을 지속 발전시킴으로써 미래에 사는 사람들의 건강하고 안전한 삶의 실현과 과학과 문명의 지속적인 발전에 기여할 기회를 사회로부터 부여받고 있다.

따라서 이화학연구소의 연구자는 **자율적으로 진리를 탐구하여 공표할 권리**와 함께 연구자 스스로의 **전문지식과 기술의 질을 높게 유지하고 전문가로서 사회의 부담에 부응할 의무**가 부과된다. 또한 이화학연구소의 국가연구사업을 비롯한 사업활동은 연구자뿐만 아니라 임원, 사무직원 등 과학연구에 관련된 모든 임직원이 각자의 전문적 입장에서 참여한 협동작업이다. 그 결과가 사회에 미치는 영향에 비추어 볼 때 사업활동을 수행하는 모든 임직원은 사회에 대해 사업활동을 설명할 책임을 지고 있다. 이러한 책무를 다하고 세계적인 연구성과의 창출과 사회에 다면적으로 기여하기 위해 이화학연구소에 근무하는 모든 임직원은 최대한의 노력과 협력을 해야 한다.

우리는 이러한 이화학연구소의 사업활동이 사회의 信頼와 認定 위에 이루어지고 있음을 알아야 한다. 즉, 우리 이화학연구소의 임직원은 연구자로서 혹은 사업활동을 추진하는 담당자로서 주의 깊은 판단하에 공정하고 윤리적으로 사명을 다하고 사회에 대해 성실하고 책임 있는 행동을 취할 의무를 가진다. 차세대 과학기술을 담당할 인재를 육성하는 것도 우리의 중요한 역할이다. 이화학연구소는 오랫동안 우리나라를 대표하는 우수한 인재를 많이 배출했고, 그에 따라 연구활동을 이어왔다. 우리는 서로의 인격이나 인권을 존중하고 존중하는 동시에, 미래에 걸쳐 지구사회에서 활약할 동료로서 서로를 높일 책임을 지고 있다.

이화학연구소가 사회에 둘도 없는 존재로 남을 수 있도록 우리는 다음과 같은 행동을 실천한다.

1. 우리는 보편적 지식을 새롭게 찾고 길러줌으로써 미래에 사는 사람들의 건강하고 안전한 삶의 실현과 사회의 지속적인 발전에 기여한다.

2. 우리는 자율적으로 연구를 수행할 권리와 함께 전문가로서 사회의 신탁에 응할 의무를 가지고 사업활동을 사회에 대해 설명할 책임을 진다.
3. 우리는 사업활동이 사회적 신뢰 위에서 이루어진다는 것을 자각하고 주의 깊은 판단하에 공정하고 윤리에 따라 사업활동을 한다.
4. 우리는 서로의 인격과 인권을 존중하고 미래에 지구사회를 함께 책임진다.
5. 우리는 법령과 연구소 내 규정을 준수한다.

■ RIKEN의 내부평가

RIKEN은 묶음예산과 독립성·자율성을 가지므로 **자체 예산으로 내부 연구자를 대상으로 연구를 과제형식으로 지원하고 평가한다**. 그리고 내부의 각 연구소나 연구센터에 대한 연구개발계획 평가 및 기관운영 평가를 실시하고 있다. 그리고 평가결과는 원칙적으로 평가자의 성명이나 구체적인 평가방법 등 관련 정보와 함께 **국민이 이해하기 쉬운 형태로 기관차원에서 공개한다**. 그러나 **평가자는 평가내용에 대한 정보를 누설해서는 안 된다**. 그 직을 그만둔 후에도 비밀을 유지해야 한다. 평가원칙은 다음과 같다.

○ 평가는 높은 학식과 경험을 가지고 충분한 평가능력을 가지고 있으면서 공정한 입장에서 평가를 실시할 수 있는 사람을 평가자로서 선임하여 실시한다.
○ 연구개발과제 또는 시설장비 중 대규모이고 중요하거나 사회적 관심이 높은 것의 평가 및 연구소의 기관평가를 실시할 때는 각계의 지식인을 평가자로서 추가하는 등 평가에 폭넓은 의견을 반영한다.
○ 평가결과를 연도별 계획이나 자원배분 방침의 책정에 반영시키는 등 연구활동에 적극적으로 활용한다.

〈연구개발계획의 평가〉

○ 연구개발계획의 평가는 각 내부연구소가 설치목적을 달성하기 위해 수립하는 중장기계획 및 연도별 계획, 전략, 제도 등을 대상으로 실시한다.

〈내부기관의 평가〉

○ 내부의 연구소, 연구센터, 사무업무의 운영을 평가한다.
○ 평가를 위해 각 내부기관에 자문위원을 두며, 평가자는 이해관계가 없는 외부인으로 구성한다.
○ 연구시설 및 장비의 유지·보수(정비)에 대한 평가도 있다.

〈연구개발과제의 평가〉

○ 과제선정을 위한 **사전평가**, 과제의 성과를 평가하는 **사후평가**, 과제의 중간시점에 평가하는 **중간평가**가 있으며, 과제종료 후 일정기간을 거친 뒤 가시적 성과를 조사하는 **추적평가**가 있다.

○ 운영비 교부금을 재원으로 하는 연구과제로서 소규모 또는 맹아적인 연구과제에 대해서는 연구책임자로부터 보고서를 제출받아 그 보고서를 공표함으로써 평가를 대신할 수도 있다.

〈연구자의 업적평가〉

○ 연구자의 업적평가는 연구소의 연구에 종사하는 모든 직원에게 매년 실시한다.

■ RIKEN에서 얻는 시사점

○ RIKEN은 **계약직 연구자가 전체의 76.7%이다**. 그러나 재계약과 재조직으로 직업의 안정성은 최대한 보장한다.

※ 선진국의 대부분의 연구기관들이 Postdoc 및 계약직 형태로 비정규직을 보유하고 있다. 특정 전문분야에 전문인의 장기적 수요가 확실할 때 정규직 임용이 이루어지기 때문에, 그 기회를 기다리면서 대기하는 과정이 Postdoc이라고 보면 된다. 미국이나 일본의 연구기관에서 Postdoc에 대한 계약기한은 최대 5년으로 두고 있다.

☞ 2017년 출연(연)에서는 계약직 3,000여 명을 일시에 정규직으로 전환한 적이 있다. 정치적 이유(비정규직 폐지)로 인해 단행된 이 조치가 출연(연)에 어떠한 영향을 줄까?

○ RIKEN은 비록 계약직 신분이지만 **젊은 연구자(약수연구자, Junior Scientists)의 등용·육성 제도**가 활발하다. 이런 제도를 통해, 몇 년을 지켜보고 나서 정규직 연구원으로 선발한다. 우리 출연(연)도 Postdoc제도 외에 다양한 지원프로그램을 가져야 하는데 '이연백미연구팀리더 제도'와 함께 아래 제도를 우리가 참고해 볼 만하다.

- RIKEN Hakubi Fellows Program
- Sechi Kato Program for RIKEN Hakubi Fellows
- Special Postdoctoral Researchers Program
- International Program Associate
- Junior Research Associate Program

○ RIKEN에는 **외국인 연구자**가 600명 이상이며, 비율로는 17%에 달한다. 여기에는 물론 Postdoc 및 계약직이 포함된다. 외국인 연구자의 존재는 연구기관의 창발성 제고에 매우 중요한 역할을 한다.

☞ 우리 출연(연)에 외국인 연구자가 매우 적다는 사실을 '문제점'으로 인식해야 한다.

○ RIKEN 이사장의 임기는 6~7년이다. 최근 RIKEN 이사장은 2001년 노벨화학상을 받은 Ryoji NOYORI 박사가 12년간(2003~2015년) 역임하였고, Hiroshi Matsumoto 박사가 7년간(2015~2022년) 역임한 후, 동경대 총장을 역임한 Makoto Gonokami 박사가 2022. 4월 취임하였다. 우리의 기관장 임기 3년과는 너무 대조적이다.

※ 일본은 2004년 국립대학 법인화 이후 국립대학 총장의 임기를 (4년에서) 6년으로 하였고, 2014년 「독립행정법인통칙법」에서 국립연구개발법인(국책(연))의 장의 임기는 중장기목표기간(6~7년)으로 하고 있다. RIKEN은 국립연구개발법인 중에서 특정국립연구개발법인이다. 우리도 출연(연) 기관장의 임기를 다시 생각해 봐야 한다. 제2장 제3절의 〈주요 연구기관장의 임기와 평의원회〉 참조

○ 내부적으로 소장·센터장 회의로부터 이사장에게 건의가 올라가지만, 과학자회의에서도 이사장에게 건의하는 채널이 있다. 우리나라에는 이런 채널이 없다.

○ RIKEN에 여러 형식의 자문기구가 많고, 행동규범을 전면에 내세우는 것은 연구기관이 독립적으로 운영되고 있음을 반증한다.

5 일본 AIST(산업기술종합연구소)의 활동방향

■ AIST의 개요[58]

AIST(Advanced Industrial Science and Technology, 産業技術総合研究所)는 1882년에 설립된 농상무성 지질조사소에서 시작된다. 그 후 설립된 여러 국립연구기관을 편성하여 1952년 공업기술원으로 조직되었다. 그리고 공업기술원 내의 15개 연구소와 계량교습소가 2001년 4월에 통합·재편되어 독립행정법인 산업기술종합연구소(AIST)로 출범했다.

일본 내에서 연구기관으로서의 AIST의 국가적 위상은 최고 수준이다. 일본은 2016년 「독립행정법인통칙법」 개정을 통해 특정국립연구개발법인을 3개 기관으로 지정하였는데, AIST가 여기에 속한다. 특정국립연구개발법인이란 국제적으로 탁월한 인재를 확보할 수 있도록 개별 인재에 대한 처우수준을 독자적으로 결정할 수 있는 권한을 가지는 것이다. AIST의 주무부처는 경제산업성이다.

☞ 일본은 2016년 「독립행정법인법」을 개정하여 특정국립연구개발법인 제도를 도입하고 RIKEN, AIST, NIMS를 지정하였으며, 2017년 「국립대학법인법」을 개정하여 지정국립대학법인 제도를 도입하고 동경대와 교토대를 지정하여 세계 초일류로 키우고 있다.

AIST는 2021년 기준으로 2,258명의 연구직 1,472명의 기술직, 687명의 행정직(임원 7명 별도)이 근무하고 있다. 연구직 중에서 150명 이상이 외국인이다. 그 외 초빙연구원 279명, postdoc 171명이 있다. 주목할 점은 외부인력이 많이 와서 공동연구 및 훈련에 참여하는데, 기업에서 1,463명, 대학에서 2,021명, 다른 연구소에서 828명이 와있다. 2020년 총수입은

111,383백만 엔(약 1조 763억 원)이었는데, 운영교부금이 62,387백만 엔(56.0%), 시설준비보조금 13,275백만 엔(11.9%)이며 그 외는 수탁과제 및 자체수입이다.

AIST 본부는 동경에 있지만 전국 각지에 11개 연구거점을 두고 지역혁신에 기여하고 있는데, 연구영역은 산업기술 전반에 걸친 응용·개발연구이다. **일본의 기업기술 수준이 보통이 아닌데, AIST가 어떻게 운영되는지** 자세히 살펴보면, **공공적 문제해결연구에 중점을 두면서 실력을 키우고, 공동연구·컨설팅·교육훈련으로 산업기술을 이끌어 가는 전략을 구사**하고 있음을 알 수 있다.

☞ 우리 출연(연)은 사회적 문제해결연구에 기여하기 어렵다. 사회적 문제해결에 책임있는 정부부처가 출연(연)을 보유하지 못하고 있기 때문이다. 거의 모든 출연(연)이 과기부 산하에 모여 있다. 따라서 과기부는 다른 정부부처가 출연(연)을 활용하기 용이하게 법률적 근거(아젠다연구 절차, 용역계약, 사업관리)를 갖추어야 한다.

■ AIST의 연구활동[58]

AIST는 「에너지·환경 제약에의 대응」, 「저출산 고령화의 대책」, 「강인한 국토·방재에의 공헌」의 3개의 사회 과제를 설정해서, 그 해결에 공헌하는 전략적 연구과제에 전사적으로 임하는 연구체제로서 융합연구센터, 융합연구실험실을 운영하고 있다. 연구영역, 주제 및 조직을 보면, **원천연구(Fundamental Research)에 초점**을 두고 있다.

○ 에너지·환경: 제로 방출, 탄소중립, 청정에너지, 산업과 환경의 공생
  - 배터리기술 연구부문
  - 에너지절약 연구부문
  - 안전과학연구부문
  - 에너지프로세스 연구부서
  - 환경 창생 연구 부문
  - 첨단 파워 일렉트로닉스 연구센터
  - 신재생에너지연구센터
  - 제로방출 국제공동연구센터

○ 생명공학: 바이오고도측정, 바이오제조, 의료기기/의료, 의료지원기술
  - 바이오메디컬 연구부문
  - 생물공정 연구부문
  - 건강의공학 연구부문
  - 세포분자공학 연구부문

○ 정보·인간공학: 로봇/인공지능, 보안, 자동운전, 헬스케어
  - 인간정보 상호작용 연구부문

–사이버 물리적 보안 연구센터
–인간확장 연구센터
–휴먼모빌리티 연구센터
–인공지능 연구센터
–산업 CPS 연구센터
–디지털 아키텍처 연구센터

○ 재료·화학: 데이터 구동재료개발, 나노재료, 자원순환, 촉매개발
–기능화학 연구부문
–화학 공정 연구부문
–나노 재료 연구부문
–극한 기능재료 연구부문
–멀티 머티리얼 연구부문
–촉매화학 융합 연구센터
–기능재료 컴퓨터 설계 연구센터
–자성분말야금 연구센터
–나노카본 디바이스 연구센터

○ 일렉트로닉스·제조영역: 정보처리, 데이터통신, 센싱, 제조공정
–제조기술연구부문
–디바이스기술 연구부문
–전자광기초기술 연구부문
–센싱시스템 연구 센터
–새로운 원리 컴퓨팅 연구센터
–플랫폼포토닉스 연구센터

○ 지질조사: 지질조사, 방재·감재, 지역자원, 지질정보관리 및 이용 촉진
–지질정보 연구부문
–활단층·화산 연구부문
–지권자원환경 연구부문
–지질정보 기반센터

○ 계량표준: 국제단위계(SI), 계량표준/표준물질, 계측기술, 계측의 추적성
–공학 계측표준 연구부문
–물리 계측표준 연구부문

-물질 계측표준 연구부문

-분석 계측표준 연구부문

-계량 표준 보급센터

○ 지역융합프로젝트: 에너지 및 환경, 저출산 고령화, 강인한 국토·방재

-제로방출 국제공동연구센터

-자원순환이용기술 연구실험실

-환경 조화형 산업 기술연구실험실

-산업 CPS 연구센터

-차세대 헬스케어서비스 연구실

-차세대 치료·진단기술 연구실험실

-지속가능한 인프라연구실

-신형 코로나 바이러스 감염 위험측정평가 연구소

■ AIST의 교육·훈련활동[58]

AIST는 2008년 「Innovation School」를 설치하고, 박사학위를 가진 젊은 연구자와 대학원생을 위해 **사회의 다양한 과제에 도전하고 혁신을 일으키는 연구자로 육성하는 코스**를 제공하고 있다. 또한 이들에게 기업을 비롯하여 널리 사회의 중요한 장소에서 실습할 수 있는 기회를 제공함으로써 사회적 요구에 부합하는 교육을 제공하려 노력한다. 「Innovation School」이 운영하는 사업은 아래와 같다.

○ 혁신인재육성코스: 박사학위자를 대상으로 한 1년 과정

-교육기간 중 학생은 AIST postdoc로 고용된다.

-고도로 전문적인 지식과 기술을 활용하여 사회의 다양한 과제에 도전하게 함으로써 혁신을 일으키는 연구자로 육성하기 위해 독특한 강의·실습, 협력기업에서의 장기연수, AIST에서의 최첨단 연구에 참여시킨다.

-**「연구력」, 「제휴력」, 「인간력」의 3개의 힘**을 함양하는 과정으로서 넓은 시야에서 자기의 가능성에 대해 생각하는 힘을 배우는 것과 동시에, 사회에서 전력으로서 활약하기 위한 지식을 습득한다. 우리는 이 교육방법에 대해 조사해 볼 필요가 있다.

-학생이 희망하는 기업에서 2~4개월 간의 장기연수를 실시한다. 학생은 기업에서 과제의 설정방법, 제품화 연구의 실태, 연구업무 매니지먼트에 대해서 현장에서 체험으로 배운다.

※ 지금까지 약 200개 기업에서 300명이 넘는 학생이 연수를 실시했다. 본 코스의 수료생 중 약 40%가 민간기업에 취업했고, 그 절반은 연수한 기업에 취업했다.

○ 연구기초력육성코스: 대학원생을 대상으로 한 3~10개월 코스

－장래, 연구자로서 자립할 수 있는 연구 스킬을 함양시킬 목적으로, 강의연습이나 AIST 에서의 최첨단 연구에 참여시킨다.

○ 기업연수제도: Innovation School은 혁신인재육성코스에서, postdoc를 대상으로 2~4개월의 기업연수를 실시하고 있다. 학생이 희망하는 기업과 협력하여 자신의 전문성과 기업의 요구에 따라 현장에서 연구개발을 체험함으로써 사회가 요구하는 능력을 자각하고 준비하는 것을 목적으로 하고 있다.

2021년까지 AIST Innovation School은 14기생까지 총 556명의 연구인력을 키웠다. 이들 수료생 중 postdoc 연구원은 335명으로 그 약 74%가 정규 취업했다. 일반postdoc의 민간기업 취업률은 6% 정도(문부과학성 과학기술정책연구소 조사(2014년 5월))인 반면, 본 스쿨 수료생의 민간기업 취업률은 약 44%로 매우 높은 비율이다.

☞ 여기서 우리 출연(연)이 postdoc를 훈련하기 위해 어떠한 프로그램을 가지고 있는지 보자. AIST 교육은 UST의 교육방향에 대해서도 참고할 점이 있다고 본다.

■ AIST의 기관평가[58]

AIST 평가체계[58]

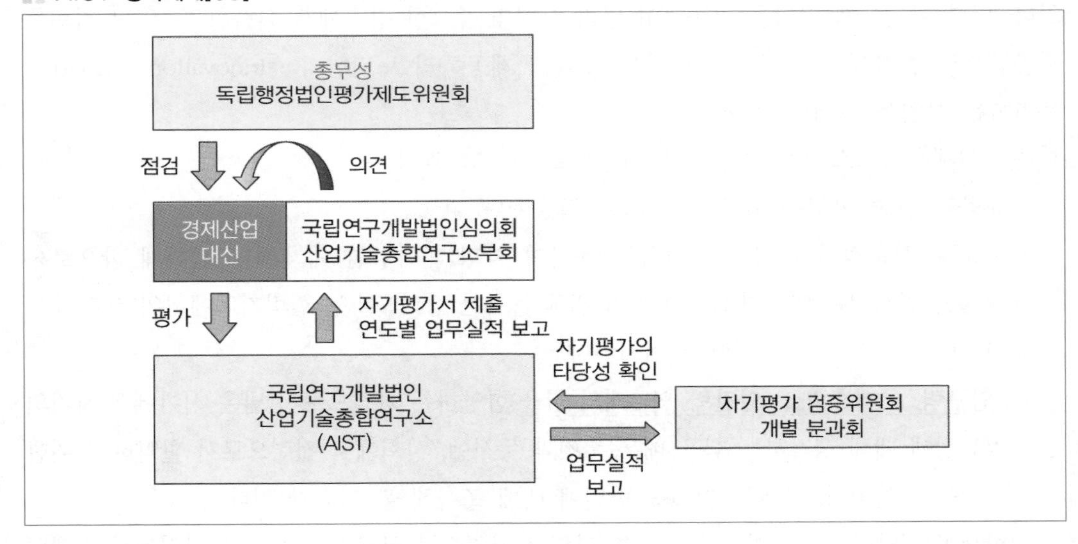

일본 독립행정법인의 평가제도는 우리 공공기관의 평가와 비슷하다. **독립행정법인은 매년 정부로부터 업무실적을 평가 받는다**. 다만, 일본은 연구기관에 대해 공기업과는 다른 특수성을 인정하고 있다. 2015년도부터 「독립행정법인통칙법」의 규정에 의해, **독립행정법인 내에서 국립연구개발법인을 별도로 규정하고 있다. 주무대신은, 독립행정법인이 스스로 실시한 평가결과(자기평가서)를 참고하여 법인평가를 실시하는 구조가 되었다**. 자기평가서에는, **객관성과 신빙성**에 충분히 유의할 것이 요구된다.

그래서 AIST는 제4기 중장기 목표기간(2013~2017년) 중 외부 전문가의 의견을 듣는 기회로서 연구평가위원회 및 연구관련 업무평가위원회를 구성하여 얻은 의견을 참고하여 자기평가서를 작성해 왔다. 게다가 자기평가 검증위원회를 구성해, 자기평가서의 내용을 검증한 후, 경제산업대신에게 제출해 왔다.

2018년부터 제5기 중장기 목표기간(2018년부터 5년간)이 시작되었지만, 이 기간에는 자기평가 검증위원회 및 분과회를 구성하여 외부 전문가에 의한 자기평가서의 검증을 실시하기로 했다. AIST는 객관성과 신빙성이 충분히 담보된 자기평가서의 작성을 목표로 자기평가의 방침, 실시방법을 정비함과 동시에 외부 전문가에 의한 자기평가 검증위원회 및 분과회 사무국도 설치하였다. AIST의 자기평가 내용과 절차를 보자.

○ 연구개발 성과 극대화와 기타 업무의 질 향상 정도를 분과회에서 확인

① AIST의 종합력을 살려 사회문제의 해결

AIST의 자기평가 내용과 절차[58]

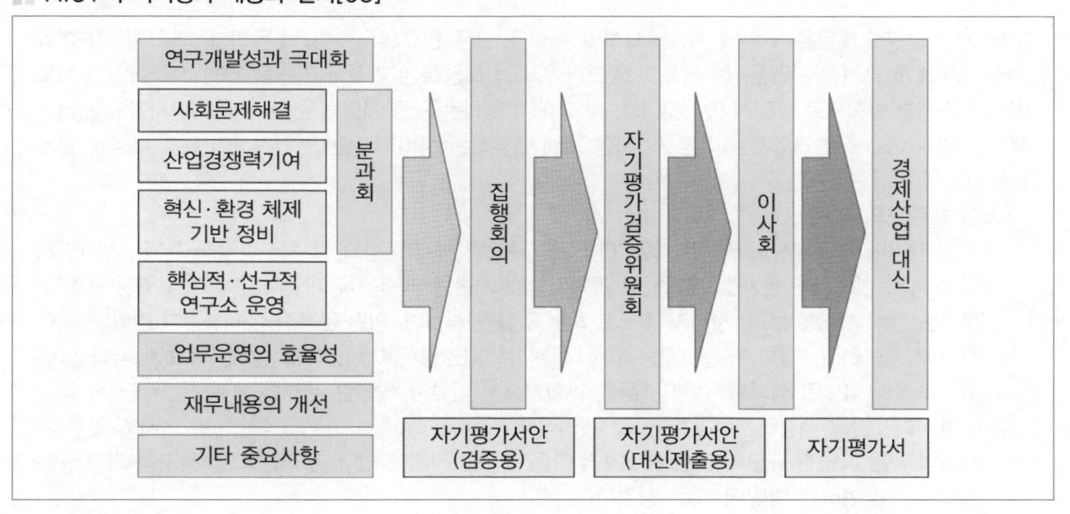

② 경제성장·산업경쟁력 강화를 위한 교량역할 수행

③ 이노베이션·에코시스템을 지지하는 기반 정비

④ 연구개발 성과를 극대화하는 핵심적·선구적인 연구소 운영

○ 업무운영의 효율화

○ 재무내용의 개선

○ 그 외 업무운영에 관한 중요 사항

AIST의 제5기 중장기 목표기간(2018년~2023년)에 ①~③ 항목의 달성도는 분과회를 통해 확인하고, 그 결과와 나머지를 합쳐 자기평가의 타당성에 대해 자기평가 검증 위원회에서 검증한다.

☞ AIST에서 배울 점은 ① 응용개발연구의 방향을 '공공적 목적의 연구'에 두면서 산업기술을 지원한다는 전략이다. ② 사회문제 해결, 산업경쟁력 강화, 혁신기반 정비, 교육훈련활동 등 사회적 기여활동을 설정하고 분과회를 통해 전략수립 · 시행 · 평가를 실시함으로써 AIST의 가치를 높인다. ③ 연구효율성 개선, 인적자원관리, 연구데이터관리, 연구장비관리, 연구개발성과 극대화 등 연구기관으로서의 관리능력 향상은 당연한 평가항목이다.

☞ 우리도 연구기관을 평가하지만 엄격하게 보면 기관장의 경영평가에 해당한다. 피평가 대상 연구기관의 문제가 무엇인지에 대해서는 관심이 없다. 그리고 우리는 평가점수를 매겨서 연구기관들 간에 순위를 정하고 있다. 서로 다른 영역의 연구소 간에 순위를 매기면 무슨 의미가 있을까? 축구팀, 야구팀, 배구팀 간에 순위를 매기는 것과 같다.

☞ AIST도 RIKEN과 마찬가지로 '헌장'을 제정하고 있다. 우리에게는 없는 모습이다.

산업기술종합연구소(AIST) 헌장

"사회에서, 사회를 위해"

모든 사람이 풍요로움을 누릴 수 있는 사회의 구현은 모든 인류의 공통된 소원이다. 과학계, AIST와 우리 모두에게 맡겨진 사명은, 이 목표의 중요한 열쇠에 해당하는 과학과 기술을 자연과 사회와 조화를 이루는 건전한 방향으로 발전시키는 것이다. AIST에서 일하는 모든 사람들은 사회에 대한 자신의 사명과 책임을 인식하고, 산업과학기술의 연구개발을 통해 번영하는 사회의 구현에 기여하기 위해 다음과 같은 행동원칙을 공유한다.

○ **소셜 트렌드의 이해**

우리는 지역에서 국제사회에 이르기까지 다양한 규모의 사회 동향과 요구를 파악하고 외부기관과의 협력을 통해 신속하게 문제를 제기하며 과학기술에 기반한 해결책을 제안하기 위해 노력할 것이다.

- 우리는 항상 사회를 보고, 사회가 필요로 하는 것을 인식하며, 어떤 문제가 존재하는지 명확히 하고, 사회에 설명하고, 과학기술을 사용하여 해결책을 제안할 것이다. 이를 통해, 필요에 따라 다른 조직과 적극적으로 협력할 것이다. 물론 과학기술은 인류가 직면한 문제를 해결하는 수단 중 하나이며, 모든 것에 적합하지는 않다는 것을 인식해야 한다. 대상 사회는 지역사회, 일본사회 및 국제사회와 같은 다양한 규모의 그룹이며 각각 다른 요구를 가지고 있다. 우리는 그들 각자와 가장 좋은 방법으로 참여하는 방법에 대해 생각해야 한다.

○ **지식과 기술의 창조**

우리는 각 개인의 자율성과 창의력을 존중하고 협력과 통합을 통해 포괄적인 강점을 입증하며 높은 수준의 연구활동을 통해 새로운 지식과 기술을 창출할 것이다.

- 우리는 자율연구자로서 문제를 해결하고 높은 창의성과 우수성으로 연구를 수행하는 것 외에도, 연구소 내외부의 연구원들과 협력하여 연구소의 강점을 활용하여 분야의 경계를 뛰어넘는 국제적 수준에서 고품질의 연구를 수행하는 것을 목표로 하고 있다. 마찬가지로 연구 관련 및 행정 부서에서는 자율적이고 창조적으로 직무에 종사하는 각 개인에 의해서만 양질의 업무를 수행할 수 있으며 주변 사람들과 협력하여 더 큰 힘을 발휘함으로써 연구소의 연구활동을 지원할 필요가 있다.

○ **연구결과의 반환**

학술활동, 지식인프라 개발, 기술이전, 정책제안 등을 통해 연구결과를 사회 전반에 반환하고 일본 산업발전에 기여할 것이다. 또한 정보보급 및 인적자원개발을 통해 과학기술을 보급하고 홍보하기 위해 노력할 것이다.

- 연구결과는 학계에 대한 발표 외에도 지식인프라 개발, 기술이전, 벤처설립 및 정책 반영을 통해 다양한 방법으로 과학기술 진흥에 기여하고 일본의 산업경쟁력을 강화할 것이다. 또한 웹 사이트, 홍보 잡지 및 간행물을 통해 일반 대중에게 과학기술을 보급하고, 산업과학기술연구에 대한 배경을 가진 인적자원을 개발하는 것도 중요하다.

○ **책임있는 행동**

우리는 자신의 자질을 향상시키고 업무환경을 개선하여 효과적으로 직무를 수행할 수 있도록 적극적으로 노력할 것이다. 또한 우리는 법의 정신을 존중하고 높은 윤리 의식을 유지할 것이다.

- 우리는 항상 사회에 대한 우리의 책임을 인식하고, 우리의 의무를 더 잘 수행하기 위해 할 수 있는 일을 바탕으로 결정을 내리고, 개선할 것이다. 이를 위해서는 자신을 향상시킬 필요가 있으며, 각자가 자신의 능력을 극대화 할 수 있는 환경(소위 운영 효율성의 범위를 넘어 인권과 근무환경에 대한 배려와 같은 자부심과 활력을 가지고 일할 수 있는 환경)을 개발하고 운영하는 것도 중요하다. 또한 우리는 법의 정신을 존중하고 사회의 신뢰를 배반하지 않도록 높은 윤리적 기준으로 직무를 수행할 것이다. 예를 들어, 연구를 수행할 때, 데이터와 아이디어의 조작, 위조 및 표절이 연구를 불신하게 하고, 진실과 지식을 추구하는 연구자의 기본입장에서 크게 벗어나므로, 우리는 그러한 일이 결코 일어나지 않도록 스스로를 규율한다는 것을 깊이 인식해야 한다.

■ AIST에서 얻는 시사점

구미 선진국에 비해 동양적 사고방식(관계중심, 서열중시, 자발적 헌신, Bottom-up보다는 Top-down 등)을 가진 일본이 연구기관을 어떻게 운영하고 있는지는 파악하는 일은 매우 흥미롭다. 일본은 구미 선진국보다 더 우수한 성과를 보여주기 때문이다. 사실, 일반행정에서 우리나라는 일본의 제도를 모방하는 경우가 매우 많다. 예를 들면, 정부는 계획을 수립한 후, 집행하는 방식으로 일하거나, 지도자(대통령, 장관, 기관장) 중심으로 일하도록 규정하는 법률형식은 우리가 일본에서 모방한 것으로 알려져 있다. 그래서 그 반작용이 '자율성 요구'로 나타난다. 우리의 과학기술기본법, 과학기술기본계획, 국가과학기술위원회 등 비슷한 명칭을 일본에서도 찾아볼 수 있다.

우리가 선진국의 연구기관에 대해 조사하면서 RIKEN에 대한 보고서는 많이 보이는데, AIST에 대해서는 크게 관심을 두지 못했다. 일반적으로 기초연구기관은 개방적이고 교류를 많이 가지지만, 응용개발 및 산업기술연구기관은 비개방적이다. 산업계의 기술수준, 기술보호, 산업계의 운영형식(협회의 결속력), 정부의 개입정도가 국가마다 서로 다르다. AIST에서도 많은 시사점을 얻을 수 있다.

○ AIST는 직접 산업기술을 연구개발하여 산업계에 제공하는 방식을 취하지 않는다. 반대로, AIST는 **공공적 문제해결에 초점을 두며 원천기술연구로써 기술력을 쌓으면서 산업계와의 공동연구**· 컨설팅 · 학생훈련 등으로 산업계를 간접 지원하는 것이다.

※「에너지 · 환경 제약에의 대응」,「저출산 고령화의 대책」,「강인한 국토 · 방재에의 공헌」

○ AIST는 세계최고의 기술수준을 유지하기 위해 **세계최고의 연구자를 유치할 수 있는 권한과 재원**을 가지고 있다.「독립행정법인통칙법」 개정을 통해 특정국립연구개발법인으로 AIST를 지정한 것은 일본정부의 강력한 의지를 엿볼 수 있다.

○ 일본정부는 **AIST에 묶음예산을 제공**하고, AIST는 스스로 노력하는 모습을 보여준다.「산업기술종합연구소(AIST) 현장」에서 동양적 자세를 엿볼 수 있다. 일본의 연구소가 자율성을 어떻게 이끌고 가는가에 대해서는 깊이 연구해 볼 필요가 있다.

○ **AIST의 자기평가방식**에서도 우리가 참고할 내용이 많다.

제3절 미국 National Lab.(NL)의 관리 · 운영

미국은 국립연구소(NASA, NIH, NIST, NOAA) 외에, 13개 연방정부가 42개 National Laboratory(NL)을 정부지원연구센터(Federal Funded Research and Development Center, FFRDC) 형식으로 운영하고 있다. 그중 DOE가 17개 NL을 보유하고 운영하는 형식은 우리 과기부가 출연(연)을 운영하는 형식과 비슷하지만, 그 세부적 관리구조는 매우 다르다. 그 차이점을 파악해 보고 정책적 시사점을 얻어 보자.

1 미국 National Laboratory의 개요[59]

미국의 Nationaql Laboratory(NL)는 **연방정부 또는 민간부문만으로는 효과적으로 충족시킬 수 없는 R&D 기능을 연방기관에 제공하기 위한 것이다**. NL은 이들을 지원하는 연방기관

(스폰서)과 장기적 전략적 관계(long-term strategic relationship)를 맺어야 한다. 이 관계는 NL이 ① 과학기술 전문지식을 모으고 보유할 수 있는 능력, ② 연방기관의 R&D 요구에 대해 심층적으로 신속하게 대응할 수 있는 능력, ③ 독립적이고 객관적인 과학기술 자문을 제공할 수 있는 능력을 통해 연방기관을 지원하는 채널이 된다. 2019년에 연방정부는 총 R&D지출의 10.5%인 149억 달러를 NL에 지원하였다.

■ National Laboratory(NL)의 설립

NL은 제2차 세계대전에 기원을 두고 있다. 그 기간 동안, 연방정부는 국가의 과학기술 인재를 동원하여 미국의 전쟁에 도움이 될 기술개발에 활용하려고 했다. 예를 들어, DOD의 Lincoln Laboratory는 항공기와 선박을 식별하기 위한 레이더를 개발하기 위해 만들어졌고, Los Alamos National Lab.과 Oak Ridge National Lab.은 원자탄 개발을 지원하기 위해 설립되었다. **당시 NL의 목적은 시급한 문제를 해결하기 위한 과학기술적 전문지식을 제공하는 것이었다**.

당시만 해도, 국립(연)은 유연성(flexibility)이 부족해 과학기술 인재를 채용하고 유지하기 어렵다는 게 중론이었다. **NL은 정부와 계약을 한 관리기관('contractors'라고 부른다.)에 의해 운영되기 때문에, 급여 및 고용제한 등 많은 연방규제가 적용되지 않으므로, 사실상 국립(연)에 비해 운영의 유연성이 높았다**.

NL은 1967년까지 '연방계약연구센터(Federal Contract Research Centers)'로 불렸다. 1967. 11월, 국가과학기술위원회(National Science and Technology Council)의 전신인 연방과학기술위원회(Federal Council for Science and Technology) 위원장은 연방과학기관(federal science agencies)에 연방계약연구센터의 명칭을 공식적으로 FFRDC로 변경하고 **FFRDC의 설립기준을 상세히 기술하는 각서**를 보냈다. 따라서 FFRDC는 다음 조건이 요구되었다.

○ 기초연구, 응용연구 또는 개발을 수행하거나 R&D 관리를 수행한다.
○ 독립적으로 법인화되거나 모기관(parent organization)에서 분리된 조직단위를 구성해야 한다.
○ 연방정부(federal government)의 지시에 따라 R&D를 수행한다.
○ 자금의 70% 이상을 하나의 기관으로부터 받아야 한다.
○ 후원기관(sponsoring agency)과 장기적 관계(5년 이상)를 가져야 한다.
○ 정부 소유(government-owned)여야 한다.
○ 연간 평균 예산이 50만 달러 이상이어야 한다.

1984년, 연방조달정책국(Office of Federal Procurement Policy, OFPP)은 FFRDC의 거버넌스를 개정하고 갱신하는 정책서한(policy letter)을 발행했다. OFPP는 1990년 정책 서한에 명시된 원칙을 연방조달규정(Federal Acquisition Regulation, FAR)의 일부로 통합한 규정을 발표했다. **FAR은 이제 FFRDC의 설립, 활용, 심사 및 폐지를 지시하는 정책 외에 FFRDC의 목적을 정의하고 있다.** FAR에 의해 정의된 'FFRDC의 특성(Characteristics of FFRDCs)'은 뒤에서 더 자세히 논의된다.

■ 오늘날의 NL(FFRDC)

NL은 에너지 및 사이버 보안에서 암 및 천문학에 이르기까지 광범위한 영역에서 R&D 기능을 제공한다. NSF는 연방정부 전체에 걸쳐 NL의 마스터 목록을 보유할 책임이 있다. NL은 DOD가 수립하고 NSF가 채택한 시스템에 따라 세 가지 '활동 유형(activity type)'으로 분류된다. 그것은 ① R&D 연구소(26개), ② 연구 및 분석 센터(10개) 및 ③ 시스템 엔지니어링 및 통합 센터(6개)이다.

DOD Definitions of FFRDC Categories

2018년, 국방부의 FFRDC(NL)프로그램에 따라, 국방부는 다음의 세 가지 유형의 정의(DOD specific definitions)를 채택했다.

① 연구개발연구소 FFRDC(Research and development laboratory FFRDCs)는 DOD 요구를 충족시키기 위한 신기술과 기능의 개발과 시제품화에 초점을 맞추어 연구개발을 수행한다. 연구개발연구소인 FFRDC는 '선진개념과 기술(advanced concepts and technology)'의 진화와 실증(evolution and demonstration)을 강조하는 연구 프로그램에 참여하며, 후원 계약(sponsoring agreements)에 따라 민간에 신기술을 이전한다.

② 연구 및 분석센터 FFRDC(Studies and analysis center FFRDCs)는 국방부에 중요한 핵심 업무영역에 대한 독립적이고 객관적인 분석과 조언을 제공한다. 정책 및 전략개발, 의사결정, 대안적 접근법 및 국방부의 중요 현안에 대한 새로운 아이디어를 지원하는 것이다.

③ 시스템 엔지니어링 및 통합 센터 FFRDC(Systems engineering and integration center FFRDCs)는 복잡한 시스템(complex systems)이 운영되는 요구사항을 충족하도록 독립성과 객관성으로 '장기적인 기술 및 엔지니어링 요구'를 충족한다. '시스템 엔지니어링 및 통합 FFRDC'는 ㉠ 기술 시스템 및 하위 시스템 요구사항 및 인터페이스의 구체화, 특히 공동운영을 위한 시스템 엔지니어링 기능의 우선순위 지정, ㉡ 시스템 하드웨어의 개발 및 구매, ㉢ 성능 테스트 및 검증, ㉣ 새로운 기능의 통합 및 상호 운용, ㉤ 시스템 운영 및 물류의 지속적인 개선, ㉥ 영리단체가 수행하는 프로그램 및 활동에 대한 평가 및 ㉦ 소프트웨어, 후원 계약에 따라 새로운 기술을 민간부문에 이전함으로써 스폰서를 지원한다.

■ NL(FFRDC)의 특징

연방조달규정(Federal Acquisition Regulation System, FAR)은 FFRDC의 설치, 활용, 검토 및 폐지를 관리한다. FAR에 따르면, **FFRDC는 연방정부 또는 민간부문만으로는 효과적으로 충족시킬 수 없는 R&D 요구를 해결하기 위한 것이다. 본질적으로, FFRDC는 대학 및 기업이 수행할 수 없는 연구를 수행하도록 의도되었다**. FFRDC는 그들의 후원기관과의 **전략적 관계(strategic relationship)**를 통해 그들의 R&D를 성취한다. FFRDC은 **특별한 접근성과 장기적 지속성**(special access and longevity)이라는 두 가지 중요한 특성을 가진다.

FFRDC는 정부 및 공급업체의 데이터, 직원 및 시설에 대한 특별 접근권한(special access)을 가질 수 있다. 이러한 접근권한은 '일반적인 계약관계(normal contractual relationship)'에서 전형적인 접근범위를 초월하며, 민감하고 독점적인 정보에 대한 접근을 포함할 수 있다. 이에 따라, FAR는 FFRDC에게 다음을 요구한다. ① 객관성과 독립성을 가지고 공공의 이익(public inter-est)을 위해 운영되어야 하며, ② 기관의 이해충돌로부터 자유로워져야 하며, ③ 자신의 활동을 후원 연방기관(스폰서)에 완전히 공개해야 한다. 또한 **'연방 R&D계약(federal R&D contracts)'에서 FFRDC는 그들의 특권 정보에 대한 접근권, 장비 또는 재산을 민간부문(private sector)과 경쟁하기 위해 사용할 수 없다**. 그러나 민간부문에서 얻을 수 없는 역량이 FFRDC에 있는 경우, FFRDC는 다른 연방기관을 위해 업무를 수행할 수도 있다. 마지막으로, 연방 R&D 계약을 위해 민간부문과 경쟁하는 것을 금지하는 원칙은, FFRDC와 관련된 모기관(parent organization) 또는 모기관의 계열사에는 적용되지 않는다.

☞ 미국의 NL은 특권 정보에 접근할 수 있고, 국가자원을 사용하므로, 민간과의 과제경쟁을 금지시키고 있다. 그러나 우리나라는 PBS를 통해 출연(연)과 민간의 경쟁을 촉진하고 있다. 그런데, 출연(연)은 인건비를 연구과제로 확보해야 하니, 동일한 목적의 연구과제에서 출연(연)의 과제는 대학의 과제보다 연구비 요구가 크다.

또 다른 결정적인 특징은 FFRDC와 그 후원 연방기관(스폰서) 사이의 장기적 관계(long-term relationship)이다. FAR에 따르면, FFRDC의 최초 계약기간은 최대 5년일 수 있지만, 이러한 계약은 심사 후 최대 5년 단위로 갱신될 수 있다. FAR은 FFRDC가 고급인력을 유치할 수 있도록 하기 위해, 안정성과 연속성을 제공하기 위한 장기계약(long-term contracts)을 장려한다. 또한, FFRDC가 심층적인 전문지식을 유지하고, 연방기관의 요구를 숙지하며, 신속한 대응을 제공하고, 객관성과 독립성을 유지하기 위해서는 장기적 관계(long relationship)가 필요하다.

참고로 FFRDC와 유사하게 대학부설연구센터(University Affiliated Research Centers, UARC)가 있다. UARC는 대학 내에 설치하는 연구기관이며, 주로 국방분야의 연구를 수행하는데, **비경쟁으로 연구비를 받는다**.

☞ 우리는 정부부처가 비경쟁으로 연구비를 지원하면 '연구비 갈라먹기'라고 비난이 나온다. UARC는 대학의 기초연구 성과를 국방분야로 흐르게 하는 하나의 채널이 된다.

University Affiliated Research Centers (UARCs)

현재 13개의 대학부속연구센터(University Affiliated Research Centers, UARCs)가 DOD의 본부(military service), 연방기관(agency) 또는 3군(component)에 의해 후원되고 있다. UARC는 UARC를 지원하는 연방기관에게 엔지니어링, 연구 또는 개발 기능을 제공한다. UARC는 대학 또는 단과대학 내에 위치하고 있으며, 전형적으로 후원하는 연방기관으로부터 비경쟁적 기준(noncompetitive basis)으로 연간 6백만 달러 이상의 자금을 받는다. 미국 GAO(Government Accountability Office)의 2018년 보고서에서 알 수 있듯이, DOD가 개별 UARC에 지시하는 자금 규모는 매우 다양할 수 있다. 예를 들어, 2017 회계연도에 한 UARC는 120만 달러를 지원받았고 다른 UARC는 7,870만 달러를 지원받았다.

UARC는 연방 법령(federal statute)에 정의되어 있지 않다. 그러나 DOD는 그들의 관리를 위한 정책과 절차를 수립했다. UARC의 특징은 FFRDC와 매우 유사하다. FFRDC와 마찬가지로 UARC의 정의적 특징은 후원하는 연방기관과 '장기적 전략적 관계(long-term strategic relationship)'이다. 이 관계는 '연방기관의 연구수요에 대한 깊이 있는 지식(in-depth knowledge of the agency's research needs)', 독립성과 객관성(independence and objectivity), 이해 상충으로부터의 자유(freedom from conflicts of interest), 민감한 정보에 대한 접근성(access to sensitive information), 신흥 연구분야에 대한 신속한 대응 능력(the ability to respond quickly to emerging research areas)을 위한 것이다.

UARC와 FFRDC의 중요한 차이점은, UARC는 대학에 소속되어야 하며, 전반적인 임무의 일부로서 교육기능을 가져야 하며, 공공 및 민간 R&D 계약을 두고 경쟁할 수 있는 더 큰 유연성을 가진다는 것이다. GAO(Government Accountability Office)에 따르면, 국방부의 UARC에 대한 국방부의 감시는 FFRDC와 다르다. UARC의 주요 스폰서 역할을 하는 DOD 본부, 연방기관 또는 3군이 UARC에 대한 정책과 계약 감독을 수행하는데, DOD가 FFRDC에 대한 적극적인 감독을 수행하는 것과 대조적이다(즉, DOD는 계약에 들어가기 전에 모든 FFRDC 과업을 승인해야 한다).

FFRDC(NL) 목록(2020년)

스폰서	Name of FFRDC(NL)	Contractor(관리기관)
DOD	Aerospace Federally Funded Research and Development Center	The Aerospace Corporation
	Arroyo Center	RAND Corp.
	National Security Engineering Center	MITRE Corp.
	Center for Naval Analyses	The CNA Corporation
	Center for Communications and Computing	Institute for Defense Analyses
	Lincoln Laboratory	MIT

DOD	National Defense Research Institute	RAND Corp.
	Project Air Force	RAND Corp.
	Software Engineering Institute	Carnegie Mellon University
	Systems and Analyses Center	Institute for Defense Analyses
DOE	Ames Laboratory	Iowa State University
	Argonne National Laboratory	UChicago Argonne, LLC
	Brookhaven National Laboratory	Brookhaven Science Associates, LLC
	Fermi National Accelerator Laboratory	Fermi Research Alliance, LLC
	Idaho National Laboratory	Battelle Energy Alliance, LLC
	Lawrence Berkeley National Laboratory	University of California
	Lawrence Livermore National Laboratory	Lawrence Livermore National Security, LLC
	Los Alamos National Laboratory	Triad National Security, LLC
	National Renewable Energy Laboratory	Alliance for Sustainable Energy, LLC
	Oak Ridge National Laboratory	UT-Battelle, LLC
	Pacific Northwest National Laboratory	Battelle Memorial Institute
	Princeton Plasma Physics Laboratory	Princeton University
	Sandia National Laboratories	National Technology and Engineering Solutions of Sandia, LLC
	Savannah River National Laboratory	Savannah River Nuclear Solutions, LLC
	SLAC National Accelerator Laboratory	Stanford University
	Thomas Jefferson National Accelerator Facility	Jefferson Science Associates, LLC
DHHS	CMS Alliance to Modernize Healthcare	MITRE Corp.
	Frederick National Laboratory for Cancer Research	Leidos Biomedical Research, Inc.
DHS	Homeland Security Operational Analysis Center	RAND Corp.
	Homeland Security Systems Engineering and Development Institute	MITRE Corp.
	National Biodefense Analysis and Countermeasures Center	Battelle National Biodefense Institute
DOT	Center for Advanced Aviation System Development	MITRE Corp.
DOC	Center for Enterprise Modernization	MITRE Corp.

NASA	Jet Propulsion Laboratory	Caltech
NIST	National Cybersecurity Center of Excellence	MITRE Corp.
NSF	Green Bank Observatory	Associated Universities, Inc.
	National Center for Atmospheric Research	UCAR
	National Optical Astronomy Observatory	AURA Inc.
	National Radio Astronomy Observatory	Associated Universities, Inc.
	National Solar Observatory	AURA Inc.
	Science and Technology Policy Institute	Institute for Defense Analyses
NRC	Center for Nuclear Waste Regulatory Analyses	Southwest Research Institute
미국 법원	Judiciary Engineering and Modernization Center	MITRE Corp.

■ NL(FFRDC)에 대한 자금지원

NSF에 따르면, **연방정부의 2019년도 연구비 지출은 총 1,415억 달러**였다. 이 전체 액수 중, NL에 149억 달러(10.5%)를 지출하였으며, 산업계에 436억 달러(30.8%), 연방연구기관(intramural)에 396억 달러(28.0%), 대학에 334억 달러(23.6%)를 지출하였다. 나머지 101억 달러(7.2%)는 다른 비영리 단체, 주 및 지방정부 및 외국기관에 지출되었다. 2019년 NL은 연구비 지출의 41%는 기초연구, 36%는 응용연구, 24%는 개발연구에 지출하였다.

연방정부는 1967년~2019년간 **연방부처 R&D지출의 9.2%를 NL에 지출하도록 의무화(obligating)**했다. 고정 달러로 보면, NL에 대한 연방 자금지원은 1967년부터 2019년까지 76.9억 달러에서 148.7천억 달러로 증가했다. 이 증가는 복리연간성장률(compound annual growth rate, CAGR)이 1.25%인데, 같은 기간에 '보고된 총 연방 R&D지출'의 CAGR이 0.66%인 것과 대조된다[59. p. 6].

다음 표는 2019년도 연방부처의 연구자금 중 NL에 **의무화(Obligation)된 자금액수**, 각 연방부처별 연구자금에 대한 NL에 의무화된 자금의 비중, 각 연방부처가 실제로 NL에게 지출한 R&D 예산비율을 보여준다. 3개의 연방부처(DOE, NASA, DOD)가 NL에 의무화된 연구자금(federal R&D funding obligated to FFRDCs)의 92%를 차지한다. DOE에는 NL이 연방부처의 연구 요구를 충족시키는 데 있어 중심적인 역할을 한다.

※ 여기서 '의무적 지출'되는 자금은 R&D용도로 지출되는 것을 말한다.

■ Federal Agency R&D Obligations to FFRDCs, FY2019

	FFRDC Obligations	% of Total Federal R&D Obligations to FFRDCs	% of Agency R&D Budget to FFRDCs
DOE	$8,470.9	57.0%	58.0%
NASA	$3,105.7	20.9%	20.3%
DOD	$2,089.9	14.1%	3.7%
DHHS	$673.1	4.5%	1.7%
NSF	$290.8	2.0%	4.8%
DOT(교통성)	$126.9	0.9%	10.8%
Department of Homeland Security	$64.0	0.4%	6.8%
DOC(상무성)	$22.0	0.1%	1.4%
NRC(원자력 규제 위원회)	$21.3	0.1%	32.9%
미국 법원	$5.9	〈0.1%	100.0%
교육성	$1.1	〈0.1%	0.4%
DOI(내무성)	$0.1	〈0.1%	〈0.1%
Total	$14,876.1	100.0%	11.0%

DOE와 유사하게, 미국 법원(the United States Courts)과 NRC도 그들의 R&D 요구를 실행하기 위해 NL에 크게 의존한다. 미국 법원은 모든 R&D 예산을 NL에 지출했으며, NRC는 R&D 예산의 32.9%(2,130만 달러)를 NL에 지출했다.

■ NL(FFRDC)에 대한 의회(Congress)의 관심

NL은 수십 년 동안 의회(Congress)의 주목을 받았다. 역사적으로, 의회의 우려는 NL의 성장과 정부의 비용에 집중되었다.

〈감독과 관리의 효과성(Effectiveness of Oversight and Management)〉

NL에 대한 연방기관의 감독 및 관리(oversight and management)의 적절성은 의회의 오랜 관심사였다. 일부 상원의원들은 비용을 통제(control costs)하고 NL에서 파악된 잘못된 관리(mismanagement)를 해결할 수 있는 '**연방기관의 능력**'에 대해 반복적으로 우려를 표명했다[111]. NL에서 생기는 문제를 보면;

○ 2000년에 로스 알라모스 국립 연구소(LANL)에 2개의 컴퓨터 하드 드라이브가 분실되었고,

한 직원이 중국에 핵 정보를 판매하려고 계획한 혐의로 기소되었다.

○ 2004년 LANL에서 기밀 데이터(classified data)의 잘못된 취급과 '레이저 사고로 인해 학생의 부분적인 실명(partial blinding)'이 발생했다.

○ 2016년 LANL이 유해 폐기물을 잘못 처리한 것으로 밝혀졌으며, LANL 근로자 9명이 변전소 정기 보수작업 중 부상을 입었다.

1990년대 초부터, 정부회계국(Government Accountability Office, GAO)은 'DOE의 계약관리(DOE's contract management)를 사기, 낭비, 남용 및 잘못된 관리(fraud, waste, abuse, and mismanagement)에 대한 고위험 영역으로 지정했다. 2002년부터 DOE는 NL에 대한 감독을 '거래모델(transactional model)'에서 **'계약자 보증 시스템(contractor assurance systems, CAS)'**으로 알려진 것을 통해, NL에서 수집된 분석정보를 평가하는 '시스템기반 접근방식'으로 전환하고 있다. 많은 이해관계자들은 CAS를 DOE 감독의 개선을 위한 긍정적인 단계로 인식하고 있다.

이와는 대조적으로, 다른 사람들은 DOE의 전반적인 감독·관리 활동을 부담스럽고, 비생산적이며, NL 모델의 왜곡으로 본다. 비평가들은 DOE가 현재 NL을 미세하게 관리하기 때문에 NL 모델의 원래 장점인 유연성이 상당히 감소했다고 주장한다. **마이크로 매니지먼트(micromanagement)**의 증가에 따른 해로운 영향을 우려하는 일부 사람들은 NL 모델의 원래 취지로 돌아가기를 바라고 있다. 즉, **정부는 전체적인 전략적 방향을 설정하고 필요한 자금을 제공하는데 그치고, NL은 도출된 과제의 해결방법을 스스로 결정할 수 있는 유연성을 가져야 한다**. 비평가들은 DOE와 그의 NL 사이에 현재 **'신뢰의 부족(lack of trust)'**이 존재하고 있으므로, NL 모델이 구상한 파트너십으로 되돌아가기 위해서는, 이 '신뢰의 회복'이 필요하다고 지적한다.

정보기술혁신재단(Information Technology and Innovation Foundation), 미국전진센터(Center for American Progress), 헤리티지재단(Heritage Foundation)에 따르면, 개별 NL이 의무를 이행하지 않는 경우 징벌적 제한과 계약관리기관 해지를 포함한 시정조치가 유효한 선택이다. 그러나 한 NL의 실수가 결과적으로 모든 DOE NL에 대한 새로운 규정과 추가 감독을 초래해서는 안된다고 주장한다.

☞ 우리 과기부와 출연(연) 사이에도 '신뢰의 부족'이 존재하지 않는가?

〈민간부문과의 경쟁〉

의회와 행정부는 수십 년 동안 '연구개발의 조달(procurement of R&D)'을 포함한 연방 조달(federal procurement)의 경쟁을 촉진하는 데 관심을 보여 왔다. 그러나 **연방법은 경쟁 관행(competitive practices)에서 NL을 명시적으로 배제**한다. 이 이슈에 대해 찬반양론이 무성하지만,

비즈니스 리더와 매니저로 구성된 자문위원회인 방위사업위원회(Defense Business Board)의 2016년 보고서에는 다음과 같이 명시되어 있다.

> 오늘날, 영리부문(for-profit sector)은 과거에는 FFRDC에서만 가능했던 대부분의 기술 서비스(technical services)를 제공할 수 있다. 그러나 많은 경우, FFRDC에 과업을 맡겨야 하는 타당한 이유가 아직도 남아 있다.: **잠재적인 이해충돌(potential conflicts of interest)의 방지, 기밀성 경쟁 정보에 대한 접근 또는 심층적인 역사적 지식과 경험으로서 영리기업(for-profit companies)에 맡길 수 없는 것**.

그런데, 2016년 국방수권법(National Defense Authorization Act)에서, 의회는 국방 프로그램에 대한 기술적 조언을 제공하는 기업에 대한 **'독점적 업무명령'과 관련된 '이해상충 및 불공정한 경쟁우위'에 대한 우려를 다루는 조항**을 포함시켰다. 이렇게 되면 NL에 부여되는 독점적 미션을 이해충돌의 관점에서 바라보게 된다. 2019년 GAO(정부회계국)는 DOD의 연구 및 분석용 NL의 활용을 심사한 결과, 센터 5곳 모두 FAR 및 DOD 지침을 기준으로 이해충돌의 정책과 관행이 존재함을 발견했다.

그러나 민간부문이 'R&D 연구소'로 분류된 NL에 의해 수행되는 작업을 완전히 다룰 수 있을지는 명확하지 않다. PSC(Professional Services Council)에 따르면, NL은 "정부와 그 영리성 계약자들이 이용할 수 있는 시설을 초월하는 연구소와 전문화된 시험 및 평가 시설을 유지한다." 또한, 지지자들은 NL이 "학술기관이나 비즈니스 부문에 의해서만 수행될 수 없는 국가의 과학기술 커뮤니티에서 핵심적인 역할을 차지하고 있다"고 주장한다. 민간부문이 NL과 경쟁하는 것은 아직 이르다.

☞ 우리 정부부처가 필요한 연구를 소관 출연(연)에 의뢰하는 것이 '비경쟁 특혜'를 부여하는 것인가? 특히, 기업의 연구능력이 확대된 시점에 '정부의 연구개발 조달(아젠다 과제)'은 경쟁절차를 거쳐야 하는가? 정부와 출연(연) 사이에 '수의계약'이 합당한가? 이런 이슈에 대해 법률적 근거를 두어야 한다. 정부가 출연(연)을 설치한 이유는 정부의 연구수요를 해결하기 위한 것이다. 그런데 이러한 법률적 보장은 오히려 출연(연)의 도덕적 해이를 초래할 수도 있다. 그렇다면 출연(연)의 미션연구와 아젠다과제는 어떻게 관리되어야 하는가?

〈mission creep〉

NL는 우수한 인력과 첨단시설이 있으므로, 마음만 먹는다면 다양한 연구요구에 대응하여 '돈벌이 연구'를 수행할 수 있다. 이렇게 살며시 임무범위를 넘어서는 것을 '**mission creep**'이라고 한다. 이것을 '활동의 다양화'라는 시각으로 볼 수도 있지만, NL 활동의 다양화 또는 mission creep은 민간부문과의 경쟁에 대한 우려와 밀접한 관련이 있는 이슈이다. 제대로 정의되지 않은 임무 또는 범위는, NL이 수행할 R&D 과업이 무엇인지, 민간부문에 의뢰하는 것이 더 나은 과업이 무엇인지를 결정하는 것을 어렵게 한다. mission creep은 NL 활동을 새로운 분야로 확장하는 것뿐만 아니라 NL 고객(예 다른 연방기관을 위해 일하는 것)의 확대와도 관련이 있다. 일부 분석가들은 NL 활동의 다양화는 특수한 R&D 수요를 충족시키려는 NL의 의도와는 배치되며 연방기관의 임무(federal agency's mission)를 수행하는 데에도 비효율적이라고 주장했다.

☞ 'mission creep'이란 정부가 연구기관에 부여한 미션을 벗어나는 활동을 말한다.

연방기관들은 다양한 방식으로 mission creep 우려에 대응해 왔다. DOE는 NL이 다른 연방기관을 위해 수행할 수 있는 작업량에 제한을 두었다. 특히, **DOE Office of Science는 NL에서 다른 연방기관 또는 비정부기관을 위한 과업이 NL의 운영예산보다 20% 높은 경우, DOE는 과업을 승인하기 전에 심층심사(in-depth review)를 실시한다**. 이러한 심사는 DOE NL이 다른 기관을 위해 수행하고 있는 작업이 DOE의 연구요구를 충족하는 능력을 방해하지 않도록 하기 위한 것이다. DOE는 NL의 다른 기관을 위한 과업이 임무수행에 부정적 영향을 미치지 않도록 보장하기 위해 과제승인, 비용회수 또는 프로그램 심사를 실시한다.

일반적으로 GAO(정부회계국)에 따르면, **NL의 연간 R&D계획에 대한 연방기관의 승인은 그 활동이 NL의 범위, 임무 및 목적 내에 있도록 보장해야 한다**. 또한 방위사업위원회(Defense Business Board)는 DOD가 독립적인 전문가를 사용하여 7년에서 10년마다 NL에 대한 정기적 심층심사를 실시하라고 권고했다.

☞ 미국의 NL은 우리나라의 출연(연)과는 정반대의 상황이다. 우리는 정부가 출연(연)에 미션연구를 주지 않으며, 무슨 과제든지 수탁해서 인건비를 벌라는 상황이다.

■ NL에서 얻는 정책적 시사점

그동안 우리는 출연(연) 정책에 대한 실마리를 찾기 위해, MPG, CNRS, RIKEN 또는 미국의 NIH를 참조하였다. 그러나 우리 출연(연)과 가장 유사한 연구기관은 미국의 NL(FFRDC)이라고 본다. 연방정부가 NL을 두고 어떻게 관리하고 고민을 하는지가 우리와 비슷하다. 특히 17개 NL을 보유하고 고민하는 DOE는 우리 과기부와 비슷하다.

미국의 NL를 아주 세부적으로 관찰해보면 우리의 출연(연) 관리에 많은 시사점을 얻을 수 있다. 따라서 DOE의 연구소 관리체계 및 DOE의 17개 NL 관리사례를 파악해 보자. 특히, DOE의 NL개혁을 위한 연구사례를 살펴보면, 그들이 얼마나 신중한지 알 수 있다.

미국의 FFRDC(NL)에서 우리가 주목할 만한 내용은 다음과 같다.

○ NL은 연방정부 또는 민간부문만으로는 효과적으로 충족시킬 수 없는 정부의 R&D 요구를 해결하기 위해 설립되었다.
  - FFRDC는 대학 및 기업이 수행할 수 없는 연구를 수행하도록 의도되었다.
  - NL은 연방부처의 연구수요를 해결하기 위해 미션연구와 아젠다연구를 수행한다.
  - NL의 미션을 벗어나는 과제수행은 20% 이내로 허용한다.

○ 연방부처는 자신의 연구수요를 해결하기 위해 '연구개발을 조달'하는 개념으로 NL과 계약한다. 이 조달은 경쟁없이 계약이 가능하다.

−NL은 정부 및 공공기관의 데이터에 접근할 권한을 가진다.

−NL은 주무부처(스폰서)와 장기적 관계를 유지해야 한다.

○ 연방부처는 소관 연구개발예산의 9.2% 이상을 NL에 투자해야 한다.

○ 미국 의회는 연방부처가 NL을 직접 관리하기에 부적정하다고 보아, 전문관리기관이 계약을 통해 관리하도록 하였다.

−DOE가 NL을 직접 관리하면, 마이크로 매니지먼트(micromanagement, 미세한 관리)하기 쉽고, 그렇게 되면 NL의 원래 장점인 유연성이 감소한다고 보았다.

☞ 우리나라는 과기부가 출연(연)을 미세하게 관리하고 있지 않은가?

−정부는 전체적인 전략적 방향을 설정하고 필요한 자금을 제공하는 데 그치고, NL은 도출된 과제의 해결방법을 스스로 결정할 수 있는 유연성을 가져야 한다.

−DOE와 그의 NL 사이에 '**신뢰의 부족**(lack of trust)'이 존재하고 있으므로, 'NL의 모델'이 구상한 파트너십으로 되돌아가기 위해서는, '신뢰의 회복'이 필요하다.

2 DOE와 산하 17개 NL의 개요[60]

■ DOE 개요

DOE는 에너지 혁신(energy innovation), 과학 발견(science discovery), 핵 안보(nuclear security) 및 잔존 핵물질 환경 정화(environmental cleanup of legacy nuclear materials)라는 주요 임무 영역(major mission areas)에 대한 기초 R&D를 지원하는 주요 연방기관(Federal agency)이며, 물리 및 컴퓨팅 과학분야의 기초연구를 지원하는 국가의 최대 지원기관이다. DOE가 추구하는 사회적 가치는 ① 국가안보 위협에 대응하고, ② 에너지 자립을 촉진하고, ③ 일자리를 창출하고, ④ 국가번영을 증진하고, ⑤ 미국의 제조 경쟁력을 높이는 것이다. 그리고 미국의 미래 요구를 지원하기 위해 ⑥ 강력한 **STEM(과학 · 기술 · 수학) 인력 파이프라인(STEM workforce pipeline)의 유지**에 계속 초점을 맞추고 있다.

☞ 미국 DOE의 미션은 사회적 가치(안보, 자립, 일자리, 번영)로 표현되어 있다. 반면에 우리 「정부조직법」에 과기부의 미션은 기능(정책수립 · 조정, 연구개발, 인력양성)으로 표현되어 있다. 그래서 우리는 지향점이 보이지 않는다. 과기부는 무엇을 달성해야 일을 잘하는 것인가?

DOE에는 약 13,000명의 연방직원(공무원 신분)이 있으며, 17개 NL, 5개 원자력발전소, 그리고 30개 주의 85개의 현장(field locations)을 가지는 16개의 '환경정화현장'에 95,000명 이상의

■ DOD NL의 지휘체계(2020년)

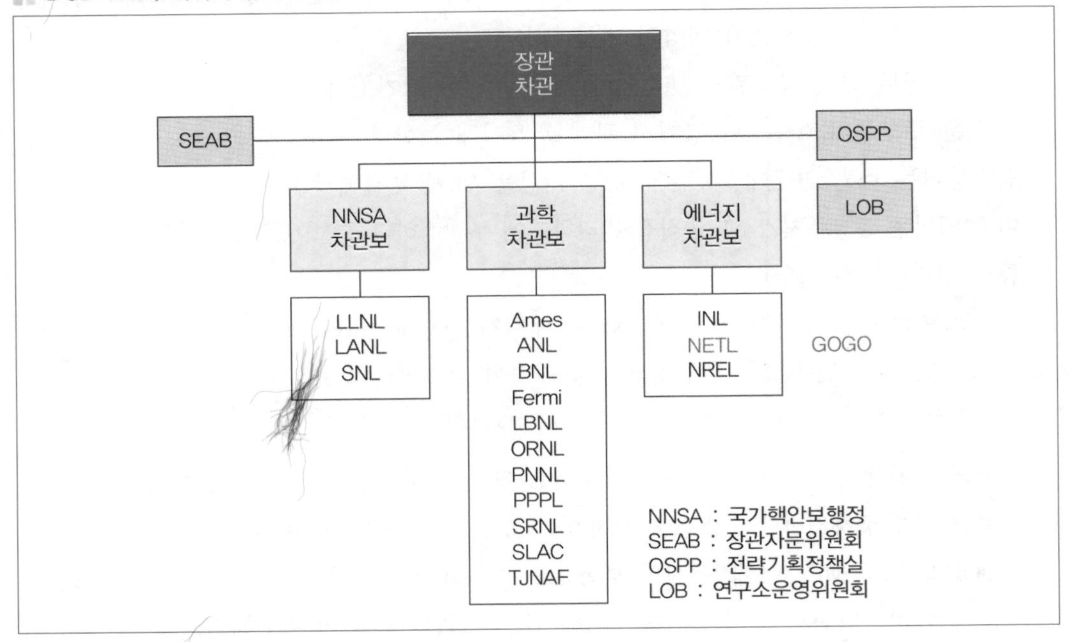

NL 직원(민간인 신분)과 계약직원을 두고 있다.

DOE에는 장관(Secretary), 차관(Deputy Secretary) 아래에 3명의 차관보(Under Secretaries)가 있는데, 차관보들은 다양한 주제 분야를 가진 **프로그램 사무실(Program Offices)을** 두고 있다. 차관보들의 역할은 다음과 같다.

○ **에너지차관보(Under Secretary of Energy)**: 미국의 에너지 인프라의 운영과 신뢰성에 관련된 응용기술에 초점을 맞추고 에너지정책, 에너지보안 및 응용기술 R&D에 대한 수석차관보 및 부처의 수석고문 역할을 한다. 이 차관보는 DOE의 3개의 NL과 4개의 전력마케팅관리국(Power Marketing Administrations)을 관리한다.

○ **과학차관보(Under Secretary for Science)**: 핵 및 입자 물리학, 기초 에너지 과학, 고급 컴퓨팅, 핵융합, 생물 및 환경연구를 포함한 프로그램을 통해 기초 에너지 연구, 에너지 기술 및 과학에 대한 부처의 주요 고문 역할을 한다. 과학차관보는 11개의 NL과 세계를 선도하는 사용자 시설(User Facilities)을 관리한다.

○ **원자력안보차관보(Under Secretary for Nuclear Security)**: 국가핵안보실(National Nuclear Security Administration, NNSA)의 행정관 역할을 하는데, 그는 NNSA와 3개 핵심 미션(① 핵 비축(the nuclear stockpile)의 안전, 보안 및 효과적 유지, ② 핵확산과 테러위협에 대한 예방·대응, ③ 해군의 핵추진에 대한 운영지원 제공)을 지휘한다. 3개의 NL, 2개의 해군 원자로 연구소를 관할한다.

DOE의 17개의 NL은 3명의 차관보에 의해 관리된다. 그리고 **17개 NL 전체의 자금과 운영은 OSPP(Office of Strategic Planning and Policy) 내의 연구소운영위원회(Laboratory Operations Board, LOB)의 의견과 함께 장관·차관이 감독**한다. 17개 NL의 예산은 타 부처예산(약 15%)를 포함해서 약 135억 달러이다.

☞ DOE는 FFRDC(NL)의 지원 · 육성에 '전사적 노력'을 경주한다는 점을 알 수 있다. DOE는 17개 NL을 3명의 차관보가 관리하지만, 과기부는 25개 출연(연)을 과장급 1명이 관리한다.

■ National Laboratory(NL) System 개요

DOE의 17개 NL 중 하나(NETL)를 제외한 16개 NL은 정부소유이면서 (계약)관리기관(contractors)이 운영하는(government-owned, contractor-operated, GOCO) 형식이다. 이것은 경쟁적으로 선정되고 계약을 체결한 '관리기관'이 연구소와 R&D 자금의 투자를 효과적으로 운영하면서, DOE가 부여한 미션을 수행할 수 있게 한다. 또한 GOCO 모델은 DOE가 관리기관의 경영진과 관리인력을 변경함으로써 NL에 유능한 인력을 유지하면서 전략적 관리방향을 지원하도록 하는 '관리기관 재경쟁 프로세스(recompete process)'를 적용한다. 이 계약의 기간은 5년을 기본으로 하고, 경영성과가 우수한 경우 5년 이내에서 계약을 연장해준다. **National Energy Technology Laboratory (NETL)**는 정부소유의 정부운영(government-owned, government-operated, GOGO) 형식을 가지는 유일한 국립연구소(NL)이다.

■ DOE 소속 17개 National Laboratory 개요(2019)

명칭(약칭)	예산($)	인력(명)	관리기관
Ames National Lab. (Ames)	54M	300	Iowa State University
Argonne National Lab. (ANL)	837M	3,448	UChicago Argonne, LLC
Brookhaven National Lab. (BNL)	588M	2,421	Brookhaven Science Associates
Fermi National Lab. (Fermilab)	492M	1,810	Fermi Research Alliance, LLC
Idaho National Lab. (INL)	1,349M	4,888	Battelle Energy Alliance
Lawrence Berkeley National Lab. (LBNL)	907M	3,398	University of California
Lawrence Livermore National Lab. (LLNL)	2,210M	7,378	Lawrence Livermore National Security, LLC
Los Alamos National Lab. (LANL)	2,609M	9,831	Triad National Security, LLC
National Energy Technology Lab. (NETL)	303M	1,712	(GOGO)
National Renewable Energy Lab. (NREL)	492M	2,265	Alliance for Sustainable Energy, LLC
Oak Ridge National Lab. (ORNL)	1,825M	4,856	UT-Battelle, LLC
Pacific Northwest National Lab. (PNNL)	938M	4,301	Battelle
Princeton Plasma Physics Lab. (PPPL)	97M	531	Princeton University
Sandia National Lab. (SNL)	3,811M	12,783	Technology and Engineering Solutions of Sandia LLC
Savannah River National Lab. (SRNL)	289M	1,000	Savannah River Nuclear Solutions
SLAC National Accelerator Lab. (SLAC)	542M	1,620	Stanford University
Thomas Jefferson National Accelerator Facility (TJNAF)	160M	693	Jefferson Science Associates, LLC

※ 그 외, NNSA 산하 Production Facilities(Plants/Site)로서 4개 기관이 있음
- -Pantex(Pantex Plant),
- -KCP(Kansas City National Security Campus),
- -Y-12(Y-12 National Security Complex)
- -NNSS(Nevada National Security Site)

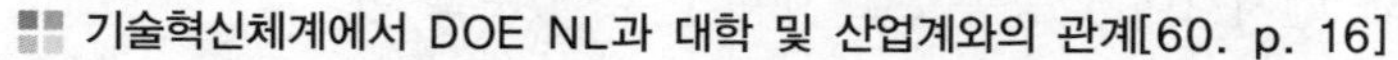

■ National Laboratory(NL)의 기능

■■ 기술혁신체계에서 DOE NL과 대학 및 산업계와의 관계[60. p. 16]

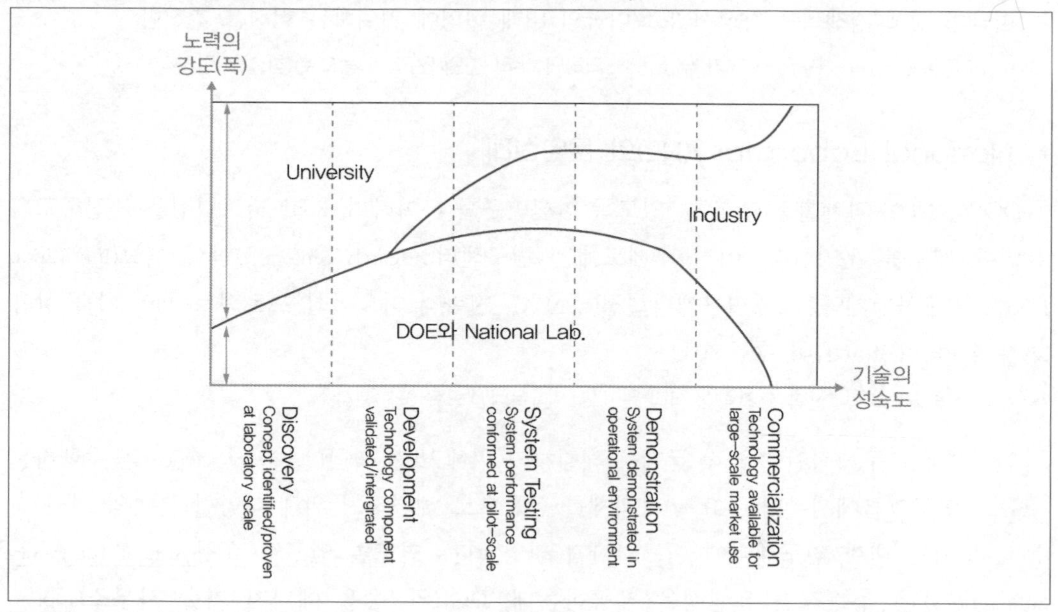

DOE의 NL은 국가 R&D 생태계의 가장 중요한 거점이며 '**과학계의 중요한 협력허브 역할(critical collaboration hubs for the scientific community)**'을 한다. NL은 일반적으로 장기·지속적 초점을 필요로 하는 복잡한 문제에 집중함으로써, **대학과 산업계 사이의 공간에서 운영**된다. NL은 광범위한 핵심역량, 세계 최고 수준의 연구원, 최첨단 시설과 장비를 갖춘 상호의존적인 시스템(interdependent system)으로 기능한다.

NL은 장기·지속적 R&D를 제공하는데 적합하지만, 핵심 기능의 범위가 넓기 때문에 새로운 위기에 민첩하게 대응할 수도 있다. DOE의 NL은 다음과 같이 기여할 수 있다.

○ 우리 주변 세계에 대한 이해를 증진시키는 물리, 화학, 생물학, 재료 및 계산 및 정보 과학 분야의 최고 수준의 연구 수행

○ 청결하고 신뢰할 수 있는 저렴한 에너지의 가용성을 보장하기 위해 청정에너지 기술에 대한 미국의 에너지 독립성 및 리더십 강화

○ 안전하고 효과적으로 핵무기 비축량(nuclear weapons stockpile)을 유지하고, 세계 핵 위협을 감소시키며, 미국 해군에 안전하고 군사적으로 효과적인 '해군 추진 시설(naval propulsion plants)'을 제공함으로써 세계·국가 및 국토 안보 강화

○ 세계에서 미국의 지속적인 **과학기술 우위에 필수적인 과학 및 엔지니어링 역량 관리**

○ 유일하고 독특한 연구시설 및 계측기를 설계·구축 및 운영하며, 이러한 자원을 학계 및 산업계의 수만 명의 과학자와 엔지니어가 공동으로 사용할 수 있도록 함
○ 미국의 경제 경쟁력을 향상시키고 미국의 미래 번영에 기여하는 혁신을 촉진함
☞ FFRDC(NL)의 기능은 핵무기 부분을 제외하면 우리 출연(연)의 기능으로 참고할 만하다.

■ National Laboratory(NL)의 운영실태

DOE는 NL이 과제를 수행할 수 있도록 미션연구를 부여하며, R&D 파트너십을 촉진하도록 유연한 제도를 운영한다. 이러한 제도에는 연구센터(research centers), 혁신 허브(Innovation Hubs), 연구하청계약, 협력연구개발협정(CRADA), 전략적 파트너십 프로젝트(SPP), 기술 상용화를 위한 협정(ACT)이 포함된다.
☞ 우리가 중요시하는 '산학연 협력'을 미국은 'R&D 파트너십'으로 표현한다.

연구제휴는 구체적인 기술적 문제를 해결하기 위해 발견 과학(discovery science)을 수행하는 **소규모 연구그룹**에서부터 주요 연구과제를 공동으로 해결하기 위해 다양한 분야의 여러 전문가 모이는 **대형 연구센터**에 이르기까지 다양하다. '**연도별 연구소 요청(Annual Laboratory Solicitations)**'은 추가적인 유연성을 제공하는데, DOE의 '**응용 에너지 기술 사무소(applied energy technology offices)**'가 핵심 및 기술 역량을 직접 지원할 수 있게 한다. 이러한 **요청(solicitations)**은 종종 연구소 간 협력과 연구소가 다년간의 목표를 달성할 수 있는 능력을 결합하는 더 큰 컨소시엄과 같은 프로젝트를 장려하는 데 사용된다.

○ NL은 ① 인적 교류(personnel exchanges), ② 연구자 개인 수준의 연구협력(research collabo-rations), ③ 사용자 시설을 개발·활용하기 위해 설치된 공동연구프로그램(joint research programs), ④ 새로운 과학분야에 초점을 맞춘 전략연구기관(strategic institutes) 설치와 같은 방법을 통해 **대학과 파트너십**을 구축한다.
  - DOE는 매년 학술연구 grant로 9억 달러 이상을 대학에 직접 제공
  - NL은 대학에 연구하청(subcontract)을 제공(매년 5억 달러 이상 규모)
  - 매년 8,500명 이상의 학생, 박사 후 펠로우 및 교직원을 고용
  - 매년 2,000명 이상의 대학원생들이 학위논문연구를 위해 NL 시설을 이용
○ **NL 간의 상호협력**은 세 가지 방법이 있는데, ① 법인 간 작업 명령(IEWO), ② 기관장협의회(NLDC) 및 ③ 오펜하이머 과학 및 에너지 리더십 프로그램(OSELP)이다.
  - **IEWO(Inter Entity Work Order)**는 ① R&D, ② 과학 건설 프로젝트에 대한 파트너십, ③ 소프트웨어 개발, ④ 재료 테스트 및 특성화, ⑤ 엔지니어링 분석 및 설계, ⑥ 프로젝트 관리 검토를 포함한 다양한 연구소(NL) 간의 협력에 적용된다. 이것은 DOE와 각 파트너

연구소(NL) 간의 별도의 협정 없이, 연구소(NL) 파트너 간에 자금 및 작업 범위를 이전할 수 있게 한다.

– **기관장협의회(NL Director's Council, NLDC)는 17개 연구소의 소장들로 구성된 자율조직, 자치단체이다.** NLDC는 국가적 요구를 다루는 데 있어 NL 복합체의 효과를 향상시키고 공통 관심사와 이슈에 대한 DOE와의 인터페이스를 제공한다.

– **OSELP(Oppenheimer Science and Energy Leadership Program)**는 DOE와 NLDC가 NL의 신진 리더(emerging laboratory leaders)를 육성하고 유지하기 위해 만든 연례 펠로우십 프로그램(annual Fellowship program)이다. OSELP 펠로우들은 현재와 과거의 연구소(NL) 및 DOE 리더로 구성된 저명한 패널(distinguished panel)이 추천하고 최종적으로 NLDC가 선정한다.

☞ 우리는 출연(연)들 간에 협력을 용이하게 하는 제도에 무엇이 있는가?

DOE와 NL의 **기술이전**은 다중 연결(connections)에 초점을 맞추고 있다. DOE의 **'기술이전 사무소(Office of Technology Transitions, OTT)'**는 협력연구, 전략적 파트너십, 시설 액세스 및 기술이전에서 DOE, NL 및 민간부문 간의 상호작용을 촉진하는 **프로그램과 이니셔티브를 개발**함으로써 이러한 연결을 촉진한다. OTT의 임무는 DOE의 R&D 포트폴리오의 상업적 영향력을 확대하여 미국의 경제, 에너지, 안보이익을 증진시키는 것이다.

○ DOE는 NL과 기술 파트너(technology partners) 간의 상호작용을 안내하는 프로그램과 이니셔티브(programs and initiatives)를 권장한다. 그리하여 NL이 연구실에서 시장으로 기술이전할 수 있는 능력을 증가시키기 위해 창업휴직, 창업기금, 계약서 개혁 등 새로운 방법을 모색해 왔다.

○ DOE NL의 많은 과제들은 세계적인 규모이다. 점점 더 상호 연결되는 세계에서 기술발전과 정책전환은 글로벌 에너지 시스템에 중요하게 영향을 미칠 수 있다. DOE와 NL은 중요한 기술의 보호에 염두를 두고 있으며, NL은 또한 국제협력에 적극적으로 참여한다.

– DOE는 모든 미션 영역에서 CRADA(Cooperative Research and Development Agreement), ACT(Agreement for Commercializing Technologies)와 같은 협력협약을 맺고 있다. 이때, 여러 종류의 계약서가 필요하다.

☞ 우리나라가 매우 취약한 부분이 '계약서'이다. 어떤 계약서가 있는지 보자.

파트너십 계약 메커니즘(Partnership Agreement Mechanisms)의 유형[10. p. 39]:

- **협력연구개발협정(Cooperative Research and Development Agreement, CRADA)**: CRADA는 연방정부, 국가연구소 및 비연방 파트너 간의 협업 R&D 작업을 통해 자원을 최적화하고, 보호된 환경에서 기술 · 전문지식을 공유하며, 협업에서 발생하는 지식재산에 접근하고, 연방 개발 기술의 상용화를 진전시킬 수 있는 법적 협약이다. 참가자는 인력, 서비스, 시설 또는 장비를 제공하여 협력하고 특정 R&D 프로그램의 결과를 모은다.
- **전략적 파트너십과제(Strategic Partnership Projects, SPP)**: SPP는 DOE Laboratory가 다른 연방기관 및 비연방 기관과 함께 100% 비용 상환 방식(cost-reimbursable basis)으로 과업을 수행할 수 있도록 허용한다. 이 작업은 연구소 직원 및/또는 시설을 사용하고, 연구소의 임무와 관련되며, 연구소의 프로그램 목표 달성에 충돌하거나 방해하지 않으며, 연구소를 국내 민간부문과 직접 경쟁하지 않게 해야 하며, 연구소에서 향후 연구소의 자원에 대한 잠재적인 부담을 유발하지 않아야 한다.
- **기술 상용화 협정(Agreement for Commercializing Technologies, ACT)**: 이것은 DOE **M&O(Management and Operations) 계약자**가 파트너와 직접 협상하고 체결하는 계약이다. ACT 계약은 산업체와의 협정에서, 고정가격, 선불금(advance payments) 및 성능 보증(performance guarantees)을 포함하여 더 전통적으로 사용되는 더 유연한 지식재산권 협정과 기타 약관을 가진 연구 및 기술이전 프로젝트를 허용한다.
- **SBIR과 STTR**: 이 두 프로그램은 미국 정부 프로그램으로서 DOE는 그들의 자금 중 일부를 할애하여 R&D 프로젝트를 수행하려는 중소기업들에게 경쟁과정을 거쳐 출연할 수 있는 프로그램이다. 소기업들은 그 기술을 상업화하도록 장려되며, 그들은 그들이 개발한 기술에 대한 권리를 보유할 수 있다.
- **기술 라이센스 계약(Technology Licensing Agreement, TLA)**: 이 계약은 NL에서 개발된 특허 및/또는 저작권이 있는 지식재산권(IP)에 대한 상용화 권리를 제공하는 것인데, 이 지식재산권은 일반적으로 **M&O 계약자(관리기관)**에 의해 보유되고 허가된 것이다. IP에 관한 연방정부 지원연구 및 DOE 정책의 인가를 관리하는 법과 정책 때문에, TLA에는 권리 양도(march-in-rights), 정부의 사용권(government use rights) 및 배상 조항(indemnification provisions)과 같은 조항이 포함될 수 있다.
- **기술지원 계약(Technical Assistance Agreement, TAA)**: 이 계약을 통해 연구소 과학자와 엔지니어는 중소기업의 구성원들이 무료 또는 절감된 비용으로 중요한 문제를 해결할 수 있도록 지원한다.
- **물질이전 계약(Material Transfer Agreement, MTA)**: MTA는 연구소에서 제공하는 생물학적 물질 및 유형 연구제품이 더 이상 확산되지 않도록 보호한다. 이 계약서는 일반적으로 계약 종료 시점에 (이전된) 물질 및 제품의 반환 또는 파기를 요구한다.
- **사용자 동의서(User Agreements)**: 이러한 전문화된 표준협약은 DOE 과학적 사용자 시설(DOE scientific user facilities)에 대한 접근을 촉진한다. DOE는 DOE와 주관 연구소의 임무에 필수적인 과학 및 엔지니어링 사용자 시설을 운영한다. 각 User Facility는 할당된 시설 자원을 관리하는데 일반적으로 제출된 연구제안서의 우수성 검토를 통해 기금에 대한 접근 권한을 부여한다. 장래성 있는 비독점 사용자는 독립적 또는 협업적 연구를 제안할 수 있다. 또한 사용자 시설에 대한 접근은 출판을 목적으로 하지 않은 독점적 연구를 위해, 전체 비용 부담 방식(full-cost-recovery basis)으로 이용될 수 있다.

출처: Annual Report on the State of the DOE National Laboratories, U.S. DOE, 2017, p. 157-158, January 2017

NL 시스템은 풍부한 DOE 자원을 관리하고, **민간 산업체나 개별 대학의 역량을 넘어, 어려운 문제를 해결**하기 위한 파트너십을 구축할 수 있는 기회를 제공한다.

○ Partnership Agreements: NL이 개발한 기술을 성공적으로 이전하기 위해, DOE는 비연방기관과의 다양한 협력 메커니즘(partnering mechanisms)의 사용을 장려하고 촉진한다. 최근 몇 년 동안, DOE는 파트너십 메커니즘을 간소화하고 기술이전 노력을 증대하기 위한 새로운 방법을 모색해 왔다. 아래 표는 2015~2019년간 연도별 체결된 계약의 규모를 표시한다. NL과 비연방기관과의 활발한 협력관계를 알 수 있다.

○ NL의 또 다른 외부적 협력업무로는 'DOE 사용자 시설(DOE User Facilities)의 운영'이 있다. **NL 시스템을 설립한 중요한 이유 중 하나는 대학들이 감당할 수 없는 대형·고가 연구시설을 제공하기 위함이다.**

- DOE User Facilities: 고성능 컴퓨터, 입자 가속기, 대형 X선 광원, 중성자 산란원, 나노과학 및 유전체학을 위한 전문시설

※ 2019 회계연도에 거의 35,000명의 연구원들이 NL의 User Facilities을 활용했다. 이들 중 다수는 박사학위를 얻기 위해 연구를 수행하는 대학원생들이다.

○ DOE와 OTT는 DOE 연구의 상업적 영향을 확대하고 납세자 ROI(Return on Investment)를 가속화하는 데 초점을 맞추고 있다. 이렇게 수익률을 측정하는 일은 지속적인 투자를 위해 매우 중요하다.

DOE NL의 CRADAs, SPPs, 및 ACTs[10. p. 41]

	2015년	2016년	2017년	2018년	2019년
CRADAs(건)	666	739	924	1,011	1,002
CRADA 자금(천불)	60,497	60,435	61,031	68,102	62,102
SPPs(건)	2,259	2,234	2,090	2,411	2,248
SPP 자금(천불)	247,230	255,443	204,308	250,583	271,545
ACTs(건)	75	78	101	122	126
ACT자금(천불)	30,506	17,108	23,754	38,173	46,303

■ National Lab.을 위한 DOE의 전략

DOE는 NL의 과학적 우수성과 지속적인 영향력을 유지하기 위해 전략적 계획을 수행하고 감독·관리(oversight management)한다. **DOE는 NL의 전반적인 성공과 관리에 책임이 있다**. DOE는 NL의 임무와 능력(critical missions and capabilities)을 감독하는데, 그 대부분은 다학제적이고 첨단적인 것이다. 2017년부터 DOE 장관은 더 나은 협업을 육성하기 위해 부처의 조직을 개편했다.

- **전략기획정책실(Office of Strategic Planning and Policy, OSPP)**은 2020년에 설치되었는데, DOE 전반의 정책수립을 조정하고 장관의 정책결정을 위한 주요 자문기관 역할을 위한 것이다. 이 사무실은 에너지정책의 수립, 개발 및 발전을 합리화하는 임무를 가진 선임 고문(senior advisors)들로 구성되어 있다. OSPP팀은 장관에게 봉사하는 세 가지 주요 기능을 가지고 있다.
  - OSPP는 DOE와 NL 복합체에 걸쳐 장관의 비전(Secretary's vision)과 일치하는 장기 전략 계획과 정책(long-term strategic planning and policy)을 수립한다.
  - 중요한 임무 영역(critical mission areas)에서 장기적 과업(longstanding challenges)을 해결하기 위해 '**범부서적 프로그램 조정 그룹(cross program coordination groups)**'을 이끈다.
  - 국가적 우선순위를 해결해 가는 데에 DOE의 전문지식을 활용할 수 있도록 백악관 및 다른 연방기관에 협력한다.
- **연구소운영위원회(Laboratory Operations Board, LOB)**는 2020년 'DOE 전략계획 및 정책결정'과 NL들 간의 효과적 조정을 보장하기 위해 OSPP에 보고하도록 재구성되었다. LOB는 DOE 본부와 NL 복합체의 고위 지도자(senior leaders)로 구성된 위원회로서, DOE와 NL 간의 파트너십을 강화하고 증진하는 것이 임무이다. LOB 국장(LOB Director)은 OSPP 부실장(OSPP Deputy Director)을 맡으면서 OSPP 실장(OSPP Executive Director)에게 보고한다. **LOB는 관리 및 성과를 개선하여 NL 시스템에 걸쳐진 DOE의 집단적 임무를 보다 효과적이고 효율적으로 수행하도록 한다. LOB는 또한 ① NL의 혁신능력을 촉발하고, ② 인재(사람)를 유치하고 보유하며, ③ 인프라(공장)를 현대화하고, ④ NL의 작업(과정)에 대한 부담을 줄이는 창의적인 방법을 모색**한다.

  ※ 과기부가 출연(연) 정책을 수립 · 시행한다면 OSPP나 LOB는 매우 필요한 조직이다.

- **AITO(Artificial Intelligence and Technology Office)**는 2019년 AI 분야에서 DOE의 혁신적인 과업을 높이고 가속화하며 확장하기 위해 설립되었다. 과학차관보실에 사무실을 둔 AITO는 ① 기존 AI 과업을 조정하고, ② 민간부문, 외부 이해관계자, 대학 및 기타 연구기관과의 파트너십을 촉진하며, ③ AI의 미래를 향상시키기 위한 과업을 만든다.

○ **AEO(Arctic Energy Office)**는 2020년, DOE가 University of Alaska 캠퍼스에 재설립했다. AEO는 ① 북극 문제에 대한 국제협력, ② 메탄 하이드라이트(methane hydrates) 연구, ③ 첨단 마이크로 그리드 개발, ④ 소형 모듈식 원자로와 같은 원자력 시스템의 잠재적 배치를 포함하여, 북극 지역에서 DOE의 프로그램에 대한 조정과 협력을 촉진한다.

○ **CESER(Office of Cybersecurity, Energy Security, and Emergency Response)**는 2018년에 설립되었는데, 그 목적은 첫째, 산업체와 협력하여, 여러 에너지 부문과 중요한 인프라의 상호의존적 부문에 걸쳐 사이버 보안(cyber security) 및 물리적 보안(physical security)을 강화하고, 둘째, 에너지 부문에 대한 '긴급 대응 지원 기능(emergency support function response)'을 조정하는 것이다.

DOE 장관은 횡단적 협력(여러 부서 간의 협력)을 위해 자문위원회(advisory councils)와 조정위원회(coordinating committees)를 이용하여 DOE 내부의 **M&O(Management and Operations)**에 대한 의견을 듣고 지도력을 조언받는다.

○ **RTIC(Research and Technology Investment Committee)**는 2019년 DOE 주요부서(elements)의 부서장을 소집하여 ① R&D 활동 지원, ② 전략연구의 우선순위 조정, ③ 기초 및 응용연구에서 잠재적 횡단적 기회의 도출을 조언하고 결정하기 위해 설치되었다.

○ **장관자문위원회(Secretary of Energy Advisory Board, SEAB)**는 DOE와 NL 복합체와 관련된 문제에 대해 **장관에게 균형잡힌 외부조언을 제공**한다. 기술전문가(technical experts), 기업임원(business executives), 학자(academics) 및 전직 정부관료(former government officials)로 구성된 SEAB는 ① DOE의 기본 및 응용 R&D 활동, ② 경제 및 국가안보 정책, ③ 교육문제, ④ 운영문제 및 ⑤ 장관이 청구하는 기타 사항에 대한 권고사항을 장관에게 제공한다.

전략계획 프로세스(Strategic Planning Process)는 DOE NL을 성공적으로 펀딩하고 운영하기 위해 필요하다. 이 프로세스는 DOE 프로그램과 NL 사이의 펀딩 결정(funding decisions) 및 예산 프로세스(budget process)에 중요한 역할을 한다. NL은 아래에 설명된 '**연간 전략계획 수립 프로세스**'를 통해 전략계획과 피드백을 제시할 수 있는 기회를 갖는다.

① 1972년의 「연방자문위원회법(Federal Advisory Committee Act)」에 따라, DOE는 다양하고 복잡한 과학기술 문제에 대해 독립적인 조언과 지침을 제공받기 위해 '자문위원회(Advisory Committees)'를 활용한다.
  - 자문위원회는 DOE 프로그램에 대한 장기계획(long-range plans)을 수립하기 위해 전체 과학 커뮤니티로부터 독립적인 의견을 수집하는 확립된 프로세스를 활용한다.

② NL이 전략계획을 수립하도록, DOE는 NL에게 '연간계획지침(annual planning guidance)'을

하달한다. 이 지침에는 NL이 연간계획에서 포함해야 할 특정 주제영역과 기관의 현황에 관한 정보를 요청한다. 일반적으로 다음 정보를 포함하도록 요청한다.

– 연구소의 임무(미션연구)에 대한 요약
– 주요 자금원 및 전체 운영비용의 개요
– 연구소의 현재 핵심역량에 대한 개요
– 연구소의 미래 과학기술 전략에 대한 심도 있는 논의
– 기술이전 활동 및 전략적 파트너십을 위한 전략 및 비전
– 기반시설의 부지시설 및 캠퍼스 전략 개요
– 현재 인적자본 상황 및 임무 준비 인력개발과 관련된 장애물에 대한 관련 정보
– 연구소에서 비용관리를 위해 사용되는 전략과 접근법

③ 이에 따라, 각 NL은 **전략계획**을 작성·제출하며 각 DOE 지도부에 의해 심사된다.

– NNSA 수준의 전략계획 문서는 전략목표와 목적을 명시하고 프로그램 실행에 대한 NNSA별 기대치를 설정한다. 가장 최근에 이러한 연구소 수준의 전략계획에는 단기(5년), 중기(10년) 및 장기(25년) 계획 범위에 걸쳐 각 NL, Plants 및 Sites에 대한 예상 문제점, 추진영역 및 능력 상태를 포함하도록 하였다.
– DOE 지도부는 모든 연구소 관계자와 **DOE 프로그램 사무소(DOE program offices)**가 소관의 과학 및 에너지 NL에 대한 심사에 참여할 수 있도록 함으로써 투명성을 높이고 연구소가 DOE 및 연구소 전체의 피드백을 받도록 해준다.
– 전략계획수립 프로세스는 프로그램 사무소가 전체적으로 연구소와 더 많은 관계를 맺을 수 있는 기회를 제공한다. 연구소의 '연간계획 발표' 동안 DOE 참가자들은 각 연구소에 중요한 피드백을 제공할 수 있으며 질문할 기회를 가질 수 있다.

④ NL의 연간 전략계획 수립 프로세스 전반에 걸쳐, DOE는 NL 복합체 전체에 걸쳐 해당 프로그램 이해당사자들과 협력하고 조정한다. 이 연례행사의 주요 중요성은 **NL의 지도부와 DOE 지도부 간에 NL의 미래 방향에 대한 이해를 공유**하고, 각 NL이 DOE의 현재와 미래의 임무 요구(mission needs)에 어떻게 기여할 것인지에 대한 이해를 공유하는 것이다.

☞ 미국의 DOE는 소관 NL을 관리 · 운영하는 일에 전사적 노력을 기울이고 있음을 알 수 있다. NL의 문제에 장관이 직접 개입하고 있으며, 3명의 차관보가 17개 NL을 나누어 관리하면서 ① NL의 우수성 강화, ② NL과 대학 및 산업계와의 파트너십 강화, ③ NL 간의 협력 강화 등을 직접 챙기고 있다. 반면에 우리나라 과기부는 과장 수준에서 출연(연) 전체를 관리하고 있다.

☞ 미국 DOE의 노력은 우리 과기부의 노력과 비슷하다. 장관자문위원회(SEAB), 전략기획정책실(OSPP)이 우리도 있다. 그런데 DOE 공무원과 NL의 고위층이 협의하는 연구소운영위원회(LOB)가 우리는 없다. 우리의 기관장협의회(NLDC)는 정부에 건의하는 역할을 하지 않는다. 정부의 정책결정에서 하의상달의 채널이 우리는 거의 없다. 무엇보다도, 과기부 지도부와 출연(연) 지도부 간의 **정기적 협의체**가 있어야 한

3 미국 에너지성(DOE)의 National Lab. 관리사례[61]

DOE의 의무는 주요 국가적 문제(과학발견, 에너지 혁신, 핵안보, 환경정화)에 대처할 수 있도록 NL의 인력의 품질과 과학 및 기술적 우수성을 유지하는 것이다. DOE의 NL은 비교할 수 없이 탁월하며 다른 나라들의 부러움을 사고 있다. 그럼에도 불구하고 NL 시스템의 관리와 성능에 대해 많은 의문이 종종 제기되어 왔다. 이러한 문제를 미국 DOE는 어떻게 처리했는지 **실제 행정사례를 살펴보자**. 2015년도 사례이므로 NL의 관리체계가 오늘과 다소 다르지만, 선진국의 행정사례를 음미해 보자.

2015년 당시는 DOE에는 2명의 차관보가 14개 NL을 관할하였고, 1명의 NNSA행정관이 3개의 NL과 4개의 Production Facilities(Plants/Site)을 관할하고 있었다.

※ 2020년 NNSA행정관이 차관보로 변경되고, 과학에너지차관보가 과학차관보와 에너지차관보로 분리되면서 NL에 대한 관리체계는 오늘날의 모습으로 변경된다.

2015년 당시의 NL의 유형과 소속

Under Secretary for Science and Energy			NNSA Administrator		Under Secretary for Management & Performance
Small/Single-Program Science Laboratories	Energy Laboratories	Large Multi Program Science Laboratories	National Security Laboratories	National Security Production Facilities	Environmental Management Laboratory
Ames(SC)	INL(NE)	ANL(SC)	LLNL(NNSA)	Pantex (NNSA)	SRNL(EM)
Fermilab(SC)	NETL(FE)	BNL(SC)	SNL(NNSA)	Y-12(NNSA)	
PPPL(SC)	NREL(EERE)	LBNL(SC)	LANL(NNSA)	KCP(NNSA)	
TJNAF(SC)		ORNL(SC)		NNSS(NNSA)	
SLAC(SC)		PNNL(SC)			

※ SC=Office of Science; NE=Office of Nuclear Energy; FE=Office of Fossil Energy; EERE=Energy Efficiency and Renewable Energy; NNSA=National Nuclear Security Administration; EM=Office of Environmental Management

■ 장관이 먼저 자문기구에게 자문을 요청한다

2014년 DOE 장관은, DOE NL 시스템의 성능을 향상시키기 위하여, 장관자문회의(SEAB)에게 조언을 구하는 공문을 발행하였다[61. p. 47].

☞ 우리는 장관(또는 기관장)이 직무상의 고민을 가지면, 공식 자문기구보다는 개인적 채널을 통해 해답을 구하는 경우가 많다. 이 때문에 정책의 일관성이 망가지는 경우가 생긴다.

The Secretary of Energy

수신: Secretary of Energy Advisory Board 공동위원장 2014. 6. 16
발신: Ernst J. Moniz (서명)
제목: DOE NL에 관한 T/F 설치

저는 자문회의(SEAB)가 태스크 포스(T/F)를 구성하여, NL의 경영과 건강함의 개선에 관련된 중요한 이슈에 관해 조언과 가이드와 권고를 제공해 줄 것을 요청합니다. 저의 최대 관심사 중 하나는 DOE와 NL의 관계를 강화하는 것이며, '기초연구, 에너지, 핵 안보 및 환경치유'라는 우리 미션에 대해 혁신적인 솔루션(해법)을 제공함에 있어서 NL의 역할을 확대하는 것입니다. 저는 NL시스템의 전사적 관점(enterprise-wide view)을 강화하기 위해 여러 가지 조치를 취했습니다. 예를 들어;

- NL의 R&D를 더 잘 조정할 수 있도록 하기 위해, 기초연구와 응용에너지 프로그램을 '과학에너지 차관보(Under Secretary for Science and Energy)' 아래로 통합
- National Laboratory Policy Council을 통하여 DOE와 NL 중견지도부 간의 대화 시도
- NL의 효과성과 효율성을 개선하고, NL · DOE · 계약관리자(Contractors)의 관계를 개선하기 위하여 Laboratory Operations Board(LOB)를 설치
- DOE 프로그램과 엇갈리는 연구과제의 출범이나 NL활동의 조정에 유리한 연구과제의 출범을 포함하여, NL의 리더십(기관장의 계획)을 'DOE의 전략계획'에 포함시키기.

SEAB의 T/F는 다음 두 가지 목적을 가져야 합니다.

1. T/F는 과거의 연구, 의회 보고서와 지시, 그리고 NL의 M&O에 관련하여 발생하는 핵심이슈를 도출하겠다는 DOE의 고민을 검토해야 합니다.
   - T/F는 NL의 성과와 효율을 개선하기 위해, 장관의 권한으로 변화시킬 수 있는 것으로서, 연구해 볼 이슈 몇 가지를 선정해야 합니다.
   - T/F가 주목할 만한 이슈의 예시
     - 공적 서비스에 상업적 계약을 강조하도록 계약방법을 유연화함으로써 NL의 효율·미션성과·사기를 더 진작시키도록 M&O 계약시스템을 변경하고 명확화하기
     - NL관리자 · 본부의 Program Office · DOE 현장사무소 · 계약관리자 간의 여러 가지 기능에 대해 권한과 책임을 분명히 하기
     - DOE NL에 접촉하기를 원하는 다른 연방부처 기관에게 효율적으로 서비스를 제공하는 전략적 파트너십 프로그램의 운영
     - DOE NL의 미션 수행은 훼손되지 않으면서, DOE NL의 기술을 민간으로 효율적으로 이전할 수 있는 정책과 방법의 권고

• 모든 DOE NL을 위하여 기관장 차원의 연구과제(Laboratory Directed R&D, LDRD)의 설치 및 효과성 제고

2. T/F는 DOE NL에서 진행 중인 몇 가지 심의사항에 대해 알아야 합니다. 여기에는 의회가 지시한 'Commission on the effectiveness of the National Energy Laboratories.'가 포함됩니다. 아래 이슈에 관한 것까지 SEAB가 장관에게 알려 주십시오.
   - 이러한 연구에 대한 결과와 권고사항
   - 이러한 권고를 이행하기 위해 DOE가 취해야 할 조치(만약 조치가 필요 없다면 그 이유를 설명하시오)
   - 각 권고에 대해 실행계획의 제시

   과학에너지차관보(Under Secretary for Science and Energy)가 T/F를 지원할 것입니다.

지정된 연방공무원: Karen Gibson, Office of Secretarial Boards and Councils, Director.

일정계획: T/F는 4분기 진도보고서를 SEAB에 제출해야 하며, 2015. 12월까지 최종보고서를 제출해야 합니다.

미국 장관의 지시공문은 매우 자세함을 알 수 있다. 이 지시에 따라, SEAB는 16명으로 구성된 'NL 태스크포스(National Laboratory Task Force)'를 구성하고 다음의 핵심주제에 대해 검토하였다. 그리고 T/F가 파악한 문제점과 제시한 권고사항을 보자. **이들은 어떠한 고민을 하는지, 이들이 얼마나 철두철미하게 일하는지 볼 수 있다**.

○ NL에 대한 관리구조의 개선

○ NL의 관리기관과의 계약(M&O Contracting) 방법

○ 기술이전을 포함한 민간부문에 대한 NL의 역할

○ NL 기관장이 주도하는 자율적 연구개발(Laboratory Directed R&D, LDRD)

■ NL에 대한 관리구조의 개선 사례

〈파악된 문제점 1〉

○ 지난 10여 년 동안, 예산압박, 무인인프라 필요성, 상당한 비용초과 및 본부의 규제 및 감시가 크게 증가하여, 많은 NL과 특정 DOE 프로그램 사이에 **'신뢰의 붕괴(breakdown in trust)'라는 상황**이 초래되었다.
   - NL기관장협의회(NLDC)는 연구소에 대한 부담스러운 감독 및 운영요건을 제거하기 위한 조치를 적극 제안하였다. 그럼에도 불구하고 거의 진전이 없었다.
   - 의회는 DOE NL의 효과성을 검토하기 위해 몇 가지 연구를 지시했는데, 특히 '2014년 옴니버스 세출 법안(2014 Omnibus Appropriation Bill)'에 근거를 두고 위원회를 설립했다.

○ DOE의 중복되고 부담스러운 **요구사항(requirements)**의 확대가 NL을 질식시키고 있다.

〈T/F의 권고사항 1〉

○ DOE가 NL에 부과한 모든 중복적 통제요소를 제거하고 NL이 과업에 대한 승인을 얻는 데 필요한 값비싼 행정노력을 축소해야 한다.

 –연구소에서 임무수행을 위한 역할과 책임(Roles and Responsibilities, R&R)을 명확히 한다. DOE 장관은 '경영성과차관보(Under Secretary of Management and Performance)'에게 'R&R 명료화와 이행변경'을 수행하도록 지시해야 한다.

 –명확한 과업할당은 지정된 비용과 일정에 따라 지정된 **기술목표를 달성하도록 하기 위해 인센티브와 연계**해야 하며, 가장 중요한 것은 중복된 의사결정 권한과 보고 요구사항을 제거해야 한다.

〈조치내용 1〉

○ 장관은 DOE **NL정책위원회(National Laboratory Policy Council, LPC)**와 **연구소운영위원회(Laboratory Operations Board, LOB)**를 설치했다.

 –장관은 정기적으로 연구소장들을 만나고, 2010년 NL기관장협의회(NLDC)의 20가지 권고사항에 대해 조치를 추진했다. 예를 들어, '과학에너지차관보' 아래 과학사무소(Office of Science)와 에너지 프로그램 사무소(Energy Program Offices)를 통합하였다.

 ☞ 과기부 장관도 출연(연)의 문제해결을 위해 연구기관장들과 정기적으로 만나야 한다.

연구소운영위원회(Laboratory Operations Board, LOB)

○ 임무: 연구소운영위원회(LOB)는 DOE와 NL의 파트너십을 강화하고 수준을 높이는 것이다. DOE와 NL의 미션을 보다 효율적으로 수행하기 위해 경영을 개선하는 역할도 한다.

○ 기능: LOB는 DOE와 17개 NL 간의 파트너십을 강화하기 위한 **DOE의 핵심 부서**이다. LOB는 NL에 영향을 미치는 영역의 운영 및 경영개선을 다루기 위한 최고 수준의 전사적(17개 기관 전체에 대해) 포럼을 제공한다. LOB는 LOB 소장(LOB Director)이 관리하고 '관리 및 성능 차관보'가 의장을 맡으며, DOE 및 NL 고위 지도부가 참석한다.

 –LOB의 2018년 예산은 **직원 3명과 함께 $843,000**이다. LOB는 위원들이 제안하고 동의하며 합의에 의해 운영되며, 장관의 요청에 따라 이러한 연구와 활동을 수행한다.

 –LOB는 NL의 행정, 운영 및 관리에 영향을 미치는 이슈를 파악, 관리 및 해결하기 위한 전사적 노력에 기여한다. LOB는 DOE–NL 관계를 강화하기 위한 DOE의 이행조치를 촉진하고 감시한다.

 –LOB는 기관 전체에 걸쳐 이 분야에서 모범사례(best practices)를 홍보하고, 다른 연구소들과 일관되고 효과적으로 협력하며, 적절한 연구소에 권한을 위임하고, 연방 및 연구소직원 모두를 위한 리더십 개발에 투자하는 DOE 프로그램을 지원하기 위해 일한다.

○ 성과: LOB는 내부 규제개혁 노력을 추진하는 데 중요한 역할을 수행해 왔다. LOB는 연구소와 DOE 대표들로 구성된 워킹그룹을 모집하고 이끌며, 규제개혁 아젠다를 집행하는 장관의 행정명령에 따라

설립된 '<u>DOE 규제개혁 태스크포스(DOE Regulatory Reform Task Force)</u>'에게 권고안을 제공했다. LOB는 다음과 같은 특정 전사적(enterprise-wide) 이니셔티브를 담당한다.

…

(이하 생략)

…

출처: https://www.energy.gov/laboratory-operations-board

〈파악된 문제점 2〉

○ LOB는 정책구현, 연구소 문제 신속한 해결 및 모범사례 전달을 담당하도록 하는 각 분야에 대한 전문경력인력(professional career staff)을 배치하지 않았다.

- SC(Office of Science)와 NNSA만이 공식적인 연도별 정책과 공공평가보고서를 포함하는 각 연구소에 대한 평가 프로세스를 가지고 있다. 그러나 이러한 보고서로는 종종 연구소 모범사례(laboratory best practices)를 도출하고 발전시키기에 충분하지 않다.
- NNSA는 정책실이 없어서 매일 발생하는 운영문제를 해결하는 데 필요한 시간과 어려움이 크며, 연구소를 관리하기 위해 사용하는 철학 또는 관리 프로세스를 파악할 수 없었다.

〈권고사항 2〉

○ '경영성과차관보'는 LOB의 책임을 확대하고, NNSA와 에너지 연구소(Energy laboratories)는 과학사무소(Office of Science, SC)의 **<u>연구소 정책실(Office of Laboratory Policy)</u>**과 같은 부서와 프로세스를 도입해야 한다.

SC(Office of Science)의 연구소정책실(Office of Laboratory Policy)

과학사무소(Office of Science, SC)는 연구소정책실(Office of Laboratory Policy)을 보유하고 있다. 연구소정책실은 전문경력인력들로 구성된 소규모 팀이 근무하며 수년간 축적된 경험을 가지고 있고, DOE 과학연구소 및 연구소-부처 관계 관리에 있어서 폭넓은 존경을 받는다. 연구소정책실의 기능은 다음과 같다.

- 연구소 평가(appraisal) 및 기획 프로세스를 용이하게 한다.
- 모든 구매/조달 문제에 대해 SC 계약책임자를 지원한다.
- 인적자원관리 계약자, LDRD(기관장 주도의 R&D), 기술이전 및 기타 업무와 관련하여 통일된 정책을 조정하고 'SC 현장운영 부소장(SC Deputy Director for Field Operations)'에게 이러한 문제에 대한 조언을 제공한다.
- SC의 LDRD 및 WFO(Work for Others) 프로그램을 관리한다.

- 모든 SC 회의 비용(SC conference expenses)의 보고 및 승인을 조정한다.
- 문제해결을 위한 기술전문지식을 제시함으로써 SC본부 프로그램사무소(SC headquarters program offices) 및 현장 사무소(site offices)를 지원한다.
- DOE 및 DOE NL 시스템의 일반건강, 활용 및 활력과 관련된 기관 간 작업그룹과 councils에서 SC를 대표한다.

○ **정책실의 목적이 정책의 수립보다는 실행임을 강조**하기 위해 '연구소정책실(Office of Laboratory Policy)'이라는 명칭을 '연구소정책이행실(Office of Laboratory Policy Implementation)'로 변경하는 방안을 제시하였다.

※ 우리나라는 1993년 출연(연)의 정책연구실을 폐지하였다.

〈조치내용 2〉

○ TF 권고안은 경영성과차관보가 운영하는 'LOB의 헌장(Charter of the LOB)'과 일치한다.

※ 연구소운영위원회(LOB)의 목표는 연방부처와 NL 간의 파트너십을 강화하고 확대하며, 연방부처와 NL의 임무를 보다 효과적이고 효율적으로 수행하기 위해 관리와 성과를 개선하는 것이다. LOB는 NL의 관리, 운영 및 관리에 영향을 미치는 문제를 파악, 관리 및 해결하기 위해 전사적으로 노력(enterprise-wide effort)한다.

– **LOB의 접근 방식은 지시설정(setting direction)이 아니며, DOE 시스템 전체의 '최우수 사례(best practices)'를 파악하고 장려**하는 것으로 변경하였다.

☞ 우리 출연(연)에도 정책연구실이 과거처럼(1993년의 폐지 이전) 활성화되어야 한다. 정책연구실은 과학기술연구에 사회적 의미를 부여하고 정부가 이해하도록 설명하는 역할을 담당한다. 연구기관의 연구활동이나 새로 출범하는 대형연구과제에 대한 중요성(사회적 의미부여)을 강조하고, 새롭게 발생한 사회적 문제에 대해서 연구자들과 해결가능성을 협의하면서 로드맵을 그리고 세부과제를 도출하는 등 연구사업 기획을 주도해야 한다.

☞ 우리는 출연(연) 현장의 의견이 장관에게 직접 보고되는 채널이 없다.

■ 민간부문에 대한 NL의 역할[61. p. 23]

〈배경〉

DOE NL은 DOE 미션을 처리하기 위해 설치된 과학적 전문지식과 시설의 집합체이다. 비록 DOE NL의 문화는 '상업화'가 아니지만, 그럼에도 불구하고 NL은 미국이 세계에서 경제 경쟁력을 유지하는 데 필요한 과학기술 우위를 유지하는 데 중요한 역할을 하고 있다. 연구소(NL)는 사용자 시설(user facilities)로써 산업체와의 연구협력에 직접 참여하고 연구소가 개발한 기술의 상업화를 통해 민간부문의 가치를 창출해 왔다.

DOE NL의 주요목표는 지정된 임무 영역(① science, ② energy, ③ environment, ④ national nuclear security)에서 과학기술 리더십을 유지하는 것이다. NL의 과학기술 임무(The scientific and technical missions)는 운영비용 또는 투자분석에 대한 **단기 수익률에 의해서만 정당화되는 것이 아니라, 오히려 DOE의 핵심 임무를 수행하는 데 필요한 시설과 인력의 개발에도 기초를 둔다**. DOE NL은 다양한 다른 방식을 통해 산업계에 대한 엄청난 가치를 가지고 있다.

- ○ 연구소의 주요 **사용자 시설**(예 light sources, microscopes, and computing resources)과 연구소 직원의 전문적 지식이 민간 부문에서 높이 평가되고 있다.
- ○ 연구소 **개발기술의 산업계 이전**은 산업적 영향력을 개선할 수 있는 여지가 크다.
- ○ 연구소를 보면, 특허 건수와 (라이센싱) 수입 사이에 정합관계(correlation)가 존재한다.

특허와 라이센싱은 성공적인 기술이전 지표이지만, **그것이 기술이전의 유일한 지표는 아니다**. 많은 경우에 이해당사자들은 기술이전 프로젝트에서 간접적으로 이익을 얻을 수 있으며, 이것도 연구소의 기술이전의 성과에 추가할 수 있어야 한다.

- ○ 예산 달러당 로열티 수입(royalty income per budget dollar)은 NL들 사이에 큰 차이가 있다. **일반적으로 대부분의 로열티 수입은 단지 몇 개의 특허에서 나오는데**, 이것은 대학에서도 찾아볼 수 있는 패턴이다. 높은 수준의 로열티 수입을 누리는 연구소는 이 수입의 많은 부분을 산업체 참여 활동(industry-engagement activities)에 할당하는 경향이 있다.
- ○ '블록버스터(blockbuster)' 특허를 보유한 가장 높은 로열티는 전체 산업에 이익이 되는 비독점적 라이선스(non-exclusive licenses, 통상실시권)로부터 비롯된다. 이것은 공적 자금을 사용하는 협력활동(산연협력)의 이상적인 결과이다.
- ○ 연구소의 기술적 공급역량이 산업체의 요구와 일치할 때 연구소가 민간부문의 가치를 창출하는 최선의 접근법은 연구소와 산업 간의 장기적 전략적 파트너십(long-term strategic partnerships)을 구축하는 것이다. 이러한 파트너십은 관련된 연구소와 기업에 파트너십의 목표가 명확하고 양 당사자의 목표에 부합될 때 가장 생산적이다. 기술 로드맵, 일정 및 비용이 잘 이해되고 투명해야 한다.

〈파악된 문제점〉

- ○ DOE NL은 기술이전을 수년 동안 장려해 왔으며, 때로는 지방 또는 지역산업을 돕는 데 특히 중점을 두었다. 그러나 연구소는 기술이전의 실적이 좋지 않다. 대학과 비교할 때, **대학은 연구개발 기준으로 DOE NL보다 5~8배 많은 창업기업을 만든다**.
  - -각 NL에 대해, 주무부처에 기술이전을 정당한 연구소 목표(legitimate laboratory objective)로 하는 규정이 없다.
- ○ DOE NL은 산업계와 협력하기 위해 네 가지 계약 메커니즘(① 협력연구개발협정(CRADA), ②

외부지원 프로그램(WFO), ③ 기술상용화협정(ACT), ④ 지식재산의 라이센싱)을 채택하고 있는데, 활발하지 못하다.

- 이러한 활동예산은 일반적으로 연구소 총 예산의 5% 미만(연방 WFO 제외)이다.
- 일반적으로 DOE NL은 CRADA보다 WFO를 선호하는 것으로 보이며, 이는 CRADA에 수반되는 높은 행정부담(administrative burden) 때문일 수 있다.
- 대부분의 연구소는 주로 WFO 또는 CRADA 중 하나를 사용하는데, 이것은 연구소가 한 메커니즘에 대한 프로세스를 파악하면, 다른 메커니즘은 보지도 않고 그 메커니즘을 사용한다는 것을 시사한다.
- 몇몇 연구소의 경우, 산업체과 함께 CRADA의 기간을 상당히 확대 또는 축소하고 있다. 이러한 확대 또는 축소의 원인을 이해하는 것이 중요하다.

○ 현실에서는 연구소와 산업체의 성공적인 전략적 파트너십(산연협력)에 대한 세 가지 장벽(barriers)이 존재한다.

- <u>장벽 1 – 중앙 집중화(Centralization)</u>: DOE가 본부 차원(headquarters level)의 기술이전 노력과 관련하여 추구해온 중앙집중식 접근방식은 여러 장벽을 만든다. 관료주의로 인해 중앙집권적인 통제를 선호하는 경향이 생겨났으므로 중앙집중식접근은 크게 성공적이지 못했으며, 결과적으로 세 가지 장벽으로 이어졌다. ① 연구소–산업 파트너십 및 프로젝트 구축 속도의 느림, ② 산업체 참여를 억제하는 프로세스의 복잡성, ③ 비용공동부담(cost–sharing) 및 지식재산권 소유(intellectual property ownership)에 대한 유연성 결여.
- <u>장벽 2 – 미션(Mission)</u>: 연구소에 산업체가 참여한다는 DOE의 일관되고 지속적인 기대가 부족하였으므로 연구소 경영진은 산업체 참여(industry engagement)에 대해 일관성 있는 입장을 보이지 않았다. 많은 NL 기관장들은 산업체 참여에 대한 DOE 기대와 산업체 참여를 DOE 임무로 간주하는 것은 바람직하지 않다고 봤다.
- <u>장벽 3 – 인사(Personnel)</u>: 연구실 전문가들은 산업체나 기업 벤처에 참여하기 위해 일시적 휴직(time–limited leave)을 하여도 경력손실 없이 연구소에 재진입할 수 있도록 하는 인사정책(personnel policies)이 없다. 따라서 직원들이 민간 산업에서 새로운 벤처사업을 시작하려는 의지가 줄어들었다. CRADA, WFO, ACT 및 기타 계약 메커니즘과 DOE 인사정책(DOE personnel policies)은 원칙적으로 유효하다. 그러나 실제로, 프로젝트를 협상하고 승인을 얻는 데 요구되는 시간은 산업계와 연구소에서 사용가능한 기회의 수를 크게 제한한다.

☞ 산학협력과 산연협력의 특징적 차이점을 잘 드러내고 있다. 미국 대학은 서로 경쟁이 치열하므로 정글의 법칙과 적자생존이 작용하는 곳이다. 그래서 교수 간에 연봉차이가 크며, tenure 탈락이나 스카웃도

많이 일어난다. 반면에 미국 NL은 대학에 비해 경쟁이 적고 안정적이다. 미국의 NL은 연방부처의 미션 연구를 위해 설립되었다. DOE는 NL이 산업경쟁력에 기여하도록 하기 위해 산연협력을 촉진하려 하는 것이다.

〈권고사항〉

○ DOE 장관은 산업적 가치를 창출하기 위한 연구소의 **기술이전 활동이 DOE NL의 임무 중 하나**라고 DOE 직원 및 연구소를 포함한 DOE 사업자(DOE enterprise)에게 선언해야 한다. 이러한 선언에는 필요한 실행 규범이 제시되어야 한다.

○ DOE는 산업체 및 연구소 참여자가 협력 프로그램(structure programs)에 직접 상호작용하도록 하는 '현장중심의 **접근방식(decentralized approach)**'을 사용하여 기술이전 활동을 추진해야 한다. 중앙집중식 접근법이 지나치게 획일적이기 때문이다.

－기술공급 역량이 산업체의 요구와 일치하는지의 여부는 DOE가 아닌 지역 연구소 수준에서 가장 잘 판단할 수 있고, 협력방법(CRADA, WFO 및 ACT)도 연구소가 직접 선택하는 것이 바람직하기 때문이다.

－그러려면, ① 이니셔티브(새로운 시도), ② 선정 기준, ③ 지식재산권 규칙 및 ④ 비용 분담(cost－sharing)에 대한 **부처 지침(Department guidance)을 사례별이 아닌 광범위한 기준으로 채택해야 하며, 권한이 연구소로 위임되어야 한다.**

○ 각 DOE NL은 직원이 지정된 기간 동안 창업휴직(entrepreneurial leave)을 허용하고, 복직하면 연구 프로그램을 새로 시작할 수 있도록 하기 위해, 적절한 자원을 보장하는 **인사정책을 수립**해야 한다.

○ DOE는 각 NL이 산업에 미치는 영향을 추적·파악해야 한다.

－장벽을 해결하는 것 외에도, 각 NL과 산업체와의 관계를 더 잘 측정하기 위해 정량적 및 정성적 측정기준을 도출해야 한다. 측정대상은 ① 수익, 민간부문 자금 또는 현물 지원에 관계없이, 라이센싱 또는 공동개발 직후, 얼마나 많은 기술이 상용화에 성공했는지, ② DOE NL을 포함한 상업법인에 의한 특허 출원 수, 그리고 NL이 산업계를 위해 창출한 가치에 대한 기록을 작성해야 한다.

☞ 미국 NL의 기술이전과 창업에 대한 고민은 우리와 비슷해 보인다. 다만, 촉진하기 위해 행정적 걸림돌을 파악하고 해결하려는 합리적 접근법(행정실험 포함)은 배울 만하다. 우리 NST는 NL의 여러 계약서를 입수하여, 우리 출연(연)에 적용해 보아야 한다.

■ NL의 자율적 연구개발(Laboratory Directed R&D, LDRD)

〈배경〉

연구기관의 혁신활동에 효율성을 높이기 위해 '연구기관의 지도자'가 재량권을 가지고 기관의 연구비를 사용하는 사업(프로그램)은 산업, 대학, 대학의료센터 및 정부의 보편적 관행(universal practice)이다. DOE의 NL의 경우, 기관장이 재량권을 가지고 운영하는 연구지원 프로그램이 **LDRD(Laboratory Directed R&D)**이다. **이것은 연구소장이 내부적 절차를 거쳐 연구소의 핵심역량을 강화할 수 있는 유일한 '자율적 연구자금(discretionary research funding)' 사업이다.** LDRD는 ① 세계적인 수준의 인재를 유치하고 시설을 첨단화하며 ② DOE 미션 영역에서 새로운 아이디어를 조사하여 '국가투자(national investment)'를 유치하는 데 활용된다.

LDRD 프로그램은 DOE 훈령(장관훈령)에 의해 관리된다. 지출상한, 간접비 지출, LDRD 자금 사용 인증과 같은 '프로그램 요건(program requirements)'을 설정하고 의회(Congress)에 **연례보고서 제출을 의무**화했다. LDRD 과제는 예외가 인정되지 않는 한 **과제당 36개월의 기한**이 있으며, 과제는 DOE **임무 내에 있는 과학기술분야를 연구**해야 한다는 요건을 가지고 있다. 현재, 모든 과제는 관련 DOE 현장사무소(DOE Site Office)에 의해 심사되고 승인된다. LDRD 과제를 가진 PI들로 구성된 비공식 작업그룹이 있는데, ① 정책 문제, ② 외부심사, ③ 의회의 요청을 처리하고 일관성을 보장하기 위해 필요에 따라 협력한다.

현재, 16개의 NL은 모두 LDRD 프로그램을 보유하며 NETL은 GOGO이므로 LDRD 프로그램이 없다. LDRD 자금규모는 「2014년 에너지 및 용수 지출법(2014 Energy and Water Appropriations Act)」에 의해 정해지는데,[5] 이 법은 LDRD 프로그램의 최대 허용 자금수준(maximum allowable funding level)을 'DOE NL의 운영/자본 장비 예산(DOE National Laboratory's operating/capital equipment budget)'의 6%로 규정하고 있으며, NNSA plants/site는 PDRD(Plant Directed R&D) 및 SDRD(Site Directed R&D) 자금에 대해 4%의 상한선을 가지고 있다. 2013년도 LDRD 지출규모는 다음과 같다(즉, **LDRD 예산은 연구소 전체예산의 3~6% 수준이다**).

- 과학 연구소(Science laboratories, 10개 NL): 150.8백만 달러
- NNSA laboratories(3개 NL): 390.5백만 달러
- NNSA Plants/Site(4개 Production Facilities): 32.3백만 달러
- 에너지 연구소(Energy laboratories, 3개 NL): 32백만 달러
- SRNL(Savannah River National Laboratory) (EM): 5.6백만 달러

※ 당시(2013년)의 NL분류는 현재와 다르다. Production Facilities도 자체연구비가 있다.

5 미국은 '예산법정주의'이므로 예산사업은 법률에 근거가 있어야 한다.

LDRD 프로그램의 이행은 연구소마다 다르며, 모두들 인프라 및 미션지원을 위한 내부 투자와 미래를 지원하는 R&D와의 균형을 유지해야 하기 때문이다.

〈파악된 문제점〉

○ NL기관장은 DOE와 관리기관에 대해 LDRD 과제의 포트폴리오의 성공을 책임진다. LDRD는 연구자, 연구 및 파트너십(personnel, research, and partnerships)에 대한 투자를 통해 DOE 임무에 중요하게 기여한다. NL 지도부(laboratory leadership)에게 가장 중요한 노력은 초기 경력직(early career)과 지도자직(leadership positions) 모두를 위한 최고 인재(top talent)의 유치와 보유이며, **LDRD는 전략적 고용(strategic hires)을 가능**하게 하는 중요한 역할을 한다.

- LDRD 프로그램은 연구소의 핵심 임무(core mission)와 연계된 작업을 수행하는 재능 있는 개인(talented individuals)의 풀을 유지하는 방법을 제공한다. 이것은, 고위직 직원(senior staff)의 채용에도 영향을 주지만, '초기 경력 직원(early career staff)'의 채용에 특히 중요하다.
- 많은 LDRD 과제가 초기 경력 연구자들에 의해 주도되고 있으므로 LDRD의 PI 분포가 연구소 전체 연구원의 분포보다 10~15세 젊은 나이에 최고조에 달한다. 이러한 젊은 PI들은 다른 경우보다 더 큰 프로젝트를 이끌 기회를 가지게 되며, 미래의 R&D 리더가 되기 위한 중요한 개발경험을 가진다.

○ LDRD는 연구소 내 및 연구소 간의 협력연구와 회의를 후원하는 데 중요한 역할을 해왔다. 또한, LDRD 자원을 기초(foundational)·최첨단 R&D 및 사용자 시설(user facilities)에 투자함으로써, 연구소는 다른 기관과 제휴하여 **새로운 아이디어의 탐구를 더 잘 지원**할 수 있다. 그리고 LDRD는 연구소가 산업체와의 협력활동을 탐색할 수 있도록 하여 산연 및 학연 파트너십을 강화한다.

○ **그런데 LDRD 프로그램의 가치와 영향은 의회, 산업계, 대중에게 충분히 전달되지 않았다**. 지역 DOE 감독(local DOE oversight), 내부 및 외부 심사 및 의회에 대한 연간 프로그램 보고서(annual program reports to Congress)에는 LDRD 프로그램의 성격과 성과에 대한 설득력이 결여되어 있다.

- 그 결과 LDRD 프로그램의 국가와 DOE의 임무에 대한 전략적 기여를 (사람들은) 충분히 인식하지 못하고 있다.

※ NL의 LDRD는 독일 MPG의 전략혁신자금(Strategic Innovation Fund)과 성격이 유사하다.

〈권고사항〉

○ NLDC(NL기관장협의회)는 LDRD 프로그램 관리를 위해 모범사례 문서(best practices document)를 수집하고 공유해야 한다.

- NLDC는 LDRD 프로그램의 전반적인 품질과 영향을 개선하기 위해 분산된 전문 지식과 경험을 수집해야 한다. 이러한 모범사례(best practices)는 최근 LDRD 프로그램을 추가한 SC 연구소(SC laboratories)에 특히 도움이 될 것이다.

○ DOE 장관의 LDRD의 캡(상한계)을 연구소 예산의 6%로 설정해야 한다.

- LDRD 자금수준은 DOE의 강력한 지원으로 유지되어야 하며 6%로 제한되어야 한다. 이것은 민간 및 공공부문의 많은 R&D 기관(예 Lincoln Laboratory와 같은 DOD R&D 연구소)과 비교할 수 있다. 이 수준은 연구소가 국가 과학, 에너지 및 보안요구를 해결하는 과학자와 엔지니어의 모집, 유지 및 성장을 포함한 차세대 역량을 개발할 수 있는 적절한 수단이 되도록 한다.

☞ 우리도 출연(연)에 자율연구사업을 설치해야 한다. 미국과 우리는 예산체계가 완전히 다르므로 단순 비교할 수 없지만, 우리는 기관장이 재량권을 가지는 예산은 없다. '기관고유사업'과 '연구개발준비금'이 있지만 정부가 정해준 용도로만 집행되어야 한다.

○ DOE 차관보들은 LDRD의 실질과 가치에 대해 적극 홍보해야 한다.

- 현재, 의회에 대한 LDRD 보고서는 '재무 책임자'에 의해 준비된다. 이 보고서는 LDRD 프로그램의 비용과 입법 권한(legislative authorization)에 초점을 맞추고 모든 LDRD 과제 명칭의 전체 목록을 포함하지만, LDRD 프로그램의 실질내용(substance)이나 효과 및 영향을 설명하지는 않고 있다.
- 개선된 보고서에는 그때까지의 누적 편익을 포함하여, 과거의 LDRD 투자를 통해 씨 뿌려진 프로그램 영향(program impacts)에 대한 설명도 포함해야 한다.

○ LDRD 과제가 과학영역(scientific areas)인지의 여부는 연구소가 판단하지만, 특정 과업(specific tasks)에 대해서는 승인을 필요로 하지 않는 그런 연구소를 4개 정해서 과학에너지 차관보 및 NNSA 행정관은, 접근방식(approach)을 시험해 봐야 한다.

- 이 접근법은 연구소가 큰 도전적 문제(grand challenge problems)에 도전하도록 장려하고 과제승인의 복잡성을 줄이면서 더 많은 고위험 고수익 프로젝트(high- risk, high-payoff projects)를 육성할 것이다. 연구소는 'think big(크게 생각하기)'하도록 격려되어야 하며, 복잡하고 중요한 과학기술문제를 해결하는 LDRD 프로그램이 되도록 권장되어야 한다. 이 혁신적인 접근법은 연구소에 새로운 인재를 채용하는 데 효과적일 것이다.

○ NLDC는 이 4개 연구소에 대해 LDRD 프로그램의 영향과 절차에 대해 독립적인 동료심사를 실시해야 하며, 자금을 지원한 과제에 대해 **최대 10년을 평가**해 봐야 한다.

- 과학계의 모범사례(Best practices)에는 **동료심사(peer review)**가 포함되며, TF는 주어진 연구소의 LDRD 프로그램에 대해 절차와 영향을 포괄적이고 엄격한 동료심사를 실시하면

얻을 것이 많다고 본다.

○ NLDC는 'DOE 주요 임무 과제(key DOE mission challenges)'를 해결하고 대처할 수 있는 광범위한 능력을 가진 연구소 리더십 인재(laboratory leadership talent)를 육성하기 위해 국방과학연구그룹(Defense Science Study Group, DSSG)을 모델로 한 **에너지과학연구그룹(Energy Science Study Group, ESSG)을 설치**해야 한다. TF는 NLDC에 두 가지 'DSSG 모델 프로그램' 채택을 고려할 것을 권고했다.

※ 1986년 DOD는 미국의 안보 문제(U.S. security challenges)에 뛰어난 이공계 교수들을 초청하고 그들의 재능을 이러한 문제에 적용하도록 촉진하기 위해 교육 및 연구 프로그램으로 DSSG를 설치했다.

- 첫번째 모델은 DOE NL의 **신진 과학자와 엔지니어의 개발**에 초점을 맞춘 것이다. ESSG는 NL로부터 유망한 과학자와 엔지니어를 초청하여 DOE 임무 공간(DOE mission space) 내에서 주요 과제를 해결하고 대처하기 위해 협력하는 팀을 구성하는 것이다. 적절한 경우, ESSG 팀은 주요 기술 및 사회 경제적 이슈에 대한 검토를 확대할 수 있도록 민간부문, 비영리단체 및 대학의 개인을 포함하도록 확대할 수도 있다.
- 두 번째 모델은 DOE 임무 영역에서 중요한 문제를 해결하기 위해 학계, 비영리 단체, 민간부문 및 연구소의 개인으로 구성된 **'다중 기관 팀(multi-institutional teams)'을 설치**하는 것이다. 이 모델은 DOE 문제와 기회에 익숙한 전문가의 범위를 확대하고, 채용기회를 증가시키며, NL의 과학자와 엔지니어의 참여 범위를 넓힘으로써 그들의 리더십 잠재력(leadership potential)을 향상시킬 것이다.

☞ 우리 출연(연)에도 NL의 LDRD 또는 MPG의 전략혁신자금(Strategic Innovation Fund)과 성격의 예산을 설치하는 것이 바람직해 보인다. 그리고 특정한 프로젝트를 수행하기 위해 여러 출연(연)의 연구원을 모아 '연구사업단'을 구성 · 운영하는 사례를 많이 만들어야 한다.

4 미국 NL에서 얻는 정책적 시사점

미국의 NL은 연방부처의 미션연구를 수행하기 위해 설립되었지만, **우리나라 출연(연)은 정부가 미션연구를 부여하지 못하므로** 서로 기능이나 운영체계를 비교하기에는 근본적으로 다르다. 그러나 우리나라도 앞으로 출연(연)을 선진국형(미션연구, 아젠다과제를 수행하면서 국가연구생태계의 중추적 역할)으로 운영하려 한다면 NL에서 배울 점이 매우 많다.

■ 미국은 모든 연방부처가 NL을 보유

미국은 13개 연방부처가 42개 National Laboratory(NL)을 보유하고 정부지원연구센터(Federal Funded Research and development Center, FFRDC) 형식으로 운영하고 있다. 그런데 정부

부처가 직접 관리하지 않고 관리기관('contractor'라고 부른다)을 선정하여 계약을 통해, NL을 관리하고 있다.

○ NL은 연방정부 또는 민간부문만으로는 충족시킬 수 없는 R&D 수요를 해결한다.

○ 정부부처는 소관 **NL에 미션연구를 부여**하고 과제관리는 정부부처의 공무원이 직접 담당하되, 그 외, 인사·구매·회계·자원, 데이터, 보안관리 등은 관리기관이 담당한다.

○ 연방부처는 **연방 R&D지출의 9.2% 이상을 NL에 의무화**(obligating) 한다.

○ NL이 임무범위를 벗어난 연구활동은 **전체 예산규모의 20% 이내로 한정**한다.

■ NL의 성격은 FAR에서 정한다

미국은 연방조달규정(FAR)에서 NL의 성격을 규정하고 있다. 연방부처가 필요로 하는 지식을 얻기 위해 NL에게 미션연구와 아젠다과제를 부여하는 것을 '정부조달'로 간주하기 때문이다.

○ NL은 정부 및 공급업체의 데이터, 정보, 직원, 시설에 대한 특별한 접근권한을 가진다.

○ NL은 그들의 특권 정보에 대한 접근권, 장비 또는 재산을, '연방 R&D계약(federal R&D contracts)'을 위해, 민간부문(private sector)과 **경쟁하기 위해 사용할 수 없다**.

　-국가가 지원하는 NL이 정부입찰에서 민간과 경쟁한다면 이해충돌이 발생한다고 본다.

○ FAR은 NL에게 다음을 요구한다.:

　-객관성과 독립성을 가지고 공공의 이익(public interest)을 위해 운영되어야 한다.

　-기관의 이해충돌로부터 자유로워져야 한다.

　-자신의 활동을 후원 연방기관(스폰서)에 완전히 공개해야 한다.

■ 미국의 DOE는 우리 과기부의 모델

DOE의 미션은 에너지 혁신(energy innovation), 과학 발견(science discovery), 핵 안보(nuclear security) 및 잔존 핵물질 환경 정화(environmental cleanup of legacy nuclear materials)이다. DOE는 이러한 과업을 달성하기 위하여 수시로 미션연구과제를 기획하여 산하 NL에 부여한다. 우리 과기부도 이렇게 해야 한다.

DOE는 NL이 미션연구를 효율적으로 수행하기를 바라며, 다음의 기능을 담당토록 요구하고 있다. 국책(연)의 기능은 안정적이어야 자율성 속에서 장기적 효과를 얻을 수 있다.

○ 국가 과학연구 과업의 중추

○ 미래를 위한 인재의 파이프라인(경로) 구축

○ 복잡한 문제해결을 가능하게 하는 조직

○ 대학, 산업계, 그리고 NL 간의 협업을 위한 중요한 허브

○ 국가의 긴급 요구에 대응
○ 발견의 프론티어에서 국가의 과학적 리더십 확립

DOE는 NL이 R&D 파트너십을 촉진하도록 유연한 도구를 제공한다. 이러한 도구에는 연구센터설치, 혁신 허브(Innovation Hubs), 연구하청계약, 협력연구개발협정(CRADA), 전략적 파트너십 프로젝트(SPP), 기술 상용화를 위한 협정(ACT)이 포함된다.

○ NL 시스템은 풍부한 DOE 자원을 관리하고 **민간 산업체나 개별 대학의 역량을 넘어 어려운 문제를 해결**하기 위한 파트너십을 구축한다.
○ **NL 간의 상호협력**은 세 가지 방법이 있는데, ① 법인 간 작업 명령(IEWO), ② 기관장협의회(NLDC), ③ 오펜하이머 과학 및 에너지 리더십 프로그램(OSELP)이다.
○ NL이 외부에 협력하는 업무 중 하나는 DOE 사용자 시설(DOE User Facilities)의 운영이다. NL 시스템을 설립한 중요한 이유 중 하나는 **대학들이 감당할 수 없는 대형, 고가 연구시설**(large−scale, costly scientific facilities)**을 운영 · 제공하는 것이다.**

DOE가 가지는 가장 중요한 과업은 17개 NL이 DOE가 바라는 기능(미션연구수행 및 6대 기능)을 보유하고 효율적으로 이행하도록, DOE 전체의 노력을 경주하여 진흥 · 육성한다는 것이다.

○ **RTIC(Research and Technology Investment Committee)**는 2019년부터 DOE 주요부서(elements)의 부서장을 소집하여 ① R&D 활동 지원, ② 전략연구의 우선순위 조정, ③ 기초 및 응용연구에서 잠재적 횡단적 기회의 도출을 조언하고 결정한다.
○ **장관자문위원회(Secretary of Energy Advisory Board, SEAB)**는 DOE와 NL 복합체와 관련된 문제에 대해 **장관에게 균형잡힌 외부조언을 제공**한다.
○ DOE **국립연구소정책위원회(National Laboratory Policy Council, LPC)**와 **연구소운영위원회(Laboratory Operations Board, LOB)**를 설치했다.
  −연구소운영위원회(LOB)는 DOE와 NL의 파트너십을 강화하고 수준을 높이는 것이다. DOE와 NL의 미션을 보다 효율적으로 수행하기 위해 경영을 개선하는 역할도 한다.
  −LOB는 NL과 DOE 대표들로 구성된 워킹그룹을 모집하고 이끌며, 규제개혁 아젠다를 집행하는 장관의 행정명령에 따라 설립된 '**DOE 규제개혁 태스크포스(DOE Regulatory Reform Task Force)**'에게 권고안을 제공했다.
○ **LOB의 접근 방식은 지시설정(setting direction)이 아닌 DOE 시스템 전체의 '최우수 사례(best practices)'를 파악하고 장려**하는 것이다.

DOE의 NL에는 기관장이 재량권을 가지고 운영하는 **LDRD(Laboratory Directed R&D)** 프로

그램이 있다. **이것은 기관장이 내부적 절차를 거쳐 연구소의 핵심역량을 강화할 수 있는 유일한 '자율적 연구자금(discretionary research funding)' 사업이다**. LDRD는 ① 세계적인 수준의 인재를 유치하고 시설을 첨단화하며 ② DOE 미션영역에서 새로운 아이디어를 조사하여 '국가투자(national investment)'를 유치하는 데 활용된다.

- LDRD 자금규모는 'DOE NL의 운영/자본 장비 예산(DOE National Laboratory's operating/capital equipment budget)'의 6% 이내로 규정하고 있다.
- LDRD 과제는 예외가 인정되지 않는 한, **과제당 36개월의 기한**이 있으며, 과제는 DOE **임무 내에 있는 과학기술분야를 연구**해야 한다는 요건을 가지고 있다.
- 특히, 문제해결능력이 높은 연구원 및 연구팀을 유치·육성하기 위해 LDRD를 사용한다.

☞ DOE의 NL에서 얻는 가장 기억해야 할 점: ① 국책(연)은 주무부처와 합의된 장기적 목표를 위해 '미션연구'를 수행하며, ② 정부가 요구하는 시급한 문제의 해결로써 '아젠다 프로젝트'를 수행한다. ③ 이때, 국책(연)은 국가적 연구역량을 동원할 수 있는 역량(리더십)과 자금을 보유해야 한다. 그리하여, ④ 국책(연)은 대학이나 기업이 보유한 지식과 능력을 결집시켜서 '큰 연구성과'를 만들어 내어야 한다. ⑤ 그리고 국책(연)은 원천기술 개발과 대형장비 제공을 수행하면서 산학연 연구의 '플랫폼 역할'을 한다. ⑥ 정부는 이러한 연구생태계가 만들어지도록 국책(연)과 긴밀한 소통채널을 운영하면서, 여러 형식의 재정과 제도를 지원하는 것이 정부의 역할이다.

제4절 우리나라의 정부출연연구기관

우리나라는 국책(연)을 출연(연) 형식으로 운영하고 있다. 즉 출연(연)은 출연금으로 운영하는 국책(연)이라는 뜻이다. '출연금'의 의미는 제1장 제3절에서 설명하였다. 본 절의 내용은 본 저자가 그동안 발표한 연구보고서의 내용을 요약한 것이다. 출연(연)에 관한 연구는 여러 연구자들의 보고서가 나와 있지만, 대부분 근본적 문제를 지적하지 못했다. 사실 정부정책에 원인이 있었는데 그 지적을 회피한 것이다. **우리 출연(연) 문제는 오랜 기간에 걸쳐 조금씩 왜곡된 정책이 누적되어 '정책탈선'이 일어나는 상황이 되었다고 본다**.

1 우리 과학기술정책과 출연(연)의 문제

■ 1960~70년대[54. p. 66]

우리가 국가차원의 정책을 발표하고 이행하며 그 결과를 환류시키는 제대로 된 과학기술정책은 1961년 국가재건최고회의에서부터 가능했다. 그리고 우리나라의 정부연구기관의 설립은 박정희 대통령의 지시에서부터 출발한다.

한국과학기술연구소(KIST)의 설립은 1961년 대통령의 검토지시 이후, 기관의 형식·연구원 신분에 대한 의견차이와 미국의 자문기간으로 인해 1966년 2월에 창립되었다. 당시 미국 정부조사단(Battelle연구소 연구원)은 우리의 산업실태를 조사하고 KIST의 5대 중점연구분야로서 기계·전자·화공·재료 및 금속·식품으로 설정하였다. 그러나 KIST는 순수한 연구개발 업무보다는 정부의 기술지원업무[6]에 더 많이 활용되었다. 여기서 정리할 부분은 1959년의 원자력연구소의 설립이다. 1956년 세계원자력기구가 발족하자 미국과 소련이 경쟁적으로 원자력 협정체결을 추진하며 실험용 원자로의 건설자금을 지원한 것이 동기가 되어 우리에게도 원자로가 들어왔다. 이를 위해 1958년 「원자력법」이 제정되었으며 원자력위원회가 설치되었다. 1959년 원자력의 연구·개발·생산·이용·관리를 관장하기 위해 설립된 '원자력원'은 과학기술 관련 최초의 독립행정기구로 볼 수 있다. 그러나 원자력연구소가 정상적 연구활동을 시작한 것은 수년 뒤의 일이다. 그리고 1962년 한국과학기술정보센터가 설립되었지만 그 당시는 연구기관으로 보지 않았었다.

1966년 5월 발명의 날을 맞아 제1차 전국과학기술자대회가 열리고 여기서 과학기술자들은 대정부 건의안을 채택하였다. 그 내용은 ① 과학기술진흥법을 조속히 제정할 것, ② 과학기술자의 처우를 개선할 것, ③ 과학기술회관을 건립할 것, ④ 국무위원을 책임자로 하는 **과학기술 전담부처를 설치**할 것이었다. 그리고 이 대회에서 「한국과학기술단체총연합회(과총)」의 발기총회를 개최하였고, 1966년 9월 과총이 출범하게 된다. 정부조직으로는 1967. 4. 21일 과학기술처가 설립되었으므로 4월 21일은 '과학의 날'이 되었다.

☞ 1966. 11월 제10차 수출진흥위원회 청와대 확대회의에서 대통령은 과학기술업무를 전담하는 과학기술부 신설을 연구 · 추진하라는 지시를 내렸다. 그는 "제대로 된 KIST를 갖게 되었으니 이를 관리할 과학기술 진흥 정부기관이 필요하다"고 하면서…[63. p. 50].

1968년 7월 닉슨독트린 발표 이후, 정부는 자주국방을 목표로 방위산업을 육성하기 시작했다. 제3차 경제개발5개년계획(72~76년)에서는 중화학공업 육성을 정책의 최우선 과제로 채택하였다. 그리고 기계류·플랜트·전자부품의 국산화를 강력하게 추진하였다. 1972년 제정된 「기술개발촉진법」에는 국산신기술보호제도의 설치, 기술개발준비금제도 등이 담겨있다. 이 시기에는 기술도입·소화·흡수는 과학기술정책이 큰 흐름이었다. 이를 위한 연구개발 체제와 인력양성체제가 구축되는 기간이기도 하다.

---

6 고속정 설계 및 건조, 홍삼 및 홍삼정 건조 연구, 그린하우스 건축, 예산업무의 EDPS화, 전화요금 관리업무의 EDPS화, 예비고사 채점, 장기에너지 수급에 대한 조사연구, 기계공업 육성방안, 과학기술진흥의 장기종합계획 수립을 위한 조사연구 등 정부의 think-tank 역할

좀 더 깊이 들여다보면, 이 시기에는 대덕연구단지의 건설, 출연(연)(KIST, ADD, 화학연 등)의 설립, 연구지원기관(KOSEF, KRF)의 창립, 해외인력의 국내유치, 우수인재 양성 등 정책(KAIS)이 시행되고 그 정책효과는 기대 이상으로 나타났다고 볼 수 있다. 또한 출연(연)으로 유치된 과학기술자는 기업연구소를 설치하거나 벤처창업을 시도하고, 국내 대학의 석·박사 교육과정을 선진화하는 등 간접적 정책효과를 유발하며 국가 전반적 사고방식을 근대화하는 데 크게 기여하였다.

이 당시, 과학기술정책의 큰 줄기는 '선택집중'이었다. 문교부와 많은 대학들이 균형육성의 정책성향을 가지고 있어서, 국제경쟁력을 가지는 인재의 유치와 인력의 양성을 위해서는 각별한 처우가 필요했던 것이다. 60년대 말 KIST의 설립 초기에, 연구원에게 국립대학 교수의 3배에 해당하는 연봉을 지급하였다. 파격적 지원에 대해 반대도 많았지만 해외의 고급 과학기술자를 유치하려면 필요한 정책으로 인정되었다. 1973년 한국과학원(나중에 KAIST)의 설립에서 병역특혜, 전원 장학생, 전원 기숙사생활 등 특혜에 대해서도 문교부의 반대로 상당한 논란이 있었지만, 그 성과는 나중에 사회적으로 크게 인정되고 후속 기관의 설립으로 이어진다.

■ 1970년대[54. p. 68]

'70년대에 와서 정부(주로 과학기술처, 상공부)는 연구기관을 활발하게 설립하여 1980년까지 총 19개의 정부출연연구기관을 설립하게 된다. 출연(연)은 이 시기의 국가연구개발 활동을 주도했으며 해외 한국인 과학기술자들이 귀국하는 통로가 되었다.

출연(연)의 설립

1966년	KIST(정부)
1967년	한국과학기술정보센터(과기처)
1970년	국방과학연구소(국방부)
1971년	한국과학원(과기처)
1973년	한국원자력연구소(과기처), KIST부설 해양개발연구소(과기처)
1975년	한국표준연구소(공진청)
1976년	한국핵연료개발공단(과기처), 한국기계금속시험연구소(상공부), 한국선박연구소(상공부), 한국전자기술연구소(상공부), 한국화학연구소(상공부), 자원개발연구소(동자부), 한국전기기기시험연구소(동자부)
1977년	한국과학재단(과기처), 한국통신기술연구소(체신부)
1978년	고려인삼연구소(전매청), 한국연초연구소(전매청)
1980년	한국종합에너지연구소(동자부)

참고로 상공부는 1973년 공업진흥청을 설립하였고 기술지원, 제품 및 원료에 대한 품질검사, 측정기구에 대한 시험검사, 연구개발 시설제공 등을 실시하였다. 그리고 이러한 서비스를 강화하기 위해 공업진흥청은 1976년 산업기술연구원을 산하에 설립하였다. 특허청은 1977년 설립되었다. 과학기술처는 과학기술 연구능력 배양과 과학교육의 진흥, 과학기술의 국제교류를 증진할 목적으로 1977년 한국과학재단(KOSEF)을 설립하였으며, 문교부도 1980년 한국학술진흥재단(KRF)을 설립하였다.

■ 1980년대[54. p. 69]

제5공화국에 와서, 1980년 11월 「국가보위비상대책위원회」는 정부출연연구기관을 적정규모(?)로 통폐합하고 시험·검사·검증업무는 국립공업시험원 등 국립(연)으로 이관하는 개혁조치를 단행하였다. 당시 출연(연)에 대한 평가는 아래와 같다.

「국가보위비상대책위원회」 경제분과위원회 보고서 요지[63. p. 97]

> ① 연구기관의 수가 너무 많아 적정규모에 미치지 못하고 투자효율성이 저조 ② 단위연구기관이 늘어나면서 새로운 관리직이 필요하며 연구직이 관리직으로 이동하는 폐단 ③ 여러 연구기관이 신설됨으로써 중복연구를 하는 일이 많고 기관 간 지나친 경쟁 발생 ④ 연구기관이 여러부처에 걸쳐있고 기관 간의 협조가 부진하여 국가전체적 효율 감소 ⑤ 국가차원에서 연구과제의 선정, 투자의 배분, 결과의 활용 등 연구개발사업에 대한 종합조정이 되지 않아 효율화 곤란

결과적으로, 국방과학연구소, 한국과학기술정보센터, 한국과학재단 외 16개 출연(연)은 9개 기관으로 통폐합되어 과학기술처 산하로 일원화되었다.

- KIST는 KAIS와 통합되어 KAIST(1989년에 다시 분리)
  - 이때 「한국과학기술연구소육성법」이 폐지되었는데, 기관이 분리된 후에 법률은 회복되지 않았다.
- 한국원자력연구소와 한국핵연료개발공단은 통합되어 한국에너지연구소,
- 한국종합에너지연구소와 자원개발연구소는 통합되어 한국동력자원연구소,
- 한국기계금속연구소와 한국선박연구소는 통합되어 한국기계연구소,
- 한국전기기기시험연구소와 한국통신기술연구소와 한국전자기술연구소는 통합되어 한국전기통신연구소(1997년 한국전자통신연구원)
- 고려인삼연구소와 한국연초연구소는 통합되어 한국인삼연초연구소

이 통합과정에 대규모 연구원 감원도 있었다. 연구직이 안정된 직종이라는 통념은 이때

금가기 시작했다. 제5공화국이 안정화 단계에 들어가자, 과학기술에 대한 지원은 다시 확대되었다. 출연(연)도 더 신설되었다.

- ○ 1987년: 한국식품개발연구원, KIST부설 과학기술정책연구평가센터
- ○ 1988년: 한국건설기술연구원, KOSEF부설 기초과학연구지원센터
- ○ 1989년: 한국생산기술연구원, KIMM 부설 항공우주연구소,
- ○ 1990년: 한국원자력연구원에서 한국원자력안전기술원으로 분리·독립

이러한 **연구기관의 통폐합과 신설에서 정책적 인과관계는 분명하지 않다**. 연구기관의 수가 많아서 통폐합한다는 이유는 앞뒤가 맞지 않고, 효율성이 부진하다는 견해도 합리적이지 못하다. 왜냐하면 정책시행 전후에 효율성을 측정한 적이 없었기 때문이다. 이 문제가 심각한 이유는, 그 이후, 정권교체기마다 출연(연)의 체제를 흔들고 변경하는 선례가 되었기 때문이다. 1973년에 착수된 대덕연구단지 조성사업은 1980년대에 와서 본격화되었다. 그리고 1989. 2월에 '1993년도 대전엑스포 개최지'로 대전 유성이 선정되면서 수용능력이 확대되고 개발이 가속화되었다.

■ 1990년대[54. p. 70]

1990년대 초에 국제사회는 사회주의의 몰락과 냉전체제의 붕괴가 일어났다. 미소 초강대국 체제에서 다극체제로 전환되었으며, 1995. 1월 WTO(세계무역기구)체제의 출범, 1996. 12월 우리나라 OECD 가입 등 중요한 사건이 많았던 시기이다. 과학기술정책에서는 1989년을 '기초과학기술의 원년'으로 선포하고 「기초과학진흥법」을 제정하였으며, 1992년에 선도기술개발사업(G7프로젝트)을 10개년 사업으로 착수하였고, 각 부처에서도 독자적인 연구사업을 기획하고 추진하는 분산형 국가연구개발체제가 시작되었다.

- ○ 1993년 체신부의 정보통신연구개발사업 착수
- ○ 1993년 환경부의 환경기술개발사업 착수
- ○ 1994년 건설부의 건설기술연구개발사업 착수
- ○ 1994년 농림수산부의 농림수산기술개발사업 착수
- ○ 1995년 보건복지부의 보건의료기술개발사업 착수
- ○ 1996년 해양부의 해양과학기술개발사업 착수

■ 과기부와 출연(연)의 갈등

1990년대 초, 과기부와 출연(연) 간에 심각한 갈등이 발생하였다. 과기부 차관 자리에 외부

공무원이 연거푸 임용되면서 과학기술정책에 큰 혼선이 오기 시작했다. 그들은 과학기술 발전의 속성이나 연구활동의 불확실성을 전혀 알지 못했으며 '일반행정의 논리'로써 과학기술 정책을 지휘했었다. 그들은 출연(연)에 대한 '유연한 관리'를 '방만한 관리'라고 바라보며, 출연(연)의 정책연구기능을 못마땅해 했었다. 심지어 그들은 장관직을 두고 출연(연)의 기관장을 경쟁자로 간주하였으며, 공권력을 동원해 기관장들을 제압하려 했었다. 이때부터 과학기술정책이 왜곡·탈선하기 시작했다. 1993년 과기부는 출연(연)의 정책연구실을 모두 폐지하고, KIST의 과학기술정책연구평가센터(CSTP)를 독립시켜 KISTEP(당시 STEPI)을 만들었다. 본 저자는 나중에 차관으로부터 들었는데, 정책연구실의 폐지이유는 "출연(연) 기관장들이 정책안을 만들어 국회의원을 찾아다니는 것을 막아야 한다. 기관장들이 이런 채널을 통해 장관으로 등용된다"는 것이다. 즉, 기관장의 장관진출을 막기 위해 '기관의 두뇌(정책연구실)'를 폐지한 것이었다. 이때부터 출연(연)은 정책기능이 없어지고 위축되기 시작했다.

이러한 분위기는 점점 고조되어, 과기부는 PBS를 준비하고 1996. 1월에 전격 실시한다. PBS의 실시를 처음에는 기재부도 반대했었다. 그러나 과기부는 선진국 사례(미국 Battelle Memorial Institute는 PBS를 실시함)를 제시하며 기재부를 설득하였다. 그리고 출연(연)의 인건비 예산(당시 약 3천억 원)을 과기부의 연구개발사업 예산으로 옮기고는, 출연(연)에게는 인건비 예산을 지급하지 않았다. 즉, 출연(연)은 연구과제를 수주하여 인건비를 확보하도록 한 것이다.

PBS의 시행초기에는 문제가 많았다.

- ○ 연구과제를 두고 수주경쟁을 할 때, 동일한 과제에 대해 출연(연)의 연구비 요구는 대학의 2배 정도 되기 때문에 경쟁에서 불리하였다. 출연(연)은 대학과 달리 인건비를 과제에 계상해야 하기 때문이다. 이에 대해 과기부는 two envelope 방식을 제시했다. 연구비는 보지 말고 과제를 선정심의한다는 것이다.
- ○ 출연(연)이 특징적으로 보유해야 할 연구강점이 없어질 위기에 빠졌다. 모든 과제가 경쟁이라면 연구기관차원의 강점을 보유하기 어렵다. 출연(연)에서 반발이 많아지자 과기부는 각 출연(연)마다 약간의 스타프로젝트와 기관고유사업을 허용하였다. 그러나 출연(연)은 이제 기관차원의 '큰 성과'는 내놓기 어려워졌다.
- ○ 많은 우수 연구자는 출연(연)을 이직하였다. 그들은 주로 대학으로 갔다.
- ○ 이때부터, 출연(연)과 대학은 경쟁관계가 되면서, 대학은 의도적으로 출연(연)을 비난하기 시작했다. 출연(연)을 이직하고 대학으로 간 교수가 특히 비난에 앞장선다.

PBS는 과기부가 출연(연)을 제압하는 수단으로 효과적이었다. 인건비가 부족한 출연(연)의 기관장은 과기부에 와서 호소할 수밖에 없었다. 기관장이 차관을 면담하고 나면 인건비문제가 해결된다는 점도 이해하기 어렵다. PBS의 시행을 전후하여 출연(연) 연구원들은 과기부에 대해 많은 반감을 보였으며, 결국 이러한 **감정대립은 정치 쟁점화되었다**. 1997년 말, 대선이 끝나자 출연(연)의 많은 기관장들이 정당(평민당)에 가입하였다. 그리고 DJ정부에서 출연(연)의 거버넌스에 변동이 일어난다.

1997년도 말 이공계 출연(연)은 과기처 산하 21개, 통산부 산하 2개, 건교부 산하 2개, 농림부 산하 1개, 해수부 산하 1개, 정통부 산하 2개, 재경원 산하 1개 등 총 29개였다. 그리고 이들 출연(연)에 대한 진단결과는 아래 표와 같았다. 여기에 어떠한 분석수단을 사용했는지 분명하지 않다.

국민의 정부 초기 출연(연)에 대한 진단[63. p. 127]

① 연구여건 변화에 대한 효과적 대응력 부족 ② 주무부처의 과도한 규제와 간섭 ③ 자율성과 창의성의 제약 ④ 경쟁체제의 미흡 ⑤ 연구분야의 중복

1998년 DJ정부는 「정부출연연구기관 등의 설립 및 육성에 관한 법률」을 제정하였다. 국무조정실 산하에 5개 연구회를 설치하고, 모든 이공계 출연(연)은 기초기술연구회, 공공기술연구회, 산업기술연구회의 3개 연구회에 나뉘어 배속되었다. '연구회 시대'에 들어간 것이다. 이것은 출연(연)의 역사에 큰 사건이다. 이때부터 과기부에서 내려오던 선택집중의 철학은 완전히 단절되고 과기부와 출연(연)은 '감정적 대립'이 시작되었다. 이때부터 **과기부의 공무원들조차도 '기술발전의 원리'나 '연구개발의 속성'을 점점 망각하고 '일반행정의 논리'로 무장되어간다. 이때부터 '과학기술정책의 탈선'이 본격화된다**.

과기부도 조직개편을 통해 **'조정관제도'를 폐지**한다. 조정관이란 출연(연)의 선임부장급 연구원이 국장급 공무원으로 과기부에 파견되어 출연(연) 관리와 연구개발사업의 운영을 담당하는 제도였다. 당시 6명의 조정관이 있었는데, 조정관들이 과기부 간부회의에 직접 참석하므로 정책결정 단계에서 연구현장의 의견이 바로 반영될 수 있었다. 정부부처 내에 이러한 국장제도는 아주 예외적이었지만, 그 덕에 과기부는 정부 내에서 좀 더 전문적인 의견을 제시할 수 있었다. 그러나 과기부에 조정관제도가 없어지자, 분위기는 완전히 **'일반행정 논리'가 지배**하게 된다. 한편, 90년대 초반부터 산업자원부는 산업정책을 기술혁신에 중점을 두는 방향으로 선회하였으며, 부처의 업무영역을 두고 과기부와 마찰이 일으키기 시작했다. 즉 산자부는 산업기술분야에서 출연(연)을 보유하고자 하였으며, 산업기술개발사업을 확대하기 시작했다. 과기부의 견제가 시작되자, 산자부는 출연(연) 형식이 아닌 **전문생산기술연구소(KETI, KATECH)를 설립**하기 시작했다.

1998년 IMF 대책으로 출연(연)의 정년이 단축(65→61세)되었다. 나중에 초중등 교사들은 정년이 다소 회복되었지만(65→60→62세), 출연(연)의 정년은 회복되지 않는다. 결국 출연(연)의 연구원은 교사들보다 늦게 입직하고 더 일찍 퇴직한다.

■ 2000년대[54. p. 72]

2004년 참여정부는 과학기술행정에서 획기적 체제개편을 단행하였다. 책임장관제를 도입하면서, 경제부총리 · 교육부총리 · 통일부총리에 과학기술부총리를 추가하였고, 과학기술혁신본부를 설치하였다. 그리고 국무조정실 산하의 이공계 3개 연구회를 혁신본부 산하로 이관시켰다. 혁신본부는 과학기술분야 3개 연구회(19개 출연기관)를 관장하면서 종합조정기능과 국가연구개발예산의 조정 · 분석 · 평가기능까지 수행하였다. 그런데 건설(연), 철도(연), 한의학(연), 식품(연), 에너지(연), 생기(연) 등 다른 사업부처 산하 출연(연)이 과기부 산하로 오게 되었으니, **출연(연)의 육성과 활용에서 미스매치가 발생**하였다. 이런 상황과 대응방법을 문서로 명시하지는 않았지만, 혁신본부는 출연(연)의 육성을 담당하고, 다른 부처는 사업예산(project funding)으로 출연(연)을 활용하도록 하였는데, 이것을 **출연(연)에 대한 육성과 활용의 '이원화 원칙'**이라고 했다. 그러나 부처이기주의로 인해 이원화 원칙은 잘 작동하지 않았다. 이것은 출연(연)의 심각한 구조적 문제가 된다. 출연(연)의 구조적 문제는 제2장 제3절 끝에서 설명하였다.

2004년 출연(연)이 과기부 산하로 되돌아왔지만, 과기부는 '출연(연) 정책'을 회복하지 않았다. 1999년 발효된 정부출연기관법에는 연구회를 설치하고 출연(연)에 대한 지원 · 육성은 연구회가 담당하는 것으로 되어 있었다. 2004년 과기부는 과기출연기관법을 제정하여 출연(연)의 지원 · 육성은 연구회에 맡기고, 과기부는 관리 · 통제의 위치로 가버렸다. 이제 **과기부는 출연(연)에 대한 지원의 책무가 없다**. 그런데 연구회는 예산편성권이나 정부부처와 협상능력이 없으니, 결국 출연(연)은 지원 · 육성없이 오늘까지 25년을 보내게 된다.

2008년 MB정부에 와서 과학기술부는 교육인적자원부와 통합되어 교육과학기술부가 되며, 정통부의 일부기능이 산업자원부와 통합되어 지식경제부가 되었다. 그리고 기초기술연구회는 교육과학기술부로 이관되고 산업기술연구회는 지식경제부로 이관되었으며 공공기술연구회는 폐지되어 양대 연구회로 분리 승계되었다. 이때부터, **출연(연)에 대한 '지원'과 '활용'에서의 개념에 혼선**이 생겼다. 출연(연)의 지원을 2개 부처(교과부, 지경부)가 담당하고 타 부처가 활용하는 체제가 된 것이다. 교과부와 지경부에게는 출연(연)에 대한 진흥 · 육성의 법률적 책무가 없는 가운데, 이원화 원칙에 혼선이 생기자 출연(연)에서는 서서히 불만이 표출되었다.

산업기술연구회를 접수한 지식경제부는 출연(연)에 대한 새로운 구조조정을 시사하며 미국 ADL(Arther D. Little)에 연구용역을 의뢰하였다. 국내 연구기관에 의뢰하면 그 결과를 신뢰할 수 없기 때문이라고 했다. 그리고 2010. 4월에 나온 ADL 보고서는 확실히 객관적 사실을 지적하고 있었다. 비록 산업기술연구회에 국한된 분석이고, 또 정책의 맥락을 간과한 채 현실적 단면만 보고 미국적 시각에서 평가하고 있지만, 많은 중요한 메시지를 던지고 있다. 이 보고서는 출연(연)의 문제점에 대한 핵심원인을 7개 항목[54. p. 72]으로 제시하고 있는데, 모두 정부정책에 원인이 있다[65. p. 413].

☞ 과거 McKinsey가 우리 출연(연)을 평가할 때, 국가적 비공개 사항이 다 공개된다는 비판이 있었다.

산업기술연구회 소속 출연(연)의 문제점의 핵심원인

① 범 정부 국가 R&D Cotrol Tower 기능 미흡
② 기획재정부의 출연(연) 인력, 예산, R&D사업 및 기관 평가권 보유
③ 정부의 대 출연(연) 전문성 부족
④ 과도한 경쟁위주의 정부 R&D 예산배분 시스템
⑤ '13+1' 개별법인형태의 출연(연) 구조
⑥ 연구회 권한과 역할의 제약
⑦ 형식적인 출연금 R&D 성과관리

사실, 그동안 출연(연)에 대한 문제점 지적과 대책에 관한 많은 연구가 있었지만, 연구책임자들은 문제점에 대한 근본원인을 감히 지적하지 못하였다. 문제점의 핵심원인이 정부에 있다고 설명하지 못한 것이다. 그래도 많은 보고서에서 출연(연)에 대해 ① 미션 및 기능의 재정립, ② 전략적 R&D사업의 추진, ③ 출연(연) 지배구조 개선, ④ 출연(연) 유형 조정, ⑤ PBS제도 개선, ⑥ 개방형 연구체제의 강화를 지적하고 있지만 정책에는 반영되지는 않았다[54. p. 73].

결국 출연(연) 문제의 근본적 원인은 정부 공무원의 '무지함, 부처이기주의, 관료주의'라고 볼 수 있다. 현실에서는 ① 출연(연)에 대한 정부 공무원의 지식부족, ② 출연(연)을 육성·지원해야 할 능동적 자세의 미흡, ③ 부처의 주도권 싸움을 통해 출연(연)을 장악하려는 분위기, ④ 연구원을 관리할 줄 모르는 행정, ⑤ 출연(연)을 활용하여 개인의 정책업적을 쌓으려는 고위공무원 등의 모습이 많았다. 그리고 이런 내용을 언급하는 연구자가 없었는데, 결국 ADL 보고서에서 이러한 지적이 나온 것이다.

ADL의 용역수행과정에 많은 인터뷰와 공청회가 있었으며, 출연(연)은 동요되기 시작하였다. 정부에서는 국가R&D체계의 획기적인 재정립이 절실함을 인식하고, 기재부·교과부·지경부

3개 부처 차관회의 결정에 따라 산업기술연구회 및 기초기술연구회의 공동자문기구로 2009. 11월 「과학기술 출연(연) 발전 민간위원회」를 출범시켰다[54. p. 73].

■ 2010년대[54. p. 73]

민간위원회는 2010. 7월 「새로운 국가과학기술시스템 구축과 출연(연) 발전 방안」을 발표했다. 중요한 내용으로는 **국가과학기술위원회의 상설화**를 주장한 것이다. 출연(연) 관련 내용으로는, 기초기술연구회와 산업기술연구회 소속 **출연(연)을 「국가연구개발원」으로 통합**하여 단일 법인화하고, 이를 신설되는 국가과학기술위원회 소관으로 두자는 주장이다. 이 내용은 곧 정치쟁점화되었다. 2010년 말에, 법률안을 어렵게 통과시키고, 2011년 3월 국가과학기술위원회가 장관급 조직으로 상설화되어 국가연구개발사업에 대한 조사·분석·평가 중심으로 활동하였다. 그리고 신설된 국가과학기술위원회를 중심으로 「국가연구개발원」의 설립을 위해 노력하였으나, 관계부처의 협조가 미흡하여 실현되지 못했다. 이 과정에 해양수산부가 2011년 말 「해양과학기술원법」을 제정하자, 2012. 7월 한국해양연구원과 부설 선박해양플랜트연구소는 기초기술연구회를 떠나 해양수산부 산하로 가게 되었다.

☞ 3개 부처 차관이 합의하여 구성한 민간위원회의 결론은 정부부처의 이익에 맞지 않는다는 이유로 무시되었다. 이렇게 되면, 우리나라는 정부의 지식행정을 기대할 수 없다. 패러다임 전환도 불가능하다. 이것은 과학기술정책이 국가의 이익을 위해서가 아니라 부처의 이익을 위해서 작동되고 있다는 측면을 보여주고 있다.

2013년 출범한 박근혜정부에 와서 국가과학기술위원회는 미래창조과학부로 전환되고, 교육과학기술부의 기초기술연구회와 지식경제부의 산업기술연구회가 모두 미래창조과학부 산하로 이관되었다. 그리고 2014. 6월 「과학기술분야 정부출연연구기관 등의 설립·운영 및 육성에 관한 법률」을 개정하고 2개 연구회를 통합하여 **'국가과학기술연구회(NST)'가 시작**된다. 제20대 대통령은 2017. 7월 미래창조과학부와 정보통신부를 통합하여 **과학기술정보통신부**를 만들어서 오늘까지 오고 있다. 2023. 6월 기준 국가과학기술연구회에는 25개 출연(연)이 소속되어 있다.

이 기간 동안 출연(연)에는 임금피크제, 블라인드 채용, 비정규직 정규직화가 시행되었다는 점을 주목해야 한다. 공기업을 대상으로 개발된 제도가 무분별하게 출연(연)에 적용된 것이다. 출연(연)은 공공기관으로서 「공공기관의 운영에 관한 법률」을 적용받기 때문이다. 이 법률을 관장하는 기재부는 출연(연)에 대한 이해가 전혀 없어 보인다. 2018년에 와서 대학원생들의 근로계약체결이 추진되었는데, 모든 대학들이 거부하자 결국 출연(연)의 학생연구원에게만 근로계약을 체결하도록 하였다.

☞ 이러한 정책혼선은 과기부가 적극 나서지 않았기 때문이다. 방어막이 되지 못했다.

■ PBS의 문제와 대책

1996. 1월 시작된 PBS(Project Based System)가 오늘까지 계속 시행되고 있다. PBS가 **출연(연)을 거의 회복 불가능할 정도로 황폐화 시킬 줄은 그 당시 몰랐다**. 그러나 정부(과기부)가 주도하여 설치한 제도이다 보니, 아무도 반대 의견을 제기하지 못 한 채 오늘까지 왔다. PBS의 추진 배경은 다음과 같다.

○ 출연(연)의 연구과제수행을 연구자별로 실명화·투명화 한다.
○ 연구과제를 두고 산학연 간에 경쟁시켜 출연(연)의 연구능력을 키운다.
○ PI가 되는 연구자는 우대받게 하며, 기관장이 과제에 간섭하지 못하게 한다.

당시 일반행정가의 눈에는 출연(연)은 연구원관리와 출연금관리가 방만해 보였는데, 그들은 선진적 연구관리행정을 몰랐다. 출연(연)에 문제가 있다면 선진국의 **국책(연)의 제도**를 연구하여 대책을 마련했어야 했는데, 미국의 **민간연구소인 바텔연구소의 인건비 제도**를 참고하여 PBS를 도입한 것이다. 그 결과, 출연(연)의 자율성과 독립성은 더 후퇴하게 되었고, 과기부 공무원이 출연(연)의 인건비를 좌지우지하는 상황이 되었다. 1990년대 초에 발생한 과기부와 출연(연)의 갈등은, 5년 후, 당사자들이 모두 퇴직하였으므로 봉합되는 듯했지만, **PBS에 대한 과기부 공무원들의 집착**은 오늘까지 이어진다. 2005년 'PBS 개선대책'이 STEPI에서 연구되었지만[66][67], 과기부는 이것을 수용하지 않는다. 2008년 PBS의 폐지가 대통령 공약으로 정해졌지만 과기부는 이행하지 않았다. PBS 이후 많은 연구자들이 출연(연)을 떠났다. PBS의 폐해를 정리해 보자. 크게 보면,

○ 산학연이 협력하기보다는 과도하게 경쟁하고 폐쇄적으로 되었다(지식이 흐르지 않음).
○ 비영리적 자세를 가져야 할 연구원을 영리적으로 만들었다(애국심, 인류애가 약해짐).
○ 연구원들은 연구과제 수주에 지나치게 집착하게 되니, 동료 간에도 협력보다 경쟁과 견제가 앞선다. 연구기관의 장점인 '**상호작용에 의한 학습**'이 일어나지 않는다.
○ 연구원의 활동은 모두 계약을 따르게 되니, 연구기관 차원의 큰 업적을 낼 수 없다.
○ 연구원들의 자긍심(자존심)을 실추시켰다(실장은 과제 따러 다니는 사람으로 전락).
○ 연구원들이 안정적 자기계발을 계획할 수 없다.
○ 신분과 안정적 연구가 보장되지 않으니, 연구자들이 소신발언을 할 수 없다. 결국 출연(연)은 정부의 think-tank가 제대로 될 수 없는 상황으로 가고 있다.
○ 연구현장에서 나타나는 PBS의 모습은 다음과 같다.

PBS로 인한 출연(연)의 폐해

□ **출연연 연구원이 개인적 역량을 발전시킬 수 있는 기회가 차단됨**

ㅇ PBS는 정규직 연구원의 인건비를 일반예산으로 직접 지급하지 않고 수주하는 연구과제에 계상하도록 만든 제도이므로 연구원은 인건비가 불안해졌다.

ㅇ 과제경쟁으로 출연연의 고유기능이 약화되고 연구자의 개인능력이 퇴화하기 시작했다: 안식년 회피(연구과제가 끊어지지 않으려), 무분별한 과제 수행

□ **PBS의 폐해는 출연연의 모든 부분에 부정적 영향을 줌**

ㅇ 정규직 연구자는 연구과제의 수주에 모든 노력을 쏟게 되었다.

- 정부는 연구경쟁을 치열하게 만들 목적으로 PBS를 도입하였는데, 나중에 연구경쟁이 아니라 '연구비' 경쟁이 생기고 최종 산학연이 서로 공격하게 되었다.

ㅇ PBS의 폐해는 이제 연구원의 문화까지 바꾸었다. 협력하는 분위기가 없어진 것이다. 연구원이 지식의 탐구보다는 돈을 추구하도록 만들었다.

- 연구자 간의 openness(개방성)가 후퇴하고 폐쇄적 분위기가 되었다.
- 정규직 연구자는 연구 안하고 연구비 따러 외부로 다닌다. 특히, 정권차원에서 요구하는 연구주제(성장동력, 녹색성장, 창조경제 등)에 대한 정보를 입수하려면 정부 공무원과 정치인을 자주 만나야 된다.
- 이 때, 정규직은 비정규직에게 연구업무를 맡기고 밖으로 나간다.
- 정부정책과 무관한 연구는 불가능하다. 정권따라 바뀔 줄 알지만 우선 큰 과제를 따야 한다. 연구기관에서 존경받는 인물은 연구 잘하는 사람이 아니라 연구비 많은 사람이다. 그러니 연구자 자신의 전문성을 심화시킬 여유가 없다. 연구주제가 과제에 따라 변하니 **한 우물 파기가 불가능하다**.
- 연구의 안정과 몰입은 애초에 기대하기 어렵다. 창의성이 나오기 어렵다.
- 행정직은 인건비가 예산에 반영되므로, 연구원보다 더 행복하다. 그는 연구비 못 벌어 오는 연구원을 괄시하니 연구원의 자괴감은 더 크다.
- 2억 원 미만의 소액과제는 계약을 못하게 한다. 행정직이 싫어한다.
- 전문분야의 동료 간에 과제를 양보하지 못한다. 당장의 연구비도 중요하지만, 동료의 연구역량이 커지면 미래의 과제수주가 어둡기 때문이다. 그래서 과제수주의 과잉현상도 나타난다. 동료 간에 협력이 어렵다. 서로 음해하는 '투서'가 많아진다.

□ **PBS의 가장 큰 폐해는 출연연 인력구조의 변형과 연구실의 붕괴임**

ㅇ 선진국의 사례를 보면, 연구기관의 인력은 연구자와 지원인력(ETA)이 거의 50대50이거나 오히려 지원인력이 더 많은 경우가 많다. 우리는 그러하지 못하다.

	일본 AIST (2016)	독일 MPG (2016)	프랑스 CNRS (2012)	한국 NST (2016)
연구직	2,284명	6,488명	11,450명	11,641명
행정직	699명	8,533명	14,180명 외 비정년 8,900명	1,645명
기술 · 기능직	1,487명			2,613명
학생 및 포닥	2,114명	4,538명	5,000명	4,669명

○ 우리나라는 연구직의 비중이 너무 높고 지원인력이 부족하다. PBS에서는 연구과제를 수주할 수 있는 연구원이 중요하기 때문에 지원인력(ETA)이 퇴직하면 그 자리를 연구직으로 채우고, 정원을 감축하라면 지원인력을 감축하기 때문이다.
- 이렇게 되면, **연구직이 행정업무를 해야 한다**. 심지어 테크니션 업무(장비 운영, 시편 제작, 전산 운영 등)까지 연구직이 담당하게 된다.

※ 지원인력(ETA) 비중('21): ETRI(13.3%), 생기원(8.7%), 항우연(27.8%), KIST (28.1%)

○ 비정규직과 학생연구원이 부족한 지원인력을 대신하는 방향으로 가고 있다. 그 결과 학생연구원들은 업무과중에 불만이 많다.
- 최근, 비정규직을 억제하라는 정부지시 때문에 출연연은 더욱 더 학생연구원(학연협동과정생+UST 학생)을 요구하는 방향으로 가고 있다.

○ 연구실은 조직적 연구를 수행하는 기본단위이며 기술축적의 수단인데 연구원들은 연구과제에 따라 독립적으로 활동하므로 실장의 지시를 듣지 않는다. 결국 연구실원들은 각 과제에 따라 이합집산하며 따로따로 활동하는 것이다. 기관장의 권한과 재량권도 없다.

※ ETA: Engineer, Technician, Administrative Staff(기술직, 기능직, 행정직)

☞ PBS는 미국의 민간연구기관에서 사용하는 채용방식이다. 중견 연구자가 과제를 가지고 바텔, 랜드 등 민간 연구소에 채용되는 것이다. 과제가 없으면 1년을 기다려 준다. 주로 장관이 경질된 후 이렇게 임용된다. 국책(연)에서 PBS를 사용하는 국가는 우리뿐이다.

■ 출연(연) 문제의 근원

이제 우리는 **지도자의 개인기보다는 집단지식**으로 국가를 경영해야 하는데, 정부는 전문성을 존중할 줄 모르고, 연구원을 '시녀'처럼 생각하니 선진국이 되기 어렵다. 1960년대 말, 선진국의 국책(연)보다도 더 유연하고 자율성을 가지도록 설계한 것이 출연(연)인데, 현재의 출연(연)은 **그 당시의 정책의도에서 크게 벗어났다**. 정부정책이 오히려 출연(연)을 망가뜨리고 있는 상황이다.

○ 출연(연)의 재원으로 출연금을 선택한 이유는 연구의 불확실성에 대응하라는 의도인데, 정작 출연(연)의 연구자는 출연금을 유연하게 사용하지 못하고, 오히려 **공무원이 출연금을 유연하게 사용**하고 있다.

○ 아직도 '기술발전의 원리(학습, 비판, 교류)'나 '연구개발의 속성(불확실성, 천재의 중요성, 협업의 중요성, 運이 필요한 연구분야)'을 이해하지 못하며 일반행정의 논리밖에 모르는 사람들(고위공직자, 교수, 정치가)이 **과학기술정책에 깊이 개입**하고 있다.
- PBS에 대한 저항이 커지자 과기부는 예산으로 출연(연)의 인건비의 80% 내외까지 지원하고 있다. 그러나 PBS를 깨끗이 폐지하고 미션연구에 몰입하게 해야 한다. 그러면 출연(연)이 자율적으로 소신있는 연구성과로써 사회에 기여할 수 있을 것이다.

○ **과기부는 출연(연)에 미션연구를 부여하지 못하며**, 사회문제 해결에 출연(연)을 활용하지도 못하고, 스스로 존립하라는 방식(PBS)으로 관리하고 있다. **출연(연)에 대한 육성과 활용의 이원화 원칙**을 존중하지 않으려면, 각 출연(연)을 관련부처 산하로 보내야 한다.

- 대학은 자율경쟁을 통해 발전하는 것이며, 출연(연)은 정부가 의도적·전략적으로 육성하는 대상이 되어야 한다. 그런데 우리는 반대로 가고 있다.
- 국가 아젠다 프로젝트(NAP)는 출연(연)이 주도하게 하고, 대학과 기업이 참여하는 형식이 되어야 하는데, 우리는 전문기관이 NAP를 주도하고 있으므로 건강하고 효율적이며 지속가능한 연구개발생태계를 만들지 못한다.

○ 정부는 정권교체기마다 출연(연) 체제를 흔들었으며, 여러 가지 정치적 이유로 출연(연)에 해로운 정책이 밀려올 때, **과기부는 이에 대한 '방어막'이 되지 못한다**.

- 정년단축, 임금피크제, 블라인드 채용, 비정규직 정규화, 외부강의 신고 등 설익은 정책에 대해 과기부는 출연(연)의 '방어막'이 되어야 하는데 그렇지 못하다.

※ 김영란법의 제정 배경은 공공기관이나 기업이 공무원들에게 특강을 요청하고 강의료를 지급하는 형식으로 뇌물 주는 폐단을 방지하기 위한 것인데, 오히려 이 법률이 기술확산을 억제하게 되었다. 즉 연구원이 기업에게 특강 · 세미나 · 자문을 제공하고 그 대가를 받게 하는 방법은 기술확산의 가장 일반적인 채널인데, 김영란법으로 인해 연구원은 공무원처럼 관리되고, 외부강의 대가의 상한계를 두고 또 횟수를 제한하게 되었다.

○ 1990년대 초반 갈등으로 시작된 과기부의 정책왜곡은 30년이 지난 오늘날도 계속되고 있다. 즉, PBS는 폐지되지 않으며, 다른 해로운 정책들이 거침없이 출연(연)에 적용되고 있다. 출연(연)이 망가지면서 국가는 점점 더 **'무뇌 정부'가 되어 간다**.

○ 이제 법률은 연구회가 출연(연)을 지원·육성하고, 정부(특히, 과기부)는 관리·통제하되 책임지지 않는 형식으로 제정되어 있다. 당초(1967년) 과기부의 설치목적은 출연(연)을 지원 · 관리하는 것이었는데, 이 업무를 회피하는 모양이다.

- '연구회'는 국무조정실 산하에서 출연(연)을 지원·관리하는 조직이었다. 그래서 연구회는 정부부처(특히 기재부)와 협상할 능력이 없다.

정책사례

출연(연)에는 내부규범이 매우 부실하다. 출연(연)의 행정직원(주로 기획실)들이 규정제정을 제대로 안하기 때문이기도 하지만, 정부가 일관성 없이 임의로 관리하거나, 미세관리(micro-manage)하게 되면 내부규범을 제정할 수가 없다. 예를 들어, 파트너십(산연 · 학연협력)에 관한 제도는 선진국과 유사하나 규정은 매우 허술하며, 각종 계약서도 취약하다. 인사관리규정도 빈약하다. 연구자들의 '행동규범(code of conduct)'은 없거나 매우 형식적이다. 이렇게 되면, 연구자들 사이에 의견충돌이 생기고 '갈등'이 생겨서, 조정하기 어렵다. 동료들 간에 활동방식을 서로 의심의 눈으로 본다.

출연(연)에는 '일하는 사람'에게 일이 몰린다. 아무리 PBS를 해도, 일 안하는 사람이 많다. 그래서 "왜 나만 일하는가?" 하는 의문도 나온다. 일 안하는 사람은 일반적으로 상급자의 지시를 잘 안 따르고 반발한다. 인센티브에도 관심이 없다. 그렇다고 해서 태만을 지적하거나 일을 지시하면, 반발하며 저항한다. 심하면, 노조활동에 뛰어들든지, 투서하겠다고 협박한다. 상급자는 대립하기 싫어서 관리를 피한다. 기관장은 조용히 지나가기를 원한다. 그 사람은 "손 못 대는 사람"으로 낙인이 찍혀도 상관없어 한다. 그런데 이 사람은 동료나 아랫사람들하고는 친분을 잘 유지한다. 그래서 다면평가를 하면 성적이 잘 나온다.
과기부에서 가끔 "출연(연)에 웬 투서가 이리도 많으냐"고 지적이 나오는 이유가 여기에 있다. 선진국 국책(연)에서는 이런 일을 어떻게 처리할까? 투서가 많으면 투서를 분석해 봐야 한다. 연구비규범, 기술이전규범이 느슨하니 투서가 많다면, 규범을 더 치밀하게 제정해야 한다. 그리고 선진국은 '갈등조정위원회'가 가동되고 있다. 조정자, 상급자, 노조대표, 동료대표가 참여한다. 우리는 이런 제도도 없다.

○ 과기부는 종종 출연(연)에 투서가 많고 도덕적 해이가 많다고 설명한다. 그래서 과기부가 출연(연)을 관리·통제해야 한다고 주장하며, 존재의 중요성을 높인다.

2 우리 출연(연)의 정책 환경

문제점이란 관점에 따라 달라질 수 있다. 출연(연)의 문제점을 어느 각도에서 바라보느냐에 따라, 문제가 아닐 수도 있고, 중요성의 우선순위가 다를 수도 있다. 특히, 요즘 우리나라는 여러 가치가 혼재하기 때문에 동일하게 인식한 문제에 대해서도 대책이 달라질 수 있으니 매우 신중해야 한다.

32개 출연(연)은 기초영역부터 응용·개발영역(철도, 식품, 건설)에까지 다양한 기술스펙트럼과 연구단계를 보유하고 있지만, 정책가나 정책연구보고서에서는 다양성을 고려하지 않고 아주 **지엽적 문제를 전체적 문제로 일반화하는 경향**이 있다. 그렇게 되면, 몇몇 출연(연)에는 적용될 수 있지만, 다른 많은 출연(연)에게는 불편한 지적이 되기 쉽다. 예를 들면;
○ 대학과 대기업의 연구능력이 커졌으므로 출연(연)은 중소기업을 지원해야 한다.
○ 출연(연)은 대학과 산업계의 중간에서 서로를 연결해야 한다.
○ 출연(연)은 국가의 성장동력(미래 먹거리)을 만들어야 한다.
○ 출연(연)이 국가경쟁력 제고에 앞장서야 한다.
○ 출연(연)은 정권 차원의 연구개발사업(녹색성장, 창조경제 등)에 투입되어야 한다.

이러한 지적은 일부분 맞는 말이지만, 출연(연)에 전체적으로 적용될 지적은 아니다. 개별 출연(연)으로서는 기술스펙트럼과 연구영역에서 한계가 있으므로, 정부나 기업 등 연구수요자 입장에서는 출연(연)이 답답해 보일 수 있다. 그러나 전체 출연(연)을 관할하는 **연구회는 종합적이므로 거의 모든 연구수요에 대응**할 수 있도록 대응체계를 구축해야 한다. 필요하다면 일부 출연(연)의 조직을 보강해야 한다. 그리고 연구회의 권한이 법률적으로 보강되어야 한다.

본 책에서 본 저자의 의도는 우리가 ① 선진국과 대등하게 학문과 지식을 창출하며, ② 대학과 기업에 도움되는 연구 플랫폼을 가지며, ③ 우리의 문제는 우리가 해결하여 사회적 신뢰를 줄 수 있는 국가연구개발생태계를 보유하기 위해 무슨 정책이 필요한지를 논의하고자 한다. 여기에는 '출연(연) 정책'이 가장 중요하다고 본다.

■ 출연(연) 주변의 문제점

정부는 대학과 기업이 세계적 경쟁력을 가지도록 대학정책과 산업정책을 수립 · 시행하고 있다. 정부의 think-tank인 출연(연)은 이러한 정부정책을 전문적으로 지원하는 위상을 가져야 한다. 산학연이 서로 지원하고 서로 평가하는 관계를 가져야 한다.

대학은 '자율성'을 주장하며 항상 새로운 학문의 개척을 추구하고 있다. 그것은 그대로 가치 있는 일이다. 여기서의 이슈는 연구의 창의성과 신뢰성이다. **대학의 연구는 논문을 많이 발표한다고 해서 무조건 성공이 아니다. 진정 새로운 학문을 개척하고, 세계적 학문적 리더십을 가져야 하며, 지방 대학은 지방산업 발전을 리딩하는 역할을 수행해야 한다**. 그래서 국가적으로 연구중심대학을 만들고, 지방차원으로는 지방산업기술을 연구하는 대학의 노력에 출연(연)이 도움을 줄 수 있어야 한다. 산업계의 연구는 '제품연구'에 집중된 단기연구에 치중될 수밖에 없다. 따라서 출연(연)은 '생산기술'과 경쟁이전 단계의 '원천기술'에 대한 연구개발을 통해 기업을 지원할 수 있어야 한다. 라이센싱, 공동연구, 기술교육 및 컨설팅을 통해 출연(연)의 기술이 기업으로 이전되도록 전략적으로 노력해야 한다. 여기서는 문제점을 간단히 열거해 보자. 그리고 이 문제점에 대한 자세한 분석과 그 처방은 제8장에서 설명한다.

○ 우리는 아직 제대로 된 연구중심대학이 없다. 세계적 학자는 극소수이다.
  - 아직도 우리가 키운 박사보다 선진국이 키운 박사를 선호한다.
  - 우리나라는 기초연구비가 많이 투자되고 있음에 비해 새로운 학문의 창출은 매우 미흡한 수준이다. '논문'이 곧 '학문'은 아니다.
  - 대학 및 기초연구기관의 세계 랭킹이 높지 못하다.

○ 우리의 출연(연)은 퇴보하고 있다. 문제해결력을 가진 연구자들이 줄어들고 있다.
  - 정책실패가 많이 발생해도 정부는 think-tank를 키우거나 활용하지 않는다.
  - 정부는 국가연구개발사업의 주관을 출연(연)이 아닌 전문기관에 위탁하고 있다.

–PBS나 처우문제로 우수인력이 출연(연)을 이직하는데도 정부는 문제의 심각성을 인식하지 못한다.

–산학연이 서로 비난하며 협조하지 않는다. 특히, 출연(연)에 대한 비난이 크다.

◦ 우수한 연구자들은 선진국에서 학위를 마치고 귀국하지 않으려는 경향을 보인다.

–국내의 연구환경이 선진국보다 못하다는 증거이다.

◦ 국내의 우수한 연구자는 기관장이나 고위관리직으로 진출하려 하는데, 이 길은 연구활동의 중단을 의미하며, 경영자로 나가는 경로이다. 국가적으로 손실이다.

◦ 한시적(일몰형) '연구사업단'을 '독립법인'으로 설치하면, 기존의 대학 및 연구기관은 성과와 명성을 높이지 못한다. 연구성과가 연구사업단 명의로 발표되기 때문이다.

–연구사업단은 회계, 구매, 윤리 등 지원행정이 충분하지 못하여 사고가 많다.

◦ 전문기관의 존재가 국가연구개발생태계를 망가뜨린다. 이유는 뒤에서 설명한다.

–전문기관은 연구기관 간에 협력을 후퇴시키고, '지식흐름의 단절'을 시킨다.

◦ 정권이나 장관이 바뀌면 과거의 정책이 존중되지 않는다. 정책의 일관성이 없다.

◦ 연구관리에 필요한 각종 계약서, 행동규범 및 법규가 선진국 수준으로 발전하지 못하고 있다. 윤리체계도 허약한데, 정부는 대응 방법을 모르는 듯하다.

◦ 연구원 개인평가, 연구기관에 대한 평가가 '발전으로 환류'되지 못한다.

그리고 내부적으로 들여다보면, 인문·사회적 문제의 요소가 복잡하게 얽혀있다.

◦ 대부분의 연구자들이 마음의 여유가 없다. 실적에 쫓기듯이 살고 있다.

◦자신의 것을 보여주지 않으려 한다. 매우 폐쇄적이다.

◦ 동료에 대한 존중이 약하다. 강한 이기적 개인주의의 성향을 보여준다.

◦ 연구윤리와 학술규범이 아직 뿌리내리지 못했다. 결국 사회적 신뢰가 낮다.

과학기술 발전에는 인문·사회적 요소가 중요하게 개입한다는 사실을 무시해서는 아니 되며, 전문인으로 양성되는 석·박사과정 학생들에게 **전문인이 가져야 할 인문사회적 소양교육**이 중요함을 다시 생각하게 된다. 일본 AIST는 연수받는 Postdoc 학생에게 **'연구력', '제휴력', '인간력'을 가르친다는 사실**은 의미하는 바가 크다.

이러한 문제점들은 많이들 인식되고 있다. 그러나 우리는 근본적 해결을 위해 지속적이고 전문적인 처방을 시도하지 못했다. 그저 뜻있는 장관이 취임하여 문제를 지적하면 공무원들은 처방을 시도하다가 장관이 바뀌면 원위치했기 때문이다.

■ 우리 정부가 가진 문제점

출연(연)에 관련하여 정부가 가진 문제점으로는 기재부, BH, 정치권에서 정부부처에 시달하는 '무모한 지시'가 문제일 수 있고, 과기부 공무원의 자세와 역량에도 문제가 있다고 본다.

〈정부부처를 흔드는 기관들〉

1990년 이전에 기재부나 감사원에서 연구활동에 대한 새로운 규제를 요구해오면 과기부 공무원은 몸으로 막았다. 당시 과기부 공무원은 다른 부처의 공무원에게 연구활동의 불확실성을 설명하고, 과도한 규제는 연구활동을 위축시킨다는 주장을 하면서 선진국의 사례도 많이 인용했었다. 감사원 공무원에게 얼굴 붉히며 고함지른 과기부 공무원도 있었다. 지금 와서 생각하니, "**과학기술행정이 일반행정과는 달라야 하는 이유를 문서(법규)로 만들어두었어야 했다**"는 생각이 든다. 1993년부터 시작된 '갈등의 기간' 이후부터는 그러한 공무원은 볼 수 없고, 기재부나 감사원의 주장은 그대로 수용되며, 연구관리 매뉴얼에 반영된다. 그래서 매뉴얼이 점점 두꺼워진다.

특히 1993년 후, 상황은 달라졌다. 감사원에서 감사 지적사항이 나오면 과기부는 동조하여 연구비규정을 개정하였고, 예산심사는 갈수록 세부사항까지 정부가 결정하였다. MB정권에서 정부부처에 대한 평가제도가 생기고, 정부부처 내부에서 공무원에 대한 업무평가가 생기자, **출연(연)에 대한 과기부의 압박은 더 심해졌다. 가시적 실적을 원하기 때문이다**. 과기부가 교육부와 통합되면서 공무원들은 부처통합의 취지를 살리기 위해 정책 아이디어를 짜냈다. 과학재단과 학술진흥재단을 통합하자는 아이디어도 나오고, 대학의 석·박사 양성기능과 출연(연)의 연구기능이 협력하는 학연협동과정의 설치와 학연협력대학원 설치의 아이디어도 나왔다. 이러한 아이디어는 곧 정책으로 설계되어 경쟁적으로 시행되었다. 그리고 KAIST와 생명(연)을 통합하라는 BH의 지시가 내려왔지만 이 지시는 이행되지 않았다.

☞ 지금와서 보면, 이때 제정된 정책들이 모두 문제가 있음을 알게 된다. 신설되는 정책에 대해 과학공동체의 심도있는 검토절차 없이, 부처 공무원이 제안하고 BH가 좋다고 하면 그대로 정책이 성립되는 상황이었다. 당시 BH 내부에서 비서들도 평가를 받고 있으므로 실적에 쫓길 수밖에 없었다. WCU정책도 이때 생겼다.

정부부처의 통합에 대한 긍정적 효과와 부정적 효과는 연구될 필요가 있다. 두 부처가 서로 시너지효과를 얻기보다는, 악화가 양화를 쫓아내듯, 나쁜 모습만 서로에게 영향을 주었다는 생각이 든다. 결과적으로 과기부의 출연(연)에 대한 감독 방법은 이상해졌다.

☞ 육성대상의 출연(연)과 지원대상의 대학은 관리방법이 다르며 달라야 한다. 대학은 많으므로 경쟁을 통해 성장하도록 하고, 출연(연)은 유일하므로 전략적으로 접근해야 한다.

그 후, 정치권(BH포함)에서 행정부처에 요구하는 정책이 많아지기 시작했다. 집권당이 정책 실적을 내겠다고 나선 것이다. 그 이면에는 포퓰리즘이 도사리고 있음을 다 알지만 정부부처는 반대하지 못했다. 가장 대표적인 정책이 **반값등록금 정책**이며 **대학원생에 대한 근로계약 제도**도 마찬가지이다. 대통령 공약으로 시작된 '학생연구원 근로계약'에 대해 학생은 근로자가 아니므로 별도의 법률을 제정하자고 건의했으나 정부는 신속한 조치를 취하는 쪽으로 방향을 잡는다. 정치권이 공공기관에 대해 새로운 제도도입을 요구하면 출연(연)에도 동등하게 적용된다. 「공공기관의 운영에 관한 법률」을 동등하게 적용받기 때문이다. 예를 들면, 경영합리화를 위한 **인력감축, 임금피크제, 블라인드 채용, 비정규직 정규화** 정책이 모두 이런 채널을 통해 출연(연)에 적용된 것이다. 이러한 문제를 해결하기 위해, 출연(연)을 「공공기관의 운영에 관한 법률」에서 벗어나도록 건의하고 있으나 정부는 받아주지 않고 있다. 수억 원들여 육성한 연구원을 감축하면 국가적 손실인데, 정부는 '군살빼기' 정도로 인식하는 것 같다.

☞ 우리가 출연(연)을 연구목적기관으로 관리될 수 있도록 하기 위해 「공공기관의 운영에 관한 법률」을 개정하는 과정도 쉽지 않았다. 일본은 국가연구기관을 독립행정법인에서 국립연구개발법인, 특정국립연구개발법인으로 국책(연)을 지원하는 노력과는 너무 대조적이다.

심지어, 정치권의 요구에 대해, 정부부처와 출연(연)이 협력하여 **도덕적 해이**를 보이는 모습도 나타난다. 우리나라에서는 대선을 앞둔 시점에 여러 과학기술자들이 후보자의 선거 캠프에 참여하려고 노력한다. 일찍이 대선 후보감(잠룡) 단계에서부터 접근하는 경우도 있다. 그리고 공약개발의 기회가 주어지면, 국가발전보다는 개인적 이익 또는 집단의 이익에 부합하는 공약을 제시하는 경우가 많다. 기초연구가 중요하다든지, 성장동력이 더 긴급하다든지, 대학연구가 중요하다든지, 신진과학자가 중요하다든지, 우주개발을 해야 한다든지, 이제 삶의 질을 높여야 한다든지 등 적절한 명분을 붙이면 공약으로 채택되고, 인수위원회에서는 그 공약 이행을 위한 구체적 사업을 설계하게 된다.

문제는 재원이다. 새로운 정권에서 새로운 사업을 거창하게 착수하고 싶은데 예산의 여유가 없으니, 기존의 계속사업을 축소시키거나 중단시켜 그 재원을 뽑아 전용해야 한다. 결국 **'중복연구'라는 평가**가 나오는 것이다. 서너 정권을 거치면서 이러한 예산확보 방법이 고착화되었다. 예를 들면, 정권 초기에는 녹색성장에 여러 연구소가 참여한다고 상부에 보고하여 칭찬을 듣고는, 다음 정권에 가서는 중복연구라고 평가하여 많은 사업을 중단시키고 재원을 만든다. 그런데 연구책임자는 아쉬워하지 않는다. 이미 예상한 일이므로 각오하고 있다. 새로운 정권이 주창하는 새로운 사업에 맞추어 연구계획서를 작성·제출하면 다시 연구비가 나올 것이다. 연구책임자 입장에서는 제대로 된 연구개발활동보다 생존이 더 우선이다. **PBS의 결과로 나타나는 새로운 모습**이다.

이렇게 되면, 중하위직 공무원들도 일하는 방법이 달라질 수밖에 없다. 5년 후 취소될지 모르는 정책사업에 헌신할 수 없다. 꼭 유지할 사업(공무원에게 이익이 있는 사업)은 10년으로 계약하여 최대한 안정성을 보장하지만, 그 외 사업은 정권교체기에 위험하다. 이 과정에서 합리적 협의는 존재하지 않는다. 공무원의 전문성을 보완하기 위해 설립된 전문기관들은 공무원이 요구하는 논리를 제공하려 노력할 뿐, 국가발전을 위한 '직언'은 하지 못한다. 이렇게 우리의 정책은 망가져 가는 것이다. 결국 **과학기술계는 더욱더 사회적 신뢰를 잃는다**.

과학기술은 정권과 상관없이 진흥·육성되어야 함에도 불구하고, 우리의 과학기술정책은 지나치게 정치권의 영향을 받고 있다고 생각한다. 그런데 알고 보면, 이것도 과학기술자의 일부가 주도하는 것이다. 기관장에 임용되고 싶어서 또는 자신의 분야로 정부투자를 이끌어 내기 위해, 선거캠프에 출입하는 과학기술자들이 바로 그 원인이다.

〈주무부처가 초래하는 문제점〉

출연(연)에 대한 주무부처는 현재 과기부, 해수부, 국방부라고 볼 수 있다. 정부부처 내에는 부처이기주의와 관료주의가 출연(연) 운영에 악영향을 미친다. 구체적으로 보자.

○ 부처이기주의는 **출연(연)에 대한 육성과 활용의 이원화 원칙**에 지장을 준다. 그 이유는 평가에 대응하여 정부부처가 서로 경쟁하기 때문에, 출연(연)이 다른 부처를 위해 헌신하는 모습을 주무부처가 싫어한다. 또한 남의 부처 산하기관을 활용하려 하지 않는다.

☞ 과기출연기관법 제13조에서 규정한 절차는 너무 복잡하다. 연구수요가 있는 정부부처가 직접 출연(연)과 협의하게 하고 그 결과를 과기부에 통보하는 방식이 더 효율적이다.

○ 육성과 활용의 이원화 원칙이 적용되지 않으면, **정부는 출연(연)에 실효성 있는 미션연구를 부여할 수 없다**. 예를 들어, 국토부가 아니면 건설(연)에 실효성 있는 미션연구를 부여할 수 없다. 또한, 출연(연)은 사회적으로 이슈가 되는 문제해결연구에 뛰어들 수도 없다. 심지어 연구를 해도, 그 결과가 사회문제 해결에 활용되지 않는다. 결국 출연(연)은 그저 논문 쓰고 특허 내는 기관으로 전락되고 만다.

☞ 본 저자가 과기부에서 자기부상열차의 개발을 담당할 때, 건교부와 협의하지 않았었다. 사업종료 단계에 가서 상용화를 위해 건교부 공무원을 초청하고 시범을 보이는데 열차가 중간에 멈춰버렸다. 그 후, 상용화를 위해 건교부를 설득할 수가 없었다. 수백억원 넘게 투자된 이 사업은 처음부터 건교부와 공동으로 추진했어야 한다는 교훈을 얻었다.

○ 관료주의에 빠진 정부부처는 **출연(연)을 성심껏 지원·육성하려 하지 않는다**. 오히려 정부부처는 출연(연)과 '갑을관계'를 형성하고 충성을 요구한다. '갑'의 지시에 문제가 있다 해도 '을'이 책임지는 구조가 된다.

☞ 과기부를 설치한 이유는 출연(연)을 잘 육성하기 위함이었는데, 이제 과기부의 성공을 위해 출연(연)이 존재하는 형국이 되어버린 것이다. 이것은 '정책의 탈선'이다.

○ 정부부처는 출연(연)이라는 지식집단을 육성하는 방법을 잘 모르고 있다. 지식발전의 원리와 연구활동의 불확실성을 이해하지 못하고 **일반 행정논리로 출연(연)을 관리·통제하고 있다**. 과기출연기관법을 제정하여 출연(연)에 대한 지원업무는 연구회에 맡기고, 과기부는 출연(연)에 대해 관리·통제업무만 담당하고 있다.

☞ 이제 법적으로 출연(연)의 지원육성에 책임있는 정부부처는 없다. 미국의 DOE나 일본의 문부과학성과는 대조적이다. 「(가칭)국책(연)의 지원육성에 관한 법률」을 제정해야 한다.

○ **공무원들은 연구관리 업무에 관하여 학습하지 않는다**. 정책연구보고서를 읽지 않는 분위기이다. 그 이유는 '순환보직제도'가 있기 때문이다. 길면 3년 기한 내에 근무부서를 옮기도록 발령을 내니 직무에 대해 열심히 학습할 동기가 없는 것이다.

중앙부처 공무원들이 출연(연) 등 산하기관에 대해 강력한 헤게머니(주도권)를 가지려는 데에는 이유가 있다. 그 이유를 보자. 선거캠프에서 봉사한 교수가 정부부처 산하기관장에 응모하게 되면, 정치권에서 이 특정인에 대해 기관장 임용을 부처에 요청한다(인사청탁에 해당하며 "누가 캠프 출신이다"고 소문이 난다). 그러면 담당 공무원(국장)은 매우 난처해진다. 이런 일을 원만히 처리하지 못하면 무능한 공무원이 되는 것이다. 실제로 인사상의 불이익을 받은 공무원도 있었다. 그러니 공무원들은 산하기관을 장악할 수 있는 강력한 수단을 가지려고 애쓴다. 국장의 말 한마디에 산하기관이 순응하게 할 수 있는 합법적인 수단이 있어야, 이사회에서 주무부처 국장의 의견이 존중받게 된다. PBS 폐지가 아무리 대통령 공약에 포함되어도 폐지되지 않는 이유가 여기에 있다. 현행 기관평가제도가 발전에 기여하지 못한다 해도 공무원에게는 필요한 제도이다. 문제점을 파악하여 해결하는 평가제도가 되도록 개선하자고 건의해도, 개선되지 않고, '줄 세우기식 평가'가 되는 이유도 여기에 있다. 우리 주변의 **비정상적 관행에는 다 말 못할 배경이 있다**. 그렇다고 해서, 이런 관행을 그냥 두자는 것은 아니다. 불법이며 비윤리적 행위임을 인식시켜야 한다. 이렇게 장악한 헤게머니(주도권)를 공무원이 개인의 이익을 위해 사용하기도 한다.

과학기술자가 장·차관으로 임용되면 그의 발언은 전문성을 가지지만 반면에 문제점도 있다. 본 저자의 경험 중 최악의 경우를 보자. 과학기술자라고 하여 과학기술정책이나 연구관리 행정을 잘 아는 것은 아니다. 사실, 대부분 과학기술자는 과학기술정책의 일부만 알 뿐이며 **과학기술정책의 전체적 모습이나 이론적 배경은 잘 모른다**. 그런데 정책의 원칙이나 인과관계도 모르는 과학기술자가 장·차관에 임용되면, 지극히 편협한 자신의 견해를 일반화하기 시작한다. 공무원들이 반론하지 않으니, 견해가 정당하다고 착각하여 문제가 커진다. 이런 장·차관이 전임 장·차관의 업적을 폄훼하고 새로운 정책을 강하게 추진하면 문제는 더 심각해진다. 장·차관 자신이나 소수집단의 이익을 위해 부당한 정책을 시도하는 경우도 있다. 신임 장·차관이 부임하면, 중앙부처 공무원들은 업무보고를 하는데, 정책의 배경과 인과관계를 장·차관에게 설명하지 않는다. 공무원들은 먼저 신임 장·차관의 의지를 간파한 다음, 장·차관의 뜻에 배치되는 언행을 피한다. 자칫하면 인사에 불이익을 받기 때문이다. 공무원들은 장·차관의 의지를 파악한 다음, 연구현장에 와서는, 장·차관의 의지가 그러하니 이해해 달라고 양해를 구하면서 일관성 없는 정책을 밀어붙인다. 이렇게 해서 '**영혼이 없는 공무원**'이 되고, 연구생태계는 망가진다.

정책사례

본 저자가 「DGIST 설립계획(안)」을 차관실에 결재받으러 갔다. 당시 차관은 한 사립대학교수로 있다가 차관으로 임용된 분인데, 결재문서에 서명하지 않겠다고 한다. "이런 정도의 정부투자를 우리 대학에 한다면, 더 좋은 대학으로 만들 수 있어."가 서명하지 않는 이유이다. 즉 DGIST의 설립을 반대하는 것이다. 그런데, 이미 「대구경북과학기술원육성법」이 제정되었고 이 법률에 따라 정부계획이 수립되는 것인데, 지금 단계에서 차관이 반대하면, 담당 공무원은 어떡하란 말인가? 정부계획이 먼저 확정되어야 그다음 예산신청단계에 들어가는데, 일부 내용수정 정도는 가능하지만, 전체적 계획을 수립하지 않는다면, 직무유기에 해당한다. 차관이야 대학으로 돌아가면 그만이다. 그렇다고 장관께 고해바칠 수도 없고. 하는 수 없이, DGIST 이사장께 조용히 의논하였다. 그러자 이사장이 해결해 주셨다.

공직사회에서 비판받아야 하는 것 중 하나는 "**비판받기 싫어한다**"는 점이다. 전문가회의에서 정책을 비판하거나 문제점을 지적하면 그 사람은 다음 회의에서 배제된다. 비판은 발전의 원동력인데, 이러한 경향을 가지면 심각한 편견이 작용한다. 즉, 정부의 각종 회의에 참석한 전문가들은 공무원들이 듣기 좋아하는 발언만 골라서 하게 된다. 심지어 국가의 주요 위원회의 위원구성에서 고위공직자가 자신과 친분있는 사람을 위원으로 위촉하려는 경우도 많다. 이리하여 '정책의 왜곡·탈선'은 가속된다.

■ 국가과학기술연구회(NST)가 가진 문제점

국가과학기술연구회(NST)는 2014. 5월 「과학기술분야 정부출연연구기관 등의 설립·운영 및 육성에 관한 법률」을 개정하여 설립근거를 만들고, 미래창조과학부 산하에 두었다. 그 후, 문재인 정부에서 미래창조과학부는 정보통신기능을 합쳐서 과학기술정부통신부로 되었지만 국가과학기술연구회는 그대로 유지되고 있다.

정권이 교체될 때마다 연구회가 변동되는 데에 논리적 이유는 없다. 다만, 우리나라의 정부부처는 산하기관을 마치 소유물로 생각하고 있으며, 그 소유권 다툼은 정부부처 간에 매우 치열하다.

연구회의 목적은 **출연(연)을 지원 · 육성하고 체계적으로 관리**하기 위한 것이다. 연구회의 사업은 과기출연기관법 제21조에서 다음과 같이 규정되어 있다.

○ 연구 기획과 연구기관의 발전방향에 관한 기획
○ 연구기관의 기능 조정 및 정비(연구기관의 신설·통합 및 해산을 포함한다)
○ 연구기관의 연구 실적 및 경영 내용에 대한 평가
○ 연구기관 간의 협동연구를 위한 지원
○ 연구기관의 연구성과 제고와 성과 확산을 위한 지원
○ 국가 과학기술분야의 혁신 및 경쟁력 강화를 위한 정책의 제안
○ 연구기관에 대한 자체감사

그렇다면, 연구회는 이러한 기능을 전문적 · 효율적 · 적시적으로 수행할 수 있는 수단을 갖추었는가? 제도적 뒷받침이 충분한가? 연구회의 인적자원은 충분한가? 앞에서 학습한 선진국의 국가연구기관 관리를 참고하면서 **연구회(NST)의 문제점**을 정리해 보자.

○ 과학기술부문과 인문사회부문의 연구가 서로 긴밀히 협조하지 못한다.
  - 독일 MPG나 프랑스 CNRS는 이공계와 인문사회분야가 공존함에 비해, 우리는 그러하지 못하니 출연(연)이 사회적 문제해결형 NAP의 성과를 내기에는 한계가 있다.
○ 연구회는 출연(연) 문제(PBS, 육성과 활용의 이원화, 연구원 처우문제, 우수인재이탈 등)에 해결 능력이 없다. 연구회는 정부부처가 아니므로 법규제정이나 예산편성권(T/O 배정 포함)이 없기 때문이다. 정부부처와 협의하는 위상도 가지지 못했다.
  - 출연(연) 기관장이 탁월한 연구자를 별도로 유치할 수 있는 수단이 없다.
  - 출연(연) 내부에서 우수한 연구팀이 육성되도록 '팀연구 육성' 제도가 없다.
  - 출연(연)의 각 연구자들이 자신의 개인적 전문성을 지속적으로 제고할 수 있도록 개인 기본연구예산을 보장할 수도 없다.
  - 출연(연)의 기관장이 주도하는 기관차원의 자율적 연구사업(간판 연구사업, 대형사업 준비 연구 등)이 가능하도록 하는 일정한 재정이 없다.
○ 연구회는 출연(연)의 자율성을 위한 울타리가 되어 주지 못하며, 출연(연)의 공통적 사안(법률, 계약서, 직무교육)과 출연(연) 간의 협력(연구인력교류·공동연구)을 촉진할 만한 수단을 만들지 못하고 있다. 연구회 내부에 정책인력이 부족하기 때문이다.
  - 출연(연)의 자율성을 제약하는 제도(매3년 재임용, 예산통제체계, 미세관리체계)을 벗어나지 못하고 정부의 개입(임금피크제, 블라인드채용 등)을 방어하지 못한다.
  - 우리의 연구관리(인력관리, 재무관리, 데이터관리, 장비관리 등)가 선진국에 비해 효율적이지

못함을 인식하지 못하고 있다.

– 계약서(공동연구, 기술이전, 물질이전)가 선진국의 계약서에 비해 매우 허술하다.

☞ 선진국은 국가(연)이 기능별로 설립되어 있지만 우리는 학문(산업)분야별로 설립되어 있는데, 이것이 오히려 장점이 될 수 있다. 연구자 개인의 전문성 제고에는 우수 동료가 많이 모일수록 유리하다. 그러나 융·복합적 연구프로젝트에 참여하기 위해 <u>연구자의 이합집산을 자유롭게</u> 할 수 있어야 한다. 예를 들어, ETRI 연구원이 매주 수요일은 항우연에 출근할 수 있도록 제도(인건비, 연구비, 업무공간, 평가)를 만들어야 한다.

○ 출연(연)과 주무부처 간의 협의채널을 만들어 주지 못한다.

– 미국 NL의 LOB와 같은, 출연(연)의 기관장과 과기부 간부진(차관 등 실국장급 10명 정도)이 매분기 정기적으로 협의하는 채널을 설치하지 못했다.

※ 1998년 이전에는 과기부의 조정관(국장급 6명)이 출연(연)과 과기부의 의사전달 채널이 되었으나, 조정관제도의 폐지 이후, 채널이 없어졌다.

○ 연구회는 관리의 전문성 없이 정부의 관리업무를 대행하는 역할에 머무르고 있다.

3 출연(연)의 문제점

우리 출연(연)의 문제점은 여러 보고서에서 지적되고 있다[24][69][70]. 앞 절에서도 조금씩 설명되었지만, 여기서 우리 출연(연)의 문제점을 종합 정리하자.

○ PBS 때문에 연구원들은 연구과제 수주를 위해 외부로 많이 나가야 하며, 과제수행활동 외에는 관심이 적어졌다. 대부분의 활동이 인건비 보장 없이는 추진이 어렵다.

○ 지원인력이 부족하므로 연구원은 행정부담이 크고, 연구에 몰입하기 어렵다.

○ 기관장의 재량권이 거의 없으며, 연구기관의 주인(평의원)이 없는 상태이다.

– 아직도 정년 65세 회복이 안되며, 모든 연구자가 매 3년 재계약하는 형식이다.

○ 선진국의 연구자나 postdoc이 우리 출연(연)에 오는 경우가 아주 드물다.

○ 출연(연)에 대한 정부의 미세관리 때문에 자율성과 재량권이 없다.

○ 그동안의 여러 가지 무모한 정책들이 출연(연)의 안정감을 저해한다.

○ 출연(연)의 지원·육성에 법률적으로 책임지는 정부부처가 없다.

○ 우수한 연구자는 출연(연)보다 대학에 취직하기를 선호한다.

이러한 문제점을 깊이 분석해 보면, 오히려 출연(연)보다도 **<u>출연(연)을 관리·통제하는 정부에 더 문제가 있다</u>**는 결론에 도달될 수밖에 없다. 우리나라도 선진국처럼 PBS를 없애고 Block Funding을 지급한다면 많이 치유될 수 있는 문제들이다. 연구자들이 주인의식을 가지도록 정년보장제도를 시행한다면, 연구에 몰입할 수 있을 것이다. 여기에서 더 나아가 미국

DOE의 NL 관리방법처럼, 과학적 행정을 실시한다면, 우리 출연(연)도 선진국 연구기관과 다를 바 없이 세계적 연구기관으로 성장할 수 있다고 본다. 그 구체적 방법은 제8장에서 논의한다. 아직은 우리 출연(연)이 정부의 정책에 수동적 입장이기 때문에, 정부의 관리·통제만을 개선해서는 모든 문제가 해결되지 않는다. 출연(연)도 국가연구개발사업을 자율적·주도적으로 이행하는 방법을 알아야 한다. 즉 정부의 노력과 출연(연)의 노력이 동시에 일어나야 한다는 의미이다.

1960년대 말, 정부가 출연(연)을 설립할 당시에 출연(연)에 요구된 기능은 기관에 따라 다소 다르지만 전체적으로 산업기술개발과 경제발전에 기여하게 함이었다. 헌법 제127조에는 "과학기술의 혁신은 **국민경제의 발전에 기여**"하도록 하였다. 그래서 과기부가 경제부처에 소속되고 과학기술 안건도 경제장관회의에 상정되었다. 그러나 지금 대학과 산업계의 연구능력이 향상되었고 우리가 선진국에 진입한 마당에 아직도 산업경제적 목적으로 출연(연)을 투입할 수는 없다고 본다. **과학기술을 경제목적에서 해방**시켜야 한다. 출연(연)이 정부의 think-tank가 되어 지식행정을 구현해야 한다. 헌법개정의 기회에 대비해서, 헌법 제127조의 개정안을 미리 준비·합의해야 한다.

memo

제 5 장

연구인력정책

제1절 들어가면서

- 생각해 볼 문제
- 용어의 정의
- 연구인력정책의 골격

제2절 후속세대 양성정책: (박사급) 인력양성

- 박사학위
- 선진화된 멘토링 제도
- 우리나라의 학생연구원
- KAIST의 박사 양성

제3절 대학교원에 대한 국가차원의 인력정책

- 기본지식
- grant사업과 contract사업
- 대학 교원의 임용, 승진 및 tenure제도
- 유럽의 habilitation
- 정책논의

제4절 국가(연) 연구원과 연구팀에 대한 인력정책

- 연구팀(연구조직)
- PBS와 인력양성
- 연구원의 임용과 승진
- 지원인력(ETA)의 중요성
- 국가연구소의 tenure(미국 NIH 사례)
- 우리 출연(연)의 인력정책

제5절 국가 연구인력정책의 재구성(정책제안)

- 기존 연구인력정책의 분석
- 국가 연구인력정책의 기본구조
- 「(가칭)과학기술자의 권리보호를 위한 법률」의 제정(정책제안 1)
- 국가연구인력의 양적 확대와 새로운 활용(정책제안 2)
- 국가인력관리체계의 구축(정책제안 3)
- ‘조정관 제도’의 부활(정책제안 4)
- 혁신본부가 HRD의 중심(정책제안 5)

연구인력정책이란 국가가 **유능한 연구원과 연구팀을 효율적으로 양성·보유하여 연구활동에 책임감을 가지고 유연하게 참여하게 하는** 정책이다. 국가가 戰時를 대비하여 兵力을 보유하고 정예화하는 정책과도 비슷하다. 차이점이 있다면, '과학기술의 전쟁'은 현재 진행 중이다. 국민이 일상에서 만나는 모든 문제(정치, 경제, 외교, 국방, 사회, 보건, 안전, 환경 등)에 해결의 실마리를 제공하는 전문가를 양성·보유·활용하는 정책이라고 볼 수도 있다. 학문의 융합과 사회적 문제해결을 고려하면, '연구원과 연구팀'의 범위에 인문사회분야의 전문가도 포함해야 한다. 넓게 보면 모든 학문이 다 과학이다.

제 1 절 들어가면서

■ 생각해 볼 문제

- ○ 국가는 연구개발인력을 어느 정도 규모(어느 분야에 몇 명)로 보유해야 하는가?
- ○ 우리 연구자들은 유능한가? 어디가 강하고 어디가 약한가? 어떻게 분석하는가?
- ○ 연구자들이 연구활동에서 부딪히는 가장 큰 걸림돌은 무엇일까? 파악하고 있는가?
- ○ 우리가 양성한 박사가 선진국에서 학위한 박사보다 더 인정받으려면 어찌해야 하는가?
  ☞ 일본은 수십 년 전부터 선진국 박사보다 자국산 박사를 더 인정한다고 한다.
- ○ 연구자들의 국제이동을 유인하는 요인은 무엇인가?
- ○ 우리의 탁월한 인재의 국제이동 추세는 어떤 모습을 보이고 있는가? 파악하고 있는가?
  ☞ 우리의 가장 탁월한 인재들은 박사학위 취득을 위해 선진국으로 유학가서는 정착한다.
- ○ 선진국은 박사학위 이후의 중견 연구자들을 어떻게 관리함으로써 경쟁력을 높이는가?
- ○ 연구자 개인도 중요하지만, 우수한 연구팀(연구그룹)은 어떻게 양성하는가?
- ○ 연구개발의 결과는 기술(지식)을 남기는가? 사람을 남기는가? 무슨 차이가 있는가?
- ○ 출연(연)에게 중소기업을 도와주라고 지시한다면 무슨 부작용을 초래하는가?
- ○ 국가의 핵심 연구인력은 40~50대 연구자인데, 우리 인력정책은 왜 박사양성에 머무르는가? 중견연구자는 "경쟁하면서 스스로 알아서 성장하라"는 게임 룰만 보인다.
  −직업의 안정과 연구경쟁을 다 살리는 방법은 없는가?
- ○ 동양적 '관존민비' 사회에서 공무원에게 stewardship을 기대할 수 있을까?
- ○ 우수한 젊은이들이 왜 이공계를 기피하는가? 장학금 준다고 이공계로 갈까?

■ 용어의 정의

본 책에서 사용되는 용어를 다음과 같이 정의한다.

○ '**연구개발인력**(R&D personnel)'은 「Frascati Manual」에서 구체적으로 정의하고 있다[7. p. 172－175]. 보통 연구원(엔지니어 포함)과 연구지원인력(엔지니어, 테크니션, 행정인력)을 포함하는데, 구분은 국가마다, 연구기관마다 다소 상이하다. 그 이유는 연구기관이 수십 년 유지해 온 인사관리(인사트랙관리) 관행에 근거를 두며 역사적·문화적 결과이므로 쉽게 변경하기 어렵다.

○ '**연구원**(researcher)'라 함은, 이공계와 인문사회계를 구별하지 않고, 새로운 지식의 탐구를 직업으로 하는 사람으로서 Postdoc 이하의 학생 및 계약직 연구원도 포함한다. 다만, 국가적 육성 대상이 되는 연구원은 법률에서 정한 일정한 자격을 갖추어야 한다. **연구인력정책에서는 '육성 대상으로서의 연구원'을 명확히 정의해야 한다**. '연구원'은 직업(직종)의 용어이고 '연구자'는 활동의 성격을 설명하는 용어이지만, 같은 의미이다. 쉽게 설명하면, 연구자는 '돈(연구비)'을 투입하여 '지식(기술 포함)'을 만드는 활동을 하는 사람이다.

○ '**엔지니어**(Engineer)'는 '지식'을 투입하여 '가치(기능)'을 만드는 사람이다. 과학자가 새로운 개념을 발견하면 엔지니어는 그것을 구현한다. 엔지니어는 연구자와 함께 새로운 연구장비를 설계·제작하기도 하고, 새로운 연구의 실현가능성을 가늠하기도 한다. 공학자는 엔지니어링 분야에서 새로운 지식을 탐구하므로 연구자에 속한다.

※ R&D 중에서 연구(R)에 중점을 둔 연구기관(대학)에서는 엔지니어를 지원인력으로 분류하고, 개발(D)에 중점을 둔 연구기관은 엔지니어를 연구원에 포함시키는 경향을 보인다.

○ '**테크니션**(Technician)'은 연구활동에 필요한 장비운영, 시설유지(동물관리 포함), 시료제작 등의 업무를 수행하는 사람이다. 반드시 숙련된 기술을 보유하고 있어야 한다. 기술의 변화를 따라가고 새로운 윤리개념(엄격해지는 방향으로 진화)을 습득하도록, 테크니션에게도 지속적 학습이 제공되어야 한다.

○ '**행정인력**(Administrative staff)'이란 법률, 회계, 노무, 특허, 사서, 일반행정, 계약 등 연구활동에 뒤따르는 행정적 업무를 지원하는 인력이다. 이 업무는 연구기관에서 경시되기 쉬운데, 결코 그렇지 않다. 지원업무에도 전문성이 크게 요구됨을 선진국 사례에서 볼 수 있다. 이들은 연구활동의 속성을 이해하고 전문적으로 지원해야 한다. 유능한 행정이란 법규를 위반하지 않으면서 연구활동의 걸림돌을 제거해주는 것이다.

☞ 본 책에서는 우리나라 과학기술 발전에서 연구원의 경쟁력보다 지원행정직의 능력의 부족이 오히려 걸림돌이 되고 있음을 크게 강조하고 있다.

연구인력정책에는 인문사회 분야가 포함되어야 한다. 우리의 과학기술계는 다소 배타적 입장을 가지면서 인문사회계를 배제하는 경향을 가진다. 본디 학문의 분류는 인위적이며, '진리의 뿌리'나 '문제의 본질'에는 이공학적 요소와 인문사회적 요소가 융합되어 있다. 인간에게 실익이 되는 과학기술성과는 인문사회적 측면을 고려하고 포함해야 가능하다. CNRS나 MPS는 이공학부문과 인문사회부문이 공존하고 있음을 눈여겨 봐야 한다. 본 책에서는 이공계와 인문사회계를 구분하지 않으려 한다. 연구인력정책에서 유념할 부분은 연구인력은 **'국제적 이동'이 많고 '국제적 관행'이 존재**한다는 점이다.

연구인력정책에서의 아이러니는 이 정책(전문가 관리 · 육성)에 깊이 개입하는 사람들(공무원, 국회의원)이 대부분 연구활동에 전문성이 없다는 사실이다. 그래서 선진국의 경우는 연구인력관리업무를 전문기관에게 위임하든지 연구기관의 자율성에 맡기는 데 비해, 우리나라는 정부가 직접 통제하는 방식을 택하고 있으니, 연구인력정책에 문제점이 노출되고 연구기관의 자율성에도 불만이 나오는 것이다. **연구개발인력(연구원)은 군인 또는 국가대표선수처럼 국가가 배타적으로 육성하는 대상**이 되므로 선발(자격) · 육성 및 활용 · 퇴임 후 관리(보안) 등 연구인력정책이 구체적이고 지속적이어야 하지만, 우리는 아직 이러한 수준에 도달하지 못하였다. 연구비를 Input으로 하고, 성과(논문, 특허, 기술이전, 창업)를 Output으로 하면서, 그 중간 과정은 고려하지 않는 것이 현재 우리의 연구관리 수준이다. 이제 우리나라도 HRD (Human Resource Development, 인적자원개발) 개념이 연구인력정책에 들어와야 하며, 정기적 설문조사를 통해 인력정책을 더욱 정교화해야 한다.

특히, 우리나라 연구인력정책은 박사학위자 양성에 중점을 두고 있는데, 이제 **'기성 연구자'의 경쟁력을 높이는 방향으로 정책의 초점을 전환해야 할 시기**가 왔다.

■ 연구인력정책의 골격

국가 차원의 연구인력정책은 대학정책, 국가연구소정책과 및 연구개발정책과 맞물려 있다. 국가차원의 인적자원개발(HRD)의 측면에서 정부가 개입해야 할 정책을 도출해 보자. 연구인력정책은 두 가지 큰 원칙을 가진다.

- ○ 국가연구인력정책은 **국책(연)의 기성 연구원들의 보유규모와 정예화**에 초점을 둔다.
- ○ 대학교원에 대해서는 정년보장제도(유럽식 habilitation 또는 미국식 tenure)를 법률로 규정하여, 모든 대학이 준수하게 하되, 그 외는 대학의 내부 정책에 맡긴다.

만약, 정부가 더 적극적인 연구인력정책을 가진다면 **구체적 정책목표를 설정**해야 한다. 이 정책목표는 우리나라의 국가발전목표에 부합되도록 장기계획에 근거를 두어야 한다. 선진국에 진입하는 우리가 자주성을 확대하고, 지도자 개인기에 의존하던 관행을 벗어나 '과학적·윤리적 정책시스템'을 갖추려 한다면 적어도 다음 표의 장기목표를 가져야 한다.

☞ 지난 30년간 우리 정부는 **출연(연)에 대해 매우 왜곡된 정책**을 시행해 왔다. 그 배경은 제4장 제4절에서 설명하였다. 결과적으로 정부가 보유하고 직접 지원 · 양성해야 할 출연(연)의 연구원이 정책과정에서 완전히 소외되었다. 국가의 연구인력정책은 선진국(일본, 독일, 프랑스)의 정책을 보고 균형을 잡아야 한다.

국가연구인력정책 장기목표(예시)

- 국가가 육성하는 연구원을 선정하기 위한 **국가자격(tenure와 유사함)을 설치**한다.
  - 새로운 학문의 창출(fast mover의 모습)을 촉진하도록 한국형 habilitation을 설치한다.
  - 연구원은 42세 이전에 국가자격(한국형 habilitation)을 얻어야 국가육성대상이 된다.
- 국가연구소에 약 **5만 명의 연구인력을 (30년에 걸쳐) 보유**하고 국가가 지원 · 육성한다.
  - 이를 위해 매년 1,600명의 연구개발인력을 공개채용하여 국가연구소에 배치한다.
    ※ 대학(연구중심대학)의 교원은 국가의 간접육성(자율경쟁 시장에서 성장) 대상이다.
- 연구중심대학과 출연(연)에 **총 2,000개의 연구팀을 (30년에 걸쳐) 보유**하고 육성한다.
  - 연구자와 연구팀은 국가의 자산이므로 개인별 맞춤형 육성계획이 수립되어야 한다.
- 전국적으로 **연구중심대학교를 2개 지정**하고, 국립거점대학에는 연구중심학부를 다수(BK21 사업단과 유사)지정하여 장비 · 인력 · 연구비를 집중시킨다.
  - 정부가 연구중심대학을 지정한 후, 연구하려는 교원은 대학을 찾아 이동해야 한다.
- 연구지원인력(테크니션, 행정직)의 규모를 확대하고 **인사 track을 구분**하며 전문화시킨다.
- 국가자격을 획득한 연구원에 대해서는 국립대학 교원이든 국가연구소 연구원이든 **처우(정년, 연봉, 연금)는 동일화**하다(그래야 학연이동 · 협력 가능). PBS는 조속히 폐지한다.
  - "연구하고 싶으면 출연(연)에 가고, 교육하고 싶으면 대학에 가라. 연구와 교육을 다 하고 싶으면 연구중심대학에 가라"는 원칙을 세운다.

위의 '국가연구인력정책 장기목표(예시)'는 본 장의 결론이다. 뒤에서 자세히 설명한다. 정책목표가 이렇게 명확하지 않으면 흐지부지되기 쉽다. 기존 정책과 비교해 보자.

과학기술의 3대 정책(국가연구소정책, 연구인력정책, 연구개발정책) 중에서 연구인력정책이 가장 어렵다. 평가도 쉽지 않고, 개혁도 쉽지 않다. 그런데 더 심각한 문제는 **연구인력정책을 주도하는 공무원들이 대부분 연구직을 경험해 보지 못했다는 사실**이다. 그래서 우리 연구인력정책은 대부분이 청소년 정책에 머무르고 있으며, **기성 과학자를 정예화(精銳化)하는 정책은 거의 누락**되어 있다.

「제4차 과학기술인재 육성 · 지원 기본계획('21~'25)」의 주요내용

비전	대전환시대, 혁신을 선도하는 과학기술인재강국
목표	○ 미래 변화대응역량을 갖춘 인재 확보 ○ 과학기술인재규모 지속 유지 · 확대 ○ 인재유입국가로의 전환을 위한 생태계 고도화

추진전략	추진과제
기초가 탄탄한 미래인재 양성	○ 초중등 수학 · 과학 및 디지털 기초역량 제고 ○ 미래사회를 선도할 우수인재 발굴 및 유입촉진 ○ 이공계 대학생의 변화대응역량 강화
청년 연구자가 핵심인재로 성장하는 환경 조성	○ 청년 연구자의 안정적 연구기반 구축 ○ 청년 과학기술인의 성장지원 강화 ○ 미래 유망분야 혁신인재 양성
과학기술인의 지속활약 기반 구축	○ 과학기술인 평생학습 지원체계 강화 ○ 현장 수요기반 디지털전문역량 제고 ○ 여성 과학기술인의 성장진출 활성화 체계 마련 ○ 고경력 · 핵심과학기술인 역량활용 고도화
인재생태계 개방성 · 역동성 강화	○ 해외인재의 국내유입 활성화 ○ 산학연 간 인재 유동 확대 ○ 과학과 사회 간 소통 강화 ○ 이공계 법 · 제도 인프라 선진화

연구인력정책이 왜곡되는 가장 큰 이유는 '무지함'과 '관존민비'를 고집하는 동양적 문화라고 본다. 과기부 공무원들은 기성 연구원에게 "서로 경쟁해서 성장하라."는 의미로 출연(연)에 PBS를 적용하고는 지원·육성업무를 연구회에 맡긴 후, 더 이상 아무런 조치를 하지 않았다. PBS, 정년 61세, 매 3년 재임용, 연금없음 등 낙후된 처우수준은 이공계기피현상의 원인이 된다. 이공계 부모는 자식에게 이공계로 진출하지 않도록 지도하는 것이 현실이다. 이것이 **이공계 기피현상의 본질이다**.

본 장에서는 기성 연구자의 경쟁력을 제고하기 위해, 선진국이 운영하고 있는 제도를 깊이 있게 소개하면서 우리 제도와 비교함으로써, 연구인력정책의 방향을 찾고자 한다. 본 저자는, 정책 경험을 바탕으로 볼 때, 연구인력정책을 아래와 같이 구분하기를 권한다. **연구인력의 질적 수준관리와 양적 규모확대에 초점**을 둔 것이다. 그 외, 여러 가지 세부내용(평가기법, 트랙별 인사관리, 처우 등)을 조금씩 소개하지만, 실제 적용을 위해서는 전문연구기관이 별도의 추가연구를 통해 보완해야 한다.

※ 참고로 본 연구인력정책에서는 연구인력의 확보(양성, 유치, 전문성 심화)까지를 다루며, 연구인력의 활용 측면은 대학정책 및 국가연구소정책에서 다룬다. 그리고 인력양성에 초점을 둔 'grant 사업'은 본 장에서 소개만 하고 자세한 내용은 연구개발정책에서 다룬다.

■■ 연구인력정책의 구분

	세부정책	세부정책목표	비고
질적 수준제고	후속세대정책	우수한 박사급 인력 양성	KAIST와 EP를 비교함
	대학교원정책	우수 연구교원의 유치 및 전문성 심화	대부분 대학자율에 맡김
	국가연구소 인력정책	국가차원에서 전략적으로 보유해야 할 전문 분야별 인력의 규모와 전문성 심화를 위한 계획의 수립 시행	큰 기준은 정부가 규정하고 세부사항은 연구소의 자율에 위임
양적확대	국가연구개발 인력규모	국가연구소의 인력규모 비교 국가연구소는 연구원과 연구팀의 육성	• 5만명 보유 • 2,000팀 보유
정책체계	법률과 제도	연구인력정책의 지속성과 안정성을 뒷받침하는 법률 및 제도	대부분 기관의 자율에 맡기되 국가적 틀은 유지

제2절 후속세대 양성정책: (박사급) 인력양성

■ 박사학위

박사학위(doctoral degree)를 받으려면, 박사학위를 수여할 자격을 갖춘 교육기관(곧 대학교)이 규정한 박사학위 코스에 등록하고, **소정의 코스웍을 수료한 후, 박사학위청구논문을 심사위원회에서 방어(통과)**해야 한다. 최근에 와서, 박사학위 수여요건으로 SCIE급 저널에서 제1저자로 발표한 논문을 제출하라는 대학도 있다. 선진국 대학의 박사학위 심사는 대개 **5명의 심사위원이 공개심사**를 하는데, 심사위원들이 역할을 분담하여 "박사로서 알아야 할 전문소양"을 철저하게 질의함으로써 기본능력을 확인한다.

많은 사람들이 박사학위를 '공부의 끝'이라고 생각하기 쉬운데, 연구자에게 박사학위는 '공부의 시작'이이요, '탐구생활의 출발점'이다. 그래서 박사과정 학생에게 심어주어야 하는 인문소양 중 가장 중요한 것은 **"학습과 탐구활동을 즐길 줄 아는 방법과 자세"**라고 생각한다. 그리고 박사과정 학생이 전문인으로서 인정받기 위해서는 "자신의 학문분야에서 상당한 수준의 새롭고 의미 있는 지적 기여(significant new contribution)"가 요구되지만, 탐구활동이란 경쟁적 분위기에서 이행되기 때문에, 동료를 존중하고, 동료의 탐구성과(논문, 특허)를 인정하며, 진실한 탐구활동을 수행하게 하는 **규범(연구윤리)을 학습**해야 한다. 즉, 지식만으로는 연구자가 될 수 없으며, 자세와 윤리를 갖추어야 한다. 박사학위를 받는다고 해서 모두 연구자(교수, 연구원)가 되는 것은 아니다. 그러나 박사학위를 받은 사람은 적어도 **연구활동(탐구활동)의 속성을 알고 연구자의 입장을 이해하여 연구자와 소통할 수 있을 정도의 능력**을 갖추도록 소양교육을 받아야 한다.

본 저자는 최근에 각 우리나라 대학에서 운영되는 박사학위과정이 지나치게 '기능적 전문성 교육'에 치우치고 있다고 우려하면서, 연구윤리, 과학사, 커뮤니케이션 및 지식재산권에 대한 교육으로 '연구자의 소양교육'을 강화해야 한다고 주장하고 있다. 박사 학위자는 깊게 공부하는 사람이므로 넓게는 보지 못하는 약점이 있기 때문에, 별도로 설계된 소양교육이 필요하다. 전문인(의사, 변호사 등)은 항상 사회적 신뢰를 중요시해야 하므로 별도의 행동규범(code of conduct)을 가진다는 점도 간과해서는 안된다. 특히, **연구자가 되었을 때 추구해야 할 가치 지향점**(예시: Robert K. Merton의 CUDOS)은 박사과정 학생에게 미리 교육되어야 할 것으로 본다. 우리나라의 (박사급) 연구인력양성 정책에서 고려해야 할 이슈는 다음 네 가지다.

- ○ 국내 박사가 선진국에서 양성된 박사보다 더 인정받도록 양성하는 방법
- ○ 대학원생이 지도교수와의 '갑을관계'에서 벗어나도록 하는 연구실 문화개선
- ○ 박사학위의 취득이 힘들지만, 이익이 될 것이라는 확신을 주는 박사급 일자리
  - －국내에서 박사학위자를 임용하는 일자리가 꾸준히 생기게 하는 정책
- ○ 대학에 연구비가 많아졌지만, 박사학위 과정에 입학생은 감소하는 현상

☞ 실리콘 밸리에서 한국인 과학자는 이사의 직급으로 승진하는 사례가 거의 없다고 한다. "한국인 박사들은 시키는 일을 잘하는데, 리더십이 부족하다"는 의견이 많이 나온다.

이제 전문화 시대가 도래함에 따라, 우리나라 산업현장에서도 박사가 양성될 수 있도록 하는 'Professional Degree 제도'가 생겨야 한다. 그러려면, '현장논문제도'가 활성화되어야 하며, 산업계에서도 전문영역 내에서 학술교류가 보장되어야 한다. 선진국이 되면, HRD를 강조하는 방향으로 기업의 경영스타일이 달라져야 한다.

■ 선진화된 멘토링 제도

박사과정 학생이나 postdoc 학생의 전문인 소양교육은 지도교수의 '멘토링'으로 교육하는 경우가 일반적이며 도제식 교육의 한 모습이다. 그렇다면 멘토링은 매우 짜임새있고 전략적으로 이행되어야 한다. 그리고 이 멘토링은 지도교수가 책임감과 전문성을 가지고 일대일 대면회의를 통해 진지하게 수행되어야 한다. 이러한 전문화된 멘토링은 대략 다음과 같은 체계를 가진다[71][72].

① 대학은 전문인으로서 갖추어야 할 역량을 도출하고, 역량함양 프로그램을 구비한다.
② 지도교수는 학생과 멘토링에 대해서 '멘토링 협약'을 체결한다.
③ 지도교수는 학생의 학업성취와 연구능력뿐 아니라 전문역량의 수준도 관찰한다.
④ 매학기 한 번씩 '멘토링 미팅'을 실시하고, 부족한 역량을 지적하며 대책을 세운다.

⑤ 멘토링한 내용은 문서로 기록하고 학생과 지도교수가 서명하여 학과장에 제출한다.
⑥ 학과 교수회의에서 매학기 한 번 멘토링 실태를 조사하고, 갈등 여부를 파악한다.
⑦ 갈등이 있다면, 학과의 원로교수(代父·代母역할)가 조용히 조정에 나선다.
⑧ 멘토링 문서는 3자(학생, 지도교수, 학과장)가 개인정보문서로 분류하여 보관한다.

여기서 중요한 요소는 전문인이 갖추어야 할 역량항목을 어떻게 도출하느냐, 그리고 부족한 역량을 훈련하는 프로그램을 어떻게 설계·운영하느냐가 관건이다. 영국은 2003년 7개 분야 36개 역량항목을 도출하였다. 이것을 기준으로 영국의 대학원생은 입학 직후 온라인으로 역량평가를 실시한다. 역량은 스스로 평가하고 그 평가결과를 지도교수와 협의한 후, 앞으로 1년간 역량을 발전시키는 계획을 수립한다. 학생에게 부족한 역량은 세미나·연수·체험을 통해 습득될 것이며, 대학은 방학기간에 별도의 강좌를 개설하고 역량교육이 필요한 학생에게 매년 2주의 연수기회를 제공한다[73. p. 345]. 우리도 대학원 교육의 수준제고를 위해 역량교육을 실시해야 한다고 보며, KIRD가 대학원생의 역량제고 훈련 프로그램을 운영하는 것이 바람직하다고 본다.

영국의 대학원생에게 요구되는 역량(skill)[74. p. 74]

대학원생이 습득해야 할 역량은 2002년 영국의 「멧칼프(Janet Metcalfe) 보고서[1]」에서 제시되었다. 그리고 이 보고서는 「로버츠[2] 권고안」으로 연결되고, 정책개념이 구체화되면서 영국정부에서 받아들여졌다.
2003년 영국연구회(Research Council)는 7개 분야 36개 역량(skill)을 정의하고 박사과정 동안에 습득하도록 하는 「학생들의 기술연수요건에 관한 연구회의 공동성명」을 발표하였다. 2003. 10월 이후, 각 대학원은 박사과정 학생에게 최소한의 역량표준(Minimum threshold standards)에 부합하도록 연간 2주 이상의 집중적 연수를 실시해야 할 것을 권고하였다. 여기서의 7개 분야와 36개 역량표준은 다음과 같다.

영국 대학의 7개 분야 36개 역량표준

1) 기초적 연구수행 능력(Generic research skills and techniques)	2) 연구환경에 대한 이해능력 (Understanding the research environment)
① 문제인식 능력	① 국가적 · 국제적 수준의 맥락 이해
② 이론적 개념을 개발하는 능력	② 윤리 · 저작권 · 데이터보호법의 규정 등에 관한 지식
③ 최근의 진보에 대한 지식	③ 바람직한 연구 실천의 표준의 지식
④ 관련 연구 방법론과 기법에 대한 이해	④ 건강 · 안전 문제들을 이해
⑤ 연구결과를 비판적으로 분석하고 평가	
⑥ 요약 · 기록 · 보고 · 반성하는 능력	

⑤ 연구의 후원금 조달과 평가를 위한 과정의 이해
⑥ 원칙과 실험기법들을 정당화하는 능력
⑦ 연구결과의 상업적 사용 과정을 이해

3) 연구관리와 정보능력(Research management and information literacy)
① 프로젝트를 효과적으로 관리하는 능력
② 적절한 자원과 장비를 효율적으로 사용하는 능력
③ 정보 출처들을 확인하고 접근하는 능력
④ 정보기술을 적절하게 사용하는 능력

4) 전문가적 유능함(Professional effectiveness)
① 지식습득의 의지와 능력
② 연구에 대한 독창적 접근방법
③ 유연성과 열린 마음
④ 파악하는 능력
⑤ 자기훈련 · 동기 부여 · 철두철미함
⑥ 한계를 인정
⑦ 자립적 연구능력

5) 소통능력(Communication skills)
① 보고서 · 발표논문 · 학위논문 등 글쓰기
② 아이디어를 명확하게 표출하는 능력
③ 연구결과를 건설적으로 옹호하는 능력
④ 자신의 연구분야에 대한 대중적 이해를 증진하는 능력
⑤ 다른 사람들의 학습을 효과적으로 지원하는 능력

6) 네트워킹과 팀워킹 능력(Networking and team-working)
① 지도교수 및 동료와 협력적인 네트워크 · 연구관계 구축
② 자신의 행동이 다른 사람들에게 미치는 영향을 이해
③ 피드백을 경청 · 제공 · 수용하는 능력

7) 경력관리와 평생개발능력(Career management and lifelong development)
① 지속적인 전문성 개발 매진
② 달성 가능한 경력목표 설정 능력
③ 취업 기회의 통찰능력
④ 이력서 작성과 면접 능력

■ 우리나라의 학생연구원

학생이 연구과제에 참여하면 그의 신분은 '학생연구원'이 된다. 그렇다면 그 처우는 어떠해야 하는가? 근로기준법이 적용되는가? 최저임금이 적용되는가? 우리 법규를 보자.

ㅇ 「근로기준법」에서 "'근로자'란 임금을 목적으로 사업이나 사업장에 근로를 제공하는

1 이 보고서는 대학원생의 연구능력훈련(research training)을 위해 학위과정의 역량표준(threshold standards)의 기초를 형성하는 지표를 도출하기 위해 작성되었으며, 각 학문분야의 우수한 관행을 형성하는 research degree program을 위한 표준체계를 소개하고 있다. 이 표준체계는 연구환경, 학생의 선택 · 유도 · 진보 · 검사, 감독제도 및 역량개발을 포함하는 연구능력훈련의 범위를 제시하고 있다. 그리고 질관리 · 절차 · 규정을 위한 기관의 제도를 제시하고 있다.

2 Sir Gareth Gwyn Roberts는 반도체 물리학자이면서 Higher Education Funding Council for England(HEFCE)의 멤버였으며, 영국 Science Council의 설립총장이었다. 2001년 영국정부로부터 과학기술의 능력(skill)의 제고방안의 심사를 위임받고 2003년 「Set for Success」(보고서)를 제출하였다. 이 보고서는 과학기술과 수학 역량의 제고를 위해 정부에 건의하는 37개의 권고안을 담고 있다. 그리고 박사과정학생의 수당을 높이고 여자 및 젊은 과학자를 격려하는 여러 정책을 낳았다.

사람"을 말한다. 학생연구원은 임금이 아니라 '학위'를 목적으로 노력하는 사람이다.

- 학생이 연구과제에 참여하는 활동은 학생에게는 근로의 성격도 있지만 도제식 교육의 성격도 있으므로 명확히 구분하기 쉽지 않다. 따라서 몇 시간을 근로했는지 특정하기 어려우므로 최저임금의 적용도 의미가 없다.

○ 연구과제에서 학생연구원의 처우기준은 「학생인건비 계상기준(과학기술정보통신부 고시)[3]」에서 정해진다. 그러면 '참여율'에 따라 학생인건비를 지급받게 된다.

그런데 지도교수와 대학원생 사이에 '갑을관계'가 형성되고 노동착취와 인권침해 사례가 여러 형식으로 발생하게 되자, 대학원생들의 불만이 공론화되었고, 2017년 대통령 공약으로 **학생연구원에 대한 근로계약 체결이 제시**되었다. 2017년 말에는 「전국대학원생노동조합」이 결성된다. 상황이 이렇게 되도록 대응하지 않은 대학과 정부를 탓하지 않을 수 없지만, 결과적 대응책도 합리적이지 못하다고 본다. BH가 지시한 '학생연구원 근로계약'은 대부분의 대학에서 거부되었다. 그러나 근본적 대책이 필요하다고 본다. 미국의 사례를 보자.

미국 대학의 대학원생의 고용

○ 미국은 대학이 대학원생을 RA, TA 등으로 임용·활용하며, 이들을 "**학생근로자(student employee)**"라고 부르지만, 성격은 **전문훈련(professional training)**으로 본다.

○ 대학과 학생근로자와의 계약은 hiring forms 또는 **student employment agreement(학생근로협약)**의 간단한 양식으로 체결하지만, 일반 근로계약(regular employment contract)과는 성격이 다르다.

- 대학은 학생의 출석, 업무성과, 업무자세에 따라 **협약을 해지**할 수 있다.
- 학생근로자는 학생근로협약을 체결하고 소정의 업무를 수행하며 인건비(salary), 장려금(stipend), 등록금 면제(tuition allowance) 등을 받는다. **협약내용은 대학마다 다르다**.
  ※ 근로시간에는 학습, 독서, 인터넷서핑을 금지하고 복장과 자세 및 언어의 사용을 전문인스럽게 하도록 협약(위반하면 해지)하는 대학도 있다.
- **최대 근로시간은 주 20시간(50%)**이며, 방학에 미국인은 주 40시간까지 근로할 수 있다.
- 오직, 인건비(salary)에 대해서는 **소득세를 납부(원천징수)**한다. 그런데 많은 대학들이 보수를 salary형식으로 지급하지 않는다.
- 대학원생은 매학기(quarter) 등록하여야 FICA(Social Security)와 상해보험료(Voluntary Disability Insurance taxes)를 납부하지 않으며 건강보험(Health Insurance)이 보장된다.

○ 학생은 고용에 관해 많은 것을 **지도교수(supervisor)의 허락**을 받도록 규정하고 있다.
  ※ 학생은 근로시간표(timesheet)를 지도교수에게 제출하고 승인받아야 한다.

---

3 인건비 계상기준은 많을수록 좋겠지만 그 재원은 세금이므로 논리를 가져야 한다. 50% 참여율로서, 석사생은 부모에게 의존하지 않고도 기숙사에서 학업을 지속할 수 있는 수준, 박사생은 결혼해서 독립할 수 있을 정도의 수준으로 지급하는 것이 바람직하다(식비, 교통비, 주거비 등 물가를 분석 필요).

○ 비록 학생근로자일지라도 학생의 신분이므로 학자금상환의 의무가 연기된다(학자금 상환의 연기는 Postdoc도 자격이 된다).

우리도 이제 학생연구원이란 직종을 별도로 인정하고, 그의 사회적 역할을 제대로 설계(보험설치, 세금면제, 학생의 특혜를 살리면서 책임과 권리의 명확화)해야 한다고 본다. 법률의 제정이 필요하다. 그러려면 "학생이란 무슨 속성을 가지느냐?"에 대해 철학적 개념정립부터 시작해야 한다. 유럽에서는 학생은 면책, 면세, 면역(병역 연기)의 특혜를 주고 있다. 근본적으로 학생은 '미완성'이란 점도 잊지 말아야 한다.

또한 학생들이 유념해야 할 점이 있다. 석·박사과정은 도제식 교육의 전통이 남아있으므로 실습교육과 근로(과제참여)의 경계가 불분명한 부분이 많다. 논문발표를 위한 해외출장이나 기술연수는 교육인가 근로인가? 학생이 지나치게 이익을 따짐으로써 지도교수와 대립하는 상황은 좋지 않다. 원하는 데이터를 얻기 위해 밤샘 실험을 하거나 주말 없이 실험해 본 경험은 장래 연구자 생활에 큰 자산이 된다. 참고로 의과대학에서는 인턴, 레지던트의 훈련을 위해 1주일에 80시간 이상 수련하고 있다. 전공의는 항상 수면이 부족하다. 다음의 법조문을 석·박사과정학생이 참고하면 좋겠다.

전공의의 수련환경 개선 및 지위 향상을 위한 법률

제7조 【수련시간 등】 ① 수련병원등의 장은 전공의에게 4주의 기간을 평균하여 1주일에 80시간을 초과하여 수련하게 하여서는 아니 된다. 다만, 교육적 목적을 위하여 1주일에 8시간 연장이 가능하다.
② 수련병원등의 장은 전공의에게 연속하여 36시간을 초과하여 수련하게 하여서는 아니 된다. 다만, 응급상황이 발생한 경우에는 연속하여 40시간까지 수련하도록 할 수 있다.
③ 수련병원등의 장은 전공의에게 대통령령으로 정하는 연속수련 후 최소 10시간의 휴식시간을 주어야 한다.

■ KAIST의 박사 양성

우리나라의 박사양성을 위한 인력정책에서 빼놓을 수 없는 것은 KAIST이다. 우리가 유능한 박사급을 양성하기 위한 국가적 노력은 1973년 KAIST의 설립(당시의 명칭은 KAIS)으로부터 시작된다고 볼 수 있다. 당시 국내대학의 대학원 교육은 코스웍이 제대로 자리잡지 못하였으며, 수업은 세미나 중심으로 진행되었다. 우리 대학원은 우수 학생이 유학가기 위해 준비하는 곳으로 여겨졌다. 그러다가 미국(USAID)의 지원으로 연구중심대학으로 설계된 KAIST가 설립되었는데, 이 설립을 당시 대학과 교육부는 반대하였으며, '대학'이라는 명칭을 사용하지 못하게 했다는 일화는 유명하다[63. p. 76]. 그러나 오늘에 와서 보면 KAIST의 교육에서도 보완할 점이 많다.

KAIST는 다른 대학원에서 볼 수 없는 특혜(병력특례, 전원 장학생)와 졸업 후 의무복무(3년)를 부여하며 우수학생을 모집하였고, 대부분의 교원을 선진국에서 유치하여 인텐시브한 코스웍을 운영함으로써 제대로 된 석·박사를 양성하게 되자, 사회적 반응이 아주 좋았다. KAIST로 인해 다른 대학원에도 코스웍이 정착되고 대학교원에 대한 tenure제도가 시작되는 계기가 되었으니, 이 정책은 성공적인 셈이다. 이러한 정책 모델은 나폴레옹이 설립한 Ecole Polytechnique에서 볼 수 있다. Ecole과 KAIST를 비교하자면, 기관의 정책목적에는 다소 차이가 있지만, 우리가 참고할 만한 점이 있다.

- ○ Ecole Polytechnique 프랑스 국방성 소속이며, KAIST는 한국의 과기부 소속으로서 둘 다 교육부 소속이 아니다. 둘 다 '선택집중형' 인력양성기관이다.
- ○ Ecole Polytechnique의 입학생 규모는 설립(1794년) 이후 지금까지 400명(10%는 외국인)을 유지하고 있다. 프랑스의 선택집중 정책은 230년 넘게 변함없이 지속된다. 우리의 경우, KAIST 입학생을 계속 확대하다가 GIST, DGIST의 설립으로 이어져서 '선택집중의 효과'가 희미해졌다.
- ○ Ecole Polytechnique 학생은 2년 과정(학부 3, 4학년 과정)이며, 1년 군사훈련 이후 소위로 전역한다. Ecole Polytechnique에서 수학과 기초과학을 강하게 교육받고 '애국심 교육'을 별도로 받는다. 그리고 다른 Ecole(공과대학 3, 4학년 과정)로 다시 입학한다(그래서 Diploma가 2개). 전략적으로 국가의 리더를 양성하는 것이다.
  - −KAIST는 병력특혜를 주지만, 4주 사병훈련을 마치고 이병으로 전역한다. 리더로 양성한다면 장교훈련이 더 적절하다고 생각된다. 최근에 와서는 '전문연구요원제도'로 전환되었다. 이렇게 우리의 선택집중정책은 효과가 크게 희석된다.

    ※ 중국(후진타오), 독일(메르켈) 등 이공계 출신 인사가 대통령으로 진출하는 사례에 비해 우리나라 이공계 인사가 사회적 지도자로 성장하는 비율이 낮은 이유는 이공계 교육에 결함이 있다는 지적이 많다.
- ○ Ecole Polytechnique의 특혜(전원 장학생, 병력특혜, 졸업 후 모든 승진에 우선)는 설립 이래 지금까지 변함없이 유지되고 있다. 이러한 특혜에 대해 불만있는 자에 대한 답변을 나폴레옹이 정해주었다. "Ecole Polytechnique에 입학자격은 모든 국민에게 공정하게 부여하라. 그리고 Polytechnician에 대한 특혜에 대해 질투하지 말라."
  - −반면에, KAIST의 특혜는 이제 모두 사라진 셈이다. 다른 대학에 연구비가 많아지니 석·박사생의 장학금도 충분히 지급되고 있다. 전문연구요원도 일반 대학원에서 응시할 자격이 주어진다. 이렇게 되면 우수 학생을 한 곳에 모으지 못한다.

○ KAIST에 입학한 외국인 학생은 등록금을 어느정도 납부해야 하는가?

－Ecole Polytechnique은 정원의 10%를 외국인에게 할당하며, 고액(연 약 3천만 원) 등록금을 받고 있다.

과기부는 어찌하여 선택집중정책을 유지하지 못하는가? **KAIST를 다른 대학과 비슷한 수준으로 유지한다면 막대한 세금을 투입할 명분이 없다**. 그렇다면 과기부는 주무부처로서 선택집중정책의 반대자를 파악하고 설득하는 전략을 세워야 했었다. 연구인력은 선택집중정책이 가장 효율적이라는 이론도 제시했어야 한다.

KAIST를 반대하는 단체는 일반대학이다. 우리나라 대학들은 어느 다른 대학이 특출하게 지원받는 것을 매우 싫어한다. 우리 대학들은 가장 큰 압력단체로서 정치권에 영향을 미친다. 국립대학 법인화를 실패한 이유도 여기서 나온다. 1998년 BK21사업을 착수할 때에는 서울대학교를 집중지원하여 세계적 대학으로 키워보겠다는 정책의도가 있었다. 그러나 다른 대학의 반대가 커서 정책을 수정한 것이다. 이러한 반대는 국회의 입법과정이나 기재부의 예산편성에 영향을 미친다. 최근에 기재부가 KAIST를 압박한 사례가 있다. 여기서 기재부의 담당국장은 과학기술정책의 맥락을 알고 있을까? 그는 선진국 사례도 선택집중정책도 모르는 것 같다. 이쯤 되면, 과기부 장관이 기재부 공무원을 대상으로 '정책특강'을 실시해야 한다고 본다.

"다음 주까지 거취 결정하라" 기재부, 과기원 총장들 압박?

기획재정부가 4대 과학기술원(KAIST · UNIST · GIST · DGIST)의 예산을 교육부 고등 · 평생교육지원특별회계(이하 고등교육특별회계)로 이관하기 위한 본격적인 물밑작업에 들어갔다. 본지 취재에 따르면 기재부 예산실은 9일 오전 과기원 총장들과 온라인 회의를 열고 고등교육특별회계 편입을 위한 설득에 나선 것으로 밝혀졌다. 현재 내년도 연구개발(R&D) 예산 편성 중에 있는 만큼, 예산 반영 기간을 고려하면 사실상 다음 주 초까진 결정하라는 의도로 해석된다.

◆ 과기원 돈줄, 교육부로? 현장 "경쟁력 떨어질 것"

사건의 발단은 지난 7일 국회 과학기술정보방송통신위원회 전체회의에서 "4대 과기원 예산을 과기부에서 교육부로 이관하는 얘기를 들었느냐"는 윤영찬 더불어민주당 의원의 질문이 공개되면서 시작됐다.

윤 의원실에 의하면 지난 1일 기재부 연구개발예산과장은 과학기술정보통신부에 "4대 과기원의 예산을 교육부 고등교육특별회계에 편입하려고 하는데 어떻게 생각하느냐"고 물어봤다. 이후 다음날인 2일 기재부 국장이 직접 4대 과기원 총장들에게 연락해 "과기원들에게 불이익은 없다"며 직접 편입을 제안한 것으로 알려졌다.

고등교육특별회계란 교육부 장관이 운용 · 관리하며 유초중등 교육 예산인 현행 지방교육재정교부금(교육교부금) 중 일부를 대학 교육 등에 쓸 수 있게 하는 내용이다.

… (이하 생략) …

출처: Hello DD 2022. 11. 10일자

제3절 대학교원에 대한 국가차원의 인력정책

국가에서 박사급 전문인력이 가장 많이 모여 있는 곳은 대학이다. 우리나라의 경우, 2020년도 일반대학의 정규직 교원(강사 제외)은 약 12.7만 명이지만 연구활동에 참여하는 박사급 교원은 그 절반(6.6만 명)이다[75. p. 28][76. p. 26]. 이러한 통계방식은 설문조사에 기반을 두고 있으므로 명확하다고 볼 수 없다. 그저 국가 간에 FTE의 양적 비교용으로 사용될 뿐이다.

국가가 대학교원을 국가연구인력으로 간주하고 육성정책을 시행하기 위해서는 누가 육성의 대상이 되고 누가 아닌지 구분을 명확히 해야 한다. 이것은 태릉선수촌에 입소하는 국가대표가 누구인지 분명한 것과 같다. 대학교원이라고 해서 모두 국가가 육성하는 대상이 되는 것은 아니다(이 부분은 뒤에 교원의 분류에서 설명). 그래서 연구중심대학 정책이 필요하고, 국가자격(habilitation)을 설치해야 한다는 주장이 나온다. 대학의 자율성은 존중되어야 하므로, 정부는 대학교원을 대상으로 하는 인력정책에 세세하게 관여하지 않아야 한다. 큰 틀을 법령으로 제시하고 시장경쟁이 건강하게 유지되어 스스로 우열을 가리도록 하는 정책을 시행할 뿐, 대학의 내부 정책에 맡겨야 한다. 우리나라는 대학교원에게 적용하는 연구인력정책이 아직 선명하게 모양을 갖추지 못하였으며, 대학도 느슨한 정년보장심사(tenure)가 있을 뿐이므로 개선의 여지가 많다. 선진국의 사례를 깊이 살펴보며 개선대책을 만들어 보자.

■ 기본지식

'대학'이란 무엇인가? 대학은 '가장 우수한 지식집단'으로서 1천 년 넘는 역사 속에서 개념이 형성되고 진화해 가고 있으므로, 한두 문장으로 설명할 수 없다. 본 책에서 설명하려는 내용에 필요한 부분만 제시한다면,

- 대학은 고등교육기능을 넘어 연구기능을 가지며, 사회적 두뇌(think－tank)기능을 수행하다가 이제는 산업을 리딩하는 창업기능도 활발히 하고 있다.
- 대학은 독립된 자율성을 유지하기 위해 높은 도덕성을 보여주려고 노력하는 기관이다. 대학이 가장 중요시하는 가치는 '학문의 자유(Academic Freedom)'이다. 그래서 모든 심사는 동료평가로 이루어지며, 公과 私를 구분하는 자세(이해충돌 회피)를 중요시한다.
- 대학은 공기관이나 기업의 경영과는 달리 기관장(곧 총장)이 좌지우지하는 기관이 아니다. 오히려 교수단(faculty)이 중요한 결정을 내리면 총장은 그것을 추인하고, 그 이행을 위해 재원을 확보하며 규범과 세부계획을 만드는 기관이다. 대학에서 주인 역할을 하는 사람은 tenured faculty(정년보장 교수)이다.

'대학교원'이란 어떤 속성을 가지는가? 대학교원은 일반 직종과는 다른 근무형태(자율과 책임)를 보인다. 그 근거는 미국 대학교수협회(AAUP)가 1915년 및 1940년 천명한 「Statement of Principles on Academic Freedom and Tenure」에서 볼 수 있다.

○ 본 선언의 목적은 학문의 자유(Academic Freedom)와 영년제(Tenure)에 대한 공공적 이해와 지원, 그리고 대학에서 이를 담보할 수 있도록 하는 절차에 대한 공공적 합의를 촉진하기 위함이다. 대학은 '가장 우수한 지식집단'이므로 반드시 **대학과 교원 개인의 이익을 위해서가 아니라 공익(common good)을 위하여 활동해야 한다**. 그 공익은 자유로운 탐구와 그것의 자유로운 발표에서 나올 수 있다.

※ 선언문에 '교원'에는 학술기관에서 일하며 교육을 담당하지 않는 연구자(investigator)도 포함된다고 명시되어 있다. 이런 배경에서 1966년 교원의 윤리선언(Statement on Professional Ethics)이 제정되었다.

○ '학문의 자유'는 대학의 목적에 필수적이며 교육과 연구에 모두 적용된다. **'연구에서의 자유'는 진리의 발견에 기초가 된다**. '교육에서의 자유'는 강학(teaching)에서 교원의 권리와 학습(study)에 대한 학생의 권리를 보호하는 기초가 된다. 학문의 자유는 권리에 상응하는 책무를 동반한다.

○ 교원이 전임강사(full-time instructor) 또는 조교수로 임용되어 더 높은 지위로 가기 위해서, 거치는 수습기간은 전일제 복무기간을 합산하여 7년을 초과할 수 없다. 그러나 하나 이상의 대학에서 3년 이상의 수습기간을 복무하고, 그 이후 다른 대학에 임용된 경우에는, 그때까지 개인의 총수습기간이 7년이 되지 않도록, 새로운 임용은 수습기간이 4년을 넘지 않을 것을 문서로 합의할 수도 있다. 교원의 수습기간 만료 이후, 복무를 계속할 수 없는 경우, 적어도 기간만료 1년 전에 통지되어야 한다.

※ 이 내용은 tenure제도의 기본 골격이다. 대학마다 다소 제도의 변형이 있다.

국가가 대학교원을 연구인력으로 지원·육성하기 위한 **'제도적 틀'은 무엇인가**?

○ 국가는 교원의 자격, tenure(또는 habilitation)에 대한 법률적 근거를 마련한다.

○ 국가가 '직접' 지원·육성하는 대상은 국가(연)의 연구원이다. 반면에 대학교원은 국가의 '간접' 지원·육성 대상이다. 만약 대학교원이 국가아젠다 프로젝트(NAP)의 책임자로 적임자라면 그는 국가(연)에 파견되어 그 과제를 수행하고 복귀한다.

○ 국가가 대학교원을 간접 지원·육성하는 제도로 **'grant사업'**을 운영한다. grant사업이란 국가가 반대급부의 요구없이 연구비를 지원하는 제도이며, 순전히 연구자를 지원·육성할 목적으로 예산을 지출하는 사업이다. 국가는 전문기관(funding agency, 연구비지원기관)을 설립하고 grant사업의 운영을 위탁한다.

◦ 전문기관은 교원을 효율적으로 탁월하게 육성하기 위해 여러 지원 프로그램을 설계하여 경쟁방식으로 연구과제에 연구비를 지원한다. 교원은 신진교수 시기에 grant를 받아 연구실을 잘 꾸며야 그다음 단계의 발전을 시도할 수 있다.

■ grant사업과 contract사업

제6장 제1절에서 자세히 설명하고 있지만, grant사업과 contract사업에 대해 알아보자. 이것은 연구계약의 유형인데, 연구인력정책 측면에서 보자.

(1) grant사업(연구출연금사업)

grant는 반대급부를 기대하지 않고 지출되는 재정이므로 정부의 예산편성 과정에서 까다로운 심사를 거친다. 정부는 국가적 인력을 양성(장학금)하거나 성공 여부가 불확실한 연구활동(연구비)에 투입하는 재정으로서 'grant예산'을 편성한다. 우리나라에서는 grant형식으로 '출연금제도'가 있으며, 출연금을 지급할 수 있는 기관으로는 정부기관 또는 법률로 지정된 기관(funding agency)이 있다. 또한 출연금을 받기 위해 연구과제를 신청할 수 있는 기관(대학, 출연(연) 등)도 법률적 자격을 가져야 한다. 출연금은 느슨한 재정이므로 도덕적 해이가 올 수 있어서 아무나 신청할 수 없도록 규정한 것이다.

NSF(미국), JSPS(일본), ANR(프랑스), DFG(독일), NRF(한국) 등 연구비지원기관(funding agency, 또는 전문기관)은 국가로부터 받은 grant 예산으로 grant사업을 설계하여 시행한다. 이때, 이 사업의 수혜자는 주로 대학교원들이므로, grant사업의 설계는 국가의 **연구인력육성정책의 전략이 내재**되어 있다. 예를 들면(국가마다 비슷함),

◦ 신진연구자(젊은 연구자, 최초 연구자)에게 연구기회를 많이 줄 수 있도록, 가급적 소형과제를 지원하면서, 신진연구자들만이 서로 경쟁하도록 별도의 프로그램을 설치한다.
◦ 연령에 상관없이 소수의 연구자로 추진하는 독창적이고 시험적 연구에 대해 지원하는 가장 일반적인 프로그램으로서 '기반연구 지원프로그램'을 설치한다.
◦ 탁월한 연구자가 세계적 업적을 낼 수 있도록 지원하는 연구프로그램도 있다. 지원규모가 크며 소수의 과제를 지원하는 형식으로서, 우수한 연구자들의 리그이다.
◦ 그 외, 정부가 중점을 두는 연구분야(나노, DNA, AI 등)나 전략적 사업(녹색성장, 창조경제, 신성장동력, 창업 등)에 대해 특별한 지원프로그램을 설치한다.

이에 대해, 교원은 잘 준비하고 적절한 프로그램을 선택하여 참여함으로써 자신의 연구능력을 심화·확대해야 한다. 여기서 정부의 정책적 고민은 국가마다 비슷하다.

○ 신진연구자의 과제신청서(proposal)에 대해 30%의 선정율(3번 신청하면 1번은 선정되는 비율)은 유지되도록 grant 재정확충에 중점을 둔다.
○ 프로그램 운영에 도덕적 해이가 없도록 심사방법의 개선과 이해충돌의 방지에 역점을 둔다.
○ 다른 나라(경쟁국가)에서는 어떠한 프로그램이 새로 나왔는지, 연구비 지원제도가 어떠한지 계속 모니터링한다.
○ 사업의 성과분석을 통해 각 대학의 연구실적을 분석하며, 어느 대학이 무슨 강점을 가지는지 파악해 둔다. 이러한 분석은 contract사업 운영에 도움을 준다. 수년간의 경쟁과정에서 우열이 나타나고, 우수 연구집단이 형성된다.

grant(출연금)는 반대급부를 요구하지 않고 실패가 용인되는 느슨하고 유연한 성격의 자금이다. grant는 연구의 불확실성에 대응하는 자금이므로 연구자에게 유연한 적용되어야 하며, 정부는 grant에 도덕적 해이가 생기지 않도록 엄격한 매뉴얼을 제시해야 한다.

(2) contract사업(연구용역사업)

contract는 구체적 반대급부를 얻기 위해 체결하는 계약이다. 우리나라는 contract사업이 활성화되지 못하고 있음을 제6장에서 설명하고 있다. 우리나라가 선진국에 진입하게 되면, 국제적 리더십을 가져야 하며, 각 정부부처가 연구개발을 통해 소관 정책문제를 해결해 나가야 할 것이다. 이를 위한 전제조건으로, 공무원들이 연구관리방법에 대해 학습하고 연구자들과 협의하여 contract사업을 관리할 줄 알아야 한다.

장기적 공공문제의 해결을 위한 미션연구와 시급한 사회문제를 해결하기 위한 아젠다 프로젝트는 대부분 각 정부부처 산하의 국책(연)이 주도적으로 담당하는데, 그 연구과정에 부딪히는 기초적 문제는 대학에 의뢰하여 해결하는 것이 효율적이다. 이것을 **목적기초연구(oriented basic research)**라고 부른다. 기초연구에 속하지만 응용목적을 가졌다는 의미이다. 일본은 **위탁연구**라고 부르는데 계약형식을 의미하는 용어이다. 목적기초연구는 느슨하지 않다. 출연(연)이 정부로부터 받은 미션연구의 성패에 직결될 수도 있다. 그래서 목적기초연구과제는 계약체결 이전에 연구계획서 작성 단계에서 세부과제 책임자가 지정되거나, 공모과정을 거쳐 최적의 세부과제 책임자를 선정하게 된다. 총괄연구책임자가 세부과제 책임자를 선정하고 연구결과를 직접 평가하게 되니 결코 느슨하게 수행할 수 없는 연구이다. 이렇게 분명한 결과물을 요구하는 연구사업을 contract사업이라고 부른다. 이것은 우리나라의 연구용역사업과 비슷하다. 진정 실력있는 교원은 contract시장에서 이름을 날릴 것이다.

공과대학, 농과대학, 의·약학대학 등 응용학문의 교원들은 임용초기에 grant사업에 참여하여 전문성을 심화하고 명성을 높여서, 늦어도 **50대부터는 contract 시장에서 경쟁할 수 있도록 준비해야 한다**. 최근에는 자연대학 · 인문대학의 교원들도 문제해결에 실마리를 제공하는 경우가 많다. 아쉬운 점은 아직 우리 정부가 연구개발을 통해서 사회적 문제를 해결하겠다는 의지가 약하고, 출연(연)의 연구원들도 위험도가 큰 아젠다 프로젝트를 회피하는 경향이 있으므로 contract사업이 활성화되지 못하고 있다. 참고로 미국의 경우, contract시장이 grant 시장의 10배 이상 규모를 보여준다. 건강한 연구생태계는 contract시장(진정한 경쟁시장)이 활성화될 때 가능하다.

■ 대학 교원의 임용, 재임용, 승진 및 tenure제도

대학교원은 조교수(Assistant Professor)로 임용되어 부교수(Associate Professor), 정교수(Full Professor)로 승진하게 된다. 그런데 조교수로 임용된다는 것은 수습과정(Probationary Service)에 들어가는 것이며, tenure 심사를 통과해야 정년이 보장된다. 대학에서 교원의 임용, 재임용, 승진 및 tenure(정년보장)의 기준과 절차는 대학의 자율로 운영되므로 정부가 개입하지 않는다. 여기까지는 우리나라 대학이나 선진국의 대학이 유사하다. 그러나 그 **기준과 절차**는 대학마다 다르며, 우리나라 대학과 선진국 대학 간에는 차이가 있다. 여기서 미국 대학(Carnegie Mellon University 공과대학, CIT)의 교원 승진심사사례[77]를 심도있게 파악해 보자. 대학마다 기준과 절차가 다르지만 큰 틀은 비슷하다.

공과대학(CIT)에서 교원임용에는 tenure-track, research-track 및 teaching-track의 3개 track이 있으며, 각 track마다 재임용, 승진 및 tenure의 심사방법이 약간 다르다. **기본적으로 교원의 재임용, 승진 및 tenure는 해당 학문분야와 대학에 대해 기여한 크기와 영향력 및 그 잠재력에 따라 결정된다**. 일반 교원(tenure-track faculty)에 대한 기준과 절차를 살펴보자.

일반 교원이 **tenure를 받기 위해서는**, ① 교육활동과 ② 연구활동, 둘 중에서 적어도 하나에서 출중(outstanding)하거나 출중해질 수 있는 가능성을 보여야 하며, 다른 하나에서는 최소한 유능(competent)해야 한다.

- **교육활동의 평가**: tenure 심사대상 교원(후보교원)의 교육과정을 이수한 학생과 졸업생들의 코멘트가 포함된다. **대학원생 지도, 강의 자료, 시험, 프로젝트 등이 교육성과의 증거**가 될 수 있다. 교육활동에는 새로운 커리큘럼 또는 교육과정, 교육 출판물, 교과서, 새로운 학위 및 훈련 프로그램의 개발, 인터넷 기반 보급을 위한 교육 자료, 기술 강화 교육 및 기술 대중화가 포함된다.
- **연구활동의 평가**: 연구활동에서 우수성의 측정에는 ① 컨퍼런스 논문과 저널 논문, 단문

(monographs), 저술, 연구보고서, 연구용 웹 사이트를 포함한 출판물의 질, 양 및 영향; ② 전문 분야별 출판지표, ③ 타인에 의한 연구평가, ④ 특허, ⑤ 연구에 의한 포상 및 연구비 수주, ⑥ 초청 강연, ⑦ 재정적 지원의 규모, ⑧ 학제간 연구팀에 대한 기여, 그리고 ⑨ 사회적 요구에 대한 교원의 기여를 포함한다.

○ **서비스활동 및 기타 고려사항**: 전문적 실무, 컨설팅 및 기업가 활동, 공공 서비스, 기술·전문학회 및 협회에서의 서비스, 전문저널에서 편집 작업 등이 포함되며, 각종 위원회 활동, 캠퍼스 활동 참여, 소속 학과 내 과제 분담 등 '캠퍼스 공동체의 역할'에 기여한 점이 포함된다.

일반 교원이 **정교수(Full Professor)로 승진**하기 위해서는 연구 및 교육활동에서 뛰어난 공헌을 한 것으로 인정받는 리더가 되어야 하며, 국가적·국제적인 명성을 가져야 한다. 정교수에 지원하는 교원은 한 명 이상의 박사과정 학생의 지도교수 역할을 했어야 한다. 정교수 승진 심사와 tenure 심사는 별개로 실시된다. 일반 교원이 부교수(Associate Professor)로 승진하기 위해서는 곧 정교수로 승진할 수 있을 만큼 충분히 확립된 잠재적 지도자임을 명확히 나타내는 성과기록을 가져야 한다.

카네기 멜론 공과대학(CIT)의 교원 승진심사 시간표

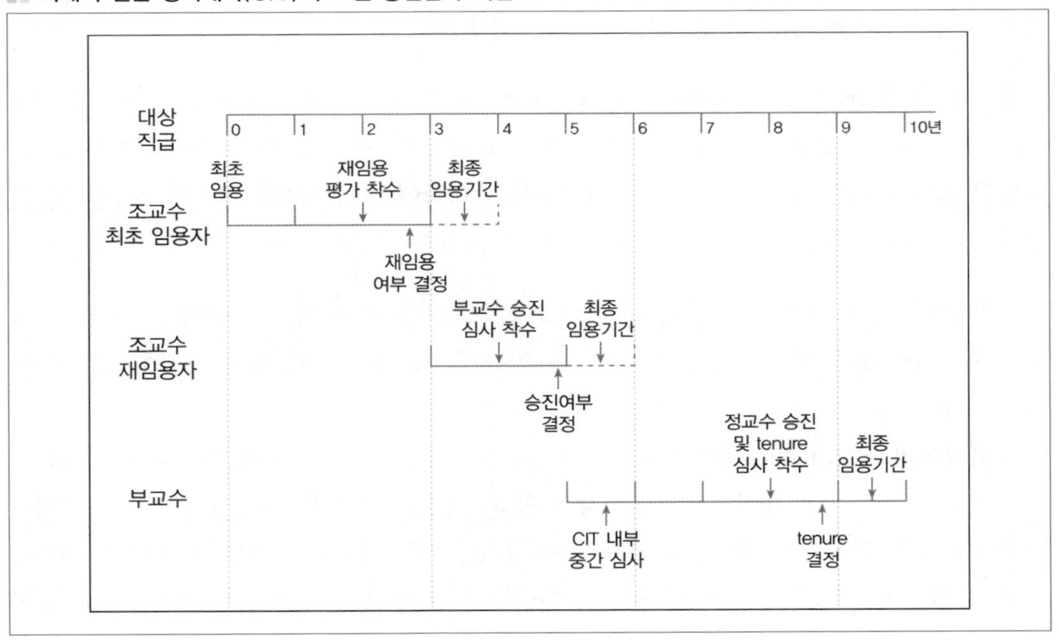

■ CIT의 각종 교원심사에서 추천서 요건

유형	추천서 작성자	조교수 재임용 심사	부교수로 승진심사	중간심사	정교수로 승진심사
외부 추천서	후보교원이 제안한 사람	없음	6통	없음	6통
	학과에서 제안한 사람	없음	6통	없음	6통
학생 추천서	지도한 박사과정생	전원	전원	전원	전원
	학부생 및 석사지도생	6통 및 2통(학과선택)	6통 및 2통 (학과선택)	6통 및 2통 (학과선택)	6통 및 2통 (학과선택)

CIT는 이런 정도의 직급별 **정성적 기준**을 제시하고는, **외부 추천서와 증거문서로써 내부 위원회의 심사에**서 재임용, 승진 및 tenure를 결정한다. 위의 「Tenure 및 승진 시간표」를 보자.

(1) 조교수로 처음 임용되면, 이것은 3년간 수습교수(계약직)로 임용되는 것이며, 그 후 재임용 심사를 통과해야 한다. 재임용 심사를 통과하지 못하면 1년간의 근무(이직 준비기간) 이후 퇴직해야 한다. 재임용 심사는 임용 후 3년차 초에 실시된다.

(2) 조교수 재임용자는 2년간 계약되며, 부교수 승진심사를 받아야 한다. 부교수 승진심사를 통과하지 못하면 1년간의 근무(이직 준비기간) 이후 퇴직해야 한다. 부교수 승진심사는 재임용 후 2년차 초에 실시된다.

(3) 부교수는 4년간 계약되며, tenure 심사를 통과해야 정년이 보장된다. tenure 심사를 통과하지 못하면 1년간의 근무(이직 준비기간) 이후 퇴직해야 한다. 부교수에 승진되면 1차년도에 중간심사(interim review)가 실시되어 tenure에 관해 조언해 준다.

각 승진심사에서 **외부 추천서(recommendation letter)**가 중요한데, 학생 및 졸업생의 추천서 6통 이상이 요구되며, 부교수·정교수로의 승진에는 외부 전문가의 추천서 12통이 요구된다.

(1) 후보교원이 외부 추천서의 추천인 8명을 제시하면, 학과장과 학과의 중진 교원(tenured full professor)들이 그중 6명을 선정하고, 또 학과장은 중진 교원과 협의하여 외부 추천인 6명을 추가로 선정하여, 총 12명의 명단을 부학장의 승인으로 확정한다.

(2) 학생 추천서는 후보교원으로부터 박사과정 지도를 받은 재학생 및 졸업생 전원을 대상으로 추천을 요청하며, 후보교원으로부터 3년 이내에 강의를 듣거나 지도를 받은 학생 중에 무작위로 6명을 선정하여 추천을 요청한다. 그리고 후보교원 가까이에서 근무한 학부생 또는 석사생 2명에 대해 학과장이 추천서를 요청할 수 있다.

(3) 대학은 외부 추천자에게 '추천을 요청하는 서신'을 송부하며, 후보교원이 승진심사를 위해 제출한 서류(CV, 교육실적, 출판물 목록 등)의 사본을 첨부한다.

이에 비해, 우리나라 대학의 정년보장(tenure)심사는 매우 간단하다. tenure 심사를 둘러싸고 논란이 너무 많이 발생하므로, 아예 통과기준을 정량적으로 규정하고 있다. 한 국립대학의 경우, 통과기준은 과거 6년간 600%의 논문실적을 제시하는 것인데, 논문실적의 계산방법은 제3장에서 소개한 「박사학위 과정 설치를 위한 교원 연구실적 인정범위 및 기준(교육부 고시)」을 적용하고 있다. 이렇게 하여 거의 95% 이상의 교원이 tenure를 통과하고 있다.

※ 미국대학은 tenure 통과율이 평균 40%가 되지 않는다.

■ 유럽의 habilitation

habilitation은 프랑스, 독일, 러시아 등 유럽에서 통용되는 "연구자를 지휘할 수 있는 학술적 자격(Habilitation à Diriger des Recherches, HDR)"이다. 이것은 학자가 도전하는 마지막 국가자격으로서 **대부분의 유럽국가에서는 법령으로 제도적 근거를 두고 있다**.[4] habilitation은 조교수 임용 후 4~10년 사이에 '학문적 홀로서기'를 입증해야 하는 심사과정이다. 이를 통과해야 정교수 자격이 주어지며 박사과정 학생을 지도할 수 있다. habilitation을 통과하지 못하는 경우, 교수는 연구활동에 대한 의무사항이 없어지며 교육중심의 교수로 역할이 변경되고 수업량이 많아지며 부교수로서 퇴직하게 된다. 정년은 정교수든 부교수든 65세로 대등하다.[5]

habilitation의 통과기준은 국가마다 기관마다 차이가 있지만, 이공계에서는 보통 10편 이상의 논문 발표실적을 요구하며 인문사회계에서는 저술 1편을 요구한다. 그리고 habilitation 청구논문(habilitation thesis)을 작성·제출하고 공개발표심사를 통과해야 한다. habilitation 청구논문은 박사학위청구논문과 비슷하지만 질과 양의 측면에서 더 깊다. habilitation에서는 독립적으로 학위청구논문을 작성해야 한다. 즉 지도교수가 없다. habilitation 논문발표에는 박사학위 심사보다 더 많은 7~9명의 심사자가 학문적 홀로서기(새로운 연구분야의 개척, 연구자금 확보 가능성, 기술이전계획, 그동안의 업적, 미래 계획 등)를 심사한다. 강의능력도 평가대상이다. **habilitation은 대학교원뿐 아니라 국가(연)의 연구원들도 도전한다**.

4 프랑스의 경우, 1988/11/23 HDR 시행령 「Arrêté du 23 novembre 1988. relatif à l'habilitation à diriger des recherches」

5 유럽에서는 거의 모든 공공기관의 정년이 65세이며, 정년 이후는 연금이 좋으므로 정년이 단축되기를 바라며 연금생활을 원하는 경우가 많다. 정년을 최대한 늦추려는 우리와는 정반대이다.

habilitation은 교육과 연구에서 교수에게 요구되는 역량을 심사하는 과정으로서 유럽에서 수백 년 유지되어온 제도이다. 젊은 학자(인문사회학도 포함)에게 학자(교수)로서 성공하기 위해 **노력해야 하는 방향을 알려주는 역할**을 할 뿐 아니라 교수의 질적 수준을 높이는 제도로 자리 잡고 있다. 특히, 의학, 인문학, 사회학분야에서 habilitation은 교수의 질을 관리하는 권위있는 제도로 인식되고 있다. 그러나 이공계 분야에서 habilitation 제도에 대해 다음과 같은 비판이 제기되고 있다.

- ○ 비슷한 자격(정교수)을 얻기에는 미국의 tenure제도보다 기간이 더 많이 소요된다. 독일에서 habilitation 통과 연령이 평균 39.5세이다.
- ○ habilitation은 학문적으로 변화가 큰 국제상황에 적응하기 어렵다.
- ○ 후보자의 상급자(Principal Investigators 또는 professor heading the research group)에 의해 크게 좌우된다. 그 상급자 밑에서 오랜 세월을 보내야 한다.
- ○ 후보자를 위한 연구자금 지원제도가 적다. 연구비지원제도는 postdoc에게 치중되어 있으며 postdoc를 갓 벗어난 조교수에게는 3년까지 연구비가 있지만(신진과학자를 위한 연구지원) 더 나이 많은 후보자에게는 연구비에 어려움이 있다. 특히 DFG(독일연구재단)에서는 나이 기준이 있다.
- ○ habilitation의 논문발표 형식보다는 tenure의 서류심사 형식이 더 편하다.

그래서 유럽(특히 독일)의 많은 젊은 과학자들은 habilitation제도의 폐지를 주장하게 되었고, 우수한 젊은 과학자들이 미국, 영국으로 떠난다. 2004년에 와서 독일에서 habilitation제도는 정치적 쟁점이 되었다. 독일의 전 교육과학부(BMBF) 장관이 habilitation제도를 폐지하고 junior professor제도[6]를 도입하자고 주장하였다. 결과적으로 독일에는 habilitation제도와 junior professor제도가 공존한다.

미국의 tenure제도는 정년보장을 부여하는 심사제도이지만, 유럽의 habilitation제도는 정교수 자격(박사지도자격)을 부여하는 심사제도이며, 통과 못해도 정년은 보장된다. 법령으로써 habilitation을 학술적 최고의 자격으로 인정하니 모든 연구자들이 명예를 걸고 도전하는 것이다. 이런 제도는 학문발전을 위한 노력에 동기를 부여한다.

※ 유럽의 대학교원과 국가(연)의 연구원은 공무원 신분이므로 임용되면 정년은 보장된다.

---

6 junior professor제도의 요지: 대학은 처음에 6년 계약으로 junior professor(미국의 assistant professor와 대등)를 채용하는 것이다. 그리고 능력을 심사하여 정교수 자격을 부여하는 제도(미국의 tenure제도와 골격이 유사하다. habilitation의 폐단인 기간을 단축하였으며, 후보자를 상급자로부터 독립시키는 의미가 있다.)

이러한 점에 착안하여, '**한국형 habilitation제도**'를 설계할 수 있다. 우리 대학의 기존 tenure제도가 지나치게 느슨하다는 비판이 있고, 우리가 새로운 학문의 창출에 뒤처진다는 평가도 있으니, 프랑스처럼 법률에 근거를 둔 새로운 국가자격으로서 한국형 habilitation제도를 설치한다면, 우리의 학문 발전에 크게 기여할 것으로 본다. 임용 후, 10년의 기한(또는 만 42세 이하)을 주고, 다음 항목을 평가하면 좋겠다.

- ○ 학문적으로 홀로서기(연구실 구축, 연구비 확보, 박사생 지도)가 가능한 수준인가?
- ○ 성장가능한 독자적(독보적) 연구영역을 확보하였는가?
- ○ 확보한 지식을 인접 부문으로 이전할 방법을 가졌는가?
- ○ 세계적 연구자로 성장할 능력(잠재력)이 있는가?

이 평가항목은 곧 우리 학술계의 문제점을 해결하자는 것인데, 프랑스의 평가항목도 비슷하다. 그리고 '국가자격청구논문'을 작성하여 9명의 심사자 앞에서 장시간 공개 발표와 답변을 해야 하는 것이다. "**Habilitation을 통과한 연구자에게는 '국가과학자(National Scientific Member, NSM)'라는 칭호와 함께 대통령의 관인이 있는 디플롬[7]을 수여하고, 박사과정 학생을 지도할 수 있는 자격을 부여해야 한다. NSM은 과기부가 국가차원에서 인력관리를 한다**."라고 설계한다면 좋지 않을까? 법률을 제정해야 한다.

뮌헨공과대학교 Habilitation 규정(일부)

서문

학계의 후원과 함께 우수한 자격을 가진 신진학자들의 승급은 뮌헨공과대학교의 주요한 관심사이다. 뮌헨공과대학교는 고등교육발전계획에 따라 이에 대한 지원을 분명히 해오고 있다. 신진학자는 국가적 혹은 국제적 규모에서 보았을 때 경쟁이 치열한 연구분야에서 경쟁력을 갖출 수 있도록 긴밀한 협력관계를 유지하고 있다. 뮌헨공과대학교는 교수가 될 수 있는 여러 경로 중 하나인 habilitatiion제도를 위해 최신 방법을 취하고 있다. 정관(Statutes)에는 고등교육기관에서 교육자로서 경력을 쌓으려는 신진학자에게 가능한 모든 지원을 해 준다는 개념이 포함되어 있다.

제1조 habilitatiion의 목적

1) habilitatiion은 해당 분야의 교수가 되려는 후보자가 학문 및 강의관점에서 적합한지 자격 여부를 판별하는 공식적인 평가수단이다. habilitatiion절차는 Fachmentorat위원회의 학술지침에 따라 특별히 자격을 갖춘 신진학자들에게 적용하며, 4년 이내에 교수로서 임명될 수 있도록 독립적으로 연구와 강의를 할 수 있는 기회를 제공하는 것이 목적이다.

7 공무원 5급(사무관)의 임용장에는 대통령의 관인이 있다.

2) 강의능력에 대한 평가에 근거하여, Art. 92 (1) of BayHschG에 의거, 뮌헨공과대학교는 habil-itatiion의 수여에 대한 요청이 있을시, 해당 분야에서 강의자질이 입증되었음을 의미하는 강의자격(teaching license)을 발급하고 있다. 강의자격은 "Privatdozent(교수가 되기를 희망하는 시간강사)" 혹은 "Privatdozentin"라고 칭한다.

제2조 행정상 책무

교수진은 habilitatiion절차를 따라 미리 대책을 강구해야 할 것이다. 이에 대한 책임은 지원자가 강의자격을 취득하려는 해당 전공을 대표하는 교수단에게 있다.

habilitand로서의 지원자를 받아들이기 전에 교수단은 반드시 대학이 외부 재정지원을 통해 habilitatiion과정에 필수적인 기본 연구시설을 제공할 수 있는지 여부를 결정해야 한다.

제4조 habilitand 인정에 대한 필수조건

지원자는 연구 및 강의자격이 다음 필수조건을 충족시킬 때 habilitand로서 인정될 것이다.

a) 국내 혹은 외국 대학이나 이와 동등한 자격을 가진 고등교육기관에서의 성공적 학문적 연구성과

b) 국내 대학의 박사학위 또는 국내 혹은 외국 대학에 의해 수여된 이와 동등한 학위

c) 만약 지원자의 박사학위가 다른 분야라면, 강의자격을 평가하기 위한 분야에서의 추가적인 학문적 자질에 대한 검증

d) 박사 졸업논문의 우수한 성과가 입증된 연구에 대해서는 예외적 인정

지원자는 강의자격이 평가되는 전공분야 혹은 관련 전공분야에서 habilitatiion절차를 준수하여야 한다. 2001년 8월 1일자 뮌헨공과대학교의 박사규정(Promotionsordnung: Doctoral Statutes)에 의거, Fachhochschule(University of applied sciences)로부터 박사학위를 받은 우수한 지원자 및 국내 대학에서 이와 동등한 과정으로 박사학위를 받은 지원자들은 위의 필수조건을 충족시키는 것으로 간주한다.

-----(이하 생략)-----

■ 정책논의

미국을 보면, 대학교원에 대한 인력관리는 대부분 대학의 자율에 맡기고, 국가는 grant 시장과 contract시장을 만들어 주는 역할이 전부이다. 미국 대학은 대학교수협회(AAUP)가 제시한 tenure제도를 운영하고 있다. 유럽 국가에서는 habilitation이라는 국가자격제도를 운영한다. 유럽 국가는 모두가 정년이 보장되는 안정적 사회이지만, habilitation을 획득한 교원만이 박사생을 지도할 수 있는 권한을 주고, 정부의 각 위원회 위원이 될 수 있으며, 공공기관에 진출할 수 있다.

100년을 지나 보니, 국가발전이나 노벨상 수상자로 볼 때, **미국의 시장경쟁 방식이 유럽의 안정적 사회보다 발전에 더 유리했다고** 볼 수 있다. 그렇다고 우리도 시장경쟁을 도입해야 할까? 그 전에 정책환경으로 다음과 같은 역사·문화적 배경을 고려해야 한다.

○ 시장경쟁이 제대로 작동하려면 경쟁상대가 여럿은 되어야 하므로, 국가규모가 커야 한다. 유럽은 국가규모가 작아서 자유로운 시장경쟁이 쉽지 않았으므로 유럽통합이 일어난 것이다. 경쟁의 패배자도 재도전 기회를 가지거나 살아갈 수 있어야 한다.
 – 미국은 국가규모가 크다. 다양한 시장경쟁이 가능하며, 한두 번 패배해도 다시 일어설 수 있다. 그리고 미국은 도덕적으로 매우 엄격한 국가이다.
○ 전문가 평가는 동료심사에 의존할 수밖에 없는데, 이해충돌의 윤리가 엄격해야 한다.

미국의 대학은 교원의 승진심사에 '정성적 기준'을 적용하고 있다는 점이 특색이다. 그리고 심사의 객관성을 높이기 위해 외부 및 학생의 추천서를 여러 개 요구하며, 교육 및 학술적 기여도에 대해 ① 학과의 추천, ② 단과대학의 위원회 심사, ③ 대학교 본부의 위원회 심사 과정을 거치는 것이다. 그리고 대학 측에서는 승진 후보교원에 대해서 중진 교원의 멘토링과 내부적 사전심사를 통해 여러 가지를 지원해주고 있다. 그러나 미국대학에서 교원의 tenure 통과는 쉽지 않다. 미국대학의 tenure 통과비율은 평균 34%, 하버드 대학은 19%라는 통계가 있다[78]. 통과하지 못한 교원은 다른 대학으로 이직하여 다시 tenure에 도전할 수 있다.

본 저자가 미국대학에 출장갔을 때, 인사담당자를 만나 질문한 적이 있다. 교수들이 tenure를 통과하면 태만하지 않으냐고 물어보니, 그는 "그렇다. 그렇지만 그중에서 30%는 계속 열심히 일한다. 그리고 모두들 tenure 받기 위해 젊은 시절에 치열하게 노력했다. 이것으로 충분하다."고 대답했다. 미국대학의 교수행동강령을 보면 교수는 대학에 직무적 헌신(commitment)을 우선적으로 바쳐야 한다고 명시되어 있다. 즉 교수가 아무리 태만해도 지킬 것은 지킨다는 의미이다.

참고로 우리나라는 대학교원에 대해 1975년부터 기간임용제[8]를 적용하다가 2002년부터 계약임용제[9]를 적용하고 있다. 문제는 승진기준(특히 정년보장(tenure) 기준)이 선진국 대학에 비해 지나치게 느슨하다는 점이다. 우리 국립대학의 tenure 통과기준은 과거 6년간 논문 600%에 준하는 실적을 요구하고 있으니 통과율이 95%이상이라고 한다.[10] 이 점에 대한 변명으로서 "우리나라 대학가는 너무 좁아서 tenure에 탈락된 교원은 다른 대학으로 이직할 수가

8 일정기간(교수 및 부교수 6년 내지 10년, 조교수 및 전임강사 2년 내지 3년) 동안의 교원의 교육·연구·사회봉사활동을 종합평가하여 재임용하는 제도

9 교수: 정년까지 또는 본인이 원하는 계약기간까지, 부교수: 정년까지 또는 계약으로 정하는 기간까지, 조교수 및 전임강사: 계약으로 정하는 기간까지(「교육공무원임용령」 제5조의2)

10 국가전체 또는 대학별 tenure 통과율에 대한 공식적 통계는 없다. 후보교원이 tenure 통과가 어렵다고 판단되면, tenure심사 직전에 "의원면직"을 선택하는 경우가 많다.

없기 때문에 **매우 온정적 심사기준을 적용**하고 있다"고 한다. 사실, 대학의 모든 교원을 연구자로 간주하고 연구실적을 평가항목으로 두기에는 정부지원 연구비가 턱없이 부족한 실정이다. 그리고 외부 추천서가 유효할 만큼 우리의 사회적 신뢰가 높지도 못하다. 결과적으로 우리 대학은 낮은 수준의 정량적 기준으로 tenure를 심사하게 되었고, 대학 교원의 이동성(mobility)은 매우 낮으며, 이것이 "대학의 경직화[11]"를 가속시키고 있다고 본다.

이제, 선진국의 문턱에서 우리는 여러 가지(국가운영 패러다임 전환, 국가지식생태계의 구축, 중등교육과정에 철학교육 실시 등)를 정비해야 한다. 그중 하나가 연구중심대학의 보유이다. 정부는 대학에 간섭해서는 안된다. 하지만 우리는 '대학정책에 대한 제도적 틀'이 아직 미완성이므로, 정부는 이 '틀'을 구축하고는 뒤로 물러나서 모니터링하는 과정이 필요하다. 여기서 '대학정책의 틀'을 생각해 보자. 제3장의 내용을 참고하면;

○ 국립대학은 각 시·도(道)에 거점국립대학 하나로 통합해야 하며, 기숙사를 완비하여 시·도 내의 여러 도시에서 온 학생들이 어려움 없이 재학하게 해야 한다.
  – 거점국립대학은 지역산업에 부합되는 학부를 '연구중심학부'로 지정하고 교원과 대학원생을 대규모로 확대한다. 여기에 출연(연)과의 공동연구실 운영을 권장한다.
  – 거점국립대학의 대학병원은 시설과 장비를 최첨단화한다. 이것이 지방화 정책의 핵심이며, 지방인구가 많아야 거점국립대학이 산다.
○ 종합적인 '연구중심대학교'를 서울에 하나, 지방에 하나 지정하고 교원과 대학원생 규모를 서서히 확대한다. 특히, 전문화된 연구지원인력을 대폭 확대한다.
○ 연구중심대학은 의무적으로 한국형 habilitation제도를 운영한다.
  – habilitation을 통과 못한 교원은 '학부생 전담 교원'으로 역할이 전환된다.
○ 연구중심이 아닌 대학이나 학과는 현재의 제도 속에서 NRF에 과제를 신청할 수 있다.

그 후, 연구하고 싶은 교원은 연구중심대학으로 경쟁심사를 통해 이동하도록 권장해야 한다. 그래야 교원들의 '할거주의'를 극복할 수 있고, 연구중심대학으로 지정된 곳에 연구비와 우수 학생을 집중시키는 정책에 대해 반대할 명분이 없어진다고 본다.

---

11 대학은 주요의사결정을 교원(faculty)에게 맡긴다. 그런데 이 관행에 도덕적 해이가 침투하여 대학의 경쟁력 강화(평가기준 강화, 영어강의, 학과 통폐합 등)에 오히려 교원들이 반발하는 것이다.

제4절 국가(연) 연구원과 연구팀에 대한 인력정책

국가의 연구인력정책의 핵심은 국가(연)의 보유와 그 연구원 및 연구팀에 대한 지원·육성에 있다. **이들은 '국가연구의 정예조직'이므로 정부가 직접 관리하면서 지원·육성하기 위해서는 엄격하게 선발해야 한다**. 특히, 국가(연)은 정부의 전문적 기능을 대신하고, 정부의 지식수요(정책 아이디어 제공, 아젠다 연구)를 공급할 목적을 가지므로 연구팀(연구조직)에 대한 지원·육성을 중요하게 생각해야 한다.

반면에, 대학교원은 인원이 많고, 개방적 연구체계 속에서 개인중심의 연구형식을 가지므로 국가의 직접적인 지원·육성대상이 아니라 경쟁의 원리로 육성한다. 대학교원은 국가의 책임 있는 미션연구를 수행하기 어렵고 연구의 영속성도 담보하기 어렵다. 그래서 간접적인 지원·육성대상이 될 수밖에 없다. 만약 아젠다 연구과제의 PI로서의 적임자가 대학교원으로 있다면, 그 교원은 국가의 요청을 받고 국가(연)에 일시 파견되어 아젠다 과제를 수행한 후 복귀하는 형식을 가진다. 그리고 국가(연)은 최신 연구장비가 잘 갖추어지고, 그동안의 기술이 축적되어 있으며, **집단연구가 가능하도록 조직화된 연구인력을 갖추고 있어야 한다**. 이것이 연구인력정책의 큰 질서이다.

※ 연구중심대학의 부설연구소는 국책(연)과 비슷한 기능(아젠다 연구)을 수행할 수 있다.

연구활동의 측면에서 보면, 국가(연)은 'Type2 연구(기관이 장기적으로 추진하는 미션연구)'와 'Type3 연구(정부가 의뢰한 문제해결형 아젠다 연구)'를 주도적으로 추진하다가 세부과제(목적기초연구과제(contract과제) 성격)를 공모하든지 대학에 위탁하게 되면, 가장 적임의 교원이 이 과제를 수행하게 되면서 대학의 기초연구결과가 국가(연)으로 흘러 들어간다. 이러한 질서가 건강한 국가연구생태계를 만들어 준다.

그런데 우리나라는 여러 가지 이유로 대학이 국가연구의 중심에 있고 국가(연)은 그 주변을 맴도는 형국이 되어 있다. 이에 대한 분석과 대책은 제4장에서 다루었다. 본 절에서는 국가(연)의 인력정책에 대해 주로 선진국의 모습을 소개하려 한다. 국립(연)의 연구원은 공무원 신분이고 법률에 의해 운영되기 때문에 인력정책의 설계가 쉽지 않다. 그러나 미국 NIH는 국립(연)이지만 민간인 연구원을 채용하고 있고, tenure제도를 운영하고 있다. 한국인 연구자들도 NIH에 여럿 근무하고 있다. 그리고 미국의 국책(연)으로 National Lab(FFRDC)의 인사제도를 살펴보자. 이러한 학습은 우리 출연(연)의 제도개선에 기초가 될 것이다.

■ 연구팀(연구조직)

대학과는 달리, 국가(연)은 집단연구를 수행하기 위한 기관이므로 연구팀(연구실, 연구그룹, 연구단)의 설치와 운영이 매우 중요하다. 제1장 제4절에서 설명하듯이, **대학에서는 탁월한 교수 '개인'을 중요시하지만, 연구기관에서는 탁월한 '연구팀'을 중요시 한다**. 일반적으로 국가·사회적 문제해결은 한 개인이 감당할 수 없으며, 여러 연구팀이 투입되어야 가능한 경우가 많다. 특히, 국가적 책임이 요구되는 NAP 연구는 비밀이 보장되고 연속성(PI가 이직하면 후임자가 승계)을 가져야 한다. 그래서 국가는 전문연구기관으로서 국가(연)을 설치·운영하는 것이다. 국가(연)의 연구팀을 대학과 공동으로 설치·운영하면서 교육과 연구의 시너지를 얻는 경우도 있다. 프랑스 CNRS는 1,100개의 research unit를 두고 있다. 독일 MPS에는 86개의 MPI가 있으며, 각 MPI에는 여러 명의 Director가 있고 각 Director는 여러 개의 research group을 지휘한다. 이렇게 국가는 탁월한 연구팀을 많이 보유해야 한다. 이러한 연구팀은 학문의 세부분야별로 또는 사회적 이슈별(또는 산업별)로 다양해야 한다.

그렇다면 우리나라는 국가(연)에 총 몇 개의 연구팀을 보유해야 하는가? 거시적으로 프랑스와 독일의 규모와 비슷하게 맞춘다면, 국가(연) 직할의 연구실과 대학에 설치하는 학연공동연구실(아직은 없음)을 합쳐서 **약 2,000개의 연구팀이 존재**해야 한다고 본다. 이 연구팀은 학문분야별·산업별·이슈별로 상설조직으로 존속해야 한다. 그 외, 한시적 조직인 연구사업단이 수십개 필요하다. 연구팀은 두 가지 유형이 있다. ① 미션연구를 수행하기 위한 성격으로 큰 연구조직의 단위 연구실(research unit)이거나, ② group head의 지휘하에서 참신한 연구주제에 도전하는 독립적 연구그룹(research group)이다. 이들에 대한 지원과 평가방법은 다양해진다. 만약, **상설 연구팀에 연구과제가 없으면 정부나 연구기관장이 연구과제를 마련해 주는 것이 원칙이다**. 정확하게 말하면, 이러한 연구팀은 과제수주를 위해 외부에 나가지 않아도 과제가 있다. 이것을 '연구비 갈라먹기'라고 비난해서는 아니 된다. 과학기술정책을 모르는 것이다. 전쟁이 없어도 군대를 유지하는 것과 같다. 연구팀을 설치할 때에는 국가적 필요성이 있었기 때문이다. 그 필요성은 정부가 설명해야 한다. 정부가 재정을 지원하는 기관이기 때문이다. 만약, 어떤 연구팀이 무능하다면 평가를 통해 원인을 분석하여 연구팀장을 교체하든지 문제를 해결해 주어야 한다. 연구팀을 해산할 때에는 존재의 필요성이 없어진 때이며, 이 경우 연구원들의 해산에 대한 사전 통보와 대책이 있어야 한다.

우리는 이러한 정책(국가연구소 정책)이나 규범이 없다. 우리 출연(연)의 연구실은 PBS 속에서 스스로 생존할 수밖에 없으며, 정부와 관계가 나쁘면 연구비가 끊어지고(과제를 수주할 수 없거나 연구비가 대폭 삭감됨) 연구팀이 해체되는 상황이다. 2016년 알파고가 출현하여 세계를 놀라게 할 때, 국내 AI연구는 거의 공백상태였다. 급기야 과기부는 AI분야에 수백억 원을 투자하겠다고 선언하기도 했다. 그러나 그로부터 3년 전까지만 해도, ETRI에는 'AI연구실'이 존재했었다. 그런데 연구비 지원이 끊어져 연구실장은 대학으로 이직하고 실원들은 다른 연구실로 흩어졌다는 사실을 아는 사람은 별로 없다. 아무리 혜안을 가진 기관장이 연구기관을 경영한다 해도, 예산을 정부가 쥐고 있고 PBS를 시행한다면, 연구실은 정부의 취향에 따라 생존이 결정될 수밖에 없다.

전문연구기관의 연구팀의 인력구조는 연구 분야마다 다소 차이가 있지만 10명 또는 20명 내외의 연구자(연구원과 지원인력 포함)로 기본단위(연구팀)를 구성한다. 그리고 연구팀이 모여 연구실, 연구그룹, 연구단에 따라 조직규모가 달라진다. 연구팀의 구성원은 '평생 동지'나 다름없다. 우리 출연(연)의 경우, 연구팀은 하나의 경제 공동체와 같다. PBS하에서는 연구팀 단위로 연구과제를 많이 수주해야 생존에 어려움이 없어진다. 그래서 연구팀장은 과제수주에 '직'을 걸어야 할 형편이다. 팀장은 연구보다는 과제수주를 위해 외부활동에 중점을 둘 수밖에 없다.

연구팀장이 한번 연구조직을 구성하면 그 조직을 계속 유지하려는 의지가 매우 강하다. **팀워크를 맞추는 것이 쉽지 않기 때문이다**. 미국의 한 조사에서 연구관리자(연구팀장)가 가장 중요시하는 관심사의 우선순위는 다음과 같다[79. p. 32].

① 연구인력의 유치와 유지(Attracting, Retaining R&D Staff)
② 혁신적 연구실 분위기의 조성(Building Innovation Culture)
③ 연구 효율성 제고(Improving Efficiencies)
④ 지식관리체계의 개선(Improving Knowledge Management)
⑤ 지속가능성(Sustainability)

연구팀은 유사한 전문분야의 연구원과 지원인력으로 구성되어 함께 과업을 수행하면서도 각자 개인발전을 위한 개별적 노력을 게을리할 수 없다. **국가(연)에서는 연구원 개인의 전문성 향상을 위한 개인기본연구를 정책적으로 지원해야 한다**. x축에 개인전문성, y축에 과업(미션)을 놓고 팀원들의 분포와 적절한 역할분담 및 다양한 자기계발을 허용하는 인력관리가 필요하다. 이러한 인력관리를 위해 NASA에서는 Matrix 관리기법을 창안하였다. CNRS에서는 각 연구자마다 다른 분야에 참여하는 비율을 정해놓고 자유롭게 참여하도록 하고 있다. CNRS는 연구원의 직무조사를 주기적으로 실시하고 있다. 최근에는 재택근무를 추진한 결과에 대해서 성과를 측정한 바 있다. 이것은 제4장 제2절에서 소개하였다. 우리도 전문인(연구원) 관리를 위해 도입할 만하다.

우리 정부가 출연(연)을 위해 하는 일은 예산배정, T/O배정 외에 다른 것은 없다. 출연(연)의 발전을 위한 정책수립은 전혀 없으며, 반대로 출연(연)의 발전을 저해하는 정책(PBS, 전문기관의 설치, 법인사업단 설치 등)은 많이 시행되었다. 여기에는 관료의 이익이 숨어 있다. 자세한 내용은 제4장과 제8장에서 설명하고 있다. 이제 큰 변화가 와야 한다. **출연(연) 연구원의 개인전문성 제고와 연구팀의 정예화**에 대해 NST가 주도적 역할을 해야 한다.

■ PBS와 인력양성

출연(연)의 연구원을 가장 퇴보시킨 정책이 바로 PBS이다. 제4장 제4절에서 설명했듯이, "정부가 출연(연)의 연구원들에게 인건비를 예산으로 지급하지 않고, **연구원들이 연구과제를 수주해서 자신의 인건비를 벌어라**."고 하는 제도가 PBS인데, 25년 넘게 시행하고 있다. 이러한 방식은 국책(연)에 적용해서는 아니 되며, 국책(연)에 PBS를 적용하는 국가를 본 적이 없다. 오직 민간연구소(예 미국 Battelle)에서 사용하는 계약직 연구원의 생존원칙이다. 결론적으로, PBS란 연구원을 육성한다는 개념은 전혀 없다.

본 저자는 국가(연)의 연구원을 **국가가 직접 지원·육성할 대상**이라고 설명하였는데, 선진국의 국가(연)의 운영실태를 보자. 선진국의 국가(연)은 설립 당시 정해진 미션연구를 수행하며 예산은 블록펀딩(묶음예산)으로 받고 있다.

- ○ 연구원 및 지원인력이 정규직인 경우, 그들의 인건비는 정부가 예산으로 지급한다.
- ○ 연구원이 개인의 전문성을 제고하도록 개인기본과제를 지원하는 제도를 두고 있다. 결과적으로 연구원은 2~3개의 연구과제에 참여한다.
  - ① 개인기본연구, ② 연구기관의 미션연구, ③ 정부의 NAP연구 또는 수탁연구과제
- ○ 그래서, 연구원이 과제를 수주하기 위해 외부기관(또는 기업)을 기웃거리지 않는다.
- ○ 국가(연)은 이공계 젊은이들이 가장 가고싶어 하는 직장이다[65].

※ 독일, 프랑스는 국가(연)이 지나치게 안정적이라고 보고 경쟁을 높이려고 시도 중이다.

■ 연구원의 임용과 승진

국책(연)은 새로운 연구계획에 따라, 인력계획을 수립하고, 정규직 연구원을 선발한다(반면에 독일 MPG는 연구자가 탁월하면 우선 사람을 선발하고 그가 원하는 연구계획을 수립하게 한다). 박사학위자는 자신이 전공한 학문분야로 임용공고가 날 때까지 계약직 신분(5년 이하)으로 연구활동을 수행하면서 대기하게 된다. 이렇게 연구기관은 박사 학위자를 계약직으로 초빙하는 제도를 운영하는데, 이것이 '박사후과정(postdoc과정)'임용제도이다. 또한, 연구기관은 프로젝트에 따라 연구인력을 일시적으로 임용하는데, 이것을 term-appointment(기간제 임용)제도라 하며, 계약임용이다. 그리고 방문연구원 제도도 있다. 이렇게 **연구기관에는 계약직(비정규직) 채용이 일반화되어 있다**. 전체 연구인력의 40% 규모를 계약직(학생연구원, 박사후과정, 방문연구원, 기간제

임용 등)으로 커버하는 기관도 있다. 연구기관 입장에서는 다양한 연구프로젝트에 유연한 인력 동원이 필요하고, 박사후과정의 입장에서는 전문성이 일치하는 자리를 찾을 때까지 경험을 쌓으며 대기할 수 있으니 서로 좋다. 일반적으로 연구기관은 Postdoctoral fellow나 term-appointment를 최대 5년까지 계약한다.

☞ IBS, MPS처럼 정규연구팀(연구단)을 일몰제(term-appointment)로 운영하는 연구기관도 있다.

☞ 우리는 2017년 출연(연)에 근무하는 비정규직 연구인력을 정규직으로 전환하라는 정부의 지시가 있어서, 약 3천명을 정규직으로 임용한 적이 있다. 이 경우 무슨 문제가 생길까?

연구기관의 연구원 임용방식은 **처음부터 정규직(career appointment)으로 임용이 되는 경우와 계약직(term appointment, career-track)으로 채용하였다가 능력을 검증한 후 정규직으로 전환하는 경우**가 있다. 연구원은 연구기관에서 가장 중요한 인력이므로 그 선발과 승진에 자격과 절차를 엄격하게 운영해야 한다.

연구원의 선발과 승진에서 어려운 부분 중 하나는, 공석이 생겼을 때, ① 내부 승진을 시킬 것이냐 아니면 ② 외부에 공모할 것인가 ③ 유능한 사람을 스카웃할 것인가?이다. 이에 대한 대응책으로는 **각 직책에 대해 임무, 요구되는 능력 및 자격을 미리 규범화** 해 둬야 하며, **외부 공모나 스카웃이 가능하도록 정책지침**이 미리 제정되어 있어야 한다. 그렇지 못하면 내부 승진의 압력이 강하여, 우수인력의 중간 진입이 어렵다.

미국 로렌스 버컬리 NL(LBNL)의 인사규정을 보자. 정규직 연구원의 승진 직급으로는 ① Research Scientist/Engineer, ② Staff Scientist/Engineer, ③ Senior Scientist/ Engineer, ④ Distinguished Scientist/Engineer의 4단계인데, 그중 Staff Scientist/Engineer의 임용 및 승진에 대한 규정을 소개한다. 우리의 인사규정 개선에 참고할 수 있다. LBNL은 외부 연구원을 바로

■ LBNL의 연구원의 임용과 승진

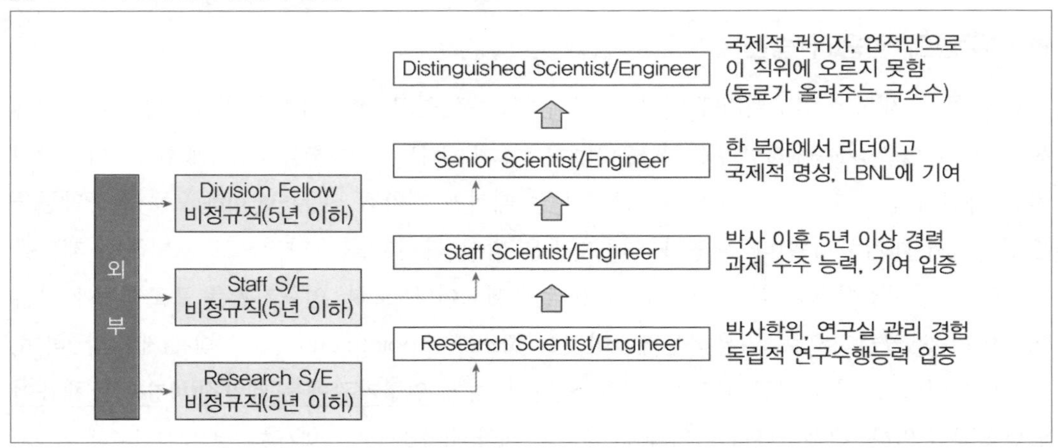

스카웃(중간진입)하는 제도는 없지만, 여러 직급에서 비정규직으로 임용하여 능력이 인정되면 정규직으로 진입을 허용하는 제도를 운영하고 있다.

LBNL의 채용정책 매뉴얼(RPM) §2.07 Professional Research Staff(일부)

5. Staff Scientist/Engineer(정규직)

a. 직위에 대한 설명(descriptions)

Staff Scientist/Engineer는 LBNL의 사업수행에 필요한 R&D의 특별한 영역에서 역량과 유능함을 가진 전문가이다. 이 직위에 있는 직원은 project leader 또는 group leader로 일하게 되며, 다른 scientists, engineers 및 support staff의 지원을 받고, principal investigator의 신분을 가질 수 있다. 그리고 다른 전문가, technical support staff 또는 학생을 감독할 수 있다.

b. 자격(Qualifications)

이 직위는 LBNL의 연구 프로그램에서 리더 역할을 할 수 있다고 인정되는 기술적 전문성과 함께 충분이 자격을 갖춘 독립적 Scientist 또는 Engineer를 위한 자리이다. 형식적으로는, 이 직위에 진입하거나 승진하는 개인은 해당 분야에서 통상적인 최고의 학위를 받은 후 적어도 5년 이상 관련 분야의 전문 경험을 가져야 한다. 그 개인은, 내부적으로는 동료와 관리자에 의해, 외부적으로는 학회발표 · 출판 · 초청강연 및 연구비 수주(awards)로써 자신의 분야에서 능력있는 사람 또는 영향력 있는 적극적 기여자(contributor)로 알려져야 한다.

c. 임용(Appointment)

한 개인을 Staff Scientist/Engineer로 임용하는 절차는 Division Director에 의해 발의되어 Division Staff Committee에서 심사한다. 이 임용은 LBNL 원장의 승인을 받아야 한다.

d. 승진(Promotion)

이 직위는 LBNL의 많은 Scientist와 Engineer들이 오르고 싶어 하는 자리이지만, Staff Scientists/Engineers는 연구에서 중요한 경험과 업적을 가지고 LBNL에서 리더의 역할을 한다면 Senior Scientist/Engineer로 승진하는 것이 고려되어질 수 있다. 「Scientist/Engineer Promotion Guidelines」 및 「Scientist/Engineer Promotion Checklist」를 보라.

e. **교정조치와 해고(Corrective Action and Dismissal)**: RPM § 2.05(C)와 (D)를 보라.

f. 업무 일시중단(Work Deferment)

Staff Scientists/Engineers는 직원은 업무의 일시적 중단이나 업무시간의 일시적 단축에 대해서는 시작하는 날짜와 종료하는 날짜를 문서로 통보받아야 한다. 이 통보는 시작하는 날로부터 적어도 15일 이전에 전달되어야 한다. 일시적 업무중단이나 업무시간의 일시적 단축은 4개월을 초과해서는 안된다. RPM 2.29 (Work Deferment Policy)을 참고하라.

g. 인력감축(Reduction in Force)

RPM § 2.21(B)에 따라서 Staff Scientist/Engineer에게 요청된 일시적 해고는 Division Director의 승인을 받아야 한다. 이러한 조치에 대한 문서적 통보는 적어도 해고날짜의 90일 이전에 전달되어야 한다. 연구비의 부족이나 프로젝트의 종료로 인해 일시 해고될 수밖에 없는 Staff Scientist/Engineer을 위해서, Division에서는 Division 내부의 다른 프로그램으로 적절한 채용을 유지하도록 합리적 노력을 기해야 한다.

출처: Lawrence Berkeley National Laboratory, RPM

※ LBNL은 내부행정(자산관리, 연구관리, 계약업무, 인사개발, 시설관리, 회계 등)에 대해 매뉴얼(RPM)을 운영한다. https://commons.lbl.gov/display/rpm2/RPM+Sections

LBNL의 직원평가 매뉴얼(RPM§2.03)

□ **일반 정책**

업무성과에 대한 feedback은 항상, 연중 일어난다. Supervisors는 매년 각 업무지시와 업무실적 평가에 관한 **문서형 보고서를 승인된 절차를 통해서 각 부하 직원에게 제시**해야 한다. 이러한 문서형 평가(written evaluation)는 업무성과에 대한 공식적 feedback의 일부이다. 만약 여건이 가능하다면 추가적 문서형 평가도 가능하다.

임시직(limited), faculty, graduate student research assistant, student assistant, re-hired retiree, postdoctoral, 및 visiting postdoctoral fellow의 신분을 가진 직원은 본 정책에서 제외된다. Division directors와 Human Resource Department heads는 자신의 부서 내에서 본 정책의 이행에 대해 책임을 가진다.

□ **목적**

문서형 평가(written evaluation)의 목적은 다음과 같다.

- 상관과 직원 사이에 업무의 책임, 기대 및 목표에 대한 이해를 높인다.
- 직원의 성장, 경력의 개발, department의 목표에 관하여 양방향 토론의 기회를 제공한다.
- 표준, 목표, 기대, 개발계획을 설정/재설정한다.
- 종전에 설정된 목표와 기대에 대한 성취와 진척도를 문서화한다.
- 급여절차(salary process)에 정보를 제공한다.

□ **책임**

a. Supervisors

Supervisors는 각 부하직원이 현행 직무내용, 직무에 대한 기대 및 목표를 정확히 가지며 그 직원이 자신의 책임을 명확히 이해하도록 할 책임이 있다. Supervisors는 부하직원이 직무에서 부족한 부분을 알 수 있도록 그에게 **feedback을 제공할 책임**이 있다. Supervisors는 부하직원이 발전할 수 있는 기회를 권장할 책임이 있다. Supervisors는 **적어도 1년에 한번** 부하직원에 대한 공식적 문서형 평가서를 그에게 제공할 책임이 있다.

b. 직원(Employees)

직원은 자신의 직무(duties), 책임(responsibilities) 그리고 기대(expectations)에 대한 분명함을 추구할 책임이 있다. 직원은 업무의 진행과정에서 성과에 관여하는 input을 찾아내야 한다. 게다가 직원은 자신의 업무성과와 자신의 발전을 향상시킬 책임을 가진다.

c. Human Resources Department

Human Resources Department는 Supervisor들이 업적평가를 수행할 수 있도록 훈련을 제공해야 한다. Human Resources Department는 현행 업적평가절차의 유효성을 평가해야 한다. 그리고 이 업적평가절차가 경영층과 직원 양측에 효과적인 수단이 되도록 하기 위해 경영층과 함께 일해야 한다.

출처: https://commons.lbl.gov/display/rpm2/RPM+Sections

LBNL에서 연구원에 대한 **중간평가와 승진심사의 절차와 기준**은 여러 가이드라인과 체크리스트로 규정되어 있으며, 인터넷으로도 찾아볼 수 있다. 「Scientist/Engineer Midterm Review Guidelines」, 「Scientist/Engineer Midterm Review Checklist」, 「Scientist/ Engineer Promotion Guidelines」, 「Scientist/ Engineer Promotion Checklist」. 분명한 것은 **평가제도는 문제점을 찾아내고 이를 개선하는 것이 목적**이 되어야 한다. 우리 국책(연)은 연말성과급을 나눈다는 목적으로 평가를 통해 '줄세우기'를 하고 있는데, 얻는 것보다 잃는 것이 더 많다. 선진국 규정에서 배울 점은 다음과 같다.

- ○ 평가자는 피평가자에게 평가항목(책무)과 평가기준(기대치)을 업무착수 이전에 (적어도 1년 전 또는 임용시점에) 제시해야 한다.
- ○ 평가결과를 놓고 평가자와 피평가자의 토론이 있어야 한다. 그래서 억울한 점은 항소할 수 있어야 하며, 평가결과에 승복하게 해야 한다.
- ○ 평가결과 부족한 부분을 훈련받거나 보강할 수 있도록 기회를 주어야 한다.
- ○ 국가(연)에서는 논문과 특허가 주된 평가항목이 아니다. 개인에게 할당된 연구를 얼마나 잘 수행했는지가 중요하다. 연구의 팀워크가 중요하기 때문이다.
- ○ 평가는 공개적이며, 그 과정은 투명해야 한다. 평가제도를 연구하는 조직이 필요하다.

참고로 LBNL에는 tenure제도가 없고 정년은 60세이지만 퇴직 후 적어도 5년간 모두에게 일할 기회를 부여하고 있다. 이 경우 연금지급은 일시(일하는 기간 동안) 중단된다. 물론 연금 불입은 60세 이후 없으므로, 고용자 입장에서는 재정 부담이 적다.

☞ tenure는 미국의 대학에서 적용하는 정년보장제도인데 NIH와 같은 국립(연)에서는 tenure제도를 도입하여 공무원연구원(이미 정년보장)이 아닌 민간연구원에게 적용하고 있다.

☞ 연구기관의 채용에서 블라인드채용이 가능할까? 무슨 문제가 생길까?

■ 지원인력(ETA)의 중요성

국가(연)은 조직적 연구(팀연구)를 수행하며, 연구(R)활동보다는 개발(D)활동에 중심을 두므로 엔지니어(E)와 테크니션(T)의 역할이 중요하다. 법률, 회계, 노무, 윤리, 특허관리 등 관리 행정(A)에도 높은 전문성이 요구된다. 기초연구를 중심으로 하는 국가(연)은 장기·대형 기초연구를 수행하므로 역시 ETA가 중요하며, 연구중심대학도 ETA가 많이 필요하다. **연구활동에는 예상치 못한 일이 생기기 때문이다**. 연구기관의 인력은 **전문성의 심화가 중요**하기 때문에 직원들의 인사트랙을 상세하게 구분하고 그 트랙 내에서 승진하도록 관리하고 있다. 관리행정 인력에도 경력트랙을 두고 있다.

☞ 과거, 우리 출연(연)에는 테크니션으로 채용된 사람이 대학에 등록하여 박사학위를 받고 연구원으로 전환한

적이 있었다. 그리고 정책연구원으로 임용된 연구자에게 행정보직을 맡기는 경우도 있었다. 이런 경우 무슨 문제가 생길까?

미국 NIH의 직무군을 보자. 직무군은 상당히 전문적으로 구분되어 경로별로 관리되고 있다. 직원의 직무군은 다음 표와 같다. 이러한 직무군의 보유와 경력관리는 직무의 전문성을 높이고 결국 연구원의 활동에 큰 도움이 될 것이다.

NIH의 직무군

- **Scientific Careers**
  - –Laboratory and Clinical Research Careers
  - –Science/Research Administration Careers
  - –Science/Research Policy Careers
  - –Scientific Executive Careers
  - –Non–Citizen Scientific Careers
- **Executive Careers**
  - –Institute & Center Directors
  - –Deputy Directors
  - –Senior Executive Service positions
- **Students and Recent Graduates**
- **Scientific Fellowships and Trainees**
- **Administrative Careers**
  - –Account Technician
  - –Administrative Officer
  - –Auditor
  - –Computer Operator
  - –Economist
  - –Grants Management Specialist
  - –Human Resources Assistant
  - –Management Analyst
  - –Program Support Assistant
  - –Secretary
  - –Technical Writer/Editor
  - –Administrative Clerk/Technician
  - –Administrative Program Staff
  - –Budget Analyst
  - –Contract Specialist
  - –Ethics Specialist
  - –Human Resources Specialist
  - –Information Technology Specialist
  - –Program Analyst
  - –Purchasing Agent
  - –Supply Clerk
  - –Training Specialist

출처: http://irp.nih.gov/careers/faculty–level–scientific–careers

우리나라가 출연(연)에 이러한 인력개발기법(직무군 트랙 관리)을 적용하기 위해서는 큰 변화가 있어야 한다. 현재 행정직은 전문성 고려가 전혀 없으며 순환보직 형태로 여러 업무를 섭렵하고 있다. 결과적으로 행정관리 활동은 전문성이 부족하며 연구활동에 대해 지원하기

연구기관의 인력구분

	일본 AIST (2016)	독일 MPG (2016)	프랑스 CNRS (2012)	한국 NST (2016)
연구직	2,284명	6,488명	11,450명	11,641명
행정직	699명	8,533명	14,180명 외 비정년 8,900명	1,645명
기술 · 기능직	1,487명			2,613명
학생 및 포닥	2,114명	4,538명	5,000명	4,669명

※ NST 출연(연)(21년): 연구직 65.5%. 기술직 11.4%, 기능직 12.1%, 행정직 11.0%

보다는 '걸림돌'이 되는 수준에 머무르게 되었다. 연구원이 문제가 있어서 행정부서에 질문하면, "안된다. 감사에 걸린다"는 대답을 제일 많이 듣게 된다. 그러나 이것은 행정에 자신없는 행정가가 골치아픈 업무를 회피하는 대답이다. **훌륭한 행정가는 선례가 없는 사안을 법규에 저촉되지 않도록 해결하여 선례를 만드는 사람이다**. 우리 현실에서 훌륭한 행정가는 매우 드물다. 출연(연)의 행정업무의 수준향상은 국가과학기술연구회(NST)가 담당해야 한다고 본다. 많은 연구도 필요하지만, 행정직원을 선진국 국책(연)에 파견근무 시켜서 학습하게 하는 일이 더 빠를 것으로 본다.

연구기관에 연구직이 많아진다고 연구가 잘되는 것이 아니다. 지원인력이 적절하게 배치되어야 연구의 효율이 올라간다. 앞 절의 설명대로 대학의 지원인력이 충분해야 교수가 연구에 몰입할 수 있는 것과 같은 이치이다. 선진국의 사례를 보면, 연구기관의 인력구조는 연구자와 지원인력이 거의 50대50이거나 오히려 지원인력이 더 많다.

우리나라 출연(연)은 어떠한가? PBS 체제에서 연구과제를 수주할 수 있는 연구원이 중요하기 때문에 지원인력이 퇴직하면 그 자리를 연구직으로 채우고, 정원을 감축하라면 지원인력을 감축하였으므로 연구직의 비중이 너무 높다. 그 결과 **지원인력의 비중이 30% 수준이다**. 이렇게 되면, 연구직이 행정업무를 해야 한다. 심지어 테크니션 업무(장비운영, 시편제작, 전산운영, 동물관리, 시설유지보수 등)까지 연구직이 담당하게 된다. 법률, 정책기획, 윤리(이해충돌관리), 회계, 사서, 특허관리는 전문성을 가지고 연구활동을 뒷받침 해야 하는데, 우리는 아직 그렇지 못하다. 일반 행정직원이 거의 모든 연구지원활동을 커버하고 있으니, 전문성이 낮다.

우리 출연(연)의 이러한 연구개발인력 구조의 왜곡은 여러 가지 부작용을 낳는다.

○ 연구원이 연구활동에 몰입하기 어렵다. 연구생산성이 낮아질 수밖에 없다.
○ 연구활동에 대해 역할이 모호해지고 윤리적 감시가 어려워지며 부정이 발생하기 쉽다.
○ 학생연구원에게 테크니션 업무나 행정직 업무가 부과되는 경우가 많다.

○ 전문성이 부족한 행정가는 항상 파워(영향력)를 가지려 한다. 생존을 위해서이다.

우리 출연(연)의 이런 상황을 보면, 출연(연)의 연구능력 향상을 위해서는 인력구조에서부터 개혁이 필요하다. 탁월한 연구자 한사람을 얻기 위해서는 그 뒤에 많은 지원인력이 있어야 하며, 유능한 연구팀(그룹)도 마찬가지다. 그런데 **우리는 아직 지원인력에 대한 정책은 전혀 없다**. 아직도 많은 사람이 "연구지원인력은 노조를 결성하여 경영진에 맞선다"는 견해를 가지고 있다. 그런데 연구결과의 상용화와 기술이전을 촉진하려면 엔지니어와 테크니션이 강해야 한다.

※ 행정직에 대한 평가항목은 "연구활동을 지원하기 위해 어떤 선례를 만들었는가?"이다.

■ 국가연구소의 tenure(미국 NIH 사례)

NIH의 연구원은 보통 연방공무원 신분(정년 보장)이지만, 일반인 신분으로도 연구원을 임용하면서 우수 연구원을 유치하기 위해 tenure제도를 운영한다. 일반인의 전임직(full-time appointments)으로는 tenure-track(나중에 tenure 심사를 통과해야 함)으로 임용되거나 tenure-eligible(임용 시 tenure 자격을 부여함)로 임용된다. NIH에서 연방 공무원(Federal Employees)은 정년이 62세이며 최저 퇴직 연령은 57세이다. 그러나 연방공무원 신분의 연구원은 퇴직 후에도 Scientists Emeritus로 남아 활동을 계속할 수 있다. 2009년 퇴직한 과학자(Scientific Occupational Series)의 평균 연령은 64.2세, 비과학자(Non-Scientific Occupational Series)의 평균 퇴직 연령은 60.9세였다.

NIH에서 tenure 심사는 tenure-track 연구원이 임용된 지 6년 후에 치러지는 정년보장의 관문이다. Investigator(연구원)가 tenure를 통과하면 Senior Investigator가 된다. 오늘날 정년(65세)보장은 의미가 없다. 왜냐하면 퇴직연령이 없다고 봐야 하기 때문이다. NIH 소속 각 연구소의 Board of Scientific Council(BSC)이 매 4년마다 각 연구원의 실적을 평가하여 그 결과가 우수하고 연구자금이 있는 한 본인이 원할 때까지 활동한다. Investigator가 tenure를 통과하면 창의적 독립성을 최대화할 수 있도록 일정기간 안정적 지원이 뒤따른다. 이렇게 해야 탁월한 젊은 과학자를 유치할 수 있기 때문이다. 결과적으로 NIH에는 다음의 '말'이 있다.

"**Once someone comes to work at the NIH, they never leave.**[12]"

NIH가 tenure 심사에서 평가하는 항목과 제출서류는 다음 표와 같다.[13] **논문실적만으로 평가하지 않는다는 점에 주목해야 한다**. 우리 출연(연)에서 tenure 제도를 도입한다면 그

12 NIH에 한번 들어오면 떠나지 않는다. http://irp.nih.gov/careers/faculty-level-scientific-careers

13 https://oir.nih.gov/sourcebook/tenure-nih-intramural-research-program/criteria-tenure-nih

기준은 대학과는 달라야 하며, NIH와 같은 기준이 필요하다고 본다.

○ 학문분야 연구에 대한 과학적 기여도: 독창성, 연구수준, 미래 가능성
○ 독립적 창조적 업무수행 능력: 팀 연구에서 독자적 기여, 과제수주능력
○ 연구자원과 관련된 업적: 출판물의 양과 질, 특허권, 데이터은행에 저장
○ 국가적/국제적 인지도 및 리더십: 동료의 추천서, 초청강연, 포상, 학회활동 등
○ 멘토링 능력 및 활동: 학생(훈련생, 인턴십 등)지도 실적
○ 연구지도 및 수행에 있어 높은 윤리적 기준과 성실성: 진실성, 동료존중
○ NIH 시민권, 연대성, 다양성 증진: 내부적 기여, 장애인·소수민족 배려 등

NIH Tenure Appointment Checklist(제출서류)

1. 추천 메모(Recommending Memo)-Laboratory/Branch Chief 또는 Scientific Director (SD)가 작성하고, Institute/Center(IC) Director를 통해 제출한다. 특히 후보자의 tenure에 대한 추천을 설명해야 한다. 메모에는 최소한 다음을 포함해야 한다.
   - 해당 분야에서 구체적이고 유일한 과학적 기여에 대한 훌륭함을 설명한다.
   - 독립성(independence)에 대한 증거를 제시해야 한다.
   - 특정 분야의 연구에서 과학의 질, 실적 및 영향력을 설명해야 한다.
   - 국가적/국제적 인지도를 제시해야 한다.
   - tenure 이후 예상되는 기여도를 제시해야 한다.
2. Full Curriculum Vitae(CV) 및 Bibliography-CV에서, 상단(후보자의 이름 근처)에 후보자의 WoS(Web of Science)의 ID를 명확하게 기재해야 한다. Bibliography는 다음과 같이 섹션으로 명확하게 구분해야 한다.: original research peer-reviewed papers, reviews, commentaries, letters 등. CV에는 과학적 인정 사례(예 포상, 명예 및 과학외부 활동)를 포함해야 한다. CV 및 Bibliography에는 최소한 다음을 포함해야 한다.
   - NIH tenure track인 경우, 현재 내부 전문가로서 정확한 지위. 외부 지원자의 경우, 현재의 직함(position title)과 경쟁적 연구비 수혜/grants 실적.
   - 독립성의 증거-팀 연구 등 연구에서 독립적인 기여에 대한 명확한 증거, 제1저자와 선임저자로 된 논문원본, 국가적 및 국제적 초청연설, 추천서(letters of reference) 등
   - 성과의 증거(Evidence of productivity)
   - 전문 분야에서 인정받은 증거-국내외 초청 강연, 기타 프레젠테이션
   - NIH "citizenship"(내부기여)의 증거-IC 또는 NIH 전반의 활동 또는 위원회 참여기록(예: 이해그룹, IRB, IACUC, 여성 과학자 고문 등)
3. PI로서 다양성, 형평성, 포용성 및 접근성에 대한 고려에 대한 설명(지침 참조)
4. 지도학생(멘티) 목록. 다음을 포함해야 한다.
   - 멘토링해 준 모든 교육생(학생, 하계 인턴십, 박사 이전 과정의 대학원생, 학사 이후 교육생, postdoctoral 등)의 이름. 각 멘티의 성별과 인종을 식별하지 않아야 한다. 그룹별로 인원수만 표시되어야 한다.
   - 각 멘토링이 실시된 기간

- 각 멘티가 연구실을 떠날 때 각자 떠나간 기관과 직위
- 각 멘티가 현재(또는 마지막으로 알려진) 있는 기관과 직위
- 교육생의 총 인원통계(성별 및 인종/국적 출신)

5. 가장 중요한 출판물(important publications) 5개의 목록
6. 가장 중요한 논문(significant papers) 2편의 사본
7. 과학자로서의 미래 계획(future plans) 설명(5페이지 이내)
8. Board of Scientific Counselors(BSC)의 보고서 및 Site Visit Reports-tenure track에서 수행된 모든 보고서. 최소한 다음을 포함해야 한다.
   - Mid-point review(또는 tenure track 연구원으로서의 첫 번째 심사)
   - Latest review(과거 2년 이내)
9. IC Promotion/Tenure Committee의 보고서(NIH 외부 후보자의 경우)
10. NIH tenure-track 후보자의 경우: tenure track의 시작부터 현재까지 후보자가 사용한 연구자원(예산, 인력, 공간, 기타)에 대한 자세한 설명과 tenure track의 기간에 따른 변경 연대표(있는 경우) NIH 외부에서 온 후보자의 경우: DDIR에서 승인한 Search documentation(광고, 추천위원회) 및 Search Committee의 후보 선정 관련 보고서
11. 서신(Letters)
   - 외부에 추천서(Letters of Recommendation)를 요청하는 서신(템플릿을 사용해야 함). 외부행 서신에는 후보자의 tenure와 관련된 (BSC와 같은) 다른 위원회의 평가에 대한 언급이 없어야 한다. 서신의 첨부물로는 CV 및 Bibliography, (업적물) reprints 및 future plans(원하는 경우)으로 제한되어야 한다.
   - 추천서를 요청한 모든 외부 사람의 명단(직함 및 연락처), 추천서를 보내온 사람, 거절한 사람 및 응답하지 않은 사람을 표시해야 한다.
   - 추천서(협력관계가 아닌 사람으로부터 6통 이상)

출처: https://oir.nih.gov/sites/default/files/uploads/sourcebook/documents/personnel/checksheet-tenure_appointment.pdf

■ 우리 출연(연)의 인력정책

우리나라 국가(연)에 대한 정책은 아직 자리잡지 못한 수준이다. 특히 국책(연)의 연구원을 대상으로 하는 **인력정책은 공백상태이다**. 선진국 국가(연)의 인력정책들과 비교해 보면 엄청난 차이를 발견할 수 있을 것이다. **국책(연)의 연구인력은 국가의 지식전쟁을 치르는 精銳軍(정예군)**으로 인식되고 지원·육성되어야 하는데, 우리는 인력정책의 골격조차 구성하지 못하고 있다. 심지어 어렵게 육성한 기성 연구원을 공공기관 인원감축 대상으로 간주하는 시책을 시행하기도 하고, 반대로 공기업처럼 비정규직을 정규화하기도 했다.

그동안 출연(연)은 여러 번의 통폐합을 겪으며 연구의 안정성을 보장하지 못하였으므로 많은 우수 연구원이 이직하였다. 또 1996년 PBS가 실시되자, 우수 연구원의 이직은 가속되었을 뿐

아니라 연구 분위기도 급속히 변화되었다. 이러한 통폐합과 PBS에 대해, 정부의 정책의지가 강력하였으므로, 반대의견 제시가 쉽지 않았고 정책효과를 연구할 수도 없어, 논문도 없고 통계도 없는 것이 현실이다. 이런 주제를 자유롭게 연구하여 재발을 방지하고 합리적인 발전 경로를 모색하게 하는 것도 보장하지 못하고 있으니, 우리의 과학기술정책에서 이 부분을 심각하게 고민해야 한다.

현재 우리의 출연(연)에 대한 인력정책은 전혀 없다. PBS제도의 의미는 연구원들 간에 과제수주 경쟁을 통해 적자생존하라는 의미이다. 이렇게 되면, 과거 우리 선배들이 어려움 속에서 출연(연)을 설립한 의미가 없어진다.

PBS 이후에도, 정년단축, 임금피크제 시행, 김영란법 적용, 블라인드 채용, 비정규적 정규화 등 출연(연)의 발전을 저해하는 정책이 아무런 방어벽 없이 도입되었으며, 12개 전문기관의 운영, 법인격 연구사업단의 운영, 출연(연) 지원과 활용의 이원화 원칙의 무시 등 출연(연)을 위축시키는 정책이 계속 개발되고 있으니, 출연(연)의 연구인력은 정예화될 수 없을 뿐 아니라 질적 저하가 우려되는 수준이다. 자세한 내용은 제4장 제4절에서 설명하였다.

가끔 BH로부터 공공부문 인원감축의 지시가 내려오면, 출연(연)도 이 지시를 따라야 한다. 공공기관이기 때문이다. 그러면 출연(연)은 정년퇴직에 대응하는 신규임용을 몇 년간 중단함으로써 전체 T/O가 감축되게 대응하였다. 2017년에는 반대로 비정규직을 정규직으로 전환하라는 지시가 있었다. 그 결과 출연(연)의 인적 구성은 연령별로 고르지 못하다. 선진국의 역사 깊은 연구기관(CNRS)은 연령별로 비슷한 인력규모를 보여주고 있으며, 여기서 안정적 분위기를 느낄 수 있다. '안정감'은 창의적 활동에 매우 중요하다.

「공공기관의 운영에 관한 법률(공공기관운영법)」에 가장 큰 원인이 있다. 일본은 국립대학을 「국립대학법인법」으로 관리하고, 국책(연)을 「독립행정법인통칙법」으로 관리하며 공기업 관리와는 구분하고 있음에 비해, 우리는 공기업, 출연(연), KAIST 계열 대학(최근 면제)이 모두 공공기관운영법의 적용을 받고 있다. 공공기관의 기능조정, 공공기관의 혁신, 고객만족도 조사, 기관장 임기, 기관평가, 증원억제, 총액인건비제도, 블라인드 채용, 임금피크제 등이 모두 이 법률에 의해 발생했다. 공기업과 국책(연)을 동일한 잣대로 보고 있다. 여기에 과기부는 이에 대해 전혀 방어벽이 되지 못하고 있다.

※ 2023. 1월, KAIST 계열 대학은 공공기관운영법의 적용대상에서 제외되었다.

기재부 지휘, 共 군림…공운법 17년 '누더기' 연구현장

과제 하나에 책임급 연구원 5명, 선임급 연구원 1명은 이제 놀랍지도 않다. 일을 못하는 이들, 경험이 없는 이들, 일을 안 하기로 마음먹은 이들이 뒤엉켜 3인 4각으로 걷는다.

연구현장의 실체다. 이 모든 게 출연연이 공공기관으로 분류되며 벌어지는 상황이다. 주 52시간제, 비정규직 정규화, 임금피크제, TO · 총액인건비 · 경상비 제한 등에 갇힌 지 올해로 17년째다. 연구현장의 경쟁력은 사실상 바닥을 쳤다는게 중론이다.

(중간 생략)

2007년 경제 · 인문, 과학기술 분야를 포함한 모든 출연연이 「공공기관 운영에 관한 법률(이하 공운법)」에 분류, 지정됐다. 여기서 말하는 공공기관은 전력 · 에너지 공사, 철도 · 공항 공사 등 수익형 공기업과 국민연금 · 근로복지공단 등의 행정형 기관이다. 강원랜드, 국립대병원 등 수익사업을 하는 곳도 포함된다. 공익성 속성이 큰 출연연을 시장성 중심인 다른 공공기관과 동일시하겠단 의미다.

(중간 생략)

17년이 지났다. 출연연의 기관 운영, 예산집행 등은 이들과 같이 획일적으로 관리됐다. 관리주체는 기획재정부. 인건비, TO 등 모두 기재부의 심의, 결정을 거쳐야 한다. 국가 유일 **연구기관의 상위부처가 사실상 과기부가 아닌 기재부가 된 것이다.** 최근 실시한 본지 설문조사에서 과학의 "'과'자도 모르는 기재부가 예산을 휘두르고 있음" 등의 지적이 나온 것도 이 같은 이유에서다.

(이하 생략)

출처: 헬로디디 2023. 4. 23일자

제5절 국가 연구인력정책의 재구성(정책제안)

기존 우리의 연구인력정책은 기본 골격을 갖추지 못한 채, 선진국의 유행이나 정치 · 사회적 상황에 따라 대응하는 정도의 정책내용을 보여주고 있다. 이제 **'국가 연구인력정책의 골격'**을 만들어 보자. 여기에는 법률적으로 규정할 부분, 제도화할 부분, 연구기관의 자율에 맡길 부분이 구분되어야 하며, 기존의 연구인력정책이 가지는 문제점이 해결되며, 우리의 취약점이 줄어들고 강점이 부각된다는 확신을 줄 수 있어야 한다.

■ 기존 연구인력정책(「과학기술인재 육성 · 지원 기본계획」)의 분석

우리나라 국가 연구인력정책이라면 매 5년마다 수립되는 「과학기술인재 육성 · 지원 기본계획」에 기초를 두고 있다. 이 계획은 「국가과학기술 경쟁력 강화를 위한 이공계지원 특별법(이하 '이공계지원법')」 제4조에 따라 수립되는데, 이 계획이 포함할 내용도 그 법률에 다음과 같이 규정되어 있다.

○ 이공계인력의 육성·지원 및 전주기적(全週期的) 활용체제의 구축
○ 이공계인력의 공직 진출 기회 확대 및 처우 개선
○ 연구개발 성과 및 기술이전 성과에 대한 지원
○ 이공계인력의 기업·대학·연구기관·정부 및 지방자치단체 상호간 교류 확대
○ 이공계인력의 정보체계 구축 및 활용
○ 이공계 대학 및 대학원 교육의 질적 수준 향상과 산·학·연의 연계체제 강화

여기서 '이공계인력'이란 이학(理學)·공학(工學) 분야와 이와 관련되는 학제(學際) 간 융합 분야(이공계)를 전공한 사람으로서 다음의 사람을 말한다고 규정되어 있다.
○ 대학에서 이공계 분야의 학위를 취득한 사람
○ 「국가기술자격법」에 따른 산업기사 또는 이와 같은 수준 이상의 자격을 취득한 사람

이 기본계획의 법률적 기반을 보면, 그 내용이 지극히 '이공계'에 초점을 두는 모습을 볼 수 있다. 국가적으로 **'연구인력'이 중요한지, '이공계 인력'이 중요한지** 깊이 생각해 봐야 한다. 이제 우리나라가 선진국이 되면 인문사회분야와 예체능분야를 막론하고 '연구인력'이 중요해질 것이다. **first mover가 되면 지식의 발견 또는 공공적 문제해결 연구에 이공학뿐 아니라 인문·사회적 전문성이 크게 요구된다**. 새로운 연구(창조)활동에 사회적·인문적 문제(기술의 오남용 문제)는 없는지 검토하는 과정이 필요하고, 사회적 가치가 어떠한지 설명해야 하며, 연구결과에 부수되는 새로운 사회질서(예시: 인터넷 윤리, 가상화폐)에 대한 연구가 동반되어야 한다. 과거 fast follower로서 연구하던 시대와는 다른 입장이 된다. 기존의 인력정책이 정의하는 지원·육성 대상의 범위가 모호하다는 점도 문제이다. 정책에서 지원·육성대상은 분명히 구분될 수 있어야 정책효과를 분명히 평가할 수 있다.

이공계지원법에 의해 수립된 「제4차 과학기술인재 육성·지원 기본계획('21~'25)」을 다시 논의 해보자. 본 장 제1절에서 이미 소개한 바 있다.

추진과제에 구체성이 부족하다. 다음의 의문(질문)이 당연히 나온다.
○ **추진과제는 어떻게 도출되었는가**? 연구원 전체에게 설문조사를 했는가?
○ 정부는 과연 추진과제 하나하나에 대해 **매년 평가하고 있는가**?
○ 이렇게 정책목표가 모호하면 그 달성여부를 거시적으로 평가될 수밖에 없는데, 정책이행에 수반되는 **방법이 효율적인지 아닌지 어떻게 파악하는가**?

■ 「제4차 과학기술인재 육성 · 지원 기본계획('21~'25)」의 추진과제

추진전략	추진과제
기초가 탄탄한 미래인재 양성	◦ 초중등 수학 · 과학 및 디지털 기초역량 제고 ◦ 미래사회를 선도할 우수인재 발굴 및 유입촉진 ◦ 이공계 대학생의 변화대응역량 강화
청년 연구자가 핵심인재로 성장하는 환경 조성	◦ 청년 연구자의 안정적 연구기반 구축 ◦ 청년 과학기술인의 성장지원 강화 ◦ 미래 유망분야 혁신인재 양성
과학기술인의 지속활약 기반 구축	◦ 과학기술인 평생학습 지원체계 강화 ◦ 현장 수요기반 디지털전문역량 제고 ◦ 여성 과학기술인의 성장진출 활성화 체계 마련 ◦ 고경력 · 핵심과학기술인 역량활용 고도화
인재생태계 개방성 · 역동성 강화	◦ 해외인재의 국내유입 활성화 ◦ 산학연 간 인재 유동 확대 ◦ 과학과 사회 간 소통 강화 ◦ 이공계 법 · 제도 인프라 선진화

– 연도별 시행계획으로 구체성을 높인다고 답변하겠지만 본 계획 속에는 지난 5년의 정책 성과에 대한 설명(평가, 논평)이 누락되어 있다.

◦ 우리 대학과 출연(연) 소속의 연구원의 질적 수준이 매년 높아지고 있는가?
  – 피인용도 상위 5%에 들어가는 논문을 내는 연구원의 수는 얼마나 증가하고 있는가?
  – **선진국들은 기성 연구원의 질적 수준제고를 위해 무슨 정책을 가지던가**?
◦ 우수 연구인력의 세계적 이동을 초래하는 주요 요인은 무엇인가?

결론적으로 말하면, 이 기본계획은 10년 전에도, 10년 후에도 유효할 것이다. 제대로 하려면, 추진과제 하나하나에 대해 구체적 세부계획이 있어야 한다.

우리의 과학기술인재 육성·지원 기본계획은 아직도 초·중등 및 대학(원)생 양성에 집중되고 있다. **정작 중요한 기성 연구원에 대한 지원 육성정책은 자율적 연구지원 확대(자율공모 기초연구확대), 평생학습지원 외에 없다**. 본 기본계획에서 출연(연)의 연구원들의 자율성과 자긍심 및 지속가능성을 침해하는 PBS에 대해서 폐지나 개선에 대해서는 언급도 없다. 이렇게 해서는, '경제지표에서 달성된 선진국'을 과학기술 측면에서는 버틸 수 없게 된다.

■ 국가 연구인력정책의 기본구조

이제 우리의 **연구인력정책의 기본방향**을 잡아야 한다. 그 핵심은 세 가지이다.

- ㅇ 연구원으로의 직업선택을 자랑스럽게 여기도록 안정적 연구여건을 보장해야 한다.
- ㅇ 국책(연)의 연구인력은 정부가 직접 精銳人力으로 육성해야 한다.
- ㅇ 우리도 이제 독자적 학문을 창출하는 국가가 되어야 한다.

이를 위해, 정부는 우리 연구활동에 대한 성과뿐 아니라 연구개발인력의 불편한 점, 국제적 이동요인, 선진국(특히 일본)의 정책을 파악해야 한다. 그리고 HRD를 전문적으로 연구해야 한다. 이제 **새로운 연구인력정책의 기본구조를 설계**해 보자. 참고로 '연구중심대학정책'은 본 책의 제3장에서 다루고 있으니 여기서는 논외로 한다.

(1) 국가의 핵심연구인력의 양성

정부는 국가적 핵심연구인력을 연구기관에 모아두고 기초연구(새로운 지식의 발견), 공공적 문제 해결(국방, 우주, 보건, 에너지, 식량, 환경 등) 및 산업육성을 위한 원천기술개발의 미션을 이행하게 한다. 이것이 곧 국가(연)이다. 국가(연)은 국가마다 국립(연)이나 국책(연)의 형식을 다르게 가지지만, 국가(연)의 가장 큰 기능은 ① 정책의 think-tank, ② 국가가 부여하는 미션연구의 수행(정부의 전문적 업무 대행), ③ 대학과 기업이 수행할 수 없는 대형·장기연구의 수행, ④ 기술에 대한 국가적 플랫폼 역할, ⑤ 국가차원의 우수 연구인력의 보유이다. 제4장 제1절에서 이미 설명하였다.

대학은 학생과 함께해야 하는 연구체계이므로 국가(연)에 비해 자유롭고 개방적이다. 국가적 책임이 요구되는 미션연구(Type 3 연구)와 아젠다 프로젝트(Type 4 연구)는 항상 국가(연)이 직접 책임지는 위치에 서고, 대학은 그 세부과제에 참여하는 형식이 선진국형 국가연구체계이다. **국가(연)은 전문적 업무(신성장 동력발굴, 대체에너지 개발, 녹색성장 등)에 대해서 정부의**

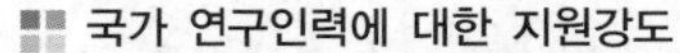
국가 연구인력에 대한 지원강도

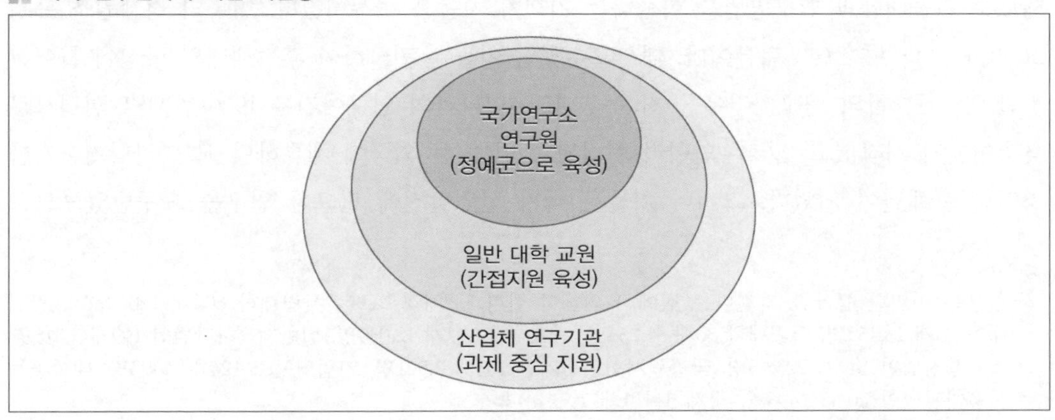

대리자로서 업무를 주도하면서 많은 세부과제(목적기초연구과제)를 대학에 의뢰하는 방식으로 연구생태계를 구축해야 한다. 이것이 국가(연)이 일하는 방식이다. 그리고 국가(연)의 과업(미션연구)은 **사회적 가치의 창출**이 최종목표가 되어야 객관적 평가가 용이하며, 국가(연)의 존재이유가 명확해 진다. 이러한 연구생태계를 지탱하는 제도가 바로 grant사업과 contract사업이라고 본장 제3절에서 설명하였다.

결국 대학교원은 정부의 직접적 육성 대상이라기보다는, Funding Agency(NSF, NIH, NRF 등)가 'Type 1 연구'를 통해 지원하는 형식(간접지원 방식)이 일반적이다. 그 외, 대학교원은 국가(연)이 주도하는 대형과제(Type 2, 3, 4 연구)의 세부과제에 참여하든지, RFP로 공모하는 목적기초연구과제에 참여하며 contract로 계약하여 연구비를 받는다. 국가(연)은 기본적으로 보안이 철저해야 하며, 최고의 장비와 시설 및 전문적 지원인력을 보유해야 한다. 연구중심대학은 대학의 본질(자율성, 개방성, 학생활동)을 유지해야 하므로 국가(연)의 특성(책임, 보안, 최첨단 장비)을 가질 수는 없다. 여기서 중요한 점은 **정부는 국가적 육성대상이 되는(grant를 신청할 권리가 있는) 연구원·교원을 정확히 파악**하고 있어야 한다.

※ 일본은 과연비(grant에 해당)를 신청하는 권한을 가진 연구자를 명확히 규정하고 있다. 2016년 11월 기준 과연비의 신청자격을 가진 연구기관은 총 1,833기관이며 연구자는 281,390명[14]이다[11. p. 24]. 연구인력에 대해 선택집중정책의 치밀함을 보여준다.

☞ Type 1, 2, 3, 4는 제6장 제1절에서 설명한다.

현재 우리는 이런 구도에 진입하지 못했다. 당초 1990년대 까지는 출연(연)의 위상을 이러한 방향으로 만들어 갔으나, 그 후, 출연(연) 정책은 PBS로 대체되었기 때문이다.

(2) 독창적 학문의 창출

그동안 추격형 연구를 통해 우리는 이만큼 발전해 왔다(fast follower). 그러나 이제부터는 선두주자(first mover)로 나서야 한다. 1950년대 말에 우리 과학기술자들에게 선진국에 유학가서 새로운 기술내용과 연구방법을 학습하는 기회가 처음으로 주어졌다. 미국의 경제원조 프로그램(미네소타 프로그램) 덕분이다. 대학교수였던 이들은 귀국하여 후속세대의 양성에 들어갔지만, 당시 대학의 연구여건은 좋지 못했다. 우리나라의 연구여건은 1966년 KIST 설립으로 갖추어지기 시작했고, 그 후 연이어 설립된 출연(연)은 외국에 체류하던 교포 과학기술자를 영입하는 채널이 되었다. 그러나 이들은 국가 산업발전에 필요한 연구를 요구받았으므로

---

14 일본은 이러한 통계를 가진다는 점에 유의해야 한다. 구체적으로는 사립대학 606개 120,269명, 공립대학 88개 18,152명, 국립대학 86개 85,254명, 단기대학 397개 12,039명, 일반재단사단법인 199개 5,515명, 독립행정법인 149개 22,905명, 국공립시험연구기관 163개 7,521명, 기업연구소 124개 7,493명, 대학공동이용기관법인 20개 2,493명, 국제기관 1개 19명이다.

새로운 학문창출에는 관심을 두기 어려웠다. 1977년 한국과학재단이 출범하고, 1981년 한국학술진흥재단이 설립되면서 대학에 연구비가 지원되기 시작했으며, 1990년 과기부가 '기초연구의 원년'을 선포하며 대학에 연구비 지원을 대폭 확대하기 시작했다. 이때부터 우리나라도 새로운 학문의 창출이 시작되었다고 봐야 한다.[15] 그리고 약 30년이 지난 오늘날, 국내산 박사들이 우리 연구공동체의 전면에 조금씩 나서기 시작했다.

※ 2005년경 우리 모두가 황우석 교수에게 열광했던 이유는 그가 줄기세포를 이용하여 '재생의학'이라는 새로운 영역을 개척해 가고 있었기 때문이다. 아쉽게도 '위조'로 판명났다.

이제 우리 대학이나 국가(연) 곳곳에서 새로운 학문이 시도되고 있으며, 한국산 박사가 선진국 대학의 교원으로 진출하기도 한다. 그러나 이런 과정은 쉽지 않았다. **정부는 독창적 학문을 창출하려는 시도를 꾸준히 지원·촉진해야 한다**. 즉, 다음과 같은 제도적 여건을 갖추어야 한다. 정부는 간섭하지 않으면서 지원하는 것이 중요하다.

○ NRF가 Type 1 연구를 지원할 때, 선진국 대학의 연구를 추격하는 연구보다는 새로운 학문적 시도라고 판단되는 연구를 더 권장하고, 이들을 지원하는 별도의 프로그램을 설치해야 한다. '**도전적 연구(개척, 씨앗)지원 프로그램**'이 확대되어야 한다.

○ 대학은 정년을 보장하는 tenure 심사(논문편수), IF(영향력 지수), citation(피인용도)보다는, (박사생 지도자격을 가지는) 정교수의 자격을 부여하는 **유럽형 habilitation을 도입**하는 것이 바람직해 보인다. 여기서 우리가 보완할 내용은 다음의 심사기준이다.
  - 학문적으로 홀로서기(연구실 구축, 연구비 확보, 박사생 지도)가 가능한 수준인가?
  - 성장가능한 독자적(독보적) 연구영역을 확보하였는가?
  - 확보한 지식을 인접 부문으로 이전할 방법을 가졌는가?
  - 세계적 연구자로 성장할 능력(잠재력)이 있는가?

○ 정부는 **연구중심대학을 소수 지정**하여, 우수 교원을 집결시키며 동료평가가 가능한 창조적 연구분위기를 조성해 줘야 한다. 대학정책에 큰 변화가 와야 한다.

○ 기초연구를 목적으로 하는 국가(연)(예 MPG, RIKEN, IBS)을 확대하고 국가가 직접 지원해야 한다. 한시적 법인형 연구단보다는 상설 연구조직으로 운영해야 한다.

이런 일이 가능하려면 법규적 근거를 마련해야 하며, NRF의 전략이 선명해야 한다.

(3) 출연(연) 연구원의 처우체계 변경

우리는 우수한 청소년들이 이공계 진출을 회피한다고 걱정하고 있다. 그런데 그 대책은 유효

---

15 일본은 1880년에 국비유학을 시작하여 1958년 최초의 노벨상이 나왔다. 우리는 1958년 국비유학을 시작했으니 노벨상이 2028년쯤 나오지 않을까 생각한다.

하지 못하다. 청소년들은 자신의 미래로서 대학교원이나 출연(연) 연구원의 처우가 안정적이고 매력적이라면, 학창시절의 어떠한 어려움도 참고 견딜 것이다. 그러나 그러하지 못하다면 학창시절의 어떠한 특혜도 모두 무의미한 '사탕발림'에 해당할 뿐이다. 출연(연)에 PBS가 시행되고 정년이 단축되자 많은 연구원이 대학으로 이직한 적이 있다. MB정권 초기에 국립(연)을 출연(연)으로 전환하겠다는 정책발표에 대해 국립(연)이 크게 반발한 적이 있다. 이것으로 출연(연)의 처우에 대한 만족도를 엿볼 수 있다. 과기부는 출연(연)에 대한 지원·육성에 관심이 없어 보인다. 이렇게 되면, 출연(연)의 이직사태는 계속될 것이고, 출연(연)의 기술축적이나 미션연구의 수행도 효율이 낮아질 것이며, 산학연 협력도 쉽지 않을 것이다. 인력정책의 중요한 질문을 다시 던져보자.

○ 선진국의 국가(연)의 연구원에 대한 처우가 어떠하던지 조사해 본 적이 있는가?
  −독일은 대학교원, 국책(연) 연구원, 국가(연), 공무원의 처우가 동등하다.
○ 우리의 국가계획에 나오는 '국가핵심기술인력'은 누구이며 몇 명인가?
  −일본에서 과연비를 신청할 자격을 가진 사람은 1,833기관의 281,390명이다
○ 국가적 위기상황이 되면 보호해야 할 연구자가 누구인가? 어떻게 결정하는가?
○ 우리의 인력정책에서 '연구팀'을 육성하는 정책은 존재하는가?
○ 우리의 산학연 협력에 가장 큰 걸림돌이 무엇이던가? 그 대책은 무엇인가?

우리 기존의 연구인력정책은 '핵심인력의 정예화'에 대한 고려가 누락된 채 25년 이상 흘러왔다. 국립(연)의 연구원은 공무원 신분이므로 여기서 처우문제를 논의하지 않겠지만, NIH처럼 민간인 연구원도 우리 국립(연)의 장기 계약직으로 임용되는 제도가 설치되기를 기대한다. 출연(연)의 처우는 정부가 오랫동안 방치하였음으로 인해 개선될 여지가 많다. 출연(연) 소속 연구원의 처우는, 국립대학 교원과 비교하면, 연봉은 높지만, 연금과 정년은 불리한 위치에 있다. 이러한 처우의 불균형은 여러 가지 부작용을 초래한다. 선진국의 사례를 본다면, **출연(연) 소속 연구원의 처우(임금, 정년, 연금)는 동일 연령의 국립대학교원과 동등하게 대우하는 것이 바람직하다**. 출연(연)에서 PBS는 당연히 폐지되어야 하고, 정년은 IMF 이전(65세)으로 회복되어야 한다. 매 3년 재임용하는 제도는 폐지해야 하며, 대학처럼 tenure제도나 habilitation제도로 정년보장을 심사할 필요가 있다. 100세 시대에 대응하는 출연(연)의 연금은 사학연금에 동등한 수준이 되도록 과기부가 해결해야 한다. 그래야 학연 간의 협력에 걸림돌이 없어지며, 대학 내에 출연(연)과의 공동연구실(joint research unit) 설치가 성공할 수 있다. 출연(연)이 국가(연)로서의 기능을 회복하는데도 큰 도움이 될 것이다.

■「(가칭)과학기술자의 권리보호를 위한 법률」의 제정(정책제안 1)

우리나라에서 인력정책에 관련된 법률은「국가과학기술 경쟁력 강화를 위한 이공계 지원 특별법」이다. 그런데 과학기술 인력정책을 주도할 법률은 헌법에서 출발해야 한다.

> **대한민국헌법**
> 제22조 ① 모든 국민은 학문과 예술의 자유를 가진다.
> ② 저작자 · 발명가 · 과학기술자와 예술가의 권리는 법률로써 보호한다.
> 제31조 ① ~③ (생략)
> ④ 교육의 자주성 · 전문성 · 정치적 중립성 및 대학의 자율성은 법률이 정하는 바에 의하여 보장된다.
> ⑤ 국가는 평생교육을 진흥하여야 한다.
> ⑥ 학교교육 및 평생교육을 포함한 교육제도와 그 운영, 교육재정 및 교원의 지위에 관한 기본적인 사항은 법률로 정한다.

과기부는 헌법 제22조 제2항의 규정에 따라 **과학기술자에 대한 권리를 보호**하기 위한 법률로서「(가칭)과학기술자의 권리보호를 위한 법률」을 제정해야 한다. 그렇다면 권리를 보호해야 할 과학기술자는 구체적으로 누구인가? 그리고 무슨 권리를 보호해 주어야 하는가? 왜 헌법에서 이렇게 규정했을까? 국가인력정책에서는 이런 고민이 있어야 한다.

※ 교육부는 헌법 제31조 제6항의 근거에 따라 교원의 지위를 위한「교원지위향상에 관한 법률」을 제정하여 신분과 처우에 대해 보호하고 있다. '교원의 범위'는 명확하다.

「(가칭)과학기술자의 권리보호를 위한 법률」을 제정하려면, 근본적 개념에서 새롭게 출발해야 한다. 헌법에서 말하는 과학기술자는 누구인가? 그들의 권리(권리에 상응하는 책임이 있음)는 무엇인가? 그리고 그 보호내용은 국가발전에 직결되고 국제적 관습과도 일치해야 한다. 본 저자가 연구한 결과를 토대로 제안한다면 다음과 같다.

1) 국가가 권리를 보호해야 할 '창조활동가'

헌법 제22조 제2항의 의미는 인간사회를 유익하게 하는 '창조활동가'의 권리를 법률로써 보호하자는 것이다. 그렇다면 저작자 · 발명가 · 과학기술자와 예술가를 어떻게 구체화할 수 있을까? 각각 '협회'를 설치하고 그 회원으로 정의하는 방법이 가장 무난해 보인다. 각 협회는 회원의 자격을 정하여 관리한다. **과학기술자로는 한국과학기술단체총연합회(과총)에 가입된 단체(학회)에 소속된 회원**으로 정의함이 합리적이라고 생각된다. 그렇다면, 학술기관, 연구기관, 학술단체가 과총에 가입할 수 있어야 한다. 대신 학술단체(학회)는 회원의 자격요건 및 자격유지에 엄격해야 한다. 이들 창조활동가에 대해 보호해야 할 권리는 다음과 같다.

○ 창조활동의 결과물(저작권, 특허권, originality 등)에 대해 보호받아야 한다.
  - 저작권법, 특허법은 제정되었으니, 그 외에 보호받을 창조물을 생각해 봐야 한다.
○ 정부는 협회가 창조활동을 촉진하는 사업을 추진하도록 지원하고, 회원들은 수혜자가 된다. 그리하여 과학기술자들의 창조활동이 용이하도록 지원한다.
  - 정부는 협회의 요청이 있는 경우, 특정 공간을 창조활동 공간으로 사용할 수 있도록 허가해 주며, 국유재산을 협회에 양여할 수 있도록 해야 한다.
    ☞ '창조경제혁신센터'는 폐지하지 말고 발명가와 과학기술자를 위한 공간으로 두면 어떨까?
  - 수혜받은 과학기술자는 적어도 1년에 한 번은 창조결과 발표회를 가져야 한다.
○ 탁월한 창조활동가에 대해서는 각별한 지원정책(기념관 설립 등)을 가진다.

저작자와 예술가에 대한 권리보호는 문화체육관광부에서 이미 시행하는 정책으로 많이 커버될 수 있지만 '정책의 근본'을 정리할 필요가 있다. 발명가에 대한 권리보호는 특허청이 담당하고 있으니, 여기서는 **과학기술자의 권리보호**에 대해 생각해 보자.

여기서 '과학기술자'란 "이공계 · 인문사회계 · 예체능계의 구분없이 창조활동(곧 연구개발활동)을 직업으로 하는 사람으로서 과총에 가입된 각 단체 · 기관에 소속된 회원"으로 정의되어야 할 것이다. 일반적으로 말하는 '과학'을 넓게 보면 모든 학문이다. 지식의 지평을 넓히고 문제를 해결하는 일에는 이공학과 인문사회학을 분리할 수 없다고 본다. CNRS나 MPG에서도 과학기술과 인문사회가 공존한다. 선진국이 될수록 이공학은 인문사회학과 함께 가야 할 것이다. 그렇다면 그동안 이공계에 국한된 과총은 범위를 인문사회계로 확대하도록 법률에서 규정할 필요가 있다.

참고로 이공계지원법에서 말하는 '이공계인력'은 명확하지도 않으면서 배타적 성격을 가진다. 과학기술부는 '과학기술'이라는 용어에 매우 애착을 가진다. 그래서 인문사회에 대해 배타적 입장을 견지했다고 본다. 이제 생각을 바꾸어서 **'경제 · 인문사회연구회'도 과기부 산하로** 들어와야 할 것이며, '과학기술부'라는 명칭도 변경을 검토할 때라고 본다. '질적 성장'은 과학화와 윤리화로 구현되는 것이다.

2) 과학기술자가 보호받을 권리와 의무

이제 과학기술자(연구하는 사람, 창조활동가)의 사회적 책무(의무)부터 논의해 보자. 「과학기술인 윤리강령(2007, 과총, 한림원 등)」, 「과학자의 행동규범(2006, 일본학술회의)」 및 「Statement on Professional Ethics(1966, 미국 AAUP)」을 종합하면, **과학기술자의 사회적 의무**는 다음과 같이 요약할 수 있다.:
○ 새로운 지식의 지평을 넓히며 그 지식을 후대에 이전할 의무

○ 국가·사회적 문제해결에 전문적으로 적극 기여할 의무
○ 글로벌 수준의 윤리규범과 법률을 준수할 의무

과학기술자는 자신의 발언에 대한 책임, 연구대상에 대한 배려 및 동료에 대한 존중의 의무도 있지만, 이러한 의무는 윤리규범에서 규정하고 있으므로, 윤리규범의 준수로써 커버할 수 있다고 본다. 이제 의무와 관련된 과학기술자의 권리를 정리해 보자. 「1940 Statement of Principles on Academic Freedom and Tenure」 및 여러 대학의 Faculty Handbook을 참고하여 종합하면 **과학기술자(곧 연구자)의 권리**는 다음과 같다.:

○ 깊고 긴 호흡으로 생각할 수 있는 여유를 가질 권리: 자율적 근무환경 조성
○ 국가적 인력개발프로그램(HRD)을 수혜 받을 권리: 정부에 grant를 신청할 권리포함
○ 학문의 자유(Academic Freedom)를 가질 권리: 교육·연구의 자유, 기관의 자치

'학문의 자유'에 대한 내용과 중요성에 대해서는 많은 연구논문이 있다[80. p. 102]. 선진국의 대부분의 규범에서 **연구원은 교원과 동등하다**. 그러나 우리나라는 교원이 연구원보다 더 우월적 지위를 갖는다고 주장하므로 연구현장에서 갈등이 생기는 경우가 많다. KIST－KAIST의 통합이 성공하지 못한 근본적 원인도 여기서 나왔다. 앞으로 국가연구개발체계의 효율성을 높이기 위해, 대학에 출연(연)과의 공동연구실이 많이 설치된다고 가정할 때, 처우수준에 차별이 있다면 협력관계가 쉽지 않을 것으로 예상한다. 그래서 **출연(연)의 연구원은 국립대학의 동연배 교원과 동등한 처우(정년, 연봉, 연금)가 보장**되도록 새로운 법률제정에서 규정하는 것이 바람직하다고 생각한다.

3) '국가과학자' 및 '최고과학자'의 선발

국가자격을 얻은 사람을 '국가과학자(NSM)'로 인정하고, 탁월한 국가과학자를 '최고과학자'로 인정하는 제도를 법률로써 규정하고 전략적으로 우대하는 정책을 가져야 한다. 현재 「과학기술유공자 예우 및 지원에 관한 법률(약칭 '과학기술유공자법')」에 의한 '과학기술유공자'가 있고, 「국가과학자 연구지원사업」에서 선정한 '국가과학자'가 있지만, 그 규모가 너무 작다. 우리는 수만 명의 국가과학자가 필요하며, **국가의 과학기술을 책임지고 이끌고 갈 리더(곧 최고과학자 약 1천명)도 필요하다**. 과학기술정책에는 정부가 수행할 역할이 있지만, 연구개발을 이해하는 과학기술자에게 맡겨야 할 일이 더 많다. 특히, 자율성이 요구되는 연구기관의 관리·통제에는 정부보다는 동료(peer)가 개입하는 것이 바람직하다. 가끔은 권위를 가진 과학자(최고과학자)들의 결정을 국민이 따라야 하는 상황도 생길 수 있다. 최고과학자들은 자기 개인의 이익보다 국가와 국민의 이익을 위해 판단하도록, 행동강령과 국가차원의 예우(차관급 예우)가 뒤따라야 한다. 최고과학자의 선발과 운영에 많은 연구가 필요하다.

※ 중국과학원은 최고과학자로서 원사(院士)를 약 800명 정도 보유하는데 「中國科學院學部委員章程」으로 선발 · 관리하며, 정부의 차관급 대우를 한다[81. p. 32].

☞ 우리나라는 「대한민국학술원법」에 따라 학술원회원 150명을 선발하여 종신 · 우대하고 있으며, 「기초연구진흥 및 기술개발지원에 관한 법률」에 따라 한국과학기술한림원, 「산업기술혁신촉진법」에 따라 한국공학한림원, 「의료법」에 따라 대한민국의학한림원이 있는데, 이제 국가 인적자원개발 측면에서 선발, 기능, 예우를 정비할 필요가 있다.

4) 「(가칭)과학기술자의 권리보호를 위한 법률」에 포함될 내용

앞에서 「(가칭)과학기술자의 권리보호를 위한 법률」 제정의 필요성을 설명하면서, 권리를 보호받을 과학기술자와 보호받는 권리 및 국가과학자 · 최고과학자의 선발운영을 강조하였다. 그 외, 이 법률에서 규정되어야 할 내용은 다음과 같다.

○ **국가자격의 법적 근거**를 마련해야 한다. 유럽형 habilitation제도를 참고하자.
  – 한국형 habilitation제도를 규정하고, 이것을 통과하면 국가과학자가 되는 것으로 규정하자.

○ **국가과학자 및 최고과학자의 선발과 운영**에 대한 법적 근거를 둔다.
  – 최고과학자에 대한 예우와 기능을 법률에 규정한다.

○ **과학기술자 연금제도**의 근거를 둔다.
  – 국가자격과는 상관없이 출연(연)의 모든 정규직원은 사학연금에 편입하든지, 사학연금과 동등한 수준이 되도록 「과학기술인공제회법」을 개정(타법 개정)한다. 비정규직을 위한 보험제도도 생각해 봐야 한다.

○ 과학기술자의 권리(인사, 처우)를 보호하기 위한 **소청심사제도를 설치**한다.
  – contract사업에서 스폰서와 연구자 사이에 갈등이 발생할 가능성이 있다.
  – 연구윤리문제(연구부정, 이해충돌 등)에 대한 3심제 중 최종심을 담당한다.
    ☞ 연구윤리문제의 제1심은 연구수행기관, 제2심은 Funding Agency가 맡도록 한다.

○ **학문후속세대(석 · 박사과정 및 Post doc)의 양성**에 대한 법적 근거를 둔다.
  – 대학원생은 일반 근로계약이 아닌 **'학생근로계약' 제도**를 신설한다.
  – 학생보험제도의 법적 근거를 두고 과학기술인공제회가 운영하게 한다(타법 개정).
  – 학생보험이란 건강보험과 상해보험으로서 일반 근로자와 대등한 수준으로 한다.

5) 법률제정과 발효의 시기

「(가칭)과학기술자의 권리보호를 위한 법률」의 제정에는 기존 과학기술자들의 반발이 많을 것이다. 특히, 새로운 국가자격(habilitation)에 대한 기준과 절차에 대해서는 **기존 과학기술자들이 곧 이해당사자**이므로 합의과정이 쉽지 않을 것이다. 프랑스는 이러한 제도시행에서 **신체제(nouveau régime)와 구체제(ancien régime)개념**을 적용하여 극복한 바 있다. 신체제(새로운 자격기준)는 발효 이후 임용되는 사람부터 적용하면 된다.

그리고 만약, 기존의 과학기술자들(구체제 과학기술자)이 본 법률의 시행(수혜) 대상이 되기를 원한다면, 국가자격(habilitation)에 도전할 수 있는 길을 열어 주어야 한다.

■ 국가연구인력의 양적 확대와 새로운 활용(정책제안 2)

한 국가가 어느 정도의 연구인력을 보유하는 것이 적절한가? 그 정답은 국가의 의지와 정책지향점에 따라 달라진다. 세계를 경영할 것인가? 국가의 방위와 자주성을 유지하는 수준에서 만족할 것인가? 국방과 자주성을 인접국가와 공동으로 지키는 방법을 택할 것인가? 강대국에 붙어서 그 우산 속에서 살 것인가? 핵무기라도 보유하여 협상의 레버리지로 사용할 것인가? 등을 보며, 우리나라는 어느 노선인지 분명해야 한다.

우리 주변국의 역학관계와 북한을 보면, 우리는 분명 "국방과 자주성을 지키는 수준"을 유지해야 할 것 같다. 자주독립(국방)을 외치던 선조들의 목소리가 아직도 선한데 다시 종속의 길을 택할 수는 없다고 본다. 그리고 우리나라는 이제 지도자의 개인기에 의존하는 국가운영형식을 벗어나 각 분야마다 전문가 집단(think-tank)을 보유하고 현실진단과 정책수립에 과학적·윤리적·장기적 분석이 뒷받침되어야 한다. 이러한 배경에서 본 저자는 2015년부터 **'연구원 5만 양병설'을 주장**하였는데 그 이유는 다음과 같다. 이것은 '일자리정책'을 넘어, 국가의 존립과 발전(패러다임 전환)을 위한 **'기본적 포석'**에 해당한다.

국가연구인력의 규모(일부)

선진국들은 정교한 정책개발을 위해 어마어마한 지식집단을 운영하고 있습니다. 민간부문의 연구인력 규모를 보면, 우리보다 일본은 10배, 미국은 100배 수준의 연구인력을 운영하고 있습니다. 결과적으로 일본은 우리보다 우리를 더 잘 알고 있습니다. 섬뜩할 정도입니다. 독도 문제는 앞으로 어떻게 될까요? 독도문제가 외교만의 문제로 보이나요?

※ 우리 삼성·현대경제연구소의 연구인력 규모와 일본의 노무라 연구소·미쓰비시 연구소, 미국 바텔 연구소를 비교하면 대략 1:10:100임

공공부문에서도 연구역량의 부족은 마찬가지입니다. 우리는 북한 정보조차 미국에 의존하고 있지 않습니까? 아프간 파병을 하면서도 우리는 그 지역전문가가 없었지요. FTA, 무역보복, 미중 충돌 등 국제문제의 대책으로, 각 이슈에 대응할 전문가를 키우고 있나요? 큰 이슈가 발생하면 늘 일회성으로 교수들을 모아 토론·자문회의 하는 것이 전부 아닌가요? 정부는 항상 빈틈없이 준비하고 있다고 말하지만, 국가적 지식역량(연구인력의 규모, 지식축적의 양, 집단지성의 운영체계)이 객관적으로 부족하면 국민들은 불안할 수밖에 없습니다. 시장점유든 무역협상이든 영토분쟁이든 모두 '지식전쟁'이며, 결과는 지식역량으로 판가름 납니다. 선진국이 보유하는 국가연구인력(국가연구기관 소속 연구자, 인문사회 포함)의 규모를 봅시다.

	일본	독일	프랑스	한국
인구	12.7천만명	8.1천만명	6.7천만명	4.9천만명
국가연구인력 (국방제외)	약 10만명	약 8만명	약 7만명	약 1.8만명

출처: 노환진. (2017). "과학기술활동에 대한 새로운 헌법적 규정". 신용현의원실.

우리는 다른 나라와 비교할 때, 그 국가의 정책노선을 고려하지 않은 채, 과학기술 인력을 양적 규모로 비교하고 있다. 그렇지만 인구규모, 경제수준, 국제적 위상을 냉정하게 보면, 우리는 **5만명의 국가연구인력은 보유해야 '지식전쟁'에서 밀리지 않을 것**이라고 본다. 이 5만명은 국립(연)과 국책(연)의 연구인력(연구원 및 지원인력)을 의미하며, 인문사회계 연구인력도 포함된다. 현재는 우리는 2만명 수준이다.

그리고 이러한 **5만명은 30년에 걸쳐 서서히 임용**해야 각 연령별 연구인력의 안배가 균일해진다. 즉 NST가 1년에 1,600명씩 공개 선발하는 것이다. 정년은 모두 65세로 봐야 한다.

○ 공학 200명, 과학 200명, 생명의료 200명, 인문사회 200명의 박사급 연구원과, 엔지니어 200명, 테크니션 400명, 전문행정 200명을 매년 정기적으로 공개 임용한다.
  - 연구원은 post doc 경력 3년 이상을 대상으로 임용하되 연령기준을 둔다. 소수의 예외를 인정하여 우수 연구자의 중간진입이 가능하게 한다.
  - 엔지니어 200명은 과학·기술로써 **경제적 가치를 만들어** 낼 줄 아는 사람으로서 산업체에서 20년 이상의 경험을 가진 사람을 선발한다(그래서 연 400명 선발 가능).
  - 테크니션 200명은 연구장비·시설 운영, 연구장비 및 S/W 유지보수, 장치제작, 실험동물관리, 연구용 재료제작, 시험·측정·데이터 관리 등 연구원과 엔지니어를 보조하는 인력이다. 이들이 연구조직에서 중요한 위상임을 인정해야 한다.
  - 테크니션 200명은 국제기능올림픽 수상자들 중 **뿌리산업분야**(금형, 주물, 용접, 열처리, 표면처리, 단조 등) 전문가로서 현장경험 10년 이후, 생산기술연구원에 임용되며, 전국의 산업공단에 배치되어 기술연구와 기술지도·감독을 담당하게 한다.
  - 전문행정 200명은 전문영역에서 석사학위를 보유하거나 전문자격증(변호사, 변리사, 회계사, 노무사 등)을 보유한 후 7년 이상의 행정경험을 갖춘 뒤, 임용되어 전문행정 트랙으로 경력을 쌓아갈 사람을 의미한다. 일반행정은 10년 이상의 경력과 근무평가를 인정받은 후 전문행정 트랙으로 들어갈 수 있다.

NST가 매년 선발한 1,600명의 연구인력을 전국에 배치하여 활용하는 계획이 중요하다.

우리 과학기술의 어려운 고질적 문제를 서서히 해결하도록 배치되어야 한다.

○ **거점국립대학에 공동연구실(joint research unit)을 설치**하는 정책이 시행되어야 한다. 이 공동연구실은 지방산업의 발전을 뒷받침하는 연구를 수행하며 중앙정부와 지방정부가 연구비를 공동부담하는 것이 바람직하다. 그리고 이 공동연구실에는 출연(연)의 연구원이 장기간 파견근무하는 형식이다.

－이 제도가 성공하려면 연구원의 처우는 대학교원과 동등해야 한다. 양측 다 국가자격(habilitation)을 획득해야 국가과학자로 처우받는다.

－지방발전에 가장 큰 걸림돌인 **'우수인재 유치'를 해결**하는 방안이 될 수 있다.

○ 출연(연)이 산업발전에 기여할 수 있도록 생산기술연구원이 크게 확대되어야 하며, **기능올림픽 수상자들이 10년 이상 현장경험을 가진 후 생기원의 테크니션으로 임용**되어 전국의 산업현장에 배치된다. 현장의 생산기술을 연구하고 지도하며, 종종 본부(생기원)에 복귀하여 학술적 연구를 수행할 수도 있다. '기술'과 함께 **'기능'도 중요하다**.

－특히, 기능인에 대한 사회적 인식이 낮아, 우리 젊은이들로부터 외면받는 상황이므로 우리는 약 7천명(200명×35년) 정도의 고급 전문가를 정부가 보유해야 한다.

☞ 현재 우리 산업공단(부산 사하공단, 인천 남동공단 등)은 외국인 노동자들에게 점령당했다고 볼 수 있으며, 우리 뿌리산업의 맥이 끊어질 상황에 처해 있다.

이런 정책이 시행된다면, 우리 청년들에게 밝은 미래를 약속하는 것이며, 열심히 노력하는 분위기가 조성되고, 사회적 신뢰 속에서 국가경쟁력 향상이 보장될 것이다.

○ 우리나라 대학원 교육이 활성화된다(대학이 환영). 해외 postdoc이 귀국한다.

○ 기능직(공고출신)에게도 큰 희망이 생긴다(공고가 환영).

○ 인문사회분야 학생들도 희망을 가진다(연구직 또는 전문행정직에 도전).

○ 기업의 조기 퇴직자 중 전문기술을 보유한 사람(엔지니어)은 출연(연)에 재취업하여 연구활동에 기여할 수 있다(나중에 창업으로 진출할 가능성이 큼).

이러한 연구인력의 임용주체는 개별 출연(연)이 아니고 연구회가 담당하는 것이 바람직하다. 정부는 매년 T/O를 주면서 인건비 예산을 준비해야 한다. 그리고 연구회는 HRD에 대한 전문부서를 설치하고 이에 대한 많은 연구를 수행해야 한다. 이렇게 되면 출연(연)의 공간이 부족, 예산(인건비) 부족이 문제가 될 수 있을 것이다. 그러나 우리 국가 R&D 예산 증액의 추세를 보면 예산문제는 그리 어렵지 않다(PBS는 폐지가 당연). 다만, 장기적으로는 출연(연)의 거버넌스와 연구인력의 HRD업무와의 관계를 재정립할 필요가 있다. 국가 전체적으로 효율성을 높여야 하기 때문이다.

■ 출연(연)의 미래형 거버넌스와 전문적 HRD업무의 관계 개념도

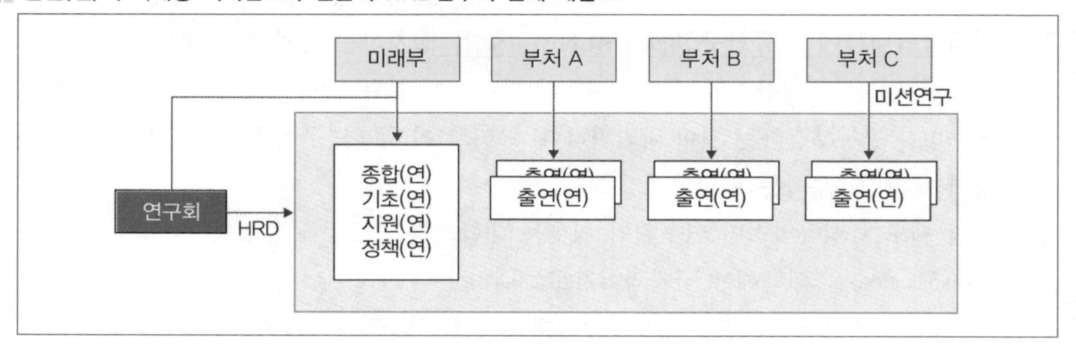

미래에는 출연(연)에 대한 거버넌스가 정상화되고 HRD(인적자원개발)업무가 강하게 투입되어야 한다. 위 그림을 설명하면 다음과 같다.

○ 출연(연)은 관련부처 산하로 가서 think-tank 역할을 하며, 미션연구를 수행한다.
 -각 부처에 '연구관리과'를 두고, 연구관리 전문공무원이 배치되어야 한다. 「국가연구개발혁신법」 제22조의 전문기관은 출연(연)에 통합(NRF는 제외)한다.

○ 연구회는 전체 출연(연)을 대상으로 HRD(인적자원개발)업무를 실시한다.
 -각 출연(연)에 대해 정규직 직원의 T/O를 배정하고, 학문·기술분야별로 연구원의 신규임용 수요를 파악하여 공개임용 절차를 거쳐 선발하여 각 출연(연)에 보낸다.
 -출연(연)에 대해 habilitation을 시행하며, 연구원 역량개발 프로그램을 운영한다.
 -직원 모두가 임용시 정해진 전문트랙으로 학습·배치·승진하도록 관리한다.

○ 출연(연)의 기관장 선임, 평가, 예산확보는 주무부처가 담당하되, 기관운영비는 묶음예산으로 지급하고, 주요사업비(미션연구비)는 '미래부'의 종합조정을 받는다.
 ☞ NST의 출연(연) 관리는 인사혁신처가 부처의 공무원을 총괄 관리하는 형식과 같다.

■ 국가인력관리체계의 구축(정책제안 3)

이제 과기부는 연구인력정책을 재구성하고 법률체계를 제·개정해야 할 것이다. ① 더 근본적 입장에서 우리의 현실을 파악한 후, ② 선진국의 정책을 조사해 보면서, ③ 정책의 기본구조를 수정해야 하고, ④ 정기적으로 현장조사를 실시하여, 문제점을 파악하고 우수인력의 국제이동을 조사하며 인근 정책과의 호응관계를 파악하고 대응해야 한다. 연구인력정책은 다른 모든 정책과 연결되기 때문이다. 교육부는 박사인력의 양성까지 담당한다면, 과기부는 박사 이후의 연구인력의 양성지원에 초점을 두어야 한다. 그리고 과기부의 인력정책을 전문적으로 연구하여 지원하는 조직으로서 **NST에 「HRD 연구센터」가 설치**되어야 한다.

「HRD 연구센터」는 전문성을 가져야 하는 것은 당연하지만, 무엇보다도 연구인력을 존중하고 서비스하려는 자세를 가지는 것이 매우 중요하다. 그리고 현실의 문제점에 눈감지 않아야 한다. 우리 연구인력정책의 환경을 보자.

○ 우리가 우리의 교육과 연구를 잘 신뢰하지 않는다.

○ 연구인력 관리에 지나치게 '일반행정의 논리'를 적용하고 있다.

 – 연구원을 근로자(임금을 목적으로 근로를 제공하는 사람)로 보는 것은 맞지 않다. 오히려 **연구원은 근로자보다는 '예술가'에 가깝다**. 연구원은 연구(학습과 탐구)가 좋아서 선택한 직종이므로 믿고 맡겨야 하며 세세한 간섭은 피하는 것이 좋다.

 – 경험으로 보면, ETA(지원인력)는 예술가보다 근로자의 성격에 가깝다.

 – 「근로기준법」의 일부 내용은 연구자에게 적합하지 않다. 근로기준법은 McGregor의 X이론에 근거를 두고 있지만, 연구자는 Y이론을 적용할 대상이다.

 – 연구기관에서는 비정규직 임용이 자유롭게 허용되어야 한다. 선진국도 그러하다.

 – 연구원에게 동일노동 동일임금은 적용할 수 없으며, 성과중심으로 관리되어야 한다.

 ☞ 기재부, 감사원은 '유연한 관리'를 '방만한 관리'로 보며, '선택집중'을 '특혜'나 '갈라먹기'로 본다. 심지어 '동료평가'를 '담합'으로 보는 시각도 있으니 잘 설득해야 한다.

○ 「부정청탁 및 금품등 수수의 금지에 관한 법률(김영란법)」을 연구자에게 적용할 때에는 신중해야 한다. 이 법률은 일반 공무원들을 적용대상으로 제정되었다. 그런데 연구자들을 공무원과 대등하게 관리하게 되니, 연구자들이 기술이전을 위한 세미나발표, 자문활동, 여러 가지 전공심사나 동료평가에 자유롭게 참여하기 어렵게 되었다.

 – 이러한 지적에 대해, 계약을 체결하거나 기관장의 승인을 받으면 모든 것이 가능하다고 해명하고 있지만 '자유로운 활동'에 번거로운 제약이 되고 있다.

 – 연구자들에게 허용되는 외부강의의 기준과 승인절차가 대학과 출연(연) 사이에 다르고, 국립대학과 사립대학 간에도 차이가 나서 결국 불만요소가 되었다. 대부분의 출연(연)에서는 외부강의나 회의참석을 1달에 2회 이하로 제한하고 있다.

 – 최근 연구기관에 대한 정부의 감사에서, 연구자들의 외부강의나 회의비 수령의 신고여부에 중점을 두고 있다. 작은 것을 얻기 위해 큰 것을 놓치는 경우라고 본다.

2017년 출연(연)의 비정규직 연구원을 정규직으로 전환하는 정책이 있었고, 2019년 학생연구원의 근로계약체결이 단행되었다. 이에 대해, 과기부는 정치권에 반대하고 BH를 설득하는 자세를 가졌어야 했다. 그렇지 못함으로 인해 망가진 출연(연)은 어떻게 회복될 수 있을까? 출연(연)의 경쟁력을 어떻게 높일 계획인가? 공무원의 정책 전문성이 중요하다.

전문지식이 얕으면 설득력이 약해지고 정치권에 휘둘리게 된다. **연구인력정책도 전문성이 높아야 한다**. 선진국의 HRD기법을 많이 알아야 한다.

이제 국가연구인력은 별도의 법률적 근거를 두고 전문적으로 육성되어야 하며, 누가 육성대상인지도 명확하게 규정되어야 한다. 아무나 육성대상이 되지 않도록 국가자격(habilitation)을 정하고, 경쟁시장(grant시장과 contract시장)을 만들어 주어야 하며, 정부는 이에 대한 모니터링을 세밀하게 해야 한다. **출연(연)에 대해 연구활동의 자율성을 높이고 미션연구에 중점을 두게 하려면, 출연(연)은 관련부처 산하로 이관하고, 과기부는 출연(연)의 연구원과 연구중심대학의 교수들을 대상으로 HRD업무에 중점을 두는 방향으로 전환해야 한다**. 마치 공무원들은 각 부처에 소속되어 일하지만 이들의 전체적 인력관리는 '인사혁신처'가 담당하는 것과 같은 구조이다. 그리고 **NST에 연구인력관리를 위한 'HRD 연구센터'가 설치**되어 앞에서 제기한 이슈(matrix운영, 기본연구비 보장 등)들을 연구한다면, 연구인력정책은 자리잡게 되고, 출연(연)의 연구인력이 정예화될 것으로 본다.

NST가 HRD업무를 수행하겠다면, 프랑스 CNRS의 여러 보고서를 참고하면 도움이 될 것이다 [55]. CNRS는 연구원이 여러 연구활동 중에서 어떠한 활동에 시간을 많이 투입하는지, 재택근무에서는 어떠한 불편함이 있는지, 국가차원의 연구원 임용제도 운영, 연구원에 대한 교육프로그램, 연구지원인력의 트랙관리 등 HRD 관련 내용을 비교적 자세히 소개하고 있다. 일본의 NISTEP(과학기술·학술정책연구소)에서도 국가(연)의 연구인력관리에 대한 연구를 많이 수행하고 있다. 일본은 동양문화 속에서 성공적으로 국가연구생태계를 구축한 국가이므로 그들의 정책연구보고서를 많이 참고해야 할 것이다. 참고로 일본은 정책연구기관을 대부분 국립(연) 형식으로 운영하고 있다.

※ NISTEP은 문부과학성 소속 국립연구기관이다. '22년도 직원 44명, 예산은 9억엔이다.

그리고 연구중심대학에 대해서는 정부가 지표로써 성공 여부를 모니터링하고 있어야 한다. Clarivate에서 의미있는 지표를 제시하고 있는데 과거 10년 동안, 21개 학문분야에서 피인용도 상위 0.1%의 과학자(총 6,602명) 중, 특정 연구기관이 몇 명을 보유하느냐"이다. 연구중심대학과 기초연구를 중심으로 하는 국책(연)은 이 지표로써 비교될 수 있다. 아래 표는 WoS에서 2021년 발표한 결과이다. 곧바로 노벨상 수상자를 얻으려 하기보다는 이런 과학자를 많이 보유하도록 노력하는 것이 더 실현 가능성이 있는 정책이라고 본다.

THE MOST SUCCESSFUL INSTITUTIONS[46. p. 13]
NUMBER OF HIGHLY CITED INDIVIDUALS(2021)

1. Harvard University, USA: 214
2. Chinese Academy of Sciences, China: 194
3. Stanford University, USA: 122
4. National Institutes of Health, USA: 93
5. Max-Planck-Gesellschaft, Deutschland: 70
6. Massachusetts Institute of Technology (MIT), USA: 64

※ 21개 분야에서 지난 10년간 상위 0.1%의 피인용도를 보여준 과학자(총 6,602명)의 기관별 분포(인문사회과학도 포함됨)

출처: https://recognition.webofscience.com/awards/highly-cited/2021/

■ 과기부에 '조정관 제도'가 부활해야 한다(정책제안 4)

왜 우리의 연구인력정책은 제대로 발전하지 못하였는가? 여기에는 정책의 전문성도 요구되지만, 과기부와 출연(연)의 '불편한 관계'가 30년이 지난 아직도 원인이 되고 있다. 제4장 제4절에서 설명한 대로, 과기부와 출연(연) 사이에 갈등이 시작된 후, 1998년 출연(연)이 국무조정실로 가면서 과기부에는 조정관제도가 폐지되었다. 2004년 출연(연)이 과기부로 되돌아오고 나서는 조정관제도는 심의관(일반 공무원) 제도로 부활했다가, 2008년 교육과학기술부로 통합될 때 완전히 폐지되었다. 그 결과 **과기부의 전문성은 급속히 후퇴하였다**. 주요정책은 과기부의 간부회의에서 결정되므로 KISTEP으로도 전문성은 커버하지 못한다. 선진국의 연구동향이나 인력정책의 추세를 모르는 채, 임금피크제, 블라인드채용, 정규직전환 등이 정책으로 일단 결정되고 나면 나중에 폐지하기 매우 어렵다. 과기부는 일반행정의 논리가 지배하게 되고, 선택집중의 정책은 연속성을 유지하기 어려워졌다. 우리의 과학기술정책은 갈수록 깊이 심화되어야 하는데, 전문성이 부족하니 심화하기 어렵다. 여기서 "정책이 깊이 심화된다"는 의미를 알아보자.

〈우수 교원 또는 연구원에게 창업을 권장하는 정책이 요구되고 있다.〉

정부는 새로운 산업을 창출하고 일자리 부족을 개선하기 위해 연구자들의 기술창업을 권장하고 있지만, 이 정책에는 부정적 측면이 내재되어 있다. 우수 연구자에게 창업을 권고하면서 여러 가지 혜택(자금지원, 휴직허용, 장비사용 등)을 제공하면, '돈벌이'에 유혹되어 연구자는 창업에 뛰어들기 쉽다. 그러나 창업과정은 예상치 못한 어려움이 숨어 있어서 성공하기도 어렵거니와, 국가적으로 소중하게 양성한 **우수한 연구자를 잃고 무능한 경영자를 만드는 정책**이 되기 쉽다. 그렇지만 기술창업은 국가적으로 반드시 필요하다. 이러한 **정책의 충돌을 최소화**하는 방법은 무엇인가?

미국 대학은 좋은 창업 아이템(개발된 기술)에 대해 다음의 처리원칙을 가진다. 창업의 성공확률을 높이면서 동시에 우수 연구자를 잃지 않는 방법이다.

① **제1순위는 개발기술의 라이센싱이다**. 관련 기업이 창업하는 것이 가장 성공확률이 높다. 그런데 기술 라이센싱은 특허출원 이전에 해야 한다. 특허출원료에 약 1만 달러가 소요되기 때문이다. 특허출원 이전에 licensee 기업을 찾는 방법을 보자. 대학은 특허출원 이전에, 관련 기업을 여럿 불러서 기술내용을 설명한다. 그런데 관련 기업이 기술내용을 설명듣고, 특허를 먼저 출원하면 안되므로, '비밀유지계약서'가 필요하다. 즉, 기업은 '비밀유지계약서'에 서명한 후에 기술설명을 듣게 한다. 행정이 복잡하지만, 이런 준비가 있어야 기술을 보호할 수 있다.

② **제2순위는 연구개발에 동참했던 엔지니어나 테크니션이 창업하도록 권고하는 것이다**. 이들은 '기술'을 사용하여 '가치'를 만드는 직종에 있으므로 성공확률이 비교적 높다. 그리고 내부적으로 교원과 대등한 지원(휴직, 자금, 장비사용)을 받을 수 있다. 창업 후, 대학과 교원은 지분을 가지며, 교원은 창업기업에서 기술자문역할을 한다.

③ **제3순위는 기술개발에 참여했던 학생이 창업하도록 밀어주는 것이다**. 요즘 학생의 기술창업에 대해서도 자금지원, 장비사용 등 혜택을 부여하고 있다. 이 경우, 대학과 지도교수는 기술에 대한 지분을 가지게 된다. 그리고 교수는 자문역할을 한다. 이때, 창업자는 아직 학생 신분이므로 수업도 있고, 지도교수와의 관계도 있다. 이해충돌과 갑을관계를 조심해야 한다. 즉, 지도교수가 학생의 출석을 봐주거나 시험에서 봐주거나, 논문을 봐주거나 해서는 아니 된다. 여러 가지 윤리문제에 대해 대학 내부규범이 필요하다. 그렇지 못하면 나중에 큰 갈등으로 귀결될 수 있다.

④ **제4순위는 기술개발을 주도했던 교원이 직접 창업하는 것이다**. 대학 측은 교수의 창업신청을 승인할 때, 많이 고민해야 한다. 교원은 대학에 우선적으로 충성해야 하는데, 만약 교수가 창업하면, 대학과 창업기업 사이에 '직무의 충돌(conflict of commitment)'이 우려되기 때문이다. 한 인격체가 오전에는 비영리적 교원이 되어 학생을 지도하고 오후에는 영리적 사장이 되어 기업활동을 하는 것이 가능한가? 장기적으로 어느 것이 먼저 망가질까? 앞으로 그의 연구활동은 창업기업과 무관해질 수 있을까? 그 연구 결과물은 대학의 소유인데, 창업기업에 사용하지 않을까?

〈연구활동 중에 경제성 있는 기술이 발견되었다면, PI는 어떻게 해야 하나?〉

연구활동을 하다보면, 경제성 있는 새로운 물질이나 방법 또는 기술의 발견에 성공하여, 연구원들이 모두 환호하며, 그 성능을 확인하는 단계가 있다. 이때, 연구책임자(PI)는 어떠한 조치를 취해야 하는가? 우리나라 규범에는 아무런 언급이 없다. 그래서 PI가 특허를 신청할 수도 있고 개인적으로 처분할 수도 있다. 이 순간의 조치가 매우 중요한데, 법률적 문제가 발생할 수 있기 때문이다. MIT는 어떠한 절차를 가지고 있는가?

① PI는 새롭게 발견된 기술에 대해 다음 표의 '기술신고서(Technology Disclosure Form)'를 작성하고 이것을 산학협력단(TLO)에 제출해야 한다.

② TLO는 PI로부터 접수받은 기술신고서를 검토한다. 그 기술신고 내용이 적절하다면, TLO는 MIT의 발명을 더 발전시키고 상업화하기 위해 산업계로 라이센싱(기술판매)하려고 노력한다. 이러한 라이센싱을 통해 얻은 모든 로열티는 MIT 정책 「Guide to the Ownership, Distribution and Commercial Development of MIT Technology」에 따라 발명자와 해당 부서에 나누어진다.

※ 미국에서는, 발명이 '문서화된 공개(written disclosure)'를 통해 공공적 사용이 가능한지 1년 이내에 특허출원이 신청되어야 한다. OHP나 칠판 및 슬라이드를 사용한 발표, website의 게재는 '문서화된 공개'로 볼 수 있다. 다른 나라에서는 특허출원이 공공적 발표(구두 발표나 인쇄물 발간) 이전에 이루어져야 한다.

※ 이 서식은 연구자의 잠재적인 발명(potential invention)과 그와 관련된 후원자권(sponsorship), 그리고 발표연혁(publication history)을 TLO에게 알리는 것을 목적으로 한다. 또한 이 서식은 발명의 창안 날짜의 법적 기록을 설정하는 역할을 한다. 이 서식은 새롭거나 유용한(new and useful) 것을 창안했을 경우, 또는 비범하거나(unusual) 기대하지 않았거나(unexpected) 당연하지 않은(unobvious) 연구결과를 얻은 경우에는 TLO에 제출되어야 한다.

☞ 우리도 이렇게 한다면, 연구기관의 기술이전을 둘러싼 사고를 많이 방지할 수 있다.

기술신고서(Technology Disclosure)

MIT의 모든 발명자들은 기술신고서를 제출하기 전에 서명해야 합니다.				
1. 발명의 제목(Title of Invention):				
2. 기술의 상세한 설명을 첨부하시오.				
3. 발명자-주발명자의 오른쪽에 별표(*)를 표시하시오 (필요한 경우 자료첨부 바람)				
성명	직위	소속기관	MIT연구실#	기타
4. 이 발명을 이끈 연구는 무슨 자금으로 지원받았나요? (정부, 비정부, 재단, 산업기금, 기부 포함)				
grant/contract 번호	프로젝트 번호	후원기관	연구책임자 서명	
grant와 contract에 관한 정확하고 완전한 정보가 필요함. 만일 Howard Hughes Medical Institute에서 지원받는 연구참여자가 있다면 그의 주계약 연구기관과 HHMI을 모두 기재하기 바랍니다. TLO는, 발명에 대한 후원자의 권리를 결정하고, 연구후원계약과 연방법률 하의 모든 요구조건을 수용하기 위해 본 정보를 사용할 것입니다.				
5. grant와 contract가 아닌 경우, 본 설명서에서 규정한 정도로, MIT 기금이나 시설을 중대하게 사용했습니까? 예 □ 아니오 □				
6. 개념화(conception) 날짜와 대중 공개(public disclosure) 날짜. (정확한 날짜가 핵심이다. 우선 공개가 특허권 획득의 가능성에 유리할 수 있습니다.)				

	날짜	참고자료 정기간행물이나 저널의 이름을 기재 (필요하다면 다른 용지 사용)
A. 발명의 개념화 날짜. 이 날짜가 문서화 되었습니까? 어디에 있나요?		
B. 해당 분야에서 숙련된 사람이 해당 발명을 이해하고 만들어 사용할 수 있도록 충분한 설명이 행해진 최초의 발표(first publication) (학위논문을 포함하여 제출한 날짜)		
C. 해당 분야에서 숙련된 사람이 해당 발명을 사용하고 이해할 수 있도록 충분한 설명이 행해진 최초의 대중 구두발표		
D. 만약 미발표 또는 미공개라면, 발표나 대중 구두발표의 예상 날짜, 발표를 위한 문서의 제출 날짜		

7. 발명이 실현화 된 적이 있습니까? 예 □, 아니오 □
예로 대답한 경우, 최초의 실현화 날짜는 언제입니까?:

8. 이 발명에 관심이 있는 산업체의 명단을 첨부하시오. (가능하면 상세히 기재하시오.)

9. 본인의 지식으로 여기에 이루어진 모든 진술은 진실이고, 정보와 소신으로 이루어진 진술은 진실이라고 믿는다는 것을 본인은 본 서류로써 서약합니다.

본인(우리)은 발명에 대한 모든 권리 · 명의 · 이익을 MIT에게 양도하고, 본 발명의 특허출원의 모든 권리를 MIT에 양도하며, 필요한 모든 문서를 이행할 것과 발명의 보호를 위해 MIT TLO와 협력할 것에 동의한다. MIT는 본 발명으로부터 얻은 모든 로열티를, 종종 수정되는 표준정책에 따라서, 발명자들에게 분배할 것입니다.

발명자 서명 날짜			발명자 서명 날짜		
주소			주소		
도시(City)	주(State)	ZIP	도시	주(State)	ZIP
MIT ID #	시민권 국가/날짜		MIT ID #	시민권 국가/날짜	
Email: 특허소송 관련 메일을 수신하시겠습니까? 예 □ 아니오 □			Email: 특허소송 관련 메일을 수신하시겠습니까? 예 □ 아니오 □		

<table>
<tr><td colspan="6">MIT는 현재 개인정보 보호와 사생활 침해 문제로 인해 Social Security Number (사회보장번호)가 아닌 생년월일과 MIT ID 번호를 받고 있음을 알려드립니다. 여기에는 시민권 또한 포함됩니다. 만약 이러한 정보가 누락된다면, 본 기술의 결과로 나온 로열티의 발명자에 대한 분배에 지장이 있을 수 있습니다. MIT 소속이 아닌 사람들은 이 문서에 서명할 필요가 없습니다. 그러나 연락처는 제시되어야 합니다. MIT 소속이 아닌 발명자로서 MIT ID 번호가 없는 사람은 TLO가 연락할 것입니다. 발명자가 6명 이상인 경우에는 별도의 추가양식을 첨부하시기 바랍니다.</td></tr>
<tr><td colspan="6">10. 신고된 기술의 확인자
비발명자로서의 확인자의 서명: 날짜:
확인자 이름과 직함:</td></tr>
<tr><td colspan="6">11. 본 란은 MIT 소속이 아닌 발명자를 위한 것이다.
본인의 지식으로 여기에 이루어진 모든 진술은 진실이고, 정보와 소신으로 이루어진 진술은 진실이라고 믿는다는 것을 본인은 본 서류로써 서약합니다.</td></tr>
<tr><td colspan="3">본인은 본 서류로써 아래 기관에 양도할 것을 동의합니다.:
(회사/기관)</td><td colspan="3">본인은 본 서류로써 아래 기관에 양도할 것을 동의합니다. :
(회사/기관)</td></tr>
<tr><td colspan="3">발명자의 서명
날짜</td><td colspan="3">발명자의 서명
날짜</td></tr>
<tr><td colspan="3">주소</td><td colspan="3">주소</td></tr>
<tr><td>도시</td><td>주</td><td>ZIP</td><td>도시</td><td>주</td><td>ZIP</td></tr>
<tr><td colspan="2">전화번호</td><td>Email</td><td colspan="2">전화번호</td><td>Email</td></tr>
<tr><td colspan="3">위의 회사/기관에서의 지적재산권 관계자 성명</td><td colspan="3">위의 회사/기관에서의 지적재산권 관계자 성명</td></tr>
<tr><td colspan="3">회사/기관 주소 :</td><td colspan="3">회사/기관 주소 :</td></tr>
<tr><td colspan="3">관계자 전화번호 :</td><td colspan="3">관계자 전화번호 :</td></tr>
<tr><td colspan="3">관계자 Email :</td><td colspan="3">관계자 Email :</td></tr>
</table>

※ 기술을 설명할 때, 다음의 내용을 포함하는 문건을 첨부하시오.

a. 일반 목적

b. 기술의 설명

c. 기존방법 · 장치 · 물질에 비해 향상된 점이나 장점

d. 상업적 응용(잠재적 경제성 등)

■ 혁신본부가 HRD의 중심을 잡아라(정책제안 5)

지금까지 연구인력정책에 대해 선진국이 노력하는 모습을 소개하면서, 우리 현실과 비교해 봤다. 우리는 **기성 연구원을 정예화시키고 유능한 연구팀을 보유하는 전략이 아직 없다**. 앞 절에서 설명한 연구인력정책의 내용을 정리하자면;

○ 출연(연)에 연구인력의 절대규모를 키워야 한다. 한 5만 명을 보유해야 한다.
　-이러한 확대에 기재부는 깜짝 놀랄 것이다. 그만큼 선진국을 모르기 때문이다.
○ 연구중심대학과 출연(연)에서 총 2,000개의 (학문별, 이슈별) 연구팀을 보유해야 한다.
　-그 외, 수십 개의 한시적 연구사업단(법인은 아님)이 필요하다.
○ 연구중심대학의 교수와 출연(연)의 연구원은 정부가 지원·육성하는 대상인데, 이들이 정부의 육성을 받으려면, 유럽의 Habilitation과 같은 새로운 심사를 통과해야 한다.
○ 국가과학자·최고과학자·학술원 회원을 선발하며, 한림원을 정비해야 한다.
○ 연구원은 국가의 자산이므로 개인별 맞춤형 육성계획이 수립되어야 한다.
○ 지원인력(엔지니어, 테크니션, 전문행정직)의 규모가 너무 부족하다. 이들의 T/O를 확대하고 track을 구분하여 전문화시켜야 한다.
○ 전국적으로 연구중심대학교를 2개 지정하고, 국립거점대학에는 연구중심학부를 다수 지정하여 연구비를 집중시켜야 시너지 효과가 올라간다.
○ 출연(연)의 처우(연봉, 정년, 연금)는 국립대학과 동일해야 한다.
○ 이러한 정책이 작동하도록 법률을 제정해야 하며, 과학자의 범위, 권리와 의무, 선택집중정책 등 철학적 개념을 법률에서 규정해야 한다.
○ 일본의 국책(연) 개혁을 관찰하고 참고해야 한다.

이러한 정책의 설계와 이행에는 매우 높은 전문성이 요구되므로 일반직 공무원이 맡을 수 없다고 본다. NST, NRF의 전문성에 맡기는 것이 바람직하다. 대신, 정부는 연구비의 지속적 확대, 연구중심대학의 지정, 출연(연) 처우의 회복, Habilitation의 법적 근거 확보 등 큰일을 해 주어야 한다. 그리고 폐지할 정책도 있다.

○ PBS는 조속히 폐지해야 한다.
○ IMF 때 적용된 정년단축은 폐지하고, 정년보장제도가 도입되어야 한다.
○ 임금 피크제, 블라인드 채용, 총액인건비 제도는 폐지하고, 비정규직은 유지되어야 한다.

☞ 이러한 전문적 업무를 수행하려면, 공무원의 개입도 필요하다. 법규제정, 위원회 운영의 업무는 공무원이 잘 할 수 있기 때문이다. 노무현 정권 때 국무조정실이 운영하던 R&D/HRD 혁신본부가 다시 설치된다면 본 정책설계와 이행이 가능할 것으로 본다.

출연(연)을 공기업과 대등하게 보고 통제하는 기재부, 권력으로 일을 몰아붙이는 정치권, 상황판단을 못하는 언론, 이에 방화벽이 되지 못하는 과기부, 정리된 의견을 제시하지 못하는 연구자[16] 등 알고 보면, 모든 문제의 근원은 우리 모두에게 있는데 누굴 탓할 수 있겠는가? 우리 모두가 제 역할을 못해서 국가지식생태계가 건강하지도 유능하지 못하게 되었다. 이제 일하는 방식이 변해야 한다. **과학기술계는 정당하게 할 말을 할 수 있어야 하며, 정부는 일반 행정논리만 가지고 과학기술정책을 수립 · 추진하지 말아야 한다**. 더욱이 과기정통부는 과기부 시절에 정책실패로 간주되는 내용들에 대해 깊이 파악하고, **'연구인력정책'을 과학기술정책의 새로운 장르로 추가**해야 한다고 본다.

노무현 정권 때, 교육인적자원부는 '인적자원혁신본부'를 설치했던 적이 있다. 이 본부를 설치한 지 1년도 안돼서 MB 정권이 들어서면서 바로 폐지되었는데, 그 취지는 참 좋았다고 생각한다. 정부정책에서 비어있는 영역을 찾아 새롭게 체계를 잡는 업무인데, 경력개발의 개념, HRD 정책, 노동시장과 교육내용을 연결하면서 대학의 교육과정을 표준화하는 방향 등 이론으로 소개된 개념들을 정책으로 구현해 보려는 시도였다. 이제, 과학기술혁신본부가 이런 일을 주도하면 어떨까? 혁신본부가 교육학 전공자와 HRD 전문가를 유치하여 새로운 '연구인력 정책'을 만들어 가면 좋겠다.

연구개발정책에서 결과적으로 남는 것은 '사람'이지 '기술'이 아니다. 논문과 보고서를 국책 연구사업의 목적으로 삼지 말라는 의미이다. 암묵지는 기술문서로도 남길 수도 없다. **대학에서는 '탁월한 개인'을, 출연(연)에서는 '유능한 연구팀'을 보유하고 키우는 것이 연구인력정책의 핵심**이다. 그리고 연구자가 획득한 지식이 대(代)를 이어 축적되고, 인근 부문으로 확산될 수 있도록 세부적 각론을 만들어 가야 한다. 국가가 보유한 연구자 개개인을 국가의 자산으로 인식해야 하며, 일단 궤도에 들어 온 사람(국가과학자)을 맞춤형으로 성장시키는 세부계획이 있어야 한다.

16 정책혼선에는 연구자들의 책임도 없지 않다. 의견을 통일하지 못하고 연구자 개인의 입장을 전체입장인 것처럼 설명하니 그렇다. 예를 들어, PBS는 전혀 불편하지 않다. 연구비는 충분하다. 등등. 연구자들의 의견이 서로 다르면 공무원은 공무원 편한 방향으로 정책을 설계한다.

제 6 장

연구개발정책

제1절 연구개발정책이란?

1. 생각해 볼 문제

2. 연구개발정책과 연구개발사업

3. 연구개발사업의 구분

- Type 1 연구(개인연구 지원사업, Bottom-up형 연구사업)
- Type 2 연구(국가연구소의 미션연구)
- Type 3 연구(문제해결형 연구사업, agenda 연구사업)
- Type 4 연구(전략기술육성사업, 전략적 연구사업)

4. Grant사업과 Contract사업

- 기본개념
- contract연구의 절차
- 연구자들의 '시장경쟁'

5. 연구개발사업의 운영절차

제2절 연구개발사업의 사례

1. 연구개발사업 설계

- 정책설계의 기본원칙
- 연구개발사업 설계의 핵심
- 「국가연구개발혁신법」과 국가연구개발사업

2. 일본학술진흥회(JSPS)의 과연비 제도

- 과연비(과학연구보조금) 제도 개요
- 과연비 연구종목과 유형
- 과연비의 선정 · 지원 · 평가
- 과연비의 개혁
- 연구비의 부정사용에 대한 일본의 대응

3. 일본과학기술진흥기구(JST)의 연구관리

4. 미국 「Engineering Research Center (ERC) 프로그램」

- ERC사업의 개요
- ERC사업의 목적
- ERC사업의 선정 및 지원
- ERC사업의 운영과 성과
- 2020년도에 선정된 ERC
- ERC Planning Grant의 착수
- ERC사업에서 중요한 용어의 개념
- 정책적 시사점

5. 미국 「SBIR 프로그램」의 설계와 운영

■ SBIR 사업의 개요
■ SBIR 사업의 배경 및 필요성
■ SBIR 프로그램의 설계
■ SBIR 과제의 심사와 선정
■ SBIR 프로그램 설계자
■ SBIR 사업의 참여기관과 예산
■ SBIR 프로그램의 단점

6. 선도기술개발사업(G7사업)의 기획과 운영

■ G7사업의 배경
■ G7사업의 기획과 과제의 도출
■ G7사업의 추진체계
■ G7사업의 정책적 시사점

제3절 우리나라 연구개발사업

1. 국가연구개발사업의 체계

■ 국가연구개발사업의 법령체계
■ 연구개발사업에 관련된 도덕적 해이

2. 연구관리 전문기관

■ 전문기관의 현황
■ 전문기관에 관련된 정책적 이슈

3. 한국연구재단의 연구개발사업

■ 과학기술분야 개인연구지원
■ 과학기술분야 집단연구지원
■ 과학기술분야 기초연구기반구축사업
■ 과학기술분야 학술연구지원사업

4. 종합조정제도

5. 정책개선사항

제 1 절 연구개발정책이란?

연구개발활동은 단순히 '새로운 지식을 찾기 위한 활동'으로만 생각하면 큰 오산이다. 연구개발자금은 지식탐구활동을 지원하지만, 연구원의 성장과 연구기관의 명예를 이끌어주는 중요한 수단이기 때문에, 연구개발정책은 연구인력정책과 연구기관정책에 큰 영향을 미친다. 그래서 연구개발정책은 많은 변수를 고려하여 결정되어야 한다. 그런데 연구개발정책은 재정(연구비)지원에 연결되므로 이익집단의 간섭이 매우 강하다.

1 생각해 볼 문제

○ 연구개발과제는 어떠해야 성공적인가? 많은 논문 편수? 평가위원회의 판정? 아니면?
 —성공이 아니면 반드시 실패인가?
○ 우리는 연구과제의 성공확률이 98%라는데, 왜 사회적 효과가 안 보이는가?
○ 연구개발을 통해 기술을 얻는다면, 그 기술은 어디에 어떻게 보관되고 축적되는가?
○ 우리는 기술을 잘 축적·확산하고 있는가? 이것을 어떻게 확인하는가?
○ 우리 국가연구개발사업의 운영에서 비효율을 초래하는 심각한 문제는 무엇인가?
○ 대학의 연구와 국책(연)의 연구는 무엇이 달라야 하는가?
○ 연구자가 이 대학에서 저 대학으로 전직할 때, 수행하던 과제를 가져갈 수 있는가?
○ 연구자가 소속 대학을 옮길 때, 연구비로 구입한 도서, 장비는 가져갈 수 없는가?
○ Grant, Contract, Cooperative Agreement는 무슨 의미인가?
○ 50대 중반의 교수가 grant를 신청한다면 무엇이 문제인가?
○ 과기부의 특정연구개발사업과 교육부의 학술진흥사업은 어떻게 달라야 하는가?
○ 정부부처가 각각 연구개발사업을 추진하는데, 서로 협력하는 방법은 없는가?
○ 국가연구개발사업에 대한 종합조정은 어떻게 해야 하는가?
○ 어떤 연구과제에 대해 적정한 연구비는 어떻게 판단하는가?
○ 연구사업단을 독립법인으로 만들어 한시적으로 운영한다면 무슨 문제가 있는가?
○ 우리는 연구개발정책에 무슨 문제가 있는지 파악하는 제도가 있는가?
 —5년 전, 10년 전에 착수한 연구개발사업이 지금은 어떠한가?

2 연구개발정책과 연구개발사업

연구개발정책이란 연구자가 새로운 지식(호기심 포함)의 탐구에 도전하도록 권장하여 **지식의 지평을 확대**하거나, 기존의 지식을 더 발전시켜 새로운 응용방법을 찾아내고 새로운 제품·공정을 개발함으로써 **가치창출이나 문제해결의 실마리를 얻는 정책**이다.

○ '연구개발정책'이란 좁게 보면 지식을 얻기 위해 연구비를 투자하고 연구를 효율적으로 수행하게 하며 그 연구결과를 활용하여 인간사회에 이롭게 하는 정책으로 볼 수 있지만, 넓게 보면 연구기관의 발전, 연구인력의 양성, 연구인프라의 구축, 국제연구협력에 긍정적 기회를 주며 촉진하는 '**종합적 정책수단**'이라고 볼 수 있다.

– 연구개발은 개방(기초연구)과 비공개(개발연구)의 두 얼굴을 가지며 경쟁적 속성을 가진다. 즉, 일본이 노벨상을 받으니 우리도 받아야 하고, 북한이 미사일을 쏘면 우리도 우주선을 날려야 한다. 연구개발정책은 선진국의 동향을 잘 파악하고 우리의 위상이 뒤처지지 않도록 조절해야 한다. 마치 국방정책과 유사하다.

○ 연구개발사업(R&D Program)이란 연구개발정책을 구현하기 위해 추진되는 사업이므로, 얻고자 하는 지식을 효율적으로 탐구하게 하면서, 동시에 부수적 효과(인력양성, 연구기관의 명성, 인프라구축)를 최대한 얻을 수 있도록 치밀하게 설계되고 운영되어야 한다.

– 연구개발사업에는 여러 개의 과제(프로젝트)가 포함되는데, 연구개발사업은 사회적 가치(인력양성, 기관발전, 문제해결, 경제성과)를 목표로 해야 하며, 연구개발과제는 기술적 가치(새로운 지식, 새로운 방법, 새로운 물질)를 목표로 한다.

– 연구개발활동은 자금이 투입되고 많은 연구자가 참여하지만 확실한 성공은 보장할 수는 없다. 또한 그 과정은 지극히 전문적이므로 일반인(행정가)은 판별할 수 없기 때문에, 연구기획과 계획, 연구결과의 성공여부, 기술의 축적(재현가능성)은 오직 **동료평가를 통해 판단**할 수 있다. 연구자는 신의성실의 원칙을 준수해야 한다.

☞ 연구과제가 '개발연구'라면 비전문가도 개발품의 '성능시험'으로써 평가할 수 있다.

연구개발정책은 국가연구개발체계의 구축(연구기관의 설립, 산학연 협력), 연구인력정책, 연구데이터 관리정책, 인프라(시설·장비) 구축정책, 국제연구협력정책 등 다른 과학기술정책과 긴밀히 접맥되어 있으므로 정책설계에서는 폭넓은 시야를 가져야 한다.

○ 연구과제 수행을 통해 연구자들은 연구경험을 축적하는 학습의 기회를 가지게 되므로 연구인력 양성과 접맥되며, 연구데이터의 보관을 통해 기술축적을 도모한다.

– 특히 학문후속세대(대학원생, postdoc 등)는 연구과제에 참여하면서 도제식으로 학습하는 기회를 가지므로, 우수 연구기관에는 세계적으로 postdoc이 몰려온다.

- 연구개발을 수행하기 위해 장비나 시설을 구매하기도 하지만 연구개발을 통해 장비나 시설을 제작하기도 한다. 장비·시설이 최첨단화되어야 경쟁력이 커진다.

3 연구개발사업의 구분

연구개발정책은 연구개발사업의 추진으로 구현된다. 국가에서 추진하는 연구개발사업은 연구 제안의 주체와 요구성격에 따라 다음 네 가지 유형으로 구분할 수 있다.

○ Type 1 연구(연구자가 연구지원을 요청하는 유형): 과학기술자 개인(또는 소수의 그룹)이 학문적 호기심을 해결하기 위해 연구비 지원을 요청하는 형식(개인연구, 소규모 집단연구, 국제공동연구 포함)으로서 연구 제안의 주체는 과학기술자이다.

○ Type 2 연구(국가(연)이 추진하는 미션연구): 정부가 국가(연)을 설립하면서 중장기적으로 수행하도록 지정된 연구로서, 미션내용은 '정관'이나 mission statement에 명시된다. 세월이 흐르면 이사회를 통해 미션내용을 변경할 수 있다. 국가(연)은 내부적으로 수행하는 연구사업(intramural research program)과 외부기관에 의뢰하는 연구사업(extramural research program)을 운영하며, 국가 연구능력을 총동원하여 미션을 달성하는데, 연구과제의 제안의 주체는 국가(연)이다. 국가(연)에는 미션 연구의 비중이 70% 이상이다.

○ Type 3 연구(문제해결형 연구, 아젠다 연구): 정부부처 또는 지자체가 시급한 사회적 문제를 해결하기 위해 국책(연)에 의뢰하는 연구으로서 '아젠다 프로젝트'라고도 한다. 아젠다 연구는 항상 국책(연)에게 연구를 주도하게 하는데, 정부와 정책정보를 공유하는 경우가 많기 때문이다. 아젠다 프로젝트는 보통 여러 세부과제를 포함하는 대형연구과제의 형식이다. 국책(연)은 세부과제 중 일부를 대학이나 기업에 보내서 국가적 연구능력을 결집해야 한다.

○ Type 4 연구(전략기술개발연구): 미래에 중요한 기술이 예측되는 경우(나노, DNA, AI 등), 또는 정부가 개발을 촉진하고자 하는 기술이 있는 경우 이 기술에 연구를 집중하도록 정부가 방향을 잡고 과학자들의 참여를 독려하는 연구이다. Type 1 연구와 유사하지만, 연구 제안의 주체는 정부부처(주로 과기부)이다. 이 유형의 연구는 정부가 '미래기술예측'을 통해 연구주제를 찾는다.

■ Type 1 연구(개인연구 지원사업, Bottom-up형 연구사업)

국가는 과학기술자의 학문적 호기심을 해결하도록 연구비를 지원한다. 이러한 목적의 연구개발사업을 '개인연구 지원사업'이라고 하는데, 과학기술자를 육성하고 학문발전을 도모하는

(새로운 지식을 생산·축적·확산) 목적이 있다. 개인연구 지원사업에서 국가는 **연구비를 지원하되 그 지식을 활용하겠다는 의도가 없기 때문에 '거래관계'는 아니다**. 그래서 여기에 적용되는 재정은 'Grant'라고 하는 특별한 자금을 투입한다.

이런 사업을 통해, 과학기술자는 자신의 연구능력을 심화할 수 있고, 학문적 성취를 얻을 수 있으며, 그 성과는 논문발표나 특허등록으로 표현된다. 개인연구 지원사업은 과학기술자 개인이 기관장의 승인아래 연구과제신청서(proposal)를 제출하고 경쟁적 심사과정(동료심사)을 거쳐 연구비를 확보하는 방식으로 운영되며, 연구결과는 평가할 수도 있고 아니할 수도 있다. **'Bottom－up형 연구사업'**이라고도 부른다.

개인연구 지원사업은 신청자격기준(신진연구자, 중견연구자, 탁월한 연구자)을 다르게 하거나, 신청받는 연구성격(씨앗연구, 기반연구, 특별연구, 스타트업 지원 등)을 다르게 하고 경쟁을 유도함으로써 다양한 연령층에서, 폭넓은 연구 스펙트럼에 연구비가 지원되도록 약간의 정책의도를 반영하기도 한다. 대부분의 국가는 연구관리 전문기관(NRF, NSF, JSPS, JST, DFG, ANR 등)을 설치하고 Bottom－up형 연구사업을 운영하도록 업무를 위탁하고 있다. **Type 1 연구에서 기억해야 할 중요한 점 세 가지**는 다음과 같다.

○ 정부는 과학기술자의 개인연구를 지원하기 위해 예산을 투입하지만, 그 연구결과를 활용하려는 의도는 없다. 오직 과학자의 성장과 학문의 발전을 바라는 것이다.

○ Bottom－up형 연구사업 운영을 위탁받은 전문기관은 여러 유형의 사업(신진연구자, 중견연구자, 우수연구자지원 등)을 설계하여 경쟁방식으로 지원하되 그 심사는 동료평가이다.

○ 연구비의 성격은 연구활동의 불확실성에 대응할 수 있도록 'grant(일본은 과연비, 우리는 출연금)제도'를 적용한다. 정부입장에서 예산사용은 법령적 기준에 따라 엄격하게 관리해야 하는데, **grant는 엄격함에 예외를 두는 유연한 예산제도**이다.

※ 미국의 grant, 일본의 과연비, 우리의 출연금이 성격은 비슷한데, 세부적 회계규정은 다르다.

Type 1 연구사업을 '개인연구 지원사업', 'Bottom－up형 연구사업', 'Grant사업'이라고도 부른다. Grant와 운영 절차는 뒤에서 설명한다.

참고로 산업계의 연구개발을 촉진하기 위해, 정부(또는 지원기관)가 기업에 연구개발비를 지원하는 프로그램도 Type 1 연구라고 볼 수 있다. 기업이 요청하는 연구개발계획을 심사할 때에는 기술성, 경제성, 과거 연구실적 등이 주요 심사항목이 된다.

■ Type 2 연구(국가연구소의 미션연구)

정부가 국가(연)을 설립할 때에는 **장기적으로 연구해야 할 주제**가 있기 때문이다. 국가의 존속과 발전을 위해서는 소규모이거나 단기연구로써 해결되지 않는 연구주제는 매우 많다. 이런 유형(장기·대형)의 연구는 연구소를 설립하여 인적자원을 보유하고 조직적으로 연구하는 것이 기술의 확보와 축적 면에서 유리하다. 국가(연)을 설립(미션연구부여, 인력규모, 내부조직, 거버넌스)하고 관리(미션변경, 지원, 활용, 평가, 퇴출)하는 방법은 국가마다 다르다. 국가(연)은 학문 스펙트럼별로 크게 네 가지로 나눌 수 있다.

○ 물리, 생물(BIO), 재료 등 **기초과학연구기관**: MPG, RIKEN, IBS
○ 국방, 우주, 보건 등 **공공기술연구기관**: ARL, NASA, NIH, NOA, HGF, ADD,
○ 자동화, AI, 미세전자, NANO 등 **원천기술연구기관**: NIST, AIST, FhG, 생기원
○ 모든 영역을 커버하는 **종합연구기관**: CNRS, KIST, NL 네트워크

※ 여기서 '국가연구소'라는 용어를 사용하는 이유는 국가마다 국립연구소와 국책연구소의 구분이 다르기 때문이다. 예를 들어, 항우연, 표준연이 우리나라는 국책(연)이지만 미국은 국립(연)이다. 국가연구소는 국립(연)과 국책(연)을 합친 개념이다.

여기서 중요한 것은, ① 국가가 국가(연)에게 **미션을 장기적으로 부여**하면, ② 국가(연)은 이 미션에 부합하는 연구과제를 내부적으로 도출하고 기관의 업무계획에 반영하여 이사회의 심의를 받는다. 그 후, 국가(연)은 ③ 정부에 예산을 신청하고, 정부예산을 집행하며 그 과제를 수행하고 ④ 그 결과를 평가하기까지의 과정이다. 연구기관의 자율성이 여기에서 강조되는데, 제4장 제2절의 MPG와 AIST 평가를 참고할 수 있다. 국가(연)은 각 연구부서에서 하고 싶은 연구를 최대한 허용하면서 기관 전체적으로 내놓고 싶은 실적이 극대화되도록 편성된 '대형연구과제'를 장기간 수행한다. 과제기획·조정·합의과정에 기관장의 리더십이 중요하며, 합의과정에 연구원들의 의사가 반영되는 채널도 중요하다. 모든 연구원들이 과제편성 결과에 승복하려면, 그들에게 최대한 설득의 기회를 주어야 하며, 합리적 의사결정체계(총회, 평의원회, 과학위원회)가 운영되어야 한다.

앞에서 살펴본 선진국의 국가(연)의 사례를 보면, '자율적 의사결정의 보장'이 **Type 2 연구의 효율적 추진방법**임을 확인할 수 있는데, 우리나라는 아직 이 부분에 제도가 미흡하다. 즉, 국가(연)은 내부적 의결과정을 통해 '미션연구 과제기획'에 합의하고 연구부서별로 역할을 분담하여 조직적으로 추진하는 형식을 가져야 하는데, 우리나라는 정부가 모든 것을 결정해 주며, 그것을 변경하려면 승인받으라 하니, 자율성에 대해 불만이 나온다. 국가(연)은 연구팀 중심의 조직적 연구체계라는 점이 대학과 가장 다른 특징이다.

※ 연구중심대학의 부설연구소나 공동연구소의 경우는 Type 2 연구를 수행할 수 있다.

국가(연)은 연구팀을 기본단위로 한 조직적 연구체계이므로 장기·대형 연구과제를 추진하기에 적합하다. 미션의 범위 내에서 국가(연)이 제안하고 정부가 승인하는 미션연구과제를

연구부서들이 역할을 분담하여 추진하므로 연구관리(인사관리, 부서평가, 데이터관리, 시설장비관리, 성과관리)가 중요하다. 특히, 팀워킹을 촉진하고 우수한 연구팀을 보유하기 위한 지원제도가 필요하다.

– 연구팀장이 유고되면 다른 연구원이 팀장이 되어 연구를 영속적으로 수행한다.

※ 이렇게 보면, 우리나라가 출연(연)에 PBS를 적용하며 산학연을 경쟁시키는 정책은 매우 바람직하지 못함을 인식해야 한다. 산학연이 경쟁관계가 되어서는 안된다. 서로의 역할이 다르기 때문이다. 국책(연)은 미션연구가 핵심기능인데, 우리는 출연(연)의 대부분을 과기부가 관할하고 있으니, 과기부는 출연(연)에 장기적 미션연구를 부여하지 못하고 있다.

결과적으로, 국가(연)에 소속된 연구원은 **세 가지 유형의 연구를 동시에 수행**하게 된다.

① 연구원이 개인의 전문성을 제고하기 위해 평생 **개인기본연구 수행**

② 연구기관의 **미션연구**로서 자신의 소속 부서가 할당받은 연구에 참여

③ 정부나 기업이 별도의 **계약으로 요청된 연구(아젠다 연구, 기업연구)과제**에 참여

국가(연) 소속 연구원도 대학의 교수와 마찬가지로 평생 자신의 전문성을 제고해야 할 의무가 있으며, 동료평가, 학회봉사, 과학공동체 활동을 수행할 수 있도록 제도적으로 배려되어야 한다. 그래서 개인기본연구비를 지원하는 것이다.

국가(연)이 수행하는 '미션연구'는 대부분 사회적 가치창출을 위한 응용개발연구단계에 있으므로 **국가(연)의 연구는 기초연구와 개발연구를 연결하는 링크 역할을 한다는 사실**이 정책적으로 중요하다. 기술혁신이론에서 말하는 '선형이론'이 반드시 유효한 것은 아니지만, 일반적으로, 국가(연)은 공공연구(문제해결 또는 사회적 가치를 창출)를 대형과제형식으로 주도하며, 세부과제(**목적기초연구**)에 대학을 참여시키는 방법을 사용한다. 이러한 채널을 통해, 대학이 보유하던 기초연구 결과가 국가(연)에 전달되는 것이다. 간혹 국가(연)은 개발연구(시제품 제작, 파일럿 시험)까지 수행하지만, 그 직전 단계에서 연구를 중단하는 경우가 많다. 사실, 개발연구는 방대한 연구비가 소요되므로, 국가(연)은 개발연구 결과를 사업화할 기업을 발굴하여 공동으로 개발연구를 수행하는 형식을 선호하기 때문이다.

※ MPG, RIKEN 등이 국가로부터 받은 '미션'은 "기초연구를 수행하여 지식의 지평을 확대"하는 것이다. 그래서 자신의 연구와 유사한 연구가 대학에서 진행되는 사실을 인지하면 그 연구는 중단하는 원칙을 가지고 있다.

국가(연)이 미션연구를 수행할 때, 내부적 연구역량을 초월하는 부분에 대해서는 공모나 위탁의 절차를 거쳐 외부 연구기관에 연구를 의뢰하는 경우가 많다. 국가(연)이 내부적 연구역량을 동원하여 조직적으로 수행하는 연구를 'intramural research'라고 부르고, 외부 연구기관에 공모나 위탁하는 연구를 'extramural research'라고 부른다. 실제로는 인근 대학이나 다른 국가(연)과 함께 연구활동의 분업체계를 갖추고 있는 경우가 많다. 미국 NIH의 경우,

연구비 예산의 80%를 extramural research에 투입하고 있다. 임상연구에서 NIH가 총괄하고 여러 연구병원이 협조하는 경우가 많기 때문이다.

※ 참고로 우리나라 국방과학연구소(ADD)는 8개 대학에 '특화연구센터'를 설치하고 자신의 연구에 필요한 기초연구를 수행토록 장기적으로 지원하고 있다.

extramural research program은 우리나라 국가(연)에서는 찾아보기 힘든 형식이다. 우리나라 출연(연)은 PBS이므로 연구비를 확보하여 개별 연구실도 유지하기 힘든데 외부기관에 연구를 의뢰하기는 더욱 어렵기 때문이다. 심지어 정부부처가 운영하는 12개의 전문기관은 대학과 출연(연)을 경쟁시키는 구도로 연구비 예산을 집행하고 있으니, 출연(연)에 extramural research가 생길 수 없으며 대학의 기초연구결과가 출연(연)의 응용연구단계로 흐르기 어렵다.

Type 2 연구에 대한 평가는 결국 국가(연)의 연구실적을 평가하는 일이므로, 매년 실시하기보다는 매 3년마다 평가하는 장기적 호흡을 가져야 한다. 기초연구를 중점으로 하는 국책(연)은 국제평가를 권장하지만, 다른 국책(연)은 국제적으로 비공개가 원칙이다.

※ 일본은 탁월한 연구기관 3개(RIKEN, AIST, NIMS)에 대해서는 연구기관 평가를 매 5년마다 실시하겠다고 2017년 결정하였다.

■ Type 3 연구(문제해결형 연구사업, agenda 연구사업)

정부부처는 사회에서 수시로 발생하는 공공적 문제(미세먼지, 코로나, 6세대 통신 등)에 대응해야 한다. 그중 시급히 대처해야 할 문제에 대해서는 연구과제를 만들어 국책(연)에 의뢰한다. 이런 프로젝트는 국책(연)이 수행하는 Type 2 연구(미션연구)와는 별개의 연구이다. 이러한 문제해결형 연구사업은 수시로 요구되며, 정부부처와 국책(연) 간에 경쟁과정 없이 계약할 수 있다. 이러한 연구과제는 정부가 정책적으로 추진하므로 '**아젠다 프로젝트**'라고 하며, 국책(연)의 중요한 기능이다.

아젠다 프로젝트는 많은 연구팀이 협력하는 대형과제인 경우가 많다. 그래서 **대과제－중과제－세부과제의 형식으로 과제를 기획 · 편성하고 국책(연)이 전체적으로 주도**하면서, 중과제, 세부과제에 다른 국책(연)이나 대학의 연구자들이 참여하게 함으로써 국가 전체적 역량을 최대로 활용하는 방식을 채택한다. **국책(연)은 개인기본연구로 역량을 키우고, 미션연구(Type 2)로 사회에 기여하며, 아젠다 연구(Type 3)로 정부의 고민을 해결해야 한다**.

사회적으로 발생하는 문제해결을 위해 정부부처가 아젠다 연구를 국책(연)에 의뢰하기도 하지만, 반대로 국책(연)이 아젠다 연구를 기획하여 정부부처에 제안하는 경우도 있다. 이 과정에 필요한 절차는 제8장 제2절에 자세히 설명하고 있다. 우리나라는 아직 이러한 형식의 정책개발에 경험이 일천하므로 도입해야 할 정책주제로서 제8장에서 소개한다.

☞ 사회문제를 해결할 때, 선진국의 기술도입보다는 가급적 우리 연구능력을 활용하는 것이 중요하다. 연구자들이 연구활동을 통한 '학습의 기회'를 가지기 때문이다.

현재 우리나라 정부부처가 정책 아이디어를 얻기 위해 사용하는 '정책연구용역' 제도가 Type 3 연구형식에 가깝다. 그러나 프로젝트(과제)의 initiation, 기술기획과 계약이 체계화되어야 한다. 우리나라가 Type 3 연구를 하려면 몇 가지 전제조건이 필요하다.

○ 정부부처는 사회적 문제를 연구를 통해 해결하려는 의지를 가져야 한다. 특히 조속히 문제를 해결하려 하기보다는 근본적으로 문제를 해결하려는 자세가 더 중요하다.
  - 우리의 행정풍토는 사회적 문제에 대해 근본적 해결보다 신속한 해결을 유능하게 평가하는 경향이 있다. 그렇다 보니, 정부는 연구할 시간적 여유를 허용하지 않으며 연구에서 실패할 확률도 허용하지 않는 경우가 많다.

○ 정부부처 공무원은 아젠다 프로젝트를 관리할 줄 알아야 한다. 그 공무원은 기술의 속성과 연구의 불확실성을 이해하면서 연구자와 소통할 수 있어야 한다.
  - 이를 위해, 기술직 공무원을 박사로 양성하든지, 조정관을 배치하든지 정부부처 내부에 연구관리체계를 갖추어야 한다. 여기에 일반 공무원은 배제되어야 한다.

○ 출연(연)에는 정책연구부서가 유능하게 설치되어야 하며, 이 부서는 다른 연구실과 협력하여 기술기획(과제도출, 로드맵 작성, RFP 작성)을 주도해야 한다. 출연(연)의 각 연구실은 연구수행뿐 아니라 과제관리(총괄지휘)능력도 갖추어야 한다.

○ 다른 정부부처가 과기부 산하의 출연(연)에 아젠다 연구를 쉽게 의뢰할 수 있도록 **출연(연)의 육성과 활용에 대한 이원화 원칙**이 준수되어야 한다. 각 정부부처는 직접 출연(연)을 보유하는 것이 유리하겠지만, 과기부가 출연(연) 전체를 관리하는 체계라면, 육성과 활용의 이원화를 위한 제도적 장치(협의채널, 계약서, 사업관리, 갈등해소)가 필요하다.

  ☞ 우리나라는 정부부처 간에 장벽이 높다. 다른 부처의 규범이나 조직을 활용하지 않으려는(건드리지 않으려는) 입장을 가지며, 다른 부처에 대해 배타적 입장을 가진다.

우리의 각 정부부처는 나름대로 국가연구개발사업을 추진하고 있지만, 수시로 발생하는 사회적 문제의 해결에 큰 효과를 보지 못하고 있다. 그 이유는 바로 위에 말한 요건들이 제대로 갖추어지지 못했기 때문이다. Type 3 연구는 평가가 쉽다. 연구결과가 부처가 요구한 RFP를 만족하는지의 여부가 곧 평가기준이 된다. Type 3 연구는 확실한 성공이 중요하므로 인센티브와 페널티가 있고 스폰서와 PI 간에 분쟁이 생길 수도 있다.

■ Type 4 연구(전략기술육성사업, 전략적 연구사업)

정부가 미래에 중요한 위상을 가질 기술을 인지한 경우, 과학기술자들이 이 기술에 연구를 집중하도록 하는 연구촉진사업을 추진한다. 이러한 연구개발사업은 '새로운 파괴적 기술(초전도체, 유전자, 나노, AI 등)의 출현'이나 '기술예측'으로부터 시작된다.

미국은 종종 대통령이 새로운 파괴적 기술의 등장을 선언하며 기자회견을 가진다. 중국, 일본과 우리나라는 정기적으로 범국가적 기술예측을 실시한 다음, 미래에 큰 역할을 할 '전략기술('중점기술'이라고도 함)'을 도출한다. 영국은 재료기술에 국한하여 미래기술을 예측한다. 이렇게 도출된 기술의 연구개발에 많은 연구원들의 적극적 참여를 독려하기 위해, 정부는 별도의 연구개발사업을 설치·운영하는 방법으로 Type 4 연구가 추진된다. 정부가 공고하고 과학기술자들이 연구과제 제안서(Application)를 제출하여 경쟁적 심사과정을 거쳐 연구비를 확보하는 방식은 Type 1 연구와 비슷하지만, 애초에 연구분야를 제시하는 주체가 정부인 점이 다르다. 선진국은 **Type 4 연구를 국책(연)의 '미션연구(Type 2 연구)'로 추진되도록 국책(연)에 맡긴다. 그리고 대학에서 추진할 성격의 세부과제는 국책(연)에서 공고한다**. 그런데 우리나라의 Type 4 연구는 정부(과기부) 주도로 큰 규모로 운영되며 대학과 출연(연)을 경쟁시키고 있다.

우리가 Type 4 연구사업을 추진하는 절차를 보자. ① 먼저 과기부가 전략기술을 선정한다. ② 기술별 개발로드맵을 작성하는데, 기술분과별로 수십명(전체적으로 수백명)의 과학기술자가 동원된다. ③ 기술별 대과제, 중과제, 세부과제를 도출하고, 사업단장과 PI 선발을 공고한다. 이 과정에 KISTEP이 과기부를 지원한다. ④ 과학기술자들이 요건을 갖추어 참여 의향서(Application)를 제출한다. ⑤ 심사과정을 거쳐 기술별 사업단장(총괄 PI)과 과제별 PI를 결정하고 계약을 체결한다. ⑥ 사업관리는 전문기관에 위탁한다. 그런데 이 절차에는 몇 가지 문제점이 있다.

○ 과기부가 KISTEP을 동원하여 전문가위원회를 구성하고 전략기술의 도출·기술기획·PI 선정까지를 담당하는 것은 바람직하지 않다. 이러한 기능은 해당분야 출연(연)이 정책연구실을 동원하여 담당하게 하고, 그 출연(연)이 전략기술 개발을 주도하게 하는 편이 훨씬 효과적이다. 즉 더 책임성 있고 국가연구생태계에 안정감이 온다.

○ 전략기술에 대한 연구개발사업의 목적은 단순히 '기술의 확보'라고 생각해서는 아니 된다. 기술개발을 성공시켜본 **'사람(연구팀)의 확보'가 더 중요하다**.

 – 새로운 기술을 개발하여 논문, 특허의 생산에 목적을 두기보다는, 새로운 기술의 전담 연구팀을 국책(연)에 설치하고, 국제적 허브역할을 하게 하면서 국가 전체적으로 기술 플랫폼이 되게 하면, 새로운 기술의 개발과 확산에 효율적이다.

– 연구개발의 기회를 이 사람 저 사람에게 배분하게 되면, 기회는 공정하지만, 그 기술에 대한 허브나 플랫폼을 만들지 못하며, 탁월한 세계적 인재를 얻지 못한다.

○ 현재의 방식으로는, Type 4 연구사업은 연구비가 막대하게 투자되었음에도 불구하고 **국민들에게는 직접 도움되는 일(상용화)은 생기기 어렵다**. 정부는 논문, 특허의 실적으로 평가하고 연구개발정책이 잘되고 있다고 주장하지만, 국민들은 실감나지 않는다.

– "연구자는 '기술적 가치'를 만들지만, 연구기관이나 정부는 '사회적 가치'를 만들어야 한다"는 원칙을 가져야 한다.

○ 로드맵을 작성하는 위원회에 참여하는 많은 **전문가들은 이해충돌**을 가지고 있다. 우리나라는 연구인력 층이 두껍지 못하기 때문에, 로드맵을 작성한 사람이 그 과제의 경쟁공모에 직간접으로 응모하고 결과평가에 참여하는 상황을 피할 수 없다. 차라리 개발성공에 책임을 가지는 연구주체가 더 중요하다.

○ 수십 개의 전략기술·중점기술에 대한 개발을 정부가 정한 시점에 일시에 착수한다는 점도 매우 **관료적 발상**이다. 전략기술은 각각 도출된 시점에 곧바로 연구단을 구성하고 개발에 착수해야 한다. 배터리 개발과 양자컴퓨터 개발이 동시에 착수되어야 할 이유는 없다.

※ '연구사업단'이란 기존의 조직체계를 초월하여 연구인력(풀타임, 파트타임)을 모으는 방법이다. 선진국에서 연구사업단은 국책(연)에서 내부에 설치·운영하는데, 행정적 절차를 단순화시키고 내·외부의 지식을 최대한 결집(다른 기관과의 협조)하기 위한 방법이다. 미국의 경우, Type 4 연구를 위해 국립(연)이나 NL에 '허브연구팀'이 만들어진다.

Type 4 연구를 제대로 운영하려면, ① 각 출연(연)은 독립적으로 소관 연구영역에서 선진국의 추세를 파악하고, 수시로 적시에 전략기술을 도출하여 이사회를 통해 '미션연구'의 주제로 채택한다. ② 출연(연)은 전담부서(또는 사업단)을 설치하고 대형과제형식으로 만들어 국가 전체적 연구역량을 모으려고 노력한다. ③ 정부(과기부)는 매 5년마다 전략기술을 모아 발표하면서 산학연의 협력을 당부한다. ④ NRF는 전략기술을 대상으로 대학에 특별 지원프로그램을 제시한다. ⑤ 이리하여 몇 년 후, 출연(연)은 산학연의 역량을 모아 '큰 작품'을 만들어 내어야 한다. ⑥ 출연(연)에는 전략기술에 대한 국가적 플랫폼이 형성되고, 대학에서 박사급 인력이 양성되면서, 새로운 산업이 서서히 시작된다.

4 Grant사업과 Contract사업[11. p. 41]

■ 기본개념

제5장 제3절에서 약간 설명된 grant사업과 contract사업을 연구개발사업의 측면에서 바라보자. 국가연구개발사업을 추진할 때, 사업유형에 따라 정부가 사용하는 재정의 성격과 계약

방식이 다르다. 이 용어는 미국의 기준이지만 여러 나라가 비슷한 개념을 사용한다.

○ grant연구: 연구지원기관(스폰서)이 **연구자를 육성하고 지식의 지평을 넓히기** 위해 'grant 자금'으로 지원하는 연구를 'grant연구'라고 한다. grant연구를 지원하는 스폰서는 과제의 연구결과를 활용할 의도는 전혀 없다. 즉, **grant 자금은 반대급부를 요구하지 않는 연구비**이므로 '**거래적 관계**'가 아니다. 다만, 연구자가 grant 자금을 정직하게 사용하고 성실하게 연구하기를 바랄 뿐이다. 그래서 grant는 과제기간과 최소한의 요건을 규정하는 조문으로 된 협약(agreement)을 체결한다. 스폰서는 연구결과를 평가하지 않기도 한다. grant 과제에 대한 수요가 많으므로 경쟁형식을 취하고 있으며, 연구비 잔액은 회수하는 것을 원칙으로 한다.

－grant는 보통 기초연구, 장학금, 교육훈련의 지원에 사용된다.

－grant는 일본의 '과연비', 우리의 '연구출연금'에 해당한다.

○ contract연구: **반대급부가 엄격히 요구되는 연구이다**. 스폰서(정부부처, 지자체 기업 등 연구비 지원자)가 연구자의 능력을 활용하여 물품이나 공정의 설계나 문제해결의 실마리를 찾는 연구 또는 조사·분석에 적용되는 '**거래적 계약형식**'을 가진다. 정부에서는 공공기술개발 또는 정책개발과제의 계약에서 contract를 적용하며, 기업이 요구하는 기술개발과제의 계약에도 적용하는 제도이다. contract는 grant보다 더 자세하게 계약조문을 명시하고 **강제력을 가지는 '문서적 계약'이 동반된다**. **PI는 비용이나 과업의 범위의 변경에 재량권이 거의 없다**. 대신, 스폰서가 연구자의 능력을 활용하려는 것이므로 연구자의 편의를 계약서에 반영할 수 있다. 정규직도 인건비를 추가로 계상(상한계가 있음)할 수 있다.

－contract는 스폰서(sponsor)가 조달물품의 구매뿐만 아니라 기업연구, 프로그램 개발, 정책연구용역 등 기술 서비스를 원할 때 적용한다.

※ 정부의 연구용역제도에서는 '일반연구용역(기술용역, 전산용역, 임상연구용역, 조사연구용역)'과 '정책연구용역'으로 구분하고 있다. Type 1 연구과제 내에서 필요에 따라 요청하는 연구(위탁연구)도 용역의 대상이며 contract 형식으로 계약하는 것이 타당하다.

○ contract연구는 '임무 지향형(목표달성이 중요)'이므로 **인센티브와 페널티**가 있다.

－인센티브로는 인건비의 30% 이내의 인건비를 추가로 인정하며, 별도의 성공보수를 계약할 수 있다.

－페널티는 '불성실한 실패'에 대해 '연구비 지급잔액'을 지급하지 않는 방법이다.

우수한 연구자는 contract 연구시장(시장경쟁)에서 두각을 드러낸다. 그리고 정부는 contract 연구시장을 크게 키워야 한다. 미국은 contract 연구시장이 grant 사업의 10배 이상의 규모를 가진다. 우리나라에서는 **연구자를 키워주려는 연구비와 연구자의 능력을 활용하려는 연구비의**

구분이 없다. 우리의 국가연구개발사업은 대부분 '출연금(grant)'으로 지원되고 있으며, 정책연구 용역과제에만 contract를 적용하고 있다. contract의 개념은 「정책연구용역사업 매뉴얼 [82]」의 내용과 유사하다.

※ 우리나라 국가연구개발사업에서 대학교원은 인건비를 계상할 수 없다. 인건비는 대학에서 받기 때문이다. 그러나 PBS를 적용받는 출연(연) 연구원은 과제에 인건비를 계상한다. 참고로 정책연구용역과제에서는 교원을 포함한 정규직 연구자의 인건비를 과제에 추가 계상할 수 있다.

※ 미국의 대학교수는 grant 과제에서 인건비를 연봉의 2/9까지 계상할 수 있다. 본디 1년 12개월 중 9개월(3쿼터)만 근무하며, 3개월은 방학이므로 봉급이 없다(즉, 급여는 9개월치 봉급을 12개월로 나누어 지급한다. 방학 3개월간 다른 일을 하여 봉급을 더 받을 수도 있다). 그런데 grant과제를 수행한다면, 방학 중 2개월은 근무하는 것으로 인정받는다. 즉 2개월치 인건비를 grant과제에 계상할 수 있다. 이것을 "2/9법칙"이라고 부른다. 여기에는 방학 중 1개월은 휴식해야 한다는 의미가 들어있다.

참고로, 미국에서는 'Cooperative Agreements'제도가 있다. 정부기관이 직접 수행해야 할 성격의 과업이면서 전문적 능력을 요구할 때, 정부기관(sponsor)이 연구기관과 공동으로 과업을 수행하기 위해 협약(agreement)을 체결하는 제도이다. 여기서 연구기관은 과업의 범위를 변경할 수 있는 재량권이 많지 않으며, 스폰서에게 보고해야 하는 요건이 비교적 엄격하다.

- 예를 들어, 정부가 대형연구장비(입자가속기, 슈퍼컴 등)를 운영하고자 할 때, 국책(연)에 의뢰할 수도 있겠지만, 대학에 의뢰하여 운영할 수도 있다. 이때의 계약방식이 Cooperative Agreements이다.

  ※ NSF는 천문대와 같은 '국가 이용자 시설(national user facilities)[1]'을 관리하는 기관과 협력협정(Cooperative Agreements)을 맺고 있다. NIH의 국립암센터는 '임상시험(clinical trial)'을 수행하는 내부 · 외부 연구원들 간의 상호작용을 촉진시키기 위하여 Cooperative Agreements를 사용하고 있다.

- 정부가 국민들에게 새로운 교육(예 인공지능, 직업교육, 창업교육 등)을 실시하고자 하여 대학에 의뢰하는 경우도 Cooperative Agreements를 체결할 수 있다.

  ☞ 우리나라의 경우, (가칭)연구윤리센터, (가칭)입시정책연구소, (가칭)독도연구소 등은 정부가 직접 운영할 성격이지만 전문성이 필요하므로 대학과 공동으로 운영하는 것이 유리하므로 cooperative agreement를 활용하면 좋을 것이다. 아직 우리나라는 연구유형에 따라 연구자의 권리(재량권)와 의무를 차별화하는 다양한 형식의 협약을 개발하지 못하고 있다.

grant는 사람을 키우는 자금이지만 반대급부를 요구하지 않는 유연한 자금이므로 '도덕적 해이'가 생길 수 있어 회계관리가 엄격하다. 과제 선정과 잔액 정산이 엄격하다. contract는 반대급부를 요구하므로, 계약준수가 엄격하다. 여기서 스폰서는 연구결과에 대해 측정가능한

---

1 정부는 대형 연구장비(해양조사선, 슈퍼컴 등) 또는 연구시설(천문대, 가속기 등)을 설치하면서, 여러 이용자(주로 여러 대학)의 활용을 촉진하기 위해 이용자 설비(user facility)라고 지정하고 이용자 간의 운영위원회(사용자 위원회)를 구성하여 활용도를 높이도록 하고 있다.

■ 미국정부의 연구비 지원 형식

	Federal Grants	Federal Cooperative Agreement	Federal Contracts
목적	공적 목적을 지원하기 위해 재정을 공급하기 위해 설계된 유연한 제도적 수단. 거의 제약 없는 지원	공적 목적을 지원하기 위해 재정을 공급하기 위해 설계된 유연한 제도적 수단. 계약 당사자의 참여를 위한 지원	재정지원의 대가로 물품이나 서비스를 팔고 사는 계약. 물품이나 서비스(용역)의 구매
계약서 조문	grant agreement를 따름 (연구기관의 내부정책 존중)	Cooperative Agreement를 따름	FAR(Federal Acquisition Regulations)을 따름
과업의 범위	PI의 생각에 따름 과업의 범위, 예산 및 다른 변경이 유연함	PI의 생각에 따름 과업의 범위, 예산 및 다른 변경이 전형적으로 유연함	sponsor의 생각에 따름 과업의 범위, 예산 및 다른 변경이 비교적 경직됨
요청방식	신청 가이드라인	Request for application	Request for proposal
노력정도	연구를 완료하고 결과를 얻기 위해 성실한 노력이 필요	연구를 완료하고 결과를 얻기 위해 성실한 노력이 필요	결과물과 실적을 내기 위해 신중한 노력이 요구됨
sponsor의 참여	없음	실질적 참여	활동을 승인하고 결과를 기다림
비용지급	비용은 연 단위로 지급	별도의 합의가 없다면 비용은 연 단위로 지급	일정표나 결과제시에 따라 일부분씩 지급
예산변경	유연함	보통 유연함	엄격함
유연성	PI는 과제수행의 융통성을 가지며 과제결과에 책임이 적음	계약서에 계획된 활동을 수행할 때 주정부나 지방정부, sponsor의 실질적 참여가 예상됨	과제의 수행과 결과의 도출을 위해 스폰서에게 높은 수준의 책임을 가져야 함

평가기준을 제시하는 것이 바람직하다. 나중에 과제의 성공 여부를 두고 논란이 생길 수 있기 때문이다. 연구원을 위해 '**소청심사제도**'가 필요하다.

※ 미국은 grant, cooperative agreement, 또는 contract 형식으로 계약을 체결하고 연구비를 지급한다. grant 또는 cooperative agreement와는 달리 연방정부는 contract를 '조달(구매) 수단'으로 간주한다. 연방 contract제도의 목적은 연방정부의 직접적인 이익 · 물품 · 수단 또는 서비스를 구매하는 것이다. Federal Contract는 연방취득규정(FAR)의 조항을 포함한 엄격한 조건을 적용받으며, 일반적으로 sponsor에게 빈번한 보고와 높은 수준의 책임을 요구한다. 합의된 결과를 달성하지 못하거나 기한 내에 계약된 제품을 인도하지 못하면, 대학, 관리자 또는 관련자에게 형사 및/또는 민사 소송 및/또는 재정적 조치가 초래될 수 있다.

■ contract연구의 절차

contract는 스폰서(sponsor)를 만족시켜야 하는 어려움이 있지만, 연구비를 넉넉하게 지원하므로 우수한 연구자는 contract시장에서 경쟁에 임한다. 즉, contract는 연구자들 간에 '시장경쟁의 원리'가 작동될 수 있게 해 준다. contract연구의 과제운영 과정을 「정책연구용역사업매뉴얼[82]」을 응용하여 설계해 보자.

① sponsor는 얻고자 하는 기술내용이나 서비스(Request For Proposal, RFP)를 명시하여 공고한다. 최적의 연구자(연구팀)를 선정하기 위함이다.

–sponsor는 과제관리 능력을 가져야 한다. 아니면 관리를 위탁해야 한다.

② 연구자는 연구팀을 구성하여 RFP를 만족하는 제안서(Proposal)를 작성 제출한다. 정규직도 연구비에 인건비(50% 참여율 기준 약 400만 원/월)를 추가로 계상할 수 있다.

–정규직 연구자는 소속기관의 과업이 있으므로 contract과제에는 최대 30%까지 참여할 수 있다. 연구자들에게 동기부여를 위한 **'인센티브'로 과제의 성공 시 추가적 '성공보수(연구비 총액의 5% 이내)'를 계약할 수 있다**.

③ sponsor는 평가과정을 거쳐 최적의 연구팀을 선정하고 계약을 체결한다. 계약이 체결되면 sponsor는 연구비 80%를 선지급한다.

–계약(contract)에는 연구성과의 소유권자를 명시해야 하며, 연구결과의 자유로운 공표(publication) 여부에 대해서도 규정해야 한다.

※ 현재의 용역제도에서는 착수시점에 연구비의 70%를 지급하고 연구종료 후 성공하면 나머지 지급 잔액(30%)을 지급한다.

④ sponsor는 과제의 진척상황을 수시로 점검하기 위해 '과제관리자(PM)'를 지정하며, PI는 계약에 규정된 대로 정기적으로 과제현황을 스폰서에게 보고한다.

⑤ 연구가 종료되면, sponsor는 RFP에서 요구한 기준을 충족하는지 결과를 평가한다. 이때, 성능시험을 실시할 수도 있다.

⑥ 성공이 확인되면 연구비 지급잔액(20%)을 지급하되, 실패하면 연구비 지급잔액을 지급하지 않는다. 불성실한 실패의 경우, **다른 페널티가 있다. 정산은 없다**.

contract연구는 grant연구와 비슷하지만 PM을 두고 진도를 파악한다는 점, 인건비 지급, 성공보수/페널티 및 평가를 엄격하게 한다는 점이 다르다. 정책연구 용역과제나 위탁연구과제는 contract연구임에도 불구하고 우리는 'grant연구계약서'를 사용하거나 grant형식으로 정산하는 경우가 많다. **contract연구에서는 grant연구와는 다른 형식의 관리방법이 필요하다**. 예를 들어, contract과제는 **연구결과를 구매하는 것**으로 볼 수 있다. 그래서 정산과정은 불필요하다.

■ 연구자들의 '시장경쟁'

Type 1, 2, 3, 4 연구는 모두 grant연구와 contract연구를 포함할 수 있다.

- ㅇ Type 1 연구는 모든 과제가 grant연구이지만 그 과제에서 나가는 위탁연구과제는 contract 연구로 계약하는 것이 타당하다. 과제의 일부 연구를 외부에 의뢰할 필요가 있을 때, 그 위탁과제는 성공해야 하므로 contract연구 성격이다.
- ㅇ Type 2 연구는 국가(연)에서 기획하고 추진하는데, intramural research와 extramural research 양쪽 다 grant연구와 contract연구를 포함할 수 있다. grant연구 중에서도 위탁으로 나가는 부분은 PI가 위탁연구결과를 활용할 것이므로 contract로 협약하는 것이 타당하다.
- ㅇ Type 3 연구는 스폰서가 정부이고, 연구결과를 활용하므로 연구과제는 Top-down이 되고 contract로 계약하는 것이 당연하다. 아젠다 프로젝트는 대개 대형과제이며, 국책(연)이 주도하게 되지만, 여기서 많은 세부과제가 대학으로 나간다. 자주 발생하는 공공문제에 대해 근본적이고 장기적 연구를 수행하게 하기 위해 대학의 부설연구소를 선정하여 grant 연구를 지원하는 경우도 있다.
- ㅇ Type 4 연구는 정부가 기획하고 RFA를 공표하여, RFA에 따라 연구자들이 제안서(Application)를 작성하게 하는 것은 contract 성격이지만, 그 성과를 정부(sponsor)가 활용할 의도가 없으므로, grant로 계약하는 것이 타당하다. 그리고 grant과제 내에서 나가는 위탁연구과제는 contract로 협약하는 것이 타당하다.

국가연구개발사업을 grant연구와 contract연구로 구분하는 이유는 연구자를 육성하려는 연구와 연구자의 능력을 활용하려는 연구는 성격(권리와 의무)이 완전히 다르기 때문에, 계약서에서 권리와 의무를 다르게 규정하기 위해서이다. 특히, contract연구과제는 sponsor가 연구결과의 수요자이므로 sponsor가 책임감을 가지고 PI를 선정하며, 결과평가도 엄격하다. 즉, **contract과제는 '기술수요 연구자'가 '기술공급 연구자'를 직접 평가**하므로 가장 엄격한 평가가 될 수 있다. 그래서 **contract연구과제를 많이 수행하는 연구자는 능력을 높이 인정받고 있다**고 봐야 한다.

우리나라에서는 아직 contract연구가 활성화되어 있지 않지만, 기업이 요청하는 연구와 Top-down형 연구예산이 많아진다면, **'contract 연구시장'**이 활성화될 수 있으며, 우수 연구자들은 이 시장경쟁에서 자연스럽게 적자생존할 수 있다. 사실, 미국의 경우 NSF가 주도하는 grant 예산규모보다 NIH, NASA, NIST 등이 주도하는 contract 예산규모가 10배 이상 크다. 그러니 **주로 응용연구단계에서 자연스럽게 시장경쟁을 통해 연구자의 우수성이 가려진다**. 우리나라와 같은 온정주의 사회에서 제대로 연구능력의 우위를 분간하기 어려운 경우, 국가연구개발사업을 **grant연구와 contract연구로 구분하는 것은 국가연구인력양성에 크게 기여할 수 있는 방법이 된다**.

5 연구개발사업의 운영절차

하나의 연구개발사업은 여러 개의 연구과제를 포함한다. 과제가 대형인 경우, 대과제－중

■ Type 1 연구개발사업의 표준절차

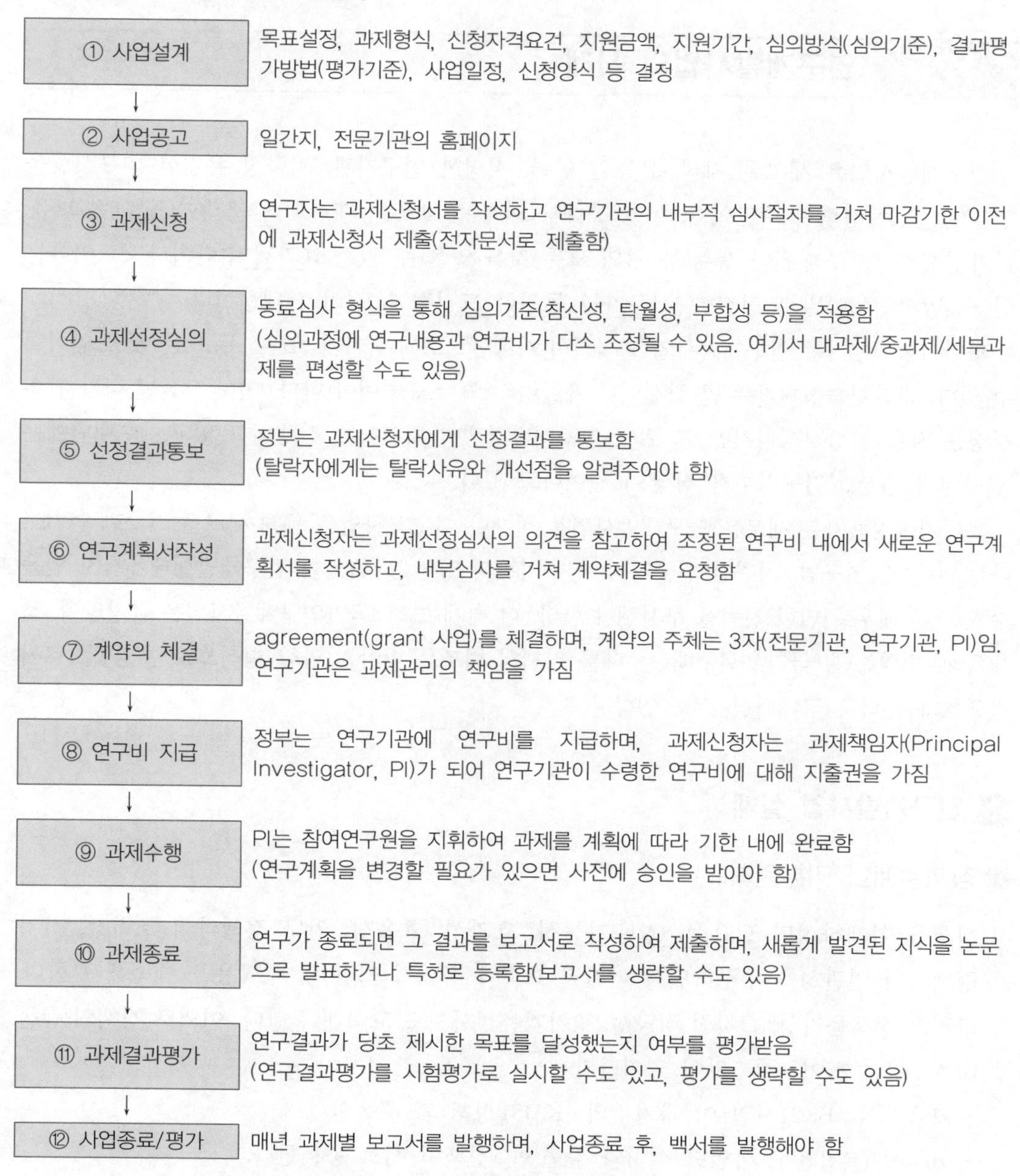

단계	내용
① 사업설계	목표설정, 과제형식, 신청자격요건, 지원금액, 지원기간, 심의방식(심의기준), 결과평가방법(평가기준), 사업일정, 신청양식 등 결정
② 사업공고	일간지, 전문기관의 홈페이지
③ 과제신청	연구자는 과제신청서를 작성하고 연구기관의 내부적 심사절차를 거쳐 마감기한 이전에 과제신청서 제출(전자문서로 제출함)
④ 과제선정심의	동료심사 형식을 통해 심의기준(참신성, 탁월성, 부합성 등)을 적용함 (심의과정에 연구내용과 연구비가 다소 조정될 수 있음. 여기서 대과제/중과제/세부과제를 편성할 수도 있음)
⑤ 선정결과통보	정부는 과제신청자에게 선정결과를 통보함 (탈락자에게는 탈락사유와 개선점을 알려주어야 함)
⑥ 연구계획서작성	과제신청자는 과제선정심사의 의견을 참고하여 조정된 연구비 내에서 새로운 연구계획서를 작성하고, 내부심사를 거쳐 계약체결을 요청함
⑦ 계약의 체결	agreement(grant 사업)를 체결하며, 계약의 주체는 3자(전문기관, 연구기관, PI)임. 연구기관은 과제관리의 책임을 가짐
⑧ 연구비 지급	정부는 연구기관에 연구비를 지급하며, 과제신청자는 과제책임자(Principal Investigator, PI)가 되어 연구기관이 수령한 연구비에 대해 지출권을 가짐
⑨ 과제수행	PI는 참여연구원을 지휘하여 과제를 계획에 따라 기한 내에 완료함 (연구계획을 변경할 필요가 있으면 사전에 승인을 받아야 함)
⑩ 과제종료	연구가 종료되면 그 결과를 보고서로 작성하여 제출하며, 새롭게 발견된 지식을 논문으로 발표하거나 특허로 등록함(보고서를 생략할 수도 있음)
⑪ 과제결과평가	연구결과가 당초 제시한 목표를 달성했는지 여부를 평가받음 (연구결과평가를 시험평가로 실시할 수도 있고, 평가를 생략할 수도 있음)
⑫ 사업종료/평가	매년 과제별 보고서를 발행하며, 사업종료 후, 백서를 발행해야 함

☞ contrac사업(Type 3연구)의 운영절차는 다음 절에서 소개하고 있다.

과제-세부과제의 계급을 가질 수 있다. 사업은 '사회적 가치'를 추구하되, 과제는 '기술적 가치(새로운 지식)'를 추구한다. 연구개발사업(프로그램)의 설계 및 관리는 전문기관(NRF, NSF, JSPS, DFG 등) 또는 국책(연)이 담당하는 경우가 많다.

제2절 연구개발사업의 사례

연구개발사업은 새로운 지식, 유능한 인력, 저명한 연구기관, 지구상 유일한 연구시설을 얻을 수 있는 **강력한 수단**이며, 이를 통해 사회적 문제해결, 대학의 구조개혁, 군사력 보유, 국가경쟁력 강화, 패권의 쟁취 등 거의 모든 것을 얻을 수 있는 **효과적 수단**이다. 그 이유는 연구개발사업이야말로 진정한 '**전문가를 동원한 도전적 시도**'이기 때문이다.

과학기술정책가는 연구개발사업을 적절히 시행함으로써 국가가 요구하는 모든 것을 얻어낼 수 있다. 과학기술정책가는 곧 한신이나 제갈량의 역할을 하여야 한다. 이미 오늘날 국가 간의 경쟁은 자유 시장경쟁이지만 그 뒤에 연구개발경쟁이 치열하게 진행되고 있고, 그 내면에는 '연구인력 경쟁', '연구비투자 경쟁'이 일어나고 있다.

과학기술정책가는 새로운 연구개발사업을 설계할 때, 그 사업을 통해 새로운 기술만 얻기보다는, 유능한 연구팀, 최첨단 연구장비, 연구기관의 명성 및 활발한 연구개발생태계까지 얻을 수 있도록 매우 치밀한 전략을 구사해야 한다. 더 넓게 보면, 국가연구개발사업은 무상양여, 조세특례, 병역특례, 국가우선구매 등 다른 정책의 협조를 받아 다양한 형식으로 운영함으로써 정책효과를 더욱 극대화할 수도 있다.

1 연구개발사업 설계

■ 정책설계의 기본원칙

○ 정책을 설계하려면 **필요성, (실현)가능성, 효과성, 효율성,** 인근 정책과의 조화성, 과거 정책과의 일관성을 추구하면서 단기적 효과와 장기적 영향 및 부작용을 예측해야 한다. 그리고 정책윤리성, 절차적 정당성, 평가가능성까지도 고려해야 한다. 이외로 정책의 충돌(조화성의 결핍)이 매우 많이 일어난다.
 -교육부의 「BK21사업」이 과기부의 「KAIST정책」과 충돌한다.
 -한시적 (독립법인) 사업단 설치와 출연(연) 정책이 서로 충돌한다.
 -IBS 정책과 연구중심대학 정책이 충돌한다.

－자금조성에 유리하다고 해서 '사행성 사업(경마, 복권)'을 정부가 추진하는 것은 정책윤리에 어긋난다. 실적을 높이겠다고 적극성을 보이기 애매하다. 선진국은 재미를 위해 특별 이벤트로 '복권 행사'를 개최하되, 주로 장애인 단체가 운영하도록 한다.

※ 과천 경마장의 관할권(운영권)을 두고 경기도와 과천시가 다툰 적이 있다.

○ 정책목표, 정책내용 및 정책수단은 모두 윤리적이어야 하며 서로 연계되어야 한다.
－정책설계자가 정책내용을 잘 이해하지 못하면 엉뚱한 수단을 동원하게 된다.
○ 전투를 시작하는 것처럼, 정책설계자는 인력, 자금, 시간, 공간, 장비를 따져봐야 한다.
－새롭게 시작하는 연구개발사업에 어느 정도 재원을 투입할지 가늠이 어렵다.
○ 전시성 정책을 피하라. 정부는 정치권의 눈치 보지 않는 방법을 찾아라.
－새 정권의 체면을 살리려고 과거 정권에서 추진된 사업을 폄훼하지 마라.
○ 정책설계에서 설계자 개인의 이익을 추구한다면, 부정행위(이해의 충돌)에 해당한다.

■ 연구개발사업 설계의 핵심

과학기술정책가가 연구개발사업을 통해 얻고자 하는 사회적 가치(사회적 문제해결, 산업 경쟁력 제고, 우수 연구자 양성 등)가 있는 경우, 새로운 연구개발사업을 설계하게 된다. 본장 제1절에서 설명된 「연구개발사업의 표준절차」를 참고하면서, 본장 제1절 제2항에서 설명한 바 있는 '연구개발사업의 유형'에 따라 설계에서 유념할 내용을 보자.

(1) <u>Type 1 연구사업: 교수들이 요청하는 연구를 지원하는 연구개발사업</u>

Type 1 연구는 대학교원들의 연구역량을 키우기 위해, 교원들이 요청하는 연구과제에 대해 정부가 연구비를 지원하는 연구개발사업이다. 정부는 연구결과를 활용할 의도가 없으며, 오직 교원들이 성실하게 연구해 주길 바라며, 사업운영은 전문기관에 위탁한다.

○ 연구비는 출연금(grant자금)을 사용하며, 「연구개발사업의 표준절차」를 따른다.
○ 대학교원들은 연령과 능력에 따라 참여기회를 전략적으로 부여하기 위해 여러 형식의 사업(프로그램)을 설계하여 제시한다.
－신진연구자 지원사업, 중견연구자 지원사업, 씨앗연구 지원사업, 기반연구 지원사업, 도전적 연구지원사업 등 사업마다 **<u>과제신청 자격요건</u>**을 다르게 제시함으로써 특정한 그룹의 연구를 활성화 할 수 있다.
○ 과제는 동료심사로써 선정하며, 연구기간은 보통 3년이다.
○ 연구비 규모는 신청과제에 따라 다르지만, 상한계를 정해야 한다.
○ 이 사업에서 연구과제의 결과평가는 생략할 수도 있고, 연구논문 발표실적을 요구할 수도

있다. 보통, 연구논문실적은 연구종료 후, 곧바로 성과가 나오기 어려운 경우가 많아서 종료 직후 평가하면 성공 여부 판단이 어렵다. 미국 NSF는 grant 과제의 결과평가를 생략하고 있다. PI가 차후에 새로운 grant 과제를 신청할 때, proposal에서 과거에 받은 grant와 발표 논문을 모두 기록하게 함으로써, 과제선정 심의과정에서 그 PI에 대한 과거의 실적평가가 자연스럽게 일어난다.

－우리나라 NRF는 연구과제 종료 후 2년 이내에 학술논문을 발표하기를 요구한다.

○ grant 연구비 잔액은 회수하는 것을 원칙으로 한다. 그 잔액을 회수하여 새로운 연구자를 지원하는 것이 본 사업의 목적에 부합되기 때문이다. Type 1 연구 지원사업의 절차는 「연구개발사업 처리규정」에 나와 있다.

(2) Type 2 연구사업: 국가(연)의 미션연구

Type 2 연구는 국립(연) 또는 국책(연)의 미션연구로서 '사업'이라기보다는 '연구개발 예산사업'이다. 즉, Type 2 연구는 국가(연)이 미션으로 정해진 연구주제 내에서 연구과제를 도출하고, 그 과제를 여러 연구팀이 참여하여 연구할 수 있도록 필요한 경비를 기관예산으로 받아서 독립적이고 자율적으로 추진하는 연구개발사업이다. 그리고 국가(연) 내부적으로는 사업운영절차와 기준을 규범으로 정해두어야 한다. 제4장의 선진국 사례를 보면, "국가(연)의 자율적 운영체계"가 Type 2 연구의 성공에 매우 중요하다. 그러나 아쉽게도 우리나라 출연(연)은 아직 이러한 수준에 들어가지 못했다. 우리는 정부 공무원이 출연(연)의 예산항목을 미세하게 심사하고 있으며, 출연(연)은 그렇게 정해진 예산항목대로 집행해야 한다. 예산의 변경절차도 좀 번거롭다. 예산결정이 이런 상황이라면, 출연(연)의 내부적 의사결정체계가 필요없으며, 자율성도 없는 것이다.

Type 2 연구사업(출연(연)의 미션연구사업)의 주제는 정관에 명시되며, 예산총액 결정은 정부가 담당하지만, 세부예산편성과 사업운영은 출연(연)이 독립적 · 자율적으로 추진해야 출연(연)의 효과성이 보장된다. Type 2 연구의 핵심은 출연(연)이 기술기획을 통해 국가 전체적 연구역량을 결집하는 것이다. 역량의 결집은 Type 3 연구에도 해당한다. Type 2 연구에 대한 평가는 결국 출연(연)의 연구실적을 평가하는 일이므로, 매년 실시하기보다는 매 3년마다 평가함이 바람직하다. 그런데 이런 평가를 국제평가로 실시하지 않는다. 기초연구기관은 개방성을 중요시하므로 국제평가를 할 수 있으나, 응용 · 개발연구기관은 많은 노하우와 비밀내용이 존재하므로 개방할 수 없기 때문이다. 연구기관의 평가는 뒤에 별도로 논의한다.

(3) Type 3 연구사업: 정부부처의 문제해결형 연구사업(아젠다 프로젝트)

Type 3 연구는 정부부처가 사회에서 수시로 발생하는 공공적 문제를 해결하기 위해 국책(연)에 연구를 의뢰하는 Top-down형 연구개발사업이다. 이 경우, 본장 제1절에서 설명된「Type 1 사업의 운영절차」와는 많이 달라진다. 전형적 contract사업이다.

① 먼저, 정부부처는 해결하고자 하는 문제에 대해 기술적 연관성이 큰 국책(연)을 선택하여 새로운 연구개발사업 추진에 대해 협의하고, '사전기획'을 의뢰한다.
- 내용이 복잡한 경우, 정부는 '가능성조사(Feasibility Study)'를 의뢰할 수도 있다.
- 해결하고자 하는 문제를 어디까지 감당할 것이냐에 대해 합의가 있어야 한다.

② 사업설계단계에서 사업기획이 중요하다. 주관연구기관이 사업기획을 직접 담당해야 성공가능성이 크다. 남이 기획해 준 로드맵으로는 성공하기 어렵다. 기획내용은;
- 아젠다 프로젝트는 보통 대형과제이며, 대과제-중과제-세부과제의 체계를 갖추며, **출연(연)이 주관하고 대학이 참여하여 국가 역량을 총동원하는 모습**을 가진다.
- 주관기관이 감당할 수 있는 연구내용은 어디까지인가? 주관기관에서 누가 사업을 담당(총괄 PI)하며, 몇 명이 참여하는가? 소요 연구비와 소요 기간은 얼마인가?
- 외부 기관에 의뢰할 중과제와 세부과제는 무엇인가? 중과제 또는 세부과제에서 요구할 연구결과(RFP)는 무엇인가? 국내 연구기관에서 해결 가능한가? 등등

③ 주관기관은 기획된 내용을 정부부처에 보고하고 사업추진 여부를 확정한다.
- 대략적 연구비 규모, 연구기간 및 연구목표에 대해 합의한다.

④ 주관기관은 사업을 공고하여 중과제, 세부과제에 대한 연구책임자를 찾는다.
- 사업공고 내용은 중과제, 세부과제에 대해 요구되는 결과물(RFP)을 공표하고 이 과제를 담당할 연구책임자를 찾는다.

⑤ 주관기관은 대학 또는 다른 국책(연)으로부터 신청된 과제에 대해 선정심사를 실시하고 중과제와 세부과제의 책임자를 선정한다. 이 과정에 내용조정과 예산조정이 생긴다.

⑥ 선정된 중과제와 세부과제 책임자는 조정된 내용으로 연구계획서를 작성하여 주관기관(국책(연))에 제출하며 계약체결을 요청한다.

⑦ 모든 연구과제체계(대과제-중과제-세부과제)가 완성되면, 주관기관은 정부부처와 연구계약을 체결한다.
- 모든 계약은 contract형식으로 체결한다.

※ 여기서 PBS는 폐지를 전제로 하고 있다. 정규직 연구자는 출연(연)의 '기관운영비'에서 인건비를 100% 받을 수 있어야 한다. Type 3 연구사업에 참여하는 경우, 최대 30%까지 인건비를 추가로 받을 수 있다. 이것은 대학교원도 동일하다.

※ 출연(연)의 정규직 연구원은 개인기본연구나 Type 2 연구에서 인건비를 계상할 수 없다.

⑧ 사업단장(총괄 PI)은 연구자를 지휘하고, 과제를 점검하면서 사업을 이끌고 간다.
   −과제 수행 중 예상못한 문제가 생기면 위탁과제를 만들어 외부에 의뢰할 수 있다.

⑨ 사업결과가 정부의 요구에 불만족스러운 경우가 있다. 엄격한 평가결과, 소송이 생길 수 있다. 연구책임자의 불성실이 있는지 판정해 주는 제도가 필요하다.

⑩ 연구결과로 얻은 기술적 지식만으로 사회적 문제는 해결되지 않는다. 반드시 인문사회적(제도적, 윤리적, 교육적) 뒷받침이 있어야 사회적 가치를 만들 수 있다.

※ 영국에서 학생들의 혼전임신이 사회적 문제가 되자 이를 해결하기 위해 사전피임약을 개발하였다. 그리고 학교의 성교육과 함께 이 피임약의 사용이 보편화된 것이다.

Type 3 연구는 선진국에서는 보편화되어 있지만 우리나라는 아직 생소한 연구이다. 특히, 출연(연)이 유능하고 사회적 신뢰가 높아야, 정부가 어려운 문제를 의뢰하려 할 것이다. 그러나 Type 3 연구로 인해 얻게 되는 연구경험은 너무나 소중하다. 미국은 Type 3 연구비 예산이 Type 1 연구비 예산의 10배 이상이다. 우리도 선진국이 되고 연구능력을 확대하려면 Type 3 연구를 의도적으로 확대해야 한다. 그 이전에 출연(연)을 정예화하고 확대해야 함은 당연하다. 또한 정부부처도 우리 힘으로 우리 문제를 해결하려는 의지와 전문직 공무원을 보유해야 한다.

정부부처와 출연(연)의 관계

출연(연)은 정부부처가 요청하는 과업을 수행해야 할 의무가 있으며, 출연(연)은 별도의 경쟁절차 없이 정부와 연구계약을 체결할 수 있는 대상이다. 그리고 정부부처는 출연금을 지급한다. 일반공무원들은 정부가 출연(연)과 연구를 협의하고 출연금을 지급하는 것을 '수의계약'으로 착각하는데 이것은 수의계약이 아니고 '과업의 지시'에 해당한다. 출연(연)은 정부의 전문적 과업을 담당하기 위해 설립된 것이다. 그래서 '정부출연연구기관'이다. 정부부처가 출연(연)을 용이하게 활용할 수 있도록(수시로 연구를 의뢰할 수 있도록) 이러한 관계를 법률에 명시해 둘 필요가 있는데 그러하지 못했다. 그런데 이 부분이 PBS로 인해 퇴색되었다. 반면에 대학은 경쟁과정을 거쳐 정부과업에 참여해야 한다. 대학은 유일무이하지 않기 때문이다. 여기서 연구비를 '출연금'으로 지급하는 이유는 무엇일까? 출연(연)은 과업수행에 성실해야 하지만 실패에 대한 관용이 필요하다. 우주선 발사나 코로나 백신 개발에 실패한다 해도 '배상'은 없어야 한다. 그래서 '출연'금이다.

(4) Type 4 연구사업: 전략적 연구사업

Type 4 연구지원사업은 정부가 연구개발 촉진분야를 지정하면서, 사업설계 단계에서 정부의 의도를 강하게 주입하는 사업이다. 그리고 사업설계대로 따라오도록 연구자를 유인한다. 정부는 연구의 결과물을 활용하려는 의도는 없다. 그래서 자금은 grant(출연금)을 사용한다. 사업추진 절차는 「연구개발사업의 표준운영절차」를 따르지만, 사업설계에서 강력한 기획(사업목적과 목표, 참여자격, 지원내용, 지원기간)이 동반된다. 과기부가 특별히 선호하는 사업유형이다.

○ 정부(주로 과기부)가 '전략적으로 육성할 기술(예시: AI, NT, BT)'을 도출한 경우, 이 기술(target 기술)에 대한 연구개발을 촉진하기 위해 별도의 연구비를 마련한다.
 – 우리 정부는 target 기술개발을 위한 국가기술로드맵(NTRM)을 작성하고, 과제를 도출하며, 그 과제에 RFA를 제시하고 연구자를 선발까지 한다.
 – target 기술개발을 위해 대형과제를 만들고 **연구사업단을 공모**한다(예 G7).

○ 정부가 특정 활동(융합연구, 인력양성 등)을 요구하며 연구비를 지원하기도 한다.
 – 미국 SBIR: 기술창업을 촉진하기 위해 새로운 기술과 창업계획을 심사·지원한다.
 – 미국 ERC: 공과대학의 엔지니어링 인력을 양성하기 위해 새로운 기술영역에서 기술개발과 대학원 인력양성을 동시에 수행하도록 10년간 연구비를 지원한다.
 – 우리 BK21: 대학원 교육을 활성화하고 대학의 제도개선(입학전형, 대학원 문호개방, 교원 업적평가 등)을 유인하기 위해 대학원생에게 장학금을 지급한다.
 ☞ 이 사업들은 구체적 설계내용을 파악해 볼 가치가 있으므로 뒤에서 다시 소개한다.

○ Type 4 연구사업은 정부가 연구결과물을 활용하지 않을 것이므로, 결과평가가 느슨해지고 도덕적 해이가 발생하기 쉽다. 결과평가가 유효하도록 설계해야 한다.

○ 정부가 직접 과제를 기획하고 PI를 선정하게 되면 '도덕적 해이'가 발생하기 쉽다. 유능하고 책임있는 국책(연)이 주도하는 것이 더 바람직하다.

Type 4 연구사업을 전문기관에 위임하지 않고 정부가 직접 설계하고 주도하는 경우, **관료주의가 개입**될 수 있다. 즉, 정부부처가 언론의 주목을 받기 위해 과도하게 많은 연구자를 동원하여 크게 시작하고서는, 수년 후 정권이 바뀌고 나면 흐지부지 용두사미로 끝나는 경우가 생긴다. 연구사업단을 독립법인으로 만들어서 사업단장의 소속기관으로부터 완전히 독립시키는 경우도 있다. 연구사업단의 독립은 득보다 실이 더 크다. 뒤에서 다시 논의한다.

☞ 민·군겸용기술도 전략적 기술로 볼 수 있다. '민·군겸용기술사업'은 군사부문에서도 수요가 있고 민간부문에도 수요가 있어서, 하나의 기술개발로 민과 군의 수요를 동시에 만족시키는 연구를 지원하는 사업이므로, 과제의 심사절차는 두 번(군에서 한번, 민에서 한번) 거치면서 양측에서 모두 '우수' 이상으로 심사되어야 과제로 선정되는 특징을 가진다.

■ 「국가연구개발혁신법」과 국가연구개발사업

과학기술정책가는 연구개발사업을 설계할 줄 알아야 한다. 연구개발사업은 연구인력정책, 국가연구소정책, 연구중심대학정책에 직결된다. 정책가는 연구개발사업의 설계된 모습을 보고 무슨 맹점이 있는지 찾아낼 줄 알아야 한다. 이를 위해서 과학기술정책가는 연구과제책임자(PI)를 경험해 봐야 한다. 공무원들은 일정기간 출연(연)의 정책연구실에 파견되어, 연구과제

수행을 경험해 보기를 권한다.

정부부처 차원에서 추진하는 연구개발사업은 「국가연구개발혁신법」을 준수해야 한다. 이 법률에는 국가연구개발사업에 대해 정부의 책무, 연구개발기관의 책임과 역할, 연구자의 책임과 역할이 규정되어 있으며, '전문기관(정부부처를 대신하여 국가연구개발예산을 집행하고 사업의 관리를 전담하는 기관)'의 설치 근거도 규정되어 있다. 「국가연구개발혁신법 시행규칙」에는 연구개발계획서(신청용, 협약용), 국가연구개발사업협약서, 여러 종류의 보고서양식이 제시되어 있다. 그런데 「국가연구개발혁신법」에서 아쉬운 점은 다음과 같다.

○ Type 1, Type 3, Type 4에 따라 관리방법이 달라져야 한다. 또한 Type 2 연구를 위해서는 「(가칭)국책연구기관 지원육성법」에서 별도로 사업운영방법이 규정되어야 한다. 여기서 사업운영방법은 자율성에 기반을 두어야 하며, 자율성은 앞에서 설명한 네 가지 요건이 구비되어야 한다. 그리고 정부부처가 국책(연)에 아젠다 연구를 용이하게 의뢰하는 절차가 규정되어야 한다. 혁신법 제13조의 규정은 너무 번거롭다.
  - 출연(연)은 미션연구가 보장되어야 하며, 정부의 아젠다 프로젝트도 출연(연)이 주도하도록 절차와 계약을 법규로써 규정해야 한다.
    ※ 출연(연)의 정책 · 기획기능이 보강되어야 하며, 전문기관은 출연(연)에 통합해야 한다.

○ 출연금의 성격을 규정하고 유연하게 하며, 계약형식을 agreement(grant사업)과 contract(용역사업)으로 구분함으로써 기본철학(인력육성과 성과활용)을 분명히 해야 한다. 연구자들에게 자유로운 경쟁시장을 만들어 주어야 한다.
  - contract사업에는 인센티브와 페널티가 있어야 하며, contract사업에서 스폰서와 PI 간에 분쟁이 발생할 수 있으므로 '소청심사제도'가 법률에 규정되어야 한다.

○ 출연(연)이 독립적 · 자율적으로 추진할 연구와 대학이 경쟁적으로 수행할 연구에 대한 구분이 규정되어야 하며, 대학은 개방적 · 개인적 · 기초적 · 경쟁적 연구를 지향하고 출연(연)은 비공개 · 조직적 · 응용개발 · 비경쟁 연구를 지향하도록 규정해야 한다.
  - 선진국이 될수록 '연구보안'이 중요해지는데, 대학에는 외국인이 많아진다.

○ 이런 질서가 국가연구개발사업에 대한 과기부의 **종합조정의 원칙**에 명시되어야 한다.
  - 종합조정은 중요하고 복잡하므로 뒤에서 별도로 논의한다.

2 일본학술진흥회(JSPS)의 과연비 제도

우리나라가 2008년 교육부와 과기부를 통합하고서, 그다음 해에 교육부 산하 학술진흥재단과 과기부 산하 과학재단을 통합하여 한국연구재단(NRF)을 만들었다. 그러나 2001년 일본이 문부성과 과기청을 통합하여 문부과학성이 될 때에는 문부성 산하 일본학술진흥회(JSPS)와 과기청 산하 일본과학기술진흥기구(JST)는 통합하지 않았다. 누가 현명한지는 세월이 지나면 알 수 있을 것이다.

여기서 JSPS가 운영하는 여러 가지 연구지원사업(통칭 '과연비제도')을 살펴보자. 우리나라 NRF와 유사한 점을 많이 발견할 수 있으며 간혹 특별한 차이점도 보인다. 다음 내용은 본 저자가 2019년에 조사하여 NRF에 보고한 내용[11]을 그대로 소개한다.

■ 과연비(과학연구비 보조금) 제도 개요[11. p. 23]

일본의 '과연비제도'는 대학이나 연구기관의 다양한 연구활동을 지원하기 위하여 일본학술진흥회(JSPS)[2]가 운영하는 연구비 지원제도이다. 과연비제도는 모든 연구활동에 기반이 되는 학술연구를 폭넓게 지원함으로써 **과학발전의 씨를 뿌리고 싹을 틔우는 것을 목표**로 하며 인문사회학부터 자연과학까지 모든 분야에 걸쳐서, 기초부터 응용의 모든 독창적 선험적 학술연구를 대상으로 지원하고 있다. 균형육성의 철학을 가진다.

과연비제도가 지원하는 연구는 연구자 개인의 자유로운 발상에 기초하여 수행된다. 따라서 많은 연구가 1인 또는 소수의 연구자를 위한 「**개인형**」 연구형태가 된다. 다른 한편으로 일본의 학술수준의 향상·강화를 위하여 '연구자 그룹'에 의한 새로운 연구영역의 발전을 목적으로 한 「**영역형**」 연구에 대한 지원도 있다. 과연비제도는 연구비를 지원한다는 단순한 목적보다는 사람을 키우거나 연구그룹을 키우며 기술이 축적되게 하는 목적이 내재되어 있음을 볼 수 있다. 특히 각 프로그램마다 추구하는 가치를 명확히 공표함으로써 **단순히 논문쓰기 위한 연구가 아니라는 점**을 강조하고 있다.

과연비제도에서는 연구자가 응모한 과제신청서에 대해 동료심사를 거쳐 우수과제를 선정하고 연구비가 지급된다. 이런 제도는 '**경쟁적 자금제도**'라고 부른다. 과연비는 정부전체의 **경쟁적 자금[3]의 50% 이상**을 점유하는 일본 최대의 경쟁적 자금제도이다(2017년도 예산 2,284억 엔). 2016년도에는 약 10만 9천 건의 새로운 응모가 있었고 그중에 약 3만 건이 선정되었다.

---

2 일본 JSPS는 2017년 예산이 2,677억 엔이며 직원은 271명이다.

3 일본의 독립행정법인(국책(연)에 해당)에 지급되는 연구비는 경쟁적 자금이 아니다.

■ 일본 과학기술진흥정책에서 과연비의 위치[11. p. 26]

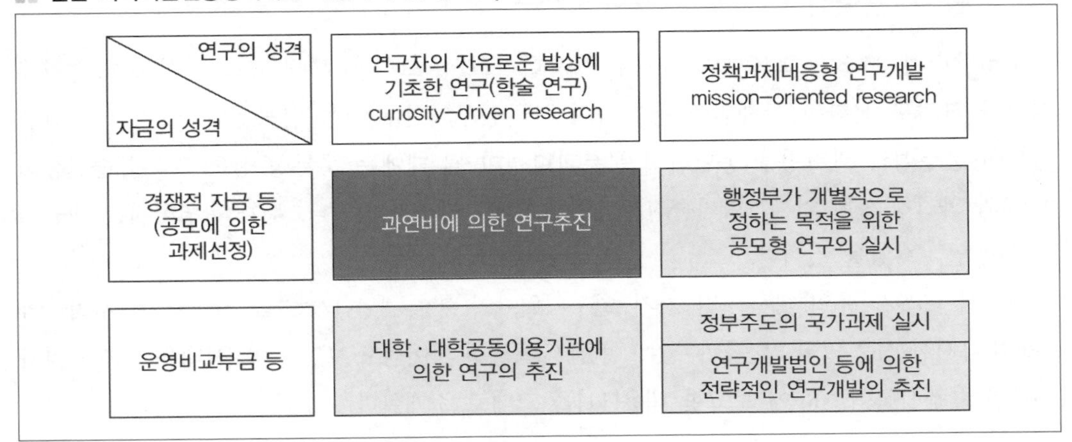

이미 선정되어 수년간 계속되는 연구과제를 포함하면 약 8만 3천 건의 연구과제를 지원하는 셈이다. 과연비에는 대학에 소속된 연구자 외에 문부과학장관이 지정하는 연구기관에 속한 연구자도 응모할 수 있다. 국공립시험연구기관이나 공익법인, 기업의 연구소도 「연구기관」으로 문부과학장관의 지정을 받고 있어, 많은 연구자가 과연비에 응모하고 있다. 2016년 11월 기준 **과연비의 응모자격을 가진 연구기관은 총 1,833기관이며 연구자는 281,390명이다**[11. p. 24].

과연비의 연구과제 지원으로 2016년부터 「학술연구지원기반형성제도」를 시행하고 있다. 본 제도는 대학공동이용기관이나 공동이용 · 공동연구거점을 중핵기관으로 하는 관계기관의 긴밀한 제휴아래 연구지원을 실시하는 학술연구지원기반(플랫폼)의 형성을 도모하는 제도로서, 폭넓은 연구 분야 · 영역의 연구자에게 설비의 공동이용과 기술지원을 하는 「선단기술기반지원프로그램」과 리소스(자료, 데이터, 실험용 시료, 표본 등)의 수집 · 보존 · 제공이나 보존기술 등을 지원하는 「연구기반리소스지원프로그램」으로 구성되어 있다. 플랫폼에서는 과연비의 연구과제를 효율적 · 효과적으로 수행할 수 있도록 연구지원 업무를 하고 있다. 지원과제의 공모나 선정은 각 플랫폼에서 실시하고 있다.

과연비제도가 운영하는 사업종목(program)은 6종목이 있으며 이들은 서로 성격을 달리하면서 새로운 학술영역의 개척이나 기존 지식의 응용개발에 대해 연구자들이 도전할 수 있게 한다. 사업별로 지원자격, 지원규모, 연구기간, 평가방식을 다르게 하면서 사업이 추구하는 가치를 명확히 살리고 있다. 6개 연구종목은 다음과 같다.

○ 「기반연구 지원프로그램」

○ 「젊은연구자연구 지원프로그램」

○ 「신학술영역연구 지원프로그램」
○ 「도전적 연구(개척, 씨앗) 지원프로그램」
○ 「특별추진연구 지원프로그램」
○ 「연구활동 스타트 지원프로그램」

일본의 연구비 지원제도는 순수한 지원(grant 성격)을 목적으로 하며 **연구자를 육성하기 위해 지속적으로 진화**해 가고 있음을 알 수 있다. 일본은 국가연구개발사업의 목적을 '**국제적 존재감**'이라고 언급하고 있다. 그래서 학술연구를 「**국력의 근본**」이라는 위상을 부여하고 있다. 「제5기 과학기술기본계획(2016~2020년)」에서 신규과제의 **선정률로 30%**의 목표를 설정하고 있다.
☞ 이런 것들은 우리가 국가연구개발사업의 종합조정에서 가져야 할 기본입장에 해당한다.

■ 과연비 연구종목과 유형(지원 프로그램 유형)[11. p. 25]

과연비에서는 연구자의 경력이나 연구성격에 맞추어 지원하기 위해 6개 「연구종목」이 설정되어 있으므로, 응모하려는 연구자는 스스로 연구계획의 내용이나 규모에 맞게 연구종목을 선택해야 한다. 2018년부터 새로운 심사시스템으로 이행되었는데, 최근의 학술동향에 맞는 더 높은 도전적 연구로의 지원이 강화되도록 연구종목·유형의 재검토를 실시하고 있다. 연구종목(연구 프로그램)별 성격과 상호관계를 보자.

○ **기반연구**: 과연비에 있어서 일반적 연구조직의 유형으로, 1인 또는 소수의 연구자로 조직한 연구계획을 지원대상으로 하며, 독창적 선험적 연구를 현저히 발전시키기 위한 연구계획을 우선으로 지원한다.

○ **젊은 연구자 연구**: 젊은 연구자에게 독립하여 연구할 수 있는 기회를 주어 연구자로서 좋은 출발을 할 수 있도록 하고 있다. 젊은 연구자의 독립성을 확보할 수 있도록 하기 위하여 젊은 연구자 1인이 수행하는 연구계획을 지원대상으로 하며, 장래의 발전이 기대되는 탁월한 아이디어를 포함하는 연구계획을 우선으로 지원한다.

○ **신학술영역연구**: 다양한 연구자의 제휴에 의한, 기존의 학문분야의 틀에 갇혀있지 않은 연구계획이나 기존의 분야이더라도 그 연구영역의 발전이 다른 곳에서 큰 파급효과를 가져오는 연구계획을 지원대상으로 한다. 또한 젊은 연구자가 본 영역의공동연구에 참여하게 함으로써 연구인재를 육성하는 역할도 하고 있다.

－신학술영역연구는 연구영역을 설정할 때부터 미리 조직화되고 계획적으로 연구를 진행하기 위한 「**계획연구**」와 그 연구영역의 연구를 한층 더 심화하기 위해 연구영역의 설정 후에 공모하는 「**공모연구**」로 구성되어 있다. 지금까지 접점이 없었던 분야의 연구자가

「공모연구」에 의해 신학술연구영역에 참가하므로 완전히 새로운 연구기법에 의한 문제 해결로서의 어프로치가 가능하게 되는 등 그 연구영역의 발전이 한층 더 높아진다.

과연비의 중핵이 되는 연구종목은 「기반연구」이며, 지금까지 축적된 학문분야의 심화·발전을 목표로 하는 연구를 지원하고, 학술연구의 발판을 튼튼하게 하는 연구종목이다. 이것은 연구기간이나 연구비 총액에 따라 S·A·B·C의 네 가지로 구분된다.

젊은 연구자에게 독립해서 연구할 기회를 주고 연구자로서의 성장을 지원하며 「기반연구」 종목으로 원활하게 진입하게 하기 위한 연구종목으로서, 원칙적으로 박사학위 취득 후 8년 미만의 연구자를 대상으로 하는 **「젊은 연구자연구」** 종목을 설치하고 있다. 또한 「젊은 연구자연구」를 수혜할 수 있는 기회는 2회까지로 한정하며, 그 후 계속해서 과연비에 의한 연구를 수행하고자 하는 경우에는 「기반연구」에서 응모하게 한다.

※ 2018년부터 「젊은 연구자연구 지원프로그램」의 응모요건은 박사학위 취득 후 8년 미만의 연구자를 대상으로 하지만 당장은 39세 이하의 박사와 학위 미취득자의 응모를 인정하는 과도기적 조치를 실시한다.

참신한 발상에 기초한 연구를 지원하고 학술의 체계나 방향의 변혁·전환, 신영역의 개척을 선도하는 잠재성을 키우는 연구종목으로는 「신학술영역연구」나 「도전적 연구(개척, 씨앗)」를 두고 있다. 「신학술영역연구」는 공동연구나 인재의 육성을 통해 새로운 영역의 도출이나 기존 영역의 발전을 목표로 하는데 2008년에 설치되었다. 2018년부터 「도전적 연구(개척, 씨앗)」는 참신한 발상에 기초한, 기존의 학술의 체계나 방향을 크게 변혁·전환시키는 것을 지향하여 비약적으로 발전하는 잠재성을 가진 연구를 지원한다.

※ 「신학술영역연구」와 「도전적 연구(개척, 씨앗)」을 합쳐서 「학술변혁연구」라고 부른다.

일본 과연비가 지원하는 연구종목의 상호관계[11. p. 24]

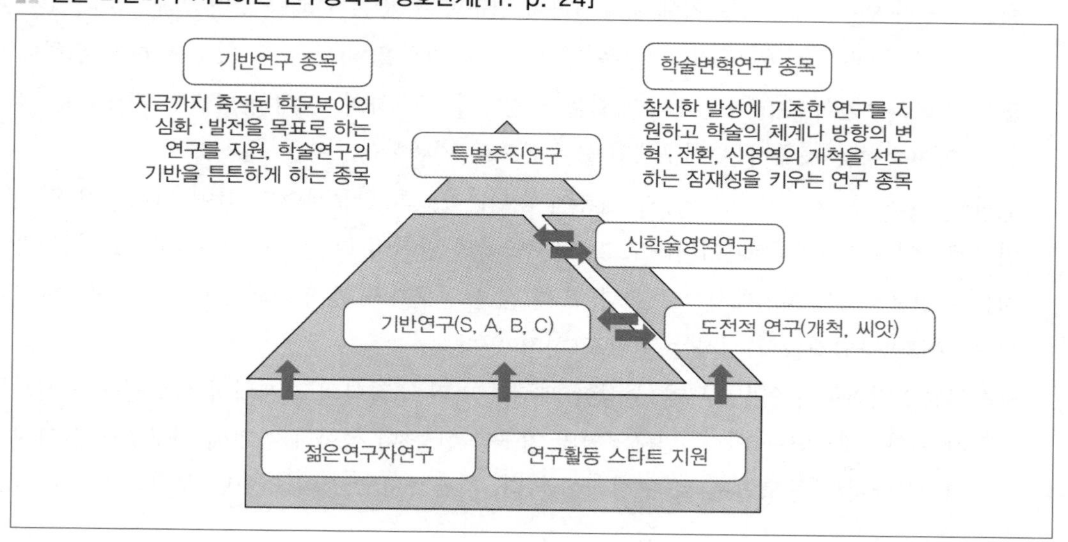

또한, 새로운 학술을 개척하는 정말로 우수한 독창성있는 연구를 지원하는 「특별추진연구」는 「기반연구」 종목과 「학술변혁연구」 종목의 성격을 함께 가지는 연구종목이다. 연구비가 비교적 작은 규모인 「기반연구(C)」, 「젊은 연구자 연구(B)」, 「도전적 씨앗연구」는 2011년부터, 「도전적 연구(씨앗)」는 2017년도 선정된 연구과제부터 '**기금화(뒤에 설명)**'를 도입하고 있다. 일본학술지흥회는 연구자의 연구활동에 연구비를 지원하는 과연비제도의 6개 연구종목(프로그램) 외에도, 특별연구촉진비, 연구성과공개촉진비(연구성과의 공개발표, 국제정보교류의 강화, 학술도서의 간행, 데이터베이스의 작성), 특별연구원장려비(외국인 포함), 국제공동연구가속기금, 특설분야연구기금 등의 사업을 전개하고 있다.

■ 과연비의 선정 · 지원 · 평가

JSPS의 각종 연구지원 프로그램을 종합적으로 보자[83].

일본학술진흥회의 연구지원프로그램(2017년 기준)

<table>
<tr><th colspan="2">연구종목 등</th><th>연구종목의 목적 · 내용</th></tr>
<tr><td rowspan="4">과연비</td><td>특별추진 연구</td><td>새로운 학문을 개척하며 뛰어난 독자성이 있는 연구로서 현저히 탁월한 연구성과가 기대되는 1인 또는 비교적 소수의 연구자가 수행하는 연구
• 지원기간: 3~5년(필요한 경우 최장 7년)
• 지원액수: 1억엔~5억엔(중요한 경우 5억엔 이상 가능)</td></tr>
<tr><td>신학술영역 연구</td><td>(연구영역제안형)
다양한 연구자 그룹에 의해 제안되며, 국가 학술수준의 향상 · 강화와 연결되는 새로운 연구영역에 관해 공동연구나 연구인재의 육성, 설비의 공용화 등의 조취를 통해서 발전시키는 활동
• 지원기간: 5년
• 지원액수: 1영역 1년당 1천만엔~3억엔</td></tr>
<tr><td>기반연구</td><td>(S) 1인 또는 비교적 소수의 연구자가 수행하는 독창적 · 선구적 연구
• 지원기간: 5년
• 지원액수: 5천만엔~2억엔
(A),(B),(C) 1인 또는 복수의 연구자가 수행하는 독창적 · 선구적 연구
(A) 3~5년, 연 2천만엔~5천만엔
(B) 3~5년, 연 5백만엔~2천만엔
(C) 3~5년, 연 5백만엔 이하
※ 응모 액수에 따라 A, B, C로 구분</td></tr>
<tr><td>도전적 씨앗연구</td><td>(2016년 선정과제까지) 1인 또는 복수의 연구자로 기획된 연구계획으로, 독창적인 발상에 기초한 도전적이고 높은 목표설정을 제시한 발아기의 연구(1~3년, 연 5백만엔 이하)</td></tr>
</table>

<table>
<tr><td rowspan="4">과
연
비</td><td>도전적 연구</td><td>(개척)(씨앗) 1인 또는 복수의 연구자로 조직한 연구계획으로 기존의 학술체계나 방향을 크게 개혁 · 전환시킬 것을 지향하며 비약적으로 발전할 잠재성이 있는 연구. 그리고 (씨앗)은 탐색적 성격이 강한 또는 발아기 연구도 대상으로 함
(개척) 3~6년, 연 5백만엔~2천만엔
(씨앗) 2~3년, 연 5백만엔 이하</td></tr>
<tr><td>젊은 연구자 연구</td><td>(2017년 선정과제까지) (A),(B) 39세 이하의 연구자 1인이 수행하는 연구
(2~4년, (A)5백만엔~3천만엔, (B)5백만엔 이하)
※ 응모 액수에 의해 A, B로 구분
(2018년 선정과제 이후) 박사학위 취득후 8년 미만의 연구자 1인이 수행하는 연구 또는 경과조치로서 39세 이하의 연구자 1인이 수행하는 연구
(2~4년, 연 5백만엔 이하)</td></tr>
<tr><td>연구활동 스타트 지원</td><td>연구기관에 채용된 지 얼마 안되는 연구자나 육아휴직 등으로부터 복귀한 연구자 1인이 수행하는 연구
• 지원기간: 2년
• 지원액수: 연 150만엔 이하</td></tr>
<tr><td>장려연구</td><td>교육 · 연구기관의 교직원, 기업의 직원, 그 외 사람으로서 학술의 진흥에 기여하는 사람 1인이 수행하는 연구
• 지원기간: 1년
• 지원액수: 10만엔~100만엔</td></tr>
<tr><td colspan="2">특별연구촉진비</td><td>긴급하거나 중요한 연구</td></tr>
<tr><td colspan="2">성과공개촉진비</td><td>연구성과공개발표, 국제정보발신강화, 학술도서, 데이터베이스</td></tr>
<tr><td colspan="2">특별연구원장려비</td><td>일본학술진흥회 특별연구원(외국인 포함)이 수행하는 연구(3년 이내)</td></tr>
<tr><td colspan="2">국제공동연구기금</td><td>국제공동연구강화, 국제활동지원, 귀국발전연구(3년 이내, 5천만엔 이하)</td></tr>
<tr><td colspan="2">특설분야연구기금</td><td>최신 학술동향에 입각한 기반연구(특설분야는 매년 설정)</td></tr>
</table>

과연비제도는 연구자의 연구능력을 제고하고 연구경력을 쌓아갈 수 있도록 연구비를 지원하는 제도(연구개발지원 프로그램)이다. 이 제도는 세금을 투입하는 일이므로 재정지원에 대한 결과평가(프로젝트 평가와 프로그램 평가)를 실시함이 당연하다. 그런데 **연구결과는 연구종료 직후에 바로 판단하기 어렵다**. 시험평가로 평가하는 경우라면 비교적 즉각적 평가가 가능하지만, 학술논문으로 평가하는 경우라면 1~2년 기다려야 평가가 가능하다. 과연비에서는 「국가의 연구개발평가에 관한 대강의 지침」에 입각해 규모, 추진단계에 따른 평가를 실시하고 있고 평가결과에 관해서는 과연비 홈페이지(과연비조성사업 데이터베이스)에 모두 공개되도록 하고 있다. 과연비제도에서는 단기연구과제(3년 이내)에 대해서 서면평가를 실시하고 있다. 그리고 연구책임자의 자기평가를 요구한다.

■ 과연비 제도 연구종목별 평가방법(2017년 기준)[11. p. 26]

연구종목	평가형식	평가방법 및 절차
특별추진연구	• 서면평가 • 발표평가 • 현지조사	• 연구자 본인에 의한 연구진보의 자기평가(매년도) • 연구진보평가(연구기간 최종 연도의 전년도) • 추적평가(연구기간 종료 후 5년 경과 후)
신학술영역 연구	• 서면평가 • 발표평가	• 연구자 본인에 의한 연구진보의 자기평가(매년도) • 중간평가(5년의 연구기간 내의 3년째) • 사후평가(연구기간 종료 후 다음 연도)
기반연구(S)	• 서면평가 (발표평가 현지조사)	• 연구자 본인에 의한 연구진보의 자기평가(매년도) • 연구진보평가(연구기간 최종 연도의 전년도)
기반연구 (A, B, C)	• 서면평가	• 연구자 본인에 의한 연구진보의 자기평가(매년도)
도전적 연구		
젊은 연구자 연구		
연구활동 스타트 지원		

■ 과연비의 개혁[11. p. 27]

과연비 제도는 「과연비 개혁의 실시방침」에 따라 과연비 개혁을 추진하고 있다. 과연비 개혁에는 크게 세 가지 기둥이 있는데, 그것은 **① 심사시스템의 재검토, ② 연구종목·유형의 재검토, ③ 유연하고 적정한 연구비 사용의 촉진**이다. 제도개혁의 구체적 내용은 다음과 같다. 우리 연구개발사업 설계자가 참고할 만한 내용이다.

○ 신규의 연구과제에 대해서는 선정통보일 이후 바로 연구비를 사용할 수 있게 한다. 계속 과제에 대해서는 연구기간 내의 교부예정액을 초년도에 통지하고 있고, 2차년도 이후 연구기간 내에는 연구비가 **중단되는 일이 없이 사용**할 수 있게 한다.

○ 2013년에는 보조금 및 기금분의 연구종목, 2014년에는 일부 기금분의 연구종목의 연구실적 보고를 **전자화**하여 사무부담을 경감하였다.

○ 교부금 신청 시의 경비사용내역(물품비, 여비, 인건비, 사례금, 기타)은 일정한 범위 내(직접 경비의 총액의 **50% 이내**(총액의 50%의 액수가 300만엔 이하인 경우 300만엔 까지)에서 **자유롭게 변경**할 수 있다.

○ 연구수행과정에서 당초 예상하지 못했던 요인으로 인해 연도 내에 예정하고 있는 연구를 종료하지 못할 것 같은 경우에는 소정의 수속을 거쳐 연구기간을 연장하고 교부금을 다음

■ 기금종목에서 연구비의 이동 모습[11. p. 28]

	1차년도	2차년도	3차년도	4차년도
당초계획	100만 엔	100만 엔	100만 엔	100만 엔
실제집행	100만 엔	70만 엔	80만 엔	100만 엔
		30만 엔	20만 엔	
	30만 엔			20만 엔
		미리 앞당겨 쓰는 것이 가능	이월에 관한 조치 불필요	

해로 **이월**할 수 있다.

- ○ 연구의 진도에 맞춘 연구비의 사용이 가능하도록 2011년부터 과연비의 일부 연구종목을 「**기금화**」하였으며, 공동이용설비의 구입에 관해서는 2012년에 복수의 과연비 과제의 예산을 **합산**이 가능하도록 하였다.
- ○ 2013년도부터 기금화되지 않은 교부금 부분을 앞당겨 사용하거나 일정요건을 충족시키는 경우, 차년도 사용을 가능하게 하는 「**조정금**」제도를 도입하였다.

여기서 **'기금화'와 '조정금'제도**를 자세히 살펴보자. 2011년에 일본학술진흥회는 일부종목(program)을 위해 기금을 설치하였다. 연구자가 연도에 구애받지 않고 연구비를 사용할 수 있도록 하기 위해 소액(100만엔 이하)의 연구비를 미리 앞당겨 쓰거나 이월하여 쓸 수 있도록 기금을 빌려주는 것이다. 이것이 허용되는 사업('**기금종목**'이라 함)에서는 다년도 연구과제가 100만엔 이하의 연구비에 대해서는 연도에 구애받지 않고 유연한 집행이 가능하다.

또한, 2013년에 일본학술진흥회는 **조정금 제도**를 도입하였다. 연구비 규모가 큰 연구과제는 기금을 적용하기 어려우므로, 연구비를 국고에서 바로 빌려 쓸 수 있게 한 것이다. 예를 들어, 초년도에 300만엔을 국고에서 빌려쓰고 차년도에 갚을 수 있으며, 300만엔을 이월할 경우, 100만엔은 기금으로 이월하고 200만엔은 국고에 반납했다가 다음 연도에 받을 수 있는 것이다.

다년도 과제에서 연도별 연구비가 확정되면 이렇게 다양한 유연성을 보장해 준다는 점은 우리도 도입할 만하다. 우리의 경우, 다년도 과제가 선정되었다 해도 차년도 연구비는 신청한 액수대로 보장되지 않는 경우가 허다하므로 장기계획을 세울 수 없는 실정이다.

■ 조정금이 국고에서 지원되고 환수되는 모습[11. p. 28]

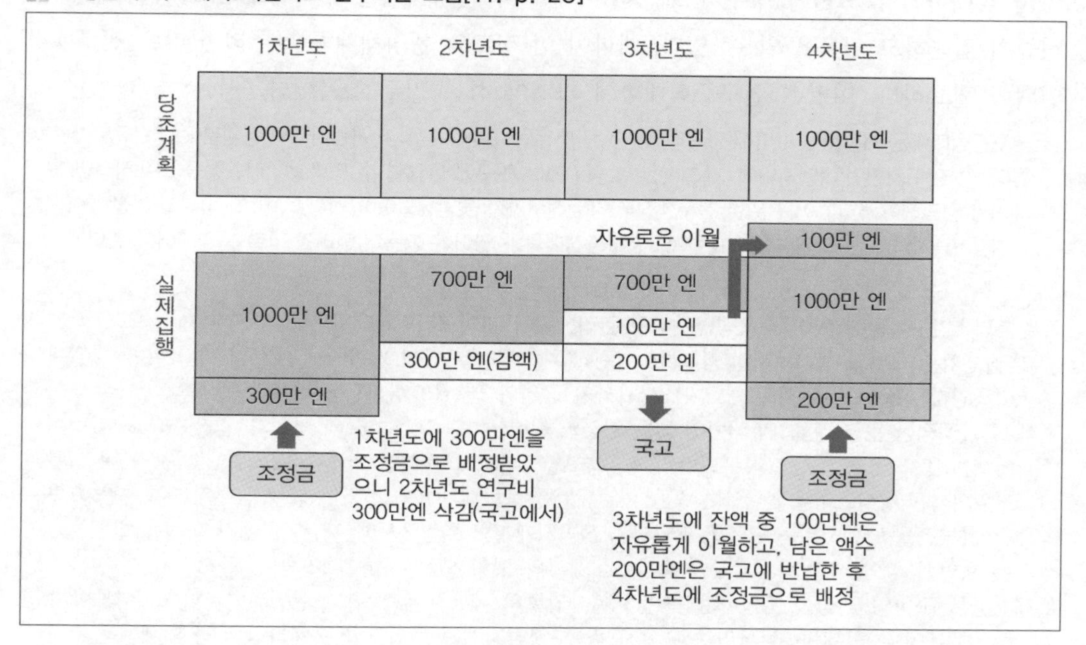

■ 연구비의 부정사용에 대한 일본의 대응[11. p. 29]

일본에서도 연구비의 부정사용 사례가 끊이지 않는 것 같다. 일본은 2013년 문부과학성에 설치된 「연구부정행위와 연구비 부정사용에 관한 TF」에서의 검토를 근거로 2014년 「공적 연구비의 관리·감사 가이드라인」이 개정되었다. 또한, 「연구활동의 부정행위에 대응하는 가이드라인」에 관해서도 2006년 TF에서의 검토나 재검토 및 운영개선에 관한 협력자 회의의 심의의 결과(2014년)에 따라 2014년에 새롭게 「연구활동의 부정행위에 대응하는 가이드라인」이 결정되었다. 연구기관에서는 이들 가이드라인을 근거로 한 체제정비가 요구되고 있다. 2018년부터는 과연비를 공정하고 효율적으로 사용하고 연구활동에서 부정행위를 하지 않을 것을 새롭게 약속하고, 과연비로 연구활동을 수행함에 있어서 **최소한의 필요한 사항(체크리스트)을 확인하지 않으면 교부신청을 할 수 없도록 하는 시스템**을 도입하였다. 미국의 NIH의 확약제도(assurance system)4와 유사한 형식이다.

일본의 「공적 연구비의 관리·감사 가이드라인」을 보면 정부가 연구기관(대학 포함)의 자율

4 NSF와 NIH는 연구기관(특히 대학)이 연구부정에 대한 처리제도, 이해충돌 방지제도, 연구피험자 보호제도, 실험동물 복지제도 등에 대해서 정부가 요구하는 요건을 갖추고 시행하겠다고 확약서를 정부에 제출해야 국가연구비를 신청할 수 있는 자격을 부여한다[84].

성을 침해하지 않으면서 정부가 요구하는 연구비 관리체계를 구축하도록 하기 위해 매우 신중히 접근하고 있음을 알 수 있다. 대학이 이 정도의 행정체계를 갖추려면 많은 전문행정 인력이 필요하다. 이것은 연구중심대학이 가져야 하는 필수 항목이다.

☞ 연구중심대학은 대형화될 수밖에 없으며, 가장 큰 이유는 ① 동료심사가 가능하도록 동일분야 교수규모가 커야 한다. ② 연구지원인력(엔지니어, 테크니션)이 막강해야 연구에 몰입할 수 있다. ③ 자율성을 보유하려면 윤리체계가 엄격해야 하며, 이를 위한 전문행정부서와 전문가가 뒷받침되어야 한다. 그리고 ④ 기술이전체계(기술평가, 기술계약)의 규모가 크다. 또한 ⑤ 연구중심대학은 영어가 공용어(영어강의)로 운영되어야 한다.

일본의 「연구기관에 있어서 공적연구비의 관리 · 감사 가이드라인」(요지)

제1절 【기관 내부의 책임체계의 명확화】 경쟁적 자금에 관련하여 기관 내부에서의 책임자(PI, 총괄관리책임자, compliance 추진책임자)의 책임의 범위와 권한의 명확화를 요구

제2절 【적정한 운영 · 관리의 기반이 되는 환경의 정비】 기관 내부 rule의 명확화 · 통일화(rule의 정비 및 상담창구의 설치 등), 직무권한의 명확화, 공정하고 효율적인 연구수행을 위해 연구자 및 사무직원의 의식향상, 고발의 취급(신속한 내용해명을 포함), 징계의 명확한 규정과 투명한 운용을 요구

제3절 【부정을 발생시키는 요인의 파악과 부정방지계획의 수립 · 시행】 기관 내에서 부정을 발생시키는 요인의 파악, 부정방지계획의 수립 및 계획의 책임 있는 시행을 요구

제4절 【연구비의 적정한 운영 · 관리활동】 예산집행의 체크체계의 구축, (납품)업자와의 유착 방지, 사무부문에 의한 발주 · 검사업무의 실시 등, 부정방지계획에 입각한 구체적인 부정 억제책을 요구

제5절 【정보제공 · 공유화의 추진】 기관에서 부정의 대책에 관한 기본방침을 내외에 적극적으로 알림으로써 기관간, 담당자간 정보의 공유를 요구

제6절 【모니터링의 본연의 자세】 실효성 있는 모니터링체계 및 방법(기관전체의 관점으로 모니터링, 리스크 접근식 감사의 실시, 감사체계의 정비 등)에 관하여 요구

제7절 【문부과학성에 의한 연구기관에 대한 모니터링 및 문주과학성, 배분기관에 의한 체제정비의 불비가 있는 기관에 대한 조치】 문부과학성이 기관에 대해 체제정비에 관한 조사의 실시나 기관의 체제정비의 불비에 대한 조치를 설명

제8절 【문부과학성, 배분기관에 의한 경쟁적 자금제도에서의 부정에 대한 대응】 기관으로부터 제출된 부정 사안에 관련된 배분기관의 조치를 명기

일본학술진흥회(JSPS)는 과거 우리나라 학술진흥재단이 벤치마킹한 기관이다. JSPS는 일본대학의 학술능력을 제고하기 위하여 여러 가지 연구지원종목(program)을 운영하는데, 일본과학기술진흥기구(JST)에 비하면 균형육성(모든 학술영역을 대상으로 최대한 많은 기관의 연구자들을 지원함)에 초점을 둔 연구비지원기관이다.

3 일본과학기술진흥기구(JST)의 연구관리

일본과학기술진흥기구(JST)는, 일본학술진흥회(JSPS)와는 달리, 전략적 연구사업을 설계하여 추진하는 연구비 지원기관(funding agency, 2018년 예산 1,139억 엔)이다. 선택집중형 성격을 가진다.

즉, 하향식(Top－down형) 연구사업을 주로 용역형(contract 성격)으로 추진한다. 그래서 사업마다 연구비의 관리기준이 조금씩 다르다. **JST는 연구기관에 '연구비 관리 · 감사체계'를 요구**하고 있다. 그 내용은 다음과 같다.

○ 연구기관(대학 포함)은 연구개발활동에서의 부정행위 또는 부적정한 회계처리[5](이하 '부정행위')를 방지하는 조치를 강구하라.

－구체적으로는, 「연구활동의 부정행위에 대응하는 가이드라인」 및 「공적연구비의 관리·감사 가이드라인」에 기초하여 연구기관이 책임을 가지고 공적연구비의 관리·감사의 체제를 정비한 뒤에 연구비의 적정한 집행에 노력하고, compliance 교육을 포함한 부정행위에 대한 대책을 강구하라.

○ 연구기관은 공적연구비의 관리·감사에 관한 체제정비의 실시상황을 「체제정비 등 자기평가 체크리스트(이하 '체크리스트')」에 의해 정기적으로 문부과학성에 보고함과 동시에 체제정비에 관한 각종 조사에 협조하라.

○ JST는 2013년 이후 신규응모에 의해 사업에 참여하는 연구자에 대해 연구윤리에 관한 교육의 이수를 의무화하기로 했다. 연구기관은 대상자가 확실히 이수하도록 조치하라.

○ 공적 연구비의 관리·감사에 관한 체제정비에 대한 보고·조사에 있어서 부족한 점이 있다고 판단되거나 부정을 판정받은 연구기관에 대해서는 개선사항 및 이행 기한(1년)을 제시하는 관리조건이 부여된다. 그리고 관리조건의 이행이 인정되지 않은 경우에는 당해 연구기관에 대한 경쟁적 자금 중 문부과학성 또는 문부과학성이 관할하는 독립행정법인(국책(연))이 관장하는 제도에 있어서 간접비의 삭감(단계에 따라 최대 15%), 경쟁적 자금배분의 정지 등의 조치가 강구된다.

○ 연구개발활동의 부정행위 또는 부적절한 경리처리가 판명된 경우에는 JST사업에 대한 신청 및 참여제한, 신청과제의 불채택의 조치를 함과 동시에 부정의 내용에 따라 연구개발의 전부 또는 일부의 집행정지, 위탁연구비의 전부 또는 일부를 반환하게 된다.

○ 부정행위를 한 연구자나 선관주의 의무를 위반한 연구자에 대해 신청 및 참가를 제한하는 조치를 하는 경우, 당해 부정사안의 개요(연구자 성명, 제도명, 소속기관, 연구연도, 부정의 내용, 강구된 조치의 내용)에 관해 **공표하는 것을 원칙**으로 한다.

---

5 연구비를 다른 용도로 사용하는 경우, 허위청구에 의해 연구비를 지출하는 경우, 연구보조원의 보수를 연구자가 관여하여 부정으로 사용한 경우, 기타 법령 등을 위반하여 연구비가 지출된 경우 또는 거짓이나 다른 부정한 수단에 의해 연구사업의 대상 과제로 채택된 경우 등

「경쟁적 자금의 적정한 집행에 관한 지침」에서 규정한 JST 사업의 신청자격제한은 아래와 같다. 그 내용은 JSPS와 유사하다.

부정행위의 경우에 대한 신청자격 제한[11. p. 32]

<table>
<tr><th colspan="3">부정행위의 구분</th><th>부정행위의 정도</th><th>제한기간</th></tr>
<tr><td rowspan="5">부정 행위에 관련된 자</td><td colspan="2">1. 연구초기부터 부정행위를 할 것으로 의도한 경우 등 악질인 자</td><td></td><td>10년</td></tr>
<tr><td rowspan="3">2. 부정행위가 있는 연구에 관련된 논문 등의 저자</td><td rowspan="2">당해 논문 등을 책임지는 저자(감수책임자, 대표집필자, 또는 이들과 동등한 책임을 지는 것으로 인정된 자)</td><td>당해분야의 연구의 진전에의 영향이나 사회적 영향이 크거나 행위의 악질성이 높다고 판단되는 경우</td><td>5~7년</td></tr>
<tr><td>당해분야의 연구의 진전에의 영향이나 사회적 영향이 적거나 행위의 악질성이 낮다고 판단되는 경우</td><td>3~5년</td></tr>
<tr><td>상기 외의 저자</td><td></td><td>2~3년</td></tr>
<tr><td colspan="2">3. 1과 2를 제외한 부정행위에 관여된 자</td><td></td><td>2~3년</td></tr>
<tr><td colspan="3" rowspan="2">부정행위에 관여하지 않았으나 부정행위가 있는 연구에 관련된 논문 등의 책임을 지는 저자(감수책임자, 대표집필자, 또는 이들과 동등한 책임을 지는 것으로 인정된 자)</td><td>당해분야의 연구의 진전에의 영향이나 사회적 영향이 크거나 행위의 악질성이 높다고 판단되는 경우</td><td>2~3년</td></tr>
<tr><td>당해분야의 연구의 진전에의 영향이나 사회적 영향이 적거나 행위의 악질성이 낮다고 판단되는 경우</td><td>1~2년</td></tr>
</table>

부적절한 경리처리의 경우에 대한 신청자격제한[11. p. 32]

연구비의 사용의 내용	제한기간
1. 연구비의 부정사용의 정도나 사회적 영향이 작고 행위의 악질성이 낮다고 판단되는 경우	1년
2. 연구비의 부정사용의 정도나 사회적 영향이 크고 행위의 악질성이 높다고 판단되는 경우	5년
3. 1과 2의 중간으로 사회적 영향과 행위의 악질성을 깊이 생각해서 판단해야 할 경우	2~4년
4. 1 내지 3과 상관없이 개인의 경제적 이익을 얻기 위하여 사용한 경우	10년
5. 거짓 기타 부정의 수단에 의해 연구사업의 대상과제로 채택된 경우	5년
6. 연구비 등의 부정사용에 직접관여하지는 않았으나 선관주의 의무를 위반하여 사용한 것으로 판단되는 경우	1~2년

4 미국「Engineering Research Center (ERC) 프로그램」

미국 NSF가 운영하는「공학연구센터(ERC) 프로그램」은 기술과 사회적 편익을 얻기 위해 **공과대학의 융합연구와 교육의 새로운 방식**으로서 1985년에 착수되었다. 즉, ERC는 학계, 산업계, 정부가 협력하여 혁신에 능숙하고 리더십을 갖춘 혁신적인 공학 시스템과 공학 졸업생을 배출하는 **학제간, 다기관 연구센터**이다. ERC 프로그램의 가장 큰 특징은 **융합적 팀 연구(Convergent Team Research)에 중점**을 두며, 새로운 산업을 창출할 수 있는 분야에서 **대규모 집단적 도전을 지원**한다는 점이다. 우리가 ① 공학교육 혁신, ② 일자리 창출, ③ 팀 연구를 촉진할 때, 참고할 만하다. 본 내용은「ERC Program Report[85]」와「ERC Best Practices Manual[86]」의 내용을 발췌하여 소개한다.

■ ERC사업의 개요

ERC(Engineering Research Center) 프로그램은 1980년대 미국의 기술경쟁력이 처음으로 다른 나라들(특히 일본)로부터 도전을 받고 있던 시기에, 미국 대학의 공학연구, 교육, 그리고 혁신을 강화하기 위해 설계되었다.

ERC는 공학적 시스템, 전략적 연구계획, 학제간 팀 연구(cross-disciplinary team research), 산업과의 파트너십에 초점을 맞췄다. 그 후, ERC에 의해 실증된 새로운 연구모델이 자리 잡고 확산되면서, 학제 간 작업과 혁신에 대한 집중이 미국 공과대학 연구의 표준모델이 되는 '**문화적 변화(cultural change)**'가 일어났다. 동시에, ERC는 공학연구와 교육에 대한 접근·다양성·기회를 확대하고, 센터의 모든 참가자들 사이에 '**진정한 포용 문화(true culture of inclusion)**'를 발전시키는 선도적인 역할을 해왔다[85. p. 3].

초창기부터 오늘까지 지난 36년 동안, ERC는 전체 신산업을 육성하거나 기존 산업의 제품군, 프로세스 및 관행을 근본적으로 변화시키는 광범위한 엔지니어링 시스템 및 기술을 개발해 왔다. 동시에 혁신성이 높고, 다양하며, 글로벌하게 참여하고, 산업계의 기술 리더로서 효과적인 신세대 공학 졸업생을 배출해 왔다.

연구, 교육 및 산학협력을 통합함으로써 ERC가 공과대학에서 수행하는 중요한 역할 때문에 NSF는 오랫동안 ERC를 엔지니어링 학문 프로그램의 '파괴적인' 변화 주체로 간주해 왔다. ERC는 설립 이후 공학 및 과학 분야 전반에 걸친 적극적인 협력, 혁신 및 엔지니어링 시스템에 대한 더 큰 초점, 산업과의 더 긴밀한 상호작용을 포함하도록 공과대학의 문화를 변화시켰다고 해도 과언이 아니다.

■ ERC사업의 목적

ERC 프로그램의 목적은 **미국의 산업경쟁력을 강화**하는 것이다. 이를 위해 새로운 **산업기술확보(연구), 인력양성(교육) 및 파트너십 형성(산학협력)을 추구**하면서, 기본방향을 더욱 전략적으로 구체화하였다. 새로운 산업이란 단일 학문에서 소수의 사람이 아이디어를 제공하지만, 산업으로 자리 잡으려면 '여러 학문의 통합'이 요구되고, 연구된 내용이 곧바로 교육으로 연결되게 하는 '연구와 교육의 통합'이 요구되며, '학계와 산업계의 파트너십'이 요구된다. 이런 파트너십을 통해 기술과 인력이 이동한다.

※ 이때의 연구는 새로 제기된 아이디어(기초연구 결과)를 여러 방면으로 적용하는 응용개발연구가 주류가 된다. 그래서 본 사업에서 '엔지니어링'이란 표현이 많이 사용되는데, 바로 "연구로써 경제적 가치를 만들어 낸다"는 의미이다. 여기서 기초연구를 강조하지는 않는다.

초기, 1980년대 후반, NSF가 25개 ERC를 출범하면서 요구한 목표는 다음과 같다.

○ 산업 경쟁력에 중요한 장기 비전(long−term vision)에 초점을 맞추고,
○ 시스템 수준의 엔지니어링 연구(systems−level engineering research)를 수행하기 위해 전통적인 학문분야(traditional disciplines)를 통합하고,
○ 연구 및 교육에서 대학/산업 파트너십(university/industry partnerships) 형성

또한 ERC개념을 다음과 같이 정하여 '**공학 문화(culture of academic engineering)**'의 광범위한 변화를 자극하는 촉매제로 활용하려 했다.

○ 학문과 산업의 관점의 통합(integrating academic and industrial views)
○ 연구와 교육의 통합의 촉진(promoting the integration of research and education)
○ 학부생의 연구 참여(involving undergraduates in research)
○ 공대 졸업생의 다양성 확대(broadening the diversity of engineering graduates)

그 후, 수십 년에 걸쳐, NSF는 산업과 국가의 변화하는 요구를 충족시키기 위해 ERC 프로그램의 목적과 기본방향을 지속적으로 변경해 왔다. 2017년, NSF는 미국의 '국립 과학, 공학 및 의학 아카데미(National Academies of Sciences, Engineering, and Medicine, NASEM)'가 제출한 보고서 「A New Vision for Center−based Research」에 따라 2020년도부터 제4세대(Gen−4) ERC를 시작했는데, 이것은 미국이 경쟁 우위에 있는 산업의 요구를 더욱 충족시키기 위한 것이다. 모든 Gen−4 ERC는 다음과 같은 네 가지 '**기본 구성요소(Foundational Components)**'를 가져야 한다. 즉 제4세대 ERC가 추구해야 하는 기본방향에 해당한다[85. p. 5].

○ 혁신적인 해결책이나 새로운 연구분야로 이어질 수 있는 강력한 잠재력을 가진 **융합 연구(Convergent Research)**.

○ 센터의 모든 수준에서 발생하는 강력한 엔지니어링 교육 및 경력경로 스펙트럼을 강화하고 학생, 교원 및 외부 파트너를 포함한 모든 ERC 구성원에게 참여기회를 제공하는 **엔지니어링 인력개발(Engineering Workforce Development).**

○ ERC와 그 내부의 여러 팀에서, 전통적으로 엔지니어링에서 과소대표되는 그룹을 포함하여, 모든 구성원이 가치있는 일을 한다고 인정받고 환영받을 수 있는 환경을 조성하는 **다양성과 포용 문화(Diversity and Culture of Inclusion).**

○ 긍정적인 사회적 영향(positive societal impact)과 함께 가치를 전달하는 새로운 방법을 모색함으로써 혁신을 위한 역량을 창출하고 향상시키기 위해 협력하는 파트너가 신뢰를 가지고 참여하는 **혁신 에코시스템(Innovation Ecosystem)**

여기에는 아이디어에서 실현에 이르기까지 효과적인 업무추진(translational efforts), 기업 지원을 위한 인력개발(workforce development), 자금 및 자원을 유치하기 위한 신중한 노력(deliberate efforts)이 포함된다.

☞ 단기적 성과를 추구하지 않고 '문화적 변화'를 도모하는 장기적 접근에 주목할 만하다. 특히, 관점의 통합, 다양성 확대, 포용의 문화 강조 등 인문적 측면을 강조한다는 점도 우리가 주목할 점이다. 이것이 '팀 연구(Team Research)'를 활성화하는 방법이다.

■ ERC사업의 선정 및 지원[86. p. 9]

ERC는 **동료심사되는 경쟁(peer-reviewed competition)**의 결과에 따라 NSF에 의해 선정된다. ERC는 NSF, 산업 파트너, 주관 대학, 그리고 경우에 따라 주정부 및 다른 정부 기금기관의 자금에 의해 지원된다. NSF는 각 센터에 상당한 자금을 제공하지만, ERC는 다른 자금원을 도출하고 상당한 지원을 받아야 한다. ERC는 대학, 기업 및 NSF(일부 경우, 주·지방 및/또는 다른 연방정부기관의 참여)를 포함하는 **'3자 파트너십(three way partnership)'**으로 완성된다.

ERC를 매년 선정하지는 않는다. 2015년, 2017년, 2020년, 2022년 등 부정기적이다. ERC는 **최대 10년간 NSF 자금을 지원**받는데, **3년차와 6년차에 실시되는 중간평가**가 있다. NSF는 NSF 지원의 수명주기가 끝날 때, ERC가 회원기업, 대학, 주 정부 및 기타 연방정부기관의 지원을 받아 자립할 것을 기대한다. 자급자족 ERC의 일부가 되는 연구팀이 부상하여 새로운 ERC로서 지원 경쟁에 참가할 수 있다. 이러한 ERC도 다른 모든 지원자들과 동등한 입장에서 경쟁한다.

NSF가 ERC에 직접 제공한 자금은 연 **310만 달러에서 1,940만 달러까지** 다양하다. 이것은 ERC 사업계획서에 따라 달라진다. 보통, ERC의 연간예산의 약 60%는 NSF에서, 나머지 8%는 산업계에서 나온다. 나머지는 다른 연방기관(22%), 주관대학(8%), 주 및 지방정부 또는 다른 자금소스(3%)에서 받는다.

■ ERC사업의 운영과 성과[86. p. 7]

1985년 ERC 프로그램이 시작된 이래 2022년 8월 기준 NSF는 미국 전역에 총 79개의 ERC를 선정했다. 그리고 2022년 8월 기준, advanced manufacturing, energy and environment, health and infrastructure 분야에서 15개의 ERC를 지원하고 있다.

선정된 ERC 중에서 50개는 10년 임기의 ERC 프로그램 지원을 성공적으로 '졸업(graduated)' 했다. 그리고 50개 중 39개는 여전히 센터로서 존립하며(명칭을 연구소로 변경하기도 함), 연구진 그룹이 산업계의 협력과 지원을 받아 엔지니어링 시스템에 대한 학제간 연구를 수행하고 있다. 2020말 기준, ERC 프로그램의 성과는 다음과 같다.

○ 883 Patents

○ 1,379 Licences

○ 2,568 Invention Disclosures

○ 5,221 Ph.Ds.

○ 187 Textbooks

○ 240 Spin-off Companies

무엇보다도 ERC 프로그램의 엔지니어링에 대한 학제간 산업 지향적인 시스템 접근법 (interdisciplinary, industry-oriented systems approach)은 산업계와 학계 전반에 빠르게 확산되었다. ERC는 지속적으로 발전하고 있으며, 엔지니어링 학문 프로그램과 엔지니어링 커뮤니티 전반에서 '**변화의 주역**' 역할을 하고 있다. 36년 이상에 걸쳐 이들 센터에 대한 NSF 투자액은 20억 달러 미만이지만, 국가에 대한 수익은 신제품 및 프로세스에서 750억 달러를 훨씬 넘는 것으로 추정된다. 게다가, ERC는 수천 명의 졸업생들에게 기술, 공학 및 혁신의 선두주자로서 그들이 경력을 시작하는 데 필요한 경험을 주었다. 오늘날 NSF의 ERC 프로그램은 그 어느 때보다 강력하며, 이는 국가의 과학 및 엔지니어링 기업과 인력에 대한 전략적 투자에 대한 NSF의 기여를 증명한다. 끊임없이 가속화되는 변화의 세계 속에서, ERC 프로그램은 우리가 오늘날의 도전에 대처하고 더 밝은 미래를 구축하는 방법의 핵심 구성요소가 되고 있다.

ERC는 서로 다르지만, 각각 다음과 같은 주요 기능을 가지고 있어야 한다.

○ 글로벌 경제에서 미국의 산업 경쟁력을 강화하는 데 필요한 '복합적 차세대 엔지니어링 시스템(complex, next-generation engineered system)'의 발전과 신세대 엔지니어의 배출을 이끌어 주는 **전략적 비전(strategic vision)**

○ ERC의 이러한 비전의 달성에 초점을 맞추는 역동적이고 발전적인 **전략적 연구계획 (strategic research plan)**

○ test−beds에서, 발견으로부터 개념증명까지 연속적으로 수행되며, 공학·과학 및 다른 학문의 **융합을 촉진하는 학제간 연구 프로그램(cross−disciplinary research program)**으로서, 그 연구팀에 학부생과 대학원생이 참여해야 함

○ 엔지니어 양성의 새로운 교육과 혁신으로 가는 지식의 효율적 흐름을 만들어 내기 위해 기획·연구 및 교육에서 산업계와 창업실무자와의 **적극적이고 장기적인 파트너십(active, long−term partnership)**

○ 통합적이고 시스템 지향적인 지적 환경(integrative, systems−oriented intellectual environment)과 그에 상응하는 교육과정 혁신을 창출하는, 학부생 및 대학원생을 위한 **교육 프로그램(education program)**

○ 학술 및 사회에서 'ERC 문화의 영향(impact of the ERC culture)'을 확대하고 ERC의 목표를 달성하기 위해 ERC의 역량을 제고할 수 있도록, **다른 기관에 대한 지원활동(Outreach to other institutions)**

☞ 이런 요소들이 평가항목으로 반영될 수 있다. 비록 대학에서 운영되는 연구센터이지만 논문실적에 대한 언급은 전혀 없다. ERC는 연구자와 엔지니어가 있어야 가능하다.

■ 2020년도에 선정된 ERC[85. p. 58]

ERC의 모습을 더 구체적으로 보면, 이런 프로그램을 어떻게 설계해야 할지가 보인다. 2020년도에 선정된 4개 ERC를 보자. 2017년 NASEM이 제출한 보고서, 「A New Vision for Center−based Research」에 따라 2020년도부터 제4세대(Gen−4) ERC를 추진하게 되었다. Gen−4 ERC는 Gen−3 ERC의 기능을 기반으로 하지만 **포괄적 파트너십과 인력개발을 통한 융합 연구와 혁신에 중점**을 두었으며, **분야의 경계를 넘나드는 협력적인 팀 기반의 접근(team−based approach) 방식을 통해 사회적 영향(societal impact)으로 이어지는 고위험/고수익 연구(high−risk/ high−payoff research)에 더욱 중점**을 두었다. 4개의 ERC는 다음과 같다.

(1) ATP−Bio: ERC for Advanced Technologies for Preservation of Biological Systems(생물학적 시스템 보존을 위한 첨단기술 개발 ERC)

생물보존(biopreservation) 기술을 극적으로 발전시키기 위해, ATP−Bio는 팀 접근(team approach)을 통해, '생물학적 시간을 정지'시키고 세포, 미세 생리학 시스템(MPS 또는 Organs−on−a−chip), aquatic embryos, tissue, skin, whole organs, 심지어 whole organisms을 bank 및 transport하는 능력을 근본적으로 향상하는 것을 목표로 한다.

ATP−Bio는 매사추세츠 종합병원, 캘리포니아 대학교 버클리, 캘리포니아 대학교 리버사이드와 제휴하여 미네소타 대학교에 본사를 두고 있다.

(2) ASPIRE: ERC for Advancing Sustainability through Powered Infra-structure for Roadway Electrification(고속도로 전철화를 위한 전력 인프라를 통한 지속가능성 향상을 위한 ERC)

이제 전기자동차(EV)가 개발되었고, 교통의 미래가 될 것이다. EV는 배출량을 줄이고 안정화하며 비용을 절감할 수 있는 엄청난 기회를 제공할 것이다. 그러나 EV의 광범위한 채택을 추구하는 데 있어 중요한 과제가 남아 있다. 그 과제는 충전 인프라(charging infrastructure)이다. 이 센터의 접근 방식은 차량이 운전하고 주차하는 곳에서 전력을 공급하는 혁신적인 무선 및 플러그인 충전(wireless and plug-in charging) 및 인프라 기술 솔루션을 추구하는 것이다.

ASPIRE ERC는 승용차에서 중형 트럭에 이르기까지 모든 차량 종류의 전기화를 위해 충전하는데 장애(걸림돌)를 제거하기 위해 전체적인 접근 방식을 취하는 세계 최초의 ERC이다. ASPIRE의 비전은 공유 충전 인프라의 개발을 통해 모든 차량 종류의 광범위한 전기화를 실현함으로써, 온실가스 배출의 정당한 감소, 대기 질 개선, 사람과 상품 이동의 비용 절감, 국내 일자리 증가로 이어지는 것이다.

ASPIRE는 퍼듀 대학교, 콜로라도 대학교, 텍사스 대학교 엘파소와 제휴하여 유타 주립 대학교에 본부를 두고 있다.

(3) IoT4Ag: ERC for the Internet of Things for Precision Agriculture(정밀농업을 위한 사물인터넷(IoT4Ag)을 위한 ERC)

2050년까지 미국 인구는 4억 명, 세계 인구는 97억 명으로 증가할 것으로 추정된다. 현재 농업방식은 전 세계 물 사용의 70%를 차지한다. 에너지 사용은 농장에서 가장 큰 비용 중 하나이다. 그리고 비효율적인 농약 사용은 지구의 생태계를 위협하고 있다. 한정된 경작 가능한 토지, 물, 에너지 자원으로서 식량, 에너지 및 물 안보를 보장한다는 목표를 달성하려면 식량 생산의 효율성을 개선하고 에너지 공급을 위한 지속 가능한 접근법을 만들고, 물 부족을 방지하기 위한 새로운 기술이 필요할 것이다.

IoT4Ag ERC의 미션은 정밀 농업(precision agriculture)을 위한 사물인터넷(IoT) 기술을 만들고 이전하며, 미래를 대비해서 식량, 에너지, 물 안보라는 사회적 거대 과제를 해결할 다양한 인력을 훈련시키고 교육하는 것이다. 이 센터는 농업작물 생산에서 더 나은 결과를 얻기 위해 조기 발견과 개입을 위한 다양한 스트레스를 지도화(map a variety of stresses)하고 미세기후(microclimate)를 포착하는 새롭고 통합된 시스템을 만들어냄으로써 기술적인 임무를 추구할 것이다. 이 ERC는 재배되는 장소에 상관없이 모든 식물에 대한 관리를 최적화할 것이다. 여기에는 센서, 로봇 공학 및 에너지 및 통신 장치에서 식물 생리학(plant physiology), 토양, 날씨, 관리기법 및 사회경제학에 의해 제한되는 데이터 기반 모델에 이르기까지 연구영역이

다양하다.

궁극적으로 IoT4Ag는 식량, 에너지 및 물 안전한 미래를 보장하기 위해, 한 방울의 물과 1 joule의 에너지에 대해 더 많은 수확을 목표로 한다. IoT4Ag는 퍼듀 대학교, 캘리포니아 대학교 머세드, 플로리다 대학교와 협력하며 펜실베이니아 대학교가 주도하고 있다.

(4) CQN: ERC for Quantum Networks(양자 네트워크를 위한 ERC)

21세기의 가장 큰 공학적 과제 중 하나는 양자 인터넷(quantum Internet)의 기술적, 사회적 기반을 구축하는 것이다. 이것이 CQN이 떠맡고 있는 도전이다. 이 센터는 확장가능한 양자 인터넷의 비전을 실현하는 데 필요한 장치기술과 이론적 연구를 개발하기 위해 다양한 배경을 가진 전문가들을 모은다.

양자 통신은 적어도 두 가지 중요한 방식으로 인터넷을 개선할 것이다. 첫째, 그것은 어떠한 계산 능력으로도 훼손할 수 없는 '물리기반 통신보안(physics-based communication security)'을 가능하게 할 것이다. 둘째로, 양자 인터넷은 근본적으로 오늘날의 기술보다 더 강력한 지상 및 우주기반 센서뿐만 아니라 양자 컴퓨터와 프로세서의 글로벌 네트워크를 만들 것이다. 이것은 분산 컴퓨팅(distributed computing)과 사물 인터넷(Internet of Things)에 전례 없는 발전을 가져올 것이며, 대중에게 클라우드 기반 양자 컴퓨팅에 대한 안전한 액세스를 가능하게 할 것이다.

이러한 미션을 추구하기 위해, CQN은 '양자정보과학 및 공학(Quantum Information Science and Engineering, QISE)'이라는 새로운 학문의 성숙을 주도하는 아이디어 생성 허브이자 진원지가 되기를 열망한다. CQN의 밀접하게 얽혀 있는 연구 및 교육의 임무는 21세기의 양자로 훈련된 엔지니어링 인력을 준비시킬 것이다. CQN은 애리조나 대학교에 본사를 두고 있으며, 하버드 대학교, 매사추세츠 공과대학교, 예일 대학교와 협력하고 있다.

※ 사업단은 기술적 가치를 넘어 <u>사회적 가치를 추구</u>하고 있음을 알 수 있다. 이공학 박사들은 인문사회적 소양이 높아야 하며, 융합적 접근 및 정책연구실과 긴밀히 협조해야 한다.

■ ERC Planning Grant의 착수[87]

2017년도 NASEM 연구보고서 「A New Vision for Center-based Research」는 NSF가 사회적 영향이 큰 과제를 해결하는 **<u>융합형 문제(convergent problems)</u>**를 해결하는 데 초점을 둔 **<u>연구센터의 구축에 더 중점</u>**을 둘 것을 권고하였다. 융합형 문제(Convergent problems)는 생명과 건강, 물리, 수학, 계산 과학, 사회 및 기타 과학·공학 분야 및 그 이상의 지식·도구 및 사고방식의 통합을 필요로 한다. 융합 개념에 대한 더 깊은 설명은 2014년도 NASEM 보고서 「Convergence: Facilitating Trans-disciplinary Integration of Life Sciences, Physical Sciences, Engineering, and Beyond」와

「NSF's 10 Big Idea: Growing Convergence Research[88]」에서 볼 수 있다.

그리고 2017년도 그 보고서는 2015년도 NASEM의 보고서 「Enhancing the Effectiveness of Team Science」에서 정의한 **팀 사이언스(team science)**의 모범 사례를 사용하여 복잡하고 영향력이 큰 사회적 문제를 해결하기 위한 **최고의 연구팀(best research teams)**을 구성하고 발전시키도록 **의도적인 초기 단계 프로세스에 투자**할 것을 권고하였다. 2015년도의 이 보고서에 따르면, 팀 사이언스의 어려움은 다음 일곱 가지 주요 특징에서 발생한다.

○ 매우 다양한 팀 구성원 자격(highly diverse team membership),

○ 상이한 분야에 걸친 깊은 지식(deep knowledge across disparate disciplines),

○ 팀의 큰 규모(the large size of the team),

○ 모든 구성원 간에 목표의 일치(alignment of goals across all members of the team),

○ 넓은 지리적 분산(wide geographic dispersion),

○ 팀 경계의 침투성(permeability of team boundaries),

○ 높은 업무 의존성(high task interdependence)

☞ 우리 과학기술정책학에서 이런(팀 사이언스, 융합연구, 문제해결) 연구가 많아야 한다.

NASEM의 권고에 따라 ERC 프로그램은 사회적 영향, 융합, 이해관계자 커뮤니티 및 **팀 구성에 더욱 중점**을 두고 있으며(4세대 ERC에 반영), ERC 프로그램은 공학계가 융합연구협력을 형성하고 강화하는 것을 용이하게 하기 위한 계획에 grant를 지원할 것이다. 이것이 ERC Planning Grant의 출범 배경이다. ERC planning grant와 ERC 선정은 전혀 별개의 것이다. 보통 ERC를 준비하는 연구팀이 사전에 ERC planning grant를 신청하지만, 이 grant가 ERC선정의 필수조건은 아니다. ERC planning grant는 **1년간 지원되며, 예산은 10만 달러**를 초과하지 않아야 한다.

ERC planning grants는 센터 규모에서 고위험/고수익 융합형 및 사회적으로 관련된 엔지니어링 연구를 위한 역량을 구축하고 엔지니어링 커뮤니티의 준비를 강화하기 위해 지출되어야 한다. 구체적으로는 아이디어를 개발하고 팀 구성을 촉진하며 이해관계자 커뮤니티 네트워크를 육성하기 위해 엔지니어링 학문(engineering academic community) 전반에 걸쳐 역량을 증가시키는 것이다.

ERC planning grant의 활동의 결과, 잠재적 ERC 팀은 사회적 영향이 큰 센터 규모의 고위험/고수익 융합 엔지니어링 연구를 수행할 수 있는 **더 나은 조직을 갖추어야 한다**. 이 자금을 지원받은 제안자는 자금을 사용하여 엔지니어링 연구주제를 결정하고 다음 네 가지 요소를 강화하는 데 도움이 될 수 있는 촉매적 **활동을 조직**할 수 있다.

○ 사회적 영향(societal impact),

○ 고위험/고수익 융합 연구(high-risk/high-payoff convergence research),
○ 이해관계자 커뮤니티 참여(stakeholder community engagement) 및/또는
○ 효과적인 리더십/관리를 포함한 팀 구성(team formation, including effective leader-ship/management)

많은 팀이 중요한 사회적 과제를 도출하지만, 과제를 성공적으로 해결하는 데 필요한 기술을 완전히 보완하지 못하거나 이해관계자 커뮤니티와의 효과적인 관계가 부족할 수 있다고 NSF는 인식한다. 이러한 경우, ERC planning grants은 팀 구성 활동을 지원하고(예 전문성 격차 해소), 이해관계자 커뮤니티와의 관계를 개발 및 육성하거나, 제안된 과제를 해결하는 데 필요한 전문화된 프레임워크 또는 리소스에 액세스하는 데 사용될 수 있다.

※ NSF는 지원받는 사업단들이 가진 고민(애로사항)이 무엇인지를 파악하고 있다.

■ ERC사업에서 중요한 용어의 개념

NSF는 여기서 사용되는 용어에 대해서도 개념을 구체적으로 설명하고 있다[87]. 우리나라의 프로그램에서는 보기 어려운 모습이다.

○ **사회적 영향(Societal Impact)**은 사회 전반의 이익을 위해 공학연구와 혁신의 발전을 통해 해결할 수 있는 **기회와 도전(opportunities and challenges)**을 말한다. 잠재적인 사회적 영향(Potential societal impact)은 관련성이 있고 복잡해야 하며, 거대한 도전의 특정 스키마(specific schema)에 국한되어서는 안 된다.

○ **융합(Convergence)**은 학문적 경계를 넘나드는 **문제해결 접근법(approach to problem solving)**이다. 융합은 생명/보건 과학·물리학·수학 및 계산 과학·공학 분야 및 그 이상으로부터 여러 분야의 접점에 존재하는 과학적·사회적 문제를 해결하기 위한 포괄적인 합성 프레임워크를 형성하기까지 지식·수단 및 사고방식을 깊이 통합한다. 이러한 설명은 중요하고 복잡한 사회적 문제를 정의하고 해결하기 위한 팀 기반의 깊이 있는 협업적인 엔지니어링 접근방식으로 **융합형 엔지니어링(convergent engineering)**을 정의하는 NAE 연구와 일치한다. **융합형 연구(convergent research)**는 변혁적 해결책(transformative solutions)이나 새로운 연구분야로 이어질 가능성이 크다.

○ **이해관계자 공동체(Stakeholder Community)**는 ERC에 기여하거나 ERC의 역량강화(capacity-building) 및 가치 창출(value creation)의 책임에 따라 **ERC의 영향을 받을 수 있는 모든 당사자**가 포함된다. 예를 들어, 이해관계자란 보완적 연구 및 교육 전문지식을 가진 파트너 기관의 관련 연구원; 혁신 노력(innovation effort)을 안내할 수 있는 업계 리더; 혁신·교육·인력개발 및 다양성을 위한 파트너; 그리고 ERC 결과의 수혜자(지역사회 구성원, 사용자,

고객, 환자, 감시기관 및 정책입안자).

○ **팀 구성(Team Formation)**은 필요한 모든 **학문 · 기술 · 관점 및 역량을 한데 모으는 과정**이다. 성공적인 팀은 상호의존적(interdependent)이고 다학제적(multidisciplinary)이며 다양하고(diverse) 지리적으로 분산되어 있더라도 효과적으로 일하고 소통할 수 있다. 팀 구성에는 다양한 전문분야, 다양한 전문용어 및 문제접근방법, 해결해야 할 문제에 대한 다양한 이해, 다양한 작업 스타일을 가진 구성원의 통합을 포함하여 효과적이고 역동적인 팀 구성에 대한 장벽을 극복하기 위한 전략이 포함된다.

○ **효과적 리더십과 관리(Effective Leadership/Management)**는 지적 비전과 리더십(intellectual vision and leadership), 센터활동의 효과적인 관리(effective management of center activities), 성공적인 기업가 경험(successful entrepreneurial experience), 결과 전달의 경로(track record of delivering results), 팀 구성원, 스폰서, 파트너, 호스트 기관, 이해관계자, 언론 및 미디어, 대중 등 다양한 청중과 명확하고 효과적으로 소통하는 능력(ability to communicate) 등 ERC 리더에게 필요한 기술을 말한다. **효과적인 ERC 리더십 및 관리**란 다음과 같이 일하는 것이다.
  - 지위 및 권력 차이에 상관없이 모든 팀 구성원이 기여할 수 있도록 권한 부여
  - 긴밀한 협력과 포용의 문화 구축
  - 문제의 정의(problem definition) 및 목표에 대한 공감대 형성
  - 의사소통을 촉진하여 공통의 이해(common understanding) 보장
  - 충돌을 해결하고 신뢰구축

■ 정책적 시사점

본 조사를 통해, ERC가 공과대학에서 응용연구를 주도하면서 새로운 산업을 창출할 정도로 도전적 · 장기적이며 **팀 베이스로 연구(team-based research)**하고 있음을 엿볼 수 있다. 학문적 융합뿐 아니라 **여러 대학들이 협력**하는 모습도 인상적이다. 특히, '**팀 사이언스**' 개념을 제시하고, 이를 위한 **인문적 접근**까지 시도한다는 점이 인상 깊다. NASEM이 국가발전을 위해 전문적인 권고안을 제시하면, NSF가 이를 받아들여 정책에 반영하는 모습도 배울 점이다. 심지어 여러 중요한 용어에 대해 개념을 규정해 줌으로써 정책 관계자들의 소통에 어려움이 없도록 배려하는 점도 배울 점이다.

☞ 우리나라에서는 아무리 좋은 정책보고서가 나와도 정부정책에 반영되기는 어렵다. 「ADL보고서」, 「출연연민간위원회 보고서」, 과총의 여러 보고서들이 정책에 반영되지 않았다.

우리나라에서도 「G7사업」, 「21세기 프론티어 사업」, 「글로벌 프론티어 사업」 등 응용개발을 목표로 한 대형 · 장기 연구개발사업을 추진한 바 있다. 그 사업과 ERC사업을 비교해 보면 몇

가지 주목할 점이 나온다.

○ 우리의 사업들은 10년 **한시적**으로 끝났지만, ERC는 37년째 지속되고 있다.

○ 우리의 사업들은 단순히 **기술적 목표의 달성**에 머무르지만, ERC 프로그램의 목적은 **사회적 가치(국가 산업경쟁력)를 얻는 것**이다. 그래서 ERC는 기술 확보뿐 아니라 엔지니어의 양성, 학문의 통합, 융합형 연구, 팀 사이언스, 파트너십, 리더십 등 여러 부수적 목표가 제시되고 그 방법론을 개발한다는 점이 우리와 매우 다르다. 심지어 ERC planning grant를 설치하고 부수적 목표에 대한 방법론을 미리 준비하도록 지원하고 있다.

○ 우리는 연구사업 설계에서 아직 **인문적 측면까지 고려**하는 수준이 되지 못했다. 융합연구를 가능하게 하려면, 팀 연구를 효율화하려면, 연구와 공학교육을 통합하려면, 우수한 엔지니어를 양성하려면, 팀 연구의 리더십을 키우려면 무엇을 해야 하는지 그 본질에 다가가는 접근을 배워야 한다.

○ 우리의 사업결과 독립채산으로 **존립하는 사업단**이 없다. ERC는 (중간평가에서 탈락한 센터를 빼고) 마지막까지 지원받은 센터의 80% 넘게 존립(독립채산)하고 있다.

○ 우리나라는 **중앙정부가 직접 사업을 기획**하고 사업단 PI를 선정한다. 물론 전문가위원회의 자문과 심사를 거쳐 결정하지만, 중앙정부는 정치적 고려(여론, 안배, 전시성, 헤게머니)에서 벗어날 수 없다. 최근에 와서 출연(연)을 배제하고 대학교원을 사업단장으로 선정하는 경우가 많아졌다. 그런데 사업단을 **독립법인**으로 만들게 되면, 그 부작용을 깊이 생각해 봐야 한다. 중앙부처의 공무원들은 자주 변경되므로 사업을 착수할 때의 자세가 끝까지 유지되기도 어렵다.

○ 우리의 사업들은 그 성과가 무엇인지 정확하게 정리되지 않고 있다. 즉, 사업종료 후, **백서를 발행**하여 소상하게 설계, 경과 및 결과를 정리하고 반성할 점을 남겨서 공개되어야 한다.

○ ERC 성과로서 '논문'은 언급되지 않는다. 사업성과로는 창업, 라이센싱, 사업수익 외에 **박사배출, 교재개발, 발명공개**(Invention Disclosures)가 카운팅 된다는 점에 주목해야 한다. 우리의 연구사업에서는 고려하지 않은 요소들이다. 우리는 오직 논문과 기술확보에 중점을 두니, 사업을 통해 부수적으로 얻는 것이 적다.

○ 우리는 **제조(manufacturing)**에 대해서는 첨단기술이 아니라고 보는 견해가 많다. 그러나 미국·독일이 첨단제조를 중요하게 생각한다는 사실을 알아야 한다.

5 미국 「SBIR 프로그램」의 설계와 운영[89]

본 내용은 2020년 한국연구재단에서 발행한 「미국 SBIR 프로그램 소개」를 요약·재편집한 것이다. 이것은 연구개발 프로그램 설계자들이 반드시 알아야 할 설계사례이다.

■ SBIR 사업의 개요[89. p. 1]

SBIR(Small Business Innovation Research) 프로그램은 혁신적인 기술(Innovative Technologies)을 갖춘 스타트업을 포함한 중소기업(Small Business, 임직원 수 500명 미만의 기업, 스타트업/벤처 기업 포함)의 제품 상용화 연구개발을 지원하는 프로그램이다. 구체적으로 보면, 중소기업이 혁신적인 제품기술이 개발하였다 하더라도 상용화 과정에 넘어야 하는 '**죽음의 계곡**[6](Death Valley, 시제품 개발비용을 마련하지 못해 어려움을 겪는 시기)'을 건너가도록 도움을 주는 것이 주목적이다.

실패 리스크가 너무 커서 민간투자를 기대하지 못하는 기술기반의 스타트업과 실험실 창업기업들에게 SBIR 프로그램은 시드머니(Seed Money, 사업초기자금)를 마련할 수 있는 가장 좋은 길이다. 스타트업 운영자의 입장에서 SBIR 프로그램의 또 다른 매력은 SBIR 프로그램에 선정되어 받는 과제비가 대출(Loan)이 아니므로 상환의 의무가 없고, 지식재산권도 100% 스타트업이 소유하게 된다는 점이다. 그리고 투자가 아니기 때문에 외부 투자를 받을 때처럼 미국 정부에서 회사 지분을 가져가지 않으므로 지분 희석(Equity Dilution)이 일어나지 않고 창업자들이 지분을 지키면서 사업을 키워나갈 수 있다는 장점이 있다.

■ SBIR 사업의 배경 및 필요성[89. p. 3]

기술의 혁신성에 비례하여 상용화는 실패할 가능성이 높기 때문에, 중소기업은 시제품이 나오기 전까지는 벤처캐피털이나 엔젤투자와 같은 민간투자를 유치하기가 매우 어렵다. 기술기반의 스타트업들은 투자를 받기 위해, 연구개발 기간을 줄이고, '**최소 기능을 보여주는 제품**(Minimal Viable Product, MVP)'을 최대한 빠른 시일 내에 제작하여, 시장에서 MVP 제품 테스트를 진행하면서 과연 상품으로써 가치가 있는지를 평가받아야 한다. 하지만, MVP 시제품을 만드는 데만도 수천만~수억 원의 비용이 드는 것이 현실이고, 그 비용을 어디에서 조달할 것인가라는 문제는 쉽게 해결되지 않는다. 게다가 전문 투자자의 입장에서는, 오랜

---

6 기술상용화 단계에서 '죽음의 계곡'의 원인은 '자금문제'만이 아니다. 기술상용화 단계로 넘어갈 때, 기술개발단계에서는 예측하지 못한 문제점들이 많이 발생하기 때문이다. 이것은 머리로 생각(예상)했던 것과 실제 상황(시제품 제작, 파일럿 생산 등)에서 부딪히는 문제가 서로 많이 다르다는 의미이다.

시간 공부와 연구만하던 사람이 스타트업의 창업자로서 하루아침에 변신하여, 비즈니스를 제대로 꾸려나갈 수 있을까에 대한 의구심을 당연히 갖게 된다. 이러한 리스크들 때문에 민간 투자자들은 혁신적인기술 기반의 스타트업이 성공만 한다면 투자금액의 수천 배 이상을 회수할 수 있는 가능성이 있음을 알면서도(High risk, High return) 선불리 시드머니를 투자하지 않고, 시드머니를 마련하지 못한 많은 스타트업들이 흔히 말하는 죽음의 계곡을 건너지 못하고 소리 소문 없이 사라진다.

이러한 문제점을 인식한 미국연방정부는 중소기업의 제품 상용화에 시드머니를 정부 차원에서 지원함으로써, 대학 및 연구소에서 연구가 논문으로 끝나지 않고 제품개발로 연결되도록 징검다리를 만들어 줄 필요가 있었다. 당시(1970년대) 미국정부는 자국이 경쟁력을 잃어가는 것에 대해 우려를 하고 있었다. 미국정부는 이러한 문제를 해결하기 위한 답을 탄탄한 기술력을 가진 중소기업, 스타트업들을 육성하여 혁신과 일자리 창출에 있어서 더 큰 비중을 차지하게 해야 한다는 것에서 찾고 있었다.

■ SBIR 프로그램의 설계[89. p. 13]

〈사업의 기본방향 설정〉

○ **SBIR의 미션 선언문(Mission Statement)**: SBIR은 연방정부의 연구개발예산을 통해 미국의 과학기술력의 우위와 혁신성을 지원함으로써 강력한 국가경제를 이루고자 한다.

○ **SBIR 프로그램의 미션을 좀 더 구체화한 프로그램의 목적**:

1. 기술혁신을 촉진한다.
2. 연방정부기관들의 연구개발의 수요를 충족시킨다.
3. 연방정부의 연구개발 펀딩을 통해 얻은 혁신적인 기술이 민간부문에서 상용화될 수 있도록 지원한다.
4. 사회 경제적으로 취약한 그룹(장애인, 소수 인종, 여성)들이 창업할 수 있도록 장려하고 기반을 다지도록 한다.

〈사업신청 자격〉

SBIR 프로그램에 지원하기 위해서, 기업은 다음의 세 가지 요건을 충족해야 한다.

○ 회사의 형태: 미국 국적의 영리법인

○ 회사의 규모(임직원 수): 임직원의 수 500명 미만

○ 회사의 지분구조: 미국 시민권자 혹은 영주권자가 회사지분의 50% 이상을 소유

〈3단계 지원방식〉

○ **1단계(Phase Ⅰ): Feasibility and Proof of Concept, 6개월**

－기업이 보유한 기술의 상용화 가능성(feasibility)을 테스트하고, 이 기술이 상용화 가능함을 증명해야 한다.

－보통 1단계에서 6개월간 $150,000~$220,000의 연구개발 자금이 지원된다.

－1단계를 성공해야 2단계(Phase II)에 지원할 수 있는 자격이 생긴다.

※ 처음부터 1단계를 건너뛰고 바로 2단계에 지원할 수 있는 「Direct Phase II 프로그램」이 있고, 1단계와 2단계를 동시에 지원하여 심사를 받는 「Fast Track」도 있다. Fast Track에 선정되면 1단계 과제 종료 후 간단한 심사만으로 2단계로 넘어갈 수 있으므로 과제 중간에 공백기간이 없다는 장점이 있다.

○ **2단계(Phase Ⅱ): Research and Development, 2년**

－1단계에서 진행하던 R&D를 계속하되, 연구(Research)보다는 개발(Development) 및 제품 상용화에 비중을 많이 두어야 한다.

－2년 후에 시제품이 아닌, 시장에 내놓을 만한 제품을 만들 것인지, 그리고 마케팅이나 유통은 어떻게 할 것인지에 대한 상용화 및 비즈니스 플랜을 명확하게 제시해야 한다.

－2단계(Phase II)에 선정되면, 보통 2년간 $1.5M ~ $2M을 지원한다.

※ 지원 금액의 최대 50%까지 외부에 Outsourcing 할 수 있으므로, 마케팅이나 산업디자인과 같은 비기술적인 분야에 도움이 필요한 경우, 외부 컨설턴트나 디자인 하우스, 제조업체 등을 SBIR 2단계 파트너로 선정할 수도 있다.

○ **3단계(Phase Ⅲ): Commercialization**

－3단계에서는 기업에게 추가로 펀딩을 주지는 않는다. 대신 2단계를 진행 중이나 종료한 기업이 시장에 제품을 출시하는 것을 도와주고, 빠르게 자리잡고 성장할 수 있도록 '기회'를 제공한다.

※ 벤처캐피털 등 투자자와의 미팅을 개최하여 스타트업 회사들이 투자를 받을 수 있는 기회를 제공하기도 하고 정부우선구매의 기회를 주기도 한다.

○ **브리지 프로그램(Phase Ⅱ－Bridge)**

－NIH SBIR의 경우 1, 2단계 과제를 성공적으로 마친 기업이 제품을 시장에 출시하기 전에 추가적으로 도움을 주는 Phase II－Bridge 프로그램을 운영하고 있다. 1단계, 2단계에서 받은 과제만으로는 아직 제품을 시장에 출시하기에 조금 모자라고 어려움을 겪는 기업에게 추가적인 도움을 주기 위해 만들어진 프로그램이다.

－Phase II Bridge 과제에 지원하기 위해서는 전제조건이 있다. ① Phase II를 성공적으로 수행하고, ② 외부에서 투자를 유치해야 한다. 즉, 벤처캐피털(VC)이나, 엔젤 투자자,

아니면 대기업 등과의 전략적 투자, 혹은 파트너십을 맺은 후에야 지원이 가능하다.

– Phase II Bridge 과제로 선정된다면, 기업은 '매칭펀드'의 형식으로 과제비를 받게 된다. NIH의 Phase II Bridge의 경우 1년에 $1M씩, 3년에 걸쳐 총 $3M을 지원해 준다. 즉, 기업이 벤처캐피털로부터 36억 원의 투자를 유치한 후 Phase II Bridge 과제에 선정되어 36억 원을 매칭펀드를 추가로 받게 된다면, 회사 입장에서는 최대 72억 원의 자금을 확보하게 된다. 하지만, 외부 투자자에게서 받은 36억 원을 제외한 나머지는 모두 상환의 의무가 없다.

〈정부 지원금에 대한 상환의 의무〉

SBIR은 기술력과 시장성을 검증받은 과제를 수행하는 **기업에게 거의 아무런 조건 없이 사업화 자금을 지원**해 준다.

○ **SBIR 자금은 Grant**이며, 대출(Loan)이 아니므로, 나중에 되갚을 필요가 없다.

– SBIR 자금을 받아 성공한 회사들이 나중에 기술료 혹은 성공료와 같은 수수료를 정부에 내지 않는다.

○ SBIR 과제 수행하는 과정에서 얻게 되는 특허와 같은 지식재산권(IP)도 일부 예외가 있긴 하지만, 대부분 과제를 수행한 기업의 소유권을 인정한다.

○ 기업이 미국 연방정부로부터 수억 원에서 수십억 원에 달하는 SBIR 자금을 받더라도 미국 정부가 기업지분을 가져가지 않으므로, 창업자들과 임직원들이 기업의 지분을 보유하며 안정적으로 기업을 성장시킬 수 있다.

※ SBIR 펀딩을 받은 스타트업이 성공한 후에 과제비의 일정 부분을 기술료 형식으로 상환하지 않는 것은 자칫 도덕적 해이를 불러일으킬 수 있다는 우려를 하는 사람들도 있다. 그러나 여기에는 깊은 정책적 수 읽기(계산)가 들어있다. 정부가 투자한 연구비에서 나온 지재권의 소유권을 주관연구기관에 부여하도록 하는 베이돌 법의 제정과 같다.

– SBIR 지원금을 받은 기업이 성장하면서 수십~수만 명을 고용할 수 있는 '양질의 일자리'를 만들어 낸다. 그렇게 채용한 직원들의 월급의 일부는 소득세로 연방정부로 되돌아가게 되고, 기업으로부터는 법인세를 걷을 수 있다.

– 성공한 스타트업들로부터 지분을 요구한다거나, 성공 후에 기술료를 징수한다는 것(제도 설계)이 생각처럼 간단하지 않다. 형평성문제가 야기된다.

– 잠재력이 큰 기업이 성공할 수 있도록 시드머니를 지원해 주어 그 회사가 크게 성장하면 미국 경제에 몇 배, 몇 십 배의 경제적인 이익을 되돌려 줄 것이니 기술료, 성공료 등을 받느라 관리하는 데 인력과 비용을 쓰지 말고 그 부분은 포기하는 것이 실질적으로도 더 나은 선택이라는 결론에 도달한 것이다.

■ SBIR 과제의 심사와 선정[89. p. 18]

〈과제선정절차〉: NIH가 'SBIR 사업운영기관'인 경우

① SBIR 홈페이지를 통해 과제를 지원한다.

– 사업규모의 2/3는 연구자가 제안한 과제를 선정하고, 나머지 1/3은 NIH의 각 부서에서 요구되는 프로젝트, 제품개발을 발주(RFP 공고)하면, 그에 맞는 기술력을 갖춘 기업들이 지원할 수 있다.

※ 국방성(DOD)이 운영하는 SBIR은 거의 100% 국방성의 내부 부서가 원하는 RFP에 맞는 과제만 지원 가능하므로, 'SBIR 사업운영기관'의 성격에 맞게 지원하는 것이 중요하다.

– 기업은 1년에 3회 지원할 수 있는데, 만약 탈락하더라도 계속 재도전은 가능하다.

② 과제를 SBIR 웹페이지를 통해 제출한 후 1개월 후에 심사위원 명단을 통보받게 된다.

– 심사위원은 대개 20~30명 정도인데, 제품상용화에 대해 심사해야 하기 때문에 대학교원이나 국가(연)의 연구원들과 동종업계 회사의 CTO, CSO 등이 각 20%~50% 정도 포함되어 SBIR 프로그램에 맞게 심사하게 된다.

– 피평가자는 심사위원의 명단을 보고 문제가 있는 경우(경쟁사의 사람) 기피신청 할 수 있다.

☞ 우리나라는 거의 모든 심사에서 심사위원 명단은 비밀로 한다.

③ 과제제출 후, 2개월 후에 심사를 거쳐 심사 보고서와 점수를 받게 되는데, 여기에서 높은 점수를 받은 과제들을 Advisory Council에서 최종 승인하게 되면 선정된다.

– NIH 내부에서 그룹심사와 자금계획을 거쳐 선정(자금지원) 여부가 결정된다.

④ 점수를 통보받은 후, 2~4개월 후에 과제 지원금이 수여된다. 따라서 과제지원에서부터 지원자금 수령까지 약 6개월 정도의 시간이 소요된다.

〈심사기준〉

SBIR 프로그램에서 과제선정의 심사기준은 아래와 같다.

- Significance: 제안서가 얼마나 중요한 문제를 해결할 수 있는가?
- Investigator: 연구책임자(PI)와 공동연구자들이 연구과제를 수행할 능력이 있는가?
- Innovation: 문제해결을 위해 제안한 기술이 기존에는 없는 기술이면서 혁신적인가?
- Approach: 문제를 해결하기 위한 전략은 잘 짜여졌는가? 실험은 논리적으로 계획되었는가? 잠재적인 risks를 충분히 검토하고 그에 대한 대비책을 마련했는가?
- Environment: 과제를 수행하기 위한 실험장비 및 실험 공간은 마련되어 있는가?

〈심사보고서의 피드백〉

과제의 심사와 선정과정을 온라인을 통해 모니터링 할 수 있다. 심사가 끝나면 Program Officer가 심사 보고서를 각 지원자들에게 보내준다. 이 심사 보고서에는 심사위원들이 각 제안서에 대해 비판한 내용들, 칭찬했던 내용들이 들어가고, 이렇게 혹은 저렇게 해보면 더 좋겠다는 제안들도 들어간다. 과제에 선정되지 못한 경우라면 어느 부분이 부족했는지를 알려 줌으로써, 이를 보완해 다음 과제선정에서는 성공할 수 있도록 실질적인 도움을 준다.

■ SBIR 프로그램 설계자[89. p. 5]

무슨 사업이든 설계자가 있다. 그리고 그 설계된 사업을 운영하는 운영자가 있어야 한다. 설계자와 운영자가 동일하다면 다행이지만, 그렇지 않으면 운영자는 설계자의 의도를 잘 살리기 어렵다. 설계의도를 지켜 나가려는 고집이 부족하기 때문이다. 사업 운영자는 고집을 가지고 반대자를 설득해 나가야 하며, 운영하면서 발생하는 예상 밖의 상황을 잘 대처해야 하기 때문이다. 우리 공직사회에서 **순환보직제도**는 이런 측면에서 단점으로 작용한다. 또한 설계된 사업을 고위층에서 지지해 준다면 그 사업은 수월하게 확대될 수 있다. SBIR 사업에서도 이런 이치를 엿볼 수 있다.

Roland Tibbetts는 여러 하이테크 기업에서 20여 년간 일하다가 1972년 미국 국립 과학재단(NSF)의 Senior Program Officer로 임용되었다. Tibbetts는 혁신적으로 뛰어난 과학기술력을 가진 스타트업이나 중소기업들에게 정부가 지원을 함으로써 비록 리스크가 크지만, 성공할 경우 산업 판도를 바꿀 수 있을 만큼의 파괴력이 있는 프로젝트에 도전할 수 있도록, NSF는 물론 정부 내외에서의 반대에도 불구하고 지속적으로 SBIR 프로그램의 필요성을 주장했다.
그의 이러한 노력은, 1974년 NSF 내에서 우선 SBIR 파일럿 프로그램이 승인되었고, 1976년 NSF에서 시행된 SBIR 파일럿 프로그램이 성공적으로 운영되었다. 그 결과 1982년 레이건 대통령은 모든 연방기관이 SBIR 프로그램을 시행하게 하는 법안에 서명을 하였다. Tibbetts는 1996년까지 20년 이상을 NSF의 SBIR 프로그램 매니저로서 근무하며 SBIR 프로그램이 자리를 잡고, 초기의 미션과 철학이 유지되도록 하는데 큰 공을 세웠다. 이러한 Tibbetts의 놀라운 비전과 공헌을 기리기 위해 매년 미국 정부에서는 SBIR 펀딩을 통해 성장한 회사를 대상으로 **Tibbetts Award를 수여**하고 있다.

Edward Kennedy 의원 역시 기존 산업을 뒤흔들고, 신산업을 창조하여 이끌어갈 수 있는 잠재력과 혁신적인 기술을 가진 스타트업과 중소기업을 정부가 지원하는 것이 1970년대 당시 침체에 빠졌던 미국의 경제성장에 중요한 원동력이 될 것임을 인식하였다. Kennedy 의원은 자신과 뜻을 같이하는 Tibbetts와 NSF SBIR 프로그램을 미국 의회에서 승인받을 수 있도록 지원을 아끼지 않았다. 또한 SBIR 프로그램에 배정되는 예산의 규모를 늘리기 위해 지속적으로 법안을 상정하고,[7] 의회 및 기관 등을 상대로 로비활동을 하는 등, 다각도로 Tibbetts를 지원한 끝에 1982년에 SBIR 프로그램을 법제화하는 공을 세웠다.

Kennedy 의원이 앞장서서 진두지휘한 결과, 1982년 당시 연간 외부 용역연구개발(Extramural R&D) 예산이 $100M 이상인 정부기관은 그 예산의 1.25%를 SBIR 프로그램에 배정하는 안을 골자로 한 법안을 상정시켰다. 이 과정에서 정부예산이 줄어들 것을 우려한 학계, 연구소 등의 반발이 심했으나, 결국 1982년에 레이건 대통령이 최종적으로 SBIR 법안에 서명하였다. 이후 SBIR 프로그램은 미국의회에서 주기적으로 재승인을 받으며 부족한 점은 고치고 새로운 파일럿 프로그램을 시도하는 등 조금씩 변화하며 발전해 왔다.

■ SBIR 사업의 참여기관과 예산[89. p. 11]

SBIR 프로그램은 미국 NSF에서 설계되고 제안되었으나, 법제화되면서 많은 정부기관이 참여하게 되고 예산규모가 확대되었다. 1982년 법제화 당시는 연방정부기관의 외부용역연구개발(Extramural R&D) 예산의 0.25%에 불과했던 예산규모는, 입법화 과정에서 외부용역연구개발 예산이 $100M 이상인 정부기관은 그 예산의 1.25%를 의무적으로 SBIR 프로그램에 배정하도록 규정되었다. 여기에 해당하는 연방기관은 12개이다.

1. Department of Defense(DOD)
2. Department of Health and Human Services(DHHS, NIH, CDA, FDA 포함)
3. Department of Energy(DOE)
4. National Science Foundation(NSF)
5. National Aeronautics and Space Administration(NASA)
6. Department of Agriculture(DA)
7. National Institute of Standards and Technology(NIST)
8. National Oceanic and Atmospheric Administration(NOAA)
9. Department of Education
10. Department of Homeland Security
11. Department of Transportation
12. Environmental Protection Agency

---

7 미국은 예산법정주의(예산규모를 법률에 명시하는 형식)을 채택하고 있으므로 사업마다 법률적 근거가 있고 그 법률에 예산규모도 명시되어 있다. 예산을 변경하려면 법률을 개정해야 한다.

그 후, SBIR 예산의 의무배정비율이 점점 확대되어, 가장 최근에는 2016년에 미국 의회에서 재승인을 받은 법률 개정안은 2017년부터 2022년 까지 외부용역연구개발(Extramural R&D) 예산의 3.2%를 적용하고 있다. 결과적으로 2018년 회계연도를 기준으로 하면 SBIR에 배정된 예산이 총 $3.6Billion에 달한다. 12개 기관 중 DOD와 DHHS가 가장 많이 투자하는 연방기관에 해당한다.

☞ 여기서 볼 수 있는 미국 연방정부의 업무형태는 한 정부부처가 좋은 정책을 제시하면 다른 정부부처가 협조하고 동참한다는 사실이다. 연구윤리규범도 DHHS가 제정한 규범을 다른 정부부처가 공동으로 사용하고 있다. 우리나라 행정풍토에서는 그러하지 못하다. 우리는 정부부처 간에 서로 경쟁하고 있으며, 경쟁이 지나쳐서 서로 비협조적 관계를 가지게 되었으니 이것을 극복하는 방법을 연구해 봐야 한다.

■ SBIR 프로그램의 단점

SBIR 프로그램은 미국 경제에 크게 기여한 것으로 평가되고 있다. 40년 넘게 운영되고 있으며, 예산규모가 점점 확대되는 모습이 곧 그 증거이다. 그러나 모든 제도와 정책이 완벽할 수 없다. SBIR 프로그램 역시 단점과 현실적 한계는 분명히 존재한다.

○ 지원부터 과제 선정까지 시간이 오래 걸린다.
  -과제 제출부터 지원금 수령까지 최소 6개월이 걸린다.

○ SBIR은 대량 제조나 마케팅, 세일즈 등의 비기술적인 분야에는 지원해주지 않는다. 제조, 마케팅, 세일즈가 중요하지 않아서가 아니라, SBIR의 미션 선언문에도 나와 있듯이 '혁신기술의 상용화' 지원에 초점이 맞추어져 있기 때문이다.

○ 정부의 영향으로부터 100% 독립적이지 못하다. 연방정부의 예산이 의회에서 제때 승인이 되지 못하면, 과제 시작일이 수개월 뒤로 밀리는 경우가 생기기도 한다.

※ SBIR 과제에 선정되면 괜히 우쭐해져서 실제 사업을 잘하고 있는 것으로 착각을 하게 되는 경우가 종종 있다. 이것은 SBIR 과제로 스타트업을 시작하는 모든 사람들이 가장 조심해야 할 점이다. 제품의 성패, 비즈니스의 성패는 SBIR 심사위원이나 SBIR 프로그램 담당자들이 아니라 시장에서 고객들이 냉정하게 판단하는 것이라는 중요한 명제를 종종 잊게 된다.

정책사례

우리나라에서도 SBIR과 유사한 사업을 설계 · 운영한 적이 있다. 1987년 과기처에서 본 저자는 「대일무역역조 개선을 위한 기계류 · 부품 · 소재기술의 육성전략」을 수립하고 기업에서 개발한 국산 신기술 제품을 용이하게 생산할 수 있도록 한 것이다. 과기처는 기계연(KIMM)에 의뢰하여 '기업에서 개발 중인 신기술'을 발굴한 후, 과기처장관 명의로 '국산 신기술'로 고시하면 그 해당기업은 산업은행으로부터 저리의 융자를 받을 수 있게 한 것이다. 이 전략은 당시 자동차 부품업체가 일본으로부터 기술도입 생산하다가 국산개발로 돌아설 수 있게 하였고, 반도체 산업이 막 시작되던 시기에, 반도체 장비개발을 촉진한 바 있다. 그러나 상공부가 자신의 업무영역을 침범한 것이라고 강력히 항의하였으므로, 1989년 이 사업은 상공부로 이관되었다.
당시 과기처와 상공부는 부처 간의 대립이 심각했다. 1987년 상공부가 「항공우주산업개발촉진법」을 제정할 때, 본 저자도 이 다툼에 참여하게 된다. 법률안 제17조에 "상공부장관은 연구기관을 설립한다"고 규정되어 있었는데, 부처 간 업무협의 과정에 분명히 이견을 제시했다. 연구소 설립은 과기처의 업무영역이라고 이유를 밝혔다. 그런데 경제장관회의 안건에 정부입법 안건으로 그 법률안이 상정되었는데 그 조문은 수정되지 않았다. 신참 사무관이던 본 저자는 즉시 기획예산과장에게 보고하고, 장관께 보고하였다. 그리고 다음날 경제장관회의에서 과기처장관이 항의함으로써 제17조는 "**정부는** 연구기관을 설립한다"로 수정되었다. 그 후, 저자는 신속히 「항공우주연구소 설립계획(안)」을 작성하였다. 예산편성 시기였으므로, 상공부 보다 먼저 연구소 설립계획을 경제기획원에 제출하기 위해서이다. 계획안의 작성에는 당시 한 국회의원이 발표한 「항공우주산업육성방안」을 참고하였으며, 기계연 항공기계실의 전문적 지원에 크게 힘입었다. 과기처 내부에서도 적극적 지원이 있었다. 그리고 1989년도 예산으로 부지매입비 42억 원을 받았으며, 오늘의 항우연으로 성장한 것이다. 이제 우주항공청이 설치된다고 하니 뿌듯하다. 지금 와서 보면, 부처 간의 대립에 왜 그리 민감했는지, 주변 모두에게 미안하다.

6 선도기술개발사업(G7사업)의 기획과 운영[90]

선도기술개발사업(일명 G7사업)은 1990년 1월 발표된 '대통령의 비전제시'를 구현하기 위해 과기부가 주도하여 사업을 기획하고 관계부처를 설득하여 부처 간 공동연구사업 형식으로 1992년부터 2002년까지 10년간 추진된 대형 국책연구개발사업이었다. **응용 · 개발연구에 중점**을 두었으므로 민간의 참여도 이끌어 내었다. 본 내용은 중앙공무원교육원에서 발행한 정책사례[90]에서 발췌하였다. 본 저자도 당시 이 사업의 4개 과제를 관리하였다. 연구개발사업의 설계 관점에서 G7사업이 가지는 의의는 여러 가지가 있다.

○ 대통령이 선언한 미래비전을 '국가아젠다'로 만들고 이것을 Top-down형 연구개발로써 구현하려는 사업이다. 정책설계 관점에서도 주목할 부분이다.
 -과기부의 선구자적 공무원들이 앞장서서 BH · 기재부 · 관계부처를 설득하였다.
○ 정부부처 간 협력을 통해 '국가적 이슈'를 연구개발하는 첫 번째 시도였다.
 -당시 부처 간의 주도권 다툼이 심했으므로 '**공동연구개발관리규정**'을 제정했다. 정책목표와 방법은 산학연 전문가들이 심층토론 후, 전원합의 방식으로 정했다.
○ 10년간 정부 1조 6천억 원, 민간 2조 원이 투입되는 대형 국책연구개발사업이다.
 -과제형식이 대과제/중과제/세부과제로 구분되므로, 새로운 **계약형식**이 필요하다.

G7사업에서 특히 주목할 점은 다음과 같다.

○ 어떤 과정을 거쳐 과기부가 범부처적인 대형 연구개발사업의 총괄주체가 되었는가?

－당시 과기부 장관과 담당국장의 인적 네트워크가 G7사업의 성립에 큰 힘이 되었다는 점에서 G7사업의 추진과정은 중앙공무원교육원의 교재로 채택된 적이 있다.

☞ 시스템에 의한 정책주도가 중요함에도 불구하고 사람이 주도해서도 정책이 성립된다는 사례

○ 과기부가 G7사업의 총괄부처로 결정된 다음에, 사업의 전체적인 정책목표, 개별 과제의 연구개발 목표, 연구개발 추진전략을 어떻게 결정했는가?

■ G7사업의 배경

1980년대 말, 우리나라는 민주화 이후 급격한 임금상승에 따른 제조업 경쟁력이 약화되고 선진국의 기술이전 기피 현상이 강화되며 국가 간의 기술개발 경쟁이 치열해지는 양상이 분명해지고 있었다.

○ 1980년대 후반부터 시작된 무역수지 적자 폭은 나날이 증폭되면서 어려움에 처한 경제력을 되살리기 위해 정부가 본격적으로 대책수립에 나섰다. 우리나라는 선진국으로부터 노후된 기술을 도입하여 이를 바탕으로 제조업의 경쟁력을 개선해 오고 있었다.

○ 1980년대 후반부터 반도체와 자동차 등 중후장대형 산업분야에서 두각을 나타내기 시작하였고, 삼성전자의 반도체가 미일 반도체 전쟁의 틈새를 파고들어 미국시장에 본격적으로 진출하게 된 1987년 이후부터는 이를 경계한 선진국들의 우리나라에 대한 기술공여는 크게 줄어들고 있었다.

점증하는 선진국의 기술보호주의와 기술패권주의에 능동적으로 대응하기 위해서는 국가경쟁력을 뒷받침할 핵심전략기술을 조기에 확보하는 것은 시급한 문제였다. 아울러 **국내의 한정된 과학기술자원을 소수 선택된 분야에 집중투입하여 세계 일류수준의 기술 경쟁력을 확보**하는 것이 필요했다. 이러한 이유로 정부는 그 방법론으로 **중장기 기술예측 및 수요조사를 통하여 승산이 있는 지원대상을 우선 선정하고 정부 각 부처가 참여하는 범정부적 협력체제 아래서 산·학·연 공동의 대형연구개발 프로그램이 필요**하다는 것을 역설하기에 이른 것이다.

1980년대 말까지 우리나라의 연구개발기능은 과기부, 상공부, 체신부 등 다수의 유관부처에 의해 분산되어 수행되고 있었다. 구체적으로는 연구개발사업으로 특정연구개발사업(과기부), 공업기반기술개발사업(상공부) 등이 추진되고 있으나, 실제로는 분야별 전문가들이 자신의 분야에 지원해 달라고 과제를 요청해 오면 이를 개별적으로 심의하여 확정하는 이른바 **상향식(Bottom-up) 접근방식**에 의해 선정되어 수행되고 있었다. 이러한 방식의 연구개발은 특정 연구자의 전문성에 따라 필요한 연구과제를 발굴하고 개발할 수 있다는 나름대로의 장점이

있는 반면, 국민의 예산을 가지고 추진하는 국책연구개발사업이 방향성이나 전략이 장기적이고 근본적인 문제의식을 가지고 추진할 수 없다는 단점을 가지고 있었다.

1990. 1. 10일 대통령은 연도기자회견에서 미래비전을 선언하였다.

> "앞으로 10년 안에 우리 과학기술을 선진 7개국 수준으로 발전시켜 나가야 합니다. 기업의 기술개발, 대학과 연구집단을 지원하고 첨단산업 연구단지를 늘려나갈 것입니다. 과학기술 인재 양성과 국제공동연구 등에 과감히 투자해 나갈 것입니다. 최첨단 반도체 · 슈퍼컴퓨터 · 통신위성을 우리 손으로 만들고 신소재 · 광산업 · 생명공학 등 첨단산업을 발전시켜 나갈 것입니다."

이러한 배경에서, 과기부의 선구자적 공무원들은 대통령의 미래비전을 구현하면서 범부처적 협력방식으로 하향식(Top-down) 국가연구개발사업을 추진하고자 G7사업을 기획하게 된다. 그들이 어떻게 과제를 도출하고 관계부처를 설득하는지가 본 사업에서 주목할 점이다. 본 내용은 중앙공무원교육원에서 교재[90]를 발췌하였다.

※ 우리나라는 정부부처 간에 알력이 심해서 이들의 합의를 이끌어 내는 일이 어렵다. 정부부처가 서로 자신의 업무영역을 확대하려 하기 때문이다. 예를 들어, 고속전철개발 과제에서 공급을 담당하는 민간기업을 관리하는 상공부와 수요 부처인 건교부가 서로 사업을 주도하겠다고 다투었다. 이런 행정풍토는 부처의 이익(공무원의 이익)을 확대하려는 것이다.

■ G7사업의 기획과 과제의 도출[90]

(1) 사업목표의 설정

'G7사업의 목표'는 대통령의 선언에서 정해졌다고 봐야 한다.

○ **G7사업의 목표: 2000년대에 세계 7대 과학기술 선진국(G7) 진입**

(2) 사업의 기본방향 수립

이 목표를 달성하기 위한 기본전략으로서 구체적인 **특정 제품 또는 특정 기술 분야에서 세계 일류수준의 기술경쟁력을 확보**하는 쪽으로 방향을 잡았다. 그렇다면, 무슨 제품과 무슨 기술을 선택할 것인가? 이것을 결정하고, 누가 주도할 것인가, 어느 정도 투자할 것인가를 결정하는 것이 곧 G7사업 기획의 골자가 된다.

○ 무슨 제품을 개발할 것인가? → 명칭을 '**제품기술**개발과제'로 한다.
  - 요구사항: 2001년까지 최종연구 성과품이 분명히 기대되는 범부처적 산·학·연 협동과제가 되어야 하고, 원칙적으로 5년 이상의 산업화 선행주기를 갖는 대형과제가 중심이 되어야 한다.

○ 무슨 기술을 개발할 것인가? → 명칭을 '**기반기술**개발과제'로 한다.

－요구사항: 2001년까지 최종연구 성과품을 기대할 수는 없어도 관련 기술의 개발능력을 확보하고 수준의 정도를 높이는 것이 절대적으로 요구되거나 경제사회발전과 풍요로운 삶의 질을 향상시키는 데 필수적인 기술개발과제를 중심으로 한다.

(3) 연구주제의 도출

사업목표와 기본방향에 부합되는 제품과 기술이 무엇인지를 도출하기 위해, 과기부는 기획단을 구성하고 설문조사도 실시하며 국가적 합의절차를 이끌어 간다. 구체적인 절차는 ① 후보주제 발굴 → ② 주제 선정 → ③ 연구기획 → ④ 연구과제 확정 및 연구팀 선정 → ⑤ 연구수행이라는 5단계의 과정으로 진행되었다.

후보주제(처음 214개)는 기획단에서 60개로 조정되고 설문조사를 통해 14개로 압축한 후, 주제 도출에 엄격한 기준을 적용한 결과 최종(제1단계) 11개 주제로 압축되었다.

○ 제품기술개발 연구주제를 도출하기 위한 기준은 다음과 같았다.
  －1997년～2001년 기간 중에「산업화 선행주기: 5년 이상」
  －성장·성숙기의 제품수명주기에 놓이게 될「PLC: 성장·성숙기」
  －차세대 첨단기술제품 중「차세대 제품」
  －세계 또는 국내 시장에서 경쟁력 확보가 가능하거나 반드시 필요한 제품관련 기술개발 주제로서「산업·경제적 결정요인」
  －개발기간 중 자원동원이 가능한 주제「개발능력과 가능성」
○ 기반기술개발 연구주제를 도출하기 위한 기준은 다음과 같았다.
  －G7 과학기술 선진국 진입을 위한 전략 거점기술로서 외국으로부터의 도입이 불가능하거나 도입을 위한 비용이 너무 커서 자력확보가 불가피한 분야,
  －삶의 질을 향상하고 국내외 기술환경에 대응하기 위해 반드시 우리가 개발해야 할 기술분야로 한정하였다.
○ 도출된 11개 주제(제품명과 기술명)에 대해 **총괄부처와 총괄주관기관을 지정**하였다.
  －총괄주관기관은 도출된 연구주제와 연구영역이 가장 가까운 공공연구기관이 되며, 총괄부처는 그 총괄주관기관의 주무부처가 된다. 총괄부처는 과제에 대한 기획에서부터 발굴·심의·평가업무 등에 이르기까지 단위연구과제의 집행 및 관리업무를 책임지게 되며 더 나아가서는 투자재원 확보에서부터 수행관리, 연구 성과 실용화에 이르기까지 사업 전반을 책임지고 관리하게 된다.
  －도출된 11개 연구주제(대형과제 명칭)와 총괄주관기관은 다음과 같다[90].

	연구주제(대과제명)	연구목표	총괄주관기관	총괄부처(협조부처)
제품기술개발	광대역 ISDN	2001년까지 선진수준의 ISDN 실현을 위한 핵심요소기술개발	한국통신	정통부(과기부)
	차세대자동차	2001년까지 차세대 기능(저공해, 안전도)	자동차부품연구원	산자부(과기부)
	신의약 · 신농약	97년까지 2~3개의 신의약 · 신농약 제품개발	KISETEP	과기부(복지부)
	고선명TV	미국 및 유럽 방식의 HDTV 시제품개발	생산기술연구원	산자부(과기/정통)
기반기술개발	정보 · 전자 · 에너지 첨단소재	고부가 첨단소재의 국산개발 및 산업화	KISETEP	과기부
	첨단생산시스템	생산성 5배 향상 생산시스템 개발	생산기술연구원	산자부(과기부)
	신기능생물소재	선진국 수준의 신기능 생물소재 기반기술 구축	KISETEP	과기부(농진청)
	환경공학	2001년까지 환경기술의 수출 산업기반 구축	국립환경연구원	환경부(과기부)
	신에너지	200kw급 연료전지개발 및 석탄 가스와 복합 발전설계기술 확보	에너지자원개발센터	산자부(과기부)
	차세대원자로	2001년까지 차세대 원자로 설계	한국전력공사	산자부(과기부)
	차세대반도체	256M DRAM이상의 초고집적 반도체관련 기초 · 기반기술 개발	KISETEP	과기부(산자/정통)

※ 선도연구개발사업을 실질적으로 주도하던 과기부는 고유영역인 기초 · 기반기술 개발 외에 국가 연구개발사업의 종합조정 및 관리를 위해 타 부처 사업 모두에 협조부처로 참여하였다.

☞ 여기서 과기부는 총괄주관기관으로 연구기능이 전혀 없는 KISTEP을 지정한 점은 특이하다.

(4) 과제의 기획

'하향식(top-down) 연구개발'이란, 정부부처가 원하는 연구결과물을 얻기 위해 사전에 연구기획을 실시하여 구체적 연구목표 · 내용 · 연구방법 등 기본설계를 완성한 다음, 이를 수행할 연구주체를 공모형식으로 선발함으로써 연구개발의 성과가 정부부처의 요구에 일치하도록 하는 접근방법이다. G7사업은 '하향식 연구개발사업'이므로 국내 최초로 연구기획에서 연구관리, 평가에 이르는 연구개발의 전 주기적인 관리기법인 '**연구기획제도**'를 도입했다. 그런데 여기에서 주목할 점이 있다.

1991년도 당시의 생각으로는, '**연구기획제도**'란 총괄부처가 **전문가집단의 협조를 받아 연구주체별 역할분담은 물론 인력활용에서 투자소요에 이르기까지 사전기획하는 제도**를 의미한다고 생각하고, 이런 기획에 근거하여 공개경쟁의 방법으로 최적의 과제수행주체를 선정하게 되었다[90. p. 18]. 그러나 이런 방법은 시간과 인력이 너무 많이 소요된다. 우리가 처음하는 '하향식 연구사업'이었으므로 과기부가 지나치게 신중했다고 본다.

☞ 선진국을 보면, 정부의 연구수요를 만족시키기 위한 하향식 대형과제의 연구기획은 정부 공무원보다는 전문가 집단(위원회가 아니고 국책(연))이 직접 수행하는 것이 효율적이다. 그리고 사전기획으로 얻게 되는 결과물은 ① 과제의 목표, ② 연구기간, ③ 연구비소요, ④ 국책(연)이 연구할 부분, ⑤ 외부용역(extramural program)으로 수행할 부분, ⑥ 외부용역과제의 공모에 발표할 요구조건(Request for Proposal, RFP), ⑦ 전체적 로드맵 등이다. 국책(연)이 대과제수행을 주도하고 많은 부분(절반 이상)은 외부기관에 의뢰한다.

당시에는 '연구기획기관'을 공모하여 연구기획을 담당하게 하였으며, 이해충돌을 막기 위해, 연구기획기관은 연구과제의 수행에 참여하지 못하도록 하였다. 그리고 연구기획결과에 따라 세부과제가 결정되어 공표되고 세부과제별 연구주체를 공모하였다. 그 후, **'연구기획기능'이 전문기관의 고유기능으로 자리잡게 된다**. 그러나 선진국의 사례를 보면, 국책(연)은 국가아젠다 프로젝트(NAP)를 주도하는 기관으로서, 국책(연)이 과제기획과 과제수행을 모두 주도함을 알 수 있다. 즉, 정부의 NAP 수행은 자동으로 산하 국책(연)으로 간다. 정부가 이런 일을 맡기기 위해 국책(연)을 설립한 것이다. **과제기획자가 과제를 수행하면 '이해의 충돌'이 생긴다는 견해는 국책(연)을 시민단체나 기업의 수준으로 바라보는 것이다**. NAP는 국책(연)에 맡기되 업무처리규범이 엄격해야 하다.

☞ 우수한 사람은 기획도 잘하고 연구도 잘한다. 과제기획자가 연구를 못하게 하면 이해의 충돌은 해결되는가? 아니다. 우수한 사람은 서로 다 통한다. 여기서는 국가적 연구역량을 총동원하는 일이 가장 중요하다. 그렇다면 대안적 방법이 무엇인가? 여기에는 NIH의 extramural program 관리규범을 참고할 수 있다. MPG는 철저하게 '탁월한 사람'이 우선이다.

도출된 11개 주제는 1992. 8월 과제로서 모습을 갖추고 계약되었다. 1995년에 와서 새로운 과제의 발굴이 필요하게 되었다. 21세기 초 과학기술 선진국 진입을 위해서는 정부의 지원하에 필수적으로 개발하고 확보해야할 기술분야가 더 있었으며, 이 중에서 특히 자원이 미흡한 분야를 중심으로 2001년까지 한시적으로 집중지원하여야 할 필요성이 제기되고 있었다. 그래서 1995년도에 제2단계 신규 주제발굴이 시작되었으며, G7사업의 일관성을 유지하기 위해 1992년 1단계 기획 당시 세웠던 선정기준을 그대로 적용하였으며, 목표연도는 2001년까지로 한정하였다.

제2단계에서는 '선도기술개발사업협의회'에서 10개의 신규주제를 확정하였다. 그러나 연구기획단계를 거쳐 최종 7개 주제만 남았다. 결과적으로 G7사업에서는 총 18개의 대형과제가 추진되었다. 제2단계의 7개 주제는 다음과 같다[90].

이렇게 도출된 연구주제는 세부과제 도출 및 세부과제별 요구조건(Request for Proposal, RFP)을

	연구주제 (대과제명)	연구목표	총괄주관기관	총괄부처 (협조부처)
제품 기술 개발	주문형반도체	1999년까지 GA규격 및 한국규격을 만족하는 HDTV용 ASIC 개발 및 설계인력 확충	전자부품 연구소	산자부 (과기/정통)
	차세대평판 표시장치	2001년까지 25~29급 TFT-LCD 기반기술, 55급 full color PDP개발	한국디스플레이 연구조합	산자부 (과기부)
	의료공학	영상진단, 계측·치료기기 개발, 재활기기, 인공장기, 치료용 치료개발	한국의료관리 연구원	복지부 (과기/산자)
	초소형정밀기계	소형 정밀 핵심기계 부품 및 시스템 개발, 미세가공기술 및 초소형 부품제작 기술개발	전자부품 연구소	산자부 (과기부)
	고속전철	한국형 고속전철시스템 개발 및 핵심부품개발	한국철도기술 연구원	건교부 (과기/산자)
기반 기술 개발	차세대초전도 토카막장치	세계 4대수준의 차세대 콤팩트형 초전도토카막 핵융합 플라즈마실험장치 개발	기초과학지원 연구소	과기부 (산자부)
	감성공학	신뢰도 85%수준의 감성측정평가 시뮬레이터 개발 및 감성응용제품 실용화	KISTEP	과기부 (산자부)

결정하기 위해 과제별 사전기획을 실시하였다. 그리고 ① RFP를 공고하여 세부과제별 연구계획서 접수→② 연구계획서가 요건에 부합하는지 평가→③ 연구팀 확정→④ 연구계약 체결→⑤ 연구수행 단계로 넘어 갔다.

(5) 연구결과의 평가

하향식 연구개발사업 중 제품기술개발과제는 평가가 비교적 용이하다. 요구된 성능을 만족하는지 시험(test)함으로써 성공 여부가 결정된다. 그러나 기반기술개발과제는 목표가 기술의 확보이므로 전문가의 주관적 평가에 맡길 수밖에 없었다.

결과평가는 3단계로 구성되었다. 1단계 평가에서는 기존 사업의 조정·보완·중단과 신규 세부과제의 추가가 있었으며, 2단계 평가에서는 연구성과의 실용화·산업화 가능성에 중점을 두었다. 3단계 평가는 최종평가와 통합적으로 수행되었는데, 계획 대비 목표달성도와 연구성과의 우수성에 대한 판단이 평가의 핵심사항이었다. G7사업은 최종 평가결과를 통해 <아주 우수> 1개 사업과 <우수> 15개 사업 등 총 18개 사업에서 16개 사업, 거의 모든 사업이 우수하다는 평가를 받았다.

■ G7사업의 추진체계

주제도출, 사전기획, 과제선정 등 전문적 업무를 자문받고 의결하며 집행하기 위해서는 짜임새 있는 효율적 추진체계가 필요하다. 총괄 및 협조부처의 관리가 원활히 진행되도록 과기부는 관계기관 간 협의체인 「선도기술개발사업협의회」와 기술적·정책적 중요사항에 대한 자문을 위해 산·학·연 전문가로 구성된 「기획자문위원회」를 구성하는 방식으로 연구관리 체제를 구축하였다.

선도기술개발사업의 추진체계[90]

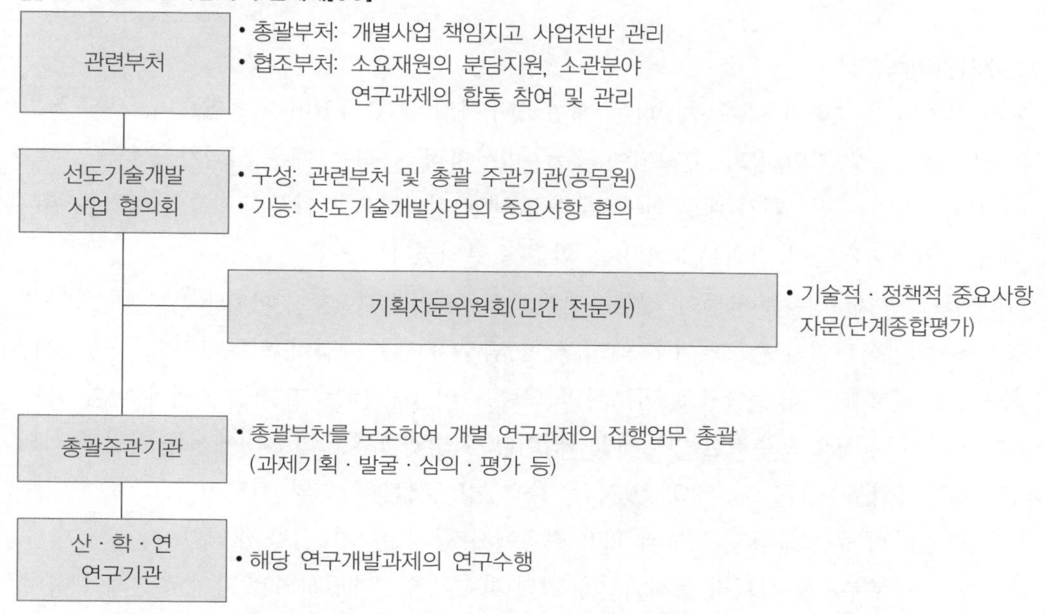

※ G7사업이 범 부처화가 되어 수행되면서 뜻하지 않은 문제가 발생하게 되었다. 그동안 부처들이 개별적으로 가지고 있던 '연구개발관리규정'의 내용이 서로 달라서, 과제를 수행하는 산학연에서 어려움을 토로한 것이다. 이를 해결하기 위해 정부는 1994년 2월, 국무총리 훈령 제286호인 「선도기술개발사업 공동관리규정」을 제정하여 부처별로 산재해 있던 '연구개발관리규정'을 통일시켰다.

※ 이 당시 참여하는 정부부처 간에는 묘한 경쟁심리가 작동하였다. 처음에 사업의 주도권을 빼앗기지 않으려는 방어심리가 작용하더니, 그다음 평가를 의식하고 담당공무원들이 최선을 다하는 자세를 보였다. 정부부처가 공동으로 협력하는 기회가 더 많아져야 한다.

G7사업의 정책적 시사점

20년이 지난 오늘(2022년 기준)에 와서 보면, G7사업의 엄청난 효과와 영향을 실감할 수 있다. 차세대 평판 표시장치, 초고집적 반도체, 고선명TV는 우리의 주력 수출품목이 되었으며, 나중에 이동통신의 휴대폰 사업으로 이어지게 되고, 국산화된 고속전철은 국민의 생활패턴을 완전히 변화시켰다. 또한, 차세대 원자로개발은 우리나라 원전수출의 기초가 되었다. 그 외, 광대역 ISDN, 차세대 자동차, 연료전지, 첨단소재 등에서 보여준 우리의 집단지성과 잠재력에 자부심을 느낀다.

앞에서 언급한 바와 같이, G7사업에는 총 10년간에 걸쳐 정부와 민간 부문이 합동으로 총 3조 6,089억 원(정부 16,008억 원, 민간 20,081억 원)의 예산이 투입되었다. 한편 G7사업에 투입된 연구인력은 10년간에 걸쳐 박사급 21,171명, 석사급 31,515명, 기타 38,185명 등 총 9만 Man－Year로 나타났다. 오늘에 와서 보면, G7사업은 투입에 비해 그 성과는 실로 엄청나다고 말할 수 있다.

(1) G7사업의 의의

여러 부처가 참여하여 함께 수행하는 대형 연구사업은 G7사업이 최초였으며, 사실상 그 이후에도 없었음을 감안하면, G7사업이 갖는 **'범부처적' 특징**은 매우 의의가 크다.

○ 이렇게 유례없는 범부처간 대형 연구사업을 10년간 성공적으로 이끈 과기부의 저력은 어디에서 나왔을까? 당시 과기부(과기처)는 힘없는 부처였다.

○ G7사업을 통해, 정부부처들이 정책수단으로서 연구개발(이것이 '**아젠다 프로젝트**'이다)의 중요성을 인식하였다면, 그 이후 왜 유사한 범부처 협력사업이 이루어지지 못했을까? 과기부는 종합조정의 수단으로 범부처의 협력을 이끌어 내는 역할을 했어야 한다.

○ G7사업은 **하향식으로 추진한 연구개발사업**이다. 국방과학연구소(ADD)에서는 이런 형식의 연구개발사업을 자주 추진하고 있지만, 출연(연)에서는 최초의 시도였다.

－'연구기획'에서 세부과제 도출과 RFP 결정에서 합의절차가 쉽지 않았다.

－앞으로 정부부처는 사회적 문제해결을 위해 하향식 연구개발사업을 많이 추진해야 하며, 연구기획의 노하우를 쌓아야 한다.

○ G7사업은 연구주제와 구체적인 연구과제를 도출하고 연구결과를 평가하는 전 과정을 **'민간 전문가들이 주도'하여 수행한 사업**으로 선구적인 사례라 할 수 있다. 막대한 정부예산이 투입되는 국책사업의 정책형성 과정에서 핵심관료였던 과기부 담당 공무들은 실질적인 권한을 민간 전문가들에게 위임한 것이다.

－전문적 사안을 협의하게 되면, 공무원들은 개입하기가 어려워진다. 그래서 기술직 공무원들의 전문성이 중요하다. 그는 돌아가는 상황을 이해할 수 있어야 한다.

(2) G7사업의 아쉬운 점

○ 가장 아쉬운 점은 G7사업의 형식이 계속되지 못하고 **일회성으로 끝난 점**이다. 이것을 발전시키면 선진국의 **국가 아젠다 프로젝트(NAP)의 수행** 방법에 도달할 수 있었다.

－범부처적 사업을 기획하고 이끌고 간다는 것이 어렵기 때문이다. 과기부는 그 후, 「21세기 프론티어사업」을 추진한다. 이것은 대형 장기사업이지만 범부처적이지 않다.

○ 또 하나 아쉬운 점은 사업 종료 후 **'백서'를 남기지 않았다**.

- 당시 사용된 계약서, 회의록, 대과제/중과제/세부과제의 도출, 운영상 문제점 등 과제 관리의 노하우를 문서로 남기지 않았다. 과기부 내부 백서에는 요약만 있다.

○ 특히, 정부는 연구기획의 기회를 자주 출연(연)에 부여함으로써 출연(연)의 기획능력을 제고시켜야 했다. 출연(연)은 정부의 think-tank로서 사회적 문제해결을 위한 하향식 **연구과제를 기획하고 연구를 주도하는 주체**가 되도록 키우는 기회를 주어야 했다.

- '하향식 연구사업'은 과기부가 종종 운영하는데, 중점 연구사업에 대해 로드맵을 그리고 RFP/RFA를 공표하고 있지만, '정부주도 형식'이라는 점이 문제이다. 여기에 '이해의 충돌'과 '집단사고'의 폐단이 나타난다. 심의에 참여하는 전문가는 항상 무책임하다. 출연(연)이 직접 기획과 연구를 주도하고 **책임지게 하는 방법**이 더 효과적이다.
- 산학연 협력과제를 기획하는 경우, 과제구성과 역할배분도 중요하지만, 자칫 게리맨더링이나 위인설관용 연구과제가 포함되지 않도록 하는 세심한 배려(윤리)가 필요하다.

○ G7사업을 운영하면서 18개 과제에 대해 기술별 특징을 살려주지 못하고 **획일적으로 다루었다는 점**이 반성할 부분이다.

- 고속전철 기술개발 과제는 건교부와 산자부의 주도권 다툼이 2년간 지속되었으며, 연구주체 간에 주도권 경합이 가장 심했던 과제이다. 고속전철개발의 과제기획이 완료되고 과제를 수행한지 6개월 만에 G7사업 전체에 대한 중간평가를 실시하였다. 그 결과 전자분야 제품개발과제는 2~3년 만에 완료되어 좋은 성적을 받았지만, 고속전철 과제는 최하위 등급으로 평가되고 '재기획' 판정이 났다. 왜 '재기획'일까?
- 신의약·신농약 개발과제는 '1997년까지 2~3개의 제품개발'을 목표로 세웠는데, 이 영역은 기술력이 아니라 운(運)에 따라 약효물질을 발견하지 못할 수도 있다.

※ G7사업을 기획하는 과정에 과학기술자들과 공동작업에 참여한 공무원들은 과학기술자들에 대해 새로운 입장을 가졌다. "과학기술자들은 정책에 대한 전문성이 부족하다"는 것을 알았다.

일반적으로 과학기술은 특성상 매우 전문성이 높은 분야이기 때문에 관련 정책을 형성하고 집행할 때 과학기술계 전문가들의 의견이 중요하고 최대한 반영될 필요가 있다고 주장한다. 그러나 최근 과학기술은 전반적으로 융합화 또는 다학제화가 급속하게 진행되어 가는 추세이다. 이러한 상황에서 우리는 특정 분야의 전문가일 수밖에 없는 **과학기술자들이 과연 얼마나 정책결정의 합리성과 타당성에 기여할 수 있을까** 하는 반문을 제기할 수 있다. 그렇다면 과학기술 분야의 전문가보다는 정책 또는 관리분야의 전문가가 관련 정책의 결정을 주도하는 것이 좀 더 합리적이지 않을까[90. p. 74].

제 3 절 우리나라 연구개발사업

1 국가연구개발사업의 체계

■ 국가연구개발사업의 법령체계

우리나라는 1980년대부터 법률에 근거를 두고 국가연구개발사업을 추진하기 시작했다.

- ○ 1977년 과학기술처의 「한국과학재단법」 제5조에 근거를 둔 '사업'
- ○ 1980년 교육부의 「학술진흥법」 제13조에 근거를 둔 학술진흥재단의 '사업'
- ○ 1981년 과학기술처의 「기술개발촉진법」 제8조의3에 근거를 둔 '특정연구개발사업'
- ○ 1986년 상공부의 「공업발전법」 제13조에 근거를 둔 '공업기반기술개발사업'
- ○ 1989년 과학기술처의 「기초과학연구진흥법」 제6조에 근거를 둔 '기초과학연구사업'

※ 국방부는 1970년에 「국방과학연구소법」을 제정하고 '사업'을 전개하였다.

1980년대까지는 과기처가 정부의 모든 연구개발 수요에 대응해야 한다고 생각했었다. 교육부의 사업은 규모도 작았으며, 학문발전을 위한 정부의 최소한의 투자에 해당한다고 생각하였으며, 국방부의 사업은 항상 예외적으로 간주하였다. 그래서 1986년 상공부가 공업기반기술개발사업을 착수할 때, 과기처는 사업추진을 매우 반대했었다. 그 후, 농림부, 정통부, 환경부가 국가연구개발사업에 뛰어들면서 2000년에 국가연구개발사업은 범부처적으로 추진되었다. 그래서 2004년 종합조정이 강조된 것이다.

그 후, 단순한 연구개발사업에서 '기술혁신'의 개념이 강조되면서 일부 법률은 명칭이 변경되었다. 그리고 거의 대부분의 정부부처가 법률을 제정하면서 국가연구개발사업을 추진하게 되었다. 그 당시, 산업기술영역의 연구개발을 두고 과기부와 산자부의 갈등이 깊어져서 부처간의 기능조정이 있었다. 산업기술은 모두 산자부가 담당하고 과기부는 기초기술영역으로 연구개발을 집중하도록 한 것이다. 이에 따라, 과기부의 「기술개발촉진법」, 「민군겸용기술사업촉진법」 등 산업기술 개발관련 법률은 산자부로 이관되었다.

2020년 말, 과기부는 국가연구개발사업의 총괄 관리의 입장에서 「국가연구개발사업의 관리 등에 관한 규정」을 폐지하고 **「국가연구개발혁신법」을 제정**하였는데, 그 골자는 다음과 같다.

- ○ 국가연구개발사업에 대한 정부, 연구개발기관 및 연구자의 책임과 역할을 규정
- ○ 국가연구개발사업에 대한 표준적 추진절차를 규정(공고, 선정, 협약, 과제수행, 평가 등)
- ○ 연구개발정보의 관리(통합정보시스템, 보안), 전문기관 지정, 실태조사에 대해 규정

○ 연구지원체계(지원인력, 지원부서, 교육훈련, 연구시설, 연구비관리)의 확립과 평가
○ 국가연구개발행정제도의 개선절차와 연구윤리확보를 위한 규정 등

국가연구개발사업에 대한 조사·분석·평가는 「과학기술기본법」 제12조에 근거를 두며, 「국가연구개발사업 등의 성과평가 및 성과관리에 관한 법률」이 정하는 바에 따르도록 규정하고 있다. **국가연구개발사업 예산의 배분과 조정**은 「과학기술기본법」 제12조의2에 근거를 두고, 과기부 장관이 조사·분석·평가의 결과를 토대로 모든 부처의 연구개발사업의 예산요구서를 제출받아 조정하고, 과학기술자문회의의 심의를 거쳐 그 결과를 기재부장관에게 통보함으로써 정부예산편성에 반영하는 구조이다.

그 외, 국가연구개발사업 전체에 적용되는 규정, 규칙, 훈령이 있다.

○ 「국가연구개발사업 보안대책」, 「국가연구개발사업 연구노트 지침」, 「국가연구개발정보처리 기준」, 「국가연구개발 시설·장비의 관리 등에 관한 표준지침」 등이 있다.

☞ 국가연구개발사업 관련 법률체계에서 아쉬운 점은 연구개발사업의 유형(네 가지)에 대한 구분이 고려되지 않았으며, grant와 contract에 대한 계약을 차별화하지 못하여 자유로운 연구경쟁시장을 만들어 주지 못한다는 점이다. 그저 예산으로 확보된 연구출연금을 경쟁과정을 통해 배분하면 우수한 연구성과가 나오는 것으로 생각하고 있다. 정부는 연구개발생태계를 구성하고 파악하며, 취약점과 문제점을 고쳐나가는 역할에 그치고, 생태계가 자율적으로 진화하도록 자율 · 경쟁 · 윤리의 원칙이 주어져야 한다. 선택집중정책의 당위성과 출연(연) 육성과 활용에 관한 절차도 법률에 포함했었어야 했다.

새로운 법률을 제정한다면, 보강되어야 할 내용을 여기서 정리해 보자.

○ 과학기술자의 범위는 무엇이냐? 이제는 인문사회, 예체능분야를 포함해야 할 것이다.
○ 과학기술자의 권리와 책무는 무엇인지 규정해야 한다.
○ 연구개발사업의 네 가지 유형을 규정하고, 각각에 대한 관리절차를 규정한다.
○ 연구비 지원방식을 grant, contract, cooperative agreement로 구분하고 그 기준과 절차를 구체적으로 규정한다. contract는 엄격하게 평가하되 소청심사제도를 둔다.
○ 국책(연)의 기능을 명시하고, 국책(연)에 대한 정부의 관리방법(예산지급, 감사)에 출연기관의 취지를 살리며, 국책(연) 연구원의 처우(임금, 정년, 연금)에 대한 기본 원칙(국립대학과 동등)을 규정하며, 전문성 강화(정예화)와 자율성에 대한 방법을 규정한다.
  - 정부부처는 국책(연)에 전문적 과업(미션연구, 아젠다 프로젝트)을 수시로 경쟁없이 부여할 수 있으며, 이에 대한 행정절차를 규정한다.
  - 국립대학과 출연(연)은 상호 인력파견이 용이하도록 한다(처우가 동등해야 가능).
○ 국책(연)은 「공공기관의 운영에 관한 법률」에서 벗어나 새로운 법률로 관리한다.
○ habilitation의 근거, 국가과학자, 최고과학자의 칭호를 규정한다.

○ 결과적으로, 「(가칭)과학기술자의 권리보호를 위한 법률」, 「(가칭)국책연구기관 지원육성법」, 「(가칭)연구중심대학육성법」을 제정할 필요가 있다. 자세한 내용은 제8장을 보라.

■ 연구개발사업에 관련된 도덕적 해이

국가연구개발사업의 설계와 운영으로 새로운 지식이나 문제해결의 실마리뿐 아니라, 연구인력의 경험학습, 연구기관의 명예, 기술창업, 일자리 등 많은 것을 얻을 수 있다. 반면에, '유연한' 자금을 투입한다는 특성 때문에 '도덕적 해이'가 생기기 쉽다. 이런 도덕적 해이는 연구자의 부정행위로도 나타나지만, 정부부처에서도 나타난다. 우리는 국가연구개발사업에 대해 **효과를 최대한 살리고 부정적 요소를 최대한 억제하는 방식**으로 제도를 구축해야 할 것이다. 국가연구개발사업에서 발생하는 도덕적 해이를 보자.

○ 국가연구개발사업에 '유연한' 자금으로서 출연금을 지급하는 이유는 **연구활동의 불확실성(실패의 가능성)**을 커버하기 위한 것이다. 그런데 그 **유연성은 연구자가 가지지 못하고 오히려 정부 공무원이 누리는 경우**가 있다. 즉, 정부는 출연금의 지급 단계에서 지급여부의 권한을 가지지만, 연구자에게는 특별히 엄격한 집행을 요구하고 있다. 이렇게 되면, 출연금으로 운영되는 출연(연)은 유연성을 가지기 어렵다. 대학은 운영예산을 별 어려움 없이 받지만, 출연(연)은 모든 예산을 아주 어렵게 받고 있다.

 - 예를 들어, 정부는 "출연(연)이 임금피크제를 받아들이지 않으면 인건비 상승분을 지급하지 않겠다."고 겁박하는 방식으로 부당한 제도(블라인드 채용, 비정규직 정규화 등)를 출연(연)에 강요한 적이 있다.
 - 국책(연)을 출연(연)으로 만든 이유는 유연하게 경영하라는 의미인데, 출연금 받기가 일반예산 받기보다 더 어려우니 차라리 출연기관이 되지 말자는 의견도 나온다. MB정권 초기에 국립(연)을 출연(연)으로 전환하려 했으나 반대가 커서 포기했다.

※ 감사원은 연구자들의 출연금 사용에 대해 매우 엄격한 기준을 적용하고 있는데, 잘못된 감사 방법이다. 연구자들의 '개인적 유용'이 아니라면 출연금 사용에 관대해야 한다. 감사원 감사는 출연(연)에 오지 말아야 한다. 과기부 감사는 출연(연)의 시스템을 감사하고 세세한 것은 내부감사가 담당해야 한다.

☞ 한 출연(연)에서 정년퇴직한 연구자들이 ADD의 연구과제에 참여하는 경우가 많았다. 그러다가 2019년 감사원 감사에서 이 문제가 지적되었다. 참여연구원 관리가 허술하다는 것이다. 결국, 과제에 참여하는 외부인은 공모절차를 거치도록 제도가 변경되었다. 선진국은 PI가 참여연구원을 재량껏 결정할 수 있는데, 우리는 공모절차를 거치는 것이다.

○ 연구개발예산은 출연금이며 '유연한 자금'에 속하므로 정부부처는 이 예산을 최대한 많이 확보하려고 노력한다. 그리고 지식창출이나 문제해결보다는 부처의 파워를 키우는 용도로 사용하려 한다. 이제 **정부부처도 하나의 이익집단이 되어버렸다**.

- 정부부처도 평가를 받으므로 유능한 부처로 인정받기 위해 실적을 극대화하려 노력하는 것은 당연하다. 그렇다고 하여, 국책(연)이 수행해야 할 기능(사업기획과 로드맵 작성, PI 선발)을 정부부처가 가져가면 안된다. 전문성 부족으로 인해 잘못을 인식하지 못하는 경우가 생긴다.

○ 정부부처가 왜 연구개발사업을 직접 주도하려고 하는가? 본디, 정부부처는 사업과 예산을 일괄로 출연(연)(또는 전문기관)에 넘기고 위탁계약하는 것이 원칙인데, 정부부처가 '존재감'을 얻기 위해 과제도출과 과제의 PI를 직접 결정하고, 계약체결부터 결과평가까지의 과제관리를 전문기관에게 위탁하는 방법도 '도덕적 해이'에 속한다.

- 예산을 편성하는 일, 재원(예산)을 배분하는 일, 수상자를 결정하는 일, 연구과제책임자를 선정하는 일, 인사(임용, 승진)을 담당하는 일은 공무원들이 매우 선호하는 업무이다. 수혜자가 되기를 바라는 사람이 많을수록, 이런 일을 담당하는 공무원에게는 '포지션 파워'가 생기기 때문이다.
- 그런데, 정부가 이런 일에 직접 나서면, 정부는 전문성이 부족하므로 선정심사는 전문가의 패널심사 방식을 택하는데, 패널들은 정부의 의도에 맞추어주려는 자세로 일하는 경향이 있다. 결국 편견이 개입된다.

○ 정부가 국가연구개발사업을 '**독립법인 형식**'의 장기대형(10년, 매년 100억 원) 사업단이 운영하도록 설계한 후, 사업단장을 직접 선정하고, 사업단의 행정업무를 퇴직 공무원이 담당하도록 만든다면, 정부의 퇴직 공무원들에게는 일자리가 생길지 모르지만, 연구기관은 연구실적을 낼 기회를 독립 법인에게 빼앗기는 것이다.

- 사업설계 단계에서는, 연구비 지원종료 후 사업단이 독립채산의 단계로 발전되기를 기대하고 있으나 그 성공률은 거의 '제로'에 가깝다.
- 사업단의 규모가 대형화될수록 사업단장은 경영업무가 많아진다. 수년이 경과하면, 유능한 과학기술자 1명이 사라지고 무능한 경영자 1명이 나타나게 된다.
- 이 정책은 중요하므로 뒤에 다시 논의하자.

※ 내부 감독기능이 거의 없는 소형 법인(사업단)이 연 100억 원을 사용하게 되니, 회계적 부정행위가 발생하여 사업단장이 정부감사에 저촉되는 사례가 매우 많이 발생하였다.

※ 만약 사업단을 독립법인으로 하지 않고, 사업단장이 소속 연구기관(대학, 출연(연))에서 사업단을 운영하게 해보자. 연구기관의 명예, 사업단 구성원의 직업적 안정성, 기술확산 및 축적, 회계적 행정지원 등 모든 면에서 유리하다는 것을 알 수 있다.

○ 정부부처는 언론에서 주목받는 것을 좋아한다. 연구사업을 내실있게 이끌고 가기보다는 전시성으로 일하는 경향이 있다. 새 정권의 출범이나 새 장관이 임용되면, 과거에 추진하던 사업에서 예산을 삭감하고, 새로운 사업에 투자함으로써 거창하게 착수하려 한다. 이런 일이 반복되니

국가연구개발사업은 '용두사미'라는 말이 나온다.

- 공무원의 순환보직제도는 공무원의 전문성 향상에도 불리하며, 전임자의 업무를 존중하지 않고 소홀히 처리한다는 폐단도 있다. 즉, 후임자는 전임자가 계약한 사업단 연구비를 매년 조금씩 삭감한다. 그러니 사업단은 목표를 달성하기 어렵다.

○ 연구과제의 성공률은 98%인데, 사회적 가치를 창출하지 못하는 이유를 살펴보자.

- 우리의 국가연구개발사업은 정책적으로 '응용개발'이전 단계에서 종료하게 한다. 응용개발단계에는 연구비가 급격히 많이 소요되기 때문이다. 그래서 그 기술을 상용화하려는 기업이 생겨야 응용개발단계로 넘어가고 있다. 이런 이유로 사회적 가치(신상품 개발로 새로운 시장 창출, 사회문제해결 등)가 창출되지 않는 것이다.
- 또 하나의 이유는, 위험도가 높은 연구에 도전을 회피하고 있다. 특히 출연(연)은 PBS로 인해 대학과 경쟁하는 사이가 되고 나서, 작은 과제수행에 집중할 뿐 '큰 작품'을 연구할 수 없는 여건에 처해 있다. 오직 항공우주, 원자력, 통신기술에서만 큰 작품이 나올 뿐이다.
- 그러나 ADD는 시제개발까지 수행하고 성능시험도 실시하므로 '큰 작품'이 나온다.

2 연구관리 전문기관

■ 전문기관의 현황

'전문기관'이란 중앙행정기관의 국가연구개발사업의 추진업무의 일부 또는 전부를 대행하는 기관으로서 「국가연구개발혁신법」 제22조에 따라 지정된 기관을 말한다. 전문기관이 수행하는 업무는 다음과 같다.

○ 연구개발에 대한 정기적 수요조사
○ 주무부처 소관의 국가연구개발사업의 추진계획의 수립
○ 국가연구개발사업의 사전기획, 연구과제의 도출 및 공고
○ 연구개발기관의 공모 또는 지정(PI/연구기관의 역량, 계획의 충실성, 목적 부합성)
○ 연구과제에 대한 협약체결(전문기관, 연구기관장, PI 등 3자 협약)
○ 연구비의 지급
○ 연구과제 수행에 대한 관리(내용변경, 회계관리, 보안관리, 중간평가, 중단, 정산 등)
○ 연구과제의 결과평가
○ 연구기관이 연구성과를 관리·활용하도록 지원
○ 연구기관의 기술료 징수·활용을 지원
○ 연구개발정보의 처리(수집, 생산, 관리 및 활용) 등

이제 대부분의 정부부처가 국가연구개발사업을 추진하게 되면서 연구사업 관리업무를 위탁하는 전문기관을 정부부처마다 설립·운영하고 있다. 전문기관의 수는 19개까지 많다가 12개로 축소되었는데, 일부는 부설기관으로 전환하였다.

○ 한국연구재단(NRF)/정보통신기획평가원(IITP)
○ 한국산업기술진흥원(KIAT)/한국산업기술평가관리원(KEIT)/한국에너지기술평가원(KETEP)
○ 한국국토교통과학기술진흥원(KAIA)
○ 농림식품기술기획평가원(IPET)
○ 중소기업기술정보진흥원(TIPA)
○ 한국기상산업기술원(KMI)
○ 한국보건산업진흥원(KHIDI)
○ 한국환경산업기술원(KEITI)
○ 해양수산과학기술진흥원(KIMST)
○ 한국임업진흥원(KOFPI)

■ 전문기관에 관련된 정책적 이슈

정부부처에게는 해결해야 할 사회적 문제는 항상 생기고, 연구개발 수요가 있으므로, 모든 부처가 국가연구개발사업(아젠다 프로젝트)을 추진할 필요성은 항상 있다. 선진국에서도 모든 정부부처가 연구개발사업을 추진하고 있음을 볼 수 있다. 여기서 자세히 보면 차이점을 발견할 수 있다.

○ 선진국은 **정부부처가 각각 연구소를 보유**하고 필요한 연구를 수행하게 지시한다.
  - 연구소의 형식은 국립연구소(GOGO) 또는 국책연구소(GOCO, 독립법인)일 수 있다.
  - **우리는 정부부처의 연구소 관할에 원칙이 없다**. 모두 과기부 산하에 보내진 것도 아니고, 관련부처 산하로 가야할 연구소가 과기부 산하에 와 있기도 하다.

○ 선진국에는 전문기관이 Type 1(Bottom-up) 연구를 지원하는 용도로 1개 뿐이다. Top-down형 아젠다 과제(Type 3)는 부처 산하 국책(연)이 담당한다.
  - 선진국은 각 부처의 연구개발사업이나 아젠다 과제를 산하 국책(연)에서 주도하도록 한다. 그리고 국책(연)은 contract를 통해 대학과 기업의 능력을 활용한다. 이리하여 대학의 연구결과가 국책(연)으로 흐르고 기업은 제작 기회를 가진다.

※ 선진국의 전문기관으로는 미국 NSF, 일본 JSPS · JST, 독일 DFG, 프랑스 ANR가 있는데, 일본의 전문기관이 2개인 이유는 문부성과 과기청의 통합 때, 두 기관을 통합하지 않았다.

– 우리는 대부분의 국책(연)을 과기부가 관할하므로, 다른 정부부처는 모두 전문기관을 두고, 자신의 연구개발사업을 관리하게 하면서 연구주체로는 대학과 출연(연)을 경쟁시킨다. 그런데 국책(연)을 보유한 과기부도 자신의 연구개발사업을 산하 국책(연)에 맡기지 않는다. 전문기관이 관리하게 한다.

○ 우리 정부부처는 산하에 전문기관을 설립하고 자신의 연구개발사업을 관리하게 하는 형식을 매우 선호한다. 심지어 출연(연)의 정책기능을 분리하여 독립된 전문기관으로 설립한 경우도 있었다. 그런데 여기에는 **'도덕적 해이'가 내재**되어 있다.

– 전문기관의 기관장 자리를 퇴직 공무원이 차지하게 한다면 주무부처에 헤게머니가 생기고, 공무원에게 퇴직자리가 생긴다. 정부부처가 대부분 이러하니, 한때 정부 산하 전문기관은 19개에 달하여, 2019년 국정감사에 지적된 바 있다. 현재 12개로 통폐합되었다.

○ 전문기관으로 인해 발생하는 가장 심각한 문제는 대학 → 출연(연) → 기업으로 **지식이 흐르지 않는다는 점**이다. 가장 큰 이유는 PBS로 인해 경쟁이 과도해지면서 폐쇄적 분위기가 조장된 것인데, 각 부처의 전문기관이 대학과 출연(연)을 경쟁시키는 점도 하나의 원인이 된다. 이에 대해 제8장 제1절에서 대책을 제시하고 있다.

– 심지어 출연(연)이 수행하는 대형 연구과제도 NRF(한국연구재단)의 관리를 받도록 하고 있다. NRF의 업무를 자세히 보자.

3 한국연구재단의 연구개발사업

전문기관이 무슨 일을 하는지는 한국연구재단(NRF)의 사업을 보면 알 수 있다. 그리고 이것을 앞에 설명된 일본학술진흥회(JSPS)의 사업과 비교해 보자. NRF는 과기부와 교육부의 연구개발사업을 모두 관리하고 있으므로 관리내용이 다소 복잡하다.

○ **과학기술분야 기초연구사업**: 개인연구사업, 집단연구사업, 기반구축사업, 기초연구기획사업 등 5개 유형으로 구분

– 사업 목표: 학문분야별 특성에 맞는 개인·집단 단위 및 기반구축의 연구지원을 통해 창의적 기초연구능력을 배양하고, 연구를 심화·발전시켜 나가도록 지원

– 관련 규정

- 「국가연구개발혁신법」 및 동법 시행령, 시행규칙
- 「기초연구진흥 및 기술개발지원에 관한 법률」 제6조
- 「과학기술정보통신부 소관 과학기술분야 연구개발사업 처리규정」
- 「교육부 소관 이공분야 연구개발사업 처리규정」

○ **원천기술개발사업**: 글로벌 프론티어사업, 사회문제해결형기술개발사업, 수소에너지혁신기술개발사업, 양자컴퓨팅기술개발사업, 미래국방혁신기술개발사업 등 61개 사업
○ **원자력연구개발사업**: 방사선기술개발사업, 원자력기술개발사업, 원자력기초연구지원사업, 원자력국제협력기반조성사업, 중수로안전관리기술개발사업 등 34개 사업
○ **거대과학연구개발사업**: 소형위성개발사업, 다목적실용위성개발사업, 핵융합기초연구사업, 국제핵융합로(ITER) 공동개발사업, 중이온가속기 구축사업 등 33개 사업
○ **학술 · 인문사회사업**: 개인연구군, 공동연구군, 성과확산군, 집단연구군, 학술활동 및 연구윤리활동 등 5개 유형으로 구분
○ **국제협력사업**: 국제화기반조성사업, 과학기술ODA, 글로벌연구협력지원, 동북아 R&D허브기반구축 사업, 외국박사학위신고조회사업 등 9개 사업
○ **교육 · 인력양성사업**: 3단계 산학연협력 선도대학육성사업(LINC 3.0), 4단계 BK21사업, 글로벌박사 양성사업, 대학자율역량강화 지원사업(ACE+), 등 49개 사업

교육부의 교육 · 인력양성사업을 제외한다 해도, NRF는 매우 복잡한 사업 스펙트럼을 담당하고 있다. Type 1, 2, 3, 4를 모두 관리하고 있다. 여기에 비판의 여지가 있다. 미국의 NSF는 Type 1과 Type 4형 연구개발사업을 담당하고 있다. 일본 JSPS는 Type 1을 담당하고, JST는 Type 4형 연구개발사업을 관리하고 있다. 제대로 하려면, NRF는 **Type 2형 사업(출연(연)의 미션연구)은 출연(연)으로 이관하는 것이 바람직하다**. **Type 3형 사업은 출연(연)이 직접 주도하게 해야 한다.**

■ 과학기술분야 기초연구사업 > 개인연구지원[113]

<table>
<tr><th colspan="4">사업명</th><th>사업 목적 및 특성</th><th colspan="2">지원 대상</th></tr>
<tr><td rowspan="7">우수 연구</td><td colspan="3">리더연구</td><td>미래의 독자적 과학기술과 신기술 개발을 위해 세계적 수준에 도달한 연구자의 심화연구 집중 지원</td><td colspan="2" rowspan="2">대학 이공분야 교원(전임·비전임) 및 국(공)립·정부출연·민간연구소의 연구원</td></tr>
<tr><td>중견 연구</td><td colspan="2">유형1, 유형2</td><td>창의성 높은 개인연구를 지원하여 우수한 기초연구 능력을 배양하고 리더 연구자로의 성장 발판 마련</td></tr>
<tr><td rowspan="4">신진 연구</td><td colspan="2">한우물 파기 기초연구*</td><td>우수한 젊은 연구자가 장기간 한 분야에서 도전적인 연구를 꾸준히 수행하여 세계적인 연구 성과를 창출할 수 있도록 지원</td><td colspan="2">박사학위 취득 후 15년 이내인, 대학 이공분야 교원(전임·비전임) 및 국(공)립·정부출연·민간연구소의 연구원</td></tr>
<tr><td colspan="2">우수 신진연구*</td><td>신진연구자의 창의적 연구 의욕 고취 및 연구역량 극대화를 통해 우수 연구인력으로 양성</td><td colspan="2">박사학위 취득 후 7년 이내 또는 만 39세 이하인**, 대학 이공분야 및 국(공)립·정부출연·민간연구소의 전임교원 또는 정규직 연구원</td></tr>
<tr><td rowspan="2">세종 과학 펠로 우십</td><td>일반 트랙</td><td>박사후연구원 등 젊은 과학자가 원하는 연구를 수행함으로써 핵심과학기술 인재로 성장·정착할 수 있도록 펠로우십을 통한 연구 몰입 장려</td><td>박사학위 취득 후 7년 이내 또는 만 39세 이하인,</td><td rowspan="2">대학 이공분야 전임교원이 아닌 연구자 또는 국(공)립·정부출연·민간연구소의 비정규직 연구원
※ 외국 국적 소지자는 신청 불가</td></tr>
<tr><td>국외 연수 트랙</td><td>우수한 박사후연구자가 국가전략기술 분야* 핵심인재로 성장하여 국가 경쟁력 확보의 원천이 될 수 있도록 국외연수 지원
① 반도체·디스플레이, ② 이차전지, ③ 첨단 모빌리티, ④ 차세대 원자력, ⑤ 첨단 바이오, ⑥ 우주항공·해양, ⑦ 수소, ⑧ 사이버보안, ⑨ 인공지능, ⑩ 차세대 통신, ⑪ 첨단로봇·제조, ⑫ 양자</td><td>국내대학 박사학위 취득자 중 박사학위 취득 후 7년 이내 또는 만 39세 이하인,</td></tr>
<tr><td rowspan="2">생애 기본 연구</td><td colspan="3">기본연구</td><td>이공학분야 개인기초연구를 폭넓게 지원하여 연구기반을 확대하고 국가 연구역량 제고</td><td colspan="2">대학 이공분야 전임교원 및 국(공)립·정부출연·민간연구소의 연구원</td></tr>
<tr><td colspan="3">생애 첫연구</td><td>연구역량 갖춘 신진연구자의 연구 기회 확대 및 조기 연구 정착 유도</td><td colspan="2">개인기초연구사업 수혜 경험이 없는 대학 이공분야 전임교원으로, 박사학위 취득 후 7년이내 또는 만 39세이하**</td></tr>
</table>

* 한우물파기 기초연구 및 우수신진연구 선정과제 중 대학 교원(전임)에게 최초혁신실험실 연구비 추가 지원
 –(1단계) 1년차에 한하여 5천만 원~1억 원을 지원, 최초혁신실험실(舊 연구환경구축비 포함) 추가 지원 수혜는 1회로 한정, 의약학1 분야는 해당 지원 제외

** 최초 조교수 이상의 직위로 임용된 지 5년 이내인 국내대학 소속 전임교원은 박사학위 취득 후 7년 이내 또는 만 39세 이하가 아니더라도 신청 가능

■ 과학기술분야 기초연구사업 > 집단연구지원[113]

사업명		사업 목적 및 특성	지원 대상
선도 연구 센터	이학분야(SRC) (Science Research Center)	우수한 이학분야의 연구그룹 육성을 통해 새로운 이론 형성, 과학적 난제 해결 등 국가 기초연구역량 강화	이공계분야 대학원이 설치되어 있는 대학의 연구자 10인 내외 연구그룹
	공학분야(ERC) (Engineering Research Center)	우수한 공학분야의 연구그룹 육성을 통해 원천·응용연구 연계가 가능한 기초연구 성과 창출 및 대학 내 산학협력의 거점 역할 수행	이공계분야 대학원이 설치되어 있는 대학의 연구자 10인 내외 연구그룹
	기초의과학분야(MRC) (Medical Research Center)	의·치의·한의·약학 분야의 연구그룹 육성을 통해 사람의 생명현상과 질병 기전 규명 등 국가 바이오·건강분야 연구역량 강화	기초의과학(의·치의·한의·약학)분야 대학원이 설치·운영되고 있는 대학의 연구자 10인 내외 연구그룹
	융합분야(CRC) (Convergence Research Center)	초학제간 융합연구 그룹 육성을 통해 다양한 사회문제, 국민 요구 등 신개념의 창의적 결과물, 세계 수준의 신지식 창출	이공계 및 인문/사회/예술 분야 등의 대학원이 설치되어 있는 대학의 연구자 10인 내외 연구그룹
	지역혁신분야(RLRC) (Regional Leading Research Center)	지역혁신분야 연구 그룹 육성을 통해 지역의 지속가능한 자생적 혁신성장 기반 마련 및 지역 연구역량 강화	이공계분야 대학원이 설치되어 있는 지역대학의 연구자 8인 이내 연구그룹
	혁신연구센터(IRC) (Innovation Research Center)	우수한 전략기술 분야 연구그룹 육성을 통해 지속가능한 연구역량을 축적하고, 대학 내 산학연 협력의 거점 역할 수행 및 세계 수준의 연구성과 창출	이공계분야 대학원이 설치되어 있는 대학의 연구그룹
기초 연구실	심화형	기존 연구를 심화하는 다양한 형태의 연구를 지원해 소규모 연구집단 체계적 육성	이공계 대학의 전임교원이 포함된 3~4인의 연구그룹
	융합형	글로벌 연구 동향, 미래가치, 국가 과학경쟁력 제고 등을 고려하여, 융합연구가 필요한 연구주제 지원	
	개척형	국내에서 거의 시도되지 않은 새로운 분야의 창의적·도전적 연구지원을 통해 역량 있는 젊은 연구자의 성장 지원	

■ 과학기술분야 기초연구사업 > 기초연구기반구축사업[113]

사업명	사업 목적 및 특성	연간 연구비	지원기간
전문연구정보활용	기초연구분야의 연구정보를 수집·가공·재생산하여 연구자들과 공유하고, 이용자 간 교류·소통의 장을 제공함으로써 기초연구 활성화 도모	정보센터 당 3억 내외	6년 (3+3)
기초연구실험데이터 글로벌허브구축	첨단 연구 장비, 거대 관측 장비 및 모의실험에서 발생하는 대용량 실험데이터의 공유·분석 환경 및 컴퓨팅 인프라 지원	32억 내외	3년 (계속)
유럽핵입자물리연구소 (CERN) 협력	CERN 연구소의 검출기 실험 및 이론 물리 연구에 참여하고 대형 검출기(CMS, ALICE) 내 주요 장치를 공동 개발하는 등 국제협력을 통해 국내 기초과학 역량 확보	CMS 33억 내외 ALICE 14억 내외 이론물리 4.6억 참여부담금 6.8억	3년 (계속)
해외대형연구시설활용 연구지원	국내에 없거나 성능이 우월한 해외 최첨단 대형연구시설에 대한 국내연구진의 접근성 향상으로 국제교류 및 선진 실험기법 습득 기회를 제공하여 연구역량 향상 및 우수성과 창출	사업단별 1~2억 내외	3년

■ 과학기술분야 기초연구사업 > 학술연구지원사업(교육부 사업)

사업명			개 요	연간 연구비	지원기간
이공학 학술 연구 기반 구축	학문 후속 세대 지원	박사과정생 연구장려금	학위논문 관련 창의·도전적 아이디어를 학생이 연구하도록 연수비 지원	0.2억 원	1~2년
		박사후국내연수	국내 대학 및 연구소에서 연수 지원	0.6억 원	1~3년
		박사후국외연수	국외 대학 및 연구소에서 연수 지원	0.45억 원	1년
	대학중점연구소		대학연구소를 특성화된 연구 거점화, 박사급 연구 인력이 안정적으로 연구할 수 있도록 연구비 지원	7~11억 원	9년(3+3+3)
	기초과학연구 역량강화		대학 내 산재된 연구장비를 학과·연구분야 단위로 집적하여 공동활용, 전문인력에 의해 관리되는 핵심연구지원센터 조성하기 위해 장비이전·수리·성능향상비·전문인력 활용비 등 지원	3~10억 원	6년(3+3)

이공학 학술 연구 기반 구축	학문 균형 발전 지원	창의도전 연구기반지원	대학내 연구전담 계층의 독립적·안정적 연구를 위해 연구비 지원	0.7억 원 이내	1~3년
		보호연구	기초학문의 다양성 제고, 해당분야 연구인력 양성을 위해 국가차원의 보호육성이 필요한 분야 지원	1.3억 원 이내	3~10년 (3+3+4이내)
		지역대학 우수과학자	지역대학의 우수 연구자들이 지속적으로 연구성과를 창출할 수 있도록 연구비 지원	1억 원 이내	3~10년 (3+3+4이내)
		학제간 융합	융합연구 지원으로 미래선도형 연구지원 및 미래융합 인재양성 지원	3억 원 이내	3년
개인기초연구	기본 연구	기본연구 ('19 과기부로 이관)	연구저변 확대, 연구단절 방지 위한 소액 연구비 장기간 지원	0.5억 원 이내	1~10년

여기서 NRF의 관리사업과 JSPS의 관리사업을 비교해 보면, 몇 가지 정책적 논의점이 보인다.

○ 먼저, 이 영역은 공무원들이 들여다 보지 않는 전문영역이므로 NRF 직원이 주인의식을 가지고 문제점을 개선해야 한다.

−NRF의 전문위원들은 대학에서 파견오지만, '사업관리의 틀'을 개선할 만큼 지식과 배짱이 없다.

−'사업관리의 절차'가 JSPS와 비슷하다 해도, 심사패널의 구성, 심사과정에서의 이해의 충돌, 전문성의 발휘 등에 차이가 있다.

※ 우리 대학은 자신의 교수를 NRF의 PM, PD로 내보내려고 정부에 로비하는 사례가 있다. 무엇을 기대하는지는 짐작된다.

○ Type 1 연구개발사업을 JSPS와 비교해 볼 때, 우리는 사업(program)구조가 너무 복잡하다.

−이렇게 되면, 젊은 연구자가 어느 트랙으로 성장해 갈지 혼란스러워 진다. 사업과 사업 간에 계급이 있어야 한다.

○ NRF는 아직도 교육부 사업과 과기부 사업을 구분하고 있다. 이러한 구분은 철학적 차별화(균형육성, 선택집중)로 기준을 두어야 한다.

○ Type 1 연구개발사업은 대학교원들에게 연구비를 지원하는 사업에 국한하고, 국립(연)·출연(연)·민간연구소의 연구원은 자신의 소속기관에서 개인기본연구비를 지원받도록 해야 한다. 특히 민간연구소에 대한 정부 연구비 지원은 엄정한 기준을 가지지 않으면 특혜 및 형평성 문제가 야기된다.

−이것은 철학적 문제이다. 대학교원과 국가연구소(국립(연)과 국책(연))의 연구원은 국가가 키우는 인력이다. 그들의 권리와 책무는 제5장 제5절에서 설명하였다. 여기서 출연(금)에 대해 신진연구자의 경우, 30%의 선정률은 보여야 한다.

−일반 대학 교원들이 이 프로그램으로 연구역량을 키워 나중에 연구중심대학으로 진출하도록 채널이 있어야 한다.

−국가(연)은 NRF에 의존하지 말고 자체예산으로 연구원들의 개인기본연구와 미션연구를 지원할 수 있도록 예산을 가져야 한다.

4 종합조정제도

종합조정은 단순히 예산을 조정하는 과정이 아니다. 중복연구를 찾아내는 과정으로 국한해서도 안된다. 국가는 연구개발사업을 통해 많은 것(지식, 기술, 인력, 상품, 장비 등)을 얻을 수 있고, 결과적으로 국민 삶의 질과 국가 경쟁력을 높일 수 있으므로, 이러한 과정이 **효율적이고 지속적으로 진행되도록 하기 위해 연구인력정책 · 연구소정책이 살아나도록 연구개발정책의 방향을 제시하며 걸림돌을 없애주는 절차가 바로 '종합조정'**이다.

과기부는 오래전부터 종합조정업무에 대해 집착이 강했다. 드디어 2004년 부총리제도가 생기면서 각 부처의 연구개발사업에 대한 조사·분석·평가와 함께 종합조정을 실시하였다. 그런데 공무원들은 종합조정의 방향을 평가결과에 따른 '예산조정'과 '중복조정' 정도로 이해하고 있었다. 당시 혁신본부는 종합조정의 기법도 많이 부족했었다.

정책사례[54. p. 147]

과기부는 2004. 9월 「과학기술기본법」을 개정하고 국가과학기술위원회의 기능을 강화하였다. 즉, 위원장은 대통령, 부위원장은 과학기술부총리, 간사는 과학기술혁신본부장이 맡게 됨에 따라 심의기능을 대폭 확대한 것이다. 문화, 인력양성, 국가표준, 특허, 기술혁신자금 관련 정책도 심의대상이 되었다. 여기서 기획예산처와의 업무충돌이 나타날 수 있었다. 기획예산처는 국과위의 심의결과를 반영하여 국가연구개발예산을 편성하도록 하였는데, 실제적으로는 국과위가 예산처가 제시하는 규모의 예산범위 내에서 국가연구개발예산을 조정 · 배분하는 것이며 혁신본부가 국과위의 실무적 조정을 지원하는 것이다. 기획예산처는 예산편성권을 침해받지 않으려 하기 때문에 혁신본부장을 예산처 출신 공무원으로 영입하고, 또 예산조정 실무도 예산처 과장급 공무원을 파견받아 일하게 함으로써 예산조정기능을 해결하였다.

종합조정을 위한 조사 · 분석 · 평가업무에서 '갑'의 위치에 선 혁신본부의 공무원과 '을'의 위치에 선 다른 부처 공무원과의 마찰과 갈등이 일어났다. 피평가자의 불만을 잠재울 수 있을 정도의 평가기법이 개발되지 않은 것도 문제였다. 평가결과 C급을 받으면 예산삭감 조치가 일어나니, 'C' 이하로 평가받은 사업의 담당공무원은 반발하지 않을 수 없었다. 여기에 간과한 것은 평가위원 대부분이 교수라는 점이다. 그들은 연구과제의 기술성은 평가할 수는 있어도, 사업이나 프로그램을 평가할 만큼 '정책적 식견'을 갖지 못한 것이다. 특히, 그들은 국가연구과제를 직접 수행하는 연구자이므로 과학기술분야의 연구사업을 평가하면 이익의 충돌(conflict of interest)이 발생한다는 점도 있다. 우리의 행정에서는 아직 이익의 충돌은 다루고 있지 않지만, 선진국에서는 대학 또는 연구기관에 관리전담부서를 두고 있다. 우리 행정이 도입해야 할 개념이다. 정부 내에서는 혁신본부의 사업평가에 불만이 많았고, 나중에 혁신본부의 폐지의 원인으로 작용하지 않았는가 하는 생각이 든다. 아쉬운 점은, 혁신본부와 같은 조정기관이 과학기술중심사회 구축을 위한 범부처 공동사업을 많이 발굴 · 지원하여 종래에 하기 어려웠던 국가적 문제를 해결하는 방향으로 일하지 못한 점이다. 영국의 총리실 소속 Strategic Unit처럼 부처 횡단적 업무를 많이 개발했더라면 많은 옹호자를 확보하지 않았을까 하는 생각이 든다.

혁신본부는 각 부처의 연구개발사업을 평가하여 "미흡(C급)" 이하의 경우는 예산을 삭감하는 조치를 취하니, 예산을 삭감하면 사업자체의 진행이 불가능한 경우가 나오고, 평가결과를 두고 부처 간에 옥신각신하는 상황이 연출됐다. 급기야 부처 내부에서 "우수(A급)"만큼 "미흡(C급)"을 정해오라고 타협하기도 하였다. 지금 생각하면 당시 공무원들은 국가연구개발사업의 목적(사회적 가치 창출)을 전혀 이해하지 못하였다[92. p. 52].

(1) 종합조정은 먼저 철학적 방향성을 가져야 한다[93].

○ **국가의 自主性**을 높인다. 국가존립을 위해 기술종속은 벗어나도록 노력한다.

- 질병, 사고, 환경 등 우리의 문제는 우리 힘(기술능력)으로 해결하도록 유도한다.
- 자체 연구개발보다는 기술도입이 유리한 경우, 도입에 의존할 수도 있다. 이 경우 기술도입이 불가피하다는 검토과정은 필요하다.

※ 기술종속과 아웃소싱은 동일한 모습이지만 bargaining power가 있으면 아웃소싱이다.

○ 우리나라도 이제 국제무대에서 **국가의 존재감**을 높이고 영향력을 키운다.

- 국제공동연구(ITER, 우주개발 등), ODA 사업이 전략성(투자효율성)을 가져야 한다.

○ 각 정부부처가 **정책의 과학화 · 윤리화를 통해 선진행정을 구현**하도록 지원한다.

- 정부부처가 소관 문제를 아젠다 프로젝트로 기획하여 해결하도록 권장한다.
- 정치적 이유로 비과학적 정책이 생기면, '종합조정위원'은 정치권에 대항해야 한다.

○ 국가연구개발사업에 대해 **국민적 지지**를 얻을 수 있도록 노력한다.

- 연구자와 과제는 '기술적 가치'를 목표로 하지만, 연구기관과 연구사업은 '사회적 가치'를 창출하도록 유도한다.
- 정부부처의 연구개발사업이 전시성이나 포퓰리즘으로 기획되지 않도록 한다.

※ 정권 교체에 따라 연구개발사업이 폐지되거나 과도하게 추진되지 않도록 중심을 잡아야 한다. 이를 위해 권위있고, 이익집단에 중립적인 '종합조정위원회' 구성이 중요하다.

○ 연구개발사업이 주무부처가 원하는 연구목표 달성 외에도 **연구개발생태계에 긍정적 영향**을 주도록, 혁신본부가 요건을 부여하고 감독해야 한다.

- 종합조정은 사업비 '예산의 조정'보다는 연구활동의 '내용의 조정'에 초점을 둔다.

(2) 정부부처는 국가연구개발사업을 통해서 문제해결에 필요한 지식획득의 여부에 초점을 두겠지만, 종합조정과정에서 더 많은 요건을 검토해야 한다.

○ 연구개발사업이 합리적으로 기획되었는지, **다른 정책과 충돌**은 없는지 검토한다.

- 목표와 수단(방법)이 일치하지 않는 경우도 종종 나온다(목표를 과하게 제시한 경우).

– 연구개발사업의 계약방식이 agreement인지 contract인지 검토한다.

○ 주관연구기관이 대학에 적합한지 출연(연)이 적합한지를 검토한다.

– 개인연구/팀연구 성격이냐, 공개적/비공개적 연구이냐, 일회성/반복적 대응이냐, 연구개발 이후의 협력관계(애프터 서비스) 등 여러 기준이 필요하다.

– 정부부처의 아젠다 프로젝트(Type 3 연구)는 항상 출연(연)이 주관해야 한다. 기술축적, 후속 사업과의 연계, 인근 정책과의 연계, 보안유지, 전문연구팀의 육성 등의 이유로 정부가 출연(연)을 설립하였기 때문이다. 대신 출연(연)은 세부과제, 위탁과제를 대학에 많이 보내고, 국가 전체적 역량을 동원하는 모습을 보여야 한다.

※ 우리는 종합조정 과정에 교수들이 관여하고 있다. 그런데 종합조정의 방향을 정립하지 않으니 대학이 많은 것을 가지려고 한다. 이로 인해 기초연구투자는 많아지지만, 기술축적은 안되고 기술이 흐르지 않으며 산학연의 협력이 정체된다. 국가연구개발생태계에 부정적이다.

○ 연구개발사업과 주관기관의 관계를 검토하는 과정에서 연구활동의 중복성이나 미스매치가 발견된다면, 심층분석 절차로 넘어가야 한다.

(3) 종합조정은 **<u>국가연구생태계</u>**가 건강하고 다양하며 풍성할 수 있도록 조성해야 한다. 연구원, 연구팀, 연구기관(출연(연), 연구중심대학)을 일관성있게 육성하도록, 예산조정보다는 사업내용 조정(사람을 키우는 조정)에 초점을 맞춘다.

○ NRF가 운영하는 신진연구자 지원사업의 선정률이 30%가 되도록 대책을 모색한다.

○ 출연(연)이나 연구중심대학의 각 연구팀들이 무슨 일을 하는지 미리 파악한다.

○ 전체 연구개발사업에서 대학원생들은 몇 명(man–year)이나 참여하는지 검토한다.

○ 각 부처의 연구개발사업은 유종의 미(백서발행, 문제파악)를 거두도록 요구한다.

○ 혁신본부는 종종 각 부처의 **<u>연구개발과장</u>**을 모아 워크숍을 개최하며 교육한다.

– 각 정부부처가 소관 업무영역에서 발생하는 사회적 문제를 '국가아젠다 프로젝트(NAP)'로 설정하고 연구개발로써 문제를 해결하도록 하는 연구관리능력을 보유하게 한다. 이를 위해, 소관 출연(연) 관리, 과기부 출연(연)의 활용, 연구과제에 대한 중간 점검, 연구결과의 정책적 활용, 사례발표 등 업무교류가 있어야 한다.

– 연구기획(연구개발의 적정성·효율성, 연구결과의 정책적 사용)은 왕도가 없다.

○ 종합조정에는 전문성이 크게 요구되므로 과기부에 10명 내외의 조정관(종합조정위원)이 배치되어야 한다. 조정관은 20년 이상 연구활동의 경험을 가진 출연(연)의 연구원을 위촉함이 바람직하다. **<u>출연(연)은 정부의 전문적 업무를 수행하는 기관으로 위상을 가져야 한다</u>**. 조정관은 각각 전문위원회를 운영하며, 정부의 기술적 전문성을 커버해야 한다.

※ 정부부처는 각각 연구개발국/과를 설치하고 소관 연구개발사업과 출연(연)의 관리를 담당하게 한다. 그리고 사업의 종합조정 과정에서 혁신본부의 질문에 답변해야 한다.

(4) 혁신본부는 '종합조정비'가 필요하다. 별도의 예산을 확보해야 한다

○ 종합조정의 결과를 통해 예산삭감도 나올 수 있지만 예산증액도 나올 수 있다.
  - 종합조정 과정에서 특정 과제가 가진 부족한 점(소재은행 신설, 보안체계 요구, 연구데이터 보관부실, 협동연구실 필요, 참여인력 보강 등)이 있다면, 그 부분을 보완하도록 연구비를 증액하고 혁신본부가 그 증액분을 부담한다는 의미이다.
  - 과기부는 **종합조정비로는 연 1천억 원 정도**는 보유해야 한다고 본다.
  - 종합조정비가 연말에 남는 경우, NRF의 기초연구사업 예산에 투자한다. 출연금은 잔액을 정산하고 모아서 재사용하지만, 국고에 반납(정부가 정산)하지는 않는다.

    ※ 일본 문부과학성도 '과학기술진흥조정비'가 있었다. 2010년 폐지되었지만, 우리는 필요하다.

이런 정도로 종합조정을 하려면 많은 전문성이 필요하다. 기재부는 '돈'을 심사하지만 혁신본부는 '활동'과 '사람(연구원과 연구팀)'을 심사·조정한다. '활동'의 조정은 매우 복잡하다. 그래서 철학적 가치 지향점을 미리 설정하는 것이다.

종합조정 업무는 아무나 하는 일이 아니다. 상당한 연구경험과 정책경험을 모두 갖춘 전문가가 종합조정을 지휘해야 한다. 따라서 종합조정을 담당하는 혁신본부에는 주요 기술분야별로 '**국장급 조정관**'의 직책을 설치하고 출연(연) 선임부장급 전문가를 임용해야 한다. 혁신본부에는 적어도 8명(기계생산, 전기전자, 소프트웨어, 생물의약, 에너지자원, 환경해양기후, 물질재료, 기초과학)의 조정관과 1명의 실장급이 배치되어야 실효성있는 종합조정과 과학기술정책의 발전을 기약할 수 있을 것 같다. 항공우주와 원자력은 별도의 채널에서 조정되어야 할 속성을 가지고 있다.

○ 각 조정관은 3년 임기(또는 3년+3년)로 하여 직무의 안정성을 보장해야 한다.
  - 조정관은 출연(연)의 연구현장 출신(20년 이상 경력)을 파견받는 것으로 해야 한다. 출연(연)이 정부기관으로서 정부업무에 직접 참여하는 것은 4차 산업혁명 시대에 정부업무의 전문성을 높이고 정책에 책임감을 높일 수 있기 때문이다.

    ☞ 이런 전문가가 국장의 직급으로 각종 부처 간 회의에 참석해야 정부가 발전한다.

○ 과기부 장관이 주재하는 간부회의에는 모든 조정관이 참석하여 정책결정 단계에서 연구현장의 목소리가 반영되도록 해야 한다. 이 부분이 매우 중요하다.

○ 과기부 공무원들도 정책연구기관(KISTEP, STEPI, 출연(연)의 정책연구실)으로 파견되어 정책수립과 연구과제 수행을 경험해 보도록 해야 한다. 논문발표도 해봐야 한다.

○ 과기부는 '**현장의 전문성**'을 보여야 정부부처로서 존재의 이유가 생기는 것이다.

5 정책 개선 사항

우리는 연구개발사업으로 많은 것을 얻을 수 있다. 또한 이 사업에 자금이 뒷받침되니 도덕적 해이나 부정행위도 발생하기 쉽다. 미국, 일본의 연구개발사업 사례를 보면서 우리의 연구개발사업에 대해 정책적 이슈(정책적 개선점)를 찾아보자. 앞에서 부분적으로 지적된 정책적 시사점을 정리하자면 다음과 같다. 제8장에서 다시 언급될 것이다.

(1) 연구개발사업에서 고려해야 할 첫 번째 요소는 **국가연구개발체계의 역량강화**이다.

○ 대학: 많은 대학이 서로 비슷한 연구 스펙트럼(연구기술영역)을 가지고 있으므로 경쟁을 통한 연구비 지원(Type 1 연구 및 Type 2, 3, 4의 세부과제)이 원칙이다. 여기서 전략은 소수의 연구중심대학이 지정될 수 있도록 '**투자의 점진적 집중화**'이다. 일반 대학의 교수 중, 평생 연구에 투신하고 싶은 교수는 연구중심대학으로 옮겨야 한다.

○ 출연(연): 출연(연)은 연구 스펙트럼이 중복되도록 설립하지 않는다. 다만, 종합적 연구를 담당하는 출연(연)과 개별 기술영역을 연구하는 출연(연)이 공존한다. 종합적 연구소(KIST)는 출연(연) 전체를 리딩·조정하는 역할이 있다. **출연(연) 간에는 경쟁이 없다**. 출연(연)은 미션 연구를 고유업무로 수행하며, 정부로부터 받은 아젠다 과제를 책임 있게 수행해야 한다. **Type 4 연구는 KIST가** 기술을 도출하고, 정부가 발표한 후, 그 개발은 각 출연(연)에 배분하는 것이 바람직해 보인다.

※ 그동안 정부는 출연(연) 간의 경쟁을 유도해 왔는데, 이것은 국군(육군, 해군, 공군) 간의 경쟁이나 국가대표팀(축구, 배구, 야구, 농구) 간의 경쟁과 비슷하다. 의미 없는 일이다. **정부부처는 출연(연)에 '과업을 지정'하고 연구비를 지급해야 한다**. 이것은 '수의계약'이 아니다. 정부가 국책(연)을 설립한 이유이며, 선진국도 이러하다. 법률로써 규정할 필요가 있다.

– 정부는 이러한 역할분담을 염두에 두고, **국가연구개발체계의 질서**를 잡아야 한다.

※ 정부는 무엇이든 경쟁을 시키면 효과가 높아지는 것으로 알고 있다. 비슷한 대학끼리는 경쟁효과가 있을 것이다. 그러나 국책(연)의 연구비는 경쟁없이 지급되어야 한다. 미국(NL), 독일(MPG, FhG), 일본(RIKEN, AIST)도 그러하다.

○ 수십 개의 연구개발사업을 NRF가 관리하고 있는데, 출연(연)이 담당할 업무를 NRF가 관리하는 것은 매우 바람직하지 못하다. 2022년 말 기준, 원천기술개발사업 61개, 거대과학 연구개발사업 33개, 원자력연구개발사업 34개는 거의 대부분 출연(연)이 직접 수행·관리할 성격이므로 NRF에서 **출연(연)으로 이관**해야 한다.

– 연구개발사업은 출연(연)이 수행하는데도 그 관리를 전문기관에게 의뢰하는 형식은 정부가 출연(연)을 불신한다는 의미로 해석된다. 선진국 어디를 봐도 정부와 국책(연)의 관계가 이런 경우는 없다. 이것은 출연(연)이 정부의 think–tank로서 역할을 제대로

수행하지 못하게 만든다.

- 출연(연)이 수행해야 하는 사업을 NRF가 관리하게 되면, 대학의 지식이 출연(연)으로 흘러 들어가는 '**지식흐름의 채널**'을 차단하는 부정적 효과가 있다. 출연(연)이 세부과제(목적기초연구과제)를 도출하여 대학에 의뢰하는 extramural사업이 가능하도록 재정과 권한을 충분히 가져야 한다.

○ 국가연구개발사업을 수행하는 사업단을 구성하는 경우, 대형연구 사업단을 **독립법인으로 구성하지 말아야** 한다. 사업단장은 자신의 소속기관 내부에서 연구인력 및 지원인력을 동원하여 그 사업단을 이끌고 가도록 해야 한다.

- 우수한 연구원이 독립법인으로 나가면, 그의 소속기관은 연구실적(논문, 특허)에서 불리해진다. 독립법인은 한시적이므로 기술축적이나 연구자들의 재취업이 어렵다.
- 국가 아젠다 프로젝트를 수행하는 경우, 대학교수가 적절한 PI라고 판단된다면, 그를 출연(연)에 일정기간 겸임 또는 파견하여 과제를 수행토록 하는 것이 좋다.

※ 대형연구과제는 대학에서 수행될 성격이 아니다. 대학교원이 사업단장이 되면 경영부담이 커지며 교육에 헌신하기 어렵다. 회계, 구매, 윤리, 법률, 노무 등 행정지원도 받기 어렵다. 한시적으로 출연(연)으로 자리를 옮겨서 일하는 것이 바람직하다.

(2) 연구개발사업에서 고려해야 할 두 번째 요소는 **contract 시장의 확대**이다

○ 우리나라의 국가연구개발사업은 모두 grant 개념으로 운영되고 있다. 이제 contract 계약제도를 도입해야 하고 contract 시장을 확대해야 한다. grant와 contract에 관한 자세한 내용은 제5장 제3절과 제6장 제1절에서 설명하고 있다.

- 정부가 지급하는 연구개발예산은 거의 대부분 출연금이다. 그러나 연구계약은 성격을 달리 할 수 있다. **'협약(agreement)'과 '계약(contract)'으로 구분해야 한다**.
- 협약은 연구비를 지급하되 **연구자를 육성하는 목적**을 가지며 grant를 지급한다.
- 계약은 연구비를 지급하되 **연구자의 능력을 활용할 목적**이며 용역비를 지급한다.

○ 우리의 연구용역제도가 바로 contract 제도와 유사한데, 오용된다는 의견이 나온다.

- 오늘날 연구용역제도는 정책 아이디어를 찾기보다는 '**정부의 정책을 합리화하는 수단**' 또는 특정인에게 연구비를 주는 수단으로 오용되고 있다는 인식이 많다.
- 출연(연)은 정부의 '시녀' 역할을 한다는 비판이 많이 나오고 있다. 출연(연)이 정부의 think-tank가 되도록 출연(연) 연구원들은 중심을 잡아야 한다.

■ 국가R&D사업을 grant 사업과 contract 사업으로 구분

	지원연구(grant 사업)	용역연구(contract 사업)
용도	사람(연구자)을 키워주는 지원 또는 특정연구영역을 연구하도록 유인하는 지원	사람(연구자)의 능력을 활용하여 문제를 해결하거나 조사 · 분석 등 반대급부를 얻기 위한 지원
기본철학	많은 연구자에게 지원하려 함	최고 적임자를 선발하여 계약
계약	협약(agreement)	계약(contract)
연구비	grant(출연금)	용역연구비(성공보수 포함)
평가	평가가 없어도 무방(실패가 허용됨)	목표달성 여부를 평가(실패가 허용되기 어려움)
보안	공개가 원칙	정보보호가 요구됨
연구비	엄격한 원가적용	비교적 여유있게 계상(인건비 지급)
실시권	**통상실시권**이 일반적	**전용실시권**이 일반적
사업주체	주로 한국연구재단(NRF)	NRF를 제외한 전문기관, 국책(연)

(3) Type 4 연구(전략기술육성)를 위한 국가연구개발사업은 주로 과기부가 주도하는데, **기술 보다는 사람**을 얻도록 해야 한다. 과기부는 기술기획을 출연(연)으로 넘겨야 한다.

2022. 10월 과기부는 국가과학기술자문회의에서 '**12대 전략기술**'을 발표하고, 이 12개 전략기술마다 목표를 설정하고 수조 원을 투자할 계획도 발표하였다. 12개 기술은: 반도체 · 디스플레이, 이차전지, 첨단 모빌리티, 차세대 원자력, 첨단 바이오, 우주항공 · 해양, 수소, 사이버 보안, 인공지능, 차세대 통신, 첨단로봇 제조, 양자[94].

○ 정부가 가끔 전략기술을 도출하여 대통령께 보고하고 사회적 관심을 모아주는 일은 참 좋은 일이다. 과거 사례를 보면, 성장동력이나 인공지능(알파고 직후)에 대해 "몇 백억 원 투자하겠다"는 선언이 있었다. 그 사업들이 어떻게 종료되었는지 그 경과에 대해 보고 없이 또다시 전략기술에 투자한다는 새로운 선언이 나온다.

※ 차세대성장동력('03) → 신성장동력('09) → 미래성장동력('14)→DNA+BIG3('19)는 무슨 결과?

※ 「국가전략기술 육성방안」에서는 2025년 이내에 기획하고 착수할 예정이다. 너무 늦다.

– 또한 '12개 전략기술 확보를 위해 국가역량을 총집결하고 최고 전문가를 참여시킨다'고 밝히고 있는데[94. p. 10], 정부가 이렇게 하면 쏠림현상이 생긴다. 즉, 과기부가 추진하면, 연구현장에서는 12개 전략기술에만 재원과 인력이 집중되고 그 외에는 공백현상이 생기기 쉽다. 축구경기에서 '공'을 쫓아 가는 전략은 피해야 한다.

○ 과기부는 전략기술을 선정한 후, 정부부처별 역할을 분담하고, 과기부가 주관하는 전략기술에 대해서 로드맵을 그린 후 연구과제(대형과제 포함)를 도출한다. 그리고 과제별 PI를 선정하고는, 과제관리를 NRF에 위탁할 것이다. PI 선정까지의 과정에 전문가 패널이 동원되는데, 그 패널들은 국가 차원의 많은 것을 고려하지 않는다.

– 로드맵은 기술개발 주체가 그려야 유효하다. 제3자가 로드맵을 그리고 이 계획을 따르라고 하면, 로드맵 작성자와 (잠재적) 연구개발자 사이에 이상한 관계가 만들어진다. 과거의 사례에서, 로드맵과 그 결과가 얼마나 일치했는지 조사해 볼 필요가 있다.

– 정부부처가 주도하며 전문가 패널들이 연구사업을 기획하고 PI를 선정한다면, **사람(연구원)이나 조직(연구팀)을 키우지 못한다**. 그저 '기술을 개발했다'거나 '기술격차를 좁혔다'는 결과밖에 말하지 못한다. 논문과 특허성과를 제시하는 것이 전부다.

– 연구개발사업은 기술만 얻는 것이 아니고, 연구원의 연구경험, 연구기관의 명예, 연구결과의 사회적 가치(학문개척, 시장확보, 문제해결 등), 유능한 연구생태계를 모두 얻도록 기획되고 추진되어야 한다. 그런데 정부부처가 기획을 주도하면 행정논리 때문에 기술밖에 얻지 못하며, 그 기술개발의 **전후방 효과를 살리지 못한다**.

– 일을 제대로 하려면, 출연(연)이 발빠르게 전략기술이나 중점기술을 도출한 후, 그 기술개발을 미션연구로 정하여 정부(예산)와 이사회의 승인을 받아야 한다. 그 후, 출연(연)은 기술기획을 통해 국가차원의 연구역량을 모아야 한다. 즉 세부과제를 도출하고, 공모절차를 거쳐 다른 출연(연)이나 대학의 우수인력을 참여시킨다. **본디 출연(연)은 이렇게 일을 하라고 설립되었다.** 이것이 바로 미션연구의 모습이다.

※ 현재 기술기획을 주도하는 KISTEP은 본디 KIST의 CSTP를 모태로 설립한 것이다. 현재 과기부가 KISTEP을 동원하여 직접 과제를 기획하니 KIST는 '열중 쉬엇'하고 있다. 이것은 과기부가 '존재감'을 위해 출연(연)의 기능을 가져간 모습이다.

– 기술개발이 중요하지만 '연구결과의 연결'도 중요하다. 그리고 그 연결의 주체는 '사람'이다. 우리는 아직 기술의 기록, 저장, 확산, 이전에 서투르다. 정부는 연구개발에 투자하여 기술을 얻으면 성공이라고 생각하는데, 그 전후방 효과를 고려한다면 **사람(연구원과 연구팀)을 얻도록 설계하는 것이 더 효과적이다**.

– 과기부가 전문가 패널을 동원하여 전략기술을 2025년까지 기획하고 개발에 착수하는 것은 너무 느리다. 각 전략기술별로 해당 출연(연)이 독립적으로 기다리지 말고 개발 착수하도록 해야 한다. 종합기획이 필요하면 KIST가 나서야 한다. 12개 전략기술의 개발을 일시에 착수한다는 점은 '관료적 관점'이다. 여기서 기존의 연구개발사업을 축소하고 그 예산을 뽑아서 새 사업의 예산을 확대하는 폐단은 없어야 한다.

제 7 장

국제협력정책

제1절 연구개발에서 국제협력의 중요성

제2절 과학기술 국제협력의 본질

- 과학기술의 국제무대
- 공용어로서의 영어
- 국가연구체계와 글로벌연구체계의 연결
- 연구자의 국제이동
- 우수 연구자 유치정책
- 과학기술 국제협력정책의 핵심

제3절 국제협력사업의 사례

1. Human Frontier Science Program

- HFSP의 배경
- HFSP의 내용
- HFSPO의 조직
- HFSP의 세부사업
- HFSP의 실적

2. EU의 「Framework Program」, 「Horizon 2020」, 「Horizon Europe」

- 사업의 개요
- Framework Program
- 「Horizon 2020」
- 「Horizon Europe」
- 정책적 시사점

3. ITER 프로젝트

- 배경
- 프로젝트 내용
- 비용부담과 성과공유
- 거버넌스
- ITER 구성 협정

제4절 국제협력에서의 기술보호

- 기술의 확산
- 기술보안의 법률체계
- 기술보호에 관한 국제규범

제5절 국제협력 정책과제

제1절 연구개발에서 국제협력의 중요성

학문의 창출을 위한 '연구'가 중요하지만, 학문발전을 위한 3요소(학습, 비판, 교류) 중에서 '교류'는 다양한 관점으로부터 얻는 다양한 사고체계를 맛볼 수 있는 기회를 가지는 것이다. 예를 들어, 본 저자는 한국에서 배운 역학(mechanics)이 유일한 줄 알았는데, 알고 보니 그것은 영국에서 태동하여 미국에서 발전한 후, 한국으로 유입된 뉴튼 역학(Newtonian Mechanics)이었다. 유럽에서는 오일러−라그랑즈 역학(Euler−Lagrangian Mechanics)을 많이 사용하고 있다. 뉴튼 역학에서 운동상태의 미분으로부터 얻어내는 평형방정식이 오일러−라그랑즈 역학에서 총 에너지의 적분으로부터 얻어내는 평형방정식과 서로 동일함을 보고서, 잠시 놀란 적이 있었다. 그 후, 본 저자는 더 근본적인 곳에서 생각을 출발해 보려는 자세를 갖추게 되었다.

연구개발활동에서 국제협력은 유럽에서 먼저 체계가 잡혔다. 유럽은 민족과 언어가 달라도 국경이 인접해 있으니 국가 간 협력하는 형식(방법과 관행)에 대해 일찍 고민하였고, 국제협정의 방법론(MOU, Agreement, Treaty)을 발전시켰다. 20세기 말까지 학자들의 학술교류가 국경을 넘고, 이념을 넘는 경우를 과학사에서 많이 확인할 수 있다. 세월이 흘러, 지식이 곧 '돈'이 되고, 이념적 대립이 첨예화된 오늘날 연구활동에서의 국제협력은 점점 더 전략적으로 변화되고 있다. 산업스파이가 나타나고 기술보호정책도 등장하게 되었다. 다른 한편으로, 기후, 환경, 에너지 등 글로벌 문제에 국가들이 공동 대응하기 위해 국제공동연구가 추진되는 사례도 나타난다. 그리하여, 지금까지 국제협력은 다음의 유형이 보편적이다.

○ 전통적 학술교류(학회활동, 지식교류, 인력교류)는 아직도 활발하다.
○ 기후, 환경, 에너지문제 등 인류적 문제에 대응하기 위해 국제기구를 통하거나 지역별로 국제협력(공동연구, 인력교류 등)을 전개한다.
○ 미래 시장을 장악하기 위해 첨단기술의 개발을 국제협력한다. 이러한 국제협력은 개발기술의 소유권문제가 민감하므로 국가차원보다는 기업차원에서 더 활발하다. 그리고 연구노트 작성, 기술발견의 신고, 기술가치 평가, 특허관리, 기술계약 등 '고급 기술관리기법'이 요구된다. 우리나라가 아직은 취약한 부분이다.
○ 원자탄개발기술의 확산을 방지하거나 대량살상무기 개발기술이 테러국가에 넘어가지 않도록 국제조약을 체결하고 국제적으로 공조를 취하는 국제협력이 있다.

이것 외에, ODA와 같은 개발원조사업으로 선진국이 후진국의 과학기술활동을 지원하는 경우가 있다. 주로 연구소 설립, 인력개발 지원, 연구장비 지원, 자문관 파견 등 내용으로 구성되는데, 과거 우리나라도 이런 지원을 받았다. 그러다가 우리는 2009년 OECD 개발원조위원회에 가입함으로써 원조받은 국가들 중에서 유일하게 '원조하는 국가'로 성장한 국가가 되었다. 과학기술정책에서 국제협력정책을 중요시해야 하는 이유는 여러 가지가 있다.

○ 국제협력채널을 통해 다른 나라의 앞선 기술을 습득하고 연구동향이나 영향력 있는 연구자를 파악하며, 선진국의 앞선 경험(사회문제해결 등)을 학습할 수 있다.

○ 순수한 국제학술교류만으로도 우리가 가진 관점을 더 넓고 다양화함으로써 새로운 연구 주제나 방법을 찾아내는 기회를 얻는다.

○ 우리 국내 자원만으로 해결할 수 없는 큰 문제를 해결하는 수단을 얻는다.

※ 이러한 이유로 기업경영에서도 2000년대 이후 개방형 혁신(open innovation)이 새로운 패러다임으로 자리 잡았다. 기업의 자원능력이나 정책방향을 기업 간에 비밀로 하기보다는 서로 공개하고 서로가 서로를 활용할 수 있게 하는 것이 더 이익이라는 것이다.

미국은 국제협력의 글로벌 무대에서 가장 중심에 있는 국가이다. 세계적으로 우수한 학생과 연구원들이 대부분 미국으로 몰려든다. 우리나라에도 미국에서 박사학위를 받은 사람이 많다. 전 세계의 공용어가 영어로 자리잡은 이유는 미국의 개방적 국제협력 때문이라고 본다. 이제 인터넷 출현과 더불어 수많은 정보가 영어로 유통됨에 따라 영어의 파워는 점점 강성해지고 다른 언어는 점점 약화되는 현상마저 생기고 있다. 미국의 영향력은 점점 더 강해질 것으로 예상된다.

☞ 2001년도 미국에서 911테러사건이 발생한 후, 그 범인들이 학생여권으로 입국했다는 사실이 밝혀지자, 미국 유학생에 대한 비자발급이 매우 엄격해졌었다. 그리고 2년 이상 경과하자 가장 견디기 어려운 곳은 미국의 대학들이었다. 유학생들이 밀려 들어오지 않으니 교수들의 연구활동에 지장이 생기고 대학의 경영도 어려운 것이다. 결국 NSF가 주도하여 대정부 건의를 하고서야 유학생 비자발행이 완화되기 시작했다.

일본(JICA), 프랑스(CNUS), 독일, 영국도 국제원조 전담기구를 설치하고 후진국들에게 과학기술 원조프로그램을 운영하고 있다. 내용은 주로 과학·교육장비 및 시설 지원, 학생에 대한 장·단기 교육훈련 제공, 교수 및 연구자에 대한 기술연수의 기회 제공, 과학기술자문가 파견 등이다. 의료지원, 농촌개발도 포함된다. 이러한 원조사업은 국가 간의 유대감을 높이고, 새로운 시장을 얻으며, 국제무대에서 영향력을 높여준다. 우리나라도 1991년 한국국제협력단(KOICA)을 설립하고 해외봉사단 파견, 개발협력사업, ODA사업 등을 실시하고 있다. 이러한 사업에 퇴직한 과학자들이 많이 참여한다.

생각해 보면, 우리나라는 외국인에 대해 상당히 배타적 자세를 가진다. 우리나라 대학이나 국가(연)에 외국인(교원 및 연구원)의 비율은 매우 낮다. 그 이유를 보면,

○ 우리나라의 기술수준이 아직은 외국인 연구자를 유인할 만큼 높지 못하다.

○ 외국인들이 거주할 여건이 아직 미흡하여 오래 머무르지 않고 떠난다.

  – 영어 서비스(Bilingual System), 다문화 포용, 수준있는 문화공간이 부족하다.

○ 외국인의 연구활동에 대해 지재권 배분, 근로계약 등 계약서가 발전되어 있지 않다.

제2절 과학기술 국제협력의 본질

본 저자가 국제협력업무를 담당하던 시절(1980년대 말)에는 외국과의 협력협정체결이 가장 큰 이슈였다. 그리고 거의 모든 선진국과 과학기술 협력협정이 체결되자 새로운 정책방향을 찾지 못해서 고민했던 적이 있었다. 과학기술부장관이 선진국을 방문하면 큼직한 외교성과를 내어야 하는데, 실무공무원 입장에서 신문기사로 낼만한 성과를 만들기가 어려웠던 것이다. 지금와서 생각하면, 당시 본 저자는 과학기술의 국제협력에 대한 지식이 매우 부족했던 것이다. 이제 국제협력에 필요한 지식을 정리해 보자.

■ 과학기술의 국제무대[10. p. 70 - 82]

과학은 항상 **네트워크 내의 거점(hub)에서 생산**되어 왔으며, 이를 널리 공유할 수 있는 언어로 작성되어 발표되었다. 즉, 과학은 항상 문화가 번창한 곳에서 탄생해 왔고, 그 결과를 널리 공유해왔으며, 여러 언어로 전파되었다. 기원전부터 오늘에 이르기까지 과학의 탄생과 확산이 보여준 모습이다. 물론 예외가 있으므로, 때때로 소외된(격리된) 장소에서 과학적 돌파구(scientific breakthroughs)가 생기기도 하지만, 그래도 그 결과는 전파되며, 그 결과의 가장 큰 혜택을 받는 곳은 문화가 번창한 곳(사람이 많이 모이는 곳)이다. 즉 국가연구시스템이 우수한(연구성과가 잘 나오는) 곳이 과학의 성과에 대해 가장 큰 혜택을 보아 왔다. 이것은 지난 60년 동안 대부분의 노벨상이 미국에서 일하는 연구자들(그들이 미국 아닌 곳에서 경력을 시작했을지라도)에게 수여된 이유와 구글, 아마존, 페이스북, 애플이 미국에서 탄생한 이유를 설명해 준다.

20세기 전반에는 프랑스, 독일, 일본, 러시아, 영국, 미국이 주요 거점(허브)이었다. 각 허브의 역할은 시간의 경과에 따라 바뀌었고, 일부 허브는 스칸디나비아, 오스트리아-헝가리와 같은 더 작은 허브와 공존했었다. **각 허브의 출판언어는 달랐다. 명성은 위대한 발견이나 출판물(일반적으로 국립 과학아카데미의 출판)에서 나왔다.** 명성에 대한 세계적인 지표는 아직 없었고 심지어 이것들마저도 막 부상하고 있었다. 노벨상은 가장 유명한 지표이지만, 그들은 오랫동안 강한 스칸디나비아 편중이 있었다.

제2차 세계대전은 과학기술계에 급진적인 변화를 만들었다. 첫째, 무엇보다도 과학에 대한 공공 투자가 급속히 증가하였다. 둘째, 연합국의 승리는 미국을 과학 연구의 최전선에 분명히 올려놓았다. 셋째, 과학출판은 세계화되기 시작한다. 이 세가지 요소는 **허브 주변에 구조화된**

단일 글로벌 과학 네트워크의 출현을 가능하게 하였고 대학의 연구자를 과학저널(예 Nature, Science)과 연결하고 국제어는 영어가 되게 하였다. **세계 과학 네트워크는 1970년대 중반에 분명해진다**. 이때, Impact Factor가 나타났다. 이제 논문은 출판하는 편수만큼이나 출판하는 저널이 중요해졌고, 글로벌 사이언티픽 출판사가 통합되었으며, 러시아 과학 아카데미의 저널에 있는 외국어 요약본이 프랑스어에서 영어로 바뀌었다. 점차적으로 **과학 네트워크의 구조는 국가 모델에서 글로벌 모델로 전환**되기 시작하였다[10. p. 82].

■ 공용어로서의 영어

영어는 1930년대 출판의 선도적인 언어였는데, 1970년대부터 글로벌 공용어가 되었다. **영어를 공용어로 공유**함으로써 영국은 미국에서 탄생한 글로벌 시스템에 쉽게 통합될 수 있었다. 이러한 과학 공용어로서의 영어의 지배력은 몇 가지 함축적 의미를 가지고 있다[10. p. 77].

○ 연구자의 경력 개발(Career development)은 **갈수록 영어 출판에 직결**된다. 지식노동자들은 어떤 언어적 배경이든 간에 자신의 경력개발은 갈수록 high-impact journals에 출판할 수 있는 능력과 같은 서지학 지표에 (명시적 또는 묵시적으로) 의존한다. 그런데 그 출판의 대부분은 영어출판이다. 민간부문과 공공부문 모두에서 대다수 연구기관의 공식 언어는 영어이다.

○ high-impact journals에 출판할 수 있는 과학능력은 영어숙달(English language proficiency)에 직결된다.

- 선진국의 출판실적에는 국가적 연구비 지출과 TOEFL점수와 상당한 상관관계가 있다 [...]. 선진국의 출판비율에서 이 두 변수(연구비 지출, 토플점수)는 출판변동의 약 71.5%를 좌우한다. 인구규모로 정규화하면, 영어국가와 덴마크, 네덜란드, 스위스, 스웨덴의 북유럽 국가들은 상위 5개 의학 저널에서 높은 출판율을 보이고 있으며, 아시아 국가들은 일반적으로 낮은 출판율을 보이고 있다. 연구비 지출 및 영어 숙달(Research Spending and English Proficiency)은 상위 랭크된 일반 의학 저널의 출판실적과 밀접하게 관련되어 있다 [10. p. 74].

○ 유럽 국가들은 언어(language)가 연구활동에 미치는 영향에 대해 고민이 많다.

- 학자들은 그들이 가장 편안하게 느끼는 언어로 문헌을 인용하는데, 그것은 종종 자기 모국어이다. (...) 프랑스인들은 프랑스어를 29%, 독일인은 독일어를 22%, 일본인은 일본어를 25%, 러시아 연구자는 러시아어를 67% 인용했다. “프랑스가 영어 실력을 10% 향상시켜 네덜란드 수준에 도달한다면, 프랑스 HCR의 수는 20% 증가할 것”이라는 주장도 있다[10. p. 77].

연구중심대학은 개방적 연구체계로서 국가의 중요한 연구 허브로서 위상을 가져야 한다. 연구중심대학이 논문의 국제적 출판, 연구자의 국제적 이동, 국제적 학술행사개최를 용이하게 하고 학생들의 글로벌한 유입·진출을 지원하기 위해서는 **영어를 공용어로 하는 이중언어(bilingual) 기관으로 운영**되어야 함을 알 수 있다. 연구중심대학 정책에서 반영해야 할 것이다. 그러나 기초연구기관이 아닌 국가연구소는 정부의 think-tank, 사회문제해결, 대 국민 서비스가 우선이므로 자국어로 운영되는 것이 당연하다.

■ 국가연구체계와 글로벌 연구체계의 연결

제3장에서도 언급하였는데, 국가 과학 네트워크들은 글로벌 과학 네트워크를 형성하면서 글로벌 과학 네트워크의 영향을 피할 수 없다. 중요한 점은 **글로벌 네트워크가 국가 네트워크에 의해 형성되는 것이 아니라 연구기관 네트워크에 의해 형성된다는 것이다**. 연구자들은 연구기관 차원에서 연구를 수행하고, 저널을 편집하며, 동료들과 연락을 취한다. 따라서 글로벌 연구 네트워크의 허브는 국가가 아니라 국가 내의 특정 연구기관(기초연구기관, 연구중심대학)이다.

※ 대학은 개방형 연구체계이므로 글로벌 활동이 중요하다. 그러나 출연(연)은 비개방적 연구체계이다. 다만, 기초연구에 중점을 둔 출연(연)은 예외이지만, 나머지는 보안에 신중해야 한다. 대학 내에 설치된 출연(연)의 공동연구실(예: ADD의 첨단연구센터)과 출연(연)에서 지도하는 학생에 적용하기 위해 각별한 보안지침이 있어야 한다.

과학의 연결에 영향력을 가지는 것은 국가가 아닌 도시, 그리고 더 정확하게 말하면 도시 내의 연구기관이라는 **노드(node)들의 품질**을 통해서이다. 과학은 더 많은 곳에서 일어나고 있지만 여전히 집중되어 있다. 과학 생산의 주요 노드에 해당하는 flagship universities 및 institutes는 선도 도시(leading cities)에 집중되어 있다. 이런 선도 도시가 허브가 된다. 갈수록 이러한 허브의 수는 증가하고 상호 연결성이 증가하고 있다. 이 **네트워크의 허브와 클러스터(hubs and clusters)는 고정적이지 않다. 네트워크의 형태는 시간이 지남에 따라 발전하고 새로운 허브가 그들이 생산한 연구의 품질에 기초하여 나타난다**.

☞ 그러므로 우리가 정책적으로 글로벌 연구허브나 클러스터를 만들려고 한다면, ① 세계적 연구중심대학이나 기초연구기관을 보유하도록 해야 하며, ② 그 도시에 연구기관이 집중되도록 해야 한다. 또한 ③ 그 대학과 도시는 영어사용과 외국인 생활에 편이성(숙박, 음식, 레저, 의료, 자녀교육 등)을 제공해야 한다. 이것이 우리 연구학원도시(특히, 서울, 대전)가 고려해야 할 정책과제인 것이다. 대덕연구단지를 보면 아직 국제화는 갈 길이 멀다.

그래서 국가는 두 가지 매우 중요한 방법으로 연구정책(research policy)을 정의하는 방법을 재고할 필요가 있다.

○ 무엇보다도, 우선순위는 **국가적 가시성(national visibility)에서 개별 허브의 가시성(visibility of individual hubs)을 높이는 방향으로 변경**해야 한다. 왜냐하면 허브는 과학이 집결되고 글로벌 수준의 연결(connections)이 형성되는 곳이기 때문이다.

- **국가 전체적으로 평균적 연구실적이 높이려 하기보다는 특정 대학과 특정 도시의 연구 실적이 세계적 수준이 되도록 정책방향을 잡아야 한다는 의미이다**.

○ 둘째로, 글로벌 연구결과(global research results)가 지역수준에서 확산될 수 있도록 하기 위해, 국가의 나머지 지역이 이러한 세계적인 허브와 잘 연결되도록 해야 한다. 허브가 주변으로 미치는 효과를 **도미노 효과(knock－on effect)**라고 한다.

- 일단 국내에 세계적 허브를 설치한 다음, 다른 지역의 소형 연구허브와 협력이 가능하도록 정책적 고려가 필요하다. 소위 글로컬(global＋local) 전략이다.

■ 연구자의 국제이동

연구기관의 연구성과는 주로 연구자 개인적 재능에 의존하기 때문에 인력순환(brain circulation)은 연구성과에 큰 영향을 미친다. **우수한 인력의 내부 개발을 촉진하는 것은 훨씬 어렵고 덜 효율적이다**. 이것이 국가연구체계에 인재유치가 중요한 이유이다[10. p. 102]. 연구자들이 연구기관을 찾아 이동할 때, 가장 먼저 관심을 갖는 것은 다음과 같다.

○ 뛰어난 교수진/동료/연구팀

○ 연구기관의 명성/역량/능력

■ 외국 취업 결정요인[10. p. 109]

요인	Score
미래의 취업전망	4.30
교수, 동료, 연구팀의 탁월성	4.25
연구기관의 명성	4.15
국제 네트워크의 확장	3.90
더 나은 연구 설비와 인프라	3.80
국제경험과 이국적 생활	3.75
…	
연구비 지원	3.60
더 나은 삶의 질	3.05
…	

연구자의 국제 이동성(international mobility of researchers)에 대한 직접 데이터는 매우 부족하지만, 최근의 데이터와 설문조사기반 연구는 연구자 이동의 주요 추세를 개략적으로 설명한다. 박사 수준(PhD level)과 연구원 수준(researcher level) 모두에서 분석한 결과, 모두 '취업 전망(career prospects)'이 중요하며, 이것들은 무엇보다도 '뛰어난 교수진, 동료 또는 연구팀', '연구기관의 우수성/명예'와 관련이 있다. 더 나은 연구 인프라와 연구비에 대한 접근은 중요하지만, 후순위이다. 더 나은 급여, 삶의 질, 그리고 근로 조건은 거의 후순위 고려사항이다. 결론적으로, '돈'은 중요하지만 기대했던 만큼 중요하지는 않다. **최고의 연구원들은 가려고 하는 연구기관(대학 또는 기초연구기관)은 연구가 집중되어 있고 그 기관의 연구원들이 세계 최고 중 하나라고 느낄 때이다**.

※ 우리가 World Class University(WCU) 정책을 설계할 때, 노벨상급 과학자를 유치한다고 하면서 1인당 6억 원/년(연봉 3억 원, 연구비 3억 원)을 제시하였지만 호응이 없었다. 나중에 알았지만 그 수준의 과학자에게는 연구비가 많으며, 돈(연봉)에 연연하지 않는다. 하는 수 없이, 유치자격을 노벨상급에서 주요 학회 에디터급으로 낮추었다. 그랬더니 한국계 과학자들이 여럿 응모하였다. 그런데 이들은 1년에 130일만 한국에서 근무하도록 해달라고 요구해 왔다. 130일의 근거는 여름방학 13주에 39일을 추가한 기간이다. 미국대학은 3학기제를 운영하며 여름 13주는 휴가이다. 그리고 학기 중에는 13주에 13일의 외부활동이 허용되기 때문에 3학기의 39일은 자유로운 것이다. 이렇게 WCU사업이 진행되었다. 이러한 정책은 정부가 아니라 대학이 자율적으로 설계하고 시행하도록 하고, 정부는 재정지원만 했더라면 더 효과를 얻을 수 있었을 것이다.

이 조사연구를 통해 연구 인력유치에 관하여 얻는 메시지는 다음과 같다[10. p. 110].

○ '돈'은 고려해야 할 요소의 하나이지만, 단지 그 정도일 뿐이다. 높은 봉급만으로 우수교원을 유치하려는 대학들은 큰 성공을 거두지 못한다.

○ **대학의 명성과 동료의 수준**은 중요한 결정 요소이다. 명성은 매우 강력한 지속적 효과가 있으며 뒤처지지 않는 것이 중요하다.

○ 그 외, 두 가지 중요한 요소가 필요한데, 이것은 정책 측면에서 직접 실행가능하다.

－① 교육, 연구 및 행정에서의 책무와 ② 연구의 자유와 자율성

※ 고액연봉으로 우수 과학자를 유치한 대표적 사례는 2009년 설립된 King Abdullah University of Science and Technology(KAUST)이다. 고액연봉을 제시하며 약 150명의 세계적 우수 과학자를 교수로 유치하였는데, 학술적 명성보다는 고액연봉으로 명성이 높았다. 어쨌든, 현재 아랍에서 최고의 연구중심대학이 되었고 2022년도 세계대학랭킹 190위가 되었다.

■ 우수 연구자 유치정책

많은 국가들은 자신의 연구기관들이 최고의 연구자들을 유치하도록, 특정한 자금지원 프로그램, 즉 '**인재 계획(talent schemes)**'을 시작했다. 이것은 유치된 인재에게 장기적 연구 자율성(long term research autonomy)을 부여해 '국가적 등대(national lighthouses)'의 출현을 지원하는 것

이다. 이러한 전국적인 프로그램(nation-wide programmes)은 많은 나라에서 국제적 연구자들을 유치하는데 성공했다. 몇몇 사례를 보자[10. p. 112].

※ 여기서 '등대'란 연구 생태계(research ecosystem)에 긍정적 영향을 주며 새로운 연구의 방향을 찾게 도와 주는 탁월한 연구자를 의미한다.

○ 네덜란드 연구위원회(Dutch Research Council, NWO)는 2000년에 Talent Scheme(인재계획)을 착수했는데, 재능있고 창의적인 연구자들에게 개인별 grant(individual grants)를 제공한다. 그 자금지원을 통해 합격자들은 자신이 해오던 연구를 계속 수행할 수 있다. 이것은 혁신적인 연구를 촉진하고 연구자의 이동성을 촉진한다. 이러한 이니셔티브는 교육문화과학부 장관(Minister of Education, Culture and Science), 네덜란드 왕립예술과학아카데미(KNAW), 네덜란드 대학협회, NWO 및 3개 기금기관(Veni, Vidi, Vici)의 공동으로 추진하고 있다. 경력별 3단계(최근 졸업, 경력자, 우수자/탁월자)의 연구자에게 적용된다.

○ 영국에서는 왕립학회(the Royal Society)가 2020년 "우수한 업적이 기대되는 세계적 연구자(world class researcher)에 대한 장기지원"을 목표로 연구상(research award)을 발족했다. 이 계획은 급여, 연구비, 박사과정 학생 등에 대한 자금지원을 제공한다. 이것은 2018~2021년 동안 "영국에 최고의 연구인재를 지원, 유치 및 보유하기 위해" 여러 기관에 의해 2018년에 시작된 인재계획(Talent Scheme)에 뒤따른 것이다.

○ 캐나다는 2013년에 「Banting Post Doctor Fellowship 프로그램」을 시행했다. 이것은 "국내·국제적으로 최고 수준의 박사 후 인재를 유치하고 보유하여 리더십 잠재력을 개발하고 미래의 연구 리더로서 성공을 위해 포지셔닝함으로써 연구중심경력(research-intensive career)을 통해 캐나다의 경제적, 사회적, 연구기반 성장에 긍정적으로 기여"하는 것을 분명한 목표로 한다. 이 프로그램은 매년 약 70명에게 2년 기간의 펠로우십을 수여한다.

○ 중국에서는 '천인계획(Thousand Talents Plan)'으로 외국인 연구자를 유치하며 해외에 거주하는 중국 과학자들의 귀국 인센티브를 제공하고 있다. 2008년 중국이 출범시킨(이후 2019년 「고급 외국인 전문가 채용계획(High-end Foreign Experts Recruitment Plan)」으로 대체) 이 계획은 총 7,000명 이상의 연구자를 유치했다.

 - 자금지원을 받은 지원자들은 선발 보너스(약 15만 달러)를 받는다. 이 프로그램에는 특히 40세 미만의 과학자를 대상으로 하는 계획 또는 기업가에 초점을 두는 계획이 포함된다.
 - 중국의 천인계획이 미국의 국방기술 유출의 채널로 활용된다는 정보에 따라 미국은 국가차원의 대응이 시작되었다. 여기서 미국의 대응을 소개한다.

중국의 천인계획과 미국의 대응

□ **중국의 공격**

○ 중국은 경제발전과 국방현대화를 위해 외국의 우수 인재유치 또는 첨단기술 이전을 **중국 공산당이 직접 진두지휘**하고 있다. 중국은 지난 20년 동안 200여 개의 인재유치계획을 추진해 왔으며, 2008년 시작된 **천인계획**도 그 중 하나이다.

- 중국의 모든 기관들이 공격적 인재영입을 위해 일사불란한 지휘체계에 따라 행동한다.
- 중국은 민군겸용사업이 활발하므로 민간용도로 이전받은 첨단기술이 군용으로 둔갑하기 쉬운 구조를 구축하고 있다.

○ 중국은 외국의 우수 인재유치 또는 첨단기술 이전을 촉진하는 방법으로서 상대국의 법률과 윤리를 벗어난 방법일지라도 **교묘하게 조직적으로 추진**한다.

- 미국 등 선진국이 연구비를 투자하여 얻은 우수인력과 첨단기술을 공동연구수행, 일시적 채용계약, 그림자연구소의 운영 등 교묘한 방법을 사용하여 중국으로 이전한다.
- 외국인 연구자들과 계약을 체결하면서 초기에는 경계심 없이 참여하게 하고는 점점 중국정부가 원하는 방식으로 계약을 바꾸어 가는 방식을 사용한다.
- 이제 중국은 천인계획 홈페이지를 삭제하고, 미국의 감시를 피하는 방법을 시달하였다.

○ 중국의 관심분야는 자율주행자동차의 핵심기술, 극초음속 제트엔진, 고에너지(핵분열, 핵융합) 분야 기술 등 전체 기술분야에 망라해 있으며, 특히, DOE의 NL의 연구자(top-down 연구수행자)를 선호한다.

□ **미국의 대응**

○ 미국은 중국이 이러한 교묘한 계획을 부분적으로 인지하고 있다가 2018년에 와서야 위기로 간주하고 대응에 착수하였다.

○ 미국의 대책은 범부처적인데, 상원보고서에서 보듯이 각 연방기구의 기능을 존중하면서, **연구발전의 속성(불확실성을 인정함, 공개성을 망가지지 않게 함, 협력의 가치를 인정함)이 침해받지 않도록** 세심한 배려 속에서 대책을 수립하고 있다.

- **미국 연구기관들은** 외국인과의 연구협력을 모니터링하고, 이러한 협력이 특히 연구진실성에서 미국의 과학연구가치(U.S. scientific research values)에 부합하는지를 판단하는 모범사례를 확립해야 한다. 미국의 연구기관들도 이해충돌, 직무의 충돌, 외부지원에 대한 공개를 이행하지 않는 연구자에 대해 의혹을 조사하고 판단해야 한다.
- **미국 연구비 지원기관**은 연구비 수령자가 이해의 충돌 및 직무의 충돌을 정확하게 보고할 수 있도록 규정준수(compliance) 및 감사 프로그램을 시행하여야 한다. 이를 위해 연구과제 신청과 심사에 필요한 서류와 절차를 표준화하고, 연구비 수령자에 대한 정보를 공유하며, 부정 여부를 검토하는 방식을 자동화해야 한다.
- **상무성은** 미국의 국가 안보에 필수적인 신규 및 핵심기술을 도출하기 위한 기관 간의 프로세스에서 '원천연구(fundamental research)'의 검토를 포함하도록 보장해야 한다.
- **주정부**는 미국에서 수행된 연구에 대한 외국 정부의 후원이 있는지 여부와 비자 신청자가 그들의 본국으로 연구와 기술을 불법적으로 이전할 의도가 있는지 여부를 탐지하도록 고안된 추가적인 보안 관련 질문들을 비자심사에 포함시켜야 한다.

○ 각 기관들은 연구와 지적재산을 더 잘 보호하기 위한 조치를 취하는 한편, 의회와 행정부처는 미국내 외국인 유학생과 연구자의 중요성과 국제협력의 중요성을 재확인해야 한다.

- 즉, 의회는 연방기관이 후원하는 연구를 위해 안정적이고 지속적인 자금을 제공해야 하며, 과학자와 그들의 연구가 미국에서 계속 유지하도록 프로그램을 지원해야 한다.
- 미국은 투명성, 상호주의, 우수성에 기초한 경쟁, 그리고 진실성이라고 하는 미국의 근본적인 과학의 가치기준을 중요시한다.

○ 미국의 연구비 지원기관은 외국의 인재채용 프로그램에 참여하는 사람에게 어떠한 인재채용프로그램이라도 가입조건과 약정을 완전히 공개하지 않은 상태에서 미국의 연구비를 지급해서는 아니 된다.

■ 과학기술 국제협력정책의 핵심

과학기술 국제협력에서 가장 중요한 정책방향은 '글로벌 연구활동의 네트워크' 속에서 **비중있는 노드(node)를 만드는 것**이다. 즉, 탁월한 대학(연구중심대학)이 국제무대에서 명성을 날리도록 연구성과를 높이고 글로벌활동(인재유치, 학술행사개최 등)이 활발하도록 지원해야 한다. 그래야 국제적으로 우수한 연구자가 모이고 지식이 집결하게 된다. 이런 일을 효율적으로 달성하기 위해서는 체계적인 전략이 필요하다.

○ 주요 국가, 주요 연구기관 및 우수한 연구자들의 연구동향을 파악하고 있어야 한다.
- 이러한 정보의 수집은 전담연구기관(예 KISTI)을 지정하여, 주요 국가별·연구기관별 동향을 파악하는 전문가를 배치하고, 주요자료를 보관하게 해야 한다.

※ 종종 국가별, 연구기관별, 특정연구자별 연구동향을 WoS, Scopus지표로써 분석하기도 하는데 시간지연(2년~5년)이 있으므로 최신동향은 직접 학술발표에 참관해야 한다.

○ 궁극적으로 우리의 과학기술 수준이 높아야 국제적 인재들이 몰려온다.
- 그래서 대학랭킹이 중요하다. 세계적 대학이 있어야 하며 글로벌 허브가 필요하다.
- 현재 우리나라는 중·후진국의 학생들이 몰려오는 정도에 머무른다.

○ 국제학술행사 개최, 국제적 우수인재 유치 등 국제활동을 적극적으로 추진한다.
- 최근 우리의 우수인재 유치사업은 매우 부진하다.

○ 국제적으로 연구자들이 몰려올 수 있도록 거주시설이나 처우수준을 파악·비교하며 좀 더 나은 수준으로 제공할 수 있는 전략을 가져야 한다.
- 이런 문제를 잘못 처리하면 한국인 우수 연구자조차 외국으로 떠나버린다.

○ 정부는 연구자들의 국제학술활동을 위한 해외출장이나 해외연수에 관대해질 필요가 있다. 일본과 비교해 볼 때 우리는 지나치게 까다롭다는 의견이 나온다.

☞ 심지어 우리는 해외출장의 출입국 날짜까지 확인하기 위해 여권사본을 요구하고 있다.

> **선진국의 동향파악과 정책에 반영하는 일은 중요하다.**
>
> 호사카 유지 박사는 15년전 한국으로 귀화한 일본인이다. 현재 세종대 교수이다. 본 저자는 독도에 관한 그의 강연에서 많은 새로운 이야기를 들었다. 우리나라 학자들에게서 전혀 듣지 못한 내용들이다. 대체 일본 내에는 이런 학자가 얼마나 될까? 우리는 왜 이런 지식인이 없는가? 그의 말에서 의미심장한 말은 "많은 자료를 미국의 문서공개로부터 얻게 되었다. 한국은 '있을지 모르는 문서'를 찾으러 가면 출장비가 안 나온다. '문서가 있으니' 찾으러 간다고 해야 출장비가 나온다. 문서 찾으러 가서 만약 문서 못 찾아 오면 큰일 난다. **일본은 그렇지 않다**." 우리의 연구비지출에 의미 있는 일침을 가한 것이다.
>
> 일본인 경제학자 오마에 겐이치가 우리 IMF때 했던 인터뷰가 생각난다. 이때 '냄비 속의 개구리' 이야기를 했었다. 우리나라에 아주 쓴 소리를 한 것이다. 냄비를 서서히 데우면 개구리는 모른다고 했다. 이 교훈은 독도문제 대응과 북핵문제 대응에서 그대로 드러난다. 일본은 계획적으로 한 발자국씩 다가오는데 우리는 궐기대회만 하고 있다. 나중에는 뻔히 보고도 손을 쓸 수 없는 단계로 들어간다. 우리 지식인들은 다 무얼 하고 있는지 묻고 싶다. 임진왜란 때에도 똑같은 상황이었다. 일본의 침략을 알면서 대응하지 않았다. 심지어 명나라에게는 일본의 공격을 알려주면서도 정작 우리는 당리당략에 빠져 준비하지 않았던 것이다[11. p. 3].

○ 특히, 해외 한국인 과학자들의 네트워크를 구축·활성화하는 것이 큰 도움이 된다.

※ 현재 정부지원으로 구축된 한국인과학자단체들이 미국, 유럽, 캐나다 등에서 매년 모임(UKC, EKC, CKC 등)을 개최하고 있다.

○ 선진국이 운영하는 국제협력프로그램의 설계를 잘 관찰해야 한다.

제3절 국제협력사업의 사례

1 Human Frontier Science Program

Human Frontier Science Program(HFSP)은 인류의 이익을 위해 다수의 국가가 참여하는 수행하는 '국제공동연구사업'이며, 아직도 진행되고 있다. 이러한 사업을 자세히 파악해 보면, 연구사업에 대한 선진적 구조와 관리방법, 국가 간의 평등한 협력방법 등 배울 점이 매우 많다. 다른 국제협력사업들도 대개 비슷한 구조를 가진다.

○ HFSP을 운영하는 국제기구인 HFSPO를 어떻게 구성하고 운영하는가?

－총재와 이사회는 어떻게 구성하고 무슨 권한을 가지는가?

－이때, 과학자들의 전문성을 의사결정에 어떻게 반영하는가?

–기관의 거버넌스와 연구자의 자율성은 어떻게 공존하는가?

◦ 참여국들이 모두 "사업 참여가 서로에게 이익이 된다.", "인류에게도 이익이 된다."는 생각을 갖도록 하기 위해 어떠한 전략을 가지는가?

–HFSP은 어떠한 세부 사업(연구과제지원 프로그램)을 가지는가?

–과제신청요건(과제 참여자격)을 어떻게 규정하고 있는가?

◦ 선진국의 과학자들은 어떠한 자세로 연구활동에 임하는가?

–자율성, 연구윤리, 동료평가의 엄격성, 과학을 바라보는 관점 등을 보자.

–HFSP로 지원된 연구에 대해 **객관적 평가**를 위해 어떠한 방법을 적용하는가?

◦ 특히, 과제관리에 사용되는 각종 서류(과제신청서, 각종 계약서)는 연구자의 의무와 권리에 대해 명확히 규정하고 있으며, 우리가 배울 점이 많이 있다.

우리나라도 2004년에 HFSP에 회원국(이사국)이 되었고, 연 약 10억 원의 국제기여금을 납부하고 있다. 그리고 과학기술정보통신부가 회원국의 대표기관으로 등록되어 있다. 우리 과학자가 이런 사업에 많이 참여하도록 적극 권장해야 할 것이다.

■ HFSP의 배경

1980년대 초, 일본산 자동차가 미국시장을 장악하고 디트로이트의 자동차 공장이 문을 닫게 되자, 이에 대한 대응으로, 유럽은 공동체(EU)를 만들게 되었고, 미국은 새로운 융합교육과정으로 MOT(Management of Technology)를 창안했다. 그리고 그 결과, 미국은 실리콘 밸리가 만들어진다. 이때, 일본에게 '경제적 동물(Economic Animal)'이라는 비난이 쏟아졌다. 당시까지만 해도 일본은 다른 선진국만큼 기초연구에 투자하지 않고, 선진국의 기초연구결과를 가져다가 응용개발연구에 집중 투자하는 전략으로써 공업제품(자동차, 조선, 가전, 워크맨 등)으로 세계시장을 석권하고 있었다. 기초연구는 개방적이므로, 일본은 그 결과를 일방적으로 가져가서는 돈만 벌고 있다는 비난이 거셌다. 일본은 이러한 세계적 비난을 벗어나고 강대국으로서의 영향력을 되찾겠다고, 1987년 「G7 정상회의」에서 나카소네 수상이 전략적으로 제안한 사업이 바로 HFSP이다. 일본이 크게 투자하여 인류적 문제(생명과학)의 해결에 헌신하겠다는 것이다.

1986년 일본은 기초연구에서 국제적인 협력을 장려하기 위한 가능한 수단을 모색하기 위해 일본총리기술심의회(Japanese Prime Minister's Council for Science of Technology)의 후원으로 일본의 저명한 과학자들에 의해 타당성 조사가 수행되었다. 이 토론은 G7 정상회의 국가들과 유럽 연합(EU)의 과학자들로 확대되었고, 1987. 4월 'London Wise Men's Conference'에서 이 제안에 대해 긍정적으로 결론이 났다. 그리고 일본의 나카소네 총리는 1987. 6월 베니스 G7

정상회의에서 HFSP을 제안하면서 HFSP 출범에 관한 공식 논의가 시작되었다.

1987년 '국제과학자위원회(International Scientists Committee)'가 설치되어 조직과 프로그램 활동의 세부사항, 연구분야 및 선정절차를 정의하면서 프로그램을 더욱 구체화했다. 1989. 6월과 7월에 각각 도쿄와 베를린에서 정부간 회의가 열렸고, 이는 참가국 정부에 의해 이 계획의 승인으로 이어졌다. **HFSP의 초기 실험단계는 3년으로 합의되었다**. 그리고 1988년 4월 'Bonn Wise Men's conference'에서 프로그램 활동의 체계를 잡았고, 일반 과학영역과 지원받을 활동의 유형을 정했다. 그리고 **1989. 10월 International Human Frontier Science Program Organization(HFSPO)를 프랑스 스트라스부르그에 설치하였다**.

■ HFSP의 내용[95]

○ HFSP의 임무(Mission): 생물의 복잡하고 정교한 메커니즘을 설명하는 데 초점을 맞춘 기초 연구에서 국제협력을 촉진한다.

○ HFSP의 운영조직: Human Frontier Science Program Organization(HFSPO)

○ 회원국: G7 국가(미국, 일본, 캐나다, 독일, 프랑스, 이탈리아, 영국)+한국, 호주, 인도, 싱가포르, 스위스, 뉴질랜드, 이스라엘+유럽의 비G7 국가는 EC(European Commission)를 통해 참여

※ HFSPO의 회원국 가입은 이사회의 사전 승인을 조건으로 모든 관계 국가에 개방되어 있다. HFSPO 회원국은 직접 또는 '경영지원기관(Management Supporting Parties, MSP)'을 통해 자발적인 기여금을 HFSPO에 제공한다. 우리나라의 MSP는 과기부이다.

■ HFSPO의 조직

(1) 이사회(Board of Trustees)

○ 이사회는 HFSPO의 최종 의사결정기관(ultimate decision making body)이다.

○ HFSPO 회원국 또는 HFSPO의 경영지원기관(MSP)는 HFSPO 회원국당 한 명 또는 두 명의 이사가 이사회에서 그들을 대표하도록 의무화한다.

○ 이사장(President)은 적어도 연 1회 이사회를 소집해야 한다.

○ 각 HFSPO 회원국은 해당 HFSPO 회원국에 의해 이사회에 임명된 이사의 수에 관계없이 이사회에서 한 표를 가진다. 일반적 의결정족수는 회원국의 3분의 2의 찬성이다.

○ 이사회에서 얻은 유효한 결정은 **투표에 출석하지 아니하였거나 기권하였거나 반대표를 던졌더라도 모든 이사들에게 구속력이 있다**.

■ Human Frontier Science Program Organization

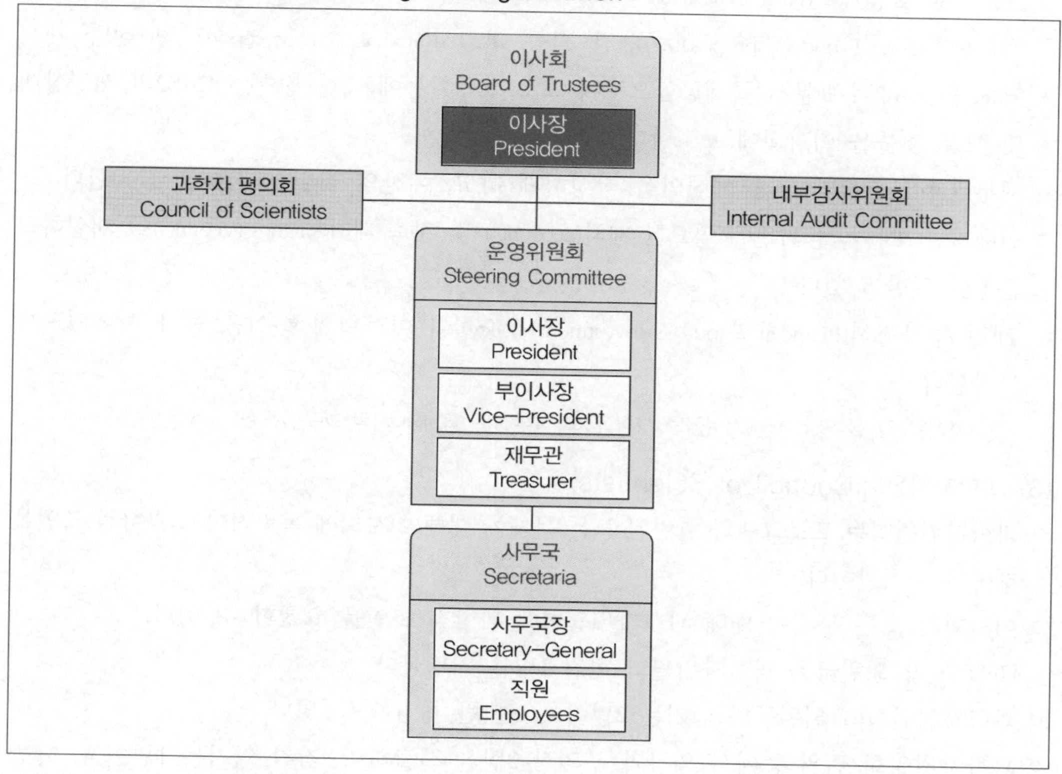

○ 이사회는 프로그램의 운영, 관리 및 이행에 관한 일반정책에 대한 책임이 있다.
  - HFSPO의 정관(Statutes)과 내규를 승인하고 개정한다.
  - 새로운 HFSPO 회원 가입 신청의 수락을 결정한다.
  - 사무총장, 내부감사, 과학자 평의원회 위원을 임면한다. 등

(2) 이사장(President)

○ 이사장은 HFSPO의 법적 대표이자 이사회의 의장(Chair)이다.
○ 이사장은 사무총장의 도움을 받아 HFSPO의 일상적인 관리에 책임이 있다.
○ 모든 민사행위에서 HFSPO를 대표하고 그것을 구속할 수 있는 전권을 가진다.
○ 이사회의 사전 허가를 받아, HFSPO의 이익을 방어하기 위해 법적 소송절차(legal proceed-ings)를 제기하고, 합의에 동의하며, 항소를 제기할 수 있다.
○ 이사회와 운영위원회(Steering Committee)의 회의를 소집하고, 안건을 제안하며, 이러한 회의에 좌장이 된다.
○ 이사회가 내린 결정을 이행하거나 이행되어지게 한다.

○ 프로그램 활동계획(Program activity plan), 각 회계연도의 재무제표(financial statement), 연간 예산신청(annual budget proposal), 연간 활동 보고서(annual activity report) 및 전략 계획(strategic plan) 주요문서를 제공함으로써 프로그램 활동에 대한 진척, HFSPO의 재정상태 및 모든 것들을 이사회에 보고한다.
○ 재무관(Treasurer)과 함께 예산안을 작성하게 하고, 예산의 적절한 집행을 감독한다.
○ 신용기관 또는 금융기관에 필요한 계좌(accounts) 및 저축 계좌(savings accounts)를 개설하고 운영할 권한이 있다.
○ '재정 투자정책(financial resources investment policy)'이 이사회의 승인을 받아 시행되도록 보장한다.

※ 이사장은 일반적으로 국제기여금을 가장 많이 납부하는 국가의 사람으로 임용한다.

(3) 과학자위원회(Council of Scientists)

○ 과학자위원회는 프로그램과 관련된 모든 문제에 대해 이사회에 독립적이고 과학적 조언을 제공하는 기관이다.
○ 이사회는 모든 문제에 대해 과학자위원회에 과학적 조언을 요청할 수 있다.
○ HFSPO 각 회원국은 과학자위원회 회원 1명을 지명한다.
○ 과학자위원회의 위원들의 임기는 2년이고, 한 번 재임할 수 있다.
○ 과학자위원회 위원 중에서 의장과 부의장 2명을 선출하며, 각각 임기는 1년이고, 한번 재임할 수 있다. 의장은 과학자위원회를 주재하며 부의장은 의장을 지원한다. 의장 유고 시에는 부위원장 중 1명이 그 직무를 대행한다.
○ 과학자위원회는 자문 자격(advisory capacity)으로 외부 전문가를 회의에 초대할 수 있다.

■ HFSP의 세부사업

○ 연구비 지원: HFSP는 생물(living organisms)의 복잡한 메커니즘에 초점을 맞춘 '새롭고 혁신적이며 학제적인 기초연구(novel, innovative and interdisciplinary basic research)'를 지원한다. 생물학자들이 생명과학의 최전선에서 문제에 집중하기 위해 함께 모이는 새로운 협력에 명확한 초점이 있다.
  - 생물물리학, 화학, 컴퓨터 생물학, 컴퓨터과학, 공학, 수학, 나노과학 또는 물리학과 같은 전통적인 생명과학 이외의 분야의 과학자들의 참여가 권장된다. 왜냐하면, 이러한 협력은 생물체, 그들의 진화 및 상호작용을 특징짓는 복잡한 구조와 규제 네트워크를 이해하는데 새로운 접근법을 열었기 때문이다.

○ 연구비 지원 프로그램에는 두 가지(작게는 네 가지)가 있다.

－Research Grants: ① Research Grants－Early Career,

② Research Grants－Program

－Postdoctoral Fellowship: ③ Long－Term Fellowships

④ Cross－Disciplinary Fellowships

(1) Research Grants

○ 개별 연구실에서 답변할 수 없는 질문에 대한 혁신적인 접근에 대해 전문지식을 결합하고자 하여 **서로 다른 국가로 구성된 '과학자 팀(teams of scientists)'**에게 제공된다. 예비 결과(Preliminary results)는 필요하지 않으며, 지원자들은 연구협력을 통해 새로운 연구 라인(new lines of research)을 개발할 것을 기대한다.

－**응용연구에 대한 신청은 거절한다**. 거절대상에는 국가의료연구기관이 자금을 지원하는 의료연구를 포함한다.

○ Research Grants에는 두 가지 유형의 Grant를 사용할 수 있다.

① Research Grants－Early Career: 모든 팀원(연구과제 참여연구원)은 (작더라도 자신의 연구실에서) 연구그룹을 지휘해야 하며 박사학위(PhD, MD 또는 동등한 학위)를 가져야 한다. 그들은 자신의 **'독립적인 연구라인'**을 시작하고 지시할 수 있는 위치에 있어야 한다. '과학적 독립성'은 HFSP award로 창출하는 것이 아니다. 이것은 신청에 앞서 그들의 연구소가 결정하는 것이다.

② Research Grants－Program: 이것은 경력의 모든 단계에서 독립적 연구자로 구성된 연구팀(teams of independent researchers)에게 수여된다. 연구팀은 이번 협업을 통해 새로운 연구라인(new lines of research)을 개발할 것으로 기대된다. 경력 초기의 독립적 연구자를 포함한 신청이 권장된다.

○ Research Grants는 research groups의 **group－leader들을 지원한다**. 따라서 **postdoctoral 또는 PhD level 개별 과학자(individual scientists) 또는 초기 경력 연구자(early career researchers)는 신청 자격이 없다**.

－연구팀의 구조는 국제적이어야 한다(가능하면 대륙간). **일반적으로 국가별로 한 연구실에서 팀원은 1명뿐이며, 동일 연구기관의 2명이 있는 팀은 자격이 없다**.

－팀원들은 이전에 협동작업을 하지 않았어야 했고, 일반적으로 독창적인 연구를 공동발표하지 않았어야 하며, 프로젝트는 그들이 진행 중인 연구와 크게 달라야 한다.

※ 즉, Research Grants를 신청하려면, 서로 다른 연구소에 있으면서 협력해 본 적이 없는 group－leader(연구실장)들 2~4명이 모여 연구팀을 구성하고 과제를 신청해야 한다.

– Research Grant의 Principal Applicant(과제책임자)는 회원국에 연구실이 있어야 한다(HFSP Career Development Awardees는 제외). 그 외, 참여 연구원들과 그들의 연구실은 세계 어디에나 있을 수 있다.

– 모든 참여 연구원들은 (작더라도) 자신의 연구그룹을 지휘해야 하며, 박사학위(PhD, MD 또는 동등한 학위)를 가져야 한다. 그들은 자신의 '독립적인' 연구라인(lines of research)을 시작하고 지시할 수 있는 위치에 있어야 한다.

※ 여기서 '독립성'이란 연구원이 소속된 연구기관이 결정하는 것이다. HFSP award는 과학적 독립성을 창출하기 위한 것은 아님을 분명히 한다.

– 모든 팀원은 HFSP가 지원하는 프로젝트의 과정을 결정할 수 있어야 하며, grant가 수여될 경우 grant를 관리할 자유가 있어야 한다.

※ 연구팀(연구실)이 독립적 연구라인을 시작하고 지시하는 측면과, 연구비를 자유롭게 관리하는 측면에서 우리 출연(연)과 국제수준과는 차이가 있다.

○ 지원기간: 3년

○ 지원규모(USD): (2인) 연 250K, (3인) 연 350K, (4인) 연 450K

① **Research Grants – Early Career**

– 초기 경력 grant 팀(Early Career grant team)의 모든 팀원은 독립적인 지위(independent position)를 얻은 지 5년 이내여야 하며, 의향서(letter of intent) 제출 마감일 기준 10년 이내에 첫 번째 박사 학위(PhD, MD 또는 동등한 학위)를 취득했어야 한다.

– 초기 경력 grant(Early Career grant)를 신청하는 모든 지원자(과제책임자)는 연구 그룹(research group)을 지휘하는 프로젝트 리더(project leaders)여야 하며(팀 규모가 작더라도), 연구실의 일상적인 운영에 대한 모든 책임을 가져야 하고, HFSP funds를 완전히 통제할 수 있어야 한다.

② **Research Grants – Program**

– 연구원들은 그들의 독립적인 경력에서 어느 단계에나 신청할 수 있지만, 초기 경력 연구원들(early career researchers)의 참여는 Program Grants에도 권장된다. 소속 연구기관, 팀 구성원 수, 소속 국가, 팀의 국제성, 동시 지원 및 이전 grant 수혜자의 신규 지원에 대한 추가 조건이 가이드라인에 제시되어 있다.

(2) Postdoctoral Fellowship

○ HFSP 펠로우십 프로그램은 생명과학 분야에서 잠재적으로 변혁적인 연구를 위한 제안을 원한다. 고위험 프로젝트(high–risk projects)에 대한 신청이 특히 권장된다.

- 프로젝트는 본질적으로 학제적(interdisciplinary)이어야 하며 새로운 접근법과 기법을 사용하여 기존 패러다임에 도전해야 한다. 과학적으로, 그들은 그 분야에서 중요한 문제나 진보의 장벽을 주제로 해야 한다.
- HFSP postdoctoral fellowships은 초기경력 과학자(early career scientist)들이 새로운 국가에서 일하는 동안 새로운 연구 분야로 이동함으로써 그들의 연구기술(research skills)을 넓히도록 장려한다.

○ Postdoctoral Fellowship에는 두 가지 다른 펠로우십이 있다.

③ LTF(Long-Term Fellowships): 생명과학에 초점을 맞춘 새롭고 개척적인 프로젝트에 착수하기를 원하는 생물학적 주제에 대한 박사학위를 가진 지원자들을 위한 것이다.
④ CDF(Cross-Disciplinary Fellowships): 물리학, 화학, 수학, 공학 또는 컴퓨터 과학과 같은 비생물학 분야(non-biological discipline)에서 박사학위를 가지고 있고, 이전에 생명과학 분야에서 일한 적이 없는 지원자들을 위한 것이다.

○ HFSP 회원국의 국적이 아닌 지원자는 회원국의 한 연구기관에서 근무하겠다고 지원해야 한다. 회원국의 국적을 가진 지원자는 어느 나라의 연구기관에든 근무를 지원할 수 있다.
- **지원자들은 그들이 이전에 박사학위를 받았거나 박사후 연구를 처음 했던 나라와 다른 나라에서 일할 것을 제안해야 한다**. EMBL, ICPT 또는 ICGEB와 같은 국제기구 또는 치외법권 기관으로서 국적이 분류되지 않은 기관의 경우, 연구실이 위치한 국가를 주최국으로 간주한다.

○ 학위자격: 기초연구(basic research)에서 박사학위(PhD) 또는 박사와 동등한 경력을 가진 박사급 학위(예 research based MD 또는 의학박사)가 펠로우십을 시작할 때까지 수여되어야 한다. 과제 신청서 제출 시에는 (박사학위가) 필요하지 않다.

○ 연구실적(출판물): 신청자(Applicant)는 의향서(Letter of Intent) 제출 마감일까지 최소 한 개의 '주저자로서의 출판물(lead author publication)'을 보유해야 한다. 그 출판물은 다음의 원고(manuscript)일 수 있다.

(i) 공인된 OA(Open Access) 사전인쇄 저장소(preprint repository)에 게재된 원고,[1]

---

1 OA 정책(Open Access Policy)은 저자가 자신의 논문의 accepted version(저널에 출판된 버전이 아님)을 합법적으로 공개접근하도록 허용하는 것이다. 저작권 계약과는 상관이 없다. 이 정책은 「U.S. copyright law」를 준수하는 것이며, 미국의 50개 이상 대학이 유사한 OA 정책을 가진다.

출판된 버전이 구독(유료) 저널에 있는 경우, 논문의 버전을 온라인에 게시하면 액세스할 수 있다. 일부 분야는 첫 번째 버전(저널에 제출된 버전)인 사전 인쇄(preprints)를 게시한다. 그러나 동료심사 과정에서

(ii) 동료 심사 저널에 의해 출판이 수락된 원고,

(iii) 동료 심사 저널에 의해 출판 중인 원고,

(iv) 동료 심사 저널에 의해 이미 발행된 원고,

- 그러나 정식 신청(Full Application) 단계에서 fellowship proposal을 제출할 때에는 위의 (ii)에서 (iv)에 따라 발표된 연구논문이 있어야만 가능하다.
- HFSP는 오직 영문으로 작성된 출판물의 원본 전문(full-length original research publications)을 접수하는데, 이것은 동료심사를 받았어야 하며, 신청자(applicant)는 단독저자이거나 제1저자이어야 한다. 공동 제1저자 논문에서는 신청자가 제1지위(first position)에 기재될 필요는 없지만, 모든 경우에 제1저자에 해당하는 기여가 명시되어야 한다. 어떤 경우에는 '표준출판관행(standard publication practice)'이 제1지위 저자를 불가능하게 만든다(예 저자의 알파벳 순서 목록). 이러한 상황은 신청서에 설명되어야 한다.

○ 지원기간: 3년

○ 지원규모: 연 약 6만 달러(연수국에 따라 다름, 이주비 별도 지원)

■ HFSP의 실적(2019년까지)

○ Research Grants로 총 1,124개 팀의 4,004명 이상의 연구자를 지원

- 이 중 Research Grant-Early Career는 182개 팀, 514명의 연구자를 지원

○ Postdoctoral Fellowship으로 70개국, 3,200명 이상의 연구자를 지원

○ 수혜자 중 **28명의 노벨상 수상자**를 배출해, '노벨상 펀드'로 지칭됨

2 EU의 「Framework Program」, 「Horizon 2020」, 「Horizon Europe」

유럽연합(European Union, EU)은 1994년에 출범한 정치·경제 통합체(초국가적 기구)이다. 즉 EU는 사람, 상품, 자본, 그리고 서비스가 역내 시장에서 자유롭게 이동하는 것을 목표로 하는

변경된 내용에 대해 포스트프린트(postprint) 또는 저자가 승인한 원고(author's accepted manuscript, AAM)인 최종 버전을 제공하는 것이 더 유용하다. 사전 인쇄 서버(Preprint servers)를 사용하면 나중에 사전 인쇄(preprints)를 승인된 버전으로 변경하기가 수월하다.

만약 당신의 출판물이 자금을 지원받은 연구에 기반을 두었다면, 많은 자금지원기관들이 이제 결과 논문에 대한 대중의 접근을 요구할 것이고, 가능하면 데이터와 소프트웨어에 대한 접근도 요구한다는 것을 알아야 한다. 여기에는 NSF와 NIH와 같은 미국의 주요 자금지원기관이 포함된다.

공동정책과 통합단일시장(단일 통화)을 구현하려 했다. 2022년 기준 27개 회원국(2020. 1월 영국이 탈퇴)으로 확대되었다.

○ European Council(유럽이사회 또는 유럽연합 정상회의): 개별 회원국을 대표하는 국가 원수(또는 장관)와 EU 상임의장, European Commission 위원장으로 구성한다.

○ European Commission(집행위원회, 유럽연합 집행위원회): EU의 회원국 정부의 동의에 의해 5년 임기로 임명되는 위원들로 구성된 독립기구이며, 유럽연합의 보편적 이익을 대변하는 기구이다. EU의 집행기관으로서 EU의 법령을 발의하고, 권고와 계획안 작성을 통해 주도권과 제안권을 행사한다. 그리고 EU 예산안을 작성하며, EU의 공적 개입에 따른 재정부담을 충당하기 위해 회원국에 배당된 기금을 관리한다. 산하에 2만여 명에 이르는 EU 공무원들과 23개의 전문 국(局)을 두고 있다.

EU는 회원국의 글로벌경쟁력을 강화하기 위해, 특히 글로벌 시장에서 미국과 일본의 강세에 대응하기 위해, 여러 연구개발 지원프로그램을 가동해 왔다. 「Framework Program」(1984~2013), 「Horizon 2020」(2014~2020), 「Horizon Europe」(2021~2027)이 그것들인데, 이러한 사업들은 EU 회원국을 위한 연구개발 지원사업이므로, 비회원 국가에 대해 배타성이 있으며, **비회원 국가의 연구개발수준을 고려하여 차등적인 협력관계를 가진다**. 이들 사업에서 우리가 주목할 부분은 다음과 같다.

○ 세계최대의 연구개발사업이므로 연구동향(누가 무엇을 연구)을 파악해야 한다.

○ 사회적 이슈로부터 연구주제를 도출하는 방법(특히, 이해집단과의 합의)을 파악한다.

○ 연구개발사업의 '연속성'을 중요시하면서도, '요구의 변화'에 대응하는 전략을 파악한다.

○ 유럽차원에서 **연구개발사업이 진화하는 과정**을 볼 수 있다. 이점이 중요하다.

  - 여러 가지 개별적 공동연구개발사업 → 「Framework Program」(1984~2013) → 「Horizon 2020」(2014~2020) → 「Horizon Europe」(2021~2027)

    ☞ 차세대성장동력('03) → 신성장동력('09) → 미래성장동력('14) → DNA+BIG3('19)과 비교된다.

○ 필요하면 우리나라는 간접참여의 방법으로 교류관계를 유지할 수 있다.

  - 비회원국은 매칭펀드를 조건으로 참여하든지, 회원국이 주관하는 연구컨소시엄에 파트너로 참여(연구비는 자체조달)하는 방법이 있다.

○ 한국과 유럽의 과학기술협력은 STEPI과 KISTEP이 정리하고 있다[112].

■ 사업의 개요

유럽연합(EU)은 유럽통합 이후, 회원국의 국제경쟁력 강화를 목표로 여러 가지 연구개발사업(EUREKA, JRC, ECSC, COST 등)을 추진해 오고 있었다. 그러다가 1983년 European Commission이 「Framework Program(FP)」을 제안하고 Council과 European Parliament(유럽의회)의 승인을 받고 1984년부터 착수되었다. 2013년까지 지속된 Framework Program은 총 7단계로 구성된다. 그리고 이것을 이어받은 「Horizon 2020」는 제8단계 Framework Program인 셈이다. 그리고 이것을 이어받아 「Horizon Europe」가 2021~2027년 기간으로 출범하였다.

■ Framework Program

○ 배경: 각 회원국의 과학기술정책을 조율, 중복 투자와 비효율성을 제거함으로써 유럽을 미국과 일본 등 경쟁국을 능가하는 세계의 과학연구 및 기술혁신 중심지로 발전시키고자 한다.
  - 순수기초연구, 응용개발연구, 기술이전사업을 포괄적으로 지원한다.
  - 사업의 전체적 방향, 구체적 예산배분, 연구제안서 제출 및 심사까지 단계별 기획과정을 거쳐 세밀하게 계획이 수립되어 추진되었다.

○ 프로그램 확정과정: 집행위원회(European Commission)가 협상을 통해 도출한 합의안을 이사회(Council)와 유럽의회(European Parliament)의 승인을 받아 확정
  - 집행위원회의 합의과정은 공식화되어 있다. 각국 과학기술관련 부처 고위관료간 정책방향의 합의를 중요시하며, 정책방향이 정해지고 나면, 다양한 분야의 전문가(기업, 대학, 일반시민 등)들로부터 의견을 수렴하여 프로그램 초안을 작성한다.

■■ 각 단계별 「Framework Program(FP)」의 주요특징[96]

구분	예산 (B€)	주요특징
FP1 (84~87)	3.75	• JRC, ECSC, COST 등 개별 유럽연합조직의 연구프로젝트를 프레임워크 프로그램으로 통합운영 • 주요사업: ESPRIT(정보기술), RACE(통신기술), BRITE/EURAM(신소재 및 재료특성) • 연구비 구성: 에너지 분야(50%), 산업경쟁력 분야(32%)
FP2 (87~91)	5.4	• 유럽 단일시장의 실현과 산업의 수요 강조 • 10개 연구중점분야를 설정하여 추진: 삶의 질 향상, 단일시장, 정보통신사회의 발전, 산업선진화 등 • 연구비 구성: 에너지 분야(22%), 산업경쟁력 분야(60%)
FP3 (90~94)	6.6	• 프로그램의 연속성을 위해 제2차와 2년을 겹치게 함 • 3개 부문 6개 연구중점분야 설정 - 3개 부문: 기술의 가능성 달성, 천연자원의 이용, 지적자원의 관리 - 6개 연구중점분야: 정보통신, 산업·재료, 환경, 생명과학, 에너지, 인적자원개발(HRD)

FP3 (90~94)	6.6	• 유럽연합회원국 간 프레임워크 프로그램에 대한 이견표출: 개별국가별로 전략적 우위 기술 분야에 연구 집중하고 유럽연합차원의 R&D 확대에 반대(영국, 독일 등)
FP4 (94~98)	13.2	• 3개 연구 활동 분야를 설정 – 연구 · 기술개발 및 실증프로그램: IT, 산업기술, 환경, BT, 에너지, 교통, 사회 · 경제 연구 – 유럽연합 이외 국가 및 국제기구와 협력 – 연구결과의 응용 · 확산 – 연구 인력자원의 개발 및 이동 촉진
FP5 (98~02)	15.0	• 성과자체만을 위한 연구보다는 현재의 사회경제적 문제에 집중하는 연구에 초점을 두며, 전략적인 분야에 대한 집중적 지원 • 4개 주제별 프로그램(Thematic Programmes) – 삶의 질 향상과 생명자원의 관리 – 사용자 친화적 정보사회 – 경쟁력 있고 지속가능한 성장 – 에너지, 환경, 지속가능한 발전 • 3개 수평적 프로그램 – 유럽연합공동체 연구의 국제적 역할 강화 – 기술혁신의 촉진과 SMEs의 참여 확대 – 연구 잠재력 및 지식기반경제사회의 증진
FP6 (02~06)	17.9	• 그동안 추진해왔던 FP 사업이 여러 가지 문제점을 보임에 따라, 목적 지향적이고 통합적인 연구영역 구축 필요성 제기 • 「리스본 전략(Lisbon Strategy)」을 채택하여 '지식기반사회'를 이룩하고, 세계에서 가장 경쟁력 있는 연구공동체 탄생에 합의 • 3대 핵심사업 (Blocks) – Block 1: 유럽 내의 연구의 통합과 집중 – Block 2: 유럽 내의 연구 분야의 구조화 – Block 3: 유럽 내의 연구 분야의 강화
FP7 (07~13)	53.3	• 목표: 성장을 위한 지식기반 유럽연구영역(ERA)의 구축 • 4개 세부목표 설정: Cooperation), Ideas, People, Capacities – Cooperation(324억 유로): 공동연구 지원(10개 중점분야: IT, BT, NT, ET, 에너지, 수송, 보건, 사회과학, 보안, 우주) – Ideas(75억 유로): 프론티어 연구 등 기초연구 지원, ERC설치 – People(47억 유로): 연구인력 양성(마리퀴리프로그램) 및 교류 – Capacities(41억 유로): 연구인프라, 과학과 사회 등 • Euratom 프로그램에 의한 원자력 및 핵융합 분야(27억 유로) • 프로그램 진행절차(과제공모, 심사, 관리) 간소화 • 연구개발 제안방식에 있어 기존의 하향식(top down) 외에, 연구자들의 창의성과 학술적 호기심을 기반으로 한 상향식 형태의 방식 도입 • 새로이 신설된 유럽연구이사회(ERC)를 통한 기초과학지원 강화 • 우수 연구집단과 과학기술 낙후 지역(동구권 등)에 대한 지원 강화

○ 참여 자격: 27개 EU 회원국, 4개 후보국, 5개 준회원국

– 회원국별 쿼터 없이 경쟁평가를 거쳐 과제를 선정하며, **컨소시업 형태로 지원한다**(최소

3개 이상 회원국 참여).

※ 동구권 경제발전을 위하여 동구권 출신 연구자가 포함되면 가점 부여

– 비회원국에게도 매칭펀드를 조건으로 개방되어 있으므로 유럽의 미래 원천기술 및 유망 신산업기술의 국내 이전이 가능하다. 미국, 일본, 캐나다, 호주, 한국 등은 호혜적 협력 대상 국가이다.

– 회원국이 주관하는 연구컨소시엄에 파트너로 참여(연구비는 자체조달) 가능하다.

○ 사업 참여 절차: 먼저 연구컨소시엄(회원국이 주도하는 형식)을 구성해야 한다.

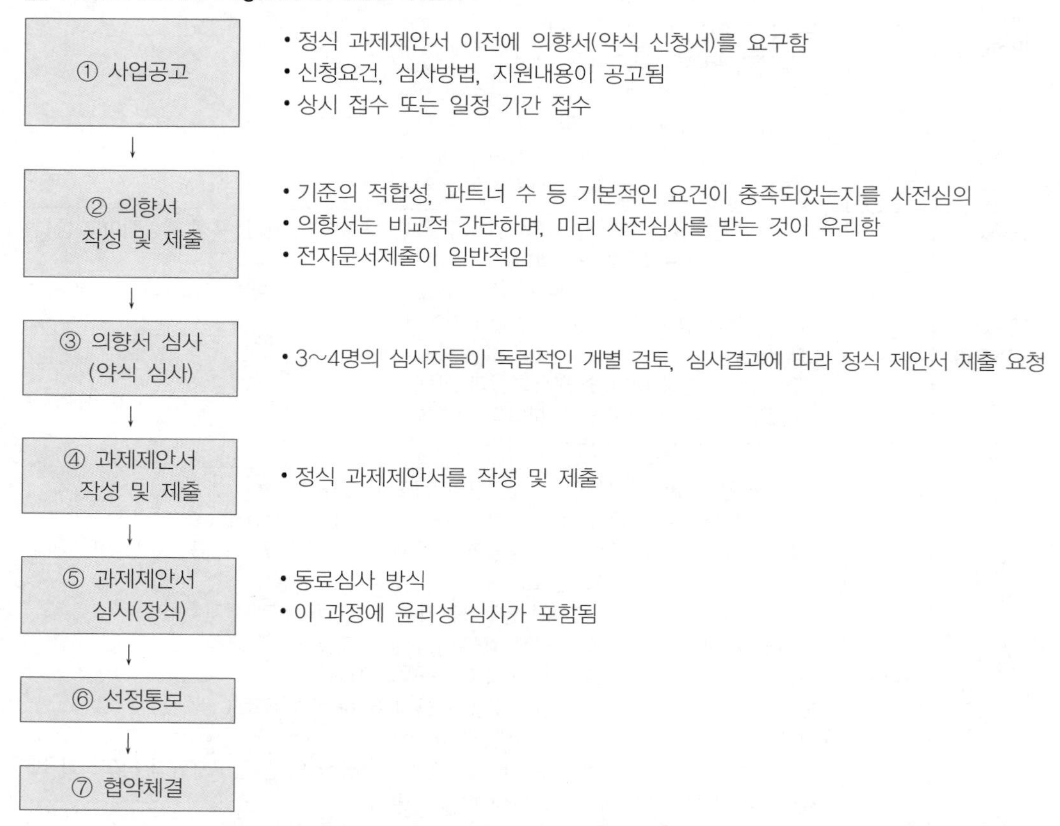

☞ 「Framework Program」은 국제공동연구사업이기는 하지만 EU회원국들의 사업이다. 그런데 우리 국내 연구개발사업의 모델로 볼 수도 있다. 의향서 심사(사전 약식 심사), 컨소시엄 구성은 우리가 대형사업을 심사할 때 참고할 만하다.

☞ 유럽에서는 연구개발주제로서 인문사회와 과학기술이 서로 공존하는 모습을 볼 수 있다. 미국이나 일본에서는 거의 보기 어려운 현상이다.

☞ 유럽도 우리나라와 비슷한 고민을 안고 있으며, 우리와 비슷하게 일하고 있음을 볼 수 있다.

리스본 전략(Lisbon Strategy)

EU는 2000. 3월 리스본 정상회담에서 미국과의 격차를 줄이기 위한 방안으로 「리스본 전략」을 채택하고, 경제개혁을 위한 과제로서 상품 · 서비스 시장 단일화, 금융시장 통합 및 규제완화를 통한 기업 환경을 개선하며, 세부목표를 설정하였다.

- ◦ 지식기반 경제로의 이행을 위한 인터넷 보급 및 통신인프라 확충, R&D지출 확대(2010년까지 GDP의 3%로 확대), 인적자원 개발을 위한 교육비 지출 확대
- ◦ 사회통합 및 환경개선 등을 위한 교육 포기자 비율 축소, 빈곤전락 위험자 감축, 장애인 및 여성차별 개선, 온실가스 축소 및 재생에너지 활용 비율 제고 등

그러나 추진 성과는 상당히 부진하였다. 그 원인은;

- ◦ 추진 작업을 회원국 자율에 맡긴 결과 추진속도 지연
- ◦ 추진을 강제할 제제수단도 없음
- ◦ 경제성장과 환경 및 사회통합과 같은 상반된 목표를 동시에 추구하여 방향성을 상실

■ 「Horizon 2020」

유럽연합(EU)은 2013년 회원국의 글로벌경쟁력을 강화하기 위해 유럽의 신경제전략에 해당하는 「Europe 2020 Strategy」을 수립하였고, 이 전략을 실현하기 위한 연구개발 프로그램으로서 「Horizon 2020」을 출범하였다. 「Horizon 2020」은 2014년부터 2020년까지 총 7년 동안 약 786억 유로(약 107조원)를 투자한 **세계 최대 연구지원 프로그램**으로, 역내 금융위기를 극복하고 일자리를 창출해 지속적인 경제성장을 도모하면서 유럽이 직면한 사회적 현안을 해결을 도모한다. 3대 중점추진사항(3 Pillars)[97];

◦ Pillar 1: 과학적 탁월성(Excellence Science)
- 유럽연구위원회(ERC)는 창조적 연구자들이 첨단연구를 수행하도록 자금지원
- 미래유망기술(FET)에 대해 협력연구를 통해 신기술개발을 지원
- 「마리퀴리 인력교류프로그램(MSCA)」 인용
- European Strategy on Research Infrastructure(ESFRI)로 지정한 인프라 개발

◦ Pillar 2: 산업의 리더십(Industrial Leadership)
- ICT, NT, BT, 첨단소재, 첨단제조, 우주분야에서 혁신적인 중소기업 지원
- 기업들의 연구혁신에 필요한 자금융자, 보증, 재무적 활동 지원
- EU 전반에 걸쳐 중소기업의 혁신을 지원

◦ Pillar 3: 사회적 문제 해결(Societal Challenges)
- 건강, 인구변화, 웰빙: 고령화에 대비하는 질병연구 및 보건 서비스
- 식량안보, 지속가능한 농림업, 해양 및 물, 바이오 경제

– 안정적이고 깨끗한 효율적 에너지: 탄소저감 사회, 스마트 그리드
– 스마트, 녹색 및 통합 운송: 저탄소 고효율 수송기술, 지능형 교통망
– 기후대응, 환경, 자원효율과 원재료: 친환경 시스템 도입, 기후예측 시스템 개발
– 포괄적이고 혁신적이며 사려깊은 사회/안전한 사회: 연구정책의 혁신, 인터넷의 프라이버시 및 인권침해 근절, 안보·ICT·서비스 산업 경쟁력 확대

그리고 3개 Pillar에 4대 분야(4 Sections)를 추가했다. 주요내용은 다음과 같다.

○ 탁월성 확장과 참여증진(Spreading excellence and widening participation)
– 탁월성 중심의 경쟁기반 과제선정, 프로그램 간 협조, 정보교류
○ 사회와 함께하는 과학(Science with and for Society)
– 유럽의 사회문제 해결능력 구축, 사회와 과학을 연결하는 방법 개발
○ 유럽혁신기술연구소(European Institute of Innovation and Technology, EIT)
– Knowledge and Innovation Communities(KIC)를 통해 혁신역량 증진
– 2014년부터 EIT는 5개 KIC(건강, 원자재, 제조, 음식, 도시교통) 추진
○ 비핵화 부문의 유럽공동센터(Non–nuclear Direct Action of the JRC)
– Joint Research Center(JRC)의 활동 지원
– 연구활동보다는 오히려 연구정책자문 및 조언활동을 원칙으로 함

「Horizon 2020」은 2~3년 기간의 「Work Program(WP)」을 시행하면서 주제영역, 자격기준 및 선정조건을 내걸고 연구개발과제를 지원하였다. 2018~2020년간 WP의 4대 Focus Area는:

○ 저탄소(low–carbon)로 기후 회복력 있는 미래 구축(LC),
○ 경제적 이익과 환경적 이익의 연결–순환 경제(Circular Economy)(CE),
○ 유럽 산업 및 서비스의 디지털 전환(Digitising and transforming)(DT),
○ 안보연합(Security Union)의 효율성 제고(SU)

☞ 「Horizon 2020」에는 3대 중점추진사항(3 Pillars), 4대 분야(4 Sections), Work Program의 4개 Focus Area 등 매우 혼란스러운 사업구조를 엿볼 수 있다. 그 이유는 각 연구개발사업을 기술적으로 구분하기보다는 **사회적 가치를 중심으로 구분**했기 때문이다. 반면에 우리나라의 사업구분은 대부분 기술적 구분을 선택하고 있다. 이렇게 되면, 우리의 성과는 논문, 특허로 나오게 되고, 유럽의 성과는 사회적 가치의 획득으로 나올 것 같다.

– 우리가 연구개발사업을 **기술적 구분으로 접근하는 이유는 공급자(각종 위원회의 교수들) 중심으로 사업을 기획**하기 때문이다. 이제 수요부처가 의견을 제시해야 한다고 본다.

「Horizon 2020」의 성과는 각 주제별 보고서(백서)로 발행되었다. 수십 개의 주제(이슈, 기술)에

대해 수십 종의 두꺼운 백서가 출판되었는데, 과학기술정책가들은 「HORIZON 2020-WORK PROGRAMME 2018~2020 general introduction[2]」 정도는 숙독하기를 권장한다. 「Horizon 2020」에 대한 아쉬움은 다음과 같다[98]. 이 평가는 중간평가이지만, 「Horizon 2020」의 성과와 문제점을 제대로 보여주고 있다.

○ (투자 확대가 요구됨) 「Horizon 2020」은 FP7보다 더 많은 미선정 과제가 발생했다.
  ※ FP7 선정률: 18.5%, Horizon 2020 선정률: 11.6%

○ (돌파적 혁신강화) 「Horizon 2020」은 돌파적, 시장진출 혁신지원 측면에서 잠재력을 보여주지만, 실질적인 지원 강화가 요구되었다.

○ (영향력 확대) 사회문제 해결에 역할 및 기여도 등을 명확히 보여줄 수 있는 프로그램 설계 및 실행을 통해 시민사회에 대한 더 많은 지원활동이 필요하다.

○ (시너지 효과) 「Horizon 2020」과 다른 EU 프로그램(특히, The European Structural and Investment Funds, ESIF) 간 시너지 효과를 높이기 위해 이미 노력을 기울였지만, 여전히 저성과 지역을 위한 연구혁신역량 강화가 필요하다.

○ (국제협력 심화) 「Horizon 2020」은 광범위한 국제지원활동을 달성했지만 국제협력 심화가 요구된다.

○ (단순화 지속) FP7과 비교하여 단순화 측면에서 큰 진전이 있었지만 개선이 필요한 부분에 대한 탐색이 필요하다. 「Horizon 2020」의 규정, 절차, 평가 등의 세부사항뿐만 아니라 EU의 모든 국가/지역 재정지원에 적용될 수 있는 재정지원모델 개발 등이 제안된다.

○ (개방성 강화) 「Horizon 2020」은 광범위한 과학 커뮤니티의 접근성을 확장하고 연구 데이터 및 출판물 공개 범위를 확대하면서 큰 진전을 이루었지만 아직 개방성이 강화되어야 할 부분이 남아있다.

○ (펀딩 경로 합리화) 지원을 희망하는 연구자들은 복잡한 지원수단과 계획을 이해하기가 어렵고 절차가 중복되는 경우가 있다고 지적되었다.

☞ 우리는 연구개발사업에 대해 품평회를 해 본적이 있는가? 사업에 대한 결과평가로서 논문 몇 편, 특허 몇 건, 기술이전 액수 또는 성공과 실패를 논의하기는 했어도, 프로세서나 개방성 또는 시너지에 대해 논의한 적이 없었다. 특히 우리는 공급자 중심(과기부, 교수) 중심으로 국가연구개발사업을 운영하므로 수요자(사회적 문제, 수요부처)의 의견이 반영되는 채널이 매우 약하다. 그리고 의사결정에서 출연(연)의 거의 제외되어 있다. 유럽은 EU 연구개발사업의 효과와 개선점에 대해 학술논문으로 발표하고 있다.

2 https://research-and-innovation.ec.europa.eu/funding/funding-opportunities/

■ 「Horizon Europe」

「Horizon 2020」의 후속 사업으로 「Horizon Europe」이 기획되었다. 그리고 그 기획단계에서 「Horizon 2020」의 보완점이 많이 반영되었다. 집행위원회는 정책 전문가를 초빙하여 '**임무중심의 정책 접근방식(mission-oriented policy approach)**'이 어떻게 작동할 것인지에 대한 연구, 사례연구 및 보고서를 개발하도록 하였다. 「Horizon 2020」과 비교하여 「Horizon Europe」은 다음의 특징을 가진다[97].

○ 유럽혁신위원회(European Innovation Council, EIC)는 잠재적인 돌파와 파괴적 성격을 가진 혁신과 개인 투자자에게 위험할 수 있는 스케일 업 잠재력을 가진 기업혁신을 지원한다. 여기에 중소기업에 예산의 70%를 투자한다.

○ 미션(Missions)에서 「Horizon Europe」은 '명확하게 설정된 목표(clearly defined targets)'를 추구함으로써 재정지원의 효과를 증대시킬 수 있도록 연구와 혁신임무를 일체화하였다. 여기에 5개 임무영역(mission areas)을 설정하였다.

- Adaptation to Climate Change mission
- Cancer mission
- Restore our Oceans and Waters mission
- Climate-neutral and smart cities mission
- Soil Deal for Europe mission

■ 「Horizon 2020」의 평가를 통해 「Horizon Europe」 설계[99]

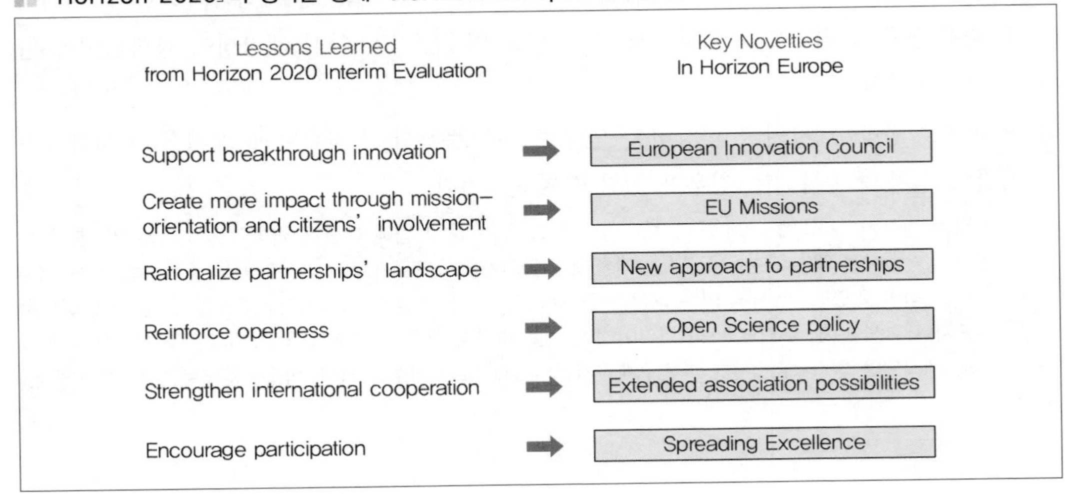

○ 파트너십에 대한 새로운 접근법(New Approach to Partnerships)으로써 EU 정책 목표로 지원받는 산업에서 목표 중심적(Objective－driven)이고 더욱 야심찬 파트너십을 구축한다.

－3개 유형을 통해 「Framework Program」 활동과 파트너십 간 일관성을 보장한다.

• 양해 각서/계약 협정에 기반을 둔 공동 프로그램 파트너십

• 단일 유연한 공동자금 조치 기반 공동자금 지원 파트너십

• 유럽연합 기능에 관한 조약 185조/187조에 근거한 제도화된 파트너십

○ 개방형 과학 정책(Open Science policy): 출판물에 대한 의무적인 개방형 액세스(Open Access)가 프로그램 전반에 걸쳐 적용된다.

－이것은 모든 연구자들을 위한 운영방식으로서 **개방형 과학(open science)**을 수용하는 것이다. 개방형 과학은 학계, 산업계, 공공기관, 최종 사용자, 시민 및 사회 전반을 포함한 모든 관련 지식 행위자와 공개적으로 협력하여 '연구 · 혁신(R&I)' 과정에서 가능한 한 일찍 지식, 데이터 및 도구를 공유하는 것이다. 개방형 과학은 R&I의 품질, 효율성 및 영향력을 높이고, 사회적 도전에 대한 대응력을 높이며, 과학 시스템에 대한 사회의 신뢰를 높일 수 있는 잠재력을 가진다.

「Horizon Europe」의 사업기간은 7년(2021~2027년)이며, 955억 유로(약 130조 원)을 투자할 계획이다. 프로그램 구조는 '3개 Pillar'와 'Part'로 구성된다.

○ Pillar 1: 과학적 탁월성(Excellence Science)

－유럽연구위원회(European Research Council, ERC)

－「마리퀴리 인력교류프로그램(MSCA)」

－Research Infrastructure

○ Pillar 2: 산업 경쟁력(Global Challenge and Industrial Competitiveness)

－Health

－Culture, Creativity and Inclusive Society

－Civil Security for Society

－Digital, Industry and Space

－Climate, Energy and Mobility

－Food, Bioeconomy, Natural Resources, Agriculture and Environment

○ Pillar 3: 혁신적 유럽(Innovative Europe)

－유럽혁신위원회(European Innovation Council)

－유럽혁신생태계(European Innovation Ecosystems)

－유럽기술혁신연구소(European Institute of Innovation and Technology)

○ Part: 유럽연구영역(European Research Area)의 강화와 참여 확대
  - 탁월성의 확산과 참여 확대
  - 유럽의 연구·혁신 시스템의 강화

그 외, 특별 프로그램으로 European Defence Fund, Euratom Research and Training Programme이 있다.

■ 정책적 시사점

EU가 추진하는 「Framework Program」, 「Horizon 2020」, 「Horizon Europe」으로 연결되는 연구개발사업을 보면 우리와 유사한 점과 차이점 그리고 배울 점을 찾을 수 있다.

(1) 유사한 점

○ 항상 엄격한 합의과정을 거쳐 계획을 먼저 수립하고 연구개발사업을 추진하는 점은 우리와 일본의 특징인데, EU도 이런 방식을 채택하고 있다.

○ 사업의 결과는 항상 엄격하게 평가한다. 그런데 평가의 초점은 다르다.

☞ EU사업은 이러한 성격이 있으며 개방성을 중요시하므로 과학기술정책가들이 연구개발사업을 기획하고 비판하는 방법에 대해 학습할 수 있는 기회를 제공한다.

(2) 차이점

○ 우리의 연구개발계획은 과기부가 KISTEP을 통해 전문위원회(교수 주도)를 활용하여 수립하고 있으니, 공급자 중심의 계획이 될 수밖에 없다. 그러니 '기술개발'에 초점을 둔 계획이 수립되며, 그 결과가 구체적으로 사회에 어떠한 이익이 될지는 모습을 예측할 수 없다. target으로 제시하는 구체적 '사회적 가치'가 보이지 않는다.
  - EU는 사회적 가치를 얻는 방향으로 연구개발사업을 기획하고 있다.

○ 우리 연구개발계획은 평가를 통해 반성하고 환류하면서 진화하는 모습이 약하다. 계획으로 발표된 것은 사업종료 후에 반성하고 도출된 문제점을 백서에 남겨야 한다.
  - EU는 정책학자들이 비판적 논문으로 사업의 진화를 가속시킨다.
  - 우리는 전문위원회 구성에서 비판적 전문가를 배제하는 경향이 있다.

○ EU는 과학기술과 인문사회가 함께 협력한다. 연구기관의 구성도 그렇다.
  - 우리는 서로 배타적 입장이다.

3 ITER 프로젝트

ITER 프로젝트는 **인공으로 핵융합을 구현**하여 지속가능한 에너지를 얻고자 하는 국제공동 연구개발사업이다. 하나의 연구목표를 두고 여러 국가가 합의하여 연구과제를 만들어가는 과정, 사업운영을 위한 조직과 규정, 성과의 배분에 대해 파악해 보자.

■ 배경

1985. 11월 제네바 초강대국 정상회의(G2)에서 구소련의 고르바초프 사무장이 로널드 레이건 미국 대통령에게 평화적 목적을 위한 융합 에너지를 개발하기 위한 국제 협력 프로젝트에 대한 아이디어를 제안하면서 시작되었다.

1년 후, 유럽연합(Euratom), 일본, 소련 및 미국이 공동으로 대규모 국제 융합시설 인 ITER의 설계를 추진하기로 합의했다. 개념설계 작업은 1988년에 시작되어 2001년 ITER의 최종설계가 회원국에 의해 승인될 때까지 점점 더 세부적인 엔지니어링 설계 단계가 이어졌다. 중국과 한국은 2003년에 이 프로젝트에 참여했으며, 2005년에 인도가 그 뒤를 이었다. 그리고 2005년도 국제협정에서 ITER 연구현장(location)은 프랑스 Aix－en－Provence 근교(Saint Paul－lez－Durance)로 결정되었다.

ITER 기구의 건설, 개발 및 해체 단계와 자금조달, 조직 및 인력배치를 자세히 설명하는 ITER 협정은 2006. 11월 7개 회원국 장관들에 의해 체결되었다. 그 후, **ITER 기구(ITER Organization)**는 2007. 10월에 설립되었다. 2010년 건설이 시작될 때까지 직원은 약 500명으로 증가했으며, 프랑스 법률에 따라 원자력 허가절차가 시작되었다. 그 후, 현장 준비작업이 수행되었고 각 ITER 회원국 내에 조달기관이 지정되었다.

※ ITER 회원국: 러시아연방, 미국, 유럽원자력 공동체(27+2개국), 일본, 한국 중국, 인도
※ 회원국내 조달기관(procurement agencies): 우리나라의 조달기관은 과기부이다.

■ 프로젝트 내용[100]

○ 목표: 세계에서 가장 진보된 토카막 자기감금 융합실험장치인 **ITER 토카막** 구축

－장치무게: 23천톤, 플라즈마 온도: 150백만°C, 퓨전에너지: 500MW

－2025. 12월 첫 번째 플라즈마 점화

※ 실험실에서 융합을 달성하려면 세가지 조건이 충족되어야 한다.: ① 고온(섭씨 150백만도), ② 충분한 플라즈마 입자밀도(충돌이 발생할 가능성을 높이기 위해), ③ 충분한 감금시간(정의된 부피 내에서 팽창하는 경향이 있는 플라즈마를 유지하기 위해).
※ 토카막(Tokamak) 장치는 강력한 자기장을 사용하여 플라즈마를 감금하고 제어한다.

※ ITER은 플라즈마에서 10배의 전력 수익률(Q=10)으로, 50MW의 입력 가열 전력에서 500MW의 융합 전력을 산출하도록 설계되었다.

○ 연구내용

–연소 플라즈마(핵융합 반응에 의해 생성된 헬륨 핵의 에너지가 플라즈마의 온도를 유지하기에 충분하여 외부가열의 필요성을 제거한 플라즈마)의 조사 및 시연

–핵융합로에 필수적인 기술(예 초전도 자석, 원격 유지보수 및 플라즈마에서 전력을 배출하는 시스템)의 가능성과 통합, 그리고 미래의 반응로에서 삼중수소 자급(tritium self–sufficiency)으로 이어질 삼중수소 증식모듈 개념의 유효성을 테스트

○ 사업의 주관: ITER 기구(ITER Organization)

–ITER 기구는 평화적 목적을 위한 핵융합 에너지의 과학적, 기술적 타당성을 입증하기 위한 국제협력사업인 ITER 프로젝트를 위해 회원국 간의 협력을 제공하고 촉진하며, 이 프로젝트의 전체 통합(관리, 연구, 통제)자이자 ITER 시설의 원자력 운영자 역할을 한다.

–ITER 기구는 7개 ITER 회원국의 사람으로 구성되어 있다. 약 1,000명의 직접 고용 직원, 250명의 ITER 프로젝트 어소시에이트 및 500명의 외부 계약자가 프랑스 생폴레즈듀란스에 있는 ITER 기구에서 근무하고 있다.

※ ITER 기구의 업무는 관리기관인 'ITER 위원회(ITER Council)'의 감독을 받는다.

■ 비용부담과 성과공유

○ 비용부담: 2006년에 체결된 ITER 협정의 서명국으로서 7개 회원국은 프로젝트 건설, 운영 및 해체 비용을 분담한다.

–유럽원자력공동체는 건설비용의 가장 큰 부분(45.6 %)을 담당하고, 나머지는 중국, 인도, 일본, 한국, 러시아, 미국(각각 9.1%)이 동등하게 부담한다.

※ 회원국은 프로젝트에 대한 금전적 기여를 거의 제공하지 않는다. 대신 기부액의 90%를 완성된 구성요소, 시스템 또는 건물의 형태로 ITER 조직에 전달한다.

○ 결과물 공유: 실험 결과와 제작, 건설 및 운영 단계에서 생성된 모든 지적 재산을 회원국들이 공유한다.

■ 거버넌스

○ **ITER 위원회(ITER Council)**: 7개 회원국의 대표로 구성된다. 위원회의 의장(Chair)과 부의장(Vice–Chair)은 위원 중에서 교대로 선출하며, 1년에 2번 개최한다.

–ITER 위원회는 「ITER 협정」에 따라, ITER 기구의 홍보 및 전반적인 방향에 대한 책임을

가진다. 사무총장(Director-General) 및 고위 직원(senior staff)을 임명하고, 「프로젝트 자원 관리 및 인적자원 규정(Project Resources Management and Human Resources Regulations)」을 채택 및 수정하며, ITER 기구의 연간 예산(annual budget)을 승인할 권한을 가진다. ITER 프로젝트의 총 예산과 프로젝트에 대한 국가 또는 기관의 추가적 참여도 ITER 위원회에서 결정한다.

- ITER 위원회는 STAC, MAC, FAB 및 Management Assessor의 자문을 받는다.

○ **과학기술자문위원회(Science and Technology Advisory Committee, STAC)**는 ITER 건설 및 운영 과정에서 발생하는 과학 및 기술 문제에 대해 ITER 위원회에 조언한다. STAC의 위원은 뛰어난 기술 자격과 경험을 바탕으로 선정된다.

○ **경영자문위원회(Management Advisory Committee, MAC)**는 예산배정(budget allocations), 기관 및 직원에 대한 특권 및 면제의 효과적인 적용과 같은 ITER 프로젝트 개발 중 전략적 관리 문제에 대해 ITER 위원회에 조언하고 프로젝트 작업을 용이하게 하기 위한 행정조치(administrative action)를 권고한다.

○ **재무감사위원회(Financial Audit Board, FAB)**는 「ITER 협정」 및 「프로젝트 자원 관리규정」 제17조에 따라 ITER 기구의 연간회계(annual accounts) 감사를 수행한다.

○ **관리 평가자(Management Assessor)**는 「ITER 협정」 제18조에 따라 ITER 기구의 활동관리를 평가하기 위해 ITER 위원회에서 매 2년마다 임명된다.

※ ITER 기구에는 주기적으로 업데이트되는 포괄적인 위험기반계획에 따라 감사를 수행하는 내부감사 서비스(Internal Audit Service)도 있다.

■ ITER 구성 협정[100]

ITER 협정은 2006년 11월 21일 프랑스 파리에서 체결되었으며, 모든 회원국 의회의 비준을 거쳐 2007년 10월 24일에 완전히 발효되었다. ITER 협정의 수탁자(depositary)는 국제원자력기구(IAEA) 사무총장(Director-General)이다.

ITER 협정은 ITER 기구의 목적과 기능을 설명하고, ITER 프로젝트의 성공을 위해 회원국 간의 가능한 한 광범위한 협력을 보장한다고 임무를 설정하였다. 기구의 거버넌스, 조직 및 역할을 정의하고, ITER 기구와 외부기관과의 관계를 정의하였다. 특히, ITER 협정은 ITER 프로젝트의 틀에서 개발된 정보 및 지식재산권의 회원 간의 공유에 관한 매우 구체적인 규칙을 제공한다. ITER 협정은 '조약 스타일 문서(treaty-style documents)'의 일반적인 표현을 채택하고 다른 국제기구를 설립하는 조약에서 찾을 수 있는 표준조항을 포함한다. 그러나 이 문서에는 **ITER 기구가 특정 영역에서 호스트 국가(프랑스)의 관련 법률 및 규정을 준수하는 것**과

관련된 특별한 조항도 포함되어 있다.

※ 특히, ITER 기구가 수행하는 활동은 핵 성질(nuclear nature)을 가지므로, ITER 협정 당사국은 ITER 기구가 공공 및 산업보건 및 안전, 원자력 안전, 방사선 방호, 면허, 핵물질, 환경보호 및 악의적 행위로부터의 보호 분야에서 호스트 국가의 해당 국내법 및 규정을 준수해야 한다고 규정했다(협정 제14조).

※ 결과적으로 ITER 기구는 프랑스 원자력법에 따라 '원자력 운영자'의 법적 지위를 갖게 되었다. 2012년 11월, ITER 기구는 프랑스로부터 'ITER의 기본 원자력 시설'을 만들 수 있는 권한을 부여 받았다

다른 '정부 간 기구(intergovernmental organizations)'와 마찬가지로, ITER 기구는 특정 회원국의 부당한 영향을 피하기 위해 7개 회원국의 영토에서 특권과 소추면제(privileges and immunities)를 누린다. 이것은 6개 회원국이 서명한 「특권 및 소추면제에 관한 협정(Agreement on Privileges and Immunities)」과 미국의 「국제기구 소추면제법(International Organizations Immunities Act)」에 의해 뒷받침된다. ITER의 「특권 및 소추면제에 관한 협정」은 2006년 11월 21일에 서명되어 2007년 10월 24일에 발효되었다. 이 협정의 수탁자는 IAEA의 사무총장이다. 호스트 국가(프랑스)의 영토에서 ITER 기구의 특권과 소추면제를 구현하기 위해 ITER 기구는 프랑스 정부와 「본부 협정(Headquarters Agreement)」을 체결했다.

■ ITER 기구의 조직

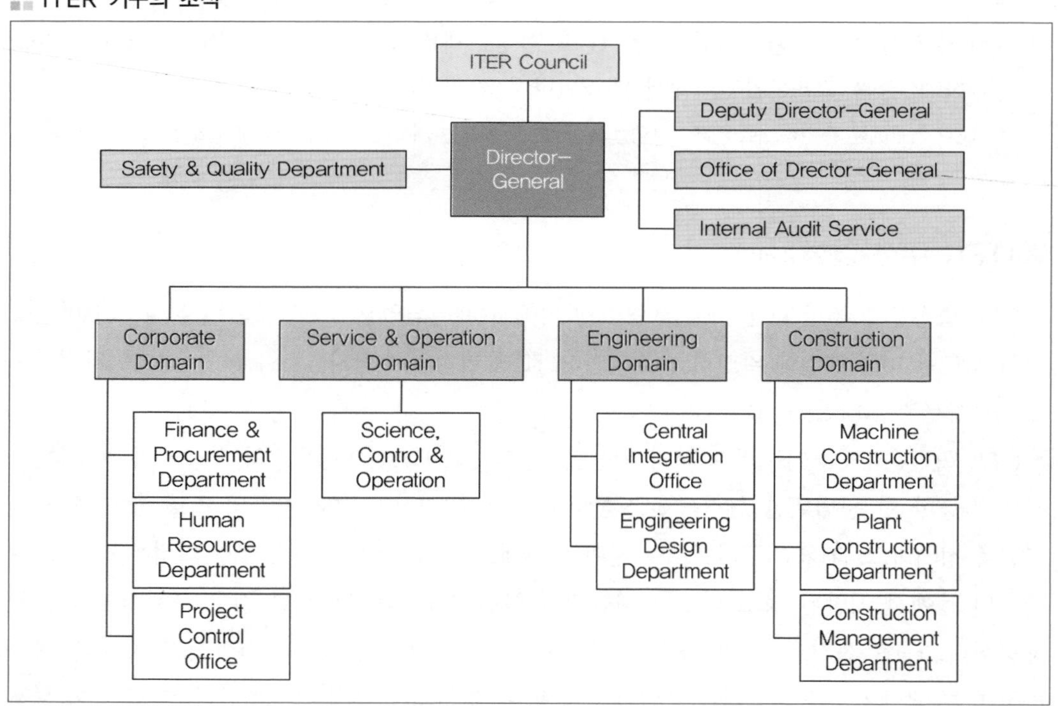

제4절 국제협력에서의 기술보호

과학은 일반적으로 공개적이고 협력적 성격을 가지지만, 첨단기술 중에는 소유권을 가지거나 국가보안과 관련되어 기밀로 취급하는 경우가 있다. 이러한 기술의 국제 간 이동은 쉽지 않으며 비싼 기술료를 지불해야 이전이 가능하다. 그러나 국가안보에 관련되는 기술(국방기술, 원자력기술, 항공우주기술 등)은 기술유출을 엄격히 금지하고 있으므로 연구자들은 기술보안 체계를 알고 있어야 한다.

■ 기술의 확산

기술은 출판물(논문, 저서)·카탈로그·특허신청서·신기술 설명서 등 문서를 통해 전달될 수 있는데, 이것들은 회의나 세미나에서 무심코 배포될 수 있다. 또한 이직하는 연구원을 통해 보유한 기술이 유출되기도 한다. 심지어 기술문서나 인적자본을 보유한 기업 간의 합병에 의해 대규모 기술이전이 일어나기도 한다.

※ 중국은 한국의 반도체 기술을 흡수하기 위해, 퇴직한 기술자를 재취업시키거나 반도체 기업을 구매하는 방식을 사용하기도 한다. 그래서 외국과의 기업합병은 정부의 승인을 받아야 한다.

※ 최근에 와서 기업의 합병은 제3국의 승인을 받아야 하는 경우가 있다. A국과 B국의 기업을 합병하더라도 글로벌 밸류 체인에서 C국과 D국이 연결되어 있다면, C국과 D국의 승인도 필요하다. 합병으로부터 위험을 피하기 위해 '사전승인'을 계약서에 포함하기 때문이다. 위반하면 위약금을 물어야 한다.

기술 확산의 방법에는 여러 가지가 있다. 오랜 시간을 경과하면 확산은 결국 일어나지만 인위적으로 신속히 확산하는 방법은 다음과 같다.

- ○ 기술문서의 이동
- ○ 기술능력을 가진 사람의 이동
- ○ 기술이 내재된 물질·장비·장치의 이동
- ○ 기술자 간의 대화(세미나, 토론 포함)를 통한 이동

이 확산이 곧 '기술이전'이며 동시에 '기술유출'에 해당한다. 여기서 **기술이전과 기술유출의 차이는 기술소유자의 허용 여부**이다. 결론적으로 연구자들이 대화하거나 발표할 때, '보호기술'에 대해서는 언급을 피해야 한다. 연구기관에서는 보호기술과 관련있는 연구자에 대해 보호조치를 취하고, 그 관련 연구실에는 외부인을 통제한다. 이 연구자가 퇴직하는 경우 「기술보안각서」에 서명하도록 하고 있다.

■ 기술보안의 법률체계

기술보안의 문제는 국가안보에 직결될 수도 있고 기업재산에 피해를 줄 수 있으므로 국가마다 법률로 엄격하게 규제하고 있다. 이 법률의 위반은 대부분 중징계에 해당하는 처벌로 이어진다. 기술보안 체계는 그 기술성격에 따라 산업기술과 국방기술에 대해 구분하여 생각할 수 있으나, 민군겸용기술로 인하여 그 구분이 많이 모호해졌다. 최근에 와서, 연구개발단계에서부터 보호해야 할 기술에 대한 보안체계가 적용되고 있으며, 테러국가에 대한 기술수출 규제, 핵무기기술의 확산금지 등 새로운 국제규범도 생겼다. 기술보안에 관련된 법규는 다음과 같다.

- ○ **국가연구개발사업에 적용하는 보안체계**: 「국가연구개발혁신법」 제21조, 「국가연구개발혁신법 시행령」 제44조, 「국가연구개발사업 보안대책」
- ○ **산업기술혁신사업의 보안관리**: 「산업기술혁신촉진법」 제14조, 「산업기술혁신사업 공통운영요령」 제41조, 「산업기술혁신사업 보안관리요령」
- ○ **기존 산업기술에 대한 보안관리**: 「산업기술의 유출방지 및 보호에 관한 법률」
- ○ **국방기술의 보안체계**: 「군사기밀보호법」과 「보안업무규정」

「국가연구개발사업 보안대책」의 골자는 다음과 같다.

- ○ 중앙행정기관의 장은 소관 연구개발과제를 '**보안과제**'로 지정·해제하는 등 분류가 필요할 때에는 보안과제분류위원회를 설치하여 운영하여야 한다.
- ○ 연구기관의 장은 '**연구기관보안대책**'으로써 자체규정을 마련하여야 한다.
- ○ 연구기관의 장은 연구기관보안대책에 따른 업무를 총괄하는 '**연구보안책임자**'를 지정하여야 한다.
- ○ 연구기관의 장은 연구개발기관 내에 '**연구보안심의회**'를 구성·운영하여야 한다.
- ○ 보안과제를 수행하고 있거나 수행한 지 3년이 지나지 아니한 **연구자**가 외국에 소재한 정부·기관·단체 또는 외국인과 보안과제와 관련하여 접촉하는 경우에는 해당 접촉일로부터 10일 이내에 접촉 일시·장소·방법·내용 등에 관한 사항을 현재 소속된 연구기관의 장에게 보고하여야 한다.

보안대상이 되는 기술은 계속 변동되므로 정부에서 지정하는 기술내용이 무엇인지 신속히 파악해야 한다. 이것은 연구기관의 담당부서에서 파악하여 각 연구자에게 알려주는 방식이 바람직하다. 우리나라에서 가장 허술한 부분은 '**학생에 대한 기술보안**' 제도이다. 개방형 연구체계인 대학이 보안과제를 연구하는 경우 또는 비개방형 연구체계인 출연(연)에 학생이 출입하는 경우, '**학생출입불가 공간**'을 설치해야 한다. 요즘 학생으로는 외국인도 많은데,

외국인은 내국인과 차별을 둘 수 없는 것이 국제관례(호혜주의 원칙)이다.

■ 기술보호에 관한 국제규범

기술수출에 관한 국제규범은 주로 국방기술 중심으로 제정되어 있다. 국제규범의 제정 절차를 보자. 먼저 뜻있는 국가들 간에 국제조약이 체결하고 다른 국가의 참여를 권장한다. 후발 국가가 그 조약에 가입하려면, 자국의 의회의 승인이 있어야 유효하기로 하고 **조건부로 가입**하게 된다. 그 국가는 가입 후, 의회의 승인을 받으면서 그 조약을 이행하는 법률을 제정하게 된다. 이렇게 해서 국내에 국제규범이 생긴다.

○ 「화학무기의 개발·생산·비축·사용의 금지 및 폐기에 관한 협약」 및 「세균무기(생물무기) 및 독소무기의 개발·생산 및 비축의 금지와 그 폐기에 관한 협약」의 시행과 그 밖에 화학무기 또는 생물무기의 금지·규제에 관하여 국제적으로 부담하는 의무를 이행하기 위해 1996년 「**화학·생물무기의 금지 및 특정화학물질·생물작용제 등의 제조·수출입규제 등에 관한 법률**」을 제정하였다.

○ 핵보유국이 핵무기, 기폭장치, 그 관리를 제3국에 이양하는 것과 비핵보유국이 핵보유국으로부터 핵무기를 수령하거나 자체 개발하는 것을 막기 위해 1970년 발효된 「핵무기확산방지조약(Treaty on the Non-Proliferation of Nuclear Weapons)」에는 우리나라가 1975년 가입하였으며 1995년에 시효가 끝났다. 그러나 1996년 핵보유국들은 「**핵확산금지조약(Non-Proliferation Treaty, NPT)**」를 만장일치로 무기한 연장하였다. 우리나라도 NPT의 가입국이다.

☞ 최근 북한에서 핵무기를 보유하게 되자 우리나라도 NPT에서 탈퇴하고 핵무기를 개발하자는 의견들이 나오고 있다.

○ 테러국으로 지정된 국가에 대해서는 대량살상무기와 관련되는 물자 및 기술('전략물자' 및 '전략기술'이라 함)이나 장치를 판매하거나 이전할 수 없도록 규정하며, 이를 통제하는 국제규범이 「**바세나르체제(Wassenaar arrangement)**」이다. 우리나라도 가입하였고 외교부가 담당하며 과기부와 협조하고 있다.

- 수출통제(export controls)에 적용되는 '이중사용 물품 및 기술 목록(List of Dual-Use Goods and Technologies)'과 군수품 목록(Munitions List)이 매년 바세나르 협정 사무국에 의해 발표된다.
- 이와 같이 다자간 국제수출통제체제의 원칙에 따라, 산업통상자원부장관은 국제평화 및 안전유지와 국가안보를 위하여 수출허가 등 통제가 필요한 물품 및 기술을 지정하여 고시하고 있다. **「대외무역법」 제19조**는 전략물자의 고시 및 수출허가를 규정하는 근거이다.

※ 1949년부터 공산권에 대한 전략물자 수출통제를 맡아 온 서방 선진국의 COCOM(대 공산권 수출통제체제)이 공산권 체제 와해 이후 폐지되고 나서, 1996년 새로 구성된 다자간 전략물자 수출 통제체제가 "바세나르체제"이다. 매년 1회 비엔나(Vienna)에서 회합한다.

제5절 국제협력 정책과제

국가가 고립되지 않고 글로벌 과학 네트워크에 참여하면서 학습·교류·비판을 수행하는 것은 국가발전을 위해 반드시 필요하며, 국가의 존립에도 유리하다. 고립된 국가는 새로운 지식의 발견을 알지 못하며, 기술이전이 어려워 산업 발전에 뒤처질 뿐 아니라 글로벌 팬데믹에 제대로 대응하지 못하는 사례(북한)를 목격한 바 있다.

국가 간의 협력은 여러 분야에서 이루어지고 있으며, 그 형식은 유사하다. 그 절차를 보면, 먼저 국가 또는 연구기관의 지도자(기관장)들이 협력협정(Agreement)이나 협력양해각서(MOU)를 체결한다. 그다음 그 협정의 후속조치로서 협력사업(공동연구, 인력교류, 정보공유 등)의 예산을 편성하고, 협력사업이 추진된다. 과학기술분야(학술분야)에서는 비교적 자유롭게 공동연구나 인력교류가 가능하다. 대부분의 대학이나 국가연구소는 이미 여러 국가의 연구기관들과 협력협정을 체결하였을 것이다.

(1) 과학기술인의 국제활동을 활성화해야 한다.

과학기술의 국제협력에서 시장획득에 직결되거나 국가안보와 직결되는 기술은 공개되지 않으며, 철저하게 통제한다는 점도 있지만, 국제협력은 선진국으로부터 여러 가지를 배울 수 있는 기회를 얻는다. 기초과학분야 연구에는 대학을 중심으로 공개적 입장을 가지므로 우리 과학자들의 국제활동(공동연구, 해외연수, 해외출장, 초청)이 자유롭도록 정부(또는 연구기관)가 지원할 필요가 있다. 그리고 국제학술행사의 국내 유치에도 각별히 지원함으로써 우리나라의 위상을 높여나갈 필요가 있다. 본 저자가 현직에 있을 당시, 국제학술대회 유치를 지원하는 예산항목이 없어서 힘들었던 적이 있다. 예산편성은 공무원이 담당하는데, 우리의 학술적 위상이 이렇게 높아졌음을 인식하지 못한 것이다.

(2) 해외정보가 체계적으로 수집·보관되어야 한다.

우리는 아직도 앞선 선진국에서 배울 점이 많기 때문에 주요국가, 주요연구기관에서 무슨 연구를 하는지, 무슨 정책을 시행하는지, 무슨 사건이 있는지 파악해 볼 필요가 있다. 이런 활동은 개인적으로 조금씩 이루어지고 있지만 체계적이지 못해서 정보를 찾기 어렵다. 본 저자는 CNRS에 출장가서 "한국인들이 자주 방문하면서 비슷한 질문을 반복한다."고 말을 들은 기억이 있다. 그 당시, 해외 출장보고서를 한곳에 모아두고, 나중에 출장가는 사람들이 참고하자는 아이디어도 나왔지만 잘 이행되지 않았다. 정책가의 입장에서도 해외정보는 많이 필요하다. 정책 아이디어를 얻기 위해 외국정부나 연구기관의 움직임을 수시로 파악할 필요가 있다.

해외정보는 KISTI가 전담하여 수집·보관·정리하여야 한다고 본다. 구체적으로는,

ㅇ 미국, 일본, 영국, 독일, 프랑스, 중국에 대해서는 국가별로 전담자(지역전문가)가 배치되어 있어야 한다. 그 전담자는 담당 국가의 언어에 능통하고 재외한국인과학자 네트워크를 운영하면서, **공개된 과학기술정보**를 수집·보관·정리하는 역할을 한다. 각국 대사관에 파견된 과학관(Scientific Attache)과도 네트워크를 가진다.
  - 국가규모에 따라 1개 국가에 여러 명의 지역전문가가 배치될 수 있다.

ㅇ 지역전문가가 수집·보관해야 할 정보는 다음과 같다.
  - 담당 국가의 과학기술통계: 투자규모, 인력규모, 주요기관, 주요사업, 정책
  - 주요연구기관의 통계 및 연례보고서(Annual Report)
  - 주요사업의 백서

ㅇ 지역전문가가 정리하여 공개해야 할 정보는 다음과 같다.
  - 국가의 과학기술통계, 주요정책동향, 과학기술 이슈
  - 주요 연구기관의 통계, 조직도, 입수된 자료목록(백서, 보고서 등)

ㅇ 그 외, 정부 공무원(정책가)이 요구하는 자료를 조사하여 보고한다.

※ 본 저자는 사무관 시절에 매년 KISTI에 요청하여 일본의 「과학기술백서」를 번역하여 읽었다. 처음에는 일본의 제도와 사업에 관심을 두었는데, 나중에는 일본의 업무방식에 놀랐다.

(3) 대덕연구단지의 국제화가 중요하다.

현재, 우리의 국제협력정책에서 제일 부진한 점은 '**대덕연구단지의 국제화**'라고 생각한다. 서울, 부산을 제외하면 외국인(특히 선진국의 과학자)들의 거주 여건이 불편한 수준이다. 대덕연구단지는 국가가 전략적으로 만들어 가는 연구개발특구이므로 **글로벌 네트워크에서 거점(hub)**의 위상을 가져야 하는데, 아직은 많이 부족해 보인다. 모든 것이 서울로 집중되는 현상이 지방화 정책을 무력화시키고 있다. '청' 단위의 정부기관을 대전으로 모으고, 인근에 '세종시'를 만들었지만 국제화는 아직 멀어 보인다.

출연(연)을 좀 더 국제화하도록 별도의 사업(프로그램)을 설계하는 방법은 없을까? MB정권에서 WCU가 나올 때, 본 저자는 WCI를 제시한 바 있었다. 당시로는 KIST를 좀 더 세계적 연구기관으로 만들어보자는 의도였는데, 마무리하지 못하고 공직을 떠났다. 나중에 알고 보니,

국제화 용도로 예산을 몇 십억 원 더 지원한 것 외에 내용적 설계는 없었다. 대전에 와서 보니, 국제화에 적극적 정책의지가 필요해 보인다. 국제화까지 성공해야 대덕연구개발특구는 성공하는 것이라고 본다.

memo

제 8 장

정책종합(총정리)

제1절 연구개발생태계의 문제점과 대책

1. 국가가 육성해야 할 '연구자'를 선별해야 한다.

- 연구인력 정책의 핵심
- 국가가 지원 · 육성하는 연구자

2. 국가연구개발사업의 체계를 갖추어야 한다.

- 국가연구개발사업의 기본체계
- 연구 수행자가 가져야 할 규범
- 연구비 스폰서가 가져야 할 규범
- 연구개발체계를 위한 법률 제 · 개정

3. 연구기관들이 폐쇄적이어서 상호 지식이 흐르지 않는다.

- 지식흐름의 단절을 극복하는 방법
- 산업협력정책으로서 프랑스 'Label Carnot 프로그램'

4. 전문기관을 폐지하고 '목적기초연구'를 살려야 대학이 사회에 기여한다.

5. 우리는 아직 제대로 된 연구중심대학이 없다.

6. 한시적 '법인격 연구사업단'은 기존 연구기관의 발전을 저해한다.

7. 출연(연)이 가장 중요한데, 오히려 방치되고 있다.

- 출연(연)의 기능정립
- 출연(연)에 대한 '육성과 활용의 이원화 원칙'
- 출연(연)의 자율성

8. '기술'을 얻기보다 '사람(연구팀)'을 얻어야 한다.

9. 국가 연구개발체계 보강을 위한 법률 제정

제2절 정책가들에게 남기는 말

1. 정부는 정책을 과학적 · 윤리적으로 설계 · 운영해야 한다.
2. 과기부는 모든 정부부처에 정책지식을 공급해야 한다.
   - 정부부처가 아젠다 프로젝트를 제안하는 경우
   - 출연(연)이 아젠다 프로젝트를 제안하는 경우
3. '조정관제도'가 필요하다.
4. 5급 공무원 공개채용에 '연구관리직렬'을 설치해야 한다.
5. '최형섭 원칙'을 제정하자.
6. 공직사회의 문제점과 대책
   - 승진을 위한 견제
   - 빠른 승진과 퇴임 후를 봐주는 파벌
   - 리더십이 부족한 기관장이 생기는 이유
   - '이해의 충돌'이 관리되어야 한다.
   - 부처 간의 이해다툼을 없앨 수 없는가?
   - 간섭 · 통제를 선호하는 공무원들
   - 과학적 논거로 정치권에 맞서야 한다.
   - 정책가는 공부를 많이 해야 한다.

제3절 근본에서 다시 생각해 볼 것들

- '학생'의 근본 개념은 무엇인가?
- '교수'의 근본 개념은 무엇인가?
- 그 외에도 철학적 근본 의미를 생각해 볼 이슈들
- '토론문화'를 의도적으로 만들어야 한다.

제4절 한국인의 사고방식

- 동 · 서양의 사고방식 차이가 연구활동에 미치는 영향
- 우리의 결점

제1절 연구개발생태계의 문제점과 대책

정책이란 각론들 간에 서로 긴밀히 연계되어 있으므로, 연구계약방식 · 연구중심대학 · habilitation, PBS, 해로운 정책 등 주요 정책이슈들이 여러 각론에서 반복 설명되었다. 하나의 각론은 여러 정책개념이 혼합되어 적용되므로 각론 하나를 제대로 설명하려니 피할 수 없었다. 본 절에서는 앞에서 제시된 여러 '개선점과 '문제점'에 대한 대책을 종합 정리해 보자. 하나의 대응책이 여러 가지 문제점을 해결할 수도 있다.

앞에서 설명된 주요 이슈(연구인력 정예화, contract 시장 확대, 연구중심대학, 목적기초연구, 출연(연)의 기능, 전문기관, 연구개발생태계의 활성화 등)들을 재정리해 보자. 본 절은 본 책의 전체 내용을 간단히 요약 · 재정리한 것이다.

1 국가가 육성해야 할 '연구자'를 선별해야 한다

과학기술을 발전시키는 주체로서 연구자(교원 및 연구원)는 국가적 지원 · 육성대상이 되어야 한다. 연구자에 대한 처우와 연구여건을 정책적으로 배려해야 한다는 의미이다. 모든 선진국에서도 적극적으로 연구인력정책을 추진하고 있으며, 심지어 외국의 우수 인력을 유치하는 경쟁도 치열하게 벌이고 있다. 만약 우리나라의 연구인력정책이 미흡하다면 '우수인력의 유출(brain drain)'을 피할 수 없다. **박사양성도 중요하지만 기성 연구자를 지원 · 육성하는 정책과 우수 연구자를 유치하는 정책이 더 중요하다**.

■ 연구인력 정책의 핵심

우리가 우수한 연구인력을 양성하고 보유하기 위해서는 처우, 안정감, 연구여건, 장래 발전성을 특별하게 보장해 주어야 한다. 우수한 학생이 소득 높은 직종(의사, 금융가, 기업가)으로 진출하지 않고, 창조의 맛을 즐길 줄 아는 연구직을 선택하여 만족스런 인생을 영위하게 해야 한다. 이런 정책은 이공계 기피현상을 방지하는 정책에도 도움될 수 있다. 연구인력정책을 선명하게 가지려면 그 핵심은 다음과 같다.

○ 국가가 지원 · 육성하고 권리를 보호해야 할 **과학기술자가 누구인지** 그 범위를 법률로써 규정하고, 정부는 그 명단을 보유해야 하며, 그들과 정기적으로 만나야 한다.
 – 연구중심대학(아직 없음) 교원과 국립 · 국책(연)의 연구원은 그 대상에 포함된다.

○ **국책(연)의 연구원에 대한 처우**는 어느 정도가 바람직한가?

– 처우의 기본형식은 '연봉', '정년', '연금'이다. 자부심을 가지는 수준이 되어야 한다.
– 국책(연) 연구원의 처우는 국립대 교원의 처우와 동일한 수준이 선진국 모습이다. 대신 탁월한 연구자는 약간의 인센티브를 더 받을 수 있는 제도가 필요하다.
– 정부는 연구자의 국제적 이동을 정기적으로 파악하며, Brain drain에 대한 원인분석과 대책을 강구해야 한다. 연구자의 이동을 파악하고 보고하는 체계가 없다.

○ 연구여건과 연구환경은 어떻게 만들어 주어야 하는가?
– 정부는 연구자들이 원하는 조직, 장비, 시설을 갖출 수 있도록 예산과 인력을 지원해야 한다. 여기서 중요한 점은, 우수한 연구자들을 한 곳에 모이게 하고, 더 탁월한 연구자는 더 큰 연구권한(과제규모)을 가지도록 제도를 만드는 일이다.
☞ 국책(연)의 연구장비 · 설비는 국가 최고 수준이어야 한다는 원칙을 가져야 한다.
– 정책가(고위공무원)가 선진국의 연구기관을 방문하고, 탁월한 과학자를 면담하여 연구여건에 대해 파악하고 지식을 갖추는 일이 매우 중요하다.

○ 연구자에게 안정감을 주는 방법은 tenure(영년직)/habilitation(박사지도권)제도이다.
– 박사학위를 받고 정규직 연구자가 된 이후, 42세 이전에 habilitation을 통과해야 한다. habilitation에 통과되면 정년(65세)이 보장되어야 한다. 미국 대학은 이제 정년(65세)도 폐지되었다는 소식이 들린다. 연구기관은 통과 기준과 절차를 제도적으로 규정함으로써, 국가가 지원 · 육성하는 연구자의 수준을 보장해야 한다.
– 이러한 제도는 정부가 입법화하기 전에 외국사례 조사연구를 바탕으로 과총이나 학술원에서 제도설치를 건의(의견수렴)하는 절차가 필요하다.
※ 우리 출연(연)은 정년이 61세이며 매 3년마다 재임용 심사를 받고 있으니 직장의 안정성 측면에서 바람직하지 못하다. 국립대학과 대등하게 처우할 필요가 있다.

○ 연구자에게 장래의 발전성을 부여하는 제도란 안정성과 예측가능성을 높이는 것이다. 그리고 대학은 경쟁으로, 국책(연)은 비경쟁으로 장기 연구에 몰입하도록 지원해야 한다.
– 연구자가 국가연구생태계에서 **'새로운 지식'의 한 분야를 일구며 이끌고 가는 위상**에 올라갔다면 '성공한 모습'이다. 이러한 성공이 많이 나올 수 있는 정책적 지원이 필요하다. 개인적 논문실적, 동료 간의 인지도, 학술공동체에서의 위상(학회장, 편집위원, 편집장 등), 사업참여경력, 수상실적 등을 성공의 측정지표로 볼 수 있다.

○ 연구인력정책에서 간과하기 쉬운 부분이 '**연구팀의 육성**'이다.
– 연구팀의 구성 · 유지 · 운영은 국책(연) 정책에서 가장 중요한 부분이다. 연구자 개인의 역량도 중요하지만, **장기적으로 호흡을 맞춘 정예인력 10명 내외의 연구팀이 이루어 내는 연구성과**가 매우 중요하다. 이러한 연구팀이 여럿 모여서 더 큰 연구과제를 수행하는

곳이 곧 국책(연)이다. 이것이 대학과 가장 다른 모습이다. 연구팀의 육성은 연구개발 정책과 관련이 크며, 종합조정의 중요한 이슈가 된다.

○ 그 외, 연구인력정책이 가져야 할 형식(방법)은 다음과 같다.

– 정부는 연구활동의 불편함을 정기적으로 조사하며, 대책을 마련해야 한다.

– 연구인력의 국제적 흐름, 유출되는 이유와 대책을 파악하여 국회에 보고해야 한다.

– 인력정책의 '기본 틀'은 정부가 법규로 제정하되 그 **운영은 연구기관에 일임**한다.

– 대학은 '경쟁', 국책(연)은 '안정과 책임'의 원칙을 가져야 한다.

■ 국가가 지원·육성하는 연구자

국가가 지원·육성해야 할 연구자를 어떻게 선별할 것인가? 우리는 기성 연구자를 육성하는 제도가 아직 확립되지 않았다. 여기서 기성 연구자를 위한 인력정책을 설계해 보자. 이러한 제도의 골격은 법률로 규정하되, 운영은 연구기관에 맡겨야 한다.

① 연구중심대학 교원이나 출연(연)의 정규직 연구원으로 **임용되는 단계**가 선별의 제1단계이다. 정부는 법규로써 임용자격(최소요건)을 규정해야 한다. 현행 「대학교원 자격기준 등에 관한 규정」이 있지만 그 기준을 postdoc 이상으로 강화할 필요가 있다.

– 임용기준은 적어도 박사학위 이후 3년의 postdoc 경험을 가져야 한다.

– 임용된다고 해서 바로 정년이 보장되지는 않는다. 4~7년간의 수습기간(probation period)을 가져야 하며, 이 기간에 탁월한 능력을 보여야 한다.

– 수습기간 중에 있는 연구자를 신진연구자(junior researcher)라고 한다. 이들이 연구실적을 높일 수 있도록 지원하는 연구비는 대학, 출연(연), NRF에서 지원한다. 이것이 곧 grant 사업(연구자를 키워주는 연구지원사업)의 역할이다.

② 제2단계로, 임용 후, **4~7년(또는 42세) 이내에 tenure(또는 habilitation) 심사**를 통과하여 정년(65세)을 보장받는다. 이것을 통과한 대학교원은, 그 후, 경쟁을 통해 계속 성장해야 한다. 이것을 통과못한 교원은 강의중심으로 활동한다. 출연(연)의 연구원은 이것을 통과하면 **국가과학자(National Scientific Member, NSM)**가 되며 대형과제 PI가 될 수 있다(현행 tenure 제도 대신 habilitation제도를 제안한다).

☞ 현재 우리 대학에서는 tenure를 통과못한 교원은 1년 이내 퇴직해야 한다. 종종 non-tenure track으로 전직을 유도하기도 한다. 경쟁과 안정을 위한 정책개발이 더 필요하다.

※ 유럽대학은 tenure 제도 대신 habilitation 제도를 운영하는데, habilitation을 통과하지 못하면 정년은 보장되지만 박사과정생을 지도할 자격이 없다. 즉 연구활동을 할 수 없으며 교육자로서 정년을 마치도록 하고 있다. 우리에게는 habilitation이 더 바람직하다.

③ 제3단계로, 정년을 보장받은 연구자(특히 교원)는 이제 **연구시장(research market)에서 자유경쟁**을 통해 우수성을 키워야 한다. 이를 위해 정부는 연구시장을 크게 만들어줘야 한다. 연구시장으로는 grant 사업과 contract 사업을 의미한다. 대표적 contract 사업으로는 NAP의 세부과제, 위탁과제, 기업과제가 있다.

이렇게 3단계를 거쳐 우수한 연구자를 선별해 낸다. 제2단계를 넘어서면 국가가 지원·육성하는 대상의 연구자가 되는 것이다. 정부는 제1단계에 진입하려는 연구자(박사급, postdoc)와 제2단계에 진입하려는 연구자(신진연구자)를 지원하는 프로그램을 많이 제공해야 한다. 우리는 contract 시장이 아직 구성되지 않았다. 현재 우리의 연구인력정책은 박사급 양성에 머무르고 있으므로, 기성 연구자를 위한 정책개발이 절실하다. 3단계에서는 경쟁과정을 통해 **최고과학자**와 **학술회원**의 선발이 자연스럽게 가능하다.

2 우리는 국가연구개발사업이 체계를 갖추어야 하며, 아젠다 프로젝트를 위한 절차적 규범을 제정해야 한다

제6장에서 설명되었지만, 연구개발사업을 단순히 기술확보를 위한 사업으로 보면 아니 된다. **연구개발사업으로 기술을 확보하면서 동시에 연구자를 키우고, 연구팀을 키우고, 연구기관을 키우며, 사회적 가치(새로운 학문, 문제의 해결, 새로운 산업, 신뢰)를 얻어야 한다**. 그래서 연구개발사업은 전문가가 관리해야 한다. 먼저 국가연구개발사업의 체계를 갖추고 연구개발 투자를 확대해야 하는데, 우리는 이러한 정책적 수단이 성숙되기 전에 연구개발 투자가 너무나 커져 버렸다. 결과적으로 국가연구개발사업의 비효율과 함께 '**연구비 경쟁**'이 심해졌다. 이제 체제를 바로 잡으려 하면 기득권자들의 반발이 나온다. 연구자들이 '연구'에 대한 관심보다도 '연구비 확보(과제수주)'에만 관심을 두는 현상이 생기고, 애국심이 없어졌다. 일반 공무원으로서는 파악하기 어려운 현상이다.

이러한 관점에서, 본 책에서는 출연(연)의 기능을 확대해야 하고, 연구중심대학을 설치해야 하며, 이들이 기관차원에서 독자적 연구실적을 내도록 자율성을 줘야 한다고 강조한다. 또한 정부는 grant 사업과 contract 사업을 구분·확대해야 한다고 주장하고 있다.

■ 국가연구개발사업의 기본체계

정부의 각 부처가 연구개발예산을 확보하여 연구개발사업을 추진하는 시대가 되었다. 각 부처별 연구비 예산은 수천억 원에서 수조 원에 이른다. 연구비 스폰서 입장(정부부처)에서 어떠한 규범을 가져야 하는지, 그리고 연구 수행자(연구자, 연구기관) 입장에서 어떠한 규범을 가져야 하는지 살펴보자. 선진국의 사례는 다음과 같다.

○ 정부부처는 공공문제에 대해 연구를 통해 근본적으로 해결하려는 자세를 가진다.

○ 주무부처는 출연(연)에 미션연구를 예산으로 지원하며, 다른 사업부처는 출연(연)에 국가 아젠다 프로젝트(NAP)를 의뢰함으로써 출연(연) 중심의 연구생태계를 만든다.

 -대학은 경쟁을 통해 발전하며, 출연(연)은 미션·아젠다 연구를 통해 발전한다.

 -적어도 미션연구비는 블록펀딩으로 지급된다.

○ 연구활동은 국가차원에서 최대한 효율적으로 수행되어야 한다. 즉, 정부부처 간에 협력하며, 출연(연)은 NAP를 위해 국가 전체적 연구능력을 동원할 수 있어야 한다.

 -출연(연)은 NAP를 총괄하되 대학에 세부과제를 내보내어 기초연구 성과를 모은다.

○ 더 우수한 연구자가 더 많은 연구개발의 기회를 가지도록 원칙을 가진다.

○ Type 4 연구는 출연(연)이 미션연구로 운영(전략 기술도출, 기술기획, 세부과제 공모, PI선정, 연구계약 체결, 연구비 지급, 결과평가, 전문센터 설치)하도록 허용한다.

■ 연구비 스폰서(정부, 전문기관)가 가져야 할 규범

○ "대학교원을 지원하는 역할은 교육부가 담당하고, 연구중심대학, 출연(연) 및 그 연구원을 지원하는 역할은 과기부가 담당한다"는 원칙을 가진다.

 -과기부는 특정 기술을 개발하기 위해 대학에 '연구센터'를 설치할 수 있으며, KAIST, GIST 계열의 대학은 과기부가 연구중심대학으로 키워야 한다.

  ※ KAIST는 종합, GIST · DGIST · UNIST는 지방산업에 특화하는 형식의 역할분담을 추구해야 한다. 먼 미래에 이들은 느슨한 통합(캘리포니아 대학 모델)이 필요할 것이다.

 -과기부가 전체 출연(연)을 관할하려면, 출연(연)을 잘 육성해야 하며, 다른 부처가 출연(연)을 용이하게 활용(NAP를 부여)하도록 **육성과 활용을 이원화**하는 제도를 명문화해야 한다. 이때 미국 NL의 제도를 참고할 수 있다.

  ※ 과기부는 출연(연)을 지원 · 육성하도록 법률적 근거와 행정체계(조정관 제도)를 가져야 한다. 연구회에 일임할 사항이 아니다. 지금까지 30년간 출연(연)은 방치되고 있다.

○ 정부부처는 문제해결을 위해 연구수요가 발생하면, **아젠다 과제(정책의제)로 지정한 후,** 그 연구를 출연(연)(현재는 전문기관)에게 요청해야 한다.

 -"아젠다 과제로 지정한다"는 의미는 "안젠다 프로젝트가 성공한다면 그 문제해결을 부처의 정책으로 채택하겠다"는 뜻이다.

 -출연(연)은 정부부처의 아젠다 연구를 의뢰받으면, 연구과제를 기획·도출하고, RFP를 작성한 후, 정부와 계약을 체결하고, 사업공고, PI선정, 연구비 지급, 과제진행 점검,

연구결과의 확보, 연구결과를 주무부처에 전달하는 기능을 담당해야 한다.

※ 미래에 각 정부부처는 자신의 연구수요를 해결하기 위해 각각 출연(연)을 보유해야 하며, 전문기관은 출연(연)에 통합되어야 한다. 이때, NST는 전체 출연(연)을 위한 HRD업무를 수행한다.

※ 선진국 정부부처는 아젠다 프로젝트를 대학에 맡기지 않고, 국책(연)에 맡긴다. 여기에 경쟁과정은 필요 없다. 이런 일을 담당하라고 정부부처가 국책(연)을 보유하는 것이다. 지금와서, 우리가 이런 제도를 운영한다면 대학의 반발이 거셀 것이다. 이미 '연구비 경쟁'이 과열되었기 때문에 반발의 논리를 세울 것이다. 그러나 **국책(연)이 정부부처와 한 몸처럼 움직이며 전문적 업무를 처리하는 것이 제대로 된 국가 연구개발체계이다**.

상상의 행정실험

상상으로 행정실험을 해보자. 5년 기간으로 총 400억 원이 지원되는 어떤 아젠다 프로젝트가 있다고 가정하자. 두 가지 경우에 어떠한 성과와 유발효과가 나올까? 비교해 보자.

① 대학교원이 이 과제를 수주하게 되면, 그 교수는 인근 대학의 교수들과 공동연구를 수행할 것이고, 연구교수를 몇 명을 계약직으로 채용하여 목표하는 연구결과를 낼 수 있다. 연구종료 후, **공동연구팀은 해산**되고, 연구교수들은 해임될 것이다. 다음에 이런 과제를 다시 수행할 것이라는 보장은 없다. 그동안 몇 명의 학생은 박사학위를 받을 수도 있다.

② 국책(연)의 관련 팀이 이 과제를 맡게 되면, 장기간 호흡을 맞춘 연구팀원들이 이 과제를 수행할 것이다. 연구과제를 수행하면서 얻은 경험이 축적되고 그다음 과제에 적용될 것이다. 이 연구팀이 감당하기 어려운 부분은 위탁과제가 되어 대학으로 나갈 것이다. 국책(연)에서도 박사생의 학위논문을 지도할 수 있다. **연구팀은 그대로 남는다**.

여기서 고려할 점은 **연구팀의 영속성이 가장 중요**하며, **연구비 액수가 크다는 점**도 중요한 판단의 기준이다. 즉, 교수가 감당할 수 있는 연구비 수준은 최대 연 20억 원 정도로 봐야 한다. 이 기준은 분야마다 장비에 따라 달라질 수 있지만, 대략 동료교수 4~5명과 제자 10명 정도가 참여하면 관리의 한계에 봉착한다.

최근에 정부는 대학에 사업단을 설치하고 대형과제를 맡기는 사례가 있다. 사업이 종료되면 그 사업단이 어떻게 존속할 수 있느냐가 중요한 판단기준이다. 그 연구결과로 여러 사람이 찾아와서 상담받고 인력양성도 가능해야 국가적으로 효과가 생기는데, 해산해 버리면 남는 것이 논문 · 특허 뿐이다. 결론적으로, 대형과제는 출연(연)이 총괄해야 한다. 계약, 윤리, 데이터 축적 등 행정지원도 중요하지만, 정부는 **모든 사람이 인정하는 연구플랫폼**을 만들어 나가야 한다.

○ 출연(연)의 미션연구와 국가 아젠다 프로젝트에 대해 절차적 규범을 제정해야 한다.

- 출연(연)의 주무부처는 미션연구를 장기적 예산으로 지원해야 하며, 국가 아젠다 프로젝트는 정부부처가 계약 베이스로 수시로 출연(연)에 의뢰하는 형식이다.
- 아젠다 프로젝트는 보통 대형과제이다. 중과제와 세부과제는 여러 연구기관에 나뉘어 수행되므로, 총괄기관으로 출연(연)을 지정하여 대형과제를 주도하게 해야 한다.
- 스폰서(정부부처)는 아젠다 프로젝트가 계획대로 진행되는지 점검하고, 애로점을 협의 ·

해결하기 위해 연구현장에 공무원(사업관리자)을 파견할 수 있다.

- 과기부는 정부부처가 아젠다 프로젝트를 운영하도록 제도(계약)를 준비해야 한다.

※ 현재는 전문기관이 아젠다 프로젝트를 기획하고 출연(연)과 대학을 경쟁시키고 있는데, 앞으로 <u>전문기관의 기능은 출연(연)으로 이관</u>해야 선진국형 연구개발체계가 구축된다.

☞ 대학평가기관은 보았지만, 연구기능 없이 기획기능만을 가지는 기관(전문기관)을 다른 나라에서는 보지 못했다. 기술기획은 연구(총괄)수행기관이 직접 담당해야 실효성이 있다. 우리는 출연(연)을 보유하지 못한 정부부처가 차선책으로 전문기관을 보유한 것인데 문제점이 내재되어 있다.

☞ 현행 과기부의 전략기술 · 중점기술의 개발에 문제가 있다. 본디 출연(연)의 기능을 정부가 (위원회를 동원하여) 수행하는 모습이다. 정부는 전면에 나서기보다 뒤에서 밀어주는 것이 민간주도의 국가발전 형식이다. 전략기술의 도출은 KIST가 담당하고 발표는 과기부가 주도하되 기술개발은 출연(연)이 미션연구로 수행하도록 역할을 부여하는 것이 바람직하다. 대신 출연(연)은 기술개발을 위해 대학과 기업의 연구역량을 총동원해야 한다. 그리고 과기부는 조정관제도를 부활하여 전문성을 높이고 KISTEP는 원래의 모습(KIST의 CSTP)으로 되돌아가야 정상이다. 이 구조는 1993년부터 탈선하기 시작했다.

※ 과기부는 contract 과제계약을 위한 표준계약서를 제시해야 한다. grant 과제계약은 연구비 잔액을 반납하지만, <u>contract 과제는 연구비 잔액을 반납할 필요가 없다. 정산도 필요없다</u>. contract는 연구성과를 구매(조달)하는 개념이기 때문이다. 다만, 수행가능성을 확인하기 위해 '계획서'는 필요하다. 참고로 grant 과제를 수행하다가 필요한 연구를 위탁할 때, 그 위탁연구과제를 contract로 계약할 수 있다. 구체적 성과를 요구하기 때문이다.

■ 연구 수행자(연구자, 연구기관)가 가져야 할 규범

○ 대학교원은 NRF에서 지원하는 연구과제를 활용하여 자신의 연구실을 꾸미고 더 큰 도전을 준비해야 한다. 출연(연) 연구원은 '개인기본연구비'로 전문성을 키운다.

※ NRF는 신진연구자가 tenure 받기 전에 적어도 한번은 grant 과제를 받을 수 있도록 충분한 연구재원을 확보해야 한다. 미국, 일본은 grant 사업의 과제지원율이 약 30%이다.

○ 대학교원들은 기업에서 요청하는 과제나 출연(연)에서 나오는 세부과제 · 위탁과제를 두고 탁월성 경쟁에 임해야 한다. 이 과제들은 contract로 계약한다.

- 대학은 대형과제를 수주하기 위해 부설연구소를 설치하고 우수 교원을 유치하며, 전임직 연구원을 배치하는 등 노력을 기울여야 한다. 지원인력의 배치도 중요하다. 이것이 연구중심대학으로 서서히 발전하는 첫걸음이다.

○ 출연(연)은 정부부처로부터 아젠다 프로젝트를 받으면, 국가연구개발체계를 육성한다는 사명감을 가져야 한다. 즉, 국가적 연구능력을 총동원하여 성공시켜야 한다.

- 세부과제(목적기초연구과제 성격)를 많이 도출하여 대학에 의뢰한다.
- 대학의 부설연구소 설립을 지원하여 연구중심대학의 모습을 서서히 갖추게 한다.

☞ 이러한 모습을 '연구비 갈라먹기'로 바라보는 시각이 있을 수 있다. 그러나 이것은 PI(총괄연구책임자)의 재량에 맡겨야 한다. 선진국도 모두 이러하다. 여기에 절차적 하자가 있다고 지적하고 공모절차를 엄하게 적용하라 하면 경쟁력이 저하된다. 그래서 규정제정이 필요하다.

○ 국가연구개발체계의 장점을 키우고 살려 나갈 수 있도록 서로 노력해야 한다.

－정부부처의 아젠다 프로젝트를 이끌고 갈 최적 연구자가 대학교원라면, 그를 한시적으로 출연(연)에 겸직하게 하고 연구과제를 맡길 수 있어야 한다. 연구관리(지원인력, 회계, 윤리, 연구데이터 관리)와 기술보안 측면에서 이런 조치가 바람직하다.

○ 참고로 출연(연)은 대학의 부설연구소 설립에 재정을 지원할 수 있다. 또한 대학과 출연(연)의 공동연구실을 대학에 설치할 수도 있다. 이것은 출연(연)이 자주 부딪치는 기초적 문제를 해결하기 위해 기초연구를 대학에 장기적으로 의뢰하는 방법이다.

－지방 거점국립대학이 지방산업의 육성에 기여하도록, 대학 내에 출연(연)과 대학의 공동연구실(지방산업기술개발 주도)을 설치할 수도 있다.

－이러한 사업이 가능하도록 출연(연)에 예산이 지원되어야 한다.

■ 연구개발체계를 위한 법률 제·개정

우리의 국가연구개발사업이 제대로 체계를 갖추기 위해서는 다음 내용이 필요하다.

○ 정부는 contract 시장(아젠다 프로젝트, 위탁과제)을 키워서 경쟁적 연구시장을 만들어야 한다. 지금까지 우리는 grant를 두고 모든 경쟁이 이루어졌지만, 연구결과를 요구한 **수요자가 직접 평가하는 contract 시장**이 생기면 적자생존이 강해질 것이다.

－미션 중심의 연구과제를 관리하는 절차적 규범이 제정되어야 한다.

－contract에서 연구실패를 두고 소송이 발생할 수 있다. **소청심사제도가 필요하다**.

○ 정부부처가 출연(연)을 용이하게 활용할 수 있도록 **'이원화 원칙'을 법률에 명시**해야 한다. 즉, 과제기획, 계약방식, 과제점검, 용역계약 등이 구체화되어야 한다. 그리고 **정부부처와 출연(연) 간에는 경쟁없이 계약이 가능하게 하는 법률적 근거**가 필요하다. 「국가연구개발혁신법」은 이 방향으로 개정되어야 한다. 과기부가 전체 출연(연)을 관할한다 해도, 연구회를 동원하여 HRD중심으로 출연(연)을 지원하고, 출연(연)은 직접 정부부처와 협의하여 아젠다 과제를 받을 수 있도록 제도적 '길'을 열어줘야 한다.

－각 부처의 전문기관은 출연(연)에 통합하는 정책이 요구된다(NRF는 존속).

○ 모든 정부부처에 연구관리국/과가 설치되고 **연구조정관과 연구관리직 공무원이 배치**되어야 한다. 연구조정관은 연구경험이 20년 이상 된 연구자가 국장급 공무원으로 부처에 임용되어서 연구관리직 공무원(사무관, 서기관)과 함께 수천억 원의 연구비 예산을 집행해야 하며, NAP진도를 직접 점검해야 한다. 이들은 부처 내에서 아젠다의 발굴과 연구결과를 문제해결에 적용토록 연결하는 역할도 담당해야 한다.

－이를 위한 공무원 임용제도를 개선해야 한다. '연구관리직'의 신설이 필요하다.

3 연구기관들이 폐쇄적이어서 상호 지식이 흐르지 않는다

우리 대학의 기초연구결과는 출연(연)의 응용연구나 기업의 개발연구로 잘 넘어가지 않는다. 그러나 대학은 선진국하고 잘 협력한다. 출연(연)을 중심으로 하는 응용연구 결과도 기업으로 잘 넘어가지 않으며, 정부부처에서도 잘 사용하지 않는다. 지난 모방연구 시절에는 이렇지 않았는데, 20년 전부터 국가연구개발예산이 확대되자 나타나는 현상이다. **경쟁의 상대방에게 웬만하면 지식을 넘겨주지 않으려 하기 때문이다**. 여기에는 PBS가 큰 원인이 되고 있다. 연구성과에 대해서는, 대부분의 연구자들은 보고서를 내거나 논문 몇 편 발표하면 달성되는 것으로 생각하고 있다. 여기에는 정부(전문기관)의 과제관리에 문제가 있다. 대부분의 연구과제를 grant형으로 관리하기 때문이다. 연구결과에 이해관계가 없는 전문가패널이 결과를 평가하게 되니 모두 '성공'이다. 만약 contract형 연구과제(RFP가 제시됨)로 계약되고 연구수요자가 직접 선정심사 및 결과평가에 참여한다면, 허술한 성과를 내놓지 못한다. 그래서 contract 사업이 중요하다. 우리 연구개발정책에서 투자계획은 많이 발표되고 있는데, 연구성과에 대해서는 거의 발표가 없다는 점을 의아하게 봐야 한다. **연구과제별 장기적 경과를 조사**해 봐야 한다.

우리에게 '지식흐름의 단절'이 생기는 가장 큰 이유는 응용·개발연구기관(출연(연)과 기업)이 수행하는 연구과제에서 '근본적 혁신'이 요구되지 않기 때문이다. 진정한 문제해결연구나 획기적 제품개발연구는 모두 융·복합적이며, 근본적 혁신이 요구되지만, 우리 정부(스폰서)는 연구과제에 그러한 구체적 주문을 하지 않았다는 것이 첫 번째 이유이다. 출연(연)에 대한 평가에서 논문·특허·기술이전이 주요 평가항목이 된다는 점도 이런 '단절'을 부추긴다. 출연(연)은 정부가 부여하는 미션연구/아젠다 과제를 수행하면서 성공을 위해 대학의 지식을 최대한 활용해야 한다. 그런데 산학연이 경쟁하며 서로 비난하고 폐쇄적이라는 점이 단절의 원인이 된다. 대학·출연(연)·기업·정부부처는 모두들 선진국과는 잘 협력한다. 특히, 정부도 사회적 문제해결을 위해 우리 지식을 사용하려 하지 않고 선진국에 의존하려는 모습을 보인다. 선진국의

우리나라 지식흐름의 단절현상[15. p. 76]

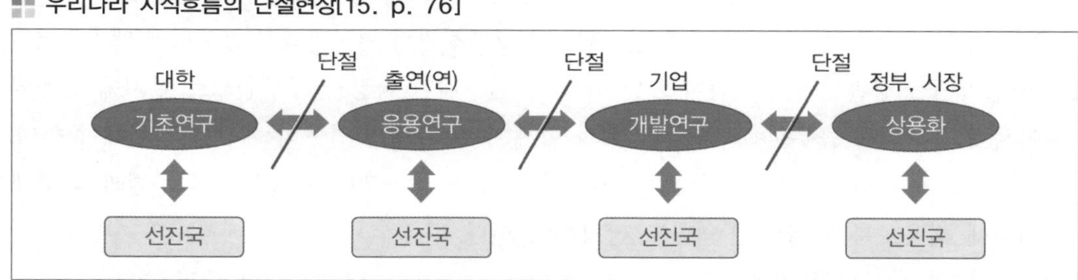

■ 정부부처 간에 지식의 단절

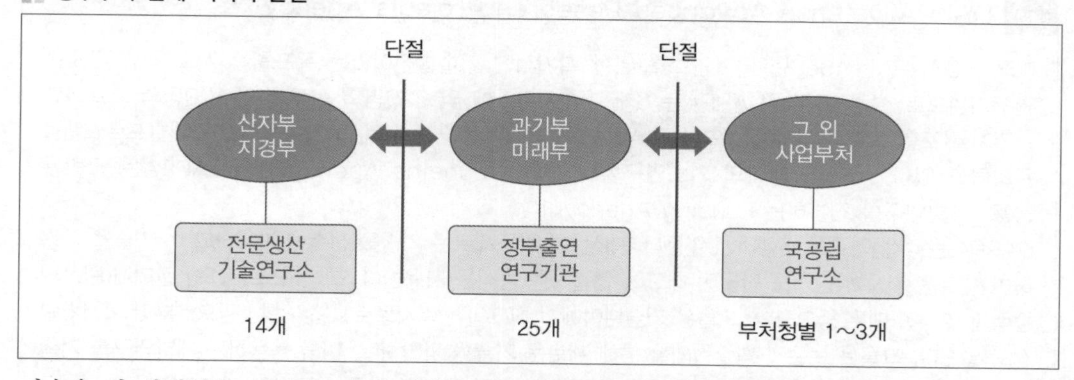

기술을 더 신뢰하는 것이다. 결국 이런 자세는 국가연구개발 생태계에 큰 비효율을 초래한다.

정부부처 간에도 지식의 단절이 심각하다. MB정권에 들어와서 정부부처에 대한 평가가 강화되자 정부부처 간의 경쟁이 심화되고 정부부처 간의 협력이 어렵게 되었다. 여기에는 '출연(연)에 대한 지원과 활용의 이원화정책'이 희미해진 점도 하나의 원인이 된다.

■ 지식흐름의 단절을 극복하는 방법

기초연구·응용연구·개발연구 간의 **지식흐름의 단절**은 우리 연구개발생태계의 매우 심각한 취약점이다. 이것은 곧 산·학·연간의 협력의 단절을 의미한다. 기술발전의 원리 중 하나로 '교류'의 중요성을 강조하지만, 연구자들 간의 교류만으로는 이러한 단절을 극복하기에 한계가 있다. 미국은 지식의 흐름을 촉진하기 위해서 ① 목적기초연구를 활성화하고, ② 응용연구기관이나 기업이 대학 내부에 부설연구소(UARC)를 설치하며, ③ DARPA와 같은 개발전문기관을 보유하는 방법을 사용하고 있다. 일본의 NEDO와 같은 문제해결형 사업단도 지식의 흐름을 촉진하는 역할을 한다.

■ 지식의 흐름을 촉진하는 방법

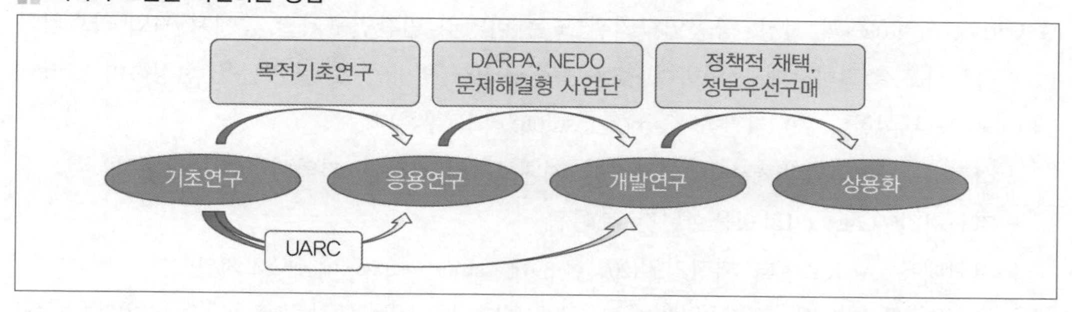

DARPA(Defense Advanced Research Projects Agency)

미국의 DARPA는 1958년 국가안보를 위한 획기적인 기술발전이라는 목표를 가지고 국방성 소속 연구기관으로 설립되었다. DARPA는 6개 기술사무소에 약 220명의 공무원(약 100명의 프로그램 관리자를 포함)으로 구성되어 있으며, 연 약 4조원의 예산을 사용하여 약 250개의 연구개발프로그램을 관리하고 있다. NSF가 대학의 기초연구를 진흥하는 Funding Agency라면, DARPA는 국방용 응용 · 개발연구를 진흥하는 Funding Agency이다.

DARPA는 직접 연구를 수행하지 않는다. 대신, 학계의 새로운 기술을 신속히 파악하고 이 기술을 응용하여 새로운 기능과 장치를 만들어 내도록 연결하는 방식을 사용한다. 그러니 프로그램 관리자(PM)의 능력과 열정이 매우 중요하다. 그들은 기술분야에서 최고의 능력자들로서 산 · 학 · 관으로부터 와서 5년 정도 일한다. 그들은 논문과 학술회의를 통해 새로운 기술을 파악하고, 이를 응용하는 **개발연구를 기획하여 RFP를 작성 · 공모**한다. 그리고 응모자 중에서 가장 유능한 PI를 선정하여 과제계약을 체결하고 관리한다. 개발연구는 기초연구와는 달리, 로드맵을 작성하고 진도를 독촉할 수도 있다. 이러한 방식으로 DARPA가 개발한 것은 인터넷, 스텔스 기술, GPS를 위한 위치 · 항법 · 타이밍(PNT)기술, 약물 후보자의 사전 임상 시험을 가속화하기 위한 체외 플랫폼 등이 있다. 특히, DARPA가 **개발연구를 위해 사용하는 계약서와 획득(Acquisition)제도**를 우리나라가 도입할 가치가 있다.

후쿠시마 원전사고를 보고, DARPA는 「세계Robot경진대회」를 개최하였다. 재난 상황에서 인간을 대신하여 복잡한 장치조작업무를 수행하는 로봇의 개발을 촉진하는 것이다. 2015년 KAIST 팀이 우승하여 상금 200만 달러를 받았다.

■ 산연협력정책으로서 프랑스 'Label Carnot 프로그램'[114]

이제 국책(연)의 지식이 산업계로 흐르게 하는 정책을 보자. 우리는 "연구소와 산업계의 협력(산연협력)"이 활발하지 못하다. 산연협력연구, 기술이전, 기술자문 및 기술교육이 산연협력의 내용인데, 본질은 **응용 · 개발기술이 상용화로 이전되는 것이다**. 이를 촉진하기 위한 정부 사업이 몇몇 시행되었지만 단기성과에 집중하다 보니 오래가지 못했다.

'Carnot Label' 제도는 프랑스 국가연구관리청(ANR)이 **연구기관과 기업 간의 파트너십연구(산연협력연구)를 촉진**하기 위해 2006년에 시작한 제도이다.

○ Carnot Institutes의 선정: 공공연구기관 또는 비영리 민간연구기관 중에서 기업 파트너와 기술혁신을 촉진하는데 전념하며 높은 수준의 R&I 역량을 갖춘 기관을 선정하여 'Carnot Label'을 부여한다. 이 기관을 'Carnot Institute'라고 부른다.

- 선정기준: 연구역량(전문성), 연구전략, 지배구조의 건전성, 기업의 수탁연구실적
- 지원기간: Carnot Label을 4년간 부여됨
- 지원내용: ANR로부터 재정지원(2020년 39개 Carnot Institutes에 €62M 지원)

※ 지원금은 장비구입, 계약직 인건비, 직접경비, 외부 위탁연구비로, 카르노협회(AiCarnot)활동으로만 지출가능하다.

○ Carnot Network의 구축: Carnot Institutes 간에 긴밀한 협력체계를 구축하며, **상호 보완적으로 서로를 활용한다**. AiCarnot(카르노협회)가 Network를 운영한다.

- Carnot Network에는 Carnot Institutes 뿐 아니라 중소기업에서 대기업까지 많은 기업이 연구 파트너십(research partnerships)에 참여하고 있다.
- Carnot의 3.5만명의 연구 전문인력은 프랑스 전체 공공부문 연구원(French public sector researchers)의 20%를 차지하며, 민간기업이 프랑스 공공연구기관(French public research bodies)에 외주를 주는 전체 연구개발계약의 55%를 담당하고 있다.
- Carnot Network는 헬스케어, ICT, 기계, 재료 및 프로세스, 에너지 및 화학 등 다양한 분야의 과학기술 전문가들을 대규모 보유하고 있다. 이 네트워크는 기관장들 간에 긴밀히 교류하며, 모범사례를 공유한다. **네트워크의 주요 목표 중 하나는 프랑스와 유럽에서 부의 창출과 일자리 창출의 원천이 되는 것이다**.

※ Carnot Institutes는 서로 다른 회사와 매일 함께 일하고 있기 때문에 "니즈 기반 과학 리소스(needs-based scientific resourcing)"를 근간으로 한 사전 예방적 접근 방식(proactive approach)을 구축하여 서로 다른 비즈니스 부문의 R&I 요구사항(R&I requirements)을 예측할 수 있다.

○ AiCarnot(Association des instituts Carnot, 카르노협회)는 '**카르노 헌장**(The Carnot Charter)'을 제정하고서 Carnot Institutes가 이행하도록 감독한다.

- AiCarnot은 모든 Carnot Institute를 통합하고 네트워크를 조정한다.
- 2019년 AiCarnot의 운영 예산은 160만 유로였다.

카르노 헌장(The Carnot Charter)[114]

카르노 헌장은 "품질 파트너십 연구(quality partnership research)"를 발전시키기 위하여 카르노 연구소가 공유해야 하는 모든 가치를 다음과 같이 명확하게 명시하고 있다. 각 카르노 연구소는 헌장의 각 조항을 준수할 것을 약속한다.

○ 기업 및 사회경제 행위자(socio-economic actors)의 기대를 반영한 전문성을 갖춘 연구과제를 수행하기 위한 지속적인 개선과정(improvement process)을 수립한다.

○ 사회경제적 행위자들의 명확한 기대와 예상되는 기술적 돌파(technological ruptures)를 포함하는 연구전략(research strategy)을 도출한다.

○ 파트너의 요청에 대해 체계적으로 답변해야 하며, 다른 연구조직(another structure of research)으로 유도하는 것도 가능하다.

○ "지식재산권, 지식 및 기술이전에 대한 Carnot Institutes의 모범사례 규범"을 준수한다.

○ 품질, 전문성, 개방성 및 사회경제적 파트너의 기대에 대한 배려를 중요시하는 카르노 라벨(Carnot label)에 대해 홍보한다.

○ 산업 파트너에게 다분야 통합 오퍼(multi-fields integrated offers)를 제안하기 위해 Carnot Network 내에서 파트너십을 개발(Partnership development)한다.

- ○ 연구원 및 연구실 평가를 위해, 파트너십 연구과제에 대한 참여도를 반영한다.
- ○ 과학기술 역량 갱신(scientific and technological competencies renewals)을 위해 대학연구(academic research)와의 강력하고 장기적인 관계를 개발한다.

○ Carnot 계약: 각 Carnot Institute는 4년간의 발전목표를 제시하여, 선정된 후, ANR과 계약을 체결하고 재정지원을 받게 되는데, ANR은 미리 가이드라인을 준다.

- 파트너십 활동: 기업들과 지속가능한 파트너십을 결성한다. 여기에는 기본협정, 공동연구실, 기술이전, 기업교육 등이 포함될 수 있다.
- 자원 확보: 연구자원(자금, 인력, 연구주제, 지식재산권)의 확보방안, 대학과의 협력관계(공동연구실, 협력협정 등)가 제시되어야 한다.
- 전문성 제고: 공동연구과제를 위한 지원조직의 설치, 품질, 기한 등을 보증하기 위한 과제관리 및 모니터링 절차의 보유가 제시되어야 한다.
- 지배구조: 자율성과 책무성이 보장되어야 한다.
- 기타: 관련 연구분야의 다른 당사자들과 긴밀한 관계를 유지하고 있어야 한다.

○ Carnot Institute들은 중간보고서(2년)와 최종보고서(4년)를 ANR에 제출해야 한다.

○ 국가차원에서 실시하는 Carnot Institute 평가에 대해서는, ANR과 HCERES(고등교육 및 연구기관 평가기관)의 협약에 따라, 기업측 대표들이 평가위원으로 참여한다.

4 전문기관을 폐지하고 '목적기초연구'를 살려야 대학의 연구가 사회에 기여한다.

선진국의 국가(연)은 주무부처가 연구기관예산으로 지원하는 미션연구와 다른 부처에서 계약으로 의뢰하는 아젠다 프로젝트를 기획·추진하며, 그 세부과제에는 대학의 참여를 요청한다. 이렇게 국가(연)이 과제를 수행하다가 부딪히는 기초적 문제를 해결하기 위해 대학에 의뢰하는 기초연구를 '목적기초연구(oriented basic research)'라고 한다. "목적기초연구란 활용목적이 정해진 기초연구"라고 정의할 수 있다. 이렇게 국가(연)에서 외부로 요청하는 과제를 extramural research라고 부른다. extramural research는 대학의 지식을 국가(연)으로 흐르게 하는 채널의 역할을 한다. 여기서 "**전문기관의 존재가 국가연구개발생태계를 망가뜨린다**"는 의미를 보자.

우리는 전문기관이 연구개발사업을 관리하면서 **세부과제를 두고 대학과 출연(연)을 경쟁시키는 구도(PBS)**를 가지므로, 출연(연)에서 대학으로 연구과제가 나가는 경우가 매우 드물다.

■ 우리 전문기관은 대학과 출연(연)을 경쟁시킨다.[11. p. 75]

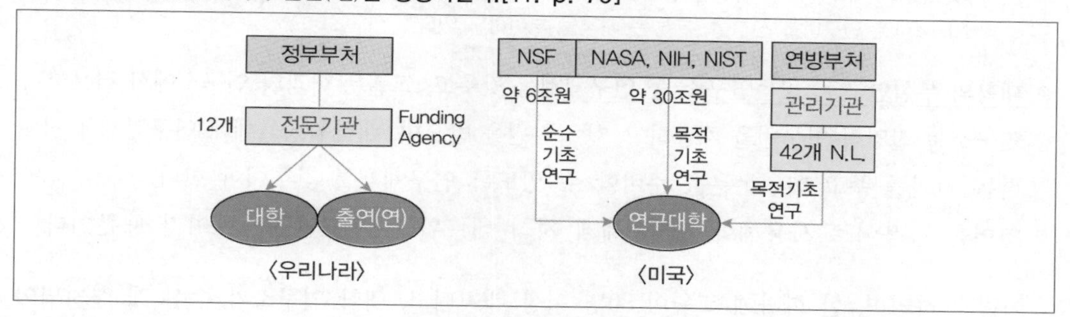

나아가 대학과 출연(연)은 경쟁이 과열되어 협력하는 분위기가 깨어지고 서로 비난하는 사이로 변질되었다. 더 큰 문제는 이러한 구도가 출연(연)의 extramural research를 만들지 못한다는 점이다. extramural research는 대학의 지식이 출연(연)으로 이동되는 채널이므로, 대학의 연구가 사회적으로 기여를 할 수 있는 가장 중요한 방법인데, 우리나라는 이 채널이 매우 약하다. 국가연구개발생태계가 단절되어 있다.

이 문제에 대한 해법은 **PBS를 폐지하고, 각 정부부처는 출연(연)을 보유해야 하며, 기존의 전문기관을 모두(NRF는 제외) 부처 소관 출연(연)에 통합**해야 한다. 이리하여 출연(연)은 폐지된 정책기능을 회복해야 하며, 출연(연)이 대학의 기초연구를 평가하고 그 결과를 활용할 수 있어야 한다.

5 우리는 아직 제대로 된 연구중심대학이 없다

대학이 연구비가 많고 연구활동에 뛰어든 교수가 많다고 해서 연구중심대학이 되는 것이 아니다. 카네기 분류에 따라 1년에 박사를 50명 이상 배출한다고 해서 연구중심대학으로 보는 것도 피상적이다. 연구중심대학은 연구활동이 활발하고 박사배출도 많지만, 중요한 '요건'을 제대로 갖추고 연구하는 대학이 되어야 한다. 그 요건은 **연구활동에 대한 사회적 신뢰를 높이는 연구체계**를 말한다. 예를 들어,

- **동료심사체계**를 갖추고, 외부로 나가는 보고서, proposal, 논문초안 등은 사전에 내부 동료심사를 거쳐야 한다. 그러려면 학과의 교원규모가 커야 한다.
- **연구윤리체계와 안전체계를** 갖추고 연구에 대한 윤리적 관리가 엄격함을 보여야 한다.
  - 연구부정행위처리체계, 이해충돌방치체계, 생명윤리체계(IRB, IACUC)를 갖추고 엄격하게 운영함으로써 연구활동에 대한 사회적 신뢰를 얻어야 한다.

※ 미국의 대학은 연구부정행위처리체계(ORI), 이해충돌방치체계(NIH, PHS), 생명윤리운영체계(OHRP,

OLAW)에 대해 정부가 규정한 규범을 준수하겠다는 '확약서'를 정부에 제출하고 승인받아야, 국가(NSF, NIH 등)에 연구비를 신청할 수 있는 자격을 부여하고 있다.

○ **대학의 부설연구소, 공동연구소 등 연구체계**를 갖추고, 교원은 학과와 연구소에서 겸무하며, 연구소는 전임직 연구원을 채용하고, 행정지원을 받으며, 대학원생들에게 연구과제에 참여하는 기회를 주고 학위논문을 준비할 수 있도록 연구체계를 갖추어야 한다.

○ **영어를 공용어**로 사용해야 한다. 세계 지식 네트워크에서 '연구허브'이기 때문이다.

이렇게 하려면, 한 학과에 교원이 80명 이상 배치되고, 대학 연구소가 수십 개 설치되어 교수들이 연구소에 겸무할 수 있어야 하며, 연구윤리, 실험실 안전 및 연구지원인력이 막강하게 배치되어 있어야 한다. 또한, 계약서와 행동규범이 엄격하다. 결국 **연구중심대학은 대학원 중심으로 '대형화' 될 수밖에 없다**. 우리 대학과 인력을 비교해 보자.

국가는 연구중심대학을 보유해야 한다. 그래야 대학이 국제경쟁력을 가질 수 있으며, 세계대학 랭킹이 올라가고, 외국에서 우수 연구자와 학생들이 몰려오며, 국제무대에서 지식 네트워크의 중요한 '연구허브'를 보유할 수 있다. 우리나라는 여러 개의 연구중심대학을 보유하기 어렵다. 서울에 하나, 지방에 하나의 대학을 지정함이 적절하다.

세계적 연구중심대학의 규모(2021~2022년 기준) (단위: 명)

대학명	교수 수	직원 수	학생 수	대학명	교수 수	직원 수	학생 수
Harvard[101]	3,010	17,245	18,828	동경대[105]	3,981	4,207	28,696
Stanford[102]	2,288	15,750	16,937	교토대[106]	3,500	3,950	22,615
MIT[103]	1,069	15,722	11,934	서울대[107]	2,022	1,677	28,804
Caltech[104]	900	3,500	2,397	KAIST[108]	646	944	10,793

6 '법인격 연구사업단'은 기존 연구기관의 발전을 저해한다. 사업단은 PI의 소속 연구기관 내에서 활동해야 한다

정부는 종종 10년 기한의 연구개발사업단을 구성하는데, 이때, **연구사업단을 '독립법인'으로 만드는 경우가 많다**. 또한 사업단장으로 대학 또는 출연(연)의 우수한 연구자를 선발하여 독립법인으로 소속을 옮기게 하는데, 이것은 국가연구개발생태계에 큰 부작용을 낳는다.

○ 사업단장이 소속되었던 과거의 연구기관이 차지해야 할 연구실적은 법인의 실적으로 가버린다. 결국 대학 또는 출연(연)의 국제적 위상은 더 올라가지 못한다.

  - 일반적으로 새로운 법인이 국제적 위상을 가지려면 약 30년이 소요된다.

○ 사업단이 10년 후 해체될 때, 사업단 소속의 연구자들은 실직하게 된다. 사업단장은 보통 50대 중반의 연구자를 선정하므로, 정년까지 일하지만, 참여 연구원들은 새로 일자리를 구해야 하는 어려움에 봉착되므로 사업 종료시점에 혼란이 온다.

－결과적으로, 한시적 법인은 고액 연봉이 아니면 우수 연구자를 모으기 어렵다.

○ 독립법인 형식의 사업단은 노무관리, 연구데이터관리, 회계관리, 지재권관리에 행정인원이 부족하고 전문성이 부족하므로 감사에 저촉되는 경우가 많다. 전문행정가가 포진된 기존의 연구기관에 맡기면 더 효율적으로 관리될 수 있다.

－사업단 해산과 함께 특허권은 발명자와 분리되므로 기술이전에도 불리하다.

－해산하게 되면, 기술축적에도 불리하며, 연구플랫폼의 구축에도 불리하다

이러한 문제에 대한 해법은 간단하다. 우수한 연구자를 선발하여 연구사업단의 책임(PI)을 맡기되, PI의 소속기관 내부에서 연구사업을 이끌고 가도록 해야 한다.

7 출연(연)이 가장 중요한데, 오히려 방치되고 있다.

2022. 12월에 발표된 제5차 「과학기술기본계획」에는 출연(연)을 육성하는 계획은 없다. 기본계획수립의 근거가 되는 「과학기술기본법」 제7조에도 출연(연)의 육성은 없다. 본디 과기부는 출연(연)을 잘 키우기 위해 설치되었는데, 이제는 과기부의 '위상'을 높이기 위해 출연(연)이 존재하는 격이다. 출연(연)의 기능(전략기술 도출·개발, 연구사업단 출범)을 과기부가 가져가고 출연(연)의 기능을 자주 정립한다. 출연(연)에 미션연구조차 잘 지정되지 않는다. 1990년대 초 발생한 과기부와 출연(연) 간의 갈등의 앙금(제4장 제4절)이 아직도 작용하고 있다. 당시에는 개인적 감정대립으로 끝날 줄 알았는데 이제는 과기부가 출연(연)을 관리·통제하는 수준을 넘어 제압·겁박하는 단계로 가 있다. 법률·제도적으로 그런 조건을 갖추어 가는 과정을 보자.

1993년 초, 과기부가 출연(연)의 정책연구실을 폐지하고, 1996년 PBS 실시와 함께 예산 압박을 가하자, 1998년 출연(연) 기관장들이 정당에 가입하고 정부출연기관법을 제정하여 연구회를 만들고 모든 출연(연)을 국무조정실 산하로 이끌고 갔다. 당시 과기부는 "출연(연)이 과기부를 배신했다"고 비난했다. 정부는 IMF 시기에 출연(연)의 정년을 단축시키는 조치를 가한다. 그리고 **과기부의 기능에서 출연(연)을 지원·육성하던 법률적 근거는 모두 폐지**하고, 그 기능은 정부출연기관법을 통해 연구회로 보냈다. 2001년 「과학기술기본법」이 제정될 당시 상황이 그러했으므로 기본법에도 '출연(연)의 육성'은 포함되지 못한다. 그 후, 갈등의 당사자들이 모두 퇴직하자, 2004년 출연(연)이 과기부 산하로 되돌아오게 되는데, 아무것도 원위치

되지 않았다. 정상적으로 보면, 연구회가 폐지되고 과기부가 다시 출연(연)을 육성하도록 법률을 개정해야 하지만, 과기부는 정부출연기관법을 간단히 과기출연기관법으로 수정하여 제정하고, 연구회를 그대로 존치하면서 출연(연)의 육성업무를 맡긴다. 그리고 과기부는 관리·통제의 위치로 가버렸다.

그러나 연구회는 입법제안권이나 예산편성권이 없으므로 출연(연)의 문제를 알지만, 해결할 권한과 능력이 없다. 건기연, 식품연, 생기원 등 출연(연)의 주무부처와 관련부처의 미스매치가 발생하여도 해결할 방법이 없다. 만약 국회에서 출연(연)에 대한 문제가 제기되면 모두 연구회가 답변해야 한다. 과기부는 출연(연)에 부정이 많고 투서가 많다면서 과기부가 통제하지 않으면 큰일 난다는 논리를 세우고 있다. 정부의 주요 위원회에서 이런 논리가 통한다. 정부의 주요 위원회는 교수 중심으로 구성하니 그 결론은 항상 대학으로 투자하는 방향을 가진다. **<u>일본, 독일, 미국은 국책(연)을 초일류화하기 위해 정부차원에서 노력을 경주하는데, 우리는 정반대로 가고 있다</u>**. 그래서 우리는 정예군이 없다.

그 후, 출연(연)을 정상화시키자는 시도가 여러 번 있었다. ADL 보고서가 있었고, 이명박 정부에서 '과학기술 출연(연) 발전 민간위원회'가 가동되었으며, 박근혜 정부에서 '출연(연) 고유업무 재정립 위원회'를 가동하였고, 문재인 정권에서는 R&R계약이 있었으나 소용이 없다. 정부부처는 자신의 이익에 상반되는 정책은 받아들이지 않는다. 대통령직 인수위원회에서도 이런 논의가 있었지만, 출연(연) 문제는 매우 전문적 사안이므로 맥락과 내막을 잘 모르는 교수들이 의사결정하는 정부위원회에서는 해결책을 찾기 어렵다. 상당히 전문성이 깊어야 이해되는 정책들이다.

과기부는 필요할 때 출연(연)을 '개혁'이란 명분으로 뒤흔든다. 문재인 정부에서 출연(연)의 R&R을 정립하였고, 윤석열 정부에서는 또 다른 무언가를 만들 것이다. 이런 개혁이 다음 정권에서 '무효'라는 것을 모두 알고 있다. 임금 피크제, 블라인드 채용 등 출연(연)에 해로운 여러 가지 제도는 무분별하게 도입되었다. 공공기관운영법 때문이라고 정부는 해명한다. 출연(연)이 공공기관운영법에서 면제되고자 해도 과기부는 노력하지 않는다. PBS 폐지가 대통령 공약이어도 과기부는 추진하지 않았다. 과기부가 움직이지 않으니, 출연(연)이 직접 해결하겠다고 나서고 있다. 그러니 공무원들은 출연(연)을 마치 이익단체의 하나로 본다. 기재부는 출연(연)이 "돈 먹는 하마"라고 폄하한다. 과기부는 해명하고 방어하지 않는다. 이쯤 되면, 선배 공무원들이 잘 키워 온 출연(연)을 후배 공무원들이 망치는 것 아닌가 싶다. 정부부처의 전문기관의 설치, 전략기술개발, 법인사업단 설치가 모두 출연(연)을 망가뜨리고 국가연구생태계를 파괴하고 있음을 모두들 인식해야 한다.

우리 출연(연)의 문제점은 무엇이며, 그 대책은 어떠해야 하는지는 앞에서 설명되었다. **PBS가 가장 해롭다**. 이러한 문제는 출연(연)만 바라보면 답을 찾을 수 없다. 출연(연)의 연구원조차도 문제의식이 없다. 조선시대 사람에게 아무리 물어봐도 민주주의를 모르는 것과 같다. 우리는 선진국의 모범사례를 보아야 한다. **출연(연)의 문제점과 해결책은 선진국의 국책(연)과 비교함으로써 찾을 수 있다**.

■ 출연(연)의 기능정립

출연(연)은 60~70년대에 국가경제발전을 위해 중공업발전에 필요한 산업기술개발을 요구받았다. 그러나 오늘날 대학과 기업의 기술개발체계가 제법 갖추어지자 출연(연)의 기능전환이 필요한데, **정부는 해답을 찾아내지 못하였다**. 그러던 중 정부는 출연(연)을 모두 과기부 산하로 보냈으니 출연(연)의 기능 정립이 더욱 어렵게 되었다. 출연(연)의 수요자는 정부부처인데, 우리 과기부는 출연(연)에게 출연(연)의 기능을 직접 결정하라고 지시하고는 그 결정을 존중하지 않는다. 심지어 양측이 기능에 합의하였어도 정권이 바뀌면 그 합의는 무효가 된다. 그간의 맥락을 보면, **정부는 출연(연)의 기능을 안정화시키지 않으려는 의도**로 해석된다. 이것이 **출연(연)의 기능혼선의 본질**이다.

선진국의 국책(연)을 조사해 보면 그 기능은 다음 표와 같다. 출연(연)도 같아야 한다.

선진국 국책(연)의 기능

① 국책(연)은 정부의 think-tank이다(정책 아이디어를 제공한다).
② 국책(연)은 사회적(공공적) 문제해결의 방법론을 찾는 연구를 수행한다.
③ 국책(연)은 대학과 기업이 수행하기 어려운 '국가차원의 연구'를 수행한다.
④ 국책(연)은 대학의 연구와 기업의 연구에 대해 플랫폼 역할을 한다.
⑤ 이런 기능을 잘 수행하도록 우수 연구원과 연구팀을 확보하고 정예화한다.

①, ②, ③을 수행하는 행정적 방법은 첫째, 정부부처가 소관 문제해결을 위해 출연(연)에 미션연구/아젠다 과제를 주며 연구로써 문제를 해결하는 행정풍토를 조성하고, 둘째, 출연(연)이 대학과 기업의 연구역량을 결집할 수 있도록 정부는 권한과 재정을 지원해야 하며, 셋째, 과기부는 출연(연)을 잘 육성하며, 다른 부처가 용이하게 활용토록 제도를 갖추는 일이다.

☞ 궁극적으로는, 각 정부부처가 출연(연)을 보유하고, 과기부와 NST는 전체 출연(연)에 대해 총괄조정, 정보 · 장비지원, HRD업무를 수행하는 방향으로 진화해야 한다.

주무부처는 출연(연)에 **블록펀딩으로 미션연구를 지원해야 한다. 다른 부처는 계약을 통해 아젠다 프로젝트를 출연(연)에 의뢰할 수 있다**. 미션연구는 출연(연)의 정관에서 범위를 규정해야 한다. 그리고 아젠다 프로젝트의 관리를 위한 범부처 규범이 필요하다. 우리의 현실을 보면, 장관이 출연(연)에 부여한 미션연구를 후임 장관이 존중하지 않거나, 정부의 출연(연)에 대한 재정지원이 그 미션의 수행과 상관없이 이루어진다. 이 부분(출연(연)의 예산체계)은 PBS의 폐지와 함께 정리되어야 한다.

※ 출연(연)의 '기술적 성과'를 '사회적 성과'로 연결시켜 주기 위해 정책연구부서가 필요하다.

■ 출연(연)의 자율성

연구기관이 본질적으로 가져야 할 창의성은 자율성에서 발현되는데, 우리는 자율성이 무엇인지 개념을 이해하지 못하며, 자율성을 구현하는 방법을 구체화하지 못하고 있다. 선진국 국책(연)에서도 연구기관의 자율성과 독립성에 대해 고민은 계속되고 있지만, 지금까지의 결과를 토대로 우리 출연(연)에 대입해 보자. 과기출연기관법 제10조에는 "연구기관은 연구와 경영에서 독립성과 자율성이 보장된다."고 규정되어 있으나, 그 하위 규정에서는 자율성의 방법론에 대한 구체적 내용이 없다.

☞ 연구기관의 '자율성의 본질'은 연구주제와 연구방법에 대한 선택의 자유이다. 이를 위해, 정부는 연구기관에 미션의 지정과 블록펀딩의 지급으로 '큰 틀'을 제공하고, 더 이상 관여하지 말아야 하며, 연구기관은 객관적 평가를 통해 납세자들에 대해 사회적 신뢰를 보여야 한다. 그리고 연구기관은 연구자의 임용승진과 대표자(기관장, 부서장, PI)의 선출에 외부적 간섭을 거부하며, 스스로 의사를 결정하고 이에 따르도록, 주인의식 · 평의원회 · 내부규범 · 정책연구기능(두뇌)을 갖추어야 한다. 그런데 정부부처가 요청한 '아젠다 프로젝트'에 대해서는, 부처가 공무원을 연구 현장에 파견하여 진도와 내용변경을 관리할 수 있다.

우리는 출연(연) 위에 연구회(NST)가 있는데, **연구회는 출연(연)의 인적자원개발에 집중하도록 하고, 출연(연)이 개별적 · 독립적으로 관련 부처의 think-tank가 되는 형식**이 바람직해 보인다. 장래에 출연(연)이 어떠한 거버넌스를 가지더라도 개별적으로 독립성과 자율성은 계속 유지되어야 하기 때문이다. 국책(연)의 자율성은 다섯 가지 요소가 필요한데, ① 정년심사제도, ② 블록펀딩, ③ 총회 · 평의원회 · 과학위원회, ④ 윤리적 규범체계, ⑤ 정책연구부서이다.

○ 정년심사제도: 출연(연)에는 **기관의 주인역할을 하는 국가과학자**(National Scientific Member, **NSM**)가 있어야 한다. 이 주인의 자격을 주는 제도가 tenure이다. 정년이 보장된 과학자는 출연(연)의 주인이 되어 기관의 명예와 발전을 위해 헌신해야 한다.

☞ 제5장에서는 국내학문 발전을 위해 tenure보다 habilitation제도를 더 권장하였다.
☞ 연구원이 habilitation을 통과하면 '국가과학자(NSM)'이란 칭호를 받고 과학위원회의 멤버가 된다.

○ 정부가 지급하는 출연(연)의 예산은 기관운영비(인건비, 경상운영비, 개인기본연구비, 기관전략

연구비), 주요사업비(미션연구비), 시설 및 장비비, 건설비로 구분하되, **블록펀딩(묶음예산)으로 지급**되어야 한다. 그 외, 출연(연)은 총연구비의 30% 범위 내에서 추가적 과제(정부부처의 아젠다 과제, 기업과제, 위탁과제)를 수행할 수 있다.

- 기관운영비는 정규직 인건비 100%를 커버하고, 경상경비, 개인기본연구비, 기관전략연구비를 포함한다. 그리고 출연(연)은 총연구비의 30% 내에서 추가적 과제를 수행할 수 있는데, 비정규직이 있으므로 가능하다. 현실에서는 미션연구와 추가적 연구에 투입되는 연구인력으로서 정규직과 비정규직이 서로 혼합된다.
- 기관전략연구비는 NL의 LDRD 또는 MPG의 전략혁신자금과 대등한 자금이다.
- 결과적으로 출연(연)의 예산편성 구조를 다음과 같이 변경하기를 권장한다. 과기부가 기재부 및 국회와 예산체계(PBS 폐지)를 협상하라는 의미이다.
- '블록펀딩'이란 정부나 국회가 **세세하게 예산을 검토하지 않음**으로써, 기관차원에서 세부항목을 유연하게 결정할 수 있도록 기회를 주는 예산편성 방법이다. 미국의 NL의 예산을 결정하는 방법대로 고위공무원과 출연(연)의 관리자들이 모여 공개토론하는 방법도 좋다. 일선 공무원이 출연(연)의 예산을 심사하지 않아야 한다.

구분		비고
기관운영비	인건비	정규직 인건비 100%, PBS 폐지
	경상운영비(기본경비)	
	개인기본연구비	연구원 수×(1천만~2천만 원)
	기관전략연구비[3]	주요사업비의 5%
주요사업비	미션연구과제 A	비정규직 인건비, 간접비, 과제참여수당이 포함됨
	미션연구과제 B	
	미션연구과제 C	
시설 및 장비비	장비비	선진국처럼 본 예산항목을 분리함 출연(연)이 최첨단 장비를 보유하게 함
	시설비	
건설비	건설비	

※ 이 예산 외에, 총연구비의 30% 규모로 추가적 과업을 수행할 수 있다. 추가적 과업은 정부부처(주무부처 포함)가 부여하는 아젠다 프로젝트, 기업 · 국제기구 · 다른 연구기관과 계약을 체결하여 수행하는 수탁연구과제가 포함된다.

3 독일 MPG의 Strategic Innovation Fund, 미국 NL.의 Laboratory Directed R&D(LDRD)에 해당한다.

○ 출연(연)의 내부 의사결정은 평의원회와 과학위원회가 주도한다. 기관장이 독단으로 결정하는 일은 없다. 기관장은 평의원회의 의장을 맡을 수(MPG모델)도 있고 아닐 수(FhG모델)도 있다. **기관의 모든 사안을 평의원회에서 결정한다는 것이 자율성이다**.

- 총회는 총괄규범을 정하고 평의원을 선발한다. 과학위원회는 NSM으로 구성한다.
- 평의원회는 NSM 20명 이하, 행정직 3명, 외부위원(이사) 5명 이하로 구성한다.
- 평의원회는 기관장 및 주요 부서장 임면, 내규 제정, 연구부서 신설·폐지, 예산 계획, NSM 선발(habilitation) 등을 심의·의결한다.
- 과학위원회의 각 분과는 채용, 승진, 동료평가에서 평의원회에 의견을 제시한다.

※ 출연(연) 이사회의 역할은 종래의 이사회와 매우 달라져야 한다. 민법상 법인의 이사회는 법인의 주인이다. 그런데 출연(연)이 「민법」 제32조에 근거를 둔 비영리법인이지만, 안건의결은 거의 주무부처 공무원이 좌우하는 것이 현실이다. 외부에서 위촉된 민간이사들은 거의 방관자에 머무르고 있으니 출연(연)이 주무부처의 공무원에게 장악될 수밖에 없다. 자율성은 불가능해지는 것이다. 앞에 설명된 자율성을 출연(연)에게 허용하려 한다면, 이사회는 권한을 대폭 평의원회에 위임해야 한다. 「민법」을 개정할 필요는 없어 보인다. 그리고 이사회는 1년에 2번 소집되어 위임된 '자율적 기능'이 잘 이행되는지 감독한다.

○ 연구기관이 갖추어야 할 대부분의 규범에 윤리가 보강되어야 한다. 우리 출연(연)의 규범(계약서 포함)을 선진국 국책(연)의 규범과 비교하면, 형식은 비슷하지만 윤리적 수준에 차이가 크다. 선진국은 연구활동을 더 엄격하게 설정된 기준과 절차에 따라 심사하며 이해의 충돌이 없도록 Top-down으로 모니터링하고 있다. 결과적으로 국책(연)의 연구활동에 대한 사회적 신뢰를 높이는 것이다.

확실한 것은, **연구활동에서 자율은 창의성을 발양시키는 촉진제**이다. 그리고 글로벌 시대에 외국의 연구자들이 수없이 오고 가는데, 한번 자유를 맛본 사람은 낯선 규제와 타율을 견디기 어렵다. 정부는 연구기관이 요구하지 않더라도 그들에게 자율적 운영체계를 만들어 주는 것이 윤리적이다(미란다 원칙). 좀 더 깊이 생각해 보면, **'창의'는 '자율'에서 나오고, '자율'은 '신뢰'에서 나오며, '신뢰'는 '윤리'에서 나옴**을 알 수 있다. 결론적으로 우리 출연(연)의 자율성을 높이기 위해서는 **정부가 출연(연)에 많은 재량권을 부여하는 일과 출연(연) 스스로 윤리적 연구체계를 구축하는 일이 줄탁동시(啐啄同時)** 되어야 한다.

■ 출연(연)에 대한 '육성과 활용의 이원화 원칙'

철도연, 건설연, 식품연, 생기원, 에너지연, 지자연 등의 출연(연)이 관련부처 산하에 소속되지 않고 과학기술부 산하 연구회에 소속을 둔 이유는 출연(연)에 대한 **'육성과 활용의 이원화 원칙'**이 있기 때문이다. 이 원칙은 앞에서 여러 번 설명되었다. 출연(연)의 기능은 미션연구/

아젠다 과제로써 구현된다. 그 외, 이 원칙의 구현에 필요한 정책내용을 생각해 보자.

○ 과기부는 출연(연)을 진흥·육성하는 정책을 적극 추진하여야 한다. 과기부가 지원·육성하는 내용은 '기관운영비'를 충분히 지원하며, 연구자 개인과 연구팀이 유능하도록 전문성을 키워주는 역할이다. 여기에는 인적자원개발(HRD)의 기법이 적용되어야 한다. 이것은 마치 각 부처가 독립적으로 공무원을 보유하고 활용하되, **인사혁신처가 공무원의 T/O관리, 임용/승진관리, 역량강화 등 HRD를 담당하는 것과 같은 원리**이다.

○ 정부부처가 소관 문제해결을 위해 정책 아젠다를 개발하고 출연(연)을 지정하여 아젠다 프로젝트를 의뢰하면, 그 출연(연)이 성실하게 연구하도록 관리하는 제도가 필요하다.

 - 먼저, 아젠다 프로젝트의 과제관리를 위한 절차적 규범이 제정되어야 한다. 그리고 공무원의 현장파견, 과제점검회의 설치, 인센티브와 페널티의 설치, 갈등조정·소청심사 제도의 설치 등이 추가되어야 한다.

 - 정책 아젠다의 발굴과 연구과제 기획을 위해 출연(연)의 정책연구부서가 활성화되어야 하며, 출연(연)과 정부부처 간의 정기적 직접적 업무협의 채널이 필요하다.

○ 출연(연)은 과기부·연구회와 상관없이 업무와 관련있는 정부부처와 직접 미션연구/아젠다 프로젝트를 협상할 수 있어야 한다. 관련부처와 출연(연) 간에 정기적 협의채널이 설치되고, 1년에 2회는 회합해야 한다. 대신 연구회는 업무를 HRD 방향으로 서서히 전환한다.

 - 과기부에서는 1개 과(연구기관지원과)에서 출연(연)을 관리하는 체계는 개선되어야 한다. 1998년 이전에는 차관보 1명과 국장급 조정관 6명이 전체 출연(연)을 관리하였다는 점을 주목해야 한다. 미국 DOE는 3명의 차관보가 17개 NL을 관리한다.

8 '기술'을 얻기보다 '사람(연구팀)'을 얻어야 한다

과기부는 종종 중점기술이나 전략기술을 지정하고, 전문가위원회를 동원하여 기술개발 로드맵을 작성한 후, 연구과제를 도출하여 PI를 공모하는데, 이때 대학과 출연(연)을 경쟁시킨다. 이것은 제6장 제1절에서 설명한 'type 4 연구'의 경우이다. 그리고 PI가 선정되고 나면, 그 이후의 사업관리(계약 및 과제관리)를 연구재단(NRF)에 위탁한다. 언뜻 보기에는 합리적인 듯 보이지만, 여기에는 큰 문제가 내재되어 있다.

○ 이렇게 하면 중점기술(전략기술)이 진정 확보되는가?

○ 확보된 기술은 어떻게 보관(축적)하는가? 문서로? 사람으로?

○ 확보된 기술이 잘 활용(상용화)되던가?

○ 기술 연구 플랫폼이 잘 구축되고 있는가?

제6장 제3절에서 이미 설명한 바 있지만, 과기부가 선정한 중점기술 또는 전략기술에 대해 **연구개발의 주체(PI)를 이사람, 저사람 선정하기보다는 다양하고 고정된 연구체계(연구센터, 연구단, 대학중점(연))를 구축하는 것이 더 효과적이다**. 중점기술은 장기간 축적해야 경쟁력이 생긴다. 그래서 국책(연)의 연구조직이 그 연구개발체계의 중심에 서는 것이 효율적이다. 미국의 NL, 독일의 FhG, 일본의 AIST가 그러하다. 그런데 과기부는 국내 누구든지 중점기술을 개발·보유하기만 하면 된다고 생각하는 것 같다. 특정기관·특정부서에 과제를 몰아주면 특혜를 준다고 생각한다. 이것은 일반 행정논리의 결과이다. 국민의 입장에서는 **어디에 가면 그 기술의 전문가가 모여 있는지를 누구든지 알 수 있게 하는 것**이 더 중요하다. 현실을 보면, 중점기술에 대한 기술기획을 수립하는 **전문가위원회는 국가발전보다는 개인적 이익을 우선시하는 집단사고가 일어난다는 점**을 공무원들은 모르고 있다.

'Type 4 연구'에 해당하는 중점기술(전략기술)에 대해, 기술개발 로드맵을 작성하고 연구과제를 도출하는 기능은 '전문가위원회'가 아닌 '책임있는 연구기관'이 맡아야 한다. 그렇다고 해서 KISTEP은 여기서 말하는 '책임있는 연구기관'에 해당되지 않는다. KISTEP도 전문가위원회에 의존할 뿐이다. **위원회의 구성이 달라지면 기획내용도 달라진다는 점은 심각한 결점이다**. 차라리 전략기술개발은 출연(연)에게 미션연구로 지정함이 더 바람직하다. 전략기술의 도출부터 로드맵 작성과 연구과제도출 및 대형과제의 총괄까지 전체 과정을 출연(연)이 주도하고, 여기서 중과제 및 세부과제를 다른 출연(연)이나 대학으로 내보내는 것이 더 전문성과 책임성을 살리는 방법이라고 생각된다. 여기서 총괄 기획은 KIST가 담당하는 것이 효율적이다. 이제 연구회와 과기부는 뒤로 빠져 줘야 한다.

기존의 연구개발정책에서 **'기술을 확보'하려는 전략은 '사람(연구팀)을 확보'하는 전략으로 변경**되어야 한다. '기술을 확보하려는 전략'은 고정된 연구개발의 주체를 고려하지 않고 평등한 연구기회를 준다는 입장이며, '일반 행정논리'에는 부합되는 정책이다. 그러나 그 결과로 얻는 것은 논문·특허·보고서뿐이다. 중점기술의 수요자는 어디서 조언을 받아야 할지 모르며, 사회적으로는 연구개발투자의 효과가 나타나지 않는다는 비판이 나오게 된다. 과거의 사례가 그러하다 그래서 공공문제의 해결에는 **'기술의 보유'보다는 '기술력을 가진 연구팀의 보유'가 더 효과적**이다. '기술의 보유'와 '기술력을 가진 연구팀의 보유'는 의미가 크게 다르다. 논문·특허실적을 국가목표(기본계획)로 삼는 나라는 우리뿐이다.

우리의 연구개발정책에서 미세먼지나 인공지능의 대응책으로 "기술개발에 몇 백억 원 투자한다"고 발표하기보다는 "연구팀을 설치하겠다", "연구센터를 보강하겠다"고 하여 책임주체를 지정하는 것이 더 신뢰성있는 대책이 된다.

결국 이러한 문제(중점기술, 사회적 문제)에 대응하는 전략은 출연(연)의 조직구성과 직결된다. 정부는 학문(기술)별, 산업별, 사회적 이슈별로 연구팀을 수천 개 보유해야 한다. 이것이 바로 출연(연)의 모습이다. 즉, **'출연(연)'이란 현재와 미래의 기술수요에 대응하여 전략적으로 연구팀을 키우는 곳이다**. 새로운 기술이 태동하면, 출연(연)은 신속히 그 기술연구팀을 설치해야 한다. 새로운 사회적 문제가 발생한다면 출연(연)에 그 문제에 대응 연구팀을 설치해야 한다. 그러다가 기술요구가 커지면 그 연구팀이 '센터(장기적)'나 '사업단(한시적, 여러 기관의 인력 참여)'으로 확대되는 것이다. 프랑스 CNRS는 1,100개의 research unit을 보유하고 있고, 독일 MPS도 80여 개의 MPI를 보유하는데, 각 MPI는 수십 개의 research group의 보유를 전략으로 삼고 있다. 따지고 보면, **기술을 얻기보다는 사람을 얻는 것이 더 중요하고, 그보다 연구팀과 연구기관을 얻는 것이 더 중요하다.** 그러려면 **출연(연)에 대해서는 '연구팀을 유지할 목적'으로도 예산을 줄 수 있어야 한다**. 이것을 '연구비 갈라먹기'로 보는 것은 선진국의 사례를 모르는 것이다. 또한, 과기부는 적어도 **2,000개의 연구팀을 기술별, 이슈별로 유능하게 보유하겠다는 계획**을 가져야 한다. 시급한 이슈(아젠다 프로젝트)에 대해서는 연구사업단이 수십개 운영되어야 한다. 그리고 이러한 연구팀은 출연(연)과 연구중심대학의 공동연구소에도 설치되어야 한다. 아직은 제대로 된 연구중심대학정책이 없으니, 교육부 대신 과기부가 연구중심대학정책을 담당하는 것이 더 바람직해 보인다. 선택집중정책이기 때문이다.

우리나라의 국가연구개발생태계는 매우 왜곡되어 있다. 그 원인은 과학기술정책에 대한 **전문성 부족과 책임성 부족**에 있다고 본다. 정부의 연구개발예산은 30조 원에 달하는데, 대학과 국책(연)은 선진국에 대응할 만큼 효율적인 연구개발체계로 구축되지 못하였다. 과기부는 지난 30년간 출연(연)을 방치하고 핍박하였다. 오직 기업(주로 대기업)의 연구개발로써 국가는 버텨가고 있다. 우리 과학기술정책의 전문성을 위해 정부에 조정관제도가 부활해야 하며, 각 출연(연)에 정책기능이 회복되어야 한다.

9 국가연구개발체계구축을 위한 법률 제정

우리는 과학기술을 발전시키겠다는 의지만 컸지 정작 법률적 뒷받침을 만드는 일에는 소홀했다는 생각이 든다. 좀 더 깊이 철학적 의미까지 생각하고, 좀 더 넓게 국가연구개발생태계의 구축·발전 및 경쟁국의 동향까지 바라보는 식견으로 「과학기술기본법」을 제정했더라면 하는 아쉬움을 가진다. 지금 와서 보면,

○ 선택집중정책은 희석되고

○ 출연(연)은 아직도 혼란 속에 머무르며

○ 대학의 연구비는 크게 확대되었으나 국가적 성과는 미미하다.

○ 국가연구개발생태계는 아직도 경쟁력이 높지 못해 보인다.

깊은 논의는 뒤로 미루고, 앞에서 주장한 내용만이라도 법률적 뒷받침을 만들어 줘야 한다.

○ 「(가칭)과학기술자의 권리보호를 위한 법률」에 담을 핵심내용
 - 과학기술자에 대한 정의(인문사회 포함), 과학기술자의 권리와 책무
 - 연구출연금의 유연성 보장, grant 사업과 contract 사업의 구분
 - 국가과학자, 최고과학자의 선발, habilitation제도
 - 국가연구윤리체계와 부정행위에 대한 처리절차(3심제도)
 - '연구소청심사위원회'의 설치 등

○ 「(가칭)연구중심대학육성법」에 담을 핵심내용
 - 연구중심대학의 정의와 요건
 - 연구중심학부의 정의와 요건
 - 지정 절차와 평가
 - 특별지원과 연구중심대학의 책무
 - 학문후속세대 육성과 '학생연구원 근로계약제도'

※ 학생보험제도는 별도의 법률제정이 필요하다.
※ 일본의 '지정국립대학법인' 제도를 참고한다.

○ 「(가칭)국책연구기관 지원육성법」에 담을 핵심내용
 - 출연(연)의 미션과 기능: 독립적으로 여러 정부부처에 전문적 지원
 - 출연(연)의 거버넌스와 예산체계: 미션연구비, 개인기본연구비, 기관전략연구비
 - 정부가 출연(연)에 아젠다 프로젝트를 의뢰하고 관리하는 절차
 - 기관평가: 매년 자율평가와 매 5년 외부평가
 - 연금설치, 공운법에서 예외, 기관장 임기 5년, habilitation, 평의원회의 설치
 - 정책기획기능의 강화: 정부의 think-tank, 전문기관의 통합
 - 국가과학기술연구회의 기능: 연구팀 육성, 공통전략, HRD 중심으로 전환 등

※ 경제인문사회연구회의 출연(연)에도 이 법률을 적용하도록 하며 나중에 연구회를 통합한다.
※ 일본의 '특정국립연구개발법인' 제도를 참고한다.

그 외, 과기부 내부에 조정관제도의 설치, 연구관리직 공무원의 배치, 종합조정위원회 및 종합조정비의 설치 등 정부 내부적 개혁이 뒤따라야 한다.

제2절 정책가들에게 남기는 말

여기서 정책가는 정책을 설계·결정·집행하는 사람이다. 중앙부처 공무원들을 말한다.

1 정부는 정책을 과학적·윤리적으로 설계·운영해야 한다

이제 우리나라는 선진국에 들어섰음을 인정하고, 정부는 업무 스타일을 선진국스럽게 전환해야 한다. 그리고 그 기반은 **우리가 우리를 객관적으로 파악하려고 애쓰는 것**이다. 정부는 정부정책에 대해서 기탄없이 비판받을 수 있어야 하며, 수시로 선진국과 비교하면서 우리의 글로벌 포지션을 파악하고 있어야 한다. 과거의 정부주도의 국정운영스타일을 되돌아 보자. 사명감과 애국심도 있었지만 '도덕적 해이'도 있었다고 본다.

○ 양적 성과, 빨리빨리 조치, 대충대충 처리를 선호했다.

○ 공직자는 항상 업무의 주도권(헤게머니)을 장악하려 했다. 부처 간의 협력은 잘 안된다.
 - 새로운 업무가 생기면, 정부부처는 서로 담당하겠다고 경쟁하는(다투는) 경우가 많았는데, 이것은 정부부처가 새로운 기능을 가지는 것이고, 파워가 커지는 것이며, 퇴직 후 일자리가 늘어나는 일이기 때문이다.

○ 공직자는 자신의 재임 중에 가시적 성과를 내기 위해 노력했었다. 그리고 지도자는 '과학적·시스템적 접근'보다는 자신의 '개인기(네트워크)' 중심으로 일했다.
 - 전임자가 주도하던 정책을 폄하한다. 전임자가 경쟁상대이기 때문이다.
 - 부정사건이 생기면 근본적으로 시정하기보다는 덮으려고 한다.

○ 정부부처는 하나의 '이익공동체'로서 행동한다. 이것이 부처이기주의의 속성이다.

정부부처가 정책을 과학적으로 운영하기 위해서는 경제·사회적 통계, 정책방법론에 대한 연구, 인간행동에 관한 연구, 선진국의 사례연구, 정책수요자에 대한 설문조사 등 많은 연구가 선행되어야 하며, 사회문제에 대한 과학적·윤리적 해결책을 자문·제공받아야 한다. 이런 수요**에 대응하기 위해 정부는 국책(연)을 설립·운영**하는 것이다. 우리는 국방과 해양을 제외한 모든 국책(연)을 과기부 산하에 두었으니 각 정부부처가 출연(연)의 정책지식을 활용하기 어려운 구조이다. 게다가 광우병 사태, 4대강 사업, 탈원전 정책, 에너지공대 설립 등 논란이 많은 이슈가 정치권에서 태동할 때, 우리 정부부처는 정치권에 맞서지도 못하였다. 이럴 때, 공무원은 **과학적·윤리적 논거로써 공개적으로 논박해야 한다**. 그럼에도 그의 신분은 보장되어야 한다. 이것이 선진국의 모습이다.

2 과기부는 모든 정부부처에 정책지식을 공급해야 한다

선진국이 되면 정책의 윤리적 측면이 강조된다. 과기부는 경제인문사회연구회까지 **"느슨하게" 보유하는 것이 바람직**하며, 각 출연(연)은 자유롭게 관련부처와 직접 협의할 수 있게 해야 한다. 그리하여 출연(연)은 미션연구의 방향을 잡고, 아젠다 프로젝트를 만들 수 있도록 해야 한다. 과기부는 출연(연)이 이런 기능을 잘하도록 인력을 정예화하고 절차를 만들어 주며 예산을 충분히 지급해야 한다. 이것이 곧 **과기부가 다른 정부부처에 정책지식을 공급하는 구조**이다. 정부부처가 요구하는 정책지식은 융합적이므로 과학기술적 해법과 함께 인문사회적 측면도 검토해야 하기 때문에, 출연(연) 간에도 협의가 활발해야 하며, 연구원이 용이하게 다른 출연(연)에 파견/겸임 근무할 수 있도록 제도를 만드는 것이 과기부의 주된 일이다. 그래서 출연(연)은 think-tank로서 모여있는 것이다.

여기서 정부부처들이 출연(연)에 용이하게 접근하여 아젠다 프로젝트를 기획·추진할 수 있도록 하는 절차를 생각해 보자. 나중에 법률로 제정되어야 할 성격이다. 그리고 이것은 제6장 제1절의 'Type 3 연구(아젠다 연구)'에 해당하며, '출연(연)의 지원과 활용에 대한 이원화 원칙'에도 직결된다. 아젠다 연구는 ① 처음부터 정부부처가 주도(initiation)하는 경우와 ② 출연(연)이 먼저 제안하는 경우로 나눌 수 있다.

■ 정부부처가 아젠다 프로젝트를 제안하는 경우

정부부처가 특정 사회문제를 해결하기 위해서는, 이 문제를 정책아젠다로 설정하는 단계에서 관련 출연(연)과 협의하여, 기술적 어려움을 해결하는 방법을 연구하는 과제를 기획하게 된다. 이때 인문사회적(특히, 윤리) 측면도 함께 검토해야 한다. 이것을 '아젠다 프로젝트'라고 하며, 정부부처가 출연(연)에 의뢰한다.

① 먼저 실현 가능성에 대한 조사·점검절차가 있다. 이 과정에 기술기획이 완성된다.
- 연구능력(성공가능성), 소요자금, 소요기간이 대략적으로 검토되어야 한다.
- 필요하면, 가능성 조사연구(feasibility study)가 별도로 실시되기도 한다.
- 출연(연)은 이 기획에서 ⓐ 출연(연)이 담당할 연구, ⓑ 대학에 공모하여 해결할 기술, ⓒ 외국에서 도입해야 할 기술 등을 도출하고 각 과제에서 얻어야 할 연구목표를 RFP로 작성한다. 그리고 기술개발에 대한 로드맵 작성과 소요연구비를 개산하고, 아젠다 프로젝트의 연구결과를 정책설계에 적용하는 방법을 설명한다.

※ 현재에는 이런 기술기획과 과제관리를 '전문기관'이 담당하고 있다.

② 정부부처는 '아젠다 프로젝트'의 기획결과를 토대로 기술개발 로드맵, 예산계획 및 정책 수립계획을 포함한 업무계획을 부처 내부적으로 확정한다. 국고지원규모가 크면(500억 원 이상) 정부부처는 아젠다 연구에 대해 「국가재정법」 제38조에 근거를 둔 '예비타당성조사'를 받는다. 그다음 **출연(연)과 '아젠다 과제'로 계약을 체결**한다.

③ 출연(연)은 대학에 의뢰하는 과제를 공모하며, PI를 선정한 다음 contract로 계약한다.
 - 계약에는 인센티브와 페널티, 과제비 지급방식(80%+20%), 평가방법이 포함된다.

④ 여기서부터는 제6장 제1절의 contract연구 절차가 적용된다.

⑤ 과제가 실패할 수도 있다. 이때에는 그 원인을 밝히고, 연구비 지급잔액(예시: 20%)은 지급하지 않으며, 페널티가 적용될 수도 있다. 그래서 연구재원의 성격이 출연금이다. 이때, 스폰서와 PI 사이에 소송이 발생할 수도 있다.

⑥ 정부는 연구결과를 토대로 정책수단을 확보하여 문제해결을 위한 정책설계에 들어간다.
 - 과제수행은 연구팀에게 경험학습의 기회가 되며, '부산물'로 논문과 특허가 나온다.

■ 출연(연)이 아젠다 프로젝트를 제안하는 경우

정부부처는 공공문제에 대응함에 있어서, 장기적·반복적 문제(미세먼지, 플라스틱)는 국가연구소를 설립하여 대응할 수도 있지만, 중기적으로 대응할 성격(예 소부장, 코로나, 6세대 통신 등)의 연구는 프로젝트로 대응하는 것이 효율적이다. 그런데 정부부처는 행정기관이므로 문제의 해결에 대한 전문적 아이디어를 가지기 어렵다. 그래서 출연(연)이 정부부처에 정책 아이디어를 제시할 수도 있다. 이렇게 출연(연)이 제안하여 정부의 아젠다 프로젝트가 성립되는 절차를 보자.

① 사회적 문제가 발행하면, 그 해결에 아이디어가 있는 출연(연)의 정책연구실에서 문제해결형 연구계획의 초안(개요, 연구내용, 소요연구비, 연구기간, 기대효과)을 작성한다.
 - 정부부처가 먼저 문제해결을 위한 아이디어를 국가연구소에 요청할 수도 있다.
 - 이때 소요되는 경비는 기관장의 재량으로 집행되는 LDRD(미국 NL) 자금이다.

② 출연(연)의 기관장과 예비 PI는 해당부처를 방문하여 문제해결책의 초안을 설명한다.
 - 이때, 성공가능성, 소요자금, 소요기간이 제시되어야 한다.

③ 정부부처에서 연구사업 추진에 관심이 있다면, 출연(연)에 기획연구를 의뢰한다.
 - ⓐ 출연(연)이 직접 담당할 부분(대과제), ⓑ 다른 출연(연)에 위탁할 부분(중과제), ⓒ 대학에 의뢰할 부분(세부과제), ⓓ 외국에 의뢰할 부분에 대한 구분과 전체적 로드맵(일정)을 작성(연구결과를 정책설계에 적용하는 방법까지 작성함)한다.
 - 외부에 의뢰할 연구에 대해 구체적 연구목표를 설명하는 'RFP'를 작성한다.

④ 정부부처는 기획내용을 접수·검토한 후, 내부적으로 확정하고, 아젠다 프로젝트를 출연(연)에게 부여하며 계약을 체결한다.

⑤ 여기서부터는 제6장 제1절의 contract연구 절차가 적용된다.

⑥ 각 주체는 연구사업을 착수하여 로드맵에 따라 종료한다.

– 아젠다 프로젝트에서 '실패'를 어떻게 처리할지에 대해 논의가 필요하다. 이러한 아젠다 프로젝트의 관리는 ADD에서 수행하는 과제관리와 매우 유사하다.

3 '조정관제도'가 필요하다

과기부는 정부부처 내에서 '전문지식'을 공급하는 부처로 위상을 가져야 한다. 일반 행정 논리에 빠져있는 공무원들에게 전문적이며 글로벌한 견해를 제시함으로써 국가 정책의 품질 수준을 높일 수 있어야 한다. 과기부는 국책(연)을 잘 관리함(미션연구의 지원)으로써 정부에 전문지식이 공급되게 할 수 있으며, 이 일의 효율성을 높이는 제도가 '조정관제도'이다. 조정관제도란 제4장 제4절에서 설명한 대로, 출연(연)의 선임부장급 연구원을 과기부에 파견받아 국장급 공무원으로 활용하는 제도이다. 90년대 말까지 과기부에는 기술분야별로 5~6명의 조정관이 배치되어 출연(연) 관리와 국책연구개발사업의 관리를 담당하였다. 조정관들은 과기부의 간부회의에 참석하여 모든 과학기술 정책결정에 관여하며, 중앙부처 간의 국장급 회의에도 참석하여 전문적 견해를 피력할 수 있었다. 4차 산업혁명 시대에 AI, 블록체인, 양자과학, 바이러스 등 국가적 이슈에 대응하기 위해 조정관제도는 더욱 필요해 보인다. 다른 정부부처도 연구사업규모가 크다면 연구관리국을 설치하고 '전문직 조정관'을 배치하는 것이 바람직하다. 그리고 과기부는 일반 공무원을 위한 과학기술정책연수원을 설치·운영을 생각해봐야 한다. KIRD로는 매우 부족하다.

정부조직법(1966. 3. 30 개정)

제20조의2【과학기술처】① 과학기술진흥을 위한 종합적 기본정책의 수립·계획의 종합과 조정·기술협력과 기타 과학기술진흥에 관한 사무를 관장하게 하기 위하여 국무총리소속하에 과학기술처를 둔다.

② (생략)

③ 과학기술처장관은 과학기술진흥의 기획·운영에 관하여 국무총리의 명을 받아 관계각부를 통괄·조정한다.

④ (생략)

⑤ 연구조정실에 실장 1인과 **연구조정관 20인이내를 두되**, 실장은 별정직으로 한다.

⑥~⑮ (생략)

정부조직법(2023. 3. 21 개정)
제29조 【과학기술정보통신부】 ① 과학기술정보통신부장관은 과학기술정책의 수립·총괄·조정·평가, 과학기술의 연구개발·협력·진흥, 과학기술인력 양성, 원자력 연구·개발·생산·이용, 국가정보화 기획·정보보호·정보문화, 방송·통신의 융합·진흥 및 전파관리, 정보통신산업, 우편·우편환 및 우편대체에 관한 사무를 관장한다.
② 과학기술정보통신부에 과학기술혁신사무를 담당하는 본부장 1명을 두되, 본부장은 정무직으로 한다.

조정관제도는 과기부의 설립초기에 20명까지 배치할 수 있었으나 1998년 출연(연)이 모두 국무조정실 산하로 갈 시점에 이 제도는 폐지되었다. 조정관은 2004. 10월 부활되어 2008. 2월까지 있었으나 성격이 많이 달라졌다.

과기부의 일반 공무원들은 조정관제도에 불만이 있었다. 장관이 주재하는 간부회의에서 조정관들은 일반 공무원들이 알지 못하는 현장의 전문적 견해를 피력할 수 있으며, 조정관들이 가지는 '진흥육성의 논리'를 일반 공무원들은 못마땅하게 보았다. 그러나 조정관제도가 폐지되면서 **과기부는 중앙부처 회의에서 전문견해를 내놓을 수 없으며 존재의 의미를 상실해 간다**. 중앙부처 내에는 '일반행정의 논리'가 지배적이다. 행정고시를 통해 임용된 공무원에게는 당연하다고 볼 수 있다. 이런 공무원들이 모여 정책을 협의하는 과정에 전문적이고 색다른 논리(진흥육성의 논리)를 제기한다면, 다른 부처와 의견대립이 생길 수 있지만, 심판자(BH, 국무조정실)는 매우 반갑게 생각한다. 이런 자리에서는 전문성과 신선한 논리로 반대의견을 눈치보지 않고 의견을 제기하는 공무원은 돋보인다. 그러나 조정관제도가 폐지되고 나서 과기부는 공무원 사회에서 신선한 견해를 제시하지 못했다. 과기부의 '존재의 이유'도 희미해진다.

본 책에서 강조한 점은 다음과 같다. ①정부정책의 과학화·윤리화를 위해 과기부가 강력하게 변신해야 한다. ②조정관제도가 부활되고, 연구사업을 종합조정하며, 출연(연)을 기반으로 한 새로운 '**국가정책지식의 공급을 담당하는 부처**'가 되어야 한다. ③이제 **'재정'으로 정책을 조정·관리하는 시대는 종언하는 것이 시대적 요구**이다. 그리고 ④**과학적 근거로써 정책을 설계할 수 있도록 과기부는 국가차원에서 학문과 연구자와 연구기관을 키워야 한다**. 이것은 정부부처의 횡단적 업무를 개발· 관리했던 영국의 'Prime Minister's Strategy Unit'의 개념을 확대한 것이다. 그러나 이러한 패러다임 전환에 대해 기재부(과거 경제기획원)의 저항은 만만치 않을 것으로 본다.

4 5급 공무원 공개채용에 '연구관리직렬'을 설치해야 한다

정부부처가 아젠다 프로젝트를 추진할 때, 부처의 입장을 대변하여 연구과제를 감독하는 공무원(사업관리자)은 부처의 정책의도와 연구개발의 속성(기술발전의 원리, 불확실성, 학습의 원리 등)을 둘 다 잘 이해하는 사람이어야 한다. 그런데 부처에 10년 이상 몸담았던 공무원이나 전문가로 특채된 공무원일지라도 둘 다를 잘 알지 못한다. 그런 공무원은 거의 없다.

그 해결책으로는 **중앙부처의 5급 공무원 공개채용에 '연구관리직렬'을 설치하는 것이다**. 박사 학위자를 일반 공무원으로 특별채용하는 방법도 생각할 수 있지만, 그는 일반 공무원들과 융합되기 어려울 것이다. 이보다는, 일반직 공무원 5급을 연구관리직렬로 선발하여 여러 부서에서 업무경험을 쌓은 후, 박사학위를 취득하게 한 다음, 부처의 연구관리업무를 맡기는 것이 더 바람직해 보인다. 그의 박사학위 과정 중에는 반드시 프로젝트에 참여하여 연구의 속성과 불확실성을 경험할 기회를 가져야 한다.

인사혁신처가 운영하는 5급 공무원 공개채용 시험은 '고등고시'라고 하며 청년들이 어렵게 공부하여 도전하는 등용문이다. '정부정책의 과학화 · 윤리화'는 고등고시에서부터 출발해야 한다고 본다. 임용된 5급 공무원들이 나중에 정부정책을 주도하는 고위공직자로 성장하도록 육성하기 위해서는 여러 가지 교육훈련프로그램이 공급되어야 한다. 현재 국가공무원인재개발원(중앙공무원교육원)에서 이런 역할을 담당하고 있는데, 전문성을 보강하는 교육으로는 미흡하다. 결국 고위공무원들은 전문성이 부족한 채 네트워크와 일반행정의 논리로써 업무를 처리하고 있는데, 앞으로 **전문공무원시대가 열려야 한다**.

특히 과기부는 각 정부부처의 프로젝트 관리수준을 높여주는 지원역할을 맡아야 한다. 이 일은 과기부밖에 할 수 없다. 즉, 과기부는,

- ○ 인사혁신처와 협의하여 5급 공무원 공개채용에 '연구관리직렬'을 설치해야 한다.
- ○ 기술정책분야 학회들과 협의하여 대학생용 '연구관리'과목의 표준교과서를 제정해야 한다. 교육내용은 ① 기술정책 기초개념, ② 프로젝트 관리, ③ 기술계약, ④ 연구윤리 행정체계가 핵심내용이 되어야 한다. 그리고 대학에서 교과목이 설강되어야 한다.

☞ 2006년 본 저자가 교육부에 있을 때, 산자부와 협력하여 4개 대학에 MOT 대학원을 설립하도록 지원한 적이 있다. '연구관리' 과목의 신설도 이와 비슷하다. ① 5급 공채에 '연구관리직렬'의 신설을 공표, ② 관련 학회와 협의하여 표준교과서 제작(TF 가동), ③ 일반대학에서 '연구관리' 교과목 강의, ④ 2년 후부터 5급 공채 시험과목으로 채택한다.

☞ 현재 자연계 대학원 전문연구요원제도는 한국연구재단이 대학원에서 매년 600명 선발하고 있는데, 선발 시험과목은 한국사와 영어이다. 박사과정 중에 습득해야 할 역량으로 지재권법, 연구윤리, 연구관리가 더 중요하지 않을까 생각한다. 선발시험과목을 변경하기를 제안한다.

5 '최형섭 원칙'을 제정하자

과학기술 정책가로서 최형섭 박사[4]를 모른다면, 우리 과학기술정책의 시작을 모르는 것이다. 우리나라가 역점을 두고 육성해야 할 공업 분야와 이에 필요한 기술개발전략, 그리고 출연(연)의 설립과 연구인력정책에서 최형섭 박사의 흔적은 아직도 남아있다. 이제 우리가 선진국 반열에 들어갔고, 새로운 국가발전 패러다임이 요구되는 시기이지만, **과학기술 정책가(중앙부처 공무원)의 마음자세는 변함없이 과학기술자에게 봉사하는 자세를 가져야 한다**. 현재 정부 공무원들은 과학기술자들을 마치 이익집단의 한 멤버로 보고 있다. 심지어 출연(연)을 "국가 보조금을 얻으려는 시민단체"로 바라본다. 과기부의 지원·육성역할이 미흡하니 출연(연)이 직접 정책개선을 요구하고 나선고 있다. 우리는 '국군'이나 '국가대표선수'를 이익집단으로 보지 않는다.

본 책에서 과학기술 정책가는 연구개발의 속성과 기술발전의 원리를 모르는 사람들을 꾸준히 설득해야 한다고 설명하고 있는데, 이것은 쉽지 않은 일이다. 이런 일을 잘 모르는 공무원이 과기부 고위층에 임용되어 일반행정 원리를 고집할 때, 또는 기재부, 감사원, 국무조정실, 국회 등이 진흥육성의 논리에 브레이크를 걸 때, 과기부 공무원은 **「최형섭 원칙」을 마음에 새기고 일해야 한다**. 이 원칙의 내용은 최형섭 박사의 자서전 「불이 꺼지지 않는 연구소」의 한 구절을 그대로 가져왔다. 이것을 「최형섭 원칙」으로 하자.

> 우리가 과기부에서 일하는 목적은 과학기술행정 자체를 위해서가 아니라, 훌륭한 과학기술자가 많이 배출되는 바탕을 만들어 주고 이 사람들이 불철주야로 연구에 전념해서 많은 성과를 내도록 하는 것이 아니겠소. 공무원은 행정절차가 희생되는 일이 있더라도 과학기술자를 지원하는데 전력을 다해야 될 것이오[110, p. 233].

여기서의 핵심은 "**일반행정 논리보다는 과학기술자의 편의에 더 우선순위를 두라**"는 메시지이다. 어느 국가에서나 일반행정의 논리가 과학기술정책을 제동하는 경우가 많았고 이를 극복하려는 시도가 오래전부터 있었다. 독일의 하르낙 원칙(Harnack principle), 영국의 홀데인 원칙(Haldane principle)은 과학기술행정에서 일반행정의 논리를 적용하지 말라고 권고한 것이며, 미국의 부시 원칙(Bush Principle)은 과학기술 재원배분에 정부가 개입·간섭하지 말라는 권고

---

4 최형섭 박사는 초대 KIST 원장이며, 제2대 과기처 장관을 역임하였다. 그는 7년간 장관직에 재임하면서 우리나라 근대화 계획을 주도하였고, 우리 과학기술정책의 초석을 다졌다. 그의 저서 「개발도상국의 공업연구」, 「개발도상국의 과학기술개발 전략」, 「한국과학기술연구소 설립 및 조직에 관한 조사보고서」에서 우리 과학기술정책의 골격을 볼 수 있다. 자서전으로 「불이 꺼지지 않는 연구소」가 있다.

이다. 일본은 동양국가이므로 '연구자와 행정가의 행동규범'을 연구기관의 홈페이지에 제시하고 있다. 「RIKEN 행동규범」, 「AIST 헌장」도 이러한 배경에서 제정되었다. 「최형섭 원칙」은 이와 비슷한 개념으로서 우리나라 공무원들이 가지는 **'유교적 관존민비의 사고방식'을** 견제하자는 원칙이다. 즉, **공무원들은 연구원들 위에서 군림하려 하지 말고, 동료의 자격으로 그들을 보호하고 도와주라**는 의미로 해석되어야 한다. '선택집중 정책'의 근거와 '연구의 불확실성에 대한 인정'은 「과학기술기본법」에 근거를 두었어야 했다.

참고로 국립 대전현충원에 있는 최형섭 박사의 묘비명은 다음과 같다.

> 연구자의 덕목
> "학문에 거짓이 없어야 한다"
> "부귀영화에 집착해서는 안된다"
> "시간에 초연한 생활연구인이 되어야 한다"
> "직위에 연연하지 말고 직책에 충실해야 한다"
> "아는 것을 자랑하는 것이 아니라 모르는 것을 반성해야 한다"

6 공직사회의 문제점과 대책

우리나라가 선진국이 되면 중앙정부 공무원의 역량과 자질은 현재와는 많이 달라야 한다. 앞에서 설명한 대로, 과기부에 조정관제도가 부활되고, 각 부처에 '연구관리직'이 신설되는 것만으로는 국정운영의 패러다임 전환을 기대하기 어려우며, 고질적인 관료주의를 벗어날 수 없다. 특히, 우리나라는 '공무원 사회'에 대한 분석·연구가 거의 없으니 여러 가지 폐단이 없어지지 않고 오히려 악화된다. "정부부처는 '마피아'"라는 평판을 공무원들이 모를 리가 없다. **정부부처가 하나의 이익 카르텔이라는 의미이다**. 중앙부처 공무원들은 승진과 퇴직 후 일자리를 위해 조직적으로 노력하는데 이것이 곧 '부처이기주의'의 본질이다. 이런 폐단은 조속히 근절되어야 하며, 근원적 처방이 제시되어야 한다. 이런 폐단이 정책의 탈선을 초래하는 사례는 많다.

■ 승진을 위한 견제

공직사회에는 승진을 위한 경쟁이 치열하다. 경쟁은 '발전의 원동력'이 되기도 하지만, 반대로 경쟁자들 간에 견제가 과학기술정책에 '악영향'을 미치기도 한다. 제4장 제4절에서도 설명하였듯이, 1990년대 초, 과기부와 출연(연) 간에 발생한 심각한 갈등은 알고 보면 '승진을 위한 견제' 때문이었다고 볼 수 있다. 과학기술정책의 '흑역사'를 여기서 자세히 설명하고 싶지는 않지만, 본 저자는 차관과 출연(연)의 기관장의 사이에 끼어서 매우 난처한 경험을 했다. 당시 차관에게 이러지 말자고 건의해 봤지만, 이 문제에 대해서는 단호했다. 그 결과는 모두가 알듯이, 각 출연(연)의 정책연구실을 폐지하고, PBS를 실시하였으며, 출연금을 공무원이 마음대로 운영하는 사례가 생겨났다. 이에 대한 반발로 출연(연)의 기관장들은 정당에 가입하고, 법률(정부출연기관법) 제정을 주도하며, 출연(연)을 국무조정실 산하로 데려갔다. 더 놀라운 점은, 이러한 '앙금'은 쉽게 사라지지 않는다는 것이다. 당사자들이 모두 퇴직한 후, 2004년 출연(연)이 과기부 산하로 되돌아와도 법제가 회복되지 않고, 출연(연)에 대한 핍박은 계속된다. 그 후, 본 저자는 우리 공직사회에서 이런 폐단을 없애는 방법을 궁리해 본 적이 있다. 결론은;

- 과학기술정책을 담당하는 고위공직자는 필수적으로 과학기술발전의 속성·연구의 불확실성·선진국 사례·우리 정책의 맥락 정도는 아는 사람이 임용되어야 한다.
- 공무원이 **사적 이익을 위해 공적 수단을 사용하는 것은 비리의 차원을 넘어, 국가발전을 저해하는 행위**라고 본다. 이것을 '이해충돌'의 한 부분으로 다루어야 한다.

국가과학기술자문위원회는 「헌법」 제127조에 따라 제정된 「국가과학기술자문회의법」에 근거를 두고 설치되었는데, 의장은 대통령이 되며, 위원은 장관 및 민간위원(임기 1년)으로 구성된다. 이 정도의 중요한 위상을 가진다면, 민간위원은 과학기술계의 중요한 인사로 구성되어야 한다. 미국의 NSTC에는 주요 연구기관장이 위원으로 참석한다. 일본의 CSTI에는 일본학술회의 회장이 당연직 위원으로 참석한다. 우리나라의 과총 회장, NST이사장, 산기협회장은 당연직 민간위원이 될만한 위치인데, 민간위원으로 거의 선임되지 않는다. 대신 과학기술계에 잘 알려지지 않은 인사가 자문위원으로 위촉되는 경우가 많았다. 지역안배를 말하지만, 이것도 '**견제심리**'가 작용한 것이다. 의도적으로 '큰사람'을 키우지 않는다. 결국 정책의 맥락을 모르는 사람에게 국가적 의사결정을 맡기니 선택집중정책이 망가진다. 실제로 우리의 선택집중정책은 서서히 희석된다.

■ 빠른 승진과 퇴임 후를 봐주는 '파벌'

우리나라 어디나 내부에 파벌(붕당)이 있다. 파벌은 유교적 관계중심의 사고방식에서 만들어진 산물이므로 일본, 중국에도 존재하는데, 우리나라는 그 폐해가 심하다. **파벌의 이익을 위해 공적 수단을 사용하기도 하고, 국가가 손해보더라도 파벌의 이익을 우선시하는 모습을 우리 지도자들은 자주 보여준다**. 우리나라 역사를 보면, 4대 사화와 3대 전란이 모두 파벌싸움으로 인해 생겼으며, 제대로 대응하지 못했는데, 아직도 이 병폐를 버리지 못하였다. 우리의 관료사회에도 파벌이 심하다.

파벌은 동문, 동향, 또는 인위적 조직으로 뭉치면서 형성된다. 고위직 공무원이 의도적으로 유능한 부하직원을 챙겨주면서 파벌을 구성하기도 하고, 파벌을 만드는 고위직을 찾아다니는 하위직도 있다. 이러한 모임은 개인적 친분으로 끝나지 않고 공적 판단에 영향을 주며, 사적 이익을 챙기는 수단으로 변질되어 부조리가 된다. 심지어 하나의 기관 내에 여러 개의 파벌이 공존하면서 서로 타협하는 단계로 가면, 그 기관은 합리적 운영이 불가능하다. 기관장이 가장 중요하게 다루어야 할 이슈라고 본다.

파벌의 부조리는 주로 '불공정 인사'로 나타난다. 먼저 고위직 선배는 친분이 두터운 후배에게 '빠른 승진의 이익'을 준다. 그리고 나중에 그 선배가 퇴직하면, 그의 '퇴직 후의 일자리(산하 기관장)'를 고위직이 된 후배가 챙겨주는 것이다. 공직사회에서 이러한 거래는 다 알려진 비밀이다. "누가 누구의 '줄'을 타고 있다"고 말한다. 이런 폐단의 역사는 오래전부터 존재해 왔는데, 이런 부분에 대해서는 연구도 대책도 없으니 역사는 반복되는 것 같다. 정치권에서도 유능한 사람보다 줄 잘 선 사람이 공천받는 현상이 보인다. 무능한 기관장이 나오고 저질 정치 지도자가 나오는 이유는 줄을 잘 섰기 때문이다. **오늘날 국가적 위기가 온다면, 그 원인은 또다시 '파벌'이 될 수 있다**.

■ 리더십이 부족한 기관장이 생기는 이유

우리나라 공공기관들은 「공공기관의 운영에 관한 법률(공공기관운영법)」을 적용받는다. 출연(연)의 기관장 선임은 이 법률이 규정한 절차를 따르게 된다. 공직사회에서는 실국장급 공무원을 부처 산하 기관의 기관장으로 내보내려고 애쓴다. 실국장 한 사람이 나가면 하위직들이 줄줄이 승진하기 때문이다. 그 결과 중앙부처 공무원 중에서 정년까지 공직에 머무르는 경우가 잘 없다. 그런데 공공기관운영법에서는 기관장 선임은 공모절차를 거치도록 되어 있고, 이사회가 구성한 임원추천위원회에서 3배수를 추천하면 이사회의 의결을 거쳐 이사장 또는 장관이 임명하는 것으로 되어 있다. 이렇게 되면, 정부부처 산하 기관장의 선임절차에는 주무부처의 '공무원 이사'의 입김이 크게 작용한다. **만약 주무부처 출신 공무원이 산하 기관장 후보자에 포함되어 있다면, 그 사람이 선임될 확률이 매우 높다**.

이렇게 선임된 기관장은 항상 주무부처의 눈치를 보며, 정부에 대해서는 소신 없는 기관장이면서 기관의 구성원에게는 횡포를 부리는 자세를 가지기 쉽다. 자율성이 강조되는 연구기관에서 기관장이 이러한 모습을 가진다면 국가적 손실이 생긴다. 이러한 기관장들은 주무부처와의 네트워크로 일하므로 예산은 잘 가져오지만, 기관 내부에 고질적 문제를 알면서도 고치려 하지 않는다. 편하게 임기를 마치려 한다.

가끔, 대선 캠프에서 봉사한 교수가 출연(연) 기관장에 응모하는 경우가 있다. 이때는 그가 선임되도록 주무부처는 노력하지 않을 수 없다. 정부는 이사들을 설득하게 된다. 이렇게 영입된 기관장은 어떻게 일하던가? 여러 가지 유형이 있었다. 독재 스타일도 있었고 전혀 존재감 없는 경우도 있었지만, 출연(연)을 제대로 발전시킨 사람은 보지 못했다. 정책이나 연구기관에 대한 지식이나 소신이 없는 기관장이 더 많았다.

대학이나 출연(연)의 기관장은 그 기관의 구성원 중에서 선임하는 것이 바람직하다. 기관장이란 기관을 대표하고 사회적 신뢰를 높이는 역할을 기본적으로 수행하면서 ① 부서 간에 업무를 분담하고, ② 재원을 배분하며, ③ 부서 간의 갈등을 조정하고, ④ 임용/승진을 결정하는 일을 주도하므로, 외부에서 선임되면 내부상황 파악에 시간이 많이(1년 정도) 소요된다. 앞으로 연구기관의 자율성을 보장하기 위해 평의원제도가 도입된다면, 연구기관장은 평의원회를 주재(MPG식)하거나 평의원회의 결정을 이행하는 역할(FhG식)을 맡게 된다. 기관장이 ①, ②, ③, ④를 독단적으로 결정할 수 없어야 한다.

■ '이해의 충돌'이 관리되어야 한다.

우리나라가 유교문화권에 있으므로 서양 국가에 비교할 때, 윤리적으로 가장 큰 문제점은 '이해의 충돌(conflict of interest)'을 인식하지 못하는 것이다. '이해의 충돌'이란 개인의 직무와 그의 사적 이익 사이에 관련성이 생길 때, 그의 직무적 평가·판정·심사·결정이 그의 사적 이익을 위해 내려지지 않았는지 제3자가 합리적 의문5을 제기할 수 있는 상황을 말한다. '이해관계'의 발생 그 자체는 잘못된 것이 아니며, 연구·교육활동 또는 공적 활동에서 흔히 발생할 수 있다. 그러나 '충돌상황'이 발생하면, **회피·기피·제척할 수 있도록 관리하는 체제**를 갖추는 것이 중요하다[92. p. 11].

공직사회에서는 일반 국민이 알지 못하는 정책정보를 많이 다루게 되는데, 이런 정보를 개인적 이익을 위해 사용한다면 '이해의 충돌'에 해당한다. 공무원이 지역개발정보를 입수하여 미리 부동산을 취득하는 사건이 대표적인 이해의 충돌사례이다. 우리나라는 「공직자의 이해충돌 방지법」이 2021년에 와서 제정되었으니 매우 늦은 편이다. 그러나 이 법률로도 방지하지 못하는 '이해의 충돌'이 현실에 많이 있다. 예를 들어,

○ 헌법개정을 두고, 야당 시절에는 헌법에 개정하고 싶은 내용이 있었는데, 여당이 되니 그 내

---

5 이해충돌의 여부는 당사자의 '무결성 주장'과는 상관없이 '제3자의 합리적 의심'이 판단기준이다.

용을 개정하고 싶지 않다면, 헌법은 절대 개정되기 어렵다. 정작 개정하려고 해도 여야 정당 간에 입장이 달라서 결코 합의점에 도달하기 어렵다.

－이것은 국가의 발전보다는 정당의 이익을 우선시하기 때문이다. 이런 경우, 개정헌법의 발효 시점을 5년 후로 지정하면 이해관계를 다소 경감시킬 수 있다.

○ 대학과 연구기관에서 tenure(또는 habilitation)의 통과기준을 높이고자 할 때, 이미 통과된 사람들은 자신과 상관없으니 규정 개정에 찬성하기 쉽지만, tenure 통과를 앞둔 신진연구자들은 엄격해지는 기준을 결사반대하므로 규정개정이 어렵다.

－이것은 '법규의 안정성' 측면도 고려되어야 하므로, 새로운 규정의 발효시점 이후에 신규 임용되는 연구자부터 적용하는 방법이 바람직하다.

○ 정부부처와 출연(연) 간의 문제가 발생할 때, 주무부처에게 해결하라 하면 절대로 해결되지 않는다. 주무부처가 이해의 당사자이기 때문이다. 이때는 국회가 직접 해결에 나서야 한다.

－PBS 폐지가 시행되지 않는 이유와 법인사업단이 만들어지는 이유에는 공무원의 이익이 관련되므로, **국회가 직접 조사**하고 조치를 명령해야 한다.

☞ 1972년 고발된 미국의 더스키키 매독연구사건은 정부가 저지른 윤리범죄에 대해 의회가 파헤치고 바로잡은 사건이다. 우리도 정부실패(government failure)를 모니터링하고 바로잡는 기능을 국회가 가져야 한다. 국회의 보조기구들이 많이 보강되어야 한다.

○ 공공기관장을 선임하는 이사회에서, 기관장 후보자로 주무부처 공무원 퇴직자가 포함되어 있다면, **'주무부처의 당연직 이사'는 이사회를 퇴장**하는 것이 윤리적이다.

－"정부부처는 공무원의 이익 카르텔이다."는 비판을 받고 있으니, 이런 오해를 불식시킬 필요가 있기 때문이다. 이사 간에도 인사청탁이 없어야 하며, 객관적으로 진정한 능력자가 임용되도록 정부이사가 퇴장해 주어야 한다.

☞ 현실을 보면, 정부부처 산하 공공기관의 기관장은 대부분 공무원 퇴직자들이 임용되어 있다. 유능한 공무원 퇴직자도 있을 수 있으므로, 임용심사에서 제3자가 객관적으로 평가할 수 있도록 '공무원 이사'는 잠시 퇴장하는 것이 윤리적이다. 이사장이 챙겨야 할 사안이다.

○ 전문가 사회에서 동료심사(peer review)제도에서도 이해충돌의 방지는 아주 중요하다. 비전문가가 전문가를 평가하는 일은 있을 수 없다. 그래서 도입된 제도가 동료심사인데, 여기서 전문가들이 서로 타협하거나 담합한다면, 일반인들은 인식하지 못하는 부정(불공정한 심사)이 발생할 수 있다. 특히, 파벌이 개입하여 자신의 동지를 봐주려 한다면, 문제는 더욱 심각해진다. **지도자는 스스로 윤리적임을 보여야 한다**.

■ 부처 간의 이해다툼을 없앨 수 없는가?

정부부처 간의 이해다툼은 매우 오래된 우리나라 정부의 관행이다. 미국에는 잘 없다. 정부에 새로운 업무가 생기면 정부부처는 서로 자신의 업무라고 주장하며 논리를 펼친다. 정부부처 간에 대립이 생기면 총리실이나 BH가 업무를 조정하는데, 공무원의 논리대결이 벌어진다. 정부부처가 왜 서로 업무를 가져가려 하는가? 애국심이 많아서 그런가?

새로운 업무를 가져가면, 예산이 늘어나고, 조직이 확대되며, 새로운 일자리(기관장, 고위관리자)가 생긴다. 한 공무원이 퇴직하고 새로운 일자리로 나가면, 하위직 공무원들이 줄줄이 승진한다. 이러한 이점이 있으므로 정부부처는 거의 '싸움'처럼 업무를 다툰다. 이에 대한 방지책으로, 공무원이 퇴직 후 산하기관에 재취업하는 경우 심사받도록 규정하고 있지만, 관료들의 기법은 이런 규정을 능가한다.

이에 관련된 윤리적 문제는 차치하고라도, 이런 관료주의 현상이 정책설계에도 나쁜 영향을 미친다는 점을 심각하게 봐야 한다. **정책의 왜곡 뒤에는 반드시 '공무원의 이익'이 있다**. 산자부와 과기부는 업무 다툼이 참 많았다. 그것도 이익의 다툼이었다.

정책사례[54. p. 146]

참여정부시절 과학기술 행정에서 획기적 체제개편이 있었다. 책임장관제를 도입하면서, 경제부총리 · 교육부총리 · 통일부총리에 과학기술부총리를 추가하였고, 과학기술혁신본부를 설치한 것이다. 혁신본부는 과학기술분야 3개 연구회(19개 출연기관)를 관장하면서 종합조정 기능과 국가연구개발예산의 조정 · 배분기능을 수행하였다. 주요 보직은 관계부처 및 민간에 대폭 개방하였다. 그런데 혁신본부가 과기부 소속으로 있다는 사실 때문에 산자부가 '**선수심판론**'을 제기했다. 선수가 심판을 보면 자기편을 봐준다는 의미이다. 그래서, 혁신본부가 종합조정을 하려면 과기부는 연구사업을 포기하라는 것이다. 결국 과기부는 대형복합 및 태동기 기술연구, 목적기초연구, 과학기술 확산사업을 맡고, 순수기초연구와 응용 및 실용화 연구사업은 관계부처로 이관하게 되었다.
그 후, 과기부는 산업기술(원천기술)과 민군겸용기술 관련 지원사업을 중단하게 되었으며, 응용기술분야를 지원하는 사업은 빼앗길 가능성이 있다는 피해의식을 가진다. 결국 이에 관련되는 출연(연)은 미션업무를 제대로 받을 수 없을 뿐 아니라 연구방향을 크게 전환해야 했다. 예를 들면, 기계연의 경우 제조 관련기술은 포기하고 나노기계 방향으로 간다.

■ 간섭 · 통제를 선호하는 공무원들

2008년 과기부와 교육부를 통합하였고 2013년 다시 미래창조과학부로 독립하였다. 이러한 정부부처의 통합과 분리에 득실이 무엇인지 조사 · 분석이 없다. 그리고 2017년 과기부는 정통부와 통합했다. 정부부처의 조각은 지도자의 재량이라고 생각하지만, 이런 중대한 결정에는 과학적 논거를 가져야 하는데. 우리는 정부에 관련되는 사안에 대해서는 아무런 비판이 없다. 부처를 통합하고 다시 분리하면, 서로에게서 나쁜 관행을 배우고 관료주의는 더 발전된다. "악화는 양화를 구축(drive out)한다"는 원리가 여기서도 적용된다. 교육부와 통합을 경험한 과기부 공무원들은 출연(연)을 더욱 간섭·통제하는 입장으로 변해버렸다. 대학은 수백 개가 서로 경쟁하면서 성장하는 것이 원칙이지만, 출연(연)은 오직 하나만 설치하므로 경쟁의 원리로 발전시키는 대상이 아니다. 대신 **출연(연)은 연구원을 엄격하게 임용하고 책임감 있게 연구활동하도록 자율·운영하는 특징**을 가져야 하는데, 우리는 둘을 경쟁시키고 있다.

과거 1990년대 초까지는 과기부나 기재부 공무원들은 출연(연)을 잘 섬겼다고 볼 수 있다. 그러나 세월이 흐르면서 많은 것이 변했다. 공무원들은 출연(연)에 부정이 많고 투서가 많다고 비난한다. 그래서 과기부가 엄격히 감독해야 한다는 논리이다. 출연(연)의 추락의 원인이 모두 정부에 있다는 생각은 하지 않는다. **한두 개 출연(연)이 잘못되었다면 출연(연)의 잘못이지만, 전체 출연(연)이 다 잘못되고 있다면 그것은 과기부의 잘못이다**. 실제로 출연(연)에 해로운 정책이 많이 시행되었다. **과기부가 해결해야 할 출연(연) 문제(PBS폐지, 공공기관운영법 면제 등)를 방치하고 있으니 출연(연)의 사람들이 직접 해결**하겠다고 나서다가, '돈 먹는 하마'가 된 얘기는 앞에서 했다. 이런 평판을 벗어나는 방법은 과기부가 정부 내에서 방어막이 되어야 하며, 출연(연)을 육성하는 일에 방관하는 입장을 버려야 한다. 미국 DOE 장관이 직접 나서서 NL의 문제점을 해결하려는 공문을 제4장에서 소개하였다. 우리도 이런 자세가 필요하다.

■ 과학적 논거로 정치권에 맞서야 한다

최근에 와서 정당들의 입김이 세지고 정부부처에 대한 영향력이 매우 커졌다. 그래서 정치적 이슈가 토론과정 없이 곧바로 정부부처의 정책의제로 올라온다. 정책의제 중에는 부당한 의제가 있어도 공무원들은 반발하지 못한다. 과거에는 당정협의 과정을 거치면서 공무원들의 의사를 존중해 주던 정당들이 이제는 그렇지 않다. 심지어 정치권에서 임용된 장관이 공무원들을 겁박하기도 한다. 이런 정책은 대부분 '표'를 얻기 위한 정책이거나 전임 정권의 치적을 깎아내리는 정책이다. 정권을 잡은 정당이 우선 당장의 인기를 위해 장기적으로 국가발전에 해로운 줄 알면서도 **'포퓰리즘 정책'을 밀어붙일 때, 공무원들은 제일 난처하다**. 나중에 정권이 바뀌면 그 정책의 뒷수습은 모두 공무원들의 몫이 된다. 보통 포퓰리즘 정책은 일시적으로 또는 지엽적으로 좋아 보이지만 지속가능하지 않으며 국가 전체적으로는 해로운 속성을 가지고 있다. 이런 정책은 정부부처에서 막아야 하는데, 공무원들이 정책의 중심을 잡기 위해서는 법률적 신변보호가 필요하다. 이것은 예비타당성조사보다도 더 중요하다. 반값 등록금,

4대강의 보해체, 탈원전 정책, 블라인드채용 제도의 탄생과 시행을 생각하며, 법적 요건을 만들어 보자.

- ○ 정당에서 개발된 정책이 정부로 넘어가는 과정에 공개토론과정이 반드시 필요하다.
- ○ TV 방송국은 책임있는 국책(연)의 전문가들이 참석하는 공개토론을 열어야 한다.
- ○ 과학적 논거, 통계수치, 선진국 사례 등이 제약없이 제시(공개)될 수 있어야 한다.
- ○ 이의제기로 인해 인사상의 불이익을 받은 공무원/연구원은 **나중에 복권**시켜 주어야 한다. 그래서 공무원뿐 아니라 **연구원을 위한 '소청심사제도'가 설치**되어야 한다.

이러한 논의가 유효하려면, 정부는 여러 방면에서 전문가를 많이 보유하고 있어야 한다. 그리고 이런 역할을 할 수 있는 곳이 바로 과기부이다. 과기부는 출연(연)을 잘 키우고 그 연구원들이 소신 있게 발언할 수 있는 여건을 만들어 줘야 한다. 이것이 선진국의 모습이요, 국가발전의 진정한 길이다. 대학교수는 교원지위법에 의해 신분이 보장된다. 출연(연)의 연구원에게도 신분을 보호해 주는 법률이 필요하다.

■ 정책가는 공부를 많이 해야 한다

과학기술정책가는 다른 정책분야와는 달리 학습을 많이 해야 한다. 선진국의 동향과 사례를 많이 공부하면서, 현장에서 발생하는 문제에 대응하기 위해서는 윤리, 회계, 노무, 법률 등을 학습해야 한다. 연구활동은 불확실성을 가지므로 지금까지 생각하지 못한 사건이 얼마든지 발생할 수 있다. 특히, 기술계약(연구계약, 기술이전, 물질이전 등)은 국제적이며 큰 이권이 오고 갈 수 있으므로, 선진국의 계약을 많이 학습해야 한다. 대개 법률문제는 변호사에게 의존할 수 있지만 반복적 사건을 예방하기 위해 제도를 설계해야 하는 경우에, 공무원은 관련 법률 내용을 훤히 파악하고 있어야 한다.

정책이슈는 끊임없이 발생한다. 그리고 과학기술의 발달 덕분에 새로운 정책수단이 계속 개발되고 있다. 위성사진으로 북한의 동태를 파악하거나 소형원자로로 에너지 위기를 극복하거나, 빅데이터로 국민들의 욕구를 신속정확하게 파악하는 등 **정책수단에는 과학기술이 긴밀히 결부되어 있다**. 그래서 과기부의 역할은 중요하다. **과기부는 모든 정부부처에 정책지식을 공급하는 부처로 자리 잡아야 한다**고 주장하는 이유가 여기에 있다. 과기부는 출연(연)을 진흥·육성하면서 연구원들이 전문성이 심화되도록 정책을 수립·시행하고, 다른 정부부처가 출연(연)을 용이하게 활용하는 구도 속에서 각 부처 정책가들은 연구원들과 소통할 수 있을 정도의 전문성을 키워주어야 한다. 이제 **'(과학기술)정책연수원'이 설립**되어야 한다고 본다.

정부 내에서도 세미나가 활발해야 한다. 본 저자가 과기부에 재직할 때, 동료공무원들과 정책을 연구하고 발표하는 동아리로서 '정책 아카데미'를 운영하였는데, 이 학습모임은 활성화되지 못하고 없어져서 아쉽다. 우리나라가 선진국이 되려면 국가발전 패러다임이 전환되어야 하며, 정책의 과학화·윤리화를 주도해야 할 과기부가 먼저 변해야 한다. 공무원들이 학습하지 않으면 동향에 어둡고 지식이 부족하여 연구자들과 대화하기 어렵다. 심지어 기재부의 일반행정의 논리에 반박하기도 어렵다. 나중에 자신감이 없어지면 짜증내고 **공개토론을 피하게 된다**. 공무원은 무엇을 어떻게 학습해야 하는가?

- ○ 기본적으로 직무에 관련되는 법률을 잘 알고 있어야 한다. 그 학습수준은 변호사와 논쟁해도 이길 수 있어야 한다. 하위직 공무원 시절에는 자신의 직무 중심으로 법률을 학습해야 하며, 고위직이 되면 부처가 관장하는 모든 법률을 알고 있어야 한다.
- ○ 현장을 알아야 하며, 오피니언 리더를 잘 알고 친분관계를 가져야 한다. 정책가는 현장 방문을 정기적으로 해야 한다. 장·차관은 1년에 2번씩은 현장을 방문하고 연구원들과 제한없이 난상토론을 할 수 있어야 바람직하다.
- ○ 선진국의 정책동향과 인력의 흐름을 잘 파악하고 있어야 한다. 혹시 선진국의 동향에 질문이 있으면 KOSEN을 이용하여 해외주재 과학자에게 직접 질문할 수도 있다. 일본, 중국의 카운터파트 공무원을 알고 친분을 쌓는 일도 좋다. 이때 KISTI의 역할이 중요하다. KISTI는 주요 선진국에 대해 국가별, 기관별 정보를 전문적으로 파악하는 지역전문가를 보유해야 한다. 이들은 국가·기관의 정기간행물(annual report)을 입수하며, 정책 데이터를 파악하고 있어야 한다. 그리고 외부의 질의에 즉시 답변할 수 있어야 한다. KISTI의 활동방법은 제7장 제5절에서 설명하였다.
- ○ 정책연구보고서를 읽어야 한다. 모든 보고서에 대해 요약문은 읽어 봐야 한다. 그러다가 직무와 연관성이 생기면 그 보고서를 통독하면 좋다. 그 연구책임자를 초청하여 세미나를 개최하는 방법도 좋다. 공무원과 정책연구자는 자주 만나야 한다.
- ○ 과장급 이하 하위직 공무원은 학습동아리를 만들어 공부하고 발표하면서 지식을 쌓기를 권한다. 학습동아리에 여러 부처 공무원들이 모인다면 더욱 바람직하다.
- ○ 서기관급 공무원에게는 석박사 학위를 취득하도록 국내 대학 또는 해외유학의 기회를 부여해야 한다. 특히, 해외 유학은 유교중심의 사고방식을 변화시킬 수 있는 기회가 된다. 현재 인사혁신처에서 운영하는 '공무원 교육파견 프로그램'을 확대하기를 바란다. **'공무원 전문화 시대'를 열어야 한다**.

그러나 이것만으로는 부족하다. 공무원 30년의 근무기간에서 볼 때, 서기관 시절의 박사학위공부는 10년 지나면 일천한 지식으로 전락되고 만다. 과학기술이 발전하는 속도는 갈수록 가속되고 있기 때문이다. 본 저자의 경험을 통해, **새로운 공무원 훈련·활용 프로그램을 제안하고자 한다**. 대상은 고위공무원단이다.

○ 우리나라 공무원들은 너무 이른 나이에 퇴직하고 산하 기관장으로 나간다. 스스로 퇴직을 자원하는 경우(의원면직)도 있지만, 정부부처가 조직적으로 밀어내는 경우도 있다. 우리 고공단 공무원은 일본의 카운터파트 공무원보다 5~10년 나이가 젊다.

※ 중앙부처는 의도적으로 고공단 공무원을 기관장으로 내보낸다. 하위직 공무원들이 줄줄이 승진하기 때문이다. 많은 정부부처에서 이런 일이 발생하므로 고공단의 퇴직연령이 너무 빠르다.

○ 고위공무원은 정책경험이 많으므로 새로운 정책수단(AI, 빅데이터, 블록체인 등)을 학습하면, 새로운 이슈에 대해 새로운 정책을 만들 수 있을 것이다. 정책에는 이론보다도 암묵지의 비중이 매우 높아서 경험적 지식이 큰 힘을 발휘한다.

○ 각 부처에서 장·차관과 코드가 맞지 않은 고공단 공무원은 출연(연)의 정책연구실에 전문위원으로 나가서 새로운 정책개발을 경험하도록 기회를 가지는 것이 좋겠다. 직무평가는 연 2회 연구결과를 장·차관 앞에서 발표하고 평가받는 것으로 하면 어떨까?

- 장·차관에게 반대했다는 이유로 고위공무원을 퇴출시키는 인사는 근절해야 한다.
- 정책설계가 우수하면 복직되어 추진하고, 아니면 차후 평가를 기다리면 된다.
- 일부 공무원은 정년까지 복직이 아니 될 수도 있다. 정부에 국장 T/O가 많아야 한다.

○ 고공단 공무원은 정년 이전까지는 산하기관의 기관장으로 내보내지 말고, 출연(연)에서 정책을 개발하게 하는 것이 국가적으로 더 이익이라고 본다.

참고로, 이제 연구회(NST)가 있으니 출연(연)의 전문적인 문제(법률, 계약서, 노무 등)는 NST가 커버할 수 있다고 생각할 수 있다. **방향은 맞지만 아직 한계가 있다**. 선진국(CNRS, MPG 등)에서도 연구기관의 행정 전문성이 매우 높다. 그러나 우리는 연구행정체계가 아직 자리잡지 못한 수준이라는 점을 잊어서는 안된다. 정부가 연구행정의 전문성을 연구회에 의존하려 한다면 다음 몇 가지의 요건을 갖추어야 한다.

※ 본 저자가 프랑스 파스퇴르 연구소와 협상하며, 한국 파스퇴르 연구소를 설립할 때, 그들의 변호사가 '연구소의 법인격'에 대해 고민하는 모습을 보고 놀란 적이 있다.

○ 연구회(NST)에 전문행정가(윤리, 회계, 노무, 법률, 홍보, 지재권, 정책기획, HRD 등)를 배치해야 하며, 그들의 처우수준은 일반행정가와 달라야 한다. 우리는 아직 그러하지 못하다. 유능한 변호사, 회계사, 노무사, 세무사를 임용하기 어려운 구조이다.

- 현실에서 우리 행정가는 지식이 너무 일천하다. 오직 기관장에만 충성하지만, 연구원에게는

"안된다." "규정이 없다." "감사에 걸린다."는 말만 반복한다.

※ CNRS, MPG, RIKEN 본부에는 약 600명 정도의 행정가가 배치되어 있다. 그중에는 법률, 노무, 지재권, 윤리 등 전문가가 많은데, 인사상 track관리를 통해 전문성을 키운 것이다.

○ 연구회에서 설계한 제도적 장치가 쉽게 법규화될 수 있도록 과기부가 지원해야 한다. 법률안 상정 권한(정부입법)은 장관이 가지고 있기 때문이다.
 – 연구회 직원과 과기부 공무원들이 함께하는 '학습동아리'가 도움이 될 수 있다.

○ 정부(특히 과기부, 기재부)는 연구회의 예산편성이나 제도설계에 대해 간섭하지 말아야 하며, 그 결과를 존중해야 한다. 출연(연)은 공무원이 "**섬겨야 할 대상**"이다.

제3절 근본에서 다시 생각해 볼 것들

우리는 법률, 제도, 대학, 연구기관, 심지어 행정·경영기법까지도 선진국에서 모방한 것이 많다. 그 과정에 우리는 외형적인 부분은 선진국과 비슷하게 따라 했으나, 보이지 않는 것(철학, 개념, 운영체계 등)은 우리 나름대로 '유교적 방식'을 적용하여 만들어 갔다. 그 결과 권한과 책임의 미스매치, 이해의 충돌, 제도적 충돌을 초래하고 있다. 미국에서 들어온 '평가제도'가 우리사회에서 줄 세우기로 왜곡·변형되지 않았는가? 우리가 가볍게 생각하는 개념도 근본적으로 들어가면 쉽지 않다. 사례를 보자.

■ '학생'의 근본 개념은 무엇인가?

'학생'이란 무엇인가? 단순히 "배우는 사람"만으로는 충분히 설명하지 못하는 것이 많다. '학생의 개념'은 역사적으로 오래전에 형성되었다. 동양에서는 공맹시대 이후 학생의 '바람직한 자세'를 많이 강조하였지만, 유럽에서는 '학생에 대한 사회적 특권'을 황제의 칙령으로 발표하였고, 그 특권이 전 유럽으로 퍼져나가면서 오늘까지 이어진다.

○ 면역(免役): 학생이 배움을 중단하지 않도록 하기위해, 징집면제 또는 입영연기가 가능하도록 칙령이 나왔다. 그 전통은 오늘까지 내려온다.

○ 면세(免稅): 학생이 대학에 가기 위해 여러 영지를 통과하면서 납부하는 통행세는 면제하도록 칙령이 나왔다. 그 후, 학생의 아르바이트에 대해서도 면세하게 되었다.

○ 면책(免責): 중세 때, 학생범죄는 엄격한 시민법정이 아닌 종교재판에 회부되었다. 학생은 미완성이므로 학생이 저지른 '실수'에 대해서는 책임을 묻지 않게 되었다.

이러한 개념을 적용한다면, 우리의 학생제도에서 많은 문제가 발견된다.

○ 박사과정 학생이 연구관제에 참여하면서 받는 '돈'이 (세금 내는) 인건비인가 (세금 없는) 장학금인가? 우리나라는 '인건비'로 간주하고 있다.

○ 학생이 연구실에서 연구장비를 고장 내었다고 해서 변상을 요구하면 아니 된다.

○ 회사원이 대학의 박사과정에 교육파견 온 경우, 그 학생의 특권은 어떠해야 하는가?
 - 그 회사원은 연구과제에 참여하여 '돈'을 받으면 '인건비 이중수혜'에 해당하는가?

○ 우리 대학원생들은 대학과 '근로계약' 체결을 요구하였고, 대통령 공약이 되었다.
 - 도제식 교육에서 '교육'과 '근로'의 구분이 확실한가?
 - 학생연구원에 대해 근로계약을 체결한다면, 졸업 때 퇴직금을 주어야 하는가?

■ '교수'의 근본 개념은 무엇인가?

'교수'란 무엇인가? 단순히 "대학에서 가르치는 사람"만으로는 충분하지 않다. 교수라는 개념은 학생보다 더 오랜 역사를 가지면서 형성되었다. 교수가 사회적으로 특혜를 받는 직종으로 위상을 가지게 된 데에는 오랜 시간에 걸쳐서 사회적 신뢰를 쌓았기 때문이다. 중세 때에는 교권에도 왕권에도 영합하지 않고 '자유'를 달라고 주장하였으므로, 대학의 가치는 '**학문의 자유**'가 중심이다. 1900년대 초 미국 종립대학에서 벌어진 창조론과 진화론의 논쟁은 tenure제도를 탄생시킨다. 석·박사 양성을 위한 유럽의 도제식 교육은 미국에서 대학원생 대량양성으로 변화되고, 연구중심대학의 태동과 함께 대학이 국가연구생태계의 한 축을 차지하게 되었다.

'교수'의 기능은 대학 탄생 초기에 '교육'으로 시작되었으나 1800년대 초 독일에서 '연구'기능이 추가되었으며, 1900년대 중반 미국에서 교수의 '사회봉사'를 중요시하는 선언이 나왔다. 최근에 와서 '창업'이 대학의 새로운 기능으로 자리를 잡아가는데, 이것은 대학에 소속된 모든 구성원(학생, 연구원, 교수, 테크니션 등)에게 허용되는 새로운 기능으로 봐야 한다. 이러한 변화 속에서도 **교수가 꼭 붙잡고 있었던 가치지향점은 엄격한 '윤리기준'이었다**. "학문의 자유를 지키려면 엄격한 윤리기준을 가져야 한다."는 것이다. 이렇게 '학문의 자유'를 수호하는 주도적 기관은 미국대학교수협회(AAUP)이다. AAUP는 여러 가지 선언문으로 대학교수의 권리와 의무를 제시하고 있으며, 모든 대학들이 이 선언을 따르고 있다. tenure제도에 대한 근거도 AAUP가 제시한 것이다. 결과적으로 교수와 사회 간에는 '계약관계'가 묵시적으로 다음과 같이 형성되었다.

○ 교수는 깊고 긴 호흡으로 생각할 여유를 가져야 한다.

○ 교수는 국가에 grant를 신청할 자격을 가진다.

○ 교수는 '학문의 자유(academic freedom)'를 가진다.
○ 대신 교수는 지식의 유전자를 후세에 남겨야 하며, 사회적 문제점에 적극 개입할 책무가 있고, 교육과 연구에서 법률과 '윤리'를 반드시 준수해야 한다.

이것이 대학교원의 특혜이자 사회적 책무가 되었다고 제5장 제5절에서 설명하였다. 그리고 이 특혜와 책무는 국가(연)의 연구원에게도 그대로 적용된다.

그리고 모든 교칙에 엄격한 윤리기준이 제시되어 있다. 교수는 외부 간섭을 피하기 위해 '동료심사'제도를 많이 개발하였으며 동료심사의 윤리도 엄격히 제시하고 있다. 이러한 바탕이 있기 때문에 미국의 대학에서 교수는 매우 자유로워 보이지만 엄격한 윤리 속에서 활동하는 것이며, 윤리를 위반한 경우에는 가혹한 징계가 나온다. 그것은 교수의 특권을 사회적으로 지키기 위해서이다. 앞으로 우리 대학정책에서 선진국 대학의 윤리기준과 절차를 도입하는 일을 큰 주제로 삼아야 할 것이다.

17세기에 와서 대학보다도 더 조직적으로 연구하게 하는 국립(연)이 나오고 그 한계(조직의 경직성, 우수인력 중간진입 불가 등)를 벗어나기 위해 국책(연)이 생겨나면서, 연구원 관리에도 교수와 동등한 관리체계(자율성, tenure 등)를 적용하게 된다. 선진국에서는 대학의 많은 교수들이 국책(연)의 연구원으로 겸임하거나, 국책(연)의 연구원들이 석·박사생의 논문을 지도하고 있다. 우리도 대학에 강의 안 하는 교수(연구교수, 산학협력교수, BK교수 등)가 많아졌다.

■ 그 외에도 근본 의미를 생각해 볼 이슈들

우리가 자주 사용하는 용어의 근본적 의미를 알지 못하면 정책에 혼란이 올 수 있다. 특히 선진국으로부터 외형적 모습만 도입한 경우, 여러 정책들이 서로 충돌할 수 있다.

○ 교육이란 무엇인가?
  -'학교 교육'과 '학원 교육'의 차이는 무엇인가? 무슨 차이가 있어야 하는가?
  -원격강의가 활성화되면 과연 '대학의 필요성'은 사라지고 대학은 없어질까?
○ 대학 등록금은 어떻게 결정되어야 합리적인가? 정부가? 대학이? 수강학점에 따라?
○ 사립대학의 역할이 훌륭하다면, 정부는 굳이 국립대학을 운영할 필요가 있는가?
○ '연구자'란 누구인가? 아무나 탐구하면 연구자인가?
  -정부가 주는 연구과제에서 아무나 연구책임자가 될 수 있는가?
  -행정직·기술직으로 임용된 사람이 박사학위 받으면 연구원이 될 수 있는가?
○ '과학기술활동'이란 구체적으로 무엇인가? 융합연구에 인문사회는 참여하지 못하는가?
○ 유교문화권의 우리 공직사회에 stewardship(섬기는 자세)이 존재할 수 있을까?

◦ 지식노동자에게 법정 근로시간이 의미가 있는가?
◦ 전문인(의사, 변호사, 연구자)에게도 동일노동 동일임금을 적용해야 하는가?
◦ 시장실패가 분명한데도 정부가 개입하지 않을 때는 어떤 이유가 있을까?
◦ 전문가(연구원)의 전문활동(연구활동)을 비전문가(공무원)가 관리할 수 있는가?
  －연구원을 경쟁시키면 연구생산성이 높아지는가?
◦ 비전문가는 전문가가 진실을 말하는지 거짓을 말하는지 어떻게 판단할 수 있는가?
◦ 국가발전이란 어떻게 지표화할 수 있을까?
◦ 우리는 선진국에 비해 객관식 시험과 개조식 표현을 참 많이 사용한다. 무엇을 얻고 무엇을 잃는가?
◦ 내가 모르는 것이 무엇인가? 우리에게 없는 것은 무엇인가?

정책가는 항상 근본적으로 고민해야 한다. "**깊이 있는 고민이 성장의 어머니이다**."

■ '토론문화'를 의도적으로 만들어야 한다

우리 과학기술공동체의 문화 중에서 선진국과 가장 다른 점은 '토론'이 빈약하다는 점이라고 본다. 우리는 상급자의 지시나 학술발표에 대해 '질문하는 자체'를 거북하게 생각한다. 그래서 질문하지 않으려는 분위기가 만들어진다. 여기에는 장유유서나 가부장적 유교문화가 크게 작용하고 있기 때문으로 해석되며, 우리 모두들 학창 시절에 토론하는 방법을 배우지 못한 점도 그 원인이 될 것이다. 공직사회는 더욱 그러하다.

토론은 논리를 검증하고 견고하게 하는 매우 중요한 과정이다. 특히, 세미나 또는 학술대회에서 활발한 토론이 없어지면 그 **생태계가 건강할 수 없다**. 예를 들면, 권위있는 학자가 무성의한 자료를 발표하여도 아무런 지적이 없고, 오히려 "훌륭한 발표였다"고 칭찬하는 경우도 보았고, 질문에 대한 답변에 재질문이 허용되지 않는 경우도 많이 보았다. 참석한 학생들은 선배 연구자들의 모습을 보고 그대로 따라할 것이다. 이제는 토론문화를 의도적으로 활성화해야 한다. 여기에 전략이 필요하다고 본다.

우리는 세미나 이후 보통 발표자와 개최자가 식사를 같이 하는데, 이보다는 참석자 모두를 위한 다과회를 연결하는 방법이 어떨까? 본 저자가 프랑스에서 보았던 CNRS의 세미나 모습을 아래에 소개한다. 프랑스는 국가 전체적으로 열심히 토론한다. 이공계뿐 아니라 인문사회적 이슈에 대해서도, 학술토론이 아니라 TV 방송국의 시사토론에서도 격렬하게 토론한다. 토론문화가 잘 발달되어 있다. 그들은 적당히 넘어가지 않는다.

프랑스의 세미나 분위기

우리 대학(Ecole Poytechnique)의 기계구조분야 전공에는 CNRS와 대학의 공동연구실이 있다. CNRS 연구원 5명이 우리 전공에 와서 박사과정 학생들과 실험실을 공유한다. 전공세미나는 매월 셋째 목요일 15시에 개최된다. 그리고 세미나 주제와 발표자는 2개월 전에 포스터로 공개된다. 발표자는 우리 전공뿐 아니라 인근 대학 또는 연구기관의 교원, 연구원들이다. 박사과정 학생이 발표하는 경우는 잘 없다. 세미나 포스터는 제작되어 인근 대학과 연구소에도 게시된다. 그래서 세미나에는 인근 기관의 연구원과 학생들 50~60명이 모여든다. 모두들 세미나 참석을 위해 셋째 목요일 오후 일정은 비워둔다.

세미나 발표장에는 맨 앞줄에 머리가 희끗희끗한 원로 연구원들과 원로 교수들이 자리 잡고, 그 뒤로 연구원들이 앉는다. 다른 전공 연구원들도 자주 참석한다. 박사과정 학생들은 맨 뒤로 자리 잡는다. 학생들은 질문이 별로 없다. 그저 구경하는 관중이다. 연구원들은 처음에 점잖게 질문한다. "좋은 지적에 감사드린다"로 답변하고 끝나는 경우가 많다. 가끔은 재차, 삼차 질문한다. 목소리가 점점 커진다. 다른 연구원들이 개입하며 타협점을 던진다. 그래도 서로 양보가 없다. 사회자가 시간 관계상 논쟁을 중단하기로 한다.

세미나가 끝나면, 항상 다과회가 연결된다. 세미나 발표장 옆 방에 모두 모여 샴페인 한 잔에 달콤한 과자 몇 조각을 먹는다. 앉는 자리는 없으니 삼삼오오 모여서서 누구의 의견이 맞는지 얘기를 나눈다. 이때, 격렬하게 토론했던 두 당사자는 한 번 더 대화한다. 이때는 웃으며 얘기한다. 돌아가서 한 번 더 생각해 보기로 한다. 서로 감정적 관계는 이것으로 끝낸다. 세미나는 다과회로 끝난다. 학술대회를 banquet(연회)로 끝내는 이유도 비슷하다.

제4절 한국인의 사고방식

우리가 정책을 수립하고 시행하면서 자주 경험하는 현상은, 뻔히 보이는 정책목표에 쉽게 도달하지 못한다는 것이다. 정책과정에 이해집단이 개입하기 때문인데, 부처이기주의, 지역이기주의, 협회, 단체, NGO, 심지어 부동산 가격하락까지 정책이행에 개입한다. 미국에서 잘 작동되던 정책이 한국에서는 무기력한 상황도 발생한다. 연구윤리 중에서 '이해충돌의 관리'가 그 대표적인 사례다. 이런 측면을 보면, 정책가(중앙부처 공무원)는 정책내용과 맥락을 잘 알고 있어야 할 뿐 아니라 정책환경도 잘 파악하고 있어야 한다. 그리고 공무원들은 **'직무 전문성'**을 가져야 하므로 직무에 관련된 지식을 학습·교류·비판하는 일을 게을리해서는 아니 된다. 선진국의 카운터파트 공무원과도 교류하며, 정책자료(Annual Report 포함)를 입수하여 공유해야 한다. 또 하나 중요한 점은 한 직책에 장기(적어도 3년) 복무가 필요하다. 공무원의 순환보직 제도는 부조리를 방지하기 위한 대책이라고 하지만, 이제 시대가 바뀌었다. **정부는 공무원들을 불신과 감사로 관리하기보다는 신뢰와 규범(윤리와 직무매뉴얼)으로 관리하도록 방법을 변경**

하는 것이 선진국으로 가는 길이라고 본다.

정책가들은 선진국의 사례를 많이 참고하는데, 이때 잊지 말아야 할 것은 동양과 서양의 '사고방식의 차이'이다. 사고방식의 차이는 예상 밖으로 과학기술활동에 큰 영향을 미치는데, 우리는 이런 측면의 연구가 약하다. 본 저자는 이 방면으로 많이 고민했다.

■ 동·서양의 사고방식 차이가 연구활동에 미치는 영향

서양에서 개발된 '연구관리 방법'들이 우리나라에도 잘 적용될 수 있을까? 사고방식이 달라도 결과는 동일할까? 동양과 서양의 사고방식의 차이가 제도에서 야기하는 영향을 알아보자. 심리학에서 흥미로운 연구내용이 있다.

> 서양사회는 독립적(independence)이며 Individual(개별성), Unique(고유성), Influencing(영향력), Free(자유), Equal(평등)을 중요시한다. 반면에 동양사회는 상호의존적(interdependence)이며 Relation(관계), Similarity(유사성), Adjustment(적응), Root(뿌리), Rank(서열)를 중요시한다[109].

우리나라 사람이 가진 사고방식 중 서양과 크게 다른 점이 몇 가지를 간추려 보자. 이 내용은 본 저자의 관찰과 경험에 근거를 두고 있다.

- ○ **우리는 관계와 의리를 중요시한다**. 학교 선후배뿐 아니라, 군대·회사·사회의 상하관계는 영원히 지속된다고 생각한다. 한번 관계가 형성되면 그 관계에서 벗어나기 어렵다. 또한, 한번 존경하게 된 사람은 나중에 그가 위선자로 밝혀져도 존경하던 관계를 끊지 못한다. 우리가 냉정하지 못한 것은 관계 중심의 사회 속에서 '의리'를 중요시하기 때문이다. 그런데 '의리'가 정확하게 무엇인지는 정리되어 있지 않다. 친분 있는 사람이 곤경에 빠졌을 때, 외면하지 않고 도와주는 것을 의리라고 생각한다. 그래서 친구가 부정을 저질렀을 때, 감추어 주는 것이 의리(진정한 우정)라고 생각한다.
- ○ **우리는 서열을 중요시한다**. 우리는 사람을 처음 만나면, 서열을 정하는데 많은 시간을 소모한다. 고향이 어디냐, 어느 대학 몇 학번이냐, 누구를 아느냐 등 여러 질문을 거쳐서 서열을 정하고 나면 관계가 매우 친밀해진다. 그리고 첫 만남에서 정해진 서열은 영원히 간다고 믿는다. 그래서 첫 만남에서 항상 상위서열을 차지하려 노력한다. 대학 학번은 후배인데 군대 계급은 높다면 서열이 아주 복잡해진다. 종종 사회에서는 학력과 재력으로 '급(서열)'을 따진다. 이때에는 '상급'은 '하급'을 무시한다.
- ○ **우리는 자신을 항상 남과 비교한다**. 우리는 자기 주도적 상황을 만들어 가기보다는 남과 유사한 상황 속에서 안도감을 가진다. 그리고 남의 일에 관심이 많다. 튀는 사람과 뛰어난 사람을 좋지 않게 본다. 재벌이나 정치가를 존경하기보다는 질투하는 경향이 크다. 지도자,

연예인, 스포츠 스타는 별 잘못이 없어도 '안티 팬'이 생긴다.

○ 우리는 이익이나 사리를 엄밀하게 따지면 **원만하지 못한 사람이라고 생각한다**. 그래서 법규나 계약서를 엄격하게 규정하기보다는 대충 만들고 상황에 따라 조정하자고 한다. 그러나 나중에, 이로 인해 갈등이 생기고 '갑'의 주장대로 결정되며, '을'이 피해를 보는 경우가 허다하다. 우리의 모든 계약서가 선진국에 비해 매우 간단하다.

○ **공(公)과 사(私)에 대한 구별이 모호하다**. 우리는 사적 이익을 위해 공적 수단을 사용하는 경우가 많다. 사적 이익을 위해 공적 정보를 사용하다가 적발된 사례는 주로 정치가나 지도자급 공무원에서 많이 발생한다. 정치적 중립을 지켜야 할 공직자가 정치 편향적 조치를 취한다면 이것도 공사를 구분하지 못하는 것이다. 우리나라에서 이해충돌방지법은 2021년에 와서야 제정되었지만, 이 법이 잘 작동할지는 두고 볼 일이다.

○ **우리는 파벌을 잘 만든다**. 우리는 하나의 집단 내에서 남달리 좀 더 친밀감을 가지며, 더 잘 챙겨주고 챙겨받는 관계를 가지기를 원한다. 그래서 동문, 동향, 각별한 관계를 중심으로 파벌을 만든다. 리더가 주도하여 파벌을 만들기도 하고, 팔로워가 파벌 만드는 리더를 찾아가 다니는 경우도 있다. 현장에서는 "줄을 선다"고 표현한다.

☞ 공공기관 내부에서 사적 집단(inner circle, 파벌)을 만들어 공적 권한을 독점하려 하는 경향이 많다. 고위직에 있으면서 특정 후배에게 인사상의 특혜를 주고는 퇴직 후에 그 후배로부터 도움을 받는 관계를 만드는 것이다. 그리고 이런 집단이 대를 이어가며 장기간 존속하면서 공공기관의 권한을 독점하는데, 이것은 매우 심각한 부정행위이다.

○ **우리는 '충성'을 남발한다**. 충성은 오직 국가를 위해서 발휘하는 것이다. 개인과 조직을 위해 충성하게 되면 부정으로 이어진다. 개인에게 충성하게 되면 파벌이 되고, 파벌이나 기관을 위해 충성하게 되면, 그것은 '마피아'를 만드는 것이다. 부처이기주의란 알고 보면 '마피아'와 다를 바 없다. 부하 공무원에게 충성을 요구해서도 안된다. 오직 규범에 따른 냉정·공평한 업무만을 요구해야 한다.

☞ 우리 공공기관의 신입직원 선발에서 "기관을 위해 뼈를 묻겠다"고 서언하는 경우를 자주 본다. 그런데 이런 자세는 매우 위험하다. 이것은 부정행위가 예고되는 것이다. "충성은 오직 국가에게만 발휘하는 것이다." 직원은 기관을 위해서 직무매뉴얼대로 냉정 · 공평해야 한다. 국가의 이익과 기관의 이익이 "충돌"하면 국가의 이익을 우선시해야 한다.

○ **우리는 무책임한 '부귀영화'를 추구한다**. 우리는 지도자가 되면, '부귀영화'를 누리되 책임은 지지 않는 방식을 추구한다. 자신이 요구하지 않아도 부하가 알아서 자신을 떠받쳐 주기를 바란다. 부하에게 무조건적 충성을 요구하는 것이다. 그러나 서양은 그렇지 않다. 서양에서는 귀족과 시민의 관계에 '쌍무적 계약'이 있다고 해석한다. 유럽에서 "귀족은 피를 바치고 시민은 공물(세금)을 바친다"는 말이 있다. 전쟁이 나면 귀족이 앞장서서 시민을 보호

해야 한다는 의미이다. 우리는 전쟁이 나면 지도자는 도망가고 국민(의병)이 싸우는 사례가 많았다.

- ○ **우리는 조금의 권한이라도 '권력화'하려 한다.** 시중에서는 "완장 찼다"고 표현하는데, 관리자가 되면 그 권한으로 군림하려 한다. 심지어 권력을 얻기 위해 비굴한 모습(말 바꾸기, 거짓말, 반칙, 부정행위)을 보이는 사람을 자주 본다. 정부부처 간에는 서열이 규정되어 있지만, 서열을 넘어서는 파워(권력)를 가지려고 치열하게 다툰다. 일을 효율적으로 수행하는 방향보다는 최대한 부처의 파워를 키우는 방향으로 다투는 경우가 많다. 그래서 우리는 힘센 부처가 있고, 힘없는 부처가 존재한다.
- ○ 그리고 **우리는 '후회'를 잘 한다.** 이성적 판단보다는 감성적 판단이 앞서기 때문이다.

우리의 이러한 특성은 연구활동이나 연구관리 행정에 그대로 반영이 된다.

- ○ 서열을 중요시하다보니, **융합연구가 쉽지 않다.** 서로 다른 분야 간에, 누가 PI를 맡을지 결정하는 데에 시간이 많이 걸린다. 연구자는 PI가 후배이면 그의 지휘받기를 싫어한다. 일반적으로 연구협력자로는 "친분 없는 유능한 사람"보다 "좀 무능해도 친분 있는 사람"을 선호한다. 그러나 친분과는 상관없이 계약만으로 융합연구팀이 구성될 수 있어야 한다. 그러려면 모든 계약서가 상세해야 한다.
- ○ 관계를 중요시하다보니, **'내부고발'은 기관의 배신자로 취급된다.** 직원들은 기관에 충성해야 한다는 생각이 저변에 깔려 있다. 기관에 대한 충성은 기관의 발전으로 이어질 수 있지만, 국가차원에서는 그 기관 전체가 '암적 존재'로 변질될 수도 있다. 소수집단이 공공기관을 장악하고 마피아처럼 운영할 때를 말하는 것이다. 그런 단계는 아니더라도 기관차원의 부정이 관행처럼 저질러지는 곳도 있었다.
- ○ 우리는 상황과 맥락 등 많은 인과관계를 고려해야 한다는 사고방식이 강하기 때문에 **법규나 계약서를 자세하게 규정하기보다 느슨하게 규정**하고 있다. 상황에 따라 판단하자는 의미가 내포되어 있다. 이러한 이유로, 우리의 대부분의 법규가 미국에 비해 자세하거나 엄격하지 못하다. 연구활동에서 임용계약서, 공동연구계약서, 기술이전계약서, 물질이전계약서, 비공개계약서가 엄격하지 못하고 자세하지도 못해서 나중에 갈등을 유발하고 소송으로 가는 경우가 많다.

☞ 우리는 판단에 필요한 '기준(criteria)'을 과학적으로 미리 정하지 않고 상황이나 감정적 기준을 가지면서 서로 다툰다. 예를 들면, '부동산 투자'와 '부동산 투기'의 기준도 없이 인사청문회에서 서로 공격한다. '내부고발'과 '비밀유출'의 기준이 없으므로 내부 고발자를 비밀유출자로 비난한다. 또한 대학에는 교수의 대외활동을 금지하는 기준도 없이 교수의 외부활동이 많다고 비난한다. 우리 사회의 '내로남불'은 객관적 기준이 없기 때문이다.

○ 공(公)과 사(私)를 구별 못하니, **대학은 사회적으로 막강한 이익집단이 되어버렸다**. 대학의 교수들이 각종 위원회에서 국가가 아니라 대학을 위해 '발언'하기 때문이다. 이것은 조직에 충성하려는 성향에도 관련이 있다. 대학은 공공기관이므로 교수는 대학이 아니라 국가와 사회를 위해 일해야 한다. 대학 행정에서는 내부규정대로 냉정·공평하게 처리하되 자신의 연구와 교육에 대해서는 열정을 가져야 한다.

※ 미국대학교수협회(AAUP)의 「교수윤리헌장(Statement on Professional Ethics)」 제5조에는 "교수가 개인자격으로 말하거나 행동할 때는 자신의 대학을 위해서 말하거나 행동한다는 인상을 주지 않도록 해야 한다."고 선언하고 있다.

○ 우리는 아직도 "뿌리(Root)"를 중요시한다. **순혈주의**가 바로 그것이다. 학부와 석·박사의 전공이 서로 다르면 잡종이며 '저급'으로 평가된다. '뿌리(고향, 동문, 학파)'를 기준으로 기관 내에서 파벌을 형성하기도 한다. 이런 성향은 융합연구에 불리하다.

○ **우리는 무책임한 '부귀영화(무책임한 권한)'를 추구**하니, 기관장이 되려는 사람이 많다. 기관장이 되면 권한이 커지는데, 책임도 따라 커진다고 생각하지는 않는다. 연구자가 경영자가 되면 연구자로 되돌아오기 어렵다. 이제 우리도 연구자의 인사관리제도에서 50대 중반에 '경영자 트랙'과 '연구자 트랙'으로 구분해야 한다. 단 연구자 트랙의 끝에는 존경받는 칭호(최고과학자, 학술원 회원)가 기다리고 있어야 하며, '평생연구의 길'이 동료들 사이에서 더 존경받는 위상(종신회원 등)을 가져야 한다.

– 대학이나 연구기관에서의 주요의사 결정은 '평의원회'에서 이루어져야 한다. 기관장은 평의원회의 결정을 집행하는 역할을 한다. 우리는 「고등교육법」 제19조의2에서 평의원회를 규정하고 있지만 출연(연)에는 평의원회가 없다. 평의원회는 연구의 자율성에 직결되는데, 우리는 평의원회가 기관장을 견제한다고 오해한다.

■ 우리의 결점

결점없는 사람이 있겠냐마는 정책가는 우리의 결점을 냉정하게 파악하고 역사적 오판이 다시 일어나지 않도록 항상 준비해야 한다. "기억하지 못하는 역사는 반복된다"고 한다. 그렇다면 **우리는 역사의 어떤 부분을 기억해야 하는가?** 이런 질문을 신입직원 채용심사에서 던지면 '일제침략'이라고 대답하는 사람이 많다. 구체적으로 그 이유를 물으면, 일본의 침략성을 지적하는 사람을 여럿 보았다. 우리가 일제침략을 당한 원인이 순전히 일본의 침략성 때문인가? 우리의 국론분열 때문인가? 임금의 리더십 부족 때문인가? 국력이 약해서 인가? 보는 측면에 따라 달라질 수 있지만 외적 요인보다는 내적 요인에 더 무게를 둬야 하지 않을까 싶다. 왜냐하면, 당시 식민시대의 막바지에서 동양 국가로서 유일하게 일본은 조선을 비롯하여 남태평양의 여러 국가를 식민화하였다. 그것은 일본이 스페인, 영국, 프랑스 등 열강의 전략을 보고 배운 것이다. 함포외교를 통해 강화도 조약을 맺은 것이 일제침략의 시초였으며, 외교권 박탈, 한일강제병합의 과정은 열강들이 조선을 먹기 위해 타협하는 과정이었지, 보호하려는 국가는 없었다. 당시 조선의 상태는 외국에 팔다리가 묶여 있는 장님이 둥근 공 위에 위태롭게 서 있는 모습과 같았다. 누가 조선을 먹느냐? 먹지 못하면 대가를 최대한 챙기겠다는 것이 열강의 심산이었다.

우리는 쉽게 망각한다. 그리고 선동에 쉽게 넘어간다. 이성적으로 과학적으로 판단하기 보다는 감정에 치우친다. 장기적으로 국가적으로 손해인 줄 알면서도 우선 당장의 이익과 지엽적 이익의 유혹에 쉽게 넘어간다. 이제는 **'교육'이 달라져야 한다**.

○ 중등 교육과정에 '철학'을 가르치자. 윤리 원칙도 교육해야 한다.

○ 중요한 역사는 기억하자. '냄비 속의 개구리'는 되지 말자.

○ 과학적·이성적 판단(감정 억제)을 중요시하도록 가르치자.

구한말 조선의 상황: 프랑스 만화

약어와 약자 Acronyms and Abbreviations

A

AAUP: American Association of University Professors(미국대학교수협회)
ACT: Agreement for Commercializing Technologies(기술상용화협정)
ADD: Agency for Defense Development(한, 국방과학연구소)
ADL: Arthur D. Little(미)
AHCI: Arts & Humanities Citation Index
AI: Artificial Intelligence
AIST: Advanced Industrial Science and Technology(일)
ANR: Agence nationale de la recherche(프, National Research Agency)
ARWU: Academic Ranking of World Universities
ASSU: Associated Students of Stanford University(미)

B

BKCI: Book Citation Index
BLK: Bund–Laender–Kommission für Bildungsplanung und Forschungsfoerderung(독, Joint Science Conference)
BMBF: Bundesministerium fur Bildung und Forschung(독, Federal Ministry of Education and Research)
BSC: Board of Scientific Council(미)

C

CEA: Commissariat à l'énergie atomique et aux énergies alternatives(프)
CIT: Carnegie Institute of Technology
CKC: Canada–Korea Conference on Science and Technology
CNCI: Category Normalized Citation Impact
CNES: Centre national d'études spatiales(프)
CNOUS: Centre National des Œuvres Universitaires et Scolaires(프, Higher Education and Research)
CNRS: Centre National de la Recherche Scientique(프)
CPCI: Conference Proceedings Citation Index
CRADA: Cooperative Research and Development Agreement(협력연구개발협정)

CSTI: Council for Science, Technology and Innovation(일)
CSTP: Council for Science and Technology Policy(일),
Center for Science and Technology Policy(한)
CUDOS: Communism, Universalism, Disinterestedness, Organized Skepticism
CWCU: Center for World-Class Universities(중, 상해교통대학 내부)
CWTS: Centrum voor Wetenschap en Technologische Studies(네)
CV: Curriculum Vitae

D

DARPA: Defense Advanced Research Projects Agency
DDIR: Deputy Director for Intramural Research(NIH에서)
DFG: Deutsche Forschungsgemeinschaft(독, German Research Foundation)
DOD: Department of Defense(미)
DOE: Department of Energy(미)
DSSG: Defense Science Study Group(미)

E

EC: European Commission
EIT: European Institute of Innovation and Technology
EKC: Europe-Korea Conference on Science and Technology
EMBL: European Molecular Biology Laboratory
EP: Ecole Polytechnique(프)
ERA: Engineering Research Administration(미, 스탠포드 대학 내부)
ERC: Engineering Research Center(미)
European Research Council(유럽)
ESCI: Emerging Sources Citation Index
ESFRI: European Strategy on Research Infrastructure
ESSG: Energy Science Study Group(미국 DOE 내부 부서)
ETA: Engineer, Technician, Administrative staff(기술직, 기능직, 행정직)
ETRI: Electronics and Telecommunications Research Institute(한국전자통신연구원)
EU: European Union
EUA: European University Association

F

FAB: Financial Audit Board(ITER 내부)

FAR: Federal Acquisition Regulation(미)
FFRDC: Federal Funded Research and Development Center(미)
FhG: Fraunhofer-Gesellschaft(독, 프라운호프 연구회)

G

GAO: Government Accountability Office(미, 정부회계국)
GOCO: government-owned contractor-operated
GOGO: government-owned, government-operated
GRAS: Global Ranking of Academic Subjects
GRI: Government-funded Research Institute(국책연구기관)
GWK(BLK): Gemeinsame Wissenschaftskonferenz(독, Joint Science Conference)

H

HCERES: Haut Conseil de l'évaluation de la recherche et de l'enseignement supérieur(프, High Council for Evaluation of Research and Higher Education)
HCR: Highly Cited Researchers
HDR: Habilitation à Diriger des Recherches(프, 연구자 지도 자격)
HGF: Helmholtz-Gemeinschaft Deutscher Forschungszentren(독, 헬름홀쯔 연구협회)
HFSP: Human Frontier Science Program
HFSPO: Human Frontier Science Program Organization
HRD: Human Resource Development

I

IAEA: International Atomic Energy Agency(국제원자력기구)
IACUC: Institutional Animal Care and Use Committee(동물실험윤리위원회)
IC: Institute/Center(NIH에서)
International Collaboration(대학평가에서)
ICGEB: International Centre for Genetic Engineering and Biotechnology
ICPT: International Conference on Planarization Technology
IF: Impact Factor
IFSTTAR: Institut français des sciences et technologies des transports, de l'aménagement et des réseaux(프, French Institute of Science and Technology for Transport, Development and Networks)
IRB: Institutional Review Board(기관윤리심의위원회)
ISO: International Organization for Standardization(국제표준기구)

ITER: International Thermonuclear Experimental Reactor(국제핵융합시험로)

J

JAEA: Japan Atomic Energy Agency(일본원자력연구개발기구)

JAXA: Japan Aerospace Exploration Agency(일본항공우주연구개발기구)

JCR: Journal Citation Reports

JICA: Japan International Cooperation Agency(일본국제협력기구)

IPEDS: Integrated Postsecondary Education Data System(미)

JRC: Joint Research Center

JSPS: Japan Society for the Promotion of Science(일본학술진흥회)

JST: Japan Science and Technology Agency(일본과학기술진흥기구)

K

KAERI: Korea Atomic Energy Research Institute(한국원자력연구원)

KAIST: Korea Advanced Institute of Science and Technology(한국과학기술원)

KAUST: King Abdullah University of Science and Technology(아랍)

KCI: Korea Citation Index

KERIS: Korea Education and Research Information Service(한국교육학술정보원)

KIRD: Korea Institute of HRD in S&T(한, 국가과학기술인력개발원)

KIST: Korea Institute of Science and Technology(한국과학기술연구원)

KISTEP: Korea Institute of S&T Evaluation and Planning(한국과학기술기획평가원)

KNAW: Koninklijke Nederlandse Akademie van Wetenschappen(네, Royal Netherlands Academy of Arts and Sciences)

KOICA: Korea International Cooperation Agency(한국국제협력단)

KWG(KWS): Kaiser-Wilhelm-Gesellschaft(독, Kaiser Wilhelm Society)

L

LBNL: Lawrence Berkeley National Laboratory(미)

LOB: Laboratory Operations Board(DOE 내부, 연구소운영위원회)

LDRD: Laboratory Directed R&D(미, NL의 자율적 연구개발사업)

LPC: Laboratory Policy Council(DOE 내부, 연구소정책위원회)

M

MAC: Management Advisory Committee(ITER 내부)

M&O: Management and Operation(운영관리)

METI: Ministry of Economy, Trade and Industry(일)
MEXT: Ministry of Education, Culture, Sports, Science and Technology(일)
MOT: Management of Technology
MPG(MPS): Max Planck Gesellschaft(독, Max Planck Society)
MPRG: Max Planck Research Groups(독, MPI 내부 연구그룹)
MPI: Max Planck Institute(독, MPG 내부 연구소)
MSCA: Marie Skłodowska—Curie Actions(EC, 마리퀴리 프로그램)
MSP: Management Supporting Parties(경영지원기관, HFSP 내부)
MTA: Material Transfer Agreement(물질이전계약)

N

NAE: National Academy of Engineering(미)
NAP: National Agenda Project(국가 아젠다 프로젝트)
NASA: National Aeronautics and Space Administration(미)
NASEM: National Academies of Sciences, Engineering, and Medicine(미)
NEDO: New Energy and Industrial Technology Development Organisation(일)
NETL: National Energy Technology Laboratory(미)
NIED: National Research Institute for Earth Science and Disaster Resilience(일)
NIH: National Institutes of Health(미, 국립보건연구원)
NIMS: National Institute for Materials Science(일)
NIS: National Innovation System
NIST: National Institute of Standards and Technology(미)
NISTEP: National Institute of Science and Technology Policy(일)
NL: National Laboratory(미)
NLDC: NL Director's Council(미, NL 내부)
NNSA: National Nuclear Security Administration(미, DOE 내부 부서)
NOAA: National Oceanic and Atmospheric Administration(미)
NPT: Non—Proliferation Treaty
NRF: National Research Foundation(한국연구재단)
NSB: National Science Board(미)
NSF: National Science Foundation(미)
NSM: National Scientific Member(국가과학자)
NST: National Research Council of Science and Technology(한, 국가과학기술연구회)
NSTC: National Science and Technology Council(미)
NWO: Nederlandse Organisatie voor Wetenschappelijk Onderzoek(네, Dutch Research Council)

O

OA: Open Access
ODA: Official Development Assistance
OECD: Organization for Economic Co-operation and Development
OFPP: Office of Federal Procurement Policy(미, DOE 내부 부서)
OHP: Over Head Projector
OHRP: Office for Human Research Protections(미)
OMB: Office of Management and Budget(미)
ORI: Office of Research Integrity(미)
OSPP: Office of Strategic Planning and Policy(미, DOE 내부 부서)
OSRD: Office of Scientific Research and Development(미)
OST: Office of Science and Technology(영)
OSTP: Office of Science and Technology Policy(미)
OTT: Office of Technology Transitions(미, DOE 내부 부서)
OLAW: Office of Laboratory Animal Welfare(미)

P

PBS: Project Based System
PCAST: President's Council of Advisors on Science and Technology(미)
PHS: Public Health Service(미국 공중보건원)
PI: Principal Investigator(연구책임자)
PM: Program/Project Management(사업/과제 관리자)

Q

QS: Quacquarelli Symonds

R

R&R: Roles And Responsibility
RFA: Request for application
RFP: Request for Proposal
RIKEN: 이화학연구소(일)
RMG: Research Management Group(미, 스탠포드 대학 내부)
RPBF: Research Performance Based Funding
RPM: Requirements and Policies Manual(미)
RTIC: Research and Technology Investment Committee(미, DOE 내부 위원회)

S

SBIR: Small Business Innovation Research(미)
SC: Office of Science(미국, DOE의 과학사무실)
SCI: Science Citation Index
SCIE: Science Citation Index Expanded
SDG: Sustainable Development Goals
SEAB: Secretary of Energy Advisory Board(DOE 내부, 장관자문위원회)
SOP: Standard Operating Procedures
SPP: Strategic Partnership Projects(전략적 파트너십 과제)
SSCI: Social Sciences Citation Index
STAC: Science and Technology Advisory Committee(ITER 내부)
STC: Scientific and Technical Council(독, FhG 내 과학기술위원회)
STEM: Science, Technology, Engineering, Mathematics
STTR: Small Business Technology Transfer(미)

T

TAA: Technical Assistance Agreement(기술지원계약)
TF: Task Force
TLA: Technology Licensing Agreement(기술 라이센스 계약)
TLO: Technology Licensing Office
THE: Times Higher Education

U

UARC: University Affiliated Research Center(미, DOD 내부)
UKC: US-Korea Conference on Science, Technology, and Entrepreneurship
UPR: Unités Propres de Recherche(프, CNRS 내부연구단)
UMR: Unités Mixtes de Recherche(프, CNRS 공동연구단)
UST: University of Science and Technology(한, 과학기술연합대학원대학교)

W

WFO: Work for Others(미국 NL에서 외부를 지원하는 프로그램)
WGL: Wissenschaftsgemeinschaft Wilhelm-Gottfried-Leibniz(독, 라이프니쯔 연구협회)
WoS: Web of Science
WP: Work Program(EU)
WR: Wissenschaftsrat(독, Science Council)
WTO: World Trade Organization

[1] 리처드 파인만, (정무광, 정재승 옮김). (1998). 과학이란 무엇인가?. 승산.
[2] 정광수 외. (2010). 과학기술과 문화예술. 한국학술정보(주).
[3] 한국과학기술단체총연합회. (2005). 과학기술대사전.
[4] 에드워드 윌슨(최재천 역). (2005). 통섭. 사이언스북스.
[5] 박용태. (2006). 기술지식경영. 생능출판사.
[6] NIH Data Sharing Policy and Implementation Guidance. Available from http://grants.nih.gov/grants/policy/data_sharing/data_sharing_guidance.htm
[7] OECD (2015), Frascati Manual 2015: Guidelines for Collecting and Reporting Data on Research and Experimental Development, The Measurement of Scientific, Technological and Innovation Activities, OECD Publishing, Paris. *DOI:* http://dx.doi.org/10.1787/9789264239012-en
[8] NSDD. (1985). National Policy on the Transfer of Scientific, Technical and Engineering Information.
[9] 조재한 외. (2021). 혁신경제 전략보고서 총서. 경제인문사회연구회. 협동연구총서 21-07-01.
[10] SIRIS. (2019). French Research Performance in Context. *DOI:* https://www.udice.org/wp-content/uploads/2021/08/French-Research-Performance-in-Context-Siris-Curif-fevrier-2020_491109-1.pdf
[11] 노환진. (2019). 출연제도 개선방안에 관한 연구. 한국연구재단.
[12] 최형섭. (1976). 개발도상국의 공업연구. KIST.
[13] OECD. (2011). Public Research Institutions -Mapping Sector Trends-.
[14] 변종순. (2020). 행정학 절요. 박영사.
[15] 배영찬 외. (2016). 차기정부에 요구하는 과학기술정책 (Ⅱ). 한국과학기술단체총연합회.
[16] UK House of Commons. (2009). Putting Science and Engineering at the Heart of Government Policy. Eighth Report of Session 2008-09. Volume I.
[17] 박범순, 김소영. (2015). 과학기술정책. 한울.
[18] 한국과학재단. (2008). 미국 NSF 편람.
[19] Association of American Universities. (2011). University Research: The Role of Federal Funding.
[20] 노환진. (2014). R&D 분야 재원배분방식 및 성과분석. 국회예산정책처
[21] United States. (2002). Steering and Funding of Research institutions Country report. OECD.
[22] Carnegie Classifications Homepage. DOI: https://carnegieclassifications.acenet.edu/

[23] Michael T. Gibbons. (2012). Higher Education R&D Increase of 3.3% in FY 2020 Is the Lowest since FY 2015. NSF 22-312.

[24] 윤종용 외. (2010). 과학기술출연(연) 발전 민간위원회 보고서. 과기부

[25] Germany. (2002). Steering and Funding of Research institutions Country report. OECD.

[26] BMBF. (2020). Education and Research in Figures 2020.

[27] BMBF. (2022). Daten und Faktenzum deutschen Forschungs-und Innovationssystem.

[28] 정선양. (2022). 독일 연구회 체제의 현황과 한국에 대한 시사점. 세종과학기술연구원.

[29] 내각부. (2021). (일본) 제6기 과학기술·이노베이션 기본계획. DOI: https://www8.cao.go.jp/cstp/kihonkeikaku/index6.html

[30] Japan. (2002). Steering and Funding of Research institutions Country report. OECD.

[31] 이순태. (2021). 과학기술원 혁신을 위한 4개 과학기술원 법제 정비방안 연구. 한국법제연구원.

[32] 박창대, 한선영. (2022). 정부연구개발예산현황분석. KISTEP.

[33] 교육부. (2021). 2021 간추린 교육통계.

[34] 교육부. (2013). 「BK21 플러스 사업」 기본계획.

[35] 교육부. (2019). 두뇌한국(BK) 21사업 20주년 기념 심포지엄 개최. 보도자료.

[36] 교육부. (2020). 2020년도 BK21 플러스사업 운영 · 관리 계획(안).

[37] 교육부. (2021). 2021년도 4단계 두뇌한국21 사업 운영 · 관리 기본계획.

[38] 교육부. (2022). 2022년도 4단계 두뇌한국21 사업 운영 · 관리 기본계획.

[39] 한국연구재단. (2022). 4단계 BK21사업, 2022년도 사업관리 실무자 워크숍.

[40] 하민철, (2015). 국공립연구기관의 R&D 투자현황분석 및 개선방안. KISTEP.

[41] 관계부처합동 (2020). 공공연구기관 R&D 혁신방안 중 국립연구기관 후속조치. 과학기술관계장관회의.

[42] 한국교육학술정보원. (2006). 해외각국의 연구업적 평가 시스템.

[43] 한선화 외. (1999). SCI DB 분석을 통한 기초과학수준 평가체제 수립에 관한 연구. 과학기술정책연구원.

[44] Kostoff R. N.. (1995). Federal research impact assessment: Axioms, approaches, applications. Scientometrics. Vol. 34, No. 2.

[45] Kostoff R. N.. (1998). The use and misuse of citation analysis in research evaluation. Scientometrics. Vol. 43, No. 1.

[46] MPS. (2022). Annual Report 2021.

[47] 고용 외. (1999). 연구중심대학의 형성과 발전. 문음사.

[48] Fielden, John. (2008) Global Trends in University Governance. Vol.9. The World Bank Washington DC.

[49] Salmi, Jamil. (2009). The Challenge of Establishing World Class University. Dircetions in Development-Human Development. The World Bank.

[50] Aghion. et. al. (2010). The Governance and Performance of University: Evidence from

Europe and the US. Economy Policy 25 (61): 7-59.

[51] A. E. Shamoo, D. B. Resnik. (2015). Responsible Conduct of Research. OXFORD university press.

[52] 심병규, 김기영. (1997). 최근 5년간 국내 과학기술자들의 연구활동에 관한 고찰. 도서관학논집. V.27.

[53] 노환진, (2011). 선진국의 국가연구체계에 관한 조사연구. 서울대학교.

[54] 손진훈. (2013). 국가연구개발원 설립 및 운영방안 연구. 국가과학기술위원회.

[55] 김은연. (2016). CNRS연구원의 직무조사. NST.

[56] IBS. (2013). 선진기관 벤치마킹 결과보고(MPG). 조사보고서.

[57] Helene Schruff. (2015). Evaluation procedure of MPS. MPS.

[58] AIST Homepage. (2022. 10). https://www.aist.go.jp/

[59] Congressional Research Service. (2020). Federally Funded Research and Development Centers (FFRDCs): Background and Issues for Congress. CRS Report.

[60] DOE. (2020). The State of the National Laboratory. 2020 edition.

[61] DOE. (2015). Report of the Secretary of Energy Task Force on DOE National Laboratories.

[62] Berkeley Lab. (2002). DOE Best Practices Pilot Study. University of California.

[63] 과학기술부. (2008). 과학기술40년사.

[64] 손진훈. (2012). 우리과학기술정책 변천사. 충남대학교.

[65] Arther D Little. (2010). 산업기술연구회 및 소관 연구기관 조지개편 방안 연구. 산업기술연구회.

[66] 김계수, 이민형. (2005). 정부출연연구기관의 PBS 개선방안 연구. STEPI.

[67] 김계수, 이민형. (2006). 정부출연연구기관의 PBS 대체모델 적용 연구. STEPI.

[68] 이공래 외. (2007). 세계의 우수 연구기관. 생각의 나무.

[69] 김상선. (2008). 정부 출연(연)의 바람직한 역할방향과 활성화 방안. 한양대학교.

[70] 천세봉 외. (2009). 출연(연) 발전방향 도출을 위한 현황분석과 정책적 시사점. KISTEP 이슈페이퍼.

[71] Rackham Graduate School. (2009). How to Mentor Graduate Students: A Guide for Faculty. University of Michigan.

[72] Rackham Graduate School. (2010). How to Get the Mentoring You Want: A Guide for Graduate Students. University of Michigan.

[73] 학술진흥재단. (2007). 외국대학의 연구윤리 확립활동사례. 교육인적자원부.

[74] 노환진. (2010). 정부기관이 운영하는 석 · 박사학위과정에 관한 연구. 서울대학교 기술경영경제정책대학원.

[75] 교육부. (20210. 2021년 교육기본통계주요내용. 교육통계과.

[76] 과학기술부. (2021). 2020년도 연구개발활동조사보고서. KISTEP.

[77] College of Engineering Carnegie Mellon University. (2017). Faculty Reappointment, Promotion and Tenure(RPT) Criteria and Procedures. DOI: https://engineering.cmu.edu/_files/documents/faculty/tenure_criteria.pdf
[78] 류지성 외. (2006). 대학혁신-7대 유형별 전략. 삼성경제연구소.
[79] Industrial Research Institute. (2016). 2016 Global R&D Funding Forecast. R&D Magazine. DOI.: www.iriweb.org
[80] 박덕원. (2000). 대학과 학문의 자유. 부산외국어대학교.
[81] 유정원, 김판수. (2009). 중국 과학 지식 엘리트 중국과학원 원사. 학고방.
[82] 과학기술부. (2009). 과학기술 정책연구용역사업 매뉴얼.
[83] 日本文部科學省, 日本學術振興會. (2017). 科研費(KAKENHI).
[84] 노환진. (2015). 연구윤리 확약제도 도입방안 연구. 한국연구재단.
[85] NSF. (2021). FY 2020 Engineering Research Center Program Report.
[86] NSF. (2021). ERC Best Practices Manual.
[87] NSF. (2021). Planning Grants for Engineering Research Centers (ERC). https://www.nsf.gov/pubs/2021/nsf21529/nsf21529.htm.
[88] NSF. (2019). NSF's 10 Big Ideas. https://www.nsf.gov/news/special_reports/big_ideas/convergent.jsp.
[89] 한국연구재단. (2020). 미국 SBIR 프로그램 소개. NRF Issue Report 2020_2호.
[90] 홍성걸. (2006). 선도기술개발사업(G&) 사례. 중앙공무원교육원.
[91] 교육인적자원부. (2007). 1단계 두뇌한국 21 사업 백서.
[92] 정성철. (2014). 국가 대개조를 위한 정부혁신의 과제와 발전방향에 관한 연구. 한국과학기술단체총연합회.
[93] 노환진. (2017). 脫 PBS, 연구혁신의 새출발. 헤럴드 경제 Innovative Korea.
[94] 과학기술정보통신부. (2022). 국가전략기술 육성방안.
[95] Human Frontier Science Program Homepage: https://www.hfsp.org/
[96] GIST. (2009). EU Framework Programme 개요. https://www.gist.ac.kr > html > sub06.
[97] 한국연구재단. (2019). EU Horizon 2020: 2019 프로그램 및 공고안내.
[98] 강진원. (2021). Horizon 2020. KISTEP.
[99] European Commission. (2021). Horizon Europe. https://research-and-innovation.ec.europa.eu/
[100] ITER Homepage: https://www.iter.org/
[101] Harvard University. (2021). Harvard in Massachusetts: Facts & Impact.
[102] Stanford University Today. (2021). Stanford Facts 2022.
[103] MIT. (2021). About MIT. https://www.mit.edu/about/.
[104] Caltech. (2022). Caltech at a Glance. https://www.caltech.edu/about/at-a-glance
[105] Tokyo University. (2022). Home >About UTokyo >Facts and Figures >Institutional Data

>*Academic and Administrative Staff.*
https://www.u-tokyo.ac.jp/en/about/staff_numbers.html
[106] Kyoto University. (2022). Kyoto University at a Glance.
https://www.kyoto-u.ac.jp/sites/default/files/inline-files/08_kyoto_university_at_a_glance.pdf.
[107] 서울대학교. (2022). 2022년도 법인회계 세입 · 세출 예산(안).
[108] KAIST. (2022). 학교현황. https://www.kaist.ac.kr/kr/html/kaist/01.html.
[109] 헤이즐 로즈 마커스, 앨리나 코너. (2015). 우리는 왜 충돌하는가. 흐름출판.
[110] 최형섭. (2011). 불이 꺼지지 않는 연구소. 한국과학기술원.
[111] Congressional Research Service. (2020). Federally Funded Research and Development Centers (FFRDCs): Background and Issues for Congress. *DOI:*
https://crsreports.congress.gov/product/pdf/R/R44629/6
[112] 성경모, 김소은, 장진규, 김주원. (2021). 한-EU 과학기술 국제협력 강화방안: Horizon Europe 협력전략을 중심으로. STEPI.
[113] 한국연구재단 홈페이지. (2022). 사업안내>전체사업카테고리.
https://www.nrf.re.kr/biz/main/total?menu_no=378.
[114] The Carnot label. https://www.instituts-carnot.eu/en.
[115] RIKEN Hompage. (2023. 8). https://www.riken.jp/en/about/

저자 소개

노환진(盧煥珍) 교수는 과학기술연합대학원대학교(UST) 과학기술경영정책 전공 교수를 퇴임하였다. 서울대학교 조선공학과에서 학사를, KAIST 생산공학과에서 석사를 하고, 과학기술처 사무관으로 임용되어 공직을 시작하였다. 과기처에서 특정연구개발사업의 운영과 정부출연연구기관의 관리를 담당하면서 혹독한 시기를 보냈다. 이공계를 전공한 청년이 정부에 들어오니, 법학·경제학·행정학을 전공한 사람들과는 대화를 할 수 없을 정도로 지식이 일천하다는 것을 깨닫고 별도로 공부를 시작한 것이다. 그리고 이때 학습하고 깨우친 원리들이 본 저자를 교직으로 인도하게 될 줄은 몰랐다.

항공우주연구원의 설립을 주도한 공로로 1990년 프랑스로 유학가게 되었으며 Ecole Polytechnique에서 재료구조학으로 DEA(심화과정)·박사학위를 하는데, 본 저자는 선진국의 시스템과 함께 문화적 충격이 더 큰 공부가 되었다. 1995년 귀국해서는 가장 먼저 한 일은, 과기부가 중점 추진하는 PBS에 대한 반대였다. 그리고 곧 BH로 들어가 민·군겸용기술사업법 제정을 주도하고는 복귀하여 과학기술인 퇴직연금을 설계하였다. 1999년 과학기술기본법을 설계하다가, 뜻한 바 있어 중국 연변과학기술대학교로 가서 3년간 봉직하였다. 2004년에 교육인적자원부에 교환 근무하면서 다시 시야가 넓어졌다. 이때 인문학자들과 토론하면서 윤리의 중요성을 깨닫고 번역서 「연구윤리소개」를 발행하였다. 민족문화추진회를 고전번역원으로 승격시키는 작업도 이때 이루어졌다. 그리고 인적자원개발혁신본부의 설치를 추진하면서 HRD를 알게 되었다. 과기부에 복귀해서는 DGIST 설립을 위해 법률제정을 추진하고 기본계획을 수립하였다.

2008년 서울대학교 기술경영경제정책전공 객원교수로 나가 응용기술정책을 강의하면서 정책이론의 인과관계를 정리하였고, GIST 초빙교수로 나가 연구윤리를 강의하면서 교육의 중요성을 실감하게 되었다. 결국 2011년 전북대학교 교수로 전직하였다. 2012년 DGIST 기초학부교수로 옮겼다가, 4년 후, UST 교무처장으로 들어왔다. 최종적으로 본 저자는 6개 대학을 돌았으니 대학과 연구기관의 운영체계가 전공이 된 셈이다.

과학기술정책 논의: 정책의 왜곡·탈선 및 충돌

초판발행 2023년 2월 28일

지은이 노환진
펴낸이 안종만·안상준

편 집 배근하
기획/마케팅 정연환
표지디자인 이은지
제 작 고철민·조영환

펴낸곳 (주) 박영사
서울특별시 금천구 가산디지털2로 53, 210호(가산동, 한라시그마밸리)
등록 1959. 3. 11. 제300-1959-1호(倫)
전 화 02)733-6771
f a x 02)736-4818
e-mail pys@pybook.co.kr
homepage www.pybook.co.kr
ISBN 979-11-303-1864-6 93500

정 가 40,000원